FORTSCHRITTE DER BOTANIK

BEGRÜNDET VON FRITZ VON WETTSTEIN

UNTER ZUSAMMENARBEIT
MIT MEHREREN FACHGENOSSEN
UND MIT DER
DEUTSCHEN BOTANISCHEN GESELLSCHAFT

HERAUSGEGEBEN VON

ERNST GÄUMANN u. OTTO RENNER
ZÜRICH   MÜNCHEN

SECHZEHNTER BAND

BERICHT ÜBER DAS JAHR 1953

MIT 40 ABBILDUNGEN

SPRINGER-VERLAG
BERLIN · GÖTTINGEN · HEIDELBERG
1954

ISBN-13: 978-3-642-94626-4   e-ISBN-13: 978-3-642-94625-7
DOI: 10.1007/ 978-3-642-94625-7

Inhaltsverzeichnis.

[1] Der Beitrag folgt in Bd. XVII.

---

[1] Der Beitrag folgt in Bd. XVII.

Die Abschnitte A und B sowie das Sachverzeichnis sind redigiert von E. Gäumann, die Abschnitte C und D von O. Renner.

A. Morphologie.

1. Morphologie und Entwicklungsgeschichte der Zelle.

Von Lothar Geitler, Wien.

Mit 4 Abbildungen.

Bau der Geißeln. Elektronenoptische Untersuchungen verschiedenster Pilz- und Algenschwärmer sowie von Spermien von Moosen und Farnen — Cycadinen und *Ginkgo* sind noch nicht eingehend untersucht — und auch von tierischen Objekten (*Paramaecium*, Spermien von Mollusken, Wirbeltieren) haben die merkwürdige, unerwartete und zunächst nicht weiter verständliche Beobachtungstatsache ergeben, daß die Geißeln sehr ähnlich, und zwar meist aus 11 Fibrillen aufgebaut sind, von denen zwei zentral und neun peripher angeordnet sind (Manton 1953; hier weitere Literatur; auch Manton 1952; Manton u. Clarke sowie Manton, Clarke, Greenwood u. Flint). Die Geißeln sind unabhängig von ihrer sonstigen Organisation (Peitschen- und Flimmergeißeln) und ihrer verschiedenen Funktion (Zug-, Schlepp-, Schubgeißeln) submikroskopisch im wesentlichen gleichartig gebaut; wenigstens gilt dies für die bisher untersuchten Organismen, die aber systematisch verschiedenartig genug sind (Chrysophyceen, Eugleninen, Heterokonten, Phaeophyceen, Chlorophyceen, Phykomyceten, *Marchantia*, *Sphagnum*, Filicinen). Lewin u. Meinhart geben für *Chlamydomonas* an, daß 9, 10 oder 11 Fibrillen ausgebildet sind, die im letzteren Fall nicht regelmäßig zu neun plus zwei angeordnet wären. Um den Aufbau im einzelnen (Außenhülle, Hülle der zwei zentralen Fibrillen, „Spiralfutter" usw.) sicher zu verstehen, bedarf es wohl noch weiterer Untersuchungen. Gewiß ist schon jetzt, daß die Geißeln hochkompliziert gebaut sind. Spekulationen über den Bewegungsmechanismus erscheinen ebenfalls noch verfrüht[1]. — Ein bemerkenswerter grobmorphologischer Befund ist: die beiden Geißeln der Spermien von *Sphagnum* sind ungleich lang (Manton u. Clarke).

Mitochondrien und Mikrosomen. In Ergänzung und Bestätigung früherer Berichte (Fortschr. Bot. 14, 3; 15, 3), denen zufolge Mitochondrien und Mikrosomen keineswegs ergastische Gebilde, sondern hochorganisierte Organellen sind, die eine wichtige Rolle im Leben der Zelle spielen, sei summarisch auf die Untersuchungen Drawerts, Perners u. Pfefferkorns sowie Bautz' u. Marquardts hingewiesen (letztere beziehen sich auf Hefen). Mit entsprechend sorgfältiger Methodik lassen sich Mitochondrien und Mikrosomen gut unterscheiden. Einzelheiten der Befunde gehören in das Kapitel Zellphysiologie.

---

[1] Die Geißeln der Bakterien entsprechen offenbar einer einzigen Fibrille [vgl. das Sammelreferat W. Haupts in Z. Bot. **40**, 205 (1952)].

Plastiden; Chloroplasten-Grana. Zufolge der im vorjährigen Bericht referierten Angaben von HEITZ u. MALY sollen die embryonalen Plastiden (Proplastiden) kein Primärgranum, von dem sich alle weiteren Grana herleiten, besitzen und es kämen somit, entgegen der Auffassung STRUGGERs, die Grana als selbstreproduktive Strukturen nicht in Betracht. Demgegenüber hält STRUGGER mit neuen Gründen an seiner Auffassung fest und ebenso stützt sie PERNER. Die Frage scheint sich nicht so schnell endgültig klären zu lassen, weshalb hier nur darauf hingewiesen sei, daß dieses wichtige Problem intensiv bearbeitet wird; der definitive Fortschritt bleibt abzuwarten.

Membran; Pellikula. Den submikroskopischen Aufbau der Wand von *Valonia* geben hervorragend schöne und anschauliche elektronenoptische Bilder STEWARDs u. MÜHLETHALERs wieder. Die jüngste Wand, die sich an den Aplanosporen bildet, besteht aus zweidimensional verwirrten Cellulosefibrillen, die in amorpher Substanz, wahrscheinlich Pektin, eingebettet sind. Diese jüngste Wand ist wenig verformbar und wenig elastisch, so daß beim weiteren Wachstum unter Anlagerung neuer Schichten Zerreißungen eintreten. Die folgenden Lamellen besitzen in bestimmten Richtungen parallel orientierte Fibrillen. Über die Beziehungen zwischen wachsender Wand und Protoplasma, die besonders interessieren würden, ergeben sich noch keine klaren neuen Einblicke.

Orientierende, zum Teil elektronenoptische Untersuchungen MÜHLETHALERs über den Wandbau der Pollenkörner verschiedener Angiospermen bestätigen im wesentlichen die seit STRASBURGERs klassischen Beobachtungen bekannten Baueigentümlichkeiten (Exine, Intine, beide von wechselnder relativer Dicke; Netzskulpturen der Exine). Im Gegensatz zu MÜHLETHALER konnte SITTE elektronenoptisch in der Intine Cellulosemikrofibrillen nachweisen (MÜHLETHALERs negativer Befund ist durch die Annahme deutbar, daß die native Cellulose mit Pektin inkrustiert ist, so daß die Fibrillen maskiert werden). Die Sporopollenine der Exine erweisen sich aber auch nach SITTE als submikroskopisch amorph. SITTE findet ferner, daß, wie lichtmikroskopisch, Exine und Intine scharf getrennt sind und daß die Celluloseelemente der Intine nicht in die Exine eindringen. Manches spricht dafür, daß die Exine, wie die Cuticula, gar nicht mit der Cellulose selbst, sondern nur mit den sie umhüllenden Pektinen in Berührung kommt. Demnach wäre sie nicht den Inkrusten, sondern den Adkrusten zuzuzählen, d.h. wäre reine Ablagerungssubstanz.

Die außerordentlich weitgehende Komplikation des Membranbaus der Diatomeen zeigt schon das Lichtmikroskop. Elektronenoptisch gelingt eine weitere Auflösung und es zeigen sich weitere Differenzierungen: so erscheinen z.B. in den „Poren", die die bekannten lichtmikroskopischen Reihen oder Streifen bilden, Verschlußsiebe von hoher Differenziertheit; lichtmikroskopisch sind manchmal nicht einmal die Poren als solche zu erkennen (Abb. 1). Daß sich hier ein ganz neues, fruchtbares Feld der Forschung eröffnet, ist selbstverständlich (KOLBE, HELMCKE u. KRIEGER 1952—1953). Allerdings ist die Deutung der elektronenoptischen Bilder wohl in vielen Fällen noch nicht gesichert, und es dürfen gewichtige warnende Stimmen wie die Hustedts nicht überhört werden.

In anderer Hinsicht von Interesse sind Levrings eingehende Untersuchungen der Eihüllen von *Fucus* und *Ascophyllum*. Die unbefruchteten Eier besitzen eine Schleimhülle, auf sie folgt nach innen zu eine „Eigenmembran", deren chemische Beschaffenheit unbekannt ist, die aber vermutlich Proteine enthält, — sie spielt bei der Bildung der Befruchtungsmembran eine wesentliche Rolle; hierauf folgt die Lipoprotein-Plasmamembran und weiters eine Plasma-Rindenschicht. Bemerkenswert ist die weitgehende Übereinstimmung mit Seeigeleiern. — Eine Schleimhülle besitzen auch die Spermien von *Fucus* und *Ascophyllum*; ebenso die Gameten von *Ulva* (Levring l. c., unpubl.).

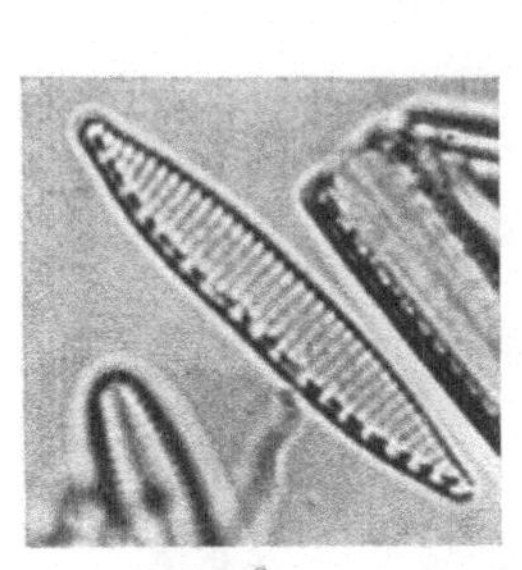
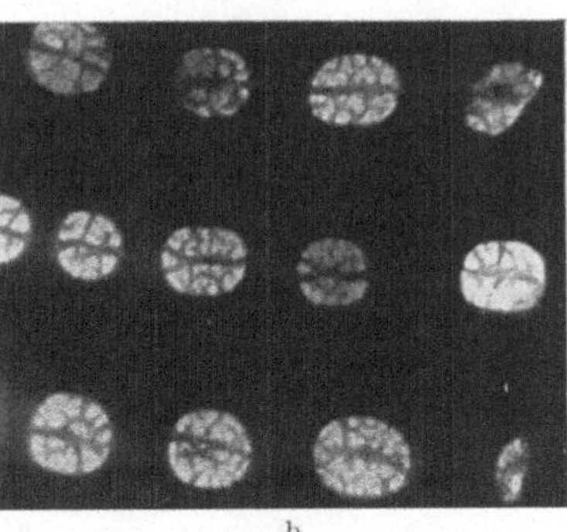

a   b

Abb. 1 a u. b. Aufbau der Zellwand einer Diatomee. *Nitzschia amphibia*, a ganze Zelle im Lichtmikroskop, 2400fach; b Ausschnitt aus der Porenreihe, elektronenoptisch 43 400fach. — Nach Helmcke u. Krieger, 1953.

Im lichtmikroskopischen Bereich untersucht Pochmann ausführlich den Bau der Pellikula und ihr Verhalten bei der Teilung von Eugleninen, besonders auch im Hinblick auf die Verhältnisse bei schraubig gedrehten Formen. Die Dinge liegen so kompliziert und die räumliche Vorstellung ist so schwierig, daß sich die Ergebnisse in Kürze und ohne reichliches Bildmaterial nicht wiedergeben lassen; es muß also hier ausnahmsweise auf das Original verwiesen werden.

Mitose; Nucleolen. Als besonders aberrant ist die Mitose von *Spirogyra* bekannt; — aberrant nicht hinsichtlich der jede Mitose kennzeichnenden Merkmale der Permanenz und Längsteilung der Chromosomen und des zugrunde liegenden Formwechsels, wohl aber hinsichtlich des Verhaltens der — feulgennegativen — Nucleolarsubstanz und ihrer Beziehung zu den Chromosomen. In Bestätigung und Erweiterung früherer Befunde des Ref. (Fortschr. Bot. 1, 4f.; 4, 5) lassen sich auf Grund eingehender und an einer großen Zahl von Arten vorgenommenen Untersuchungen Godwards (vgl. auch Fortschr. Bot. 13, 2) vier Typen des Verhaltens feststellen (Abb. 2). 1. Die Nucleolarsubstanz verschwindet bis zur Metaphase als selbständiges Element nahezu ganz, die freiliegenden Chromosomen sind auffallend groß und sticky; in der späten Anaphase löst sich von ihnen eine sie verklebende Masse ab. 2. In der

Metaphase liegen mittelgroße Chromosomen in einer dichten Masse von Nucleolarsubstanz, die sich in der Anaphase in zwei Tochterplatten teilt; die Tochterchromosomen gehen in ihr optisch unter. 3. Metaphase wie bei 2. aber die von der Nucleolarsubstanz gebildete Platte ist longitudinal (entsprechend dem Faserbau der Spindel) zerklüftet; in

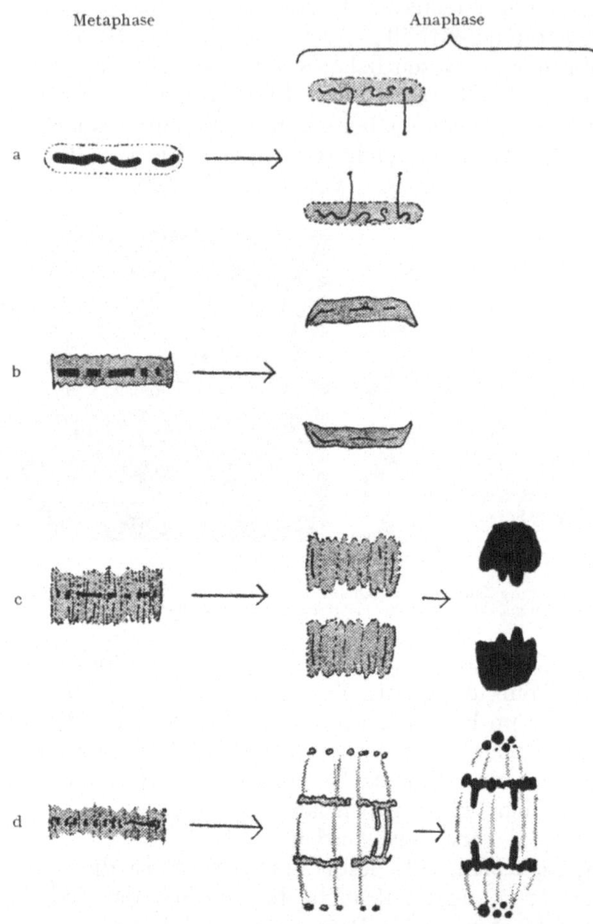

Abb. 2a—d. Verhalten der Nucleolarsubstanz in der Mitose verschiedener Arten von *Spirogyra*. a Typus *Sp. crassa*, b Typus *Sp. 4 N O*, c Typus *Sp. brittanica, setiformis*, d Typus *Sp. oblata*. Halbschematisch. — Nach GODWARD.

der Anaphase wird die Nucleolarsubstanz auf den einzelnen, sehr kleinen Chromosomen „niedergeschlagen", die dadurch zu voluminösen „Pseudochromosomen" werden. 4. Metaphase ähnlich wie bei 3. in der Anaphase wird aber Nucleolarsubstanz an die Spindel abgegeben (Abb. 2). Die Nucleolarsubstanz, die hier in so auffallende Beziehung zu den Chromosomen tritt — dazu kommen noch besondere Beziehungen zur SAT-Zone, vgl. Fortschr. Bot. **13**, 2 — ist gewiß nicht die unveränderte

Substanz des Nucleolus des Ruhekerns; die morphologische Kontinuität zwischen Nucleolus und der in der Mitose auftretenden Substanz bestätigt sich aber erneut. Unter der Annahme, daß allgemein die Ribose-Nucleinsäure des Nucleolus in der Prophase sich in die Desoxyribose-Nucleinsäure der Chromosomen umsetzt, wovon aber gewöhnlich morphologisch nichts sichtbar wird, erscheint das Verhalten von *Spirogyra* besonders bemerkenswert: hier ließen sich die postulierten Vorgänge sehen[1].

Das letzte Wort über die physiologische Deutung der Vorgänge ist aber wohl noch nicht gesprochen. Eine Gruppe von Autoren (vgl. GRUNDMANN u. MARQUARDT, PÄTAU u. SWIFT, daselbst ältere Literatur) ist demgegenüber auf Grund photometrischer Bestimmungen der Desoxyribose-NS im Ruhekern der Meinung, daß die Nucleinsäure vor der Prophase kompletiert wird, daß also in der Prophase keine Vermehrung und Anreicherung auf den Chromosomen erfolgt und die Mitose die einmal vorhandene, jedem Chromosom bzw. Chromonema notwendig inhärente Menge nur halbiert. Mit anderer Methodik gelangen auch TAYLOR und PLAUT zur gleichen Auffassung. Genau untersucht sind in dieser Hinsicht allerdings nur Interphase-, nicht typische Ruhekerne, und nur Kerne vom Bau, wie er bei *Rhoeo* und *Tradescantia* realisiert ist (Chromonemakerne); somit steht die Allgemeingültigkeit der Befunde nicht fest. Trifft die Auffassung aber im allgemeinen auch zu, so könnte doch im Fall von *Spirogyra* eine Modifikation vorliegen, und zwar insofern, als im Ruhekern nicht alle Chromosomensubstanz oder Nucleinsäure auf den Chromosomen lokalisiert ist.

Die ganze Problematik zeigt sich von einer anderen Seite her erneut in den Untersuchungen von STICH an *Cyclops strenuus*. Hier werden in den Mitosen der späteren Eifurchungsstadien von heterochromatischen Chromosomenenden Desoxyribose-NS enthaltende Tropfen abgeschieden, die in der Spindel liegen bleiben und in die Tochterkerne nicht aufgenommen werden. Es geht also Chromosomensubstanz einfach verloren. Hieraus wie auf Grund der Untersuchungen anderer Autoren ist STICH geneigt anzunehmen, daß es zweierlei Desoxyribose-NS gibt: eine für die Chromosomenreduplikation verantwortliche, obligate und dem Chromonema in bestimmtem Mengenverhältnis adhärente, und eine mehr metabole, deren Menge mit der verschiedenen Leistung der Zelle wechselt. Demnach würde die oben erwähnte Auffassung von GRUNDMANN u. MARQUARDT sowie PÄTAU u. SWIFT u. a. sich nur auf den Sonderfall beziehen, in dem eben keine metabole und akzessorische DNS in Erscheinung tritt.

Die seit den grundlegenden Untersuchungen von HEITZ bekannten morphologischen Beziehungen zwischen Nucleolen und SAT-Chromosomen haben sich inzwischen immer wieder bewahrheitet; zuletzt sogar bei *Spirogyra* (vgl. Fortschr. Bot. **13**, 2). Weniger gut bekannt ist, wie sich die Nucleolarsubstanz an den SAT-Zonen sammelt und zu Nucleolen formt. Mit besonderer Technik lassen sich bei Gymno- und

---

[1] In dieser Weise hat auch seinerzeit der Ref. die Vorgänge vermutungsweise gedeutet.

Angiospermen im wesentlichen zwei Typen der Nucleolenbildung in der
Telophase feststellen (Rattenburg u. Serra). Im einen Fall — dem
selteneren — tritt die Nucleolarsubstanz als Überzug an der Oberfläche
der Chromosomen, und zwar beliebiger, und formlos in den Räumen
zwischen ihnen auf; die Massen fließen zusammen und bei der Formung
zu Nucleolen eilen die SAT-Zonen voraus. Im zweiten Fall entstehen
zwischen den Chromosomen zahlreiche Tröpfchen, welche wachsen und
an den SAT-Zonen fusionieren. Beide Fälle fügen sich also dem Schema
von Heitz ein, der ja nicht die Bildung, sondern die Kondensation der
Nucleolarsubstanz an den SAT-Zonen behauptete. Eine fixe Beziehung
zwischen Nucleolarsubstanz und Heterochromatin halten die Autoren
für nicht erwiesen, nehmen daher auch gegen die Verwendung des Terminus „nucleolar organiser" Stellung. — Welche eigenartigen Verhältnisse bei *Spirogyra* herrschen, wurde schon oben geschildert.

Mitosemechanik. Eine meisterhafte zusammenfassende Darstellung
Schraders zeigt die bestehenden Schwierigkeiten, die allen Erklärungs-
versuchen entgegenstehen. Bei scharfer Trennung von erwiesenen Tatsachen und unbewiesenen Spekulationen ergibt sich aber ein fruchtbarer
Ansatz zu einer endgültigen Lösung. Zunächst allerdings zeigt sich unter
Berücksichtigung sämtlicher deskriptiven Beobachtungen an Protisten,
Tieren und Pflanzen eine kaum überblickbare Fülle von Vorgängen, die
alle erklärt werden wollen. Keine einzige der bestehenden Theorien
wird allen gerecht. Nur aus der Sichtung feststehender Tatsachen und
entsprechender Kritik an Hypothesen, die ohne Berücksichtigung aller
„Verhaltensweisen" der Chromosomen in Mitose und Meiose aufgestellt
wurden, ergibt sich der Fortschritt. Sicher ist schon jetzt, daß zahlreiche
verschiedene Kräfte zusammenspielen müssen, um den Gesamtablauf
der Mitose zustandezubringen, und daß jede Theorie, die nur mit einer
einzigen Kraft arbeitet, zum Scheitern verurteilt ist.

Ein wichtiges Teilergebnis ist der gesicherte Nachweis der so oft
bezweifelten intravitalen Realität der Spindelfasern mittels verfeinerter
optischer Methodik, die sich der Doppelbrechung bedient, durch Inoué.
Aber nicht nur ihre Realität steht nunmehr fest, sondern es zeigt sich
auch eine sehr weitgehende, ja zum Teil fast vollkommene Übereinstimmung zwischen dem Aussehen im Leben und dem — durch richtige
Präparation hergestellten — Fixierungsbild. Es kann kein Zweifel
mehr bestehen, daß den „Zugfasern" eine wichtige Rolle bei der ana-
phasischen Bewegung zukommt.

Wie viele Arten von Teilbewegungen und Teilkräften aber mitspielen können, ergibt sich aus Beobachtungen an nachhinkenden Uni-
valenten in der I. Anaphase von *Bromus*-Bastarden [Walters 1952 (1)].
Aus der Konfiguration der Chromosomenarme und dem Gesamtverhalten
wird geschlossen, daß nichtcentromerische Bewegungen vorkommen,
d.h. solche, bei denen der Centromerenmechanismus inaktiviert ist und
Kräfte — noch unbekannter Natur — an den Enden der Chromosomen
wirksam werden. Derartige Kräfte wurden in bestimmten Fällen schon
früher erschlossen oder postuliert (vgl. Fortschr. Bot. **11**, 5; **12**, 7f.)
und Bewegungen von Chromatiden in der Anaphase, die ohne Centro-

merenmechanismus zustande kommen, wurden auch sonst beobachtet [vgl. WALTERS 1952 (2)]. Die Schlußfolgerungen auf eine centromerische Aktivität der Chromosomenenden erscheinen aber nicht durchaus zwingend, da auch Strömungen in der Spindel in Betracht gezogen werden müssen. In dieser Hinsicht sind die Beobachtungen STICHs über die Bewegungen der von den Chromosomen abgegebenen Heterochromatinkörper besonders bemerkenswert: sie zeigen Polwanderung; diese Bewegung ist aber sicher ein passiver, uncentromerischer Vorgang[1].

Chromosomenbau; Heterochromatin. Das Problem der Mechanik der Chromonemaspiralisierung und der Beziehungen, die zwischen Chromonema und Matrix bestehen, versucht KURABAYASHI [1952 (3)] mit Hilfe physikalisch-chemischer Methoden einer Lösung näher zu bringen. Untersucht wurden die Chromosomen in den Pollenmutterzellen von *Trillium*. Der Begriff der Matrix ist zur Zeit kaum exakt definierbar; ob eine chemische Unterscheidbarkeit gegenüber dem Chromonema besteht, wird sich erst in der Zukunft entscheiden lassen. Dennoch muß der Begriff der Matrix aufrechterhalten bleiben und die Metaphasechromosomen muß man sich aus Chromonema und Matrix aufgebaut vorstellen. Das Sichtbarwerden des Spiralchromonemas bei Vorbehandlung vor der Fixierung beruht nach KURABAYASHI auf „masking" von Seitenketten, die sonst durch Kohäsionsbindungen Chromonema und Matrix zusammenhalten. — LEVAN u. WANGENHEIM finden in den mittleren Stadien der Mitose von *Allium* bei Vorbehandlung mit Kaliumcyanid bestimmter Konzentration völlige Abwickelung der Chromonemaschraube (der Vorgang spielt sich postmortal ab)[2]. Dabei zeigt sich an den geradegestreckten Chromosomen ein Aufbau aus Chromomeren und ungefärbten Zwischenstücken. Die Chromomeren liegen in den Schwesterchromatiden in gleicher Höhe, es handelt sich also nicht um ein uncharakteristisches Artefakt. Die Verlängerung gegenüber normalen metaphasischen Chromosomen beträgt das Fünf- bis Sechsfache.

Auf Grund der Untersuchung von kältebehandelten Chromosomen im Pollenschlauch von *Trillium* nimmt BOOTHROYD an, daß die metaphasische Differenzierung in Eu- und Heterochromatin, d.h. das Sichtbarwerden von negativ heterochromatischen Spezialsegmenten (Fortschr. Bot. **12**, 5ff.; **15**, 6) hauptsächlich auf verschiedener Kontraktion des Chromonemas beruht und nicht, wie mit DARLINGTON meist angenommen wird, in verschiedener Beladung mit Nucleinsäure seine Ursache hat. Tatsächlich tritt unter bestimmten Umständen bei Kältebehandlung eine Überkontraktion im Euchromatin ein; allgemeine Schlußfolgerungen lassen sich hieraus aber wohl kaum ziehen. Jedenfalls gelangt KURABAYASHI [1952 (1), (2)] für *Trillium* und *Paris* neuerlich zu dem Schluß, daß die

---

[1] Die neuen weitreichenden Hypothesen, die STICH über den Spindelmechanismus im allgemeinen entwickelt und die ins submikroskopische Gebiet führen, bedürfen, so anregend und wertvoll sie sind, wohl noch weiterer Unterbauung. Sie zeigen schon jetzt, wie wichtig die Untersuchung neuer Objekte und die Registrierung neuer Tatsachen ist.

[2] Mit der gleichen Methodik konnten seinerzeit KUWADA u. Mitarbeiter mittlere Mitosestadien in eine Art von Ruhekern überführen.

bei Kältebehandlung auftretenden Spezialsegmente mit Desoxyribose-Nucleinsäure unterbeladen sind und erblickt darin auch die Ursache für die Entspiralisierung der Chromonemen in dieser Region und für deren Verlängerung. Mit besonders exakter Methodik läßt sich jederzeit das Maximum der Unterbeladung und damit der Verlängerung erzielen. In diesem Zustand sind die Chromonemen im Bereich der Spezialsegmente praktisch geradegestreckt. Auf Grund der sicheren Reproduzierbarkeit der maximalen Ausbildung der Spezialsegmente, die ihre völlige Konstanz im Genom ergibt, lassen sich auch die Genome verschiedener Arten vergleichen und ihre Kombination in Allopolyploiden erkennen (HAGA u. KURABAYASHI).

Chromosomenbrüche. Durch ionisierende Strahlen ausgelöste, chemisch induzierte oder spontane Chromosomenbrüche und ihre Folgen (z. B. Vereinigung von Bruchenden) werden in steigendem Maß analysiert, da auf diese Weise Einblicke verschiedenster Art gewonnen werden können. DARLINGTON [1952 (1)] bezeichnet die Bruchfähigkeit der Chromosomen als „a focal problem in biology"[1]. Chromosomenbrüche entscheiden über Leben und Tod der Zelle und sind von grundlegender Bedeutung für die Artbildung [vgl. auch DARLINGTON 1952 (2)]. Über die cytogenetische Auswirkung hinaus (die hier nicht zu behandeln ist) vermögen Chromosomenbrüche indirekte Einblicke in die Morphologie der Chromosomen zu bieten und ermöglichen dadurch eine Analyse ihres Baus, die auf andere Weise nicht möglich ist (zusammenfassend LEVAN, OEHLKERS; hier weitere Literatur). So treten Brüche gehäuft an bestimmten Punkten der Chromosomen auf; diese Punkte müssen also, obwohl grob morphologisch nicht unterscheidbar, sich strukturell von anderen Stellen unterscheiden. Im Fall von *Vicia* sind bei Verwendung verschiedener Chemikalien verschiedene solche Punkte bevorzugt. LEVAN meint dazu (S. 239): "It seems hard to avoid the conclusion that certain chemicals have affinity for specific parts of the chromosomes. If the heterochromatine is especially favored by these chemicals, as has been suggested several times, it must be assumed that different kinds of heterochromatine attract specific chemicals, a thougt which is perhaps not improbable in view of the heterogenic nature of heterochromatine, often mentioned in various connections". Diese Forschungsrichtung steht erst am Anfang; daß sie sehr ergebnisreich weiterlaufen wird, ist zu erwarten.

Meiose. Als Bukettstadium wird der Zustand des Kerns in der I. meiotischen Teilung bezeichnet, in dem die Chromosomen mit einem Ende oder mit beiden Enden auf einen Punkt der Kernmembran hin zentriert sind. Zu diesem Zeitpunkt erfolgt die Chromosomenpaarung. HIRAOKA (1949—1952) hat nunmehr seine langjährigen cytologischen und zellphysiologischen Untersuchungen, die der Aufklärung des Wesens und des Mechanismus des Buketts galten, zusammengefaßt [HIRAOKA 1952 (7)]. Es ergibt sich, zum Teil in Bestätigung früherer Beobachtungen, daß Bukettstadien auch für höhere Pflanzen typisch sind, wenn auch in extremen Fällen die Bukettanordnung sehr undeutlich sein

---

[1] Zur chemisch-physikalischen Problematik vgl. D'AMATO.

oder fehlen kann[1]. Der charakteristischen Polarisierung im Bukett-stadium des Kerns liegen Vorgänge zugrunde, die im Plasma ihren Ursprung haben, — was ganz allgemein bei Tieren sich schon aus der bestimmten Lage des Centrosoms ergibt; bei Pflanzen tritt in bestimmter Lagebeziehung zum Bukett im Plasma ein „plastidal pole" auf, der aus einer Ansammlung verschiedenartiger Plasmagebilde mit metaboler Funktion in der Zelle besteht [HIRAOKA 1949 (2), 1950 (2)]. Doch sind Centrosom und Plastidenpol nicht miteinander funktionell vergleichbar, da sie sich in bezug auf die Orientierung des Buketts an gegenüber-liegenden Stellen befinden. Eine mit dem pflanzlichen Plastidenpol vergleichbare Region im Plasma tritt aber auch bei Tieren außer dem Centrosom auf [HIRAOKA 1951, 1952 (7)]. Für das Bukettstadium physikalisch charakteristisch ist eine gesteigerte Hydration der Zelle und des Kerns, — letztere drückt sich schon in der Vergrößerung des Kernvolumens aus; die Ursache ist gesteigerte Saugkraft [HIRAOKA 1952 (3)]; entsprechend steigt der osmotische Wert [HIRAOKA 1949 (2), 1950 (2), 1951, 1952 (7)]. Die Dünnflüssigkeit des Kernsafts ermöglicht Strömungen in ihm [HIRAOKA 1949 (1), 1952 (5)], und diese sind bei der Formierung des Buketts und damit bei der Durchführung der Chromo-somenpaarung offenbar wesentlich beteiligt; die Chromosomenenden sind dabei, wie Zentrifugierungsversuche zeigen, fest mit der Kernwand verbunden [HIRAOKA 1952 (4)]. Daß auch bestimmte Oxydations-prozesse eine wichtige Rolle spielen — im Plastidenpol ist Indophenol-oxydase nachweisbar — zeigt schon das Unterbleiben der Bukettbildung unter anaëroben Bedingungen [HIRAOKA 1952 (7)]. Mit HIRAOKA [1952 (2), S. 293] läßt sich zusammenfassend sagen: "We are now in an position to consider a probable mechanism of the bouquet formation from morphological and cellular physiological points of view. Though a thorough solution of the problem is not accessible to us yet, the pre-sentation of a working hypothesis may lead to further observations and experiments on the problem."

Die Meiose der Saprolegniaceen behandelt ZIEGLER, ohne in Einzel-heiten einzugehen; der Nachweis der Meiose bei der Zygotenkeimung ist aber an sich von Interesse, weil auf ihren Ablauf bisher nur indirekt geschlossen werden konnte[2].

Endomitotische Polyploidisierung (e. P.); karyologische Anatomie. In Fortführung ihrer Untersuchungen von Trichomen und Trichocyten der Angiospermen (Fortschr. Bot. **15**, 6ff.) zeigen TSCHERMAK-WOESS u. HASITSCHKA, daß die basale Zelle der Filamenthaare von *Bryonia dioica* 128-ploid, die der Klebstoffhaare auf den Antheren 256-ploid wird (Abb. 3; 256-ploid sind auch die Brennhaare zweier *Urtica*-Arten; vgl. Fortschr. Bot. **15**, 8). Niedrigere Polyploidiegrade sind sehr häufig. Doch gibt es auch Trichome und Trichocyten, die diploid bleiben. Entgegen

---

[1] Unter Einwirkung hypertonischer Medien und bei Fixierung erfolgt Zu-sammenballung der Chromosomen zu einer exzentrisch im Kern gelegenen Masse (sog. „Synapsis"); die Bukettstadien sind besonders fixierungslabil.

[2] Ein Sammelreferat über die Karyologie der Pilze einschließlich der Myxo-myceten verfaßte OLIVE.

dem typischen Fall, daß die e. P. erst nach Erlöschen der Mitosetätigkeit einsetzt oder — bei Haaren von Cucurbitaceen — nur ausnahmsweise in die letzten Mitosen eingeschaltet wird (Fotschr. Bot. **15**, 7f.), verhalten sich die mehrzelligen Haare von *Tropaeolum:* hier erfolgt regelmäßig in der Initiale Tetraploidisierung, dann erst folgen die — tetraploiden — Mitosen[1]. Im übrigen zeigt sich erneut die Tatsache, daß mit steigendem Polyploidiegrad eine geringere Zunahme des Kernvolumens, d.h. ein Absinken des Vergrößerungsfaktors — der von 2n auf 4n größer als 2 ist — erfolgt. Ferner zeigen sich erneut zwischen e. P. und systematischer Stellung engere Beziehungen (vgl. auch weiter unten). Hinsichtlich der Kernstruktur ergeben sich, zum Teil unabhängig vom Polyploidiegrad, gewebespezifische Unterschiede: so sind bei *Melandrium viscosum* die polyploiden Kerne gewöhnlich aus ziemlich gleichmäßig verteilten Euchromomeren und undeutlichen Chromozentren aufgebaut; in der Epidermis des Integuments schließen Eu- und Heterochromatin dagegen zu auffallenden bandförmigen Elementen zusammen; ähnliche finden sich auch in bestimmten Kernen von *Bryonia* (Abb.4). Sie sind offenbar bis zu einem gewissen Grad mit den Riesenchromosomen der Dipterenlarven vergleichbar — abgesehen davon, daß die exakte Chromomerenpaarung fehlt und damit keine Querbindenstruktur zustande kommt. Im übrigen nehmen mit steigender Polyploidie die kompakten Chromozentren diploider Kerne Chromomerenbau an und die Chromomeren selbst werden größer.

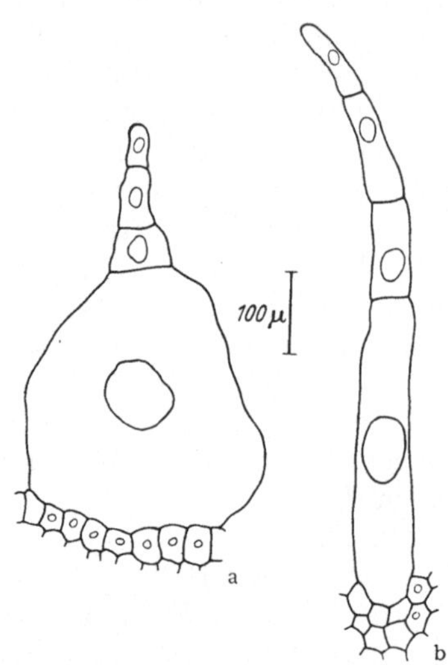

Abb. 3a u. b. Endopolyploidie in Trichomen besonderer Ausbildung. *Bryonia dioica:* a Klebstoffhaar der Anthere mit 256-ploider Basalzelle; b Haar des Filaments mit 128-ploider Basalzelle (die nächste Zelle 16-ploid, die Epidermis diploid). — Nach Tschermak-Woess u. Hasitschka, 1954.

Sehr merkwürdige Verhältnisse herrschen bei *Elodea* und bei *Potamogeton natans*: die Kerne der Trichocyten wachsen rhythmisch und sind nach ihrem Volumen im Endzustand als 16-ploid bzw. oktoploid anzusprechen. Das Wachstum erfolgt aber nicht, wie sonst, unter Zunahme der nuclealen Strukturen; vielmehr werden die Chromozentren der diploiden Ausgangskerne anucleal und schließlich unsichtbar, und der ganze Kern erscheint, abgesehen von den stark vergrößerten Nucleolen, strukturlos. Dieses echte Kernwachstum (Vergrößerung der Nucleolen!) läßt sich zunächst auf zwei Arten interpretieren: entweder beruht es allein auf Zunahme der extrachromosomalen Proteine (vgl. Fortschr. Bot. **14**, 10), wäre also nicht mit e. P. verbunden; oder aber es erfolgt e. P., die aber in diesem Fall n i c h t mit Zunahme der Desoxyribose-Nucleinsäure

---

[1] In die letzten meristematischen Mitosen eingeschaltet wird die e. P. bekanntlich auch in manchen Wurzeln *(Spinacia).*

einhergeht: dann wäre der Fall einer Vermehrung von Chromonemen **ohne** DNS-Synthese gegeben. Für diese Annahme spricht, daß bei *Potamogeton densus* das gewohnte Vergrößerungswachstum der Chromozentren unter DNS-Synthese und offenbarer e. P. erfolgt; denn sonst müßte angenommen werden, daß das Trichocytenwachstum von *Elodea* und *Potamogeton natans* einerseits und das von *Potamogeton densus*

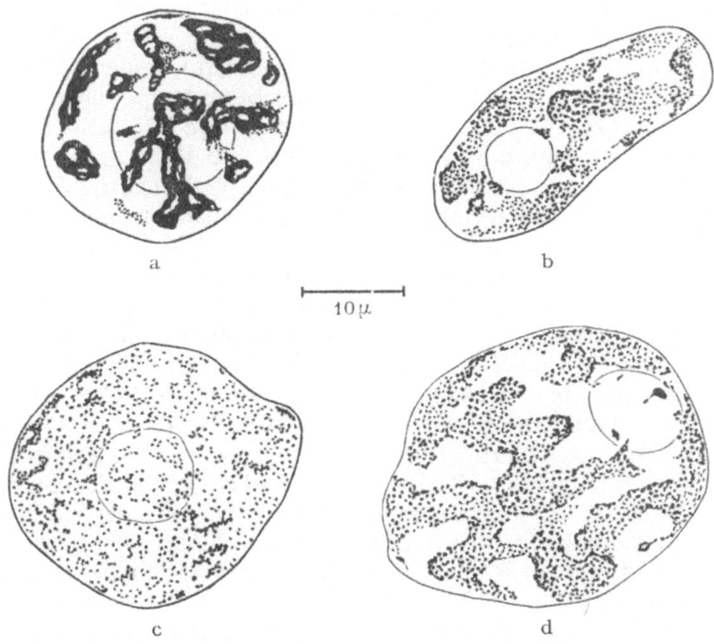

Abb. 4 a—d. Gewebespezifische Strukturunterschiede in Kernen. a, b *Bryonia dioica:* a Ruhekern aus dem Mark der Achse, b aus der zweiten Zelle von der Basis eines Staubblatthaares, beide 16-ploid. c, d *Melandrium viscosum:* c Ruhekern der Köpfchenzelle eines Drüsenhaars, d aus der Epidermis des Integuments; c vermutlich oktoploid, d vermutlich 16-ploid. — Nach TSCHERMAK-WOESS u. HASITSCHKA, 1954.

und aller anderen Pflanzen andererseits grundsätzlich verschiedener Art ist. Allerdings erscheint auch die Reproduktion von Chromonemen ohne DNS-Zunahme sehr erstaunlich. Vielleicht läßt sich als dritte Deutungsmöglichkeit annehmen, daß Vorgänge noch unbekannter Natur eine tatsächlich stattfindende DNS-Zunahme maskieren und unbeobachtbar machen (TSCHERMAK-WOESS mündlich).

In Bestätigung der Angaben eines endomitotischen Strukturwechsels der Kerne (TSCHERMAK-WOESS u. HASITSCHKA, Fortschr. Bot. **15**, 7f.; auch 1954) findet DEUFEL entsprechende charakteristische Strukturen in weiteren Fällen, und zwar in sezernierenden Zellen und Trichomen. Mit der Polyploidisierung geht auch hier Zellwachstum unter Plasmavermehrung einher. In Chromozentrenkernen trennen sich die Chromozentren nach der Endomitose, — dann steigt ihre Zahl, wie dies seinerzeit HUSKINS für *Rhoeo* festgestellt hat; oder sie bleiben beisammen und bilden Endochromozentren [GEITLER 1953 (4)], d.h.

„Sammelchromozentren", die aus Abkömmlingen eines Chromozentrums entstanden sind. Die Trennung beweist indirekt, daß der Zusammenhalt am Centromer in den auf e. P. folgenden Mitosen nicht, wie manchmal angenommen wird (D'AMATO), notwendig ist, d.h., daß die Ausbildung von Diplo- und Quadruplochromosomen der e. P. nicht wesentlich ist (auch nicht bei Blütenpflanzen). Eine andere Frage ist es, warum das Heterochromatin postendomitotisch manchmal zusammenhält, manchmal aber nicht (daß dies an dichterer oder lockerer Beschaffenheit des Heterochromatins liegt, scheint nach bisherigen und noch laufenden Untersuchungen nicht zuzutreffen). — Die sezernierenden Zellen werden im allgemeinen tetra- oder oktoploid, die Brennhaare von *Loasa papaverifolia* dagegen 64-ploid, die von *Urtica dioica* 128-ploid (bei *Urtica caudata* und *pilulifera* nach TSCHERMAK-WOESS u. HASITSCHKA 256-ploid). Bemerkenswert ist, daß sezernierende Zellen phylogenetisch alter Pflanzen (Pteridophyten, Gymnospermen, Magnoliaceen) und solche, die Zucker oder Schleim ausscheiden, anscheinend keine e. P. erfahren.

Mittels der Wundreizmethode wiesen FENZL u. TSCHERMAK-WOESS für die Achsen von 24 krautigen Angiospermen Endopolyploidie nach; bei *Cereus spachianus* lassen sich polyploide Mitosen auch durch Pfropfung auslösen und bei manchen Pflanzen treten solche in der Zellstreckungszone, bei *Solanum lycopersicum* im Mark älterer Abschnitte, auch spontan auf. Bei 12 Arten erwiesen sich die Achsengewebe als rein diploid. Wenn e. P. erfolgt, so sind die Gewebe wohl gemischt, aber nicht regellos polyploid. Der Polyploidiegrad ist im allgemeinen im Mark höher als in der Rinde und geht, wie auch sonst in wenig spezialisierten Geweben, meist nicht über 8- oder 16-Ploidie hinaus; bei *Cereus spachianus* besteht aber in Rinde und Mark 16- und 32-Ploidie, und einzelne Zellen werden sogar 64-ploid (an ihnen gelang zum erstenmal die Auslösung von Mitosen so hoch polyploider Kerne). In 64-ploiden Mitosen — zumindest in den beobachteten — sind die Chromosomen auffallend kleiner. Bei anderen Pflanzen gibt es di-, tetra- und oktoploide Mitosen mit großen und kleinen Chromosomen. Bei *Kniphofia nataliensis* und *Tradescantia fluminensis* sind die Chromosomen in den Dauergeweben größer als im Meristem. Bedeutende Größenunterschiede kommen auch bei Pflanzen vor, deren Achsengewebe diploid bleiben, so bei den Compositen. Allgemein zeigt sich wieder eine beträchtliche, noch nicht verständliche intraindividuelle Variation der Chromosomengröße [vgl. auch zusammenfassend GEITLER 1953 (4)]. Im übrigen ergibt sich auch hinsichtlich der Achse eine deutliche Beziehung zwischen e. P. und Systematik: einheitliche Familien verhalten sich einheitlich.

Im Endosperm von *Zea* treten hexaploide Kerne mit „Paarung" der Chromosomen in Pro- bis Metaphase auf; sie sind also offenbar endomitotisch entstanden (PUNNETT). Nähere Angaben fehlen („the cells occured singly or as sectors in kernels from the ears . . ."). — Anzeichen von e. P. findet WOLL bei der Untersuchung von vier Cynipidengallen der Eiche. — Merkwürdige Angaben macht WALKER für *Laminaria:* in noch einzelligen Sporophyten sollen sich die Chromosomen endomitotisch vervielfachen und sich dabei im Plasma zerstreuen, worauf dann Querwandbildung erfolgt und die Chromosomen zu je einem diploiden Kern zusammentreten sollen; die Abbildungen sind nicht beweisend und wahrscheinlich sind die abgebildeten, im Plasma zerstreuten Körper überhaupt keine Chromosomen.

Differentielle Teilung; Polarität. Die Bedeutung inäqualer Teilungen im Zuge der Gewebedifferenzierung, so im Fall der Bildung von Spaltöffnungen, Idioblasten, Trichomen usw. ist bekannt (Fortschr. Bot. 15, 3). Die Tatsachen und Probleme finden sich nunmehr sehr klar und übersichtlich zusammengefaßt (BÜNNING 1953). Nach BÜNNINGs Auffassung erlangt im Fall des Auftretens einer inäqualen Teilung in einem alternden Gewebe, bei der eine plasmareichere und eine plasmaärmere Tochterzelle entsteht, die erstere wieder $\pm$ embryonalen Charakter und ist fähig, sich zu teilen und Teilungen in der Nachbarschaft auszulösen. So läßt sich z. B. die Bildung der Nebenzellen von Spaltöffnungen verstehen. In diese Vorstellungen fügt sich das Verhalten in der Wurzel von *Potamogeton natans* und *densus* ein: hier entstehen durch inäquale Teilung plasmareiche Trichocyten in der Rhizodermis, die offenbar Teilungen in der Exodermis induzieren, woraus sich das Auftreten mehrerer Kurzzellen unterhalb der Trichocyten erklärt (TSCHERMAK-WOESS u. HASITSCHKA 1953). Die Trichocyte selbst teilt sich, im Unterschied zu den Spaltöffnungsinitialen, nicht. Bei *Ceratopteris thalictroides* teilt sich dagegen die differentiell entstandene, plasmareiche Tochterzelle in eine große Zahl reihenweise angeordneter Trichocyten; die Erneuerung des embryonalen Charakters geht hier also sehr weit (wie aus früheren Untersuchungen bekannt ist — Fortschr. Bot. 15, 6ff. — teilen sich sonst Trichocyten in der Regel nicht, sondern erfahren endomitotische Polyploidisierung). Nichts mit einer solchen Induktion zu tun hat das Muster, das die Ölzellen und Trichocyten bei Piperaceen bilden. — Die Art des Auswachsens des Wurzelhaars aus der Mutterzelle ist offenbar systematisch gebunden; dies gilt z. B. innerhalb der Gramineen für die beiden Bildungstypen — polar oder mehr in der Mitte und in verschiedenen Neigungswinkeln, — die seinerzeit SINNOTT u. BLOCH unterschieden haben (REEDER u. KRAFT VON MALTZAHN).

Inäqualen Teilungen verdanken ihre Entstehung die sog. Innenschalen, die bei manchen Diatomeen auftreten [GEITLER 1953 (2)]: es läuft eine extrem inäquale Teilung ab, die benachteiligte Tochterzelle erhält nur eine minimale Menge Plasma und keinen Chromatophor. Ihr Kern geht, wie auch die ganze Zelle, schnell zugrunde. — Inäquale „Teilungen“ ohne Cytokinese laufen bei allen Diatomeen ab während der Bildung der ersten und zweiten Schale der Erstlingszellen, die aus den Zygoten bzw. Auxosporen hervorgehen: es bildet sich wandnahe und senkrecht auf die Wand orientiert eine Spindelfigur, der eine Tochterkern geht in der Telophase zugrunde; von der inäqualen Teilung ist nur die Mitose übriggeblieben, — die aber nur einen überlebenden Tochterkern ergibt [GEITLER 1953 (1)]. Auf diese Weise finden alle bei pennaten und zentrischen Diatomeen bisher beobachteten metagamen, d.h. in den Zygoten ablaufenden Mitosen mit Abort eines Tochterkerns ihre Erklärung: jeder Schalenbildung geht eine Mitose voraus — ganz wie im Fall der vegetativen Zellteilung (und im Fall der Innenschalenbildung; vgl. oben). Bei *Cocconeis*, die dorsiventral gebaut ist und eine bestimmte Lagebeziehung zum Substrat besitzt, zeigt sich ein gesetzmäßiges Verhalten in der Orientierung der beiden defekten Mitosen: die erste Mitose erfolgt im apikalen Teil der Auxospore, der überlebende Kern wird basalwärts verlagert und basal entsteht die erste Schale (auch bei der vegetativen Teilung wird eine enge Lagebeziehung zwischen den Tochterkernen und den sich bildenden Schalen hergestellt); basal entsteht dann die zweite Spindelfigur, der überlebende Kern wird apikalwärts gezogen und hier entsteht die zweite Schale [GEITLER 1953 (1)][1].

Der Unterschied im Protoplasten zwischen der Seite der Epi- und Hypotheka (der älteren und jüngeren Schale), welcher bei Diatomeen besteht und sich bei der Gametenbildung auffallend auswirken kann (Fortschr. Bot. **15**, 3), tritt auch bei der autogamen Gametenbildung von *Denticula* in Erscheinung [GEITLER 1953 (3)]. An *Denticula* läßt sich auch die gesetzmäßige Lagebeziehung erkennen, welche die Polaritätsachsen der Auxosporen bzw. Erstlingszellen und die Mutterzellen zeigen: solche bestehen $\pm$ gut erkennbar bei allen Diatomeen (GEITLER 1951, GEITLER u. MACK, hier weitere Literatur). Dazu kann noch eine fixe Beziehung zum Substrat kommen (z. B. bei *Cocconeis*, vgl. oben). Das Wesen aller dieser Erscheinungen ist noch unbekannt, doch dürften äußerliche mechanische Ursachen zumindest mitbeteiligt sein.

Die befruchteten Eizellen von *Vaucheria* besitzen eine deutliche Polarität: der Keimschlauch entsteht immer an der Stelle der Oospore die der Basis des Oogons zugekehrt ist (RIETH). Diese Polarisierung ist unabhängig von Außenbedingungen wie Licht und Schwerkraft; Näheres ist noch unbekannt.

Männlicher Gametophyt. Durch Unterdrückung der ersten Pollenmitose mittels Colchicin erzeugte diploide Pollenkörner von *Tradescantia* wachsen weiter und werden so groß wie normale zweikernige Pollenkörner; sie bilden auch einen Pollenschlauch, es unterbleibt aber in ihm die Mitose (BISHOP u. McGOWAN). — Einzelheiten des Baues des männlichen Gametophyten von *Galanthus nivalis* bringen die Untersuchungen STEFFENs. Vegetativer Kern, generative Zelle und Spermazellen werden durch Strömungen des Pollenschlauchplasmas bewegt und auch verformt; ob außerdem aktive amöboide Bewegung vorkommt, wofür Anzeichen vorhanden sind, läßt sich nicht sicher entscheiden.

Literatur.

BAUTZ, E., u. H. MARQUARDT: Naturwiss. **40**, 531 (1953). — BISHOP, C. J., u. L. JOAN McGOWAN: Amer. J. Bot. **40**, 658 (1953). — BOOTHROYD, E. R.: J. Hered. **44**, 3 (1953). — BÜNNING, E.: Entwicklungs- und Bewegungsphysiologie der Pflanzen. Berlin-Göttingen-Heidelberg 1953.

D'AMATO, F.: Caryologia (Pisa) **5**, 1 (1952). — DARLINGTON, C. D.: (1) Heredity **6**, Suppl. V (1952) — (2) John Innes Hort. Inst. Rep. **17** (1952). — DEUFEL, J.: Naturwiss. **41**, 41 (1954). — DRAWERT, H.: Ber. dtsch. bot. Ges. **66**, 134 (1953).

---

[1] Aus dem Verhalten des abortierten Kerns, der mit verlagert wird, folgt, daß es sich nicht um eine aktive Bewegung des jeweils überlebenden Kerns handelt, sondern primär um eine Plasmaverschiebung, die den Kern mitnimmt.

FENZL, EVA, u. ELISABETH TSCHERMAK-WOESS: Österr. bot. Z. **101**, 140 (1954).
GEITLER, L.: Abh. Akad. Wiss. Lit. Mainz, S. 217, 1951. — (1) Ber. dtsch. bot. Ges. **66**, 221 (1953). — (2) Planta (Berl.) **43**, 75 (1953). — (3) Österr. bot. Z. **100**, 331 (1953). — (4) Endomitose und endomitotische Polyploidisierung, Protoplasmatologia, Bd. VI, C. Wien 1953. — GEITLER, L., u. B. MACK: Österr. bot. Z. **100**, 261 (1953). — GODWARD, M. B.: Ann. of Bot. **17**, 403 (1953). — GRUNDMANN, E., u. H. MARQUARDT: (1) Naturwiss. **40**, 557 (1953). — (2) Chromosoma **6**, 115 (1953).
HAGA, T., u. M. KURABAYASHI: Cytologia (Tokyo) **18**, 13 (1953). — HELMCKE, J.-G., u. W. KRIEGER: Z. wiss. Mikrosk. **60**, 197 (1951). — (1) Ebenda **61**, 84 (1952). — (2) Ber. dtsch. bot. Ges. **64**, 29 (1952). — (3) Ebenda **65**, 69 (1952). — (4) Naturwiss. **39**, 146 (1952). — Diatomeenschalen im elektronenoptischen Bild, Transmare G. m. b. H. Berlin 1953. — HIRAOKA, T.: (1) Mem. Coll. Sci. Univ. Kyoto **19**, 61 (1949). — (2) Bot. Mag. (Tokyo) **62**, 19 (1949). — (3) Ebenda **62**, 121 (1949). — (1) Ebenda **63**, 1 (1950). — (2) Ebenda **63**, 113 (1950). — (3) Mem. Coll. Sci. Univ. Kyoto **19**, 81 (1950). — Bot. Mag. (Tokyo) **64**, 101 (1951). — (1) Ebenda **65**, 61 (1952). — (2) Cytologia (Tokyo) **16**, 335 (1952). — (3) Ebenda **17**, 6 (1952). — (4) Bot. Mag. (Tokyo) **65**, 102 (1952). — (5) Cytologia (Tokyo) **17**, 201 (1952). — (6) Ebenda **17**, 287 (1952). — (7) Ebenda **17**, 292 (1952). — HUSTEDT, F.: Arch. f. Hydrobiol. **47**, 295 (1952).
INOUÉ, S.: Chromosoma **5**, 487 (1953).
KOLBE, R. W.: Sv. bot. Tidskr. **45**, 636 (1953). — KURABAYASHI, M.: (1) J. Fac. Sci. Hokkaido Univ., Ser. V **6**, 199 (1952). — (2) Ebenda **6**, 233 (1952). — (3) Ebenda **6**, 210 (1952).
LEVAN, A.: Cold Spring Harbor Symp. Quant. Biol. **16**, 233 (1951). — LEVAN, A., u. K. H. Frh. v. WANGENHEIM: Hereditas (Lund) **38**, 297 (1952). — LEVRING, T.: Physiol. Plantarum (Copenh.) **5**, 528 (1952) — LEWIN, R. A., u. JOSEPHINE O. MEINHART: J. of Bot. **31**, 711 (1953).
MANTON, IRENE: Symposia Soc. Exper. Biol. **1952**, No VI. — Nature (Lond.) **171**, 485 (1953). — MANTON, IRENE, u. B. CLARKE: J. of Exper. Bot. **3**, 265 (1952). — MANTON, IRENE, B. CLARKE, A. D. GREENWOOD u. E. A. FLINT: Ebenda **3**, 204 (1952). — MÜHLETHALER, K.: Mikroskopie (Wien) **8**, 103 (1953).
OEHLKERS, F.: Heredity (Lond.) **6**, Suppl., 95 (1952). — OLIVE, L. S.: Bot. Review **19**, 439 (1953).
PÄTAU, K., u. H. SWIFT: Chromosoma **6**, 149 (1953). — PERNER, E. D.: Ber. dtsch. bot. Ges. **67**, 26 (1954). — PERNER, E. D., u. G. PFEFFERKORN: Flora (Jena) **140**, 98 (1953). — PLAUT, W. S.: Hereditas (Lund) **39**, 438 (1953). — POCHMANN, A.: Planta (Berl.) **42**, 478 (1953). — PUNNETT, H. H.: J. Hered. **44**, 257 (1953).
RATTENBURG, J. A., u. J. A. SERRA: Portugal. Acta Biol., Ser. A **3**, 239 (1952). — REEDER, J. R., u. KRAFT V. MALTZAHN: Proc. Nat. Acad. Sci. U.S.A. **39**, 593 (1953). — RIETH, A.: Flora (Jena) **140**, 596 (1953).
SCHRADER, F.: Mitosis. The movements of chromosomes in cell division. 2. Aufl. New York 1953. — SITTE, P.: Mikroskopie (Wien) **8**, 290 (1953). — STEFFEN, K.: Flora (Jena) **140**, 140 (1953). — STEWARD, F. C., u. K. MÜHLETHALER: Ann. of Bot. **17**, 295 (1953). — STICH, H.: Chromosoma **6**, 199 (1954). — STRUGGER, S.: Ber. dtsch. bot. Ges. **66**, 439 (1953).
TAYLOR, J. H.: Exper. Cell. Res. **4**, 164 (1953). — TSCHERMAK-WOESS, ELISABETH u. GERTRUDE HASITSCHKA: Österr. bot. Z. **100**, 545 (1953); **101**, 79 (1954).
WALKER, F. T.: Ann. of Bot. **18**, 113 (1954). — WALTERS, MARTA S.: (1) Genetics **37**, 8 (1952). — (2) Amer. J. Bot. **39**, 619 (1952). — WOLL, E.: Z. Bot. **42**, 1 (1954).
ZIEGLER, A. W.: Amer. J. Bot. **40**, 60 (1953).

2. Morphologie einschließlich Anatomie.

Von WILHELM TROLL und HANS WEBER, Mainz.

Mit 21 Abbildungen.

I. Sproßbildung und Sproßbau.

1. Bau und Wachstum des Sproßscheitels.

Nach wie vor nehmen in der pflanzenanatomischen Literatur die Arbeiten über die histologische Zonierung der Sproßscheitel einen breiten Raum ein (vgl. Fortschr. Bot. 13, 23 und 14, 16). Mit Recht weist

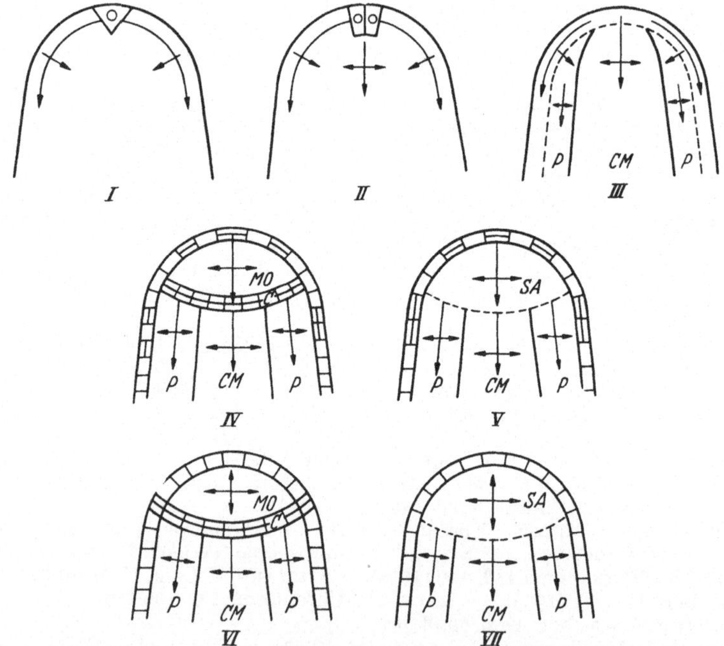

Abb. 5. Schematische Darstellung der verschiedenen Typen der Sproßscheitelzonierung bei den höheren Pflanzen. Die Pfeile geben die Richtung der Gewebeproduktion an. In VI und VII ist eine Tunica entwickelt. *C* kambiumähnliche Zone, *CM* zentrales Meristem (Rippenmeristem), *MO* zentrale Mutterzellen, *SA* subapikale Initialen, *P* peripheres Meristem. Weiteres im Text. Nach POPHAM.

POPHAM darauf hin, daß in den zahlreichen neuen Untersuchungen häufig auf geringfügige Unterschiede im Verhalten einzelner Gattungen eingegangen worden ist, wichtige gemeinsame Züge dagegen vielfach unbeachtet geblieben sind. Das meint wohl auch WARDLAW (2), wenn er die Entwicklung neuer theoretischer Konzeptionen fordert, die gleichermaßen auf alle Vegetationspunkte anwendbar sind. Unter Auswertung des umfangreichen Schrifttums stellt POPHAM sieben Typen von Sproßscheiteln auf, von denen heute angenommen werden kann, daß sie alle vorkommenden Fälle umfassen (Abb. 5). Die Typen I—III sind auf die Pteridophyten beschränkt, IV und V sind für die Gymnospermen charakteristisch, wogegen die Angiospermen sich allein nach dem Typus VI oder VII verhalten. Ob freilich eine solche Einteilung allgemeingültig ist, müssen weitere Untersuchungen erweisen. Auf wenige Ausnahmen, die sich auf Gymnospermen beziehen, hat POPHAM selbst schon hingewiesen, so auf *Cycas revoluta*, die sich nach den Befunden von FOSTER (1)

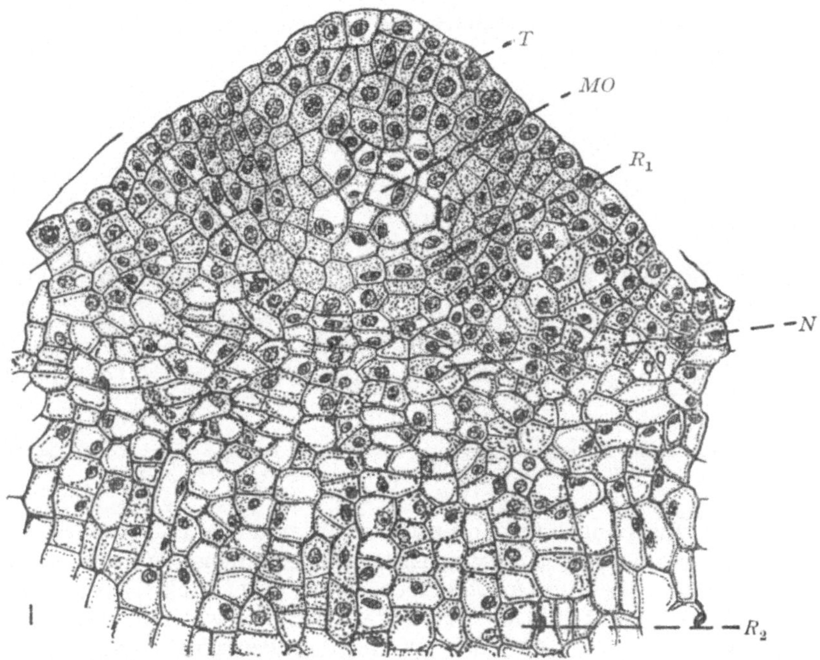

Abb. 6. *Gnetum gnemon*. Längsschnitt durch einen Sproßscheitel. *T* Tunica, *MO* zentrale Mutterzellen, *N* Knoten, R_1 Rippenmeristem, R_2 Rippenmeristem im ersten Internodium. Nach JOHNSON.

nach dem Typus III verhält, sowie auf *Araucaria brasiliensis* und *Sciadopitys verticillata*, denen, wenn die älteren Beobachtungen STRASBURGERs (1872) richtig sind, der sonst nur für angiosperme Pflanzen zutreffende Typus VII zugrunde liegt. Neuerdings aber hat GRIFFITH für den Vegetationspunkt auch anderer Araucarien eine Tunica nachweisen können. Diese ist bei *A. araucana* und *A. bidwillii* sogar zweischichtig, wogegen sie bei anderen Arten (*A. cunninghamii* und *A. excelsa*) nur aus einer Zellage besteht. Ebenso sind unter den Gnetales Pflanzen mit geschichtetem Vegetationspunkt bekannt geworden, so *Ephedra fragilis var. campylopoda* (SEELIGER) und *Gnetum gnemon* (JOHNSON, Abb. 6). In beiden Fällen wurde eine einschichtige Tunica festgestellt. Man erkennt jedenfalls hieraus, daß die Vorstellung von einem allgemein ungeschichteten Gymnospermenscheitel sich nicht mehr aufrecht erhalten läßt.

Bemerkenswert ist es, daß gerade die systematisch höher stehenden Formen unter den Gymnospermen im Bau des Vegetationspunktes sich den bei den Angiospermen herrschenden Verhältnissen annähern. *Welwitschia* jedoch scheint sich nach dem Gymnospermentypus zu verhalten (RODIN).

Im Anschluß an Untersuchungen FOSTERs (2) über *Microcycas calocoma* hat SCHÜEPP eine beachtenswerte Studie über die Wachstumsbewegung und Zellanordnung im Sproßscheitel dieser Pflanze veröffentlicht, auf die hier nur hingewiesen werden kann.

Recht überraschend erscheint der Befund von THIELKE, wonach der Sproßscheitel von *Saccharum officinarum*, im Gegensatz zu allen übrigen von ihr untersuchten Gramineen, die über eine ein- oder zweischichtige

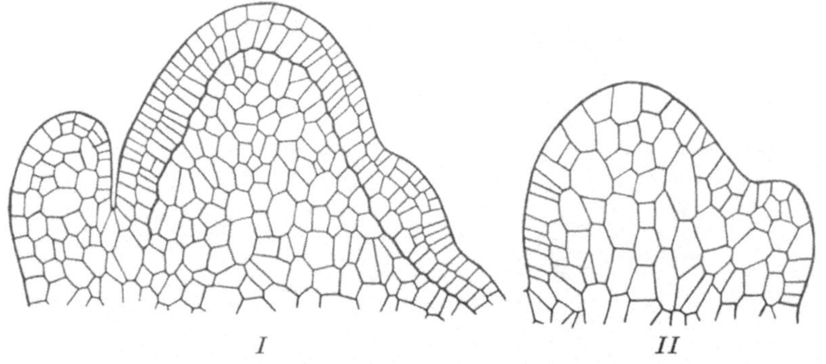

Abb. 7. I *Dactylis glomerata*. Vegetationskegel mit zweischichtiger Tunica im Längsschnitt. II *Saccharum officinarum*. Vegetationskegel im medianen Längsschnitt. Nach THIELKE.

Tunica verfügen, nacktes Corpusgewebe darstellt. Es wäre dies ein Fall, wie er sonst nur für Gymnospermen bekannt ist (Abb. 5, V). Betrachtet man aber die Abbildungen, die THIELKE als Beleg anführt (Abb. 7, II), so läßt sich doch vermuten, daß eine wenn auch nur wenig ausgedehnte Tunica vorhanden ist und daß Periklinalteilungen immer nur dort stattfinden, wo sich die Anlegung eines Blattprimordiums anbahnt. Vorläufig erscheint es noch fraglich, ob *Saccharum* wirklich einen ungeschichteten Vegetationspunkt besitzt und ob die Möglichkeit der Periklinalchimärenbildung bei dieser Pflanze (von dieser Fragestellung geht THIELKE bei ihren Untersuchungen aus) tatsächlich verneint werden muß. Mit Monokotylen-Vegetationspunkten hat sich weiter STANT befaßt. Die von ihr untersuchten Arten (*Helodea, Convallaria, Carex* u. a.) fügen sich im Aufbau ihres Scheitels in das in Abb. 5, VII gegebene Schema ein. Gleiches läßt sich für den winzigen Vegetationspunkt der Crucifere *Arabidopsis thaliana* sagen (VAUGHAN).

Für die Pteridophyten ist es interessant, daß *Psilotum triquetrum* nach VETTER, in Bestätigung der Befunde älterer Autoren, normalerweise eine Scheitelzelle besitzt (Abb. 5, I), gelegentlich aber auch eine aus mehreren Zellen bestehende Scheitelzone aufweisen kann und sich damit dem Verhalten von *Lycopodium* (Abb. 5, III) nähert (s. TROLL, vgl. Morph. I, 1, S. 466ff.).

Von besonderem Interesse ist das Verhalten des Vegetationspunktes beim Übergang von der vegetativen Sproßphase zur Blüten- bzw. Infloreszenzbildung. Daß er dabei häufig einen auffallenden äußeren Formwechsel erleidet, ist eine seit längerem bekannte Tatsache, die zuletzt RENNER (2) für *Epilobium* und BUVAT (1—4) für *Myosurus* bestätigt haben. Dagegen lagen bisher nur wenige genauere histogenetische Untersuchungen vor, ganz besonders im Hinblick auf die in den letzten Jahren viel erörterte These von GRÉGOIRE, nach der vegetativer und reproduktiver Vegetationspunkt grundsätzlich verschiedenartige Gebilde sein sollen (vgl. Fortschr. Bot. 12, 20). Wenn wir diese Auffassung in Fortschr. Bot. 13, 24 als endgültig widerlegt bezeichnen konnten, so haben dies inzwischen weitere Beobachtungen bestätigt. Mit allem Nachdruck weist TEPHER in einer sorgfältigen Untersuchung über die Ontogenese der Blüten von *Aquilegia formosa* und *Ranunculus repens* darauf hin, daß die Achsenscheitel sich im vegetativen und floralen Bereich durchaus gleich verhalten. Am Beispiel von *Chrysanthemum morifolium* haben weiter POPHAM und CHAN die Entwicklung des Blütenköpfchens histogenetisch verfolgt. Sie betonen, daß der vegetative Sproßscheitel kontinuierlich in die Infloreszenzanlage übergeht. Dabei verringert sich allerdings die Zahl der Tunica-Schichten von vier auf zwei, und die schalenförmige kambiumähnliche Zone (Abb. 5, VI) geht im Rippenmeristem auf, das sich später nicht mehr deutlich gegen die zentrale Mutterzellzone abgrenzen läßt.

Daß die Zahl der Tunica-Schichten während der Ontogenese Schwankungen unterworfen ist, wurde früher schon berichtet (Fortschr. Bot. 13, 23). CHAKRAVARTI hat ein weiteres Beispiel dafür mitgeteilt. Bei *Brassica campestris* fand er, daß der Sproßscheitel des Embryos über eine einschichtige Tunica verfügt, bis zum Eintritt in die reproduktive Phase erhöht sich aber die Schichtenzahl auf drei bis vier. Weitere Angaben finden sich bei RAUH und REZNIK. Ob diese Erscheinung allgemein eine Folge der Erstarkung des Vegetationspunktes ist, läßt sich mit Sicherheit noch nicht übersehen. Jedenfalls kommt im Infloreszenzbereich sowohl Verminderung als auch Vermehrung der Tunica-Schichten vor.

Die Ergebnisse von POPHAM und CHAN finden in zwei umfangreichen Arbeiten von RAUH und REZNIK eine Bestätigung. In ihrer ersten Untersuchung behandeln diese Autoren die Histogenese von becherförmigen Blüten- und Infloreszenzachsen und bemerken dabei, daß ebenso wie in der vegetativen auch in der reproduktiven Phase Erstarkungsvorgänge und primäres Dickenwachstum (im wesentlichen medullärer Art; vgl. die Darstellung in Fortschr. Bot. 13, 34ff.) erfolgen. Beide zusammen liefern die Grundlage für die Entstehung becherförmiger Achsen. Für die Rose *(Rosa rugosa)* ist der sog. Konvextypus bezeichnend (Abb. 8). Durch Erstarkung des Achsenscheitels entsteht zunächst ein aufgewölbter „Meristempflock", der darauf infolge primären Dickenwachstums verkehrt-kegelförmige Gestalt annimmt. Nach Ausgliederung der Kelchblattprimordien wölbt sich der Scheitel an seinen Rändern schüsselartig empor. Erst mit der Bildung der Karpelle kommt es zur Becherentwicklung, die von einem nicht für die Ausgliederung der Staubblätter verbrauchten Rest des Schüsselrandmeristems ausgeht. Beim Konkavtypus *(Ficus carica, Calycanthus floridus, Pirus communis)* laufen Erstarkungswachstum und primäres Dickenwachstum nebeneinander (gleichzeitig) ab (Abb. 9). Es entsteht ein stark verbreiterter abgeflachter Scheitel, der infolge lebhafter Teilungstätigkeit seiner peripheren Teile sehr früh schüsselförmige Gestalt annimmt. Auch hier geben die Schüsselränder ein interkalares Meristem für die Becherbildung ab, die aber schon vor der Ausgliederung der einzelnen Blüten bzw. Blütenorgane einsetzt. Was die Histogenese köpfchenförmiger Infloreszenzen

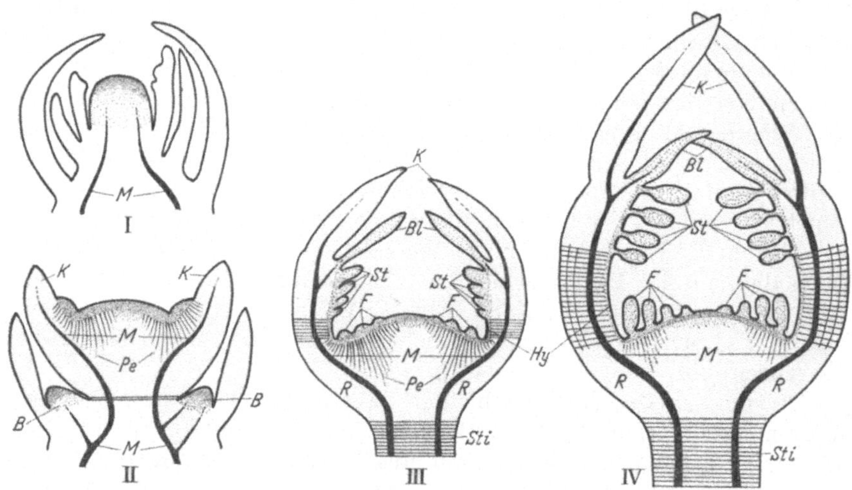

Abb. 8. *Rosa rugosa*. Schema der Blütenentwicklung. Scheitelmeristem dicht, die aus dem Schüsselrand hervorgehenden Staub- und Blütenblätter locker punktiert. Periklinalreihen *Pe* schräg schraffiert. Interkalare Meristeme, die das Hypanthium *Hy* und den Blütenstiel *Sti* aufbauen, quer schraffiert. *B* Anlagen der Seitenblüten, *Bl* Blütenblätter, *F* Fruchtblätter, *St* Staubblätter, *K* Kelchblätter, *M* Markkörper, *R* primäre Rinde. Nach RAUH und REZNIK (1).

anlangt, so sind nach RAUH und REZNIK (2) die beteiligten Wachstumsvorgänge hier ebenfalls vorwiegend primärer Natur. Sowohl zapfenförmige als auch scheiben- oder schüsselförmige Köpfchenachsen gehen gleichermaßen auf ein halbkugelig aufgewölbtes Infloreszenzprimordium zurück. Die späteren Unterschiede beruhen auf dem mit der Blütenausgliederung einsetzenden Längen- und Dickenwachstum, das im einzelnen verschiedene Intensität aufweist. Die Steigerung des primären Dickenwachstums ist auch hier wieder eine Folge der Erstarkung des Vegetationspunktes, dessen Volumen sich um ein Mehrfaches vergrößert. Hand in Hand damit erfolgt im Sproßscheitel eine Ausweitung des „Markmutterzellkomplexes" (der zentralen Mutterzellzone der amerikanischen Autoren), dessen Tätigkeit eine gesteigerte Markbildung zur Folge hat, wobei zwischen einer zentralen Marksäule und auswärts gerichteten Markperiklinen zu unterscheiden ist. Diese letzteren biegen um so stärker aus, je intensiver das Randwachstum des Mutterzellbereiches ist. Im Extrem kommt es zu schüsselförmiger Aufwölbung des Randbereiches *(Helianthus)*.

Wenn in allen diesen Untersuchungen, denen wir noch die Erörterungen von Gavaudan und Debraux (1), (2) an die Seite stellen können, die Grégoiresche Theorie scharf abgelehnt wird, so fehlt es doch nicht an Stimmen, die sie befürworten. Namentlich französische Botaniker aus der Schule Plantefols versuchen, sie wieder ins Blickfeld zu rücken. Plantefol selbst hat ja in seiner neuen Blütentheorie, die wir schon früher kritisch charakterisiert haben (Fortschr. Bot. 13, 54), ebenfalls betont, daß die Vegetationspunkte im vegetativen und floralen Bereich verschieden geartete Bildungen seien. Zur Unterbauung dieser These hat jetzt vor allem Buvat (4) eine umfangreiche Untersuchung vorgelegt, die sich mit den cytologischen Vorgängen im Sproßscheitel befaßt. Seinen Studien sind solche von Lance (1) gefolgt, die

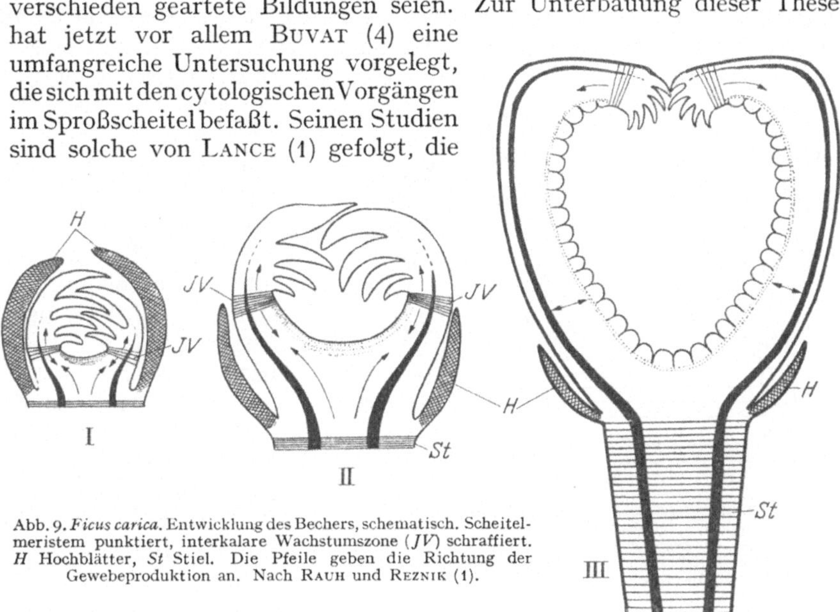

Abb. 9. *Ficus carica.* Entwicklung des Bechers, schematisch. Scheitelmeristem punktiert, interkalare Wachstumszone (*JV*) schraffiert. *H* Hochblätter, *St* Stiel. Die Pfeile geben die Richtung der Gewebeproduktion an. Nach Rauh und Reznik (1).

aber alle nicht geeignet erscheinen, die Auffassung von der Kontinuität der Scheitelmeristeme zu erschüttern. Von weiteren Arbeiten der französischen Schule seien in diesem Zusammenhang diejenigen von Camefort (*Picea excelsa,* 1; *Ginkgo biloba,* 3), Bersillon *(Papaver somniferum)* und Fardy, Schwartz und Cuzin *(Nicotiana tabacum)* genannt.

Auf den Erstarkungsformwechsel des Vegetationspunktes bei Monokotylen hatte schon Troll am Beispiel von *Juncus bufonius* ausdrücklich hingewiesen (Fortschr. Bot. 14, 19). Jetzt liegt eine sehr genaue Untersuchung darüber für *Zea Mays* vor, die wir Abbe und Phinney verdanken. Ihre Ergebnisse sind der Abb. 10 zu entnehmen. Für die Pteridophyten hat Wardlaw (3) auf die Zusammenhänge von Erstarkungsformwechsel des Scheitels und jeweiligem Ernährungszustand aufmerksam gemacht, sowie auf die Folgerungen, die daraus für die Bildung der Seitenorgane herzuleiten sind. Allsopp hat dies für *Marsilia* näher erläutert. Doch gehen die Befunde der genannten Autoren kaum über die von ihnen nicht berücksichtigte Darstellung Trolls hinaus (Vergl. Morph. I, 1, S. 291 sowie I, 2, S. 1045 f. u. S. 1388 ff.).

Eine Frage, die während der letzten Jahre namentlich von der experimentellen Morphologie mit beachtenswerten Erfolgen angegangen worden ist, ist die, ob der Sproßscheitel für die Gewebedifferenzierung verantwortlich zu machen ist, oder ob diese von älteren Sproßteilen her bestimmt wird. Neue Untersuchungen von BALL (1), (2) sprechen eindeutig für die erste Auffassung (vgl. dazu Fortschr. Bot. 14, 21). Wenn der über den jüngsten Blattprimordien gelegene Scheitelteil des Vegetationskegels von *Lupinus albus* durch vier 1—2 mm tiefe senkrechte Einschnitte derart isoliert wird, daß er lediglich noch über einen Markpflock mit dem übrigen Achsensystem in Verbindung steht, so entwickelt er sich in der Weise weiter, daß zunächst die Ausgliederung eines Blattprimordiums erfolgt. Unmittelbar darauf wird von der Spitze her durch Teilung von Markzellen ein zylindrischer Prokambiumstrang ausdifferenziert, dessen Bildung streng basipetal verläuft und fortgesetzt wird, bis der Anschluß an das ältere Leitgewebe hergestellt ist. Nur ein geringer Teil des Prokambiums steht mit der Blattanlage in Verbindung, dem weitaus größeren Teil muß axiale

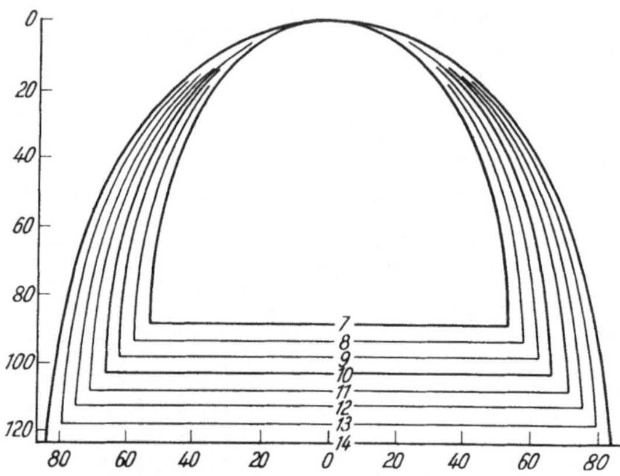

Abb. 10. Diagrammatische Darstellung der Scheitelerstarkung bei *Zea Mays* während der Plastochrone 7—14. Für jedes Plastochron ist der Vegetationskegel in seiner mittleren Größe aufgezeichnet. Auf der Abszisse ist die Dicke, auf der Ordinate die Länge des Scheitels in Mikron zu ersehen. Nach ABBE und PHINNEY.

Herkunft zugeschrieben werden. Zweifellos ist also hier das Scheitelmeristem als das aktive Zentrum für die Gewebedifferenzierung im Sproßkörper anzusehen.

Für die Wurzel scheint Entsprechendes zu gelten. BÜNNING konnte zeigen, daß die Differenzierung von Gefäßsträngen in der Wurzel von *Vicia faba* oder von seitenwurzelbildenden Pericykelstreifen in der *Pandanus*-Wurzel auch dann autonom in der Spitzenregion erfolgen kann, wenn diese vom proximalen Abschnitt des Gesamtorgans isoliert wird. Allerdings sind nach BÜNNING zusätzliche Induktionswirkungen anzunehmen, die, vom älteren Gewebe ausgehend, sich akropetal fortpflanzen. So wird die Kontinuität von Gewebesträngen ermöglicht.

Recht interessant ist bei den BALLschen Versuchen die Frage, welchen Umfang das Spitzenmeristem aufweisen muß, wenn eine geordnete Organanlegung gewährleistet sein soll. Um dies zu entscheiden, hat BALL (1) wiederum senkrechte Einschnitte am Sproßvegetationspunkt von *Lupinus* angebracht und festgestellt, daß noch bei einer Sechsteilung die einzelnen Segmente zu vollständigen Pflanzen regenerieren können. Ein solches Segment bildet seitlich, an einer Stelle, wo sonst ein Blattprimordium zu erwarten gewesen wäre, einen neuen Vegetationspunkt, von dem

aus auch hier wieder ein einfacher zylindrischer Prokambialstrang ausgeht, der sich später zu einem normalen Leitbündelring ausweiten kann.
Hier wäre allerdings eingehend zu prüfen, ob die neue Sproßknospe
sich tatsächlich *an der Stelle* eines Blattprimordiums bildet. Es wäre
durchaus denkbar, daß sie einer Achselknospe entspricht, deren zuge-
höriges Tragblatt — als Folge des Eingriffes — nicht zur Anlegung
kommt. Ebenso bedürfen entsprechende Ausführungen WARDLAWs (1)
einer kritischen histologischen Überprüfung. Wenn die Zahl der Segmente
an einem Sproßscheitel weiter vermehrt wird, also über sechs hinausgeht,
konnte keine Weiterentwicklung erzielt werden. So scheinen diese Versuche zu zeigen, daß eine Mindestzahl von Meristemzellen in der Scheitelregion vorhanden sein muß, wenn geordnete Organstrukturen entstehen
sollen. Auch bei Knospenbildung an Gewebe- oder Organkulturen dürfte
stets ein mehrzelliger Meristemkomplex Ausgangspunkt für den Aufbau
eines neuen Sproßscheitels sein. So kann man es wieder u. a. den
Ausführungen STERLINGs über die Kultur von Tabak-Sproßsegmenten
entnehmen. Anders ist dies bekanntlich bei ausgereiften parenchymati-
schen Zellen, die schon in Einzahl einen neuen Trieb liefern können, z. B.
bei der Bildung von hypokotylbürtigen Sprossen, wie sie jüngst wieder
CHAMPAGNAT (1) für *Linaria triphylla* beschrieben hat. Im übrigen sei
hier auf das zusammenfassende Werk von WARDLAW (1) verwiesen, das
im Zusammenhang mit phylogenetischen Erörterungen einen begrüßenswerten Überblick über die Fragen der Gewebedifferenzierung und Organbildung vermittelt.

2. Blattanlegung und Blattstellung.

In engem Zusammenhang mit den Untersuchungen über die Scheitelmeristeme stehen die Probleme, die die Ausgliederung der Blattprimor-
dien betreffen. Die Auffassung von M. und R. SNOW, daß die jüngsten
Blattanlagen am Vegetationspunkt jeweils in dem nächst verfügbaren
Raum entstehen, hatte durch WARDLAW eine gewisse Stütze erfahren
(Fortschr. Bot. **14**, 21). Sie wurde jetzt durch neue experimentelle
Untersuchungen am Sproßscheitel von *Lupinus albus* und *Euphorbia
lathyris* weiter gefestigt (M. und R. SNOW). Wenn am Vegetationskegel
von jungen Lupinen im Bereich des jüngsten (noch nicht sichtbaren)
Primordiums zwei senkrechte radiale Einschnitte angebracht wurden,
die nach Möglichkeit um 100° voneinander entfernt waren, so bildete
sich während der vegetativen Sproßphase in dem so begrenzten Sektor
niemals eine Blattanlage, es sei denn, daß der Vegetationspunkt selbst
zerstört wurde. Der freie Raum, der für die Entstehung eines Primordiums
erforderlich ist, wird für *Lupinus* im Bogenmaß mit 122° abgegeben. Im
Infloreszenzbereich, wo die Blattanlagen kleiner sind, verringert sich
freilich dieser Wert. Ähnliche Versuche mit *Euphorbia lathyris* zeigten,
daß zwischen Einschnitten, die einen Sektor von weniger als 88° begrenzen, ebenfalls keine Primordien entstehen können. Wurden bei *Lupinus*
die zentralen Teile der jüngsten sichtbaren Blattanlagen zerstört, so blieb
dies ohne jeden Einfluß auf die Entwicklung der späteren Primordien.
Von diesem Ergebnis her wird die Vorstellung von RICHARDS in Frage

gestellt, nach der die Bildung bzw. Lokalisation von neuen Primordien unter anderem dem hemmenden Einfluß der bereits ausgegliederten jungen Blätter unterliegt, und von hier aus gesehen erfordern auch die Schlußfolgerungen, die M. Snow aus Untersuchungen an *Rhoeo discolor* zieht, eine Nachprüfung. Wieweit sich die Theorie vom „verfügbaren Raum" auf andere Objekte übertragen läßt, ist eine völlig offene Frage, die noch umfangreicher Beobachtungen bedarf. Für *Selaginella* glaubt Cusick, daß weder der verfügbare Raum noch Hemmungswirkungen von schon vorhandenen Blattanlagen aus für die Lokalisation eines neuen Primordiums größere Bedeutung haben. Das Rätsel der harmonischen Blattstellung bleibt sicher noch lange Zeit Ansporn zu weiteren Untersuchungen.

Auf der Snowschen Theorie fußend und von der Voraussetzung ausgehend, daß der Vegetationskegel einer gut ernährten und wüchsigen Pflanze kräftiger entwickelt ist als derjenige einer unterernährten, vermutet Millener, daß ein räumlich größerer Vegetationspunkt auf seinem Umfang auch eine größere Zahl von Primordien hervorbringen könne. Tatsächlich ergab sich bei der Untersuchung von vier Gruppen zu je 100 Keimpflanzen von *Ulex europaeus*, die unter verschiedenen Bedingungen kultiviert wurden, eine um so stärkere Verschiebung des Blattstellungsverhältnisses von 2/5 nach 3/8, je kräftiger die einzelnen Gruppen entwickelt waren. Andere Blattstellungsstudien von R. Snow befassen sich mit *Dipsacus laciniatus* (1) und mit *Costus* (2).

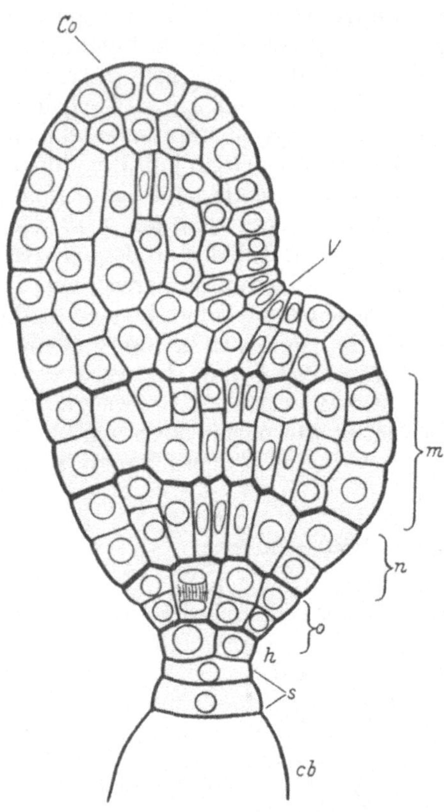

Abb. 11. *Ottelia alismoides*. Längsschnitt durch einen Embryo. *Co* Kotyledo, *V* Vegetationspunkt. Nach Haccius (2).

Über die Blattstellung an einigen Monokotylenembryonen verdanken wir Haccius neue Angaben. Sie geht zunächst (2) ausführlich auf die Embryoentwicklung von *Ottelia alismoides* (Helobiae) ein und betont, daß hier — entgegen älteren Befunden von Murthy — Sproßscheitel und Kotyledo nebeneinander aus den Zellen des Endsegments des Proembryos ausdifferenziert werden (Abb. 11). Einen entsprechenden Befund hatte früher schon Cambpell (1897) für *Zannichellia* mitgeteilt.

Solche Beobachtungen werfen neues Licht auf das Problem der Terminalität des Monokotylenkeimblattes. Sie ist, wie grundsätzlich bereits TROLL (1950) ausgeführt hat, in Wirklichkeit nur die Folge einer vorauseilenden Entwicklung des stark geförderten Kotyledos, der zu seiner Bildung das gesamte Scheitelgewebe verbraucht. Dieses muß, wie es frühere Autoren schon bemerkt haben, sekundär aus einer darunter liegenden Zellgruppe ergänzt werden. Mit anderen Worten: die Terminalität des Kotyledos ist nichts anderes als eine durch Verzögerung der Achsenentwicklung bedingte extreme Abwandlung der rein lateralen Anordnung des Keimblattes, wie sie bauplanmäßig bei Spermatophyten allgemein vorausgesetzt werden kann.

Derartige Restaurationen des Scheitelgewebes im Verlauf der einzelnen Plastochrone sind unter den Monokotylen auch sonst weit verbreitet. Aber auch bei Dikotylen sind sie zu beobachten, unter anderem nach RENNER (2) bei *Epilobium*-Arten, wo am noch nicht erstarkten Vegetationspunkt der Keimpflanze das Scheitelmeristem bei der Primordienbildung weitgehend verbraucht und hernach jedesmal wieder ergänzt wird (vgl. Fortschr. Bot. 14, 18). Ähnliche Beobachtungen hat CHAMPAGNAT (3) für *Linaria chalepensis* mitgeteilt (vgl. auch TROLL, Vergl. Morph. I, 1; S. 251).

HACCIUS (1) beschreibt ferner die vom charakteristischen Verhalten abweichenden Blattstellungsverhältnisse von *Enalus (Enhalus) acoroides* und *Stratiotes aloides*. Bei der ersteren Pflanze liegt eine transversale Distichie vor, die mit zwei einander opponierten und seitlich von der Mediane des Kotyledos inserierten Blättern beginnt. Die alternierenden dreizähligen Scheinwirtel von *Stratiotes* werden auf Spirotristichie zurückgeführt. Das Auftreten echter dreizähliger Blattwirtel ist für eine Reihe von Dikotylen bekannt, namentlich auch für solche, die normalerweise nur zweizählige Wirtel aufweisen. Hierzu haben RENNER und BRAUN (2) einige weitere Beobachtungen geliefert. Sicher handelt es sich bei Pflanzen, die wie *Epilobium trigonum* und *Hypericum coris* nach anfänglicher Dekussation zur dreizähligen Wirtelbildung übergehen, um ein Phänomen, das mit dem Erstarkungsformwechsel des Vegetationspunktes gekoppelt ist. Daß trikotyle Individuen diese Blattstellung für den Haupttrieb beibehalten, erscheint von hier aus gesehen nicht weiter verwunderlich. Es wäre interessant, Näheres über die Blattstellungsverhältnisse derjenigen Pflanzen zu erfahren, die sich aus den von JURKAT beschriebenen anomal beblätterten *Pulsatilla*-Keimlingen entwickeln. PLANTEFOL, der in seiner neuen Blattstellungstheorie (Fortschr. Bot. 12, 24) die Entstehung von Blattorganen auf die Tätigkeit sog. Blattbildungszentren (centres générateurs) zurückführt, von denen aus sich jeweils eine Schraubenlinie verfolgen läßt, führt den Übergang von einer einfach dekussierten Wirtelstellung zur Dreizähligkeit der Wirtel auf eine Vermehrung eben dieser Zentren zurück. Selbst wenn sich diese histologisch würden nachweisen lassen, was bis heute nicht gelungen ist, so wäre ihre Vermehrung doch immer an die Voraussetzung einer Erstarkung des Vegetationskegels gebunden. Auf einige weitere Mitteilungen, die

die PLANTEFOLsche Konzeption befürworten, sei hingewiesen [CAME-FORT (2), (4), (5); CHAMPAGNAT (2); CUÉNOD; LOISEAU; PENON; PLAN-TEFOL (1)].

3. Einkeimblättrigkeit bei Dikotyledonen.

Nach HACCIUS (3) ist die Zahl der dikotylen Arten, die lediglich über ein einziges Keimblatt verfügen, größer, als im allgemeinen angenommen wird. Besonders verbreitet ist diese Erscheinung unter den Umbelliferen, für die sie in *Astoma seselifolium* ein neues Beispiel gefunden hat. Die als durchgehend „monokotyl" bekannte Gattung *Bunium* enthält allerdings auch eine mit zwei Kotyledonen keimende Art *(B. cylindricum)*. Jedoch stimmt diese in dem extrem geophilen Verhalten der Keimpflanze durchaus mit den monokotylen Formen überein. Man vergleiche dazu Abb. 12, die die mit Stauchung des Hypokotyls verbundene Verlängerung der Kotyledonarscheide zeigt. Diese wächst zudem positiv-geotropisch und ist auch dadurch merkwürdig, daß sie Wurzeln erzeugt.

Hinsichtlich der wurzelähnlichen Organisation der Kotyledonarstiele bzw. Kotyledonarscheiden stimmen die

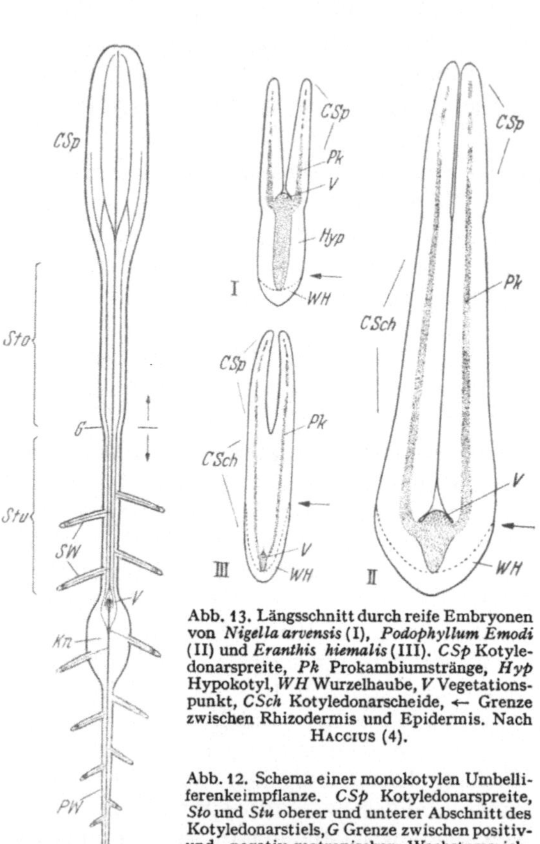

Abb. 13. Längsschnitt durch reife Embryonen von *Nigella arvensis* (I), *Podophyllum Emodi* (II) und *Eranthis hiemalis* (III). *CSp* Kotyledonarspreite, *Pk* Prokambiumstränge, *Hyp* Hypokotyl, *WH* Wurzelhaube, *V* Vegetationspunkt, *CSch* Kotyledonarscheide, ← Grenze zwischen Rhizodermis und Epidermis. Nach HACCIUS (4).

Abb. 12. Schema einer monokotylen Umbelliferenkeimpflanze. *CSp* Kotyledonarspreite, *Sto* und *Stu* oberer und unterer Abschnitt des Kotyledonarstiels, *G* Grenze zwischen positiv- und negativ-geotropischer Wachstumsrichtung, *SW* sproßbürtige Wurzeln, *V* Vegetationspunkt, *Kn* Knolle, *Pw* Primärwurzel. Nach HACCIUS (3).

Keimpflanzen von *Podophyllum peltatum* und *Eranthis hiemalis* mit den eben genannten einkeimblättrigen Formen überein. Auch hier verfügt der basal-hypogäische Abschnitt der Kotyledonarscheide über eine rhizodermale Struktur. Diese Rhizodermis entsteht, wie HACCIUS (4) zeigen konnte, bei *Podophyllum* aus der subepidermalen Zellschicht, die nach dem Verlust der Epidermis an die Oberfläche gelangt; bei *Eranthis* hingegen, das darin mit *Bunium bulbocastanum* übereinstimmt, greift die mit der Bildung der seitlichen Wurzelhaubenteile einhergehende Dermatogenaufspaltung auf die Basis der Kotyledonen über, die somit in diesem Bereich niemals über eine echte Epidermis verfügen. Während bei *Podophyllum*

das Lumen der Kotyledonarscheide durch die Tätigkeit eines Ventral-
meristems lediglich stark verengt wird, schließt sie sich bei *Eranthis*
gänzlich, ein Verhalten, das in der postgenitalen Schließung mancher
Griffelkanäle eine Parallele findet (Abb. 13).

Einkeimblättrige Formen fand ROTHE auch bei einer sich variabel manifestie-
renden Mutation von *Antirrhinum majus*. Sie führt die Monokotylie hier auf eine
Verschmelzung der beiden
Keimblätter zurück, da am
gleichen bekannten Material
eine große Zahl von Über-
gangsformen beobachtet
werden konnte. Außerdem
war an den monokotylen
Individuen niemals das
Rudiment eines zweiten
Kotyledos nachzuweisen.

4. Wuchsformen.

Daß der Kenntnis
des Gesamtbauplanes
einer Pflanze auch für
die Beurteilung systema-
tischer Fragen eine nicht
zu unterschätzende Be-
deutung zukommt, hat
neuerdings wieder MEU-
SEL (1), (2) betont. Dies
gilt besonders dort, wo
bestimmte Sippen als
natürliche Einheiten zu-
sammenfassend zu cha-
rakterisieren sind[1]. Es
sei hier auch an die
Unterscheidung der Ge-
wächse in Arhizophy-
ten bzw. Rhizophyten
erinnert (TROLL, vgl.

Abb. 14. Schema einer jungen Farnpflanze. Nach WEBER (1).

Morph. I, 1; S. 177). Die letzteren lassen sich bauplanmäßig wieder in
Homorhizophyten und Allorhizophyten gliedern (Fortschr. Bot. 13,
50). Von den Homorhizophyten hat WEBER (1) ein übersichtliches
Wuchsschema entwickelt (Abb. 14). Aus MEUSELs diesbezüglichen
Arbeiten verdienen die Wuchsformenstudien über die Araceen hervorgehoben zu werden (1). Was auch für Wuchsformen in dieser Familie
vorliegen mögen (Lianen, Großblattrosetten, Dickstämme oder Knollen-
geophyten), fast stets sind sie durch sympodiale Sproßfolge und charakteristische Knotenwurzelung gekennzeichnet. Von besonderer Bedeutung

---

[1] Das meint wohl auch BLOCH, wenn er seine „Typen" als taxonomische
Begriffe gewertet wissen möchte. Wie er aber zur Erkenntnis solcher Typen gelangen will, wenn er die vergleichende Morphologie als eine „nicht rein wissenschaftliche Forschungsrichtung" ablehnt, ist schwer verständlich.

ist es, daß sich diese Wuchsformen über die Gattung *Pistia* bis zu den Lemnaceen hin verfolgen lassen, ja bis zu der extrem reduzierten *Wolffia arrhiza*. So findet die alte Erkenntnis ENGLERs (1876), daß in den *Lemna*-Gliedern eine Kombination von Sproß und Blatt vorliegt, auch von dieser Seite her eine Bestätigung. Sympodialen Wuchs hat WALTERS ebenfalls für das Rhizom von *Eleocharis* festgestellt, was mit älteren Angaben von ČELAKOVSKÝ in Einklang steht.

Weitere Wuchsformenstudien befassen sich vorwiegend mit mediterranen Pflanzen [MEUSEL (2)] sowie mit einigen Acanthaceen. Bei den letzteren geht DANERT vor allem auf die Symmetrieverhältnisse der dekussiert beblätterten Sproßachse ein. Zwei benachbarte Orthostichen sind kräftiger entwickelt als die gegenüberliegenden. Ihre Förderung tritt besonders deutlich an den anisophyllen plagiotropen Sproßsystemen hervor, läßt sich aber in jedem Fall auch an den orthotrop wachsenden Trieben nachweisen (GOEBEL). Selbst an den Hauptwurzeln verschiedener Arten konnte eine einseitig bevorzugte Organbildung (Seitenwurzelbildung) beobachtet werden, wobei bemerkenswert ist, daß die geförderten Rhizostichen lagemäßig mit den geförderten Blattzeilen übereinstimmen („Sektorialförderung" nach DANERT). Inwieweit hier anatomische Beziehungen bestehen, wurde nicht geprüft. Mit der Wuchsform und den Symmetrieverhältnissen des Sprosses von *Selaginella Willdenovii* hat sich unter Vernachlässigung der darüber schon vorliegenden Untersuchungen (TROLL, s. Fortschr. Bot. **13**, 37) CUSICK beschäftigt. Die bekannte Dorsiventralität der Triebe geht schon auf den Vegetationspunkt zurück, dessen bilaterale bzw. dorsiventrale Organisation näher beschrieben wird.

In Fortschr. Bot. **13**, 40 wurde auf Beobachtungen hingewiesen, die WEBER an den eigentümlichen Kriechsprossen von *Phragmites communis*, insbesondere über deren Entstehung, machen konnte. Jetzt hat sich MÜLLER-STOLL erneut zu diesem Problem geäußert und die Befunde WEBERs bestätigt. Er betont jedoch, daß neben der spontanen Bildung derartiger Triebe auch eine Entstehung durch Niederdrücken aufrechter Halme oder durch Verlagerung von Rhizomen an die Oberfläche, also als Folge von mechanischen Einwirkungen möglich ist. Für *Stellaria bulbosa* weist PORSCH auf die unterirdischen fadenartigen Abschnitte dieser Pflanze hin, die sich durch eine wechselnde Zahl knöllchenförmiger Anschwellungen auszeichnen. Die morphologische Natur dieser Organe, d. h. die Frage, ob es sich bei ihnen um Sproßachsen oder um Wurzeln handelt, konnte er jedoch nicht klären. Für *Veronica filiformis* ist es nach THALER bemerkenswert, daß hier eine regelmäßig sich wiederholende Umbildung von orthotropen Blütensprossen in vegetative Kriechtriebe stattfindet (vgl. Fortschr. **7**, 24). Auf eine ausführliche Schilderung der Lebensgeschichte von *Symphoricarpus occidentalis* durch PELTON sei hingewiesen.

Daß morphologische Wuchsformenstudien auch für die niederen Pflanzen sehr fruchtbar sein können, hatte schon früher MEUSEL (1935) gezeigt. Seinem Beispiel folgend hat jetzt BUCHLOH die Lebermoose einer solchen Betrachtung unterzogen mit dem Ergebnis, daß dieser

Pflanzengruppe ebenfalls „ein verhältnismäßig einheitlicher Bauplan" zugrunde liegt. Weitere Untersuchungen werden hier zweifellos noch größere Klarheit bringen. Auch für das Verständnis des Flechtenthallus ist die Wuchsformenanalyse bedeutungsvoll, doch wird bei diesen Organismen, wie Mattick mit Recht betont, die Unterscheidung nach den altbekannten Typen der Krusten-, Strauch- und Laubflechten wohl immer eine gewisse Bedeutung behalten.

5. Mamillenbildung bei Kakteen.

Dieses Problem, über das Troll (1937) in seiner Vergl. Morphologie eine zusammenfassende Darstellung gegeben hat, wurde neuerdings von Boke in zwei interessanten Arbeiten wieder aufgenommen. Unter Mamillen versteht man bekanntlich die warzen- bzw. zitzenförmigen Erhebungen des Vegetationskörpers einer Reihe von Kakteen, die an ihrer Spitze eine meist sternartig bedornte Areole tragen. Am Beispiel von *Coryphanta vivipara* (1) und *Mamillaria heyderi* (2) hat Boke die Entwicklungsgeschichte der Mamillen studiert und bestätigt, daß es sich dabei um die Basen von Blättern („Podarien" nach Berger) handelt, deren Oberblatt reduziert ist, bei *M. heyderi* so extrem, daß es über eine Größe von $50\,\mu$ nicht hinauskommt. Die Areolen entsprechen den Achselknospen, sie werden auf der Basis des Tragblattes selbst angelegt und erfahren auf diesem eine rekauleszente Verschiebung. Die Dornen, die aus den Areolen hervorgehen, sind Blättern homolog und entstehen als solche stets akropetal. Die Blütenareolen, die von den Dornareolen räumlich getrennt sind, befinden sich stets in der Achsel der Mamillen. Für *Coryphanta* konnte Boke zeigen, daß Blüten- und erste Dornanlagen anfangs dicht beieinander liegen und erst im weiteren Entwicklungsablauf auseinandergezogen werden, sie gehen danach aus einem ursprünglich einheitlichen Meristem hervor. Für *Mamillaria* aber wird angenommen, daß die Blütenareole einer serialen Beiknospe entspricht. Beiläufig sei darauf hingewiesen, daß Boke bei *Mamillaria heyderi* einen Sproß-Vegetationspunkt fand, dessen Durchmesser bis zu $1500\,\mu$ beträgt und der somit zu den mächtigsten Vegetationspunkten gehört, die bisher für Angiospermen bekannt geworden sind.

Im Gegensatz zu diesen Bokeschen und zahlreichen älteren Befunden widersetzt sich Plantefol (1), (2), (4) entschieden der Auffassung von der Homologie von Blättern und Dornen der Kakteen. Die letzteren sollen in keinerlei Beziehung zu einem Vegetationspunkt stehen. Bei *Pereskiopsis Dignetii* z. B. möchte er den Dorn einfach als basalen Auswuchs des benachbarten Blattes aufgefaßt wissen (2). Die entwicklungsgeschichtliche Begründung, die für diese abweichende Deutung gegeben wird, steht allerdings auf schwachen Füßen.

6. Weitere Untersuchungen zur Sproßanatomie.

a) Pteridophyten. Eine umfangreiche monographische Bearbeitung der auf den Hawaii-Inseln endemischen Farngattung *Diellia* hat Wagner (1) vorgelegt. Neben der Erörterung systematischer Fragen enthält sie zahlreiche anatomische Details, auf die hier nur verwiesen werden kann. Mit der Anatomie von *Stenochlaena palustris* haben sich Mehra und Chopra befaßt, während Bell entsprechende Angaben für *Elaphoglossum* bringt. Interessant ist der Befund von Labouriau, nach dem das südbrasilianische *Regnellidium diphyllum (Marsiliaceae)* im Rhizom und in den Blattstielen Milchsaftröhren führt, eine Erscheinung, die sonst bei Pteridophyten bisher nicht bekannt geworden ist. Erwähnung verdienen die Untersuchungen von Davie über die Antheridienentwicklung bei den Polypodiaceen. Die am Beispiel von *Pityrogramma calomelanos* gewonnenen Ergebnisse werfen neues Licht auf die Vorgänge bei der Bildung der Gametangienwand (Abb. 15). Danach kommt es hier — entgegen der bisher vertretenen Auffassung — gar nicht zur Entstehung

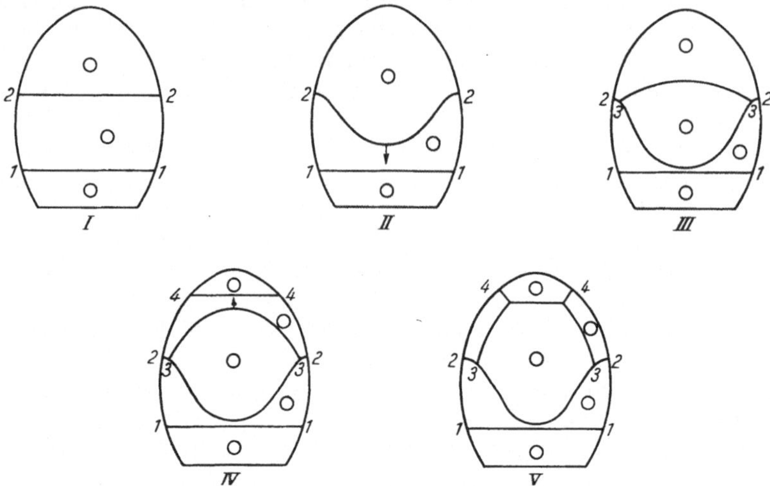

Abb. 15. Schema der Antheridienbildung bei Polypodiaceen. Nach Davie.

einer trichter- und einer ringförmigen Zelle. Es werden vielmehr in der gewöhnlichen Weise Wände gezogen. Das in zahlreiche Lehrbücher eingegangene charakteristische Bild kommt erst nachträglich zustande, und zwar dadurch, daß die Wandzellen durch den wachsenden Druck der Zentralzelle auseinandergetrieben werden (Abb. 15, V).

b) Spermatophyten. Die zahlreichen Arbeiten, die sich mit anatomischen Details bei Samenpflanzen befassen, können im einzelnen nicht sämtlich referiert werden. Es mögen einige Hinweise genügen. Zusammenfassende Mitteilungen liegen über die Gnetales vor (Carpentier). Brooks und Guard bringen Einzelheiten für *Theobroma cacao*, Duvigneaud, Staquet und Dewit für *Strychnos*. Weiter wurden die wichtigsten anatomischen Merkmale unter anderem von *Hyoscyamus muticus* (Fahmy und Ahmed), *Peganum Harmala* (Elgin), *Bongardia Chrysogonum* (Tören), *Onobrychis argyrea* (Sayi) und *Ulex europaeus* (Mäckel) herausgestellt und zum Teil durch wertvolle Zeichnungen belegt. In fast allen diesen Arbeiten sind auch die Blätter und die Blüten mit berücksichtigt. Das gilt auch für die Untersuchungen von Paech über die Differenzierung und Verteilung der Ölzellen bei *Asarum europaeum*.

Eine Reihe von Forschern geht auf die Entwicklung und den Bau des Leitgewebes ein. So konnte RATHFELDER für *Pulsatilla vulgaris* unter anderem eine kontinuierliche Bildung des Prokambiums von der Sproßachse zu den Blattanlagen hin beobachten und damit die Auffassung verschiedener früherer Autoren bestätigen (Fortschr. Bot. 13, 27). Die Xylemdifferenzierung jedoch nimmt ihren Anfang an der Basis der Blattanlagen und schreitet von dort her zugleich basipetal und akropetal vor. Ein anderes viel erörtertes Problem betrifft die Umgruppierung der leitenden Strukturen im Übergangsbereich zwischen Wurzel und Sproß. Durch DUCHAIGNE (1) hat es eine neue Bearbeitung erfahren *(Helianthus annuus, Cucurbita pepo)*. Häufiger ist in der Literatur auch schon das Vorkommen von intraxylärem Phloem beschrieben worden. Bei *Lebrunia (Guttiferae)* werden nach DUCHAIGNE (2) derartige Phloembündel vom Kambium zentripetal gebildet. Auffallend ist, daß das Siebgewebe hier von zahlreichen Intercellularen durchsetzt wird. Intraxyläre Phloemstränge gibt auch RENNER (2) in Bestätigung älterer Befunde von WEISS für die Wurzel von *Oenothera* an. Gründliche Beobachtungen über die Prokambiumentwicklung im Embryo von *Pinus Strobus* bringt SPURR. Unter phylogenetischen Gesichtspunkten haben ESAU, CHEADLE und GIFFORD den Bau der Siebröhren geschildert und die mutmaßlichen Entwicklungstendenzen im einzelnen dargestellt, eine analoge Arbeit hat BAILEY für die Elemente des Holzes geliefert. Mit der Xylementwicklung haben sich weiter SHIELDS und SATTLER an Hand von *Phaseolus*-Keimpflanzen befaßt, während OBATON *Datura*-Keimlinge auf die Leitbündeldifferenzierung hin geprüft hat. Interessant ist die Feststellung ULLRICHs, daß die Faserbündel von *Asclepias* und *Apocynum* stets primär angelegt werden. Die Fasern sind bereits voll differenziert, wenn das interfasciculare Kambium in Tätigkeit tritt. Sekundäre Fasern gibt es demnach entgegen älteren Darstellungen hier nicht. In der Rinde von australischen *Trachymene*-Arten *(Umbelliferae)* lassen sich zweierlei Sklereidenformen unterscheiden, die LEMESLE als Makro- und Brachysklereiden beschreibt; sie sind hypodermaler Herkunft.

Eine eingehende, mit Mikrophotographien und Zeichnungen belegte Darstellung der Holzanatomie von 23 Arten der Gattungen *Araucaria* und *Agathis* hat GREGUSS vorgelegt, der damit seine monographische Bearbeitung der Hölzer fortsetzt. Im Zusammenhang mit systematischen Fragen hat sich STERN mit dem Bau des Holzes der *Julianaceae* beschäftigt, in entsprechender Weise HALL mit dem Holz der Betulaceen.

Interessante Mitteilungen über die Ausbildung von Trennungsgelenken, nicht nur bei Blättern, sondern auch bei Zweigen, zugleich mit dem Hinweis auf deren weite Verbreitung bei tropischen Holzgewächsen, bringt VAN DER PIJL (2), (3).

In Fortschr. Bot. 13, 30 wurde näher auf die Ergebnisse eingegangen, die beim Studium der Gestalt der Einzelzelle erzielt werden konnten. In diese namentlich von amerikanischen Forschern durchgeführten Untersuchungen sind inzwischen weitere Objekte einbezogen worden, so die Kork- und Korkkambiumzellen in der Sproßachse von *Pelargonium*

(LIER), die Endospermzellen von *Cocos nuscifera* (SEIGERMAN), aber auch Wurzelelemente wie die Rindenzellen der Primärwurzel von *Solanum lycopersicum* (DUFFY) und die Meristemzellen von *Phleum pratense* (MOZINGO). MACIOR und MATZKE handeln über die Blattparenchymzellen von *Rhoeo discolor*. In der Durchführung und in ihren Ergebnissen sind diese Arbeiten den bereits besprochenen ähnlich.

7. Teratologisches.

Über die Verbänderungen von Sproßachsen und Wurzeln liegen bereits zahlreiche Einzelbeobachtungen in der Literatur vor, ohne daß es bisher gelungen wäre, ihre Ursachen einwandfrei festzustellen. In vielen Fällen handelt es sich darum, daß der ursprünglich normal gebaute radiäre Vegetationskegel seine Gestalt wandelt, extrem bilateral wird und nun stark abgeflachte, bandartige Organe hervorbringt, die unter Umständen wieder in die Normalform übergehen können. Für das letztere Verhalten hat KÜSTER (1) einen neuen Fall beschrieben *(Lupinus angustifolius)*. Recht verbreitet scheint die Fasciation bei Compositen zu sein, für die CROVETTO weitere Beispiele bringt. Interessant ist in diesem Zusammenhang eine von BAILLAUD geschilderte Verbänderung bei Taraxacum. Im Innern des stark verbreiterten Köpfchenstieles fand sich eine Reihe von freien Ästen, die sämtlich im gemeinsamen Köpfchen endeten, sich aber durch inversen Bau der Leitbündel auszeichneten. Inverse Orientierung fand auch RÜDIGER bei einem sekundären markbürtigen Leitbündelzylinder in einem fasciierten Sproß von *Euphrasia Odontites*. Der Achsenkörper war hier aufgerissen und trug auf seiner Innenseite Blätter und Blüten.

Für die Klärung der Frage, welche Faktoren an der Entstehung von Verbänderungen beteiligt sind, hat die jüngste Literatur mancherlei Hinweise geben können. Insbesondere wird der fördernde Einfluß von Wuchsstoffen betont [HARDER und OPPERMANN, NICKL-NAVRATIL und RÜDIGER, HANF (1) u. a.]. Dasselbe gilt bekanntlich für mannigfache andere Mißbildungen an Sproßachse, Blatt, Blüte und Wurzel. Auf solche Erscheinungen wurde in den vorhergehenden Bänden der Fortschr. Bot. bereits mehrfach hingewiesen. Auffallend sind die namentlich bei dikotylen Pflanzen an Blättern und Blattwirteln beobachteten Umbildungen [HANF (1), (2); VON DENFFER, HARDER und OPPERMANN, DRAWERT (1), WENCK u. a.]. Insbesondere treten hier häufig eigenartige Tütenbildungen und Gamophyllien auf, über deren Zustandekommen noch kein abschließendes Urteil möglich ist. In einem der folgenden Berichte werden wir hierauf zurückkommen (vgl. hierzu auch die Abschnitte „Entwicklungsphysiologie" in Fortschr. Bot.!). LABOURIAU macht entsprechende Angaben für einige Farne (*Aneimia*-Arten). Hier waren an jungen Blättern eigenartige Wachstumskrümmungen und marginale Wucherungen zu verzeichnen. Außerdem wurde die Sporangienbildung unterdrückt, auch dann, wenn die Wirkstoffe, dem Boden zugeführt, durch die Wurzel aufgenommen wurden.

Daß zwischen dem Verbänderungsphänomen und der Gallenbildung mancherlei Beziehungen bestehen, hat KÜSTER (1) betont, der im übrigen einige neue Beobachtungen (2) über Pflanzengallen mitteilt, unter anderem über sog. Mischgallen, an deren Entstehung Cecidozoen verschiedener Art beteiligt sind. Der Ontogenese der von *Phylloxera vastatrix* an den Blättern von *Vitis vulpina* verursachten Gallen hat STERLING (2) eine eingehende Darstellung gewidmet. BEHR beschreibt die Blütengalle von *Teucrium chamaedrys*.

II. Blatt.

1. Entwicklungsgeschichte und Blattgestaltung.

Das Phänomen der Peltation, das schon wiederholt das Interesse der Morphologen auf sich gezogen hat, steht nach TROLL (vgl. Morph. I, 1; S. 1758 ff.) in engstem Zusammenhang mit der unifazialen Struktur des Blattstieles. Gegen diese wohlbegründete Theorie hat sich neuerdings ROTH (1), (2) gewendet. Daß ihre Argumente nicht stichhaltig sind, geht aus neueren Untersuchungen von TROLL und MEYER hervor, über die im Zusammenhang mit ROTHs Arbeiten im nächsten Band berichtet werden soll.

Die unifazialen Blattstiele sind im allgemeinen dadurch charakterisiert, daß ihre Oberseite zugunsten der alleinigen Ausbildung der Unterseite unterdrückt ist. Nach BAUM (7) und LEINFELLNER (8) soll auch inverse Unifazialität vorkommen, die, wo sie zur Peltation führt, zur Entstehung hypopeltater Strukturen Veranlassung gibt. So ist nach BAUM die intralaminare Peltation bei *Codiaeum variegatum var. pictum f. appendiculatum* und nach LEINFELLNER die bekannte Schildform der Brakteen bei *Peperomia* zu verstehen. Indes gibt es, worauf schon TROLL hingewiesen hat, auch Fälle, in denen eine Schildform nur vorgetäuscht wird, und zwar dadurch, daß das Blatt, dessen Mesophyll im übrigen eine starke Ausweitung erfährt, an seiner Basis an den anfänglichen Dickenausmaßen festhält. Ein neues Beispiel dafür hat LEINFELLNER (9) in den schuppenförmigen Laubblättern der Myrtacee *Melaleuca micromera* geschildert.

Die Entwicklung der Palmenblätter weicht bekanntlich in mancherlei Beziehung von derjenigen der übrigen Angiospermen ab. Insbesondere war lange Zeit die Frage umstritten, wie es zu der eigenartigen von Zerteilung der Spreite gefolgten Faltenbildung kommt, ob durch Spaltung des Laminargewebes von der Unter- und Oberseite her (VON MOHL u. a.) oder allein durch entsprechende Wachstumsvorgänge. GOEBEL hatte diesen Streitfall im letzteren Sinne entschieden. Jetzt aber hat EAMES (3) festgestellt, daß *beide* Vorgänge dabei eine Rolle spielen. Seinen Ausführungen zufolge treten tatsächlich frühzeitig intralaminare Spalten auf, die sich später bis zur Ober- bzw. Unterseite ausweiten. Hand in Hand damit gehen Wachstumsprozesse (Abb. 16). EAMES konnte weiter für zahlreiche Fiederpalmen die Ablösung der marginalen Blattstreifen klären.

Die Arten der Gattung *Bauhinia* weisen entweder einfache oder zweilappige Blattorgane auf oder auch Fiederblätter mit je einem Fiederpaar. VAN DER PIJL (1) bemüht sich erneut um die Frage, welcher dieser drei Blattypen als der ursprüngliche zu gelten habe. Ohne zu einer klaren Lösung zu gelangen, glaubt er doch die von Velenovsky und Fries begründete Verschmelzungstheorie befürworten zu können. Nach dieser leiten sich die Arten mit einfachen Blättern von denjenigen mit gefiederten Blattorganen durch eine „Verschmelzung" der Fiedern ab. Entwicklungsgeschichtlich gesprochen dürfte es sich wohl darum handeln, daß die Ausgliederung der Fiedern unvollständig bleibt (vgl. Troll, Vergl. Morph. I, 2; S. 1591).

Wagner (2), (3) weist auf die Notwendigkeit hin, den Jugendblättern der Farne eine größere Beachtung zu schenken, namentlich im Hinblick auf die daraus herzuleitenden Folgerungen für die Blattdichotomie. Er kommt zu dem Schluß (2), daß die von ihm beschriebenen dichotomen Farnblätter lediglich Modifikationen phylogenetisch älterer Fiederblattformen darstellen. Damit wendet er sich implizit zugleich gegen die von einer kritiklosen Formbetrachtung ausgehende sog. Neue Morphologie (Thomas 1932), gegen die in jüngster Zeit sich unter anderen auch Eames (1) und Tachtadzjan mit allem Nachdruck ausgesprochen haben.

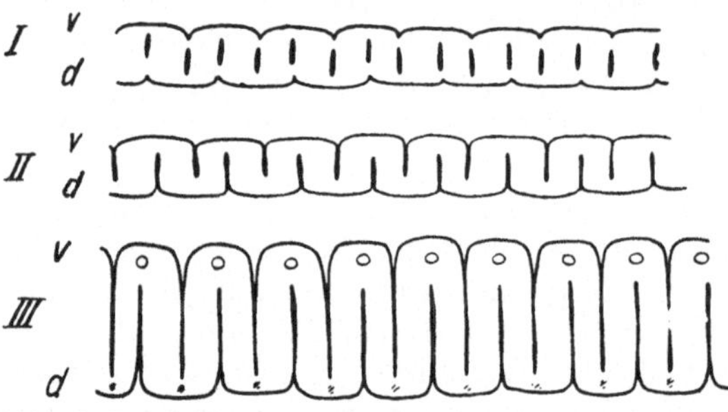

Abb. 16. Faltenbildung am Palmenblatt, dargestellt an schematischen Querschnitten. Erläuterung im Text. Nach Eames (3).

Die morphologische Natur der Graskoleoptile konnte bislang nicht einwandfrei geklärt werden. Goebel deutete die Koleoptile als Keimblattscheide. Nun aber ist Reeder bei der Untersuchung des Embryos von *Streptochaeta spicata* zu dem Ergebnis gekommen, daß das fragliche Organ einem ganzen Blatt homolog sei. Allerdings dürfte mit den Argumenten Reeders noch kein Abschluß der Diskussion über diese Frage erreicht sein.

Histogenetische Untersuchungen über den Bau der Blattspreite wurden an verschiedenen Objekten durchgeführt. Schneider ist insbesondere auf die Mesophylldifferenzierung eingegangen. Diese setzt gewöhnlich in den äußersten Blättern einer Knospe mit einer Antiklinalstreckung der späteren Palisadenzellen ein. Mehrschichtiges Palisadenparenchym in bifazialen Blattorganen kann entweder homogen sein, d. h. durch periklinale Aufteilung der subepidermalen Zellschicht entstanden *(Ficus elastica, Nicotiana tabacum)* oder heterogen, d. h. aus der genannten adaxialen Zellage und Teilen des mittleren Mesophylls *(Onopordon acanthium)*. Homogener Natur sind, wie den sorgfältigen Untersuchungen Steffens über die Embryoentwicklung von *Impatiens glanduligera* zu entnehmen ist, auch die Palisadenanlagen in der Keimblattspreite dieser Pflanze. Renner (1) weist in diesem Zusammenhang darauf hin, daß nach Beobachtungen an einer buntblättrigen Form von *Ficus elastica* die erste Palisadenschicht stets aus der Tunica entsteht, während die zweite sowohl aus der Tunica als auch aus dem Corpus hervorgehen kann, somit also ebenfalls von hier aus gesehen die Möglichkeit zur Bildung eines „heterogenen" Palisadenparenchyms besteht. Im Vergleich zur Spreitenmitte zeigt nach SCHNEIDER die Blattspitze stets höhere Differenzierungs- und Erstarkungsgrade, die Spreitenbasis dagegen geringere. Wichtig ist weiter der Nachweis, daß Primärblätter und etiolierte Blattorgane sich gegenüber normalen Folgeblättern auch histologisch als Hemmungsformen darbieten. Mit den Befunden SCHNEIDERs stimmen im wesentlichen diejenigen überein, die LEE (1) bei einer sauberen Analyse des Spreitenwachstums der im adulten Zustand median abgeflachten Blätter von *Dacrydium taxoides* erzielen konnte. Die Differenzierung der einzelnen Gewebeanteile vollzieht sich hier in der Reihenfolge Epidermis—Harzkanal—Hypoderm—Leitgewebe—Transfusionsgewebe. Die Wandverdickung der hypodermalen Fasern erfolgt erst, von der Blattspitze zur Basis fortschreitend, wenn Leitbündel und Stomata völlig differenziert sind [LEE (2)]. Für die Kiefernnadel *(Pinus nigricans)* bringt HEIMERDINGER entsprechende Angaben. Sie schildert unter anderem, daß das Transfusionsgewebe sich zum Teil zentripetal von noch teilungsfähigen Endodermiszellen herleitet, zum anderen Teil aber unmittelbar aus Urmesophyllzellen hervorgeht. Die sich erst spät ausdifferenzierenden Transfusionstracheiden und das Transfusionsparenchym entspringen gemeinsamen Mutterzellen.

2. Nervaturverhältnisse.

Daß bei der Anlegung des Nervennetzes verschiedene Möglichkeiten existieren, zeigt FOSTER (3). So konnte er für *Quiina pteridophylla* nachweisen, daß die aus der zweiten unter dem adaxialen Dermatogen gelegenen Zellschicht hervorgehenden Prokambiumzellen frühzeitig ein geschlossenes Netz bilden, das sich deutlich vom Grundgewebe abhebt. Neue Stränge kommen dann kaum noch hinzu. Anders bei *Liriodendron tulipifera*. Hier behält das Grundmeristem noch längere Zeit die Fähigkeit, weitere Prokambiumbündel in der wachsenden Spreite auszugliedern, womit es auch zusammenhängt, daß in diesem Fall zahlreiche freie Nervenendigungen sichtbar sind.

Schon HABERLANDT und STRASBURGER waren in einigen Blattorganen eigenartige Zelleisten aufgefallen, die über und unter den Nerven stehen und teilweise bis an die Epidermis heranreichen. Nach WYLIE, der dieser Erscheinung näher nachgegangen ist, handelt es sich um antiklinale Züge chlorophyllfreier Zellen, die gewöhnlich von der Bündelscheide schwächerer Blattnerven ausgehen und eine weitgehende Kammerung des Mesophylls bedingen. Diese Bündelleisten („bundle sheath extensions") fand WYLIE in den Blättern einer großen Zahl tropischer und subtropischer dikotyler Gewächse, besonders wenn es sich dabei um dünne und zarte Organe handelte, dagegen nur selten in dicken, lederartigen Blättern. Häufiger finden sich im Bereich der Blattnerven, vor allem an deren Enden, eigenartige Sklereiden. Wie RAO (1—4) für *Diospyros*, *Ternstroemia* und andere mitteilt, weisen diese Idioblasten jedoch entwicklungsgeschichtlich keinerlei Beziehungen zu den Prokambiumsträngen auf.

3*

Die Nervaturverhältnisse hat HEIDENHAIN einer typologischen Betrachtung der in höchst mannigfaltigen Formen auftretenden Blattorgane der Gattung *Eryngium* zugrunde gelegt. Im Gegensatz zu WOLFF (1913) kommt sie zu dem Ergebnis, daß trotz der Verschiedenheit der einzelnen Blattgestalten erstaunliche Übereinstimmung im Nervenverlauf herrscht. Insbesondere lassen sich zwei Typen erkennen, die für die grundständigen Laubblätter (Abb. 17, *I*) und für Hochblattformen (Abb. 17, *II*) charakteristisch sind. Die verschiedenen Blattgestalten werden als *Planum-*, *Campestre-*, *Bromeliaefolium-* und *Corniculatum*-Gruppe näher beschrieben. Für die beiden ersteren Gruppen gilt das Nervaturschema I, für die übrigen das Schema II in Abb. 17.

Wenn FRITSCHÉ aus Nervaturstudien an den Blättern von *Wistaria sinensis* die Folgerung herleitet, daß die Stipeln hier selbständige, reduzierte Blattorgane (Schuppenblätter) darstellen, so ist sie sicher im Irrtum. Entscheidend für eine solche Frage muß immer die Entwicklungsgeschichte bleiben, diese aber spricht gegen eine solche Deutung.

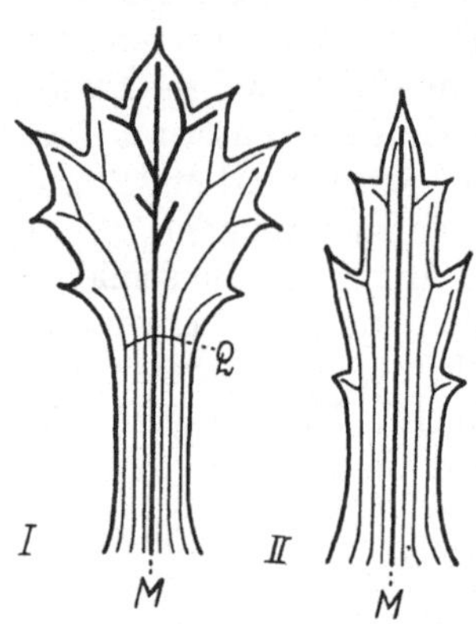

Abb. 17. Schema des Leitbündelverlaufs in den *Eryngium*-Blättern. *I* Rosettenblattform, der der *Planum*- und *Campestre*-Typ entsprechen. *II* Hochblattform, nach der der *Bromeliaefolium*- und der *Corniculatum*-Typ gebaut sind. *M* Medianus, *Q* Queranastomosen. Nach HEIDENHAIN.

3. Weitere Untersuchungen zur Blattanatomie.

Die Frage, welchen Einfluß Außenfaktoren auf die histologische Ausbildung der Blattorgane ausüben, ist in der Literatur des öfteren erörtert worden, z. B. im Zusammenhang mit dem Problem der Sonnen- und Schattenblätter. Dabei hat sich immer wieder gezeigt, daß die durch äußere Einwirkung bedingten Unterschiede lediglich quantitativer Art sind, d. h. Variationen darstellen, die im Rahmen der spezifischen Gesamtorganisation auftreten können. Das gilt auch für die Blätter einzelner, in sehr verschiedenen Klimazonen beheimateter Arten ein und derselben Gattung. So konnte für die Gattung *Parinarium (Rosaceae)* festgestellt werden, daß die Blattanatomie sehr einheitliche xeromorphe Züge aufweist, selbst bei Arten, die heute auf den Regenwald beschränkt sind (HOMÈS, DUVIGNEAUD, BALASSE und DEWIT). Ähnliches gilt nach HOMÈS, BALASSE und BUREAU für die aus Belgisch-Kongo beschriebenen Arten der Meliaceen-Gattung *Trichilia*.

Einige Arbeiten beschäftigen sich mit den Differenzierungsvorgängen in der Blattepidermis und knüpfen dabei weitgehend an die von BÜNNING und SAGROMSKY entwickelten Vorstellungen an (Fortschr. Bot. **12**, 378 ff.). Nach NAPP-ZINN (1) wird das Spaltöffnungsmuster beim Blatt von *Grindelia squarrosa* auf einem ontogenetisch frühen Stadium durch die Anlegung der Leitbündelinitialen determiniert, derart, daß es „ein negatives Abbild des Leitbündelsystems" darstellt. Eine solche Musterbildung wurde auch bei *Pulsatilla* studiert (ZIMMERMANN, WOERNLE und WARTH) und dabei eine Reihe verschiedenartiger, aufeinanderfolgender

Determinationsphasen unterschieden. So wird zunächst ein „Größt-muster" bezeichnet, das — in Übereinstimmung mit den Ausführungen NAPP-ZINNs — mit dem Nervennetz korrespondiert, indem über den Blattadern Stomata fehlen. Ein „Großmuster" ist in den Interkostal-feldern erkennbar; es wird durch das Auftreten von Haaren und von mit 5—7 Epidermiszellen umgebenen Spaltöffnungen charakterisiert. Schließlich fügt sich in die Lücken dieses Großmusters ein „Kleinmuster" von Schließzellpaaren ein, die stets nur von vier gewöhnlichen Epidermis-zellen begleitet sind. Mit Recht weisen die Verfasser darauf hin, daß die eigentliche Determination, besser gesagt, der Zeitpunkt, zu dem diese erfolgt, in völliges Dunkel gehüllt ist.

Einem eingehenden Studium der Ontogenese der Spaltöffnungen einiger primitiver Gattungen der Ranales *(Trochodendron, Tetracentron* und *Drimys)* hat sich BONDESON unterzogen. In der neu beschriebenen Melastomataceen-Gattung *Coryphadenia* fand MORLEY ein weiteres Bei-spiel für in Gruben liegende Stomatagruppen. Wo die Schließzellen sich über das Niveau der umgebenden Epidermiszellen erheben, scheint dies nach AYKIN, wenigstens in einzelnen Fällen, eine Folge erhöhter Humidität der angrenzenden Luftschichten zu sein.

Stomatäre Hydathoden beschreiben MORTLOCK für *Ranunculus flui-tans* und REAMS für die Acanthacee *Hygrophila polysperma*. Die Blätter dieser Pflanze weisen aber auch, sowohl auf der Ober- als auf der Unter-seite, Trichomhydathoden auf, deren Entwicklung im einzelnen dar-gestellt wird. Bei *Dendrocalamus giganteus* finden sich die Wasserspalten der Niederblätter vorzugsweise auf der Oberseite des Spreitenteils, doch lassen sich solche vereinzelt auch auf der Innenseite der Scheide er-kennen [RENNER (2)].

Für die Entwicklung der Drüsenhaare von *Achillea millefolium* ist es nach STAHL charakteristisch, daß die erste Wandbildung in der epi-dermalen Ausgangszelle antiklinal erfolgt, erst die späteren Teilungen sind periklinaler Natur. Ferner liegen kurze Beschreibungen der Tri-chome einiger Rubiaceen und Loganiaceen (PARES und RUAT) sowie der Brennhaare der indischen Euphorbiacee *Tragia cannabina* (RAO und SUNDARARAJ) vor. Genannt seien schließlich die blattanatomischen Arbeiten von HERLEMONT *(Elaeocarpaceae)* und POTZTAL (Gramineen-gattung *Isachne*, 3).

4. Knospenbildung an Blättern.

Obwohl die Brutknospenbildung an den Blättern von *Bryophyllum* seit langem bekannt ist, fehlten doch merkwürdigerweise bis in die jüngste Zeit hinein genauere histogenetische Untersuchungen darüber. Erst CAMP (1934) und JOHNSON (1934) haben nähere Mitteilungen dar-über gemacht, die jetzt von GOETZ bestätigt werden konnten. Nach GOETZ erfolgt die Anlegung der Knospe im Innern des sog. Brutknospen-trägers, wie es aus Abb. 18 ersichtlich ist. Bevor der junge Trieb ins Freie gelangt, muß er folglich erst das umgebende Blattgewebe durch-brechen. Dafür spricht auch die Beobachtung von RACK, daß an Blät-tern, an denen Brutknospen gerade sichtbar werden, an deren Basis

Zerreißungen der Blattepidermis bzw. Wundnarben nachweisbar sind. RACKs Abb. 6a allerdings, die einen exogenen Ursprung der Knospe erkennen läßt, kann mit diesen Angaben nicht in Einklang gebracht werden.

Subepidermal erfolgt nach WIELING auch die Anlegung der blattbürtigen Sprosse, die häufig bei Tomatenpflanzen auftreten, wenigstens dann, wenn die Achseltriebe regelmäßig ausgebrochen werden. Der Sproßanlegung geht hier eine Gewebewucherung voraus, die stets nur an der Basis einer Seitenfieder, und zwar an der akroskopen Seite des Fiederstieles auftritt. Epidermaler Herkunft sind bekanntlich die Sprosse, die auf den Blättern mancher Begonien entstehen können. Nach ZAVADSKIJ soll es sich bei ihrer ersten Anlegung nicht darum handeln, daß eine oder mehrere Epidermiszellen in normale Teilungstätigkeit treten, sondern um eine Art freier Zellbildung im Innern einer Einzelzelle, d. h. um eine intracelluläre Entstehung von Meristemzellen. Wieweit diese Angaben richtig sind, bedarf noch der Nachprüfung. Blattbürtige Sprosse konnte ferner DRAWERT (2) an einer Liliacee, *Drimiopsis kirkii*, beobachten, und zwar dann, wenn die Spreite etwa durch Anritzen der Epidermis oder durch Einstiche verletzt war.

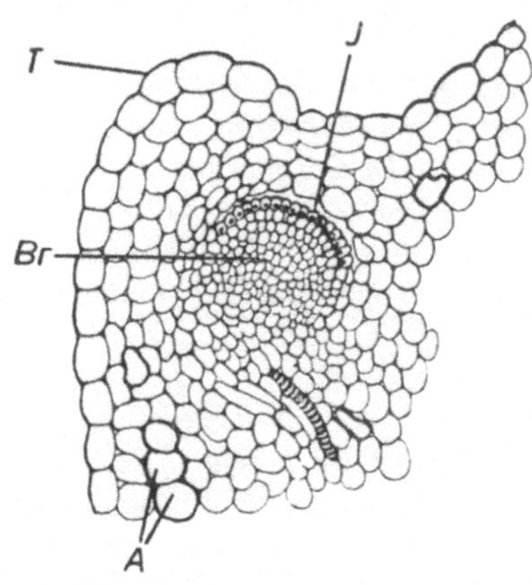

Abb. 18. *Bryophyllum tubiflorum.* Längsschnitt durch eine Blattknospenanlage (*Br*). *T* Blattknospenträger. *J* Intercellularraum, *A* Anthocyanführende Zellen. Nach GOETZ.

Sehr eigenartig sind die akzessorischen Blüten, die in Ein- oder Zweizahl auf den Deckspelzen der sog. Kapuzengersten entstehen. Ihre Entwicklung hat HELM näher studiert und dabei zugleich die morphologische Natur jener eigenartigen Kapuzen geklärt. Jeder Kapuzenentstehung geht an der betreffenden Deckspelze die Bildung einer Granne voraus, die als der vorläuferartig entwickelte Abschnitt des Oberblattes dieser Spelze aufzufassen ist. Aus dem basalwärts anschließenden Abschnitt des Spelzenoberblattes gehen Spreitensäume hervor, und diese sind es, die die Seitenwandungen bzw. Flügel der Kapuze darstellen. Dazu kommt, daß die aus einem kragenartigen Basalwulst der epiphyllen Blüte entstehende sog. Umhüllungsspelze die Kapuzenanlage vervollständigt. Einige weitere Mitteilungen über die Morphologie der Granne von *Arrhenatherum Neumayerianum* finden sich bei POTZｉAL (1).

III. Wurzel.

1. Radikation und Wurzelsysteme.

Unter einem Wurzelsystem verstehen wir einen Verband von Wurzeln, der durch Verzweigung einer einzigen Mutterwurzel entsteht, die damit zur Hauptwurzel wird (vgl. Fortschr. Bot. **13**, 50). Einen kurzen

Überblick über die vielfältigen Gestaltungsverhältnisse solcher Systeme hat neuerlich WEBER (1) gegeben. Wenn auch äußere Faktoren die Ausbildung der Wurzelsysteme der einzelnen Gewächse erheblich modifizieren können, so weisen jene doch im ganzen eine bemerkenswerte artspezifische Konstanz auf. Das zeigt sich auch bei der Betrachtung einiger Frühlings- und Sommerannuellen aus dem Mainzer Sandgebiet (ZEBE). Während die ersteren (z. B. *Myosotis arenaria*, Abb. 19, *I*) früh-

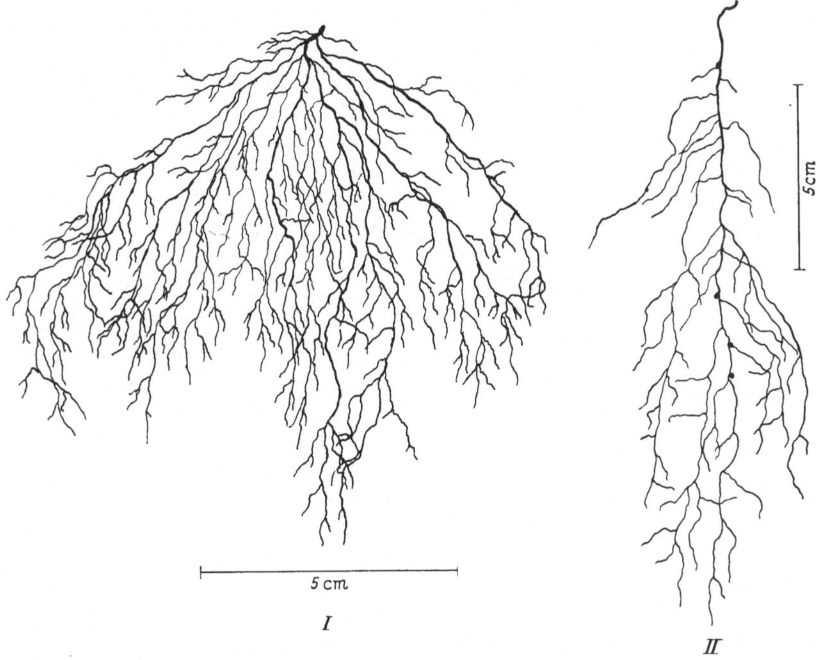

Abb. 19. *I Myosotis arenaria*, Wurzelsystem. *II Medicago minima*, Wurzelsystem (7 Wochen nach der Keimung). Nach ZEBE.

zeitig kräftige Seitenwurzeln entwickeln, die sich ebenso wie die Hauptwurzeln rasch weiterverzweigen, dringt bei den einjährigen Sommerpflanzen die Primärwurzel zunächst unter Ausgliederung nur schwacher Seitenäste 20—50 cm tief in den Boden ein. Erst dann macht sich die seitliche Verzweigung wieder stärker bemerkbar (z. B. *Medicago minima*, Abb. 19, *II*). Mehr als bei den annuellen Arten tritt bei ausdauernden Sandpflanzen die Extensität des Wurzelsystems hervor, sowohl in vertikaler als auch in horizontaler Richtung, eine Erscheinung, auf die ebenfalls SHIELDS bei der Schilderung einiger auf Gipsdünen in New Mexico vorkommender Gewächse hinweist.

Über die Bewurzelung der Ölpalme *(Elaeis guineensis)* bringt WRIGHT einige Angaben. Bemerkenswert ist dabei die Tatsache, daß etwa 70% der Seitenwurzeln erster Ordnung negativ-geotropisch sind und bis zur Erdoberfläche emporwachsen, wo sie ihre Entwicklung einstellen. Indes ist ein solches Verhalten bei tropischen Gewächsen (auch außerhalb der Mangrove) verhältnismäßig weit verbreitet und harrt noch näherer Untersuchung. Negativ-geotropische Wurzeln kommen nach BOND auch bei *Myrica gale* vor. Sie entspringen hier im Bereich von Wurzelknöllchen und tragen wahrscheinlich zur Belüftung des Knöllchengewebes bei.

Das Problem des Mistel-Haustoriums *(Viscum album)* hat THODAY wieder aufgenommen. Wie eine Reihe von früheren Beobachtern stellt auch er die Wurzelnatur dieses Organs in Abrede und faßt es als Organ sui generis auf. Wie aber TROLL in seiner Vergl. Morph. (I, 3, S. 2588ff.) ausgeführt hat, gibt es genügend Gründe, die es rechtfertigen, hier von einem, wenn auch stark modifizierten Wurzelsystem zu sprechen.

.Recht wenig war bisher über die Radikation der Farnpflanzen bekannt. Mit einer Betrachtung der Bewurzelungsweise von *Asplenium Nidus* hat TROLL dieses Thema wieder aufgenommen. Die Bewurzelung ist hier, wie allgemein bei den Pteridophyten, aufs engste mit dem Gesamtbauplan verbunden, wozu man auch Abb. 14 vergleiche. Als echte Homorhizophyten gliedern die Farne laufend in unmittelbarer Nähe des Vegetationspunktes sproßbürtige Wurzeln aus, die also gleich den

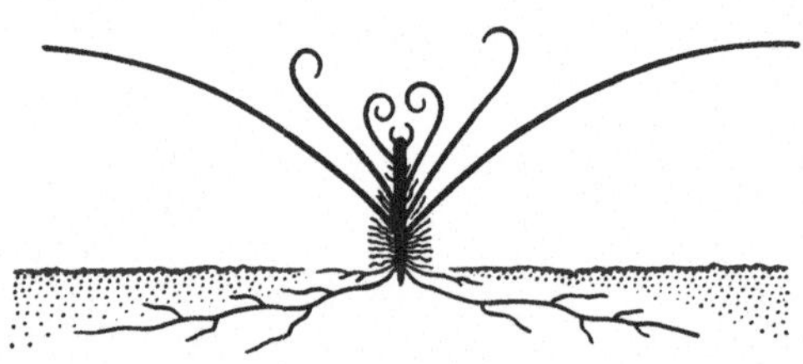

Abb. 20. *Asplenium Nidus*. Wuchsschema. Nach TROLL.

Blättern Seitenorgane der Sproßachse darstellen. Bei *Asplenium Nidus* kommt es nun zur Ausbildung einer Heterorhizie, indem nur die basal entstandenen Wurzeln lang auswachsen, die höher an dem gedrungenen Stamm befindlichen sich aber zu Kurzwurzeln entwickeln, die jedoch vielfach verzweigt sein können und auf ihrer ganzen Oberfläche mit Trichomen besetzt sind. In ihrer Gesamtheit bilden die Kurzwurzeln einen dichten Filz, der die von den Blattbasen umgebenden Nischen ausfüllt (Abb. 20). Sproßerstarkung und Sproßsymmetrie spielen bei der Radikation der Pteridophyten eine entscheidende Rolle. Für die leptosporangiaten Farne hat dies auf Anregung WEBERs neuerdings WETTER (2) in einer eingehenden Studie nachgewiesen. Im Anschluß an ältere Untersuchungen LACHMANNs geht er insbesondere auf die Lokalisation der sproßbürtigen Wurzeln ein und unterscheidet, ähnlich wie früher WEBER für Spermatophyten (Fortschr. Bot. 6, 26), Internodien-, Knoten- und Knospenwurzler. Die Ergebnisse sind durch zahlreiche Beispiele, deren Wiedergabe den Rahmen dieses Berichtes sprengen würde, belegt.

Wenig überzeugend war eine Mitteilung von OGURA (1938), nach der in der leptosporangiaten Gattung *Oleandra*, ähnlich wie bei *Selaginella*, Wurzelträger vorhanden sein sollten. Wenn TROLL (Fortschr. Bot. 11, 31) an dieser Auffassung schon Zweifel geäußert hat, so konnte jetzt WETTER (1) nachweisen, daß es sich bei den vermeintlichen Wurzelträgern um echte, mesogen angelegte Luftwurzeln handelt. Diese pflegen aber von einer Scheide umgeben zu sein, die von der Sproßepidermis gebildet wird und mehrere Dezimeter lang werden kann. Erst wenn die Wurzeln das Substrat erreichen, wird die Tasche durchbrochen. Andeutungsweise finden sich derartige Wurzelscheiden aber auch schon bei *Polypodium vacciniifolium* sowie bei *Davallodes hirsutum*. Bei letzterem können sie nach WETTER sogar 2—3 cm lang werden. Somit erweist sich die Wurzel auch in bisher zweifelhaften Fällen immer wieder als ein Grundorgan des Vegetationskörpers der höheren Pflanze. EMBERGER (1), (2) meint, daß die Wurzel sich von der Sproßachse grundsätzlich allein durch ihre physiologische Aufgabe unterscheide, im übrigen aber wie diese selbst Achsennatur besitze und man folglich alles, was sich unter der Erde befindet, als Wurzel bezeichnen könnte. Eine solche Auffassung dürfte kaum anders denn als Rückfall auf eine vorwissenschaftlich-unkritische Stufe der pflanzlichen Organlehre zu betrachten sein[1]. Wenn wir so die wohlfundierten morphologischen Begriffe preisgeben wollten, so resultierten daraus „chaotische Zustände, die nichts als Verwirrung anrichten" [PURI (2)].

Recht eigenartig verhalten sich die sog. inneren Wurzeln, wie sie insbesondere für eine Reihe von Bromeliaceen bekanntgeworden sind. Einige neue interessante Fälle konnte WEBER (2) u. a. für die südamerikanische Gattung *Navia* aufdecken. So bildet die jüngst gefundene *Navia Schultesiana* bis zu 50 cm lange und bis 1 cm dicke oberirdische Zweigsysteme, die im wesentlichen mächtige Bündel von die Rinde durchziehenden sproßbürtigen Wurzeln darstellen. Das Sproßgewebe selbst stirbt von der Basis her ab. Erst im Boden werden die einzelnen Wurzeln frei, wo sie sich ausbreiten und verzweigen können.

2. Wurzelvegetationspunkt.

Für die Dikotyledonen hatte v. GUTTENBERG (Fortschr. Bot. 12, 32) wahrscheinlich gemacht, daß bei ihnen die Wurzelentwicklung nach einem einheitlichen Grundschema erfolgt, indem sie von einer zentralen, als Scheitelzelle aufzufassenden Schlußzelle ausgeht. Allerdings sind gegen die Allgemeingültigkeit dieser Scheitelzelltheorie Bedenken laut geworden, insbesondere von seiten STEFFENs, der in einer sorgfältigen Analyse der Embryoentwicklung von *Impatiens glanduligera* auch die Frage der Wurzelbildung behandelt. Seinen Untersuchungen zufolge sind weder in der embryonalen Primärwurzel noch in den bereits am Embryo angelegten hypokotylbürtigen Wurzeln (Grenzwurzeln, s. Fortschr. Bot. 12, 33) die Anlage einer Scheitelzelle und der von v. GUTTENBERG beschriebene Teilungsmodus der Initialen nachzuweisen. Auch CLOWES kommt auf Grund von experimentellen Studien an Wurzeln von *Vicia faba* und *Fagus silvatica* zu einer Ablehnung der Scheitelzellkonzeption. Inzwischen haben SCHADE und v. GUTTENBERG entsprechende Arbeiten auf die Monokotylen ausgedehnt, für die eine klare zusammenfassende Darstellung bisher fehlte. Sie kommen zu dem bemerkenswerten Ergebnis, daß die zahlreichen, bis heute beschriebenen Fälle der Wurzelentwicklung

---

Schon THEOPHRAST bemerkt in seiner „Naturgeschichte der Gewächse": „wenn man alles, was unter der Erde ist, Wurzel nennen wollte, so wäre dies nicht recht" [WEBER (1)].

bei monokotylen Gewächsen lediglich quantitative Abwandlungen ein und desselben Typus darstellen. Hervorgehoben sei, daß in den Wurzelspitzen von *Butomus umbellatus* und *Alisma Plantago* eine durch be-

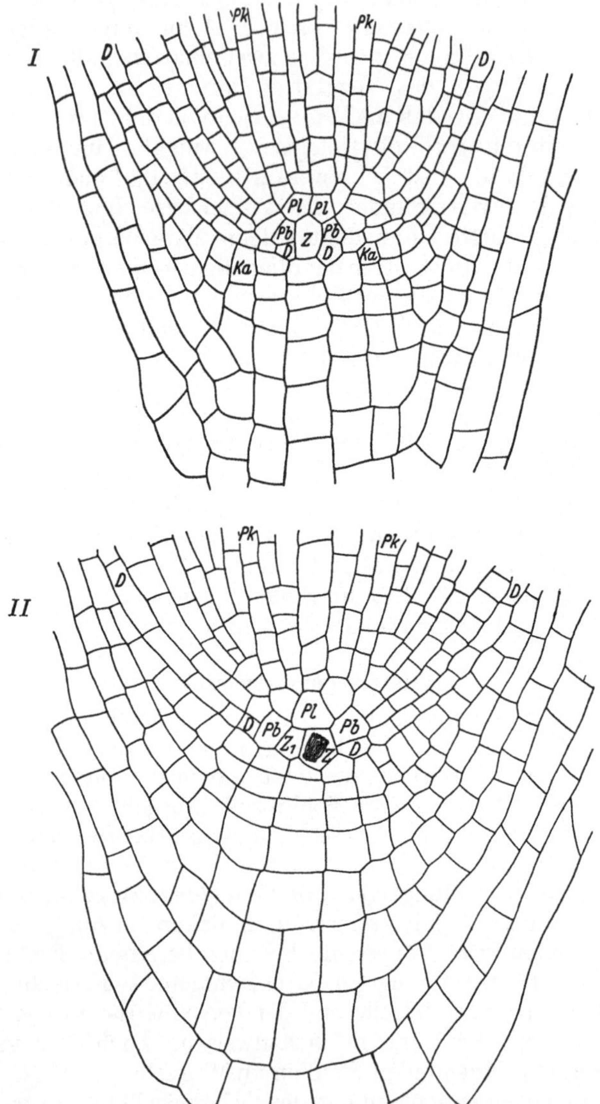

Abb. 21. Mediane Längsschnitte durch die Spitze einer jüngeren Wurzel von *Butomus umbellatus* (*I*) und *Alisma Plantago* (*II*). *Z* Zentralzelle, *Pl* Plerominitalen, *Pk* Perikambium, *Pb* Peribleminitialen, *D* Dermatogen, *Ka* Kalyptrogen. Nach SCHADE und v. GUTTENBERG.

sondere Größe auffallende Zentralzelle gefunden wurde, von der die axile Kolumellarreihe ausgeht, die aber gelegentlich auch das Dermatogen und das Periblem zu ergänzen scheint. Deren Initialen liegen unmittelbar neben der Zentralzelle (Abb. 21).

Die Häufigkeit der Mitosen scheint in einiger Entfernung von der Wurzelspitze erheblich größer zu sein als im Bereich der eigentlichen Initialen, wie es aus Untersuchungen an *Allium Cepa* (BUVAT und GENÈVES) und an *Triticum vulgare* (BUVAT und LIARD) hervorgeht. Allerdings geben diese Befunde keine Berechtigung, wie die Autoren es wollen, an der Existenz von Wurzelinitialen überhaupt zu zweifeln. Die Ergebnisse dieser französischen Forscher lassen sich mit neuen Beobachtungen von BÜNNING in Einklang bringen, der für *Sinapis alba* zeigen konnte, daß die Plasmadichte in den Zellen unmittelbar hinter dem Wurzelvegetationspunkt abnimmt, um bald darauf basalwärts in verschiedenen Schichten (Trichoblasten, Endodermis und vor dem Xylem liegende Teile des Perizykels) wieder anzusteigen. BÜNNING führt diese Erscheinung auf eine Hemmwirkung zurück, die vom äußersten Wurzelmeristem ausgeht. Erst da, wo diese erlischt, kann es zur Ausbildung neuer Meristeme bzw. Meristemoide kommen.

Was die Differenzierung der Leitelemente anlangt, so erfolgt sie, wie HEIMISCH am Beispiel von *Hordeum* in Übereinstimmung mit älteren Befunden ausführt, stets akropetal und beginnt im allgemeinen weniger als $300\,\mu$ von der Wurzelspitze entfernt. Auf den Querschnitt bezogen schreitet ihre Anlegung zentrifugal fort, die endgültige Differenzierung erfolgt aber zentripetal. Voll entwickelte Phloemelemente werden in jedem Fall näher an der Wurzelspitze beobachtet als entsprechende Xylemelemente.

Daß sproßbürtige Wurzeln nicht selten ihren Ursprung im interfascicularen Kambium haben, wurde schon in Fortschr. Bot. 14, 32 berichtet. Ein neues Beispiel hierfür schildern MAHLSTEDE und WATSON in *Vaccinium corymbosum*.

3. Weiteres zur Wurzelanatomie.

Von LUHAN (1), (2) wurde die Wurzelanatomie einer größeren Zahl von Alpenpflanzen studiert. Während bei den zu den Primulaceen gehörigen Arten der Primärbau in der Regel zeitlebens erhalten bleibt, weisen die Wurzeln der untersuchten Saxifragaceen (mit Ausnahme von *S. stellaris* und *S. Geum*) sekundäres Dickenwachstum auf. Bemerkenswert ist die oft mächtige Peridermentwicklung, selbst an feinsten Wurzeln. So wurden z. B. an einer nur 1,25 mm dicken Hauptwurzel von *S. squarrosa* bis über 50 Lagen von Korkzellen festgestellt. Für die Rosaceen ist die für zahlreiche Arten charakteristische Polydermbildung hervorzuheben, die ebenfalls bedeutende Ausmaße erreichen kann. Unter Polyderm versteht man seit MYLIUS (1913) ein lange am Leben bleibendes Abschlußgewebe, das unter wiederholter Endodermisbildung in ständiger rhythmischer Erneuerung begriffen ist. Solche Polydermlamellen fanden auch RENNER und SCHMIDT (2) in den Wurzeln von *Oenothera* und *Epilobium*.

Mit der Anatomie einiger Luftwurzeln hat sich NAPP-ZINN (2) beschäftigt. Er weist vor allem darauf hin, daß diese mit Ausnahme von *Columnea schiedeana* über eine wohlentwickelte Endodermis verfügen und daß die gelegentlich geäußerte Auffassung, nach der in belichteten

Pflanzenteilen die Endodermisbildung gehemmt wird, zumindest nicht allgemein zutrifft. Gegen eine solche Hypothese sprechen aber auch zahlreiche Beobachtungen an Sproßachsen, z. B. diejenigen von DANERT an Acanthaceen, denen zufolge hier stets Endodermisbildung erfolgt. Das Zustandekommen der für die Innenrinde der *Stratiotes*-Wurzel charakteristischen lakunösen Intercellularräume erklärt MAROTI in der Weise, daß infolge ungleichen Teilungs- und Streckungswachstums benachbarter Zellreihen Spannungszustände auftreten, die ein Auseinanderweichen dieser Zellzüge bewirken. Die sauberen älteren Untersuchungen von JANCZEWSKI (1874) hat MAROTI übersehen.

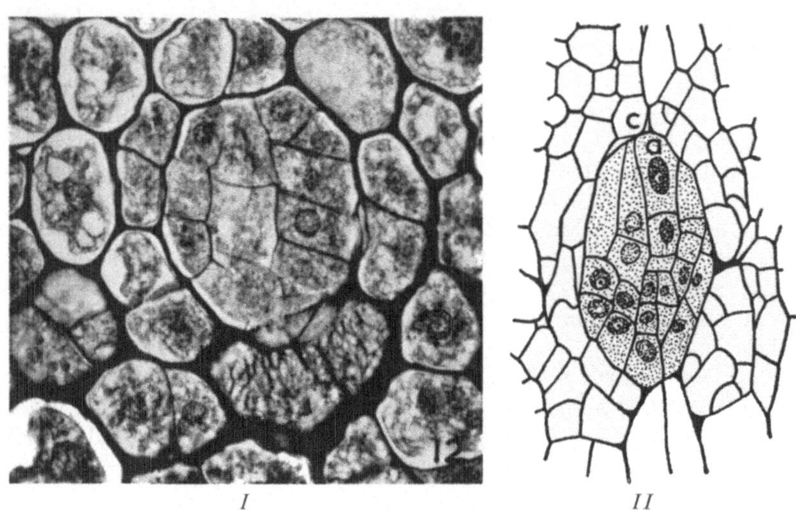

Abb. 22. *Ophioglossum vulgatum. I* Junge Sproßanlage im Rindengewebe einer Wurzel. *II* Sproßanlage im Markgewebe einer dekapitierten Sproßachse. Nach WARDLAW (4).

4. Wurzelsprosse.

Daß die Wurzeln von *Ophioglossum* Sproßknospen erzeugen können, ist eine seit langem bekannte Erscheinung, der TROLL in seiner Vergl. Morph. (I, 3; S. 2380) eine eingehende Darstellung gewidmet hat. Und zwar handelt es sich dabei in der Regel um gipfelständige Knospen, die nach ROSTOWZEW aus einem in der Nähe der Wurzelscheitelzelle gelegenen Segment hervorgehen. Bei Entfernung der Wurzelspitze können aber auch im rückwärtigen Teil der Wurzel Knospen auftreten. Dies hat jetzt WARDLAW (4) in neuen Experimenten mit *Ophioglossum vulgatum* bestätigt. Er konnte vor allem zeigen, daß diese Knospen endogen aus der mittleren Wurzelrinde (also eigentlich phloeogen) entstehen, derart, daß jeweils eine kleine Gruppe von Rindenzellen in lebhafte Teilung tritt und einen kugeligen oder ellipsoidischen Meristemkomplex bildet. Dann erfolgt die Differenzierung eines Sproßscheitels, einer ersten Blattanlage und einer ersten Wurzel. Der Anschluß des Leitgewebes erfolgt basipetal zur Stele der Mutterwurzel hin (Abb. 22). Eine ähnliche Knospenbildung konnte WARDLAW auch im Mark der Sproßachse

erzielen, wenn der Sproßscheitel abgeschnitten wurde. Wie es zur Auslösung dieser interessanten Neubildungen kommt, ist noch ungeklärt.
Über Sproßbildung am proximalen Ende von isolierten Primärwurzelteilen einer Luzernenvarietät hat SMITH berichtet, ohne jedoch Angaben
über die Histogenese mitgeteilt zu haben.

IV. Infloreszenzen.

Ausführlicher Bericht folgt in einem der nächsten Bände.

V. Blüte.

1. Allgemeines.

In der Blütenanatomie hat die Frage der Innervierung der einzelnen
Organe eine große Rolle gespielt. Über die umfangreiche Literatur hat
PURI (1) einen guten Sammelbericht vorgelegt, in dem er mit Recht
hervorhebt, daß das Studium des Leitbündelverlaufs in zahlreichen Fällen
zur Aufhellung blütenmorphologischer Probleme wesentlich beigetragen
hat. Freilich ist er sich auch darüber im Klaren, daß eine kritiklose
und ausschließliche Betrachtung der Nervaturverhältnisse leicht zu Fehlschlüssen führen kann.

Noch immer bewegen sich die Diskussionen um die richtige Auffassung der Blüte und ihrer Organe, doch erscheint die in diesen Berichten schon wiederholt vertretene sog. klassische Blütentheorie in jeder
Weise wohl begründet. Unter anderem hat dies jüngst TEPFER wieder
betont. Auf Grund umfangreicher Untersuchungen über Entwicklung
und Anatomie der Blüten von *Aquilegia formosa* und von *Ranunculus
repens* konnte er nachweisen, daß Laub-, Staub- und Fruchtblätter homologe Organe sind (vgl. hierzu die Ausführungen über den Blütenvegetationspunkt, S. 19). Auch in zahlreichen anderen Arbeiten (BAUM, LEIN
FELLNER, SCHAEPPI, CANRIGHT u. a.) kommt diese Tatsache erneut zum
Ausdruck.

Für eine ganze Reihe von Pflanzen bzw. Pflanzengruppen ist der
Blütenbau von systematischen Gesichtspunkten her erörtert worden, so
von EAMES (2) für die Ephedrales, von PALSER für die Andromedeae
und von KAVALJIAN für die Clethraceae. C. V. RAO behandelt einige Malvales und NAGARAJ zwei *Populus*-Arten. Über verschiedene Formen von
Blütennektarien und ihre Lokalisation hat FAHN einen kurzen Überblick
gegeben.

2. Perianth.

Nach der oben genannten Sproßtheorie der Blüte haben die Organe
des Kelches und der Krone Blattcharakter. Darauf weist unter anderem
SCHAEPPI (3) wieder hin. Er teilt für die Rosacee *Rhodotypus kerrioides*
mit, daß zumindest die beiden äußeren Sepalen, ebenso wie die Laubblätter, mit je zwei Stipeln versehen sind. Diese erscheinen allerdings
an der entwickelten Blüte unterhalb des eigentlichen Kelches und werden
hier allgemein als Außenkelch bezeichnet. Anders ist der Außenkelch
von *Hibiscus costatus* aufzufassen. Seine Organe erweisen sich nach

BAUM (5) als peltate Hochblätter. Auch sonst lassen sich Homologien zwischen Kelch- und Laubblättern feststellen. Bei den Mesembryanthemeen z. B. zeigen nach LEINFELLNER (4) die beiderlei Organe eine unifaciale Vorläuferspitze, die am adulten Laubblatt zwar nur als unscheinbarer Höcker erscheint, beim Kelchblatt aber den dorsalen Zipfel der Kapuze bildet. Die charakteristische Kapuze kommt durch Auswachsen der Querzone der unifacialen Blattspitze zustande. Somit entspricht hier, im Gegensatz zur bisherigen Auffassung, der dorsale Zipfel nicht dem gesamten Oberblatt, sondern stellt nur dessen unifaciale Spitze dar. Ähnliches scheint bei *Polygala myrtifolia* vorzuliegen [LEINFELLNER (5)]. In der Regel aber dürften die Kelchblätter rein vaginaler Natur sein, d. h. dem Unterblatt entsprechen. In diesem Fall ist eine unifaciale Spitze stets als Rudiment des ganzen Oberblatts zu werten, was besonders dann deutlich wird, wenn — wie es allerdings nur äußerst selten vorkommt — diese Spitze sich in einen unifacialen Stiel und eine peltate Spreite differenziert, wofür BAUM-LEINFELLNER einige Beispiele bringt. Vorläuferspitzen sind aber nicht nur von Kelch-, sondern auch von Kronblättern bekannt geworden, so durch BAUM (1) u.a. für *Datura stramonium* und *Reseda luteola*.

Eine wichtige Frage für das Verständnis der Cruciferenblüte ist die, welcher der beiden Kelchblattkreise als der äußere zu gelten hat. Auf Grund entwicklungsgeschichtlicher Untersuchungen kommt ALEXANDER zu dem Ergebnis, daß die beiden medianen Sepalen den äußeren Kreis darstellen. Damit wird die alte EICHLERsche Auffassung bestätigt, die durch die Arbeit von EGGERS (1935) eine Zeitlang erschüttert schien.

3. Androeceum.

Bei einer Reihe von Magnoliaceen hat CANRIGHT die Morphologie der Stamina näher studiert. Die einfachsten Formen zeigen danach noch keine scharfe Differenzierung in Filament und Anthere, sie stellen vielmehr breite, von drei Nerven durchzogene Mikrosporophylle dar mit tief in das Gewebe eingesenkten Pollensäcken. CANRIGHT vertritt mit Nachdruck die Anschauung, daß es sich dabei um Organe von Blattnatur handelt und nicht etwa um Telomäste (was neuerdings wieder von KRECETOVIC und KOZO-POLJANSKIJ behauptet wird) oder um Organe sui generis. Hierin stimmt er mit VAN DER PIJL (3) überein, der das gleiche — im Gegensatz zu LAM — für die Stamina von *Ricinus* aussagt. BAUM (3), (4), die schon früher (Fortschr. Bot. **14**, 37) auf eine peltate Struktur mancher Staubblätter hingewiesen hatte, möchte eine solche auch dann für gegeben halten, wenn in der Ontogenese der betreffenden Organe sich kein schildförmiges Ausgangsstadium nachweisen läßt. Zur Begründung führt sie trichterförmige oder diplophylle Übergangsbildungen zwischen Perianth- und Staubblättern in gefüllten Blüten an. So meint sie, daß allen Staubblättern der Angiospermen ein einheitlicher peltater Bauplan zugrunde liegt. Indes muß ein solcher Schluß zumindest so lange als verfrüht gelten, als er nicht durch exakte entwicklungsgeschichtliche und histogenetische Befunde bewiesen werden kann.

Gleich allen anderen Blütenorganen sind auch die Staubblätter mit Spaltöffnungen versehen. KENDA, die zahlreiche Angiospermen-Blüten daraufhin untersucht hat, fand die Stomata in besonderer Häufigkeit am Konnektiv. Antherengestalt und Spaltöffnungszahl scheinen in keinerlei Beziehung zueinander zu stehen.

4. Gynoeceum.

Seit den grundlegenden Untersuchungen TROLLs über die Morphologie der Fruchtblätter wissen wir, daß die Karpelle der meisten Pflanzen peltater Natur sind. Daneben freilich gibt es auch solche, in deren Ontogenese sich keine Querzone nachweisen läßt. Diese bezeichnen wir als epeltat. BAUM (2), (6), (9) bemüht sich, alle diese Fruchtblätter auf einen Nenner zu bringen, indem sie nachzuweisen versucht, daß sie sämtlich „aus einheitlichen Anlagen entstehen und sich voneinander nur durch den Zeitpunkt der Anlegung ihrer Querzone unterscheiden". Sie greift dabei auf die Verhältnisse u. a. bei *Helleborus*, *Eranthis*, *Grevillea* zurück, wo sie Übergangsbildungen gefunden hat. Besonders interessant in dieser Hinsicht erscheint das gestielte Karpell von *Grevillea*, bei dem die Querzone (*Q*) nicht im Spreitenbereich liegt, aber auch nicht gänzlich unterdrückt ist, sondern auf

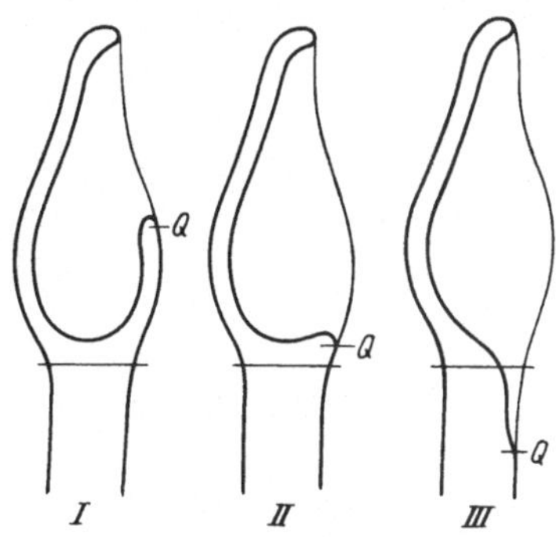

Abb. 23. Schema zur Ableitung des Karpells von *Grevillea thelemanniana* (*III*) vom manifest peltaten Karpell (*I, II*). Die Karpelle sind im medianen Längsschnitt dargestellt. Nach BAUM (2).

den Stielabschnitt verschoben erscheint (Abb. 23). Bleibt der Karpellstiel in einem solchen Fall unentwickelt, so, folgert sie, resultiert das epeltate Fruchtblatt. Das ist freilich vorerst nur eine Hypothese, deren Gültigkeit noch zu beweisen wäre. Für die *Tasmania*-Sektion der Winteraceen beschreiben BAILEY und SWAMY ein primitives Karpell, das griffellos ist und eine dreinervige konduplikativ gefaltete Lamina besitzt.

Für das Gynoeceum der Prunoideen hat SCHAEPPI (1) beim Studium einzelner Arten recht einheitliche Züge feststellen können. Auch der Fruchtknoten der Calycanthaceen ordnet sich in seinem allgemeinen Bau den bei den Polycarpicae herrschenden Verhältnissen ein [SCHAEPPI (2)]. Recht verschieden gestaltet kann dagegen nach EL-HAMIDI das Gynoeceum bei den Melanthoideae sein. Die Differenzen beziehen sich hier vor allem auf den Grad der Karpellverwachsungen. So zeichnet sich das Gynoeceum von *Tofieldia* durch eine nur schwache postgenitale Verwachsung seiner Fruchtblätter aus, wogegen etwa *Tricyrtis* als stark abgeleitete Form kongenitale Verwachsung aufweist. Dazwischen vermitteln Übergänge. Die Lobeliaceen werden gewöhnlich als zwei-karpellig beschrieben. Allerdings finden sich schon in der älteren Literatur Angaben über das Auftreten von drei Fruchtblättern im Gynoeceum. Dies hat jetzt LEINFELLNER (3) für *Lobelia cardinalis* bestätigt. Die beiden dorsalen Karpelle fand er aber hier im fertilen Abschnitt unter

Rückbildung ihrer Scheidewand verschmolzen, so daß ein pseudodimerer, mit zwei ungleich großen Fächern ausgestatteter Fruchtknoten resultiert. Weiter noch geht die Reduktion in der ebenfalls zu den Synandrae gehörigen Familie der Stylidiaceen, wo sich nach SUBRAMANYAM alle Übergänge von dimer-synkarpem Bau *(Donatia Novae-Zelandiae)* bis zur Einfächrigkeit *(Stylidium schoenoides)* beobachten lassen, sei es durch Rückbildung der Scheidewände oder eines der Karpelle. Letzteres trifft für *Stylidium adnatum* zu. Der Autor vermutet, daß sich von hier aus das dimer-parakarpe Gynoeceum der Compositen ableiten läßt.

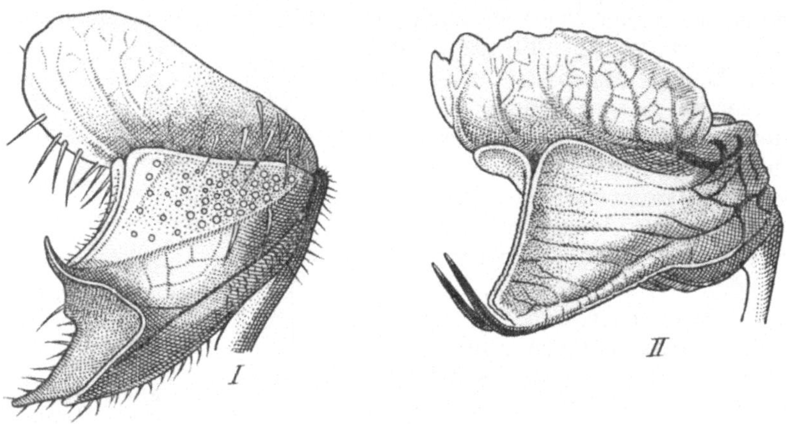

Abb. 24. Fruchtkelch von *Ocimum spec.* (*I*) und *Becium angustifolium* (*II*). Nach STOPP.

Häufige Diskussionen haben schon die Placentationsverhältnisse hervorgerufen, worüber man das unter eingehender Literaturberücksichtigung verfaßte Sammelreferat von PURI (2) vergleiche. In jüngster Zeit ist vor allem das Problem der Zentralplacenta im coenokarpen Gynoeceum wieder akut geworden. Nach LAM u. a. soll die zentrale Placenta Stachyosporie anzeigen, damit also Achsennatur besitzen. Nun ist diese Frage schon von früheren Autoren in dem Sinne beantwortet worden, daß auch bei zentraler Placentation Blattbürtigkeit der Samenanlagen vorliegt, da diese aus den im Gynoeceum innen liegenden (ventralen), kongenital verwachsenen Teilen der schildförmigen Karpelle hervorgehen. Das gleiche gilt für die basiläre Placenta, die als eine extreme Reduktion der Zentralplacenta aufgefaßt werden kann und meist nur eine einzige, zentral an der Fruchtknotenbasis liegende Samenanlage erzeugt. Daß auch diese keineswegs achsenbürtig ist, vielmehr einem Fruchtblatt zugehört, hat für *Plumbago* neuerdings LEINFELLNER (7) zu zeigen versucht und für *Peperomia* MURTY nachgewiesen. EAMES (1) und PURI (2) vertreten dieselbe Ansicht. Als Typus der Angiospermen-Placenta ist „eine submarginale, das untere Ende des Ventralspaltes eines manifest peltaten Karpells U-förmig umgebende Placenta anzusehen" [LEINFELLNER (1)]. Alle übrigen Ausbildungsformen stellen nur Variationen dieses Verhaltens dar. Daß auch das Gynoeceum der Amentiferen, die mit besonderem Nachdruck als Beispiel für Stachyosporie angeführt worden sind, sich dem oben erörterten Bauplan einfügt, haben BAUM und LEINFELLNER (2) dargetan.

VI. Frucht.

Über die Frucht liegen nur wenige Arbeiten vor. Größere Bedeutung kommt den Untersuchungen STOPPs über persistierende Kelche zu. Der Kelch bleibt hier in der Postfloration nicht nur erhalten, er erfährt sogar eine oft sehr charakteristische Fortentwicklung. So kann etwa die Kelchöffnung im Zuge entsprechender Wachstums- oder Krümmungsvorgänge mehr oder minder vollständig verschlossen werden (Abb. 24). Vielfach erlangen diese Umbildungen Bedeutung für die Dissemination, ja es vermag der Fruchtkelch sogar Funktionen des Perikarps zu übernehmen. Alsdann werden an ihm teilweise besondere Dehiszenzmechanismen ausgebildet, unter anderem solche, die in Spalten- oder Deckelbildung sich auswirken (Abb. 25). In anderen Fällen führen die persistierenden Sepalen, analog

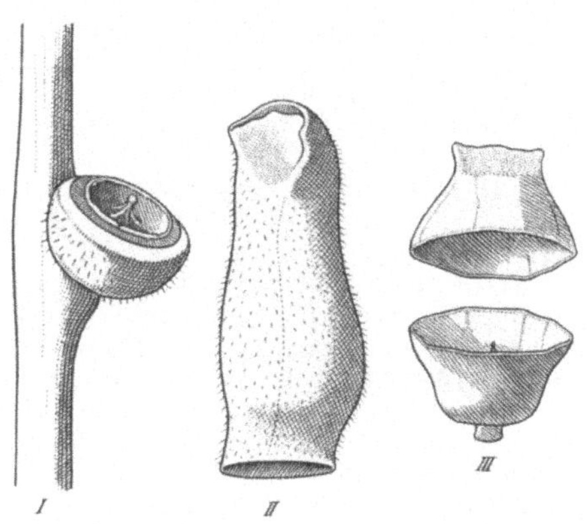

Abb. 25. Deckelkelche von *Aeolanthus rehmannii* (*I, II*) und *Aeolanthus pinnatifida* (*III*). Nach STOPP.

den Zähnen, in die sich das Perikarp vieler Früchte spaltet, hygroskopische Öffnungsbewegungen aus. Insgesamt kann gesagt werden, daß das Verhalten der Fruchtkelche weithin zu bestimmten Verbreitungsweisen der ursprünglich von ihnen umschlossenen Disseminationseinheiten (Samen, Klausen, usw.) in Beziehung steht.

Literatur.

ABBE, E. C., u. B. O. PHINNEY: Amer. J. Bot. **38**, 737 (1951). — ALEXANDER, J.: Planta (Berl.) **41**, 125 (1952). — ALLSOPP, A.: Ann. of Bot. N.S. **17**, 37 (1953). — AYKIN, S.: Rev. Fac. Sci. Univ. Istanbul, Sér. B **18**, 74 (1953).

BAILEY, I. W.: Amer. J. Bot. **40**, 4 (1953). — BAILEY, I. W., u. B. G. L. SWAMY: Amer. J. Bot. **38**, 373 (1951). — BAILLAUD, L.: Bull. Soc. Hist. Natur. Doubs **55**, 79 (1951). — BALL, E.: (1) Growth **16**, 151 (1952). — (2) Amer. J. Bot. **39**, 167 (1952). — BAUM, H.: (1) Österr. bot. Z. **98**, 280 (1951). — (2) Phytomorphology **2**, 191 (1952). — (3) Österr. bot. Z. **99**, 65 (1952). — (4) ebenda **99**, 228 (1952). — (5) ebenda **99**, 370 (1952). — (6) ebenda **99**, 402 (1952). — (7) ebenda **99**, 421 (1952). — (8) ebenda **99**, 521 (1952). — (9) ebenda **100**, 353 (1953). — BAUM-LEINFELLNER, H.: Österr. bot. Z. **100**, 593 (1953). — BAUM, H., u. W. LEINFELLNER: (1) Österr. bot. Z. **100**, 91 (1953). — (2) ebenda **100**, 276 (1953). — BEHR, L.: Ber. dtsch. bot. Ges. **65**, 326 (1952). — BELL, P. R.: Ann. of Bot. N.S. **15**, 334 (1951). — BERSILLON, G.: C. r. Acad. Sci. (Paris) **232**, 2470 (1951). — BLOCH, K.: Acta biotheor. (Leiden), Ser. A **10**, 1 (1952). — BOKE, N. H.: (1) Amer. J. Bot. **39**, 134 (1952). — (2) ebenda **40**, 239 (1953). — BOND, G.: Ann. of Bot. N.S. **16**, 467 (1952). — BONDESON, W.: Acta Horti Bergiani **16**, 169 (1952). — BROOKS, E. R., u. A. T. GUARD: Bot. Gaz. **113**, 444 (1952). — BUCHLOH, G.:

Sitzgsber. Heidelberg. Akad. Wiss., Math.-naturwiss. Kl. **1951**, 4. Abh. — BÜNNING, E.: Z. Bot. **40**, 385 (1952). — BUVAT, R.: (1) C. r. Acad. Sci. (Paris) **232**, 1011 (1951). — (2) ebenda **232**, 1232 (1951). — (3) ebenda **232**, 2466 (1951). — (4) ebenda **233**, 813 (1951). — (5) Ann. Sci. natur. Bot., 11. sér. **13**, 199 (1952). — BUVAT, R., u. L. GENÈVES: C. r. Acad. Sci. (Paris) **232**, 1579 (1951). — BUVAT, R., u. O. LIARD: C. r. Acad. Sci. (Paris) **236**, 1193 (1953).

CAMEFORT, H.: (1) C. r. Acad. Sci. (Paris) **231**, 65 (1950). — (2) Rev. gén. Bot. **57**, 348 (1950). — (3) C. r. Acad. Sci. (Paris) **233**, 88 (1951). — (4) ebenda **232**, 174 (1951). — (5) ebenda **236**, 847 (1953). — CANRIGHT, J. E.: Amer. J. Bot. **39**, 484 (1952). — CARPENTIER, A.: Rev. gén. Sci. pures appl. **59**, 272 (1952). — CHAKRAVARTI, S. C.: Nature (Lond.) **171**, 223 (1953). — CHAMPAGNAT, M.: (1) Ann. Sci. natur. Bot., 11. sér. **12**, 121 (1952). — (2) Bull. Soc. bot. France, Mém. **1951**, 116. — (3) C. r. Acad. Sci. (Paris) **236**, 963 (1953). — CLOWES, F. A. L.: New Phytologist **52**, 48 (1953). — CROVETTO, R. M.: Lilloa (Buenos Aires) **14**, 75 (1948). — CUÉNOD, A.: Bull. Soc. bot. France **98**, 24 (1951). — CUSICK, F.: Ann. of Bot. N. S. **17**, 369 (1953).

DANERT, S.: Flora **140**, 307 (1953). — DAVIE, J. H.: Amer. J. Bot. **38**, 621 (1951). — DENFFER, D. v.: Ber. dtsch. bot. Ges. **64**, 269 (1951). — DRAWERT, H.: (1) Planta (Berl.) **41**, 509 (1953). — (2) Ber. dtsch. bot. Ges. **65**, 400 (1952). — DUCHAIGNE, A.: (1) Rev. gén. Bot. **57**, 129 (1950). — (2) C. r. Acad. Sci. (Paris) **232**, 646 (1951). — DUFFY, R. M.: Amer. J. Bot. **38**, 393 (1951). — DUVIGNEAUD, P., J. STAQUET u. J. DEWIT: Bull. Soc. roy. bot. Belg. **85**, 39 (1952).

EAMES, A. J.: (1) New Phytologist **50**, 17 (1951). — (2) Phytomorphology **2**, 79 (1952). — (3) ebenda **3**, 172 (1953). — ELGIN, N.: Rev. Fac. Sci. Univ. Istanbul, Sér. B **15**, 333 (1950). — EL-HAMIDI, A.: Arb. Inst. allg. Bot. Zürich, Ser. A, Nr. 4 (1952). — EMBERGER, L.: (1) Rec. Trav. Inst. bot. Montpellier **4**, 17 (1949). — (2) Colloque internat. Paris 1952. — ESAU, K., V. I. CHEADLE u. E. M. GIFFORD jr.: Amer. J. Bot. **40**, 9 (1953).

FAHMY, I. R. u. Z. F. AHMED: Acta Pharm. Intern. **1**, 97 (1950). — FAHN, A.: Bot. Gaz. **113**, 464 (1952). — FARDY, A., D. SCHWARTZ u. J. CUZIN: C. r. Acad. Sci. (Paris) **231**, 1242 (1950). — FOSTER, A. S.: (1) Amer. J. Bot. **27**, 487 (1940). — (2) ebenda **30**, 56 (1943). — (3) ebenda **39**, 752 (1952). — FRITSCHÉ, E.: Bull. Soc. roy. bot. Belg. **83**, 323 (1951).

GAVAUDAN, P., u. G. DEBRAUX: (1) C. r. Acad. Sci. (Paris) **232**, 430 (1951). — (2) ebenda **233**, 1660 (1951). — GOETZ, O.: Z. Bot. **41**, 445 (1953). — GREGUSS, P.: Acta biol. (Budapest) **3**, 443 (1952). — GRIFFITH, M. M.: Amer. J. Bot. **39**, 253 (1952).

HACCIUS, B.: (1) Planta (Berl.) **40**, 333 (1952). — (2) ebenda **40**, 443 (1952). — (3) Österr. bot. Z. **99**, 483 (1952). — (4) Planta (Berl.) **41**, 439 (1953). — HALL, J. W.: Bot. Gaz. **113**, 235 (1952). — HANF, M.: (1) Z. Pflanzenbau u. Pflanzenschutz **2**, 145 (1951). — (2) Planta (Berl.) **41**, 515 (1953). — HARDER, R. u. A. OPPERMANN: Planta (Berl.) **41**, 1 (1953). — HEIDENHAIN, B.: Jb. Akad. Wiss. u. Lit. Mainz **1952**, 188. — HEIMERDINGER, G.: Planta (Berl.) **40**, 93 (1951). — HEIMSCH, CH.: Amer. J. Bot. **38**, 523 (1951). — HELM, J.: Flora **139**, 96 (1952). — HERLEMONT, R.: Ann. Sci. natur. Bot. 11. sér. **12**, 1 (1951). — HOMÈS, J., E. J. BALASSE u. A. BUREAU: Bull. Soc. roy. bot. Belg. **85**, 83 (1952). — HOMÈS, J. L., P. DUVIGNEAUD, E. J. BALASSE u. J. DEWIT: Bull. Soc. roy. bot. Belg. **84**, 83 (1951).

JOHNSON, M. A.: Bull. Torrey bot. Club **77**, 354 (1950). — JURKAT, G.: Diss. Tübingen 1953.

KAVALJIAN, L. G.: Bot. Gaz. **113**, 392 (1952). — KENDA, G.: Phyton **4**, 83 (1952). — KOZO-POLJANSKIJ, B. M.: Bull. Soc. Naturalistes, Ser. Biol. **55**, 41 (1950). Russisch, deutsch. Ref. in Ber. wiss. Biol. **72**, 126 (1951). — KRECETOVIC, L. M.: Bull. Soc. Naturalistes, Ser. Biol. **55**, 28 (1950). Russisch, deutsch. Ref. in Ber. wiss. Biol. **72**, 125 (1951). — KÜSTER, E.: (1) Ber. dtsch. bot. Ges. **65**, 289 (1952). — (2) Flora **139**, 526 (1952).

LABOURIAU, L. G.: (1) Rev. brasil. Biol. **12**, 33 (1952). — (2) ebenda **12**, 181 (1952). — LANCE, A.: (1) Ann. Sci. natur. Bot., 111. sér. **13**, 301 (1952). — (2) C. r. Acad. Sci. (Paris) **236**, 510 (1953). — LEE, C. L.: (1) Amer. J. Bot. **39**, 393 (1952). — (2) ebenda **40**, 366 (1953). — LEINFELLNER, W.: (1) Österr. bot. Z. **98**, 338 (1951). — (2) ebenda **98**, 403 (1951). — (3) ebenda **99**, 220 (1952). — (4) ebenda **99**, 295

(1952). — (5) ebenda **99**, 405 (1952). — (6) ebenda **100**, 426 (1953). — (7) ebenda **100**, 601 (1953). — (8) ebenda **100**, 639 (1953). — LEMESLE, R.: C. r. Acad. Sci. (Paris) **234**, 1706 (1952). — LIER, F. G.: Bull. Torrey bot. Club **79**, 312 u. 371 (1952). — LOISEAU, M. J.: Rev. gén. Bot. **57**, 478 (1950). — LUHAN, M.: (1) Sitzgsber. österr. Akad. Wiss. Wien, Math.-naturwiss. Kl., Abt. I **160**, 481 (1951). — (2) ebenda **161**, 199 (1952).

MACIOR, W. A., u. E. B. MATZKE: Amer. J. Bot. **38**, 783 (1951). — MÄCKEL, H. G.: Z. Tierernährung u. Futtermittelkunde **6**, 131. — MAHLSTEDE, J. P., u. D. P. WATSON: Bot. Gaz. **113**, 279 (1952). — MAROTI, M.: Acta biol. (Budapest) **1**, 363 (1951). — MATTICK, F.: Bot. Jb. **75**, 378 (1951). — MEHRA, P. N., u. N. CHOPRA: Ann. of Bot. N. S. **15**, 37 (1951). — MEUSEL, H.: (1) Feddes Repert. **54**, 137 (1951). — (2) Flora **139**, 333 (1952). — MILLENER, L. H.: Nature (Lond.) **169**, 1052 (1952). — MORLEY, TH.: Amer. J. Bot. **40**, 248 (1953). — MORTLOCK, C.: New Phytologist **51**, 129 (1952). — MOZINGO, H. N.: Amer. J. Bot. **38**, 495 (1951). — MÜLLER-STOLL, W. R.: Biol. Zbl. **71**, 618 (1952). — MURTY, Y. S.: Phytomorphology **2**, 132 (1952).

NAGARAJ, M.: Bot. Gaz. **114**, 222 (1952). — NAPP-ZINN, K.: (1) Z. Naturforsch. **6b**, 430 (1951). — (2) Österr. bot. Z. **100**, 322 (1953). — NICKL-NAVRATIL, H. u. W. RÜDIGER: Faserforsch. u. Textiltechn. **2**, 364 (1951).

OBATON, M.: Ann. Sci. natur. Bot., 11. sér. **10**, 179 (1949).

PAECH, K.: Z. Bot. **40**, 53 (1952). — PALSER, B. F.: Bot. Gaz. **112**, 447 (1951). — PARES, Y., u. J. RUAT: Rec. Trav. Labor. bot., géol. et zool. Montpellier, Sér. bot. **6**, 127 (1953). — PELTON, J.: Ecol. Monogr. **23**, 17 (1953). — PENON, G.: Rev. gén. Bot. **58**, 617 (1951). — PIJL, L. VAN DER: (1) Acta bot. neerl. (Amsterd.) **1**, 287 (1952). — (2) Proc. Kon. Ned. Akad. v. Wetensch., Ser. C **55**, 574 (1952). — (3) Phytomorphology **2**, 130 (1952). — (4) Indones. J. for Nat. Sci. **1953**, 11. — PLANTEFOL, L.: (1) C. r. Acad. Sci. (Paris) **234**, 984 (1952). — (2) ebenda **235**, 1150 (1952). — (3) ebenda **235**, 1242 (1952). — (4) ebenda **236**, 625 (1953). — POPHAM, R. A.: Ohio J. Sci. **51**, 249 (1951). — POPHAM, R. A., u. A. P. CHAN: Amer. J. Bot. **39**, 329 (1952). — PORSCH, O.: Carinthia II (Mitt. Naturw. V. Kärnten) **1950**, 107. — POTZTAL, E.: (1) Bot. Jb. **75**, 315 (1951). — (2) ebenda **75**, 321 (1951). — (3) ebenda **75**, 551 (1952). — PURI, V.: (1) Bot. Review **17**, 471 (1951). — (2) ebenda **18**, 603 (1952).

RACK, K.: Phytopathol. Z. **21**, 1 (1953). — RAO, C. V.: J. Indian Bot. Soc. **31**, 171 (1952). — RAO, J. S., u. D. D. SUNDARARAJ: J. Indian Bot. Soc. **30**, 88 (1951). — RAO, T. A.: (1) J. Indian Bot. Soc. **30**, 28 (1951). — (2) Proc. Indian Acad. Sci., Sect. B **34**, 92 (1951). — (3) ebenda **34**, 329 (1951). — (4) Proc. Nat. Inst. Sci. India **18**, 233 (1952). — RATHFELDER, O.: Diss. Tübingen **1952**. — RAUH, W., u. H. REZNIK: (1) Sitzgsber. Heidelberg. Akad. Wiss., Math.-naturwiss. Kl. **1951**, Abh. 3. — (2) Beitr. Biol. Pflanzen **29**, 233 (1953). — REAMS jr., W. M.: New Phytologist **52**, 8 (1953). — REEDER, O.: Amer. J. Bot. **40**, 77 (1953). — RENNER, O. u. Mitarb.: (1) Ber. dtsch. bot. Ges. **65**, 296 (1952). — (2) Z. Naturforsch. **7b**, 420 (1952). — RICHARDS, F. J.: Symposia Soc. f. Exper. Biol. **2**, 217 (1948). — RODIN, R. J.: Amer. J. Bot. **40**, 371 (1953). — ROTH, I.: (1) Planta (Berl.) **40**, 350 (1951/52). — (2) ebenda **42**, 177 (1953). — ROTHE, H.: Z. Abstammungslehre **84**, 74 (1951). — RÜDIGER, W.: Z. Bot. **41**, 373 (1953).

SAYI, F.: Rev. Fac. Sci. Univ. Istanbul, Ser. B **15**, 161 (1950). — SCHADE, CHR. u. H. VON GUTTENBERG: Planta (Berl.) **40**, 170 (1951). — SCHAEPPI, H.: (1) Mitt. naturw. Ges. Winterthur, Heft **26**, 27 (1951). — (2) Phytomorphology **3**, 112 (1953). — (3) Vjschr. naturforsch. Ges. Zürich **98**, 30 (1953). — SCHNEIDER, R.: Österr. bot. Z. **99**, 253 (1952). — SCHÜEPP, O.: Ber. schweiz. bot. Ges. **62**, 592 (1952). — SEELIGER, I.: Diss. Breslau 1944. — SEIGERMAN, N.: Amer. J. Bot. **38**, 811 (1951). — SHIELDS, L. M.: Amer. Midld Naturalist **50**, 224 (1953). — SHIELDS, L. M. u. F. W. SATTLER: Bot. Gaz. **114**, 243 (1952). — SMITH, D.: Agronomy J. **42**, 381 (1950). — SNOW, M.: Philos. Trans. roy. Soc. London, Ser. B **235**, 131 (1951). — SNOW, R.: (1) Philos. Trans. roy. Soc. London, Ser. B **235**, 291 (1951). — (2) New Phytologist **51**, 359 (1952). — SNOW, M. u. R.: Proc. roy. Soc. London, Ser. B **139**, 545 (1952). — SPURR, A. R.: Amer. J. Bot. **37**, 185 (1950). — STAHL, E.: Z. Bot. **41**, 123 (1953). — STANT, M. Y.: Ann. of Bot. N. S. **16**, 115 (1952). — STEFFEN, K.: Flora **139**, 394 (1952). — STERLING, CL.:

(1) Amer. J. Bot. **38**, 761 (1951). — (2) ebenda **39**, 6 (1952). — STERN, W. L.: Amer. J. Bot. **39**, 220 (1952). — STOPP, K.: Abh. Akad. Wiss. u. Lit. Mainz (math.-naturwiss. Kl.) **1952**, 904. — SUBRAMANYAM, K.: Proc. Indian Acad. Sci., Sect. B **33**, 327 (1951).

TACHTADZJAN, A. L.: Bot. Z. **37**, 647 (1952). Russisch, dtsch. Ref. in Ber. wiss. Biol. **83**, 173 (1953). — TEPFER, S. S.: Univ. California Publ. Bot. **25**, 513 (1953). — THALER, I.: Phyton **3**, 216 (1951). — THIELKE, CH.: Planta (Berl.) **39**, 402 (1951). — THODAY, D.: J. of exper. Bot. **2**, 1 (1951). — TÖREN, J.: Rev. Fac. Sci. Univ. Istanbul, Sér. B **15**, 239 (1950). — TROLL, W.: Abh. Akad. Wiss. u. Lit. Mainz, Mathem.-naturwiss. Kl. **1952**, 3.

ULLRICH, J.: Ber. dtsch. bot. Ges. **63**, 100 (1950).

VAUGHAN, J. G.: Nature (Lond.) **169**, 458 (1952). — VETTER, L.: Diss. Tübingen 1951.

WAGNER, W. H.: (1) Univ. California Publ. Bot. **26**, 1 (1952). — (2) Amer. J. Bot. **39**, 578 (1952). — (3) Amer. Fern J. **42**, 81 (1952). — WALTERS, S. M.: New Phytologist **49**, 1 (1950). — WARDLAW, C. W.: (1) Phylogeny and morphogenesis. Contemporary aspects of botanical science. London 1952. — (2) New Phytologist **50**, 127 (1951). — (3) Ann. of Bot. N.S. **16**, 207 (1952). — (4) ebenda **17**, 513 (1953). — WEBER, H.: (1) Die Bewurzelungsverhältnisse der Pflanzen. Freiburg 1953. — (2) Mutisia (Acta bot. Colombiana) **13** (1953). — (3) Planta (Berl.) **41**, 311 (1953). — WENCK, U.: Z. Bot. **40**, 33 (1952). — WETTER, C.: (1) Planta (Berl.) **39**, 471 (1951). — (2) Abh. Akad. Wiss. u. Lit. Mainz, Math.-naturwiss. Kl. **1952**, 26. — WIELING, U.: Biol. Zbl. **71**, 415 (1952). — WRIGHT, J. O.: Nature (Lond.) **168**, 748 (1951). — WYLIE, R. B.: Amer. J. Bot. **39**, 645 (1952).

ZAVADSKIJ, K. M.: Dokl. Akad. Nauk SSSR. N.S. **79**, 153 (1951). Russisch, dtsch. Ref. in Ber. wiss. Biol. **76**, 38 (1952). — ZEBE, E.: Natur u. Volk **82**, 22 (1952). — ZIMMERMANN, W., D. WOERNLE u. L. WARTH: Z. Bot. **41**, 227 (1953).

3. Entwicklungsgeschichte und Fortpflanzung.

Von Otto Jaag, Zürich

Mit 6 Abbildungen.

I. Allgemeine Entwicklungsgeschichte.

Zur „Schanderlschen Bakterientheorie".

In seinen bakteriologischen Untersuchungen ist H. Schanderl, Geisenheim, zu Erkenntnissen gelangt, die zu denen der „klassischen" Bakteriologie in schroffem Gegensatz stehen und die auch die Pflanzenphysiologen in höchstem Maße überraschten. In seinem 1947 erschienenen Buche „Botanische Bakteriologie und Stickstoffhaushalt der Pflanzen auf neuer Grundlage", sowie in einer Reihe weiterer Schriften versucht der Autor nachzuweisen, daß — entgegen der allgemeinen Auffassung der Botaniker — die pflanzlichen Gewebe keineswegs keimfrei seien, sondern „daß in jedem Zellplasma körperliche Gebilde vorkommen, die wohl Plasma-Organe sind, die aber noch zu selbständigem Leben im Experiment zurückgeführt werden und in der Natur beim Tod der Zelle von selbst wieder zum Eigenleben zurückkehren können. Diese unter den Namen Chondriosomen, Chondriomen, Mikrosomen und Mitochondrien bekannten Gebilde sind also von Natur aus selbständige Lebewesen, und zwar Bakterien, die nur durch eine lange symbiontische Vergangenheit entsprechend geformt sind. Das Plasma der Wirtszelle ist ihr bleibender oder vorübergehender Standort geworden und die Chondriosomengestalt ist nichts anderes als eine Standortsmodifikation eines Bakteriums. Mit absoluter Gewißheit wissen wir, daß Bakterien als Symbionten, sozusagen als domestizierte Bakterien in allen Organen und Geweben des gesamten Pflanzenreiches vorkommen".

Die als Chondriosomen oder Mitochondrien angesprochenen Zellbestandteile sollen demnach zu Bakterien „regenerieren". Es ist deshalb keineswegs verwunderlich, daß Schanderl auch die Knöllchentheorie bei Leguminosen, nach der die in Symbiose mit der Pflanze lebenden und stickstoffbindenden Bakterien nur innerhalb der Wurzelknöllchen zu diesen physiologischen Leistungen befähigt sind, als überholt und veraltet ablehnt (Schanderl 1940, 1943, 1944).

In neuerer Zeit wird indessen in den Schanderlschen Veröffentlichungen, im Gegensatz zu früher, der Ausdruck Chondriosomen vermieden; es ist nur noch die Rede von Zellorganellen, die man bis dahin einfach als Granula bezeichnete, und in der neuesten Publikation (1953) beschreibt H. Schanderl neue Methoden, mit denen sich eindeutig beweisen lassen solle, daß riesige Mengen von Bakterien „beim Zerfall sämtlicher Plastiden, Chloro-, Leuco-, Chromo- und Elaioplastiden in absterbenden Zellen entstehen"; auch Zellkerne sollen nach ihrem

Zerfall Bakterien liefern. Es ist nicht erstaunlich, daß diese „Entdeckungen" SCHANDERLs von Anfang an mit größter Skepsis beurteilt und als unbewiesen und unwahrscheinlich abgelehnt wurden. Zurück blieb aber ein Gefühl der Ungewißheit und des Mißbehagens. Weite Botanikerkreise wissen deshalb C. STAPP großen Dank dafür, daß er in engem Kontakt mit SCHANDERL sich in exakt durchgeführten Versuchen mit dem Problem der Transmutation bestimmter Zellbestandteile höherer pflanzlicher Organismen zu Bakterien auseinander gesetzt, die Ergebnisse dieser Kontrollversuche bekanntgegeben und seine Auffassung über die SCHANDERLsche Bakterientheorie mit aller wünschbaren Offenheit mitgeteilt hat (C. STAPP 1953). Die Ergebnisse fielen — trotz genauer Einhaltung der von SCHANDERL gegebenen Anweisungen — eindeutig negativ aus. Offenbar wurden beim Experimentieren nicht die notwendigen Sicherungen gegen Fremdinfektionen vorgenommen, was natürlich nur allzu leicht zu Irrtümern in der Interpretation des Beobachteten führen kann. So darf wohl unter die Diskussion um die SCHANDERLsche Bakterientheorie vorläufig ein Schlußstrich gezogen werden.

II. Spezielle Entwicklungsgeschichte.

Bacteria. a) Cytologie, Genetik. In einer übersichtlichen und kritischen Darstellung diskutiert W. BRAUN (1953) die neueren Forschungsergebnisse auf dem Gebiete der Cytologie und Vererbung der Bakterien und wertet sie als Grundlagen für eine Entwicklungsgeschichte dieses Formenkreises niederer Pflanzen.

Die Cytologie des Bakterienkerns: Kerne, bestehend aus Desoxyribonucleoprotein, die dank der neuen Nachweistechnik von ROBINOW, BISSET, DELAPORTE u. a. in den Zellen und Sporen bereits vieler Bakterienarten nachgewiesen wurden, erscheinen in Stäbchenform in den wachsenden Zellen von Eubakterien, in Kugelform bei den meisten Kokken, in säurefesten und Diphteriebakterien sowie in Sporen, können aber bei der Keimung der letzteren verschiedene Formen annehmen. Kokken sind in der Regel einkernig, während Stäbchenbakterien oft zwei bis mehrere Kerne enthalten, insbesondere dann, wenn bei raschem Zellwachstum die Kernteilung nicht unmittelbar von einer Zellteilung gefolgt ist. Ältere Kulturen enthalten meist einkernige Zellen. Durch DE LAMATER und Mitarbeiter (1951) ist eine neue Behandlungs- und Färbetechnik entwickelt worden, die erlaubt, tieferen Einblick in den Mechanismus der Kernteilung zu gewinnen, und bereits liegen Bilder vor, die in einem hohen Grade den bekannten Stadien im Ablauf der Mitose in den Zellen höherer Organismen entsprechen (Abb. 26). Nach DE LAMATER (1951, 1952) besitzen zwei untersuchte Arten von Coccaceen zwei, *Bacillus cereus, B. megatherium* sowie *Escherichia coli* dagegen drei Chromosomen je vegetativen Kern. Offenbar sind die meisten vegetativen Zellen und Sporen der Bakterien haploid.

Mutation: Auch spontane, ungerichtete Mutationen sind bei Bakterien bereits in großer Zahl festgestellt worden. Sie äußern sich in Änderungen der Kolonie-Morphologie *(Salmonella aertrycke)* und -Farbe *(Serratia marcescens)*, in physiologischen Merkmalen wie Resistenzänderungen gegenüber Bestrahlung *(Escherichia coli)*, chemischen Stoffen *(Staphylococcus aureus)*, Antibiotica *(St. aureus, E. coli* und viele andere) oder in Änderungen ihrer synthetischen Fähigkeiten *(Pseudomonas fluorescens)*. Über die Ursache der Auslösung solcher spontanen Genmutation sind wir noch im Ungewissen. Dagegen sind bereits zahlreiche Mittel bekannt, um die Rate der ungerichteten Mutation vieltausendfach zu erhöhen. Unter ihnen seien genannt: X- und UV-Strahlen, organische Peroxyde, carcinogene Substanzen und einfache chemische Stoffe wie $MnCl_2$, nach geeigneter Vorbehandlung auch sichtbares Licht. Vielfach können mehrere mutierte Merkmale gleichzeitig auftreten. Ihre Kombination ist von Fall zu Fall verschieden. So ergeben sich aus Mutationen gleichzeitig auftretende Änderungen der Morphologie von Zellen und Kolonie beim *Bacillus megatherium,* der Kolonie-Morphologie und Fähigkeit zur Bildung von Kapselpolysacchariden bei *Streptococcus sp.,* Kolonie-Morphologie und Virulenzänderungen bei *Corynebacterium diphteriae,* Änderungen der Kolonie-Morphologie und Phag-Resistenz usw.

Abb. 26. Mitotische Kernteilung (späte Metaphase) in einer mehrkernigen Bakterienzelle. Schematische Darstellung nach W. Braun (1953).

Auch bei den Bakterien sind also spontane und induzierte, ungerichtete Mutationen und Mutationsketten für die Evolution verantwortlich. Sie liefern neue Genotypen, unter denen die Natur durch Selektion eine Auswahl trifft. Die Entwicklung kann sich im Sinne fortschreitender Verlustmutationen, aber auch in einzelnen oder schrittweise aufeinanderfolgenden Neuerwerbungen, Eigenschaften und Fähigkeiten vollziehen. Auf diese Weise kann die Entwicklung von der autotrophen zur heterotrophen, von der aeroben zur anaeroben Lebensweise führen, mitunter aber auch in umgekehrtem Sinne ablaufen. Das Buch Brauns bietet einen Überblick über die in einer weitverstreuten Literatur dargestellten cytologischen und genetischen Verhältnisse bei den Bakterien. Einzelne cytogenetische Erscheinungen sind im 13. Bd. der „Fortschritte" (1951) von H. Marquardt bereits im Detail diskutiert worden.

b) Entwicklungsgeschichte. In den bereits zahlreichen Versuchen, die Bakterien systematisch zu erfassen, wurden meist die strukturellen Merkmale der Zellen in den Vordergrund der Betrachtung gestellt. Die (scheinbar) komplizierter gebauten Formen wurden von den morphologisch einfacheren, insbesondere von den Coccaceen abgeleitet. K. A. Bisset (1952) packt dieses Problem erneut an. Nach ihm erfolgte die Entwicklung der Bakterien einerseits in Korrelation zum Übergang von der aquatischen zur terrestrischen Lebensweise, andererseits auf Grund des fortschreitenden Verlustes synthetischer Fähigkeiten.

An den Anfang der Entwicklung stellt der Autor die spiralförmig gebauten Bakterien, die dank dem Besitz polarer Geißeln fähig sind, sich im Wasser lebhaft aktiv zu bewegen, also insbesondere die Gattungen *Vibrio* und *Spirillum,* aber auch manche autotrophen Arten wie Schwefel- und Purpurbakterien, sowohl grampositive als auch gramnegative Formen. Auch die Spirochaeten werden auf Grund ihrer leicht spiraligen

Struktur und des Besitzes von Schwimmgeißeln von solchen Urformen hergeleitet. Mit dem Übergang zum Landleben bildeten sich im Dienste einer leichten Verbreitung gegen äußere Einflüsse widerstandsfähige Dauerzellen, Sporen, aus, während in vielen Fällen die Zellen durch den Verlust der Geißeln der aktiven Beweglichkeit verlustig gingen.

Formen wie *Streptomyces* mit ihrem mycelähnlichen, in reich verzweigte Nährhyphen und sporentragende Spezialhyphen differenzierten Vegetationskörper werden demnach zu den höchstentwickelten Bakterien des trockenen Landes gestellt. Die Coccaceen wären nach K. A. BISSET Endformen verschiedenen Ursprunges, die den spiraligen Bau der Zellen vollständig eingebüßt und Kugelform angenommen haben. Die Kleinheit und das geringe Gewicht der Zellen ermöglichen solchen Formen die Verbreitung der Sporen durch die Luft. Grampositives Verhalten wird den höher entwickelten Bakterien zugeschrieben, was freilich den Autor nicht hindert, die gramnegativen, schleimbildenden Myxobacteriaceen auf Grund ihrer fruchtkörperartigen Bildungen zu den entwicklungsgeschichtlich jüngsten Formen zu stellen.

Auf Grund solcher Überlegungen gliedert der Autor die Klasse der Bakterien, die er übrigens mit den Pilzen, insbesondere mit den Hefen, als nahe verwandt betrachtet, in folgende vier Ordnungen:

1. *Eubacteriales:* Begeißelte (selten durch Verlust unbegeißelte), hauptsächlich einzellige, grampositive oder gramnegative Formen.

2. *Actinomycetales:* Unbegeißelte, wenig-zellige Kurzstäbchen zeitweise verzweigt, grampositiv.

3. *Streptomycetales:* Verzweigt, pilzähnlich, mit sporentragenden „Luft"-Hyphen, grampositiv.

4. *Flexibacteriales:* Zellen mit contractiler („muskelartiger") Zellwand, gramnegativ.

Diese Auffassungen K. A. BISSETs über die Evolution und die systematische Stellung der verschiedenen Formenkreise der Bakterien kommen im Schema und in der Legende von Abb. 27 klar zum Ausdruck.

Die Entwicklungsgeschichte der Bakterien (s. Abb. 27).

Familien	Gattungen
Spirillaceae	(1) *Spirillum, Vibrio*
	(2) *Pseudomonas*
	(3) begeißelte Spirochaeten
Bacteriaceae	(4) *Bacterium*
	(5) *Aerobacter* (Verlust der Geißeln)
	(6) *Proteus* (mit peritricher Begeißelung)
Spezialisierte aquatische Formen	(7) Chlamydobacteriaceen
	(8) *Caulobacter*
Lactobacteriaceae	(9) *Lactobacillus*
	(10) *Streptococcus* und *Leuconostoc*
Bacillariaceae	(11) *Bacillus*

c) Chlamydobacteriaceen. Über die in eiweiß- und zuckerhaltigen Abwässern oder durch solche Stoffe belasteten Vorflutern sich überaus üppig entfaltenden Fadenbakterien *Sphaerotilus natans* Kützing und *Cladothrix dichotoma* Cohn liegt bereits eine recht umfangreiche Literatur vor. Verschiedentlich, insbesondere durch E. G. PRINGSHEIM (1949 und 1952), wurden diese in verschiedenen Gattungen untergebrachten Bakterien als identisch, bzw. als durch unterschiedlichen Nährstoffreichtum im Substrat induzierte Modifikationen aufgefaßt. Den Beweis für diese

Abb. 27. Die Evolution der Bakterien. Nach K. A. BISSET (1952).

Identität aber lieferte erst H. BAHR (1953), dem es gelang, in Reinkulturen in flüssigem Substrat (unter Zusatz von 0,3 % Asparagin und 0,05 % Fleischextrakt und häufigem Erneuern der Nährlösung) die *Cladothrix*- in die *Sphaerotilus*-Form überzuführen. Bei Drosselung des Nährstoffangebotes zeigte das Material wieder die *Cladothrix*-Form, während auf festem Nährboden nur diese zur Entwicklung gelangte. Die Frage nach der Verwandtschaft von *Cladothrix* und *Sphaerotilus* kann demnach dahingehend beantwortet werden, daß *Sphaerotilus natans* als „Üppigkeitsform" von *Cladothrix dichotoma* aufgefaßt werden dürfte.

Diese in der Reinkultur beobachteten Verhältnisse sind in Abb. 28 dargestellt. Durch die Feststellungen BAHRs lassen sich die Beobachtungen erklären, daß in der Nähe einer Abwassereinleitung in ein Fließ-

gewässer die *Sphaerotilus*-Form, in größerer Entfernung davon (wo ein
Teil der Nährstoffe bereits aufgearbeitet ist) dagegen die *Cladothrix*-
Form des Bakteriums zur Entfaltung gelangt.

d) Myxobacteriaceen. Die Coenobien der Myxobacterien erinnern
in ihrem Anfangsstadium an die Plasmodien der Myxomyceten. Für die
Entstehung und Differenzierung der fruchtkörperähnlichen Cystophore
aus den schleimigen Anfangsstadien der Coenobien sind nach KÜHLWEIN
(1953) weitgehend Substrateinflüsse bestimmend. So bewirkte bei *Chon-
dromyces apiculatus* einseitige Ernährung mit *Bacterium coli* nach sechs
Tagen Bildung von Cystophoren.

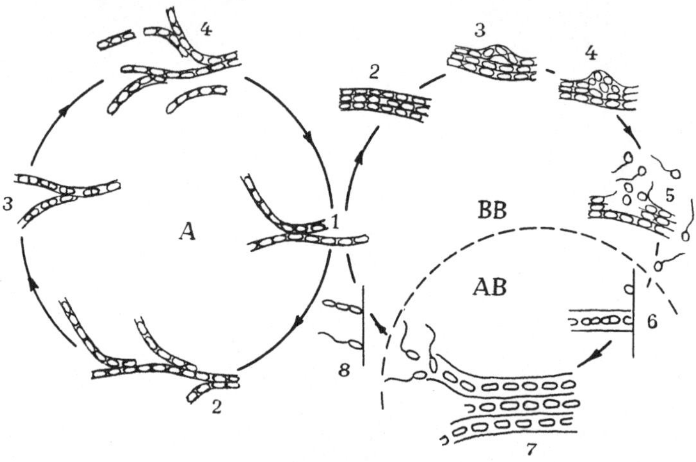

Abb. 28. Entwicklungskreise von *Cladothrix dichotoma* (A) und *Sphaerotilus natans* (BB und AB) nach
H. BAHR (1953).

Über die Ansprüche von Myxobakterien an das Nährsubstrat, insbesondere über die Frage der Wirkung verschiedener C- und N-Quellen
sowie mehrerer Wirkstoffe, sodann über die Beziehungen der Myxobakterien zu anderen Bakterien und Mikroorganismen berichtet auf
Grund ausgedehnter Untersuchungen H. OETKER (1953).

Verf. gelang es, aus Wildmisten und Bodenproben verschiedener Herkunft drei Arten von Myxococcaceen und einer Polyangiacee in Reinkultur zur Entwicklung zu bringen. Dabei diente als Nährsubstrat 2%
Agar, dem — entsprechend SINGH (1947) — als einzige Nahrungsquelle
abgetötetes Bakterienfutter zugegeben war. Aus den ernährungsphysio-
logischen Versuchen OETKERS geht hervor, daß das vegetative Wachstum
von *Myxococcus virescens* und *M. fulvus* durch Glukose schwach, durch
Stärke besser gefördert wird. Anorganischer Stickstoff und Harnstoff
erwiesen sich als wertlos; dagegen wirkten Asparaginsäure und Pepton
beschleunigend auf das vegetative Wachstum. Bei *M. fulvus* förderten
Stärke und Asparaginsäure die Entwicklung von Fruchtkörpern.

In Bakterienfutterböden wirkten hochmolekulare C- und N-Quellen
(Stärke, Pepton, Casein) in einem gewissen Ausmaße fördernd sowohl
auf die vegetative als auch auf die reproduktive Entwicklungsphase.
Dagegen zeigten Wirkstoffe, insbesondere Vitamine der B-Gruppe, Ascor-

binsäure, Paraaminobenzoesäure niemals eine wesentliche Förderung, mitunter sogar eine Hemmung der Bakterienentwicklung.

Bei Fütterung der Myxobakterien mit lebenden Mikroorganismen zeigte es sich, daß, wie SINGH dies für *Myxococcus virescens* nachgewiesen hatte, auch *Podangium erectum* in der Lage ist, die Futterbakterien zu töten und aufzulösen. Dabei waren unter den 17 Bakterienstämmen, die von den Myxobakterien als Nahrung ausgenützt wurden, sowohl grampositive wie gramnegative Formen vertreten; indessen eigneten sich farblose Bakterien besser als pigmentierte.

Auch Hefen sowie der Phycomycet *Phlyctochytrium* werden von den Myxobakterien abgetötet und als Nahrung ausgenützt. Grünalgen, die dem Nährboden zugegeben wurden, erfuhren eine Schädigung, nicht aber eine Abtötung und förderten sowohl die vegetative Entwicklung als auch die Fruchtkörperbildung der verwendeten Myxobakterien.

e) **Pseudomonas.** Aus sauerstoffreichen, oligo- bis mesothrophen kalten Gewässern isolierte K. W. KUCHAR (1954) vier neue Bakterienarten, die der bekannten Art *Pseudomonas punctata* (Zimm.) Chester nahestehen, sich aber durch eine Reihe physiologischer Merkmale von dieser Art unterscheiden: *Ps. pestai*, *Ps. telmatophila*, *Ps. limnophila* und *Ps. astatica*. Diese Bakterien scheinen in der Biologie der Gewässer, insbesondere für die ökologische Gewässersystematik, eine nicht unbedeutende Rolle zu spielen. Es handelt sich dabei um gramnegative, polarbegeißelte Stäbchen, die offenbar nahe verwandt sind, sich aber durch eine Reihe von Merkmalen untereinander und von der Art *Ps. punctata* unterscheiden. Sie nehmen systematisch eine Mittelstellung zwischen der *Ps. fluorescens-aeruginosa*-Gruppe einerseits und *Ps. punctata* anderseits ein. Vom gleichen Autor (1954a) wird eine weitere Art *Pseudomonas jankei* beschrieben, die aus kalten und oligosaproben Gewässern isoliert wurden, und in diesen zu starker Entfaltung gelangen kann. Differentialdiagnostisch ist diese nichtverflüssigende und nichtfluoreszierende Art vor allem dadurch ausgezeichnet, daß im Peptonwasser im oberen Teil des Röhrchens ein charakteristischer brauner Ring entsteht. Die Art kann, besonders in bakterienarmen Gewässern, Dominanz erreichen.

Cyanophyceen. E. M. VON ZASTROW (1953) diskutiert auf Grund eigener neuer Untersuchungen an 27 Arten den Aufbau und die Entwicklung der Cyanophyceenzelle. Die normale vegetative Zelle enthält bekanntlich innerhalb der peripher gelegenen chlorophyllhaltigen plasmatischen Grundsubstanz, dem Chromatoplasma, eine farblose Zentralsubstanz, deren Form bei höheren Cyanophyceen vom Alter der Zelle abhängt. Bei jungen, teilungsfähigen Zellen bildet sie einen zusammenhängenden Komplex, den Zentralkörper. Mit zunehmendem Alter der Zellen gliedert sie sich mehr und mehr auf, bis sie schließlich völlig in Grana zerteilt ist. Der Desoxyribonucleinsäure- und der Ribonucleinsäuregehalt kennzeichnen die Zentralsubstanz als Kernäquivalent. — Bei *Fischerella thermalis* (SCHWABE) Gom. und *Gloeotrichia pisum* Thuret findet v. ZASTROW im normalen Entwicklungsablauf regelmäßig Vacuolenbildung und deutet diese als Alterserscheinung. Je weiter die Vacuolenbildung fortgeschritten ist, um so geringer ist die Zentralsubstanz der Zelle. Der Autor spricht mit Vorsicht die Vermutung aus, die Vacuolen könnten aus der Zentralsubstanz entstehen. „Es sieht so aus, als ob diese vom Gel- in den Solzustand überginge." Für die Deutung der Zentralsubstanz als Träger der Kernfunktion hätte das weitgehende Konsequenzen.

Myxomyceten. Die Vertreter der Myxomyceten-Ordnung der *Acrasieae* bilden Aggregat- oder Pseudoplasmodien (im Gegensatz zu den Fusionsplasmodien der *Myxogasteres*), d. h., die Myxamöbozygoten treten zu größeren Plasmamassen zusammen, ohne ihre Selbständigkeit zu verlieren. BONNER und FRASCELLA (1952) versuchen nachzuweisen, daß bei *Dictyostelium discoideum* auch nach der Bildung der Aggregate Mitosen der diploiden Zygotenkerne auftreten, die von Zellteilungen gefolgt sind.

Demgegenüber betrachtet WILSON (1953) die nach der Bildung der Aggregatplasmodien auftretenden Teilungen als Reduktionsteilungen der kurz vorher gebildeten Zygoten und stellt Mitosen diploider Kerne bei den Acrasieen in Abrede. — Als haploide Chromosomenzahl stellt er für *Dictyostelium discoideum* $n = 7$ fest (Abb. 29).

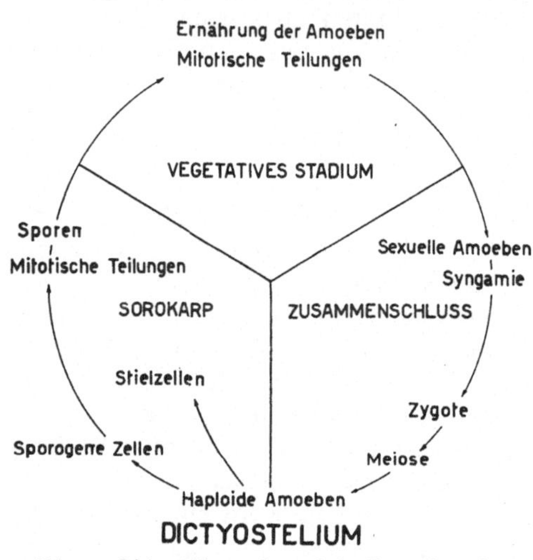

Abb. 29. *Dictyostelium*; schematische Darstellung des Entwicklungsganges, nach CH. M. WILSON (1953).

SUSSMANN und Mitarbeiter (SUSSMANN 1951; M. SUSSMANN und E. NOEL 1952; M. SUSSMANN 1952; R. R. SUSSMANN und M. SUSSMANN 1953; M. SUSSMANN 1954) befassen sich verschiedentlich mit dem gleichen Objekt *(Dictyostelium discoideum)*. Sie (SUSSMANN und SUSSMANN 1953) finden verschiedene Stämme, welche in ihrer Entwicklung Abweichungen vom bekannten Modell zeigen. Diese Stämme werden in zwei Klassen unterteilt. Die Vertreter der ersten folgen vorerst dem normalen Entwicklungsablauf und schlagen dann an einem bestimmten Punkt eine andere Richtung ein, die zu stark abweichenden Fruchtkörperbildungen führt. Die Vertreter der zweiten Klasse („morphogenetical deficients") wachsen zuerst normal, können aber für sich allein nicht den ganzen Entwicklungscyclus durchlaufen. So gibt es Stämme, die nicht imstande sind, die Aggregatplasmodien zu bilden (aggregateless strains), während andere ihren Entwicklungsgang erst kurz vor der Fruchtkörperbildung abstoppen (fruitless strains). Später findet SUSSMANN (1954), daß eine Population von zwei „deficient strains" imstande ist, den ganzen Entwicklungscyclus normal zu durchlaufen und schließt daraus auf eine synergistische Wirkung der beiden Stämme, wobei über die Natur und den Mechanismus dieser Wirkung noch nichts Endgültiges ausgesagt werden kann. Daneben werden auch zwei antagonistisch wirkende Stämme beschrieben.

Flagellatae. Beim Studium der Craspedomonaden des Neusiedler-Sees sowie einiger Teiche in der Umgebung Wiens fand J. Schiller (1953) zwei neue Gattungen, *Kentia* und *Kentrosiga*, die insofern von allgemeinerem Interesse sind, als zwei für diese Flagellatengruppe bisher unbekannte Organellen gefunden wurden: in beiden Gattungen sind die Zellen der Kolonie durch ein Gallertband untereinander verbunden, und beim *Kentia* ragen lange, feine, nadelartige, vom basalen Pol ausgehende Borsten in die die Zellen verbindende Gallerte hinein. Vielleicht helfen diese neu entdeckten Strukturen mit, die Spongien, bei denen ähnliche Bildungen bekannt sind (A. H. Hollande 1953) von den Craspedomonaden herzuleiten.

Chlorophyceen. Silva und Starr (1953) zeigen am Beispiel der Gattung *Chlorococcum* eindrücklich die nomenklatorischen Schwierigkeiten und Probleme, die sich beim Versuch der Identifizierung von einzelligen Grünalgen ergeben können. Oft ist es überhaupt unmöglich, eine Form auf Grund von Diagnosen älterer Autoren einwandfrei zu bestimmen. Die Autoren fordern daher von den Algologen beim Aufstellen neuer Arten folgendes Vorgehen: 1. Darstellung der neuen Species in Figuren und (eventuell oder) möglichst exakter Beschreibung. 2. Aufbewahrung von fixiertem Material der Originalkultur (eventuell der in der Natur aufgefundenen Population), auf welcher die Beschreibung basiert. 3. Herstellung einer Reinkultur des Typusmaterials. — Solche Typuskulturen sollten von einer zentralen Algothek aufbewahrt und weitergezüchtet werden. Die Gefahr des Verlustes durch höhere Gewalt könnte vermindert oder fast ausgeschaltet werden, wenn die Typuskulturen von mehreren Algotheken in den verschiedensten Ländern parallel gehalten würden.

Die Notwendigkeit, die Algensystematik soweit als möglich auf Grund von Reinkulturen der zu bearbeitenden Formen zu betreiben, kann unseres Erachtens nicht stark genug betont werden.

R. H. Thompson (1952) fand in Kansas drei für die USA. neue Grünalgengattungen und beschreibt überdies eine neue Art *Sidercelis hexacosta* Thompson. Ferner gibt er die Diagnose einer neuen Gattung *Lobocystis*, der er die Art *L. dichotoma* zuteilt. Die Alge soll *Oocystis* nahestehen. — Der Verf. bewahrt zwar von allen beschriebenen Formen fixiertes Material auf. Doch darf an dieser Stelle nochmals auf die von Silva und Starr erhobene Forderung hingewiesen werden, neue einzellige Grünalgenarten — aber soweit als möglich auch andere Algen — nur auf Grund von Reinkulturen zu beschreiben und von allen neu beschriebenen Arten Reinkulturen an die großen Algotheken zu schicken.

Mit Reinkulturen arbeiten Trainor und Bold (1953). Sie beschreiben drei neue, einzellige Bodenalgen: *Hormotilopsis gelatinosa* gen. et spec. nov. gehört in die Familie der Palmellaceen. Sie steht *Hormotila Borzi* nahe, besitzt aber Zoosporen mit vier gleich langen Geißeln, während *Hormotila* zweigeißelige Zoosporen aufweist. Auffallend ist die starke einseitige Gallertausscheidung der vegetativen Zelle. — Weder bei dieser noch den zwei anderen neuen Arten — *Chlorococcum oleofaciens* und *Characium polymorphum* — wurden Anzeichen einer sexuellen Fortpflanzung beobachtet.

R. A. Lewin (1954) isolierte aus Meerwasser eine *Stichococcus*-Art, die nur in Gegenwart eines Wachstumsfaktors wächst, der im Meerwasser vorkommt. In Kulturen wuchs die Alge immer mit einem Bacterium zusammen, welches vermutlich diesen Faktor aufzubauen vermochte. Schließlich gelang die bakterienfreie Kultur der Alge, wobei Vitamin B_{12} die gleiche Wirkung wie der natürliche Wachstumsfaktor hatte.

Tetraedron Kützing *(Protococcales)* wurde als autosporenbildende Gattung betrachtet, obwohl die Entstehung der Autosporen nur bei sieben der etwa 50 beschriebenen Arten wirklich verfolgt worden war. Probst wies bereits 1926 auf die Übereinstimmung der Entwicklungsgeschichte von *T. minimum* Hg. mit *Pediastrum* hin und vermutete auf Grund dieser Feststellung bei *T. minimum* Zoosporenbildung, ohne sie freilich experimentell nachweisen zu können. Dieser Nachweis gelang Starr (1954) für *Tetraedron bitridens* Beck-Mannagetta. Er fordert die Einordnung der Gattung in die Familie der *Hydrodictyaceae* und beschreibt sein Objekt: Jüngere vegetative Zellen besitzen einen Kern, ältere dagegen vier oder acht, unter gewissen Bedingungen sogar bis 32 Kerne. Sexuelle Fortpflanzung wurde nicht beobachtet. Die asexuelle Fortpflanzung erfolgt durch Autosporen und Zoosporen. Starr erhält letztere nach Belieben, indem er vegetative Zellen aus Erdwasser-Nährlösung auf Erdextrakt-Agar und von dort nach 2—3 Tagen in destilliertes Wasser überträgt. Die Zoosporen sind positiv phototaktisch. Die Dauer ihrer Beweglichkeit ist unter anderem eine Funktion der Belichtungsintensität: bei schwacher Belichtung sind sie einige Stunden beweglich; unter dem Mikroskop werden sie dagegen infolge der starken Belichtung innert 3—5 min immobil. A. Zehnder (unveröffentlicht) machte bei den Zoosporen von *Haematococcus pluvialis* Flot. eine ähnliche Beobachtung, möchte die Immobilisierung der Zoosporen bei dieser Alge aber nicht auf die Belichtungsstärke unter dem Mikroskop, sondern auf einen Wärmeeffekt und eventuell auf weitere, noch unbekannte Faktoren zurückführen.

Lichenes. O. Klement und H. Doppelbauer (1952) beweisen an einem großen Material der marinen Krustenflechte *Arthopyrenia Kelpii* Kbr., daß viele der in der heutigen Flechtensystematik für die Artdiagnosen ausschlaggebenden Merkmale erheblich weniger konstant sind, als dies im allgemeinen angenommen wird. Die große Variabilität der Merkmale wird vornehmlich auf Unterschiede in der Beschaffenheit des Substrates und auf Alterungsstadien des Flechtenkörpers zurückgeführt. Verff. zeigen, daß sieben bisher aus Europa beschriebene marine Arthopyrenien in allen wesentlichen Eigenschaften in die Variationsbreite von *A. Kelpii* fallen und daher als besondere Arten fallen zu lassen sind. Sie weisen mit Recht darauf hin, daß die Flechtensystematik durch die zahllosen Neubeschreibungen von „Arten", die sich oftmals nur auf einen einzigen Fund stützen, sehr belastet wird. Die Gonidienalge von *Arthopyrenia*

Kelpii gehört nach KLEMENT und DOPPELBAUER in die Grünalgengattung *Pseudopleurococcus*, die bisher als Flechtengonidie noch nie nachgewiesen wurde.

Im Thallus der Laubflechten liegen die Grünalgen unter dem Hyphengeflecht der oberen Rindenschicht. Diese absorbiert einen Teil der einfallenden Lichtstrahlung und schützt damit die auf direktes Sonnenlicht sehr empfindlichen Zellen des Algenpartners [JAAG 1943, 1945, (1), (2)]. War man nun auf Grund älterer Untersuchungen der Ansicht, daß die Rindenschicht des Flechtenkörpers weit mehr Licht absorbiere als beispielsweise die Epidermis der Blätter höherer Pflanzen, so zeigt ERTL (1951), daß der Lichtgenuß der Algen im Flechtenthallus nur wenig geringer sei als derjenige der Chloroplasten höherer Pflanzen und daß die Lichtverhältnisse im Innern des wassergesättigten Flechtenthallus mit denjenigen im Innern von Laubblättern durchaus vergleichbar seien.

Die zahlreichen Versuche, die bisher unternommen wurden, um die Pilzpartner der Flechten mit entsprechenden, frei lebenden Pilzen zu identifizieren und sie im üblichen Pilzsystem einzuordnen, blieben bisher insofern erfolglos, als es keinem Autor gelang, Flechtenpilze in der Kultur auf künstlichen Nährsubstraten zur Sporenbildung zu veranlassen. Aus dieser Erfahrung und aus der Tatsache heraus, daß es bisher nicht gelang, aus freilebenden Algen und Pilzen in der Kultur Thalli hervorzubringen, die den morphologisch so klar durchgebildeten Flechtenkörpern auch nur annähernd entsprachen — E. A. THOMAS ist diesem Ziel zweifellos am nächsten gekommen — ziehen CIFFERI und TOMASELLI (1949) den Schluß, daß die Flechtenpilze in einem Entwicklungssystem zusammengefaßt werden müssen, das sich zwar an das System der freilebenden Pilze so weitgehend als möglich anlehnen müsse, das aber von jenem gesondert zu betrachten sei.

Ein solches m y c o l i c h e n o l o g i s c h e s S y s t e m legen die Autoren vor, indem sie auf den grundlegenden Arbeiten von FINK (1911), ZAHLBRUCKNER (1911), NANNFELDT (1932), SANTESSON (1951) und MATTICK (1951) aufbauen und dem Beispiel von E. A. THOMAS folgen, indem sie die Flechtenpilze nach der Flechte, in der sie vorkommen, benennen und dem Gattungsnamen der Flechte das Suffix „myces" anhängen (z. B. *Cladoniomyces, Aspiciliomyces*).

Die Grundlage für dieses System der Flechtenpilze liefern Form und Gestaltung der Fruchtkörper (Perithecien und Apothecien), die Zahl und Struktur der Sporen im Ascus, Vorhandensein oder Fehlen von Paraphysen usw. Es umfaßt vorläufig 203, hauptsächlich europäische Gattungen, die mit lateinischen Diagnosen beschrieben werden und die in zwei Ordnungen:

a) *Pyrenulales* (unterteilt in die Unterordnungen der *Sphaeriales, Hemisphaeriales, Pseudosphaeriales* und *Dothideales*),

b) *Lecanorales* gruppiert sind.

Diatomaceae. a) Sexualvorgänge bei C e n t r a l e s. Bis in die jüngste Zeit hinein wurde die Auxosporenbildung der zentrischen Diatomeen, im Gegensatz zu den Verhältnissen bei den pennaten, als asexueller Vorgang aufgefaßt. Nachdem schon verschiedene Anzeichen, die gegen die

Richtigkeit dieser Annahme sprachen, vorlagen [CHOLNOKY, PIRSIDSKY, RIETH, WENT; Zitate bei v. STOSCH (1951) (1)], wiesen IYENGAR und SUBRAHMANYAN (1944) für *Cyclotella Meneghiniana* nach, daß sich die Auxosporen aus Zygoten entwickeln, die sich unter Verschmelzung zweier Gonenkerne, autogam bilden. Demgegenüber zeigte v. STOSCH [1951 (1)] für *Melosira varians*, daß sich die Auxosporen aus Zygoten entwickeln, die aus Eizellen entstehen, welche von Spermien befruchtet werden. Bei der Eireifung läuft die Meiose ab; von den Gonenkernen wird einer zum Eikern, während die übrigen abortieren. Im Falle der Spermienbildung entwickeln sich alle vier Gonen; es entstehen in einer Mutterzelle vier Spermien. Es besteht also bei *Melosira varians* typische Oogamie. Das gleiche gibt STOSCH [1951 (2)], wenn auch auf Grund weniger vollständiger Beobachtungen, für mehrere marine zentrische Diatomeen an. Es findet sich somit, auch bei *Cyclotella* nach IYENGAR und SUBRAHMANYAN, der gleiche Kernphasenwechsel wie bei den *Pennales:* auch die *Centrales* sind reine Diplonten.

Durch die Untersuchung eines im Gebiet von Lunz, Niederösterreich, gesammelten Materials (von HUSTEDT vorläufig als *Cyclotella tenuistriata* bezeichnet) konnte GEITLER [1952 (1)] eine klar ausgeprägte Oogamie nachweisen und damit die Befunde VON STOSCHs bestätigen, wenn auch in der Reihe der Beobachtungen noch einige Lücken klaffen und der Vorgang der Befruchtung selbst nicht gesehen wurde.

Bei der vegetativen Mitose bildet die Masse der verklumpten (30—36) Chromosomen in der Metaphase einen Ring oder Hohlzylinder von charakteristischem Aussehen. Eine Besonderheit des Meta- und Anaphasenringes von *Cyclotella* hinsichtlich seiner äußeren Gestalt besteht schließlich in seiner gestörten radiären Symmetrie, was offenbar mit der wandständigen Lage der Spindel zusammenhängt. In der Meiose verhalten sich die Chromosomen prinzipiell gleichartig. Meta- und Anaphase zeigen ganz den Habitus der somatischen Teilungen.

Eireifung und Spermienbildung spielen sich in verschiedenen Mutterzellen ab. Ob phänotypische oder genotypische Geschlechtsbestimmung vorliegt, läßt sich im Gegensatz zu der fädenbildenden *Melosira* nicht erkennen. Aus Analogiegründen und unter Berücksichtigung der pennaten Diatomeen ist aber die Annahme einer neutralen (zwittrigen) Diplophase wahrscheinlich. Die Spermatogonien, d. h. die ursprünglich vegetativen Zellen, in denen unter Meiose die Spermien entstehen, besitzen Zellendurchmesser von 8—13 μ, und sind ungefähr ebenso groß wie die Oogonien. Meist aber entstehen Spermatogonien aus kleineren Zellen. Die Spermienbildung wird eingeleitet durch die meiotische Kernteilung, durch die zwei Tochterkerne gebildet werden. Eine plasmatische Zellwand bildet sich nicht. Vielmehr läuft die zweite Teilung im ungeteilten Protoplasten, und zwar immer in beiden Kernen synchron ab. Erst in der zweiten Telophase erfolgt die Bildung einer plasmatischen Trennungszone, die zwei Protoplasten mit je zwei Kernen liefert (Abb. 30 g, j). Dieses Stadium dauert offenbar recht lange. Nun erfolgt die Öffnung der Mutterschale und aus der zweiten Teilung der Protoplasten entstehen die Spermien. Die Spindeln stehen im allgemeinen nicht in der Richtung der Pervalvarachse, sondern parallel zu den Schalenebenen, also bereits so, wie es die Lage der zukünftigen Tochterprotoplasten „erfordert". Die Reifung (Geißelbildung) der Spermien konnte nicht beobachtet werden.

Die Eireifung spielt sich in Mutterzellen ab, die sich von vegetativen Zellen erst unterscheiden, wenn der Protoplast unter Abhebung der Schalen sich abkugelt. In diesem Zustand findet die Befruchtung statt. Dann schrumpft die Zygote zusammen. Der männliche Kern bleibt bis zur Telophase der Eiteilung liegen. Unter den dabei entstehenden Toch-

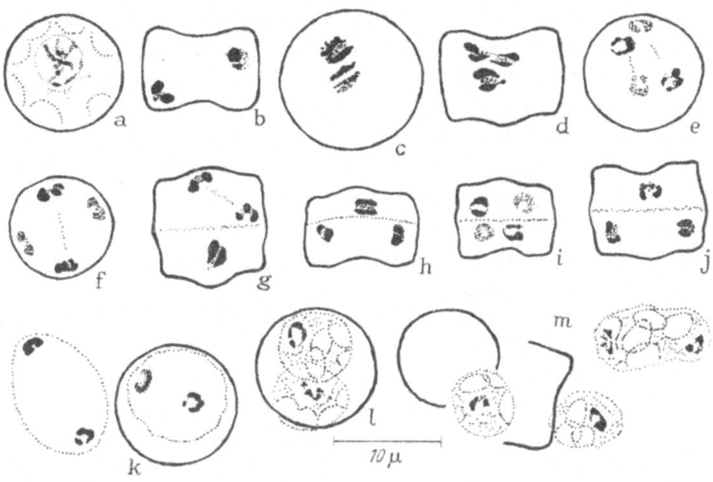

Abb. 30a—m. *Cyclotella tenuistriata* HUSTEDT. (Die Art ist noch nicht beschrieben): Spermatogonien. a Frühes synaptisches Pachytän; b I. Telophase; die beiden Tochterkerne liegen in der Blickrichtung verschieden hoch; c II. Metaphase, die eine Spindel hoch-, die andere tiefliegend; die Mutterzelle ist außergewöhnlich groß; d II. Meta- und frühere Anaphase; e, f II. Telophasen, die Spindeln in verschiedener Höhe, gekreuzt; g. h II. Meta- und Anaphasen; plasmatische Scheidewand; i, j II. Telophasen, in j oben liegt ein Tochterkern in Deckung; k zwei Tochterprotoplasten, der eine aus der Mutterzelle ausgedrückt; l zwei Enkelprotoplasten, die beiden andern in der andern in Deckung befindlichen Schale; m zwei Enkel- und ein Tochterprotoplast. (In a, l, m sind Chromatophoren eingezeichnet.) Nach L. GEITLER [1953 (1)].

terkernen wird nur der eine rekonstruiert; der andere liefert einen großen pyknotischen Körper mit großer Vacuole. Dieser Vorgang wiederholt sich beim zweiten Teilungsschritt der Eireifung. Nun enthält die Zygote den Eikern, den Spermakern und zwei ungleich große pyknotische Kerne. Erst jetzt erfolgt die Kernverschmelzung und beginnt das Wachstum der Auxospore. Wie auch bei andern zentrischen Diatomeen erfolgt die Bildung der beiden Schalenhälften der Erstlingszelle in zwei Schritten. Während dieses Vorgangs findet, ähnlich wie bei den pennaten Diatomeen, eine metagame Kernteilung statt, wobei der eine der Tochterkerne mit der Zeit resorbiert wird. Damit ist für eine zentrische Diatomee das Auftreten der metagamen Mitose festgestellt. Dieser Vorgang, der nur als Relikt einer Zellteilung aufgefaßt werden kann, vollzieht sich also in beiden großen Gruppen der Diatomeen.

b) Sexualvorgänge bei *Pennales*. Die bisher näher untersuchten 16 *Navicula*-Arten bilden, wie in den nächstverwandten Gattungen, aus zwei Mutterzellen (MZ) vier Gameten. Nur *Navicula seminulum* bildet je MZ einen einzigen Gameten und daher aus einem Paar nur eine Zygote bzw. Auxospore. Die erste meiotische Teilung verläuft bei dieser Art extrem inäqual und hat zur Folge die Bildung eines „Richtungskörpers". Nach der zweiten Teilung wird ein Tochterkern im Plasma resorbiert, so daß die Gameten einkernig sind. Die Gameten verhalten sich im übrigen physiologisch anisogam: der eine Gamet bleibt an Ort, der andere wandert zu ihm über (GEITLER 1932).

Die pennate Kieselalge *Navicula cryptocephala* var. *veneta* (neue Form), über die GEITLER 1952 (2), berichtet, bildet ebenfalls je MZ nur einen Gameten. Zwei kopulierende Zellen legen sich — wie dies allgemein üblich ist — mit ihren Gürtelbändern aneinander. Aus der ersten meiotischen Teilung, die nicht von einer Zellteilung gefolgt ist, gehen zwei Tochterkerne hervor, von denen der eine abortiert. Die Kerne, die aus der zweiten Teilung entstehen, werden beide gleichartig rekonstruiert und aus der isogamen Kopulation geht eine Zygote mit vier gleichartig gebauten und physiologisch offenbar gleichwertigen Kernen hervor. Erst in der heranwachsenden Auxospore geht ein Kernpaar zugrunde. Im Gegensatz zu *Navicula radiosa*, bei der alle vier Gonenkerne (und je zwei Gameten) ausgebildet werden, entwickelt sich bei *N. cryptocephala* nur die Hälfte der Gonenkerne.

In der artenreichen Gattung *Synedra* ist Auxosporenbildung nur bei *S. affinis* (KARSTEN 1897) und bei *S. ulna* (GEITLER 1939) bekannt. Hier bilden zwei MZ je zwei Gameten, von denen das eine Paar zu demjenigen der anderen Mutterzelle auswandert. Ein solches Verhalten ist sonst nur für *Navicula halophila* (SUBRAHMANYAN) bekannt geworden. GEITLER [1952 (2)] weist nun einen neuen derartigen Fall allogamer Kopulation nach für *Synedra rumpens* var. *fragilarioides*. Auch hier besteht ein Kopulationspaar aus einer abgebenden und einer aufnehmenden Mutterzelle.

c) Asexuelle Auxosporenbildung. In ausgedehnten variationsstatistischen Untersuchungen, die an lebenden und im Schlamm abgesetzten Zellen und Kolonien der Kammalge *Fragilaria crotonensis* durchgeführt wurden, beobachtete F. NIPKOW (1953), daß diese Alge im Zürichsee in unregelmäßigen Abständen eine Verjüngungsphase durchmacht. Diese tritt ein, wenn die Zellänge (Bandbreite) auf etwa 64—68μ abgesunken ist und wird eingeleitet durch die Ausscheidung von reichlicher Gallertsubstanz, die das ganze (ungedrehte) Zellband einhüllt. Die Auxosporen sind offenbar schalenlose, nadelförmige Stäbchen, die oft sichelförmig gekrümmt sind und zu Bändern von 72—134μ langen Zellen auswachsen.

Wir dürfen wohl annehmen, daß die Auxosporen bei *Fragilaria crotonensis* auf ungeschlechtlichem Wege entstehen. Im Zürichsee wiederholte sich die Verjüngung in den 57 Jahren, während deren F. NIPKOW solche Untersuchungen durchführte, elfmal, nämlich jeweils im Vorsommer der Jahre 1897, 1907, 1911, 1914, 1917, 1922, 1928, 1934, 1939, 1947 und 1950. In anderen Seen scheint die Verjüngung durch Auxosporenbildung nach einem anderen Rhythmus abzulaufen, offenbar gemäß den unterschiedlichen Temperatur-, Strahlungs- und Ernährungsbedingungen, die dort vorliegen.

Die Systematik der Diatomeen, die größtenteils auf Merkmalen der Schalen beruht, läßt das Plasma und seine Einschlüsse der Kieselalgen weitgehend unberücksichtigt. M. F. SIMON (1954) zeigt nun am Beispiel von *Striatella unipunctata* (Lyngb.) Ag., daß in einem auf Grund weitgehender Übereinstimmung in der Schalenausbildung bisher zu einer Art zusammengefaßten Formenkreis zwei Individuengruppen mit völlig verschiedener Ausbildung des lebenden Zellinhaltes unterschieden werden können. Sie trennt auf Grund dieses Befundes aus diesem Formenkreis *Striatella stellata* als neue Art ab.

Phaeophyta. MANTON, CLARKE und GREENWOOD (1952) untersuchten im Elektronenmikroskop die Spermatozoiden einiger Braunalgen. *Ascophyllum-*, *Himanthalia-* und *Fucus*-Spermatozoiden sind zweigeißelig, wobei die frontale Geißel zwei Reihen von Flimmerhaaren trägt. Die *Dictyota*-Spermatozoiden dagegen besitzen nur eine Geißel, welche zwei Reihen von Flimmern, sowie an ihrem distalen Teile eine Reihe von zahnartigen Fortsätzen trägt. — Alle Geißeln zeigen einen einheitlichen Bauplan; sie sind aus zwei zentralen und aus neun peripheren Fibrillen aufgebaut.

Bedeutsam ist die Tatsache, daß alle bisher untersuchten Cilien aus dem Pflanzen- und Tierreich (Chlorophyceen, Phaeophyten, Fungi, Bryophyten, Pteridophyten, Mollusken, Rana, Mensch) diesen Grundbauplan aufweisen.

H. PARRIAUD (1954) kreuzte *Fucus vesiculosus* L. mit *F. Chalonii* J. Feld. und verfolgte die Entwicklung der Hybride während zwei Jahren. Sie war intermediär und fruktifizierte bereits nach einem Jahr.

Rhodophyta. Bisher kennt man von keiner Art der Gattung *Galaxaura* (Chaetangiaceen) den vollständigen Entwicklungsgang. N. SVEDELIUS machte bereits früher klar, daß die Gattung diplobiontisch ist, d. h. daß sie sowohl haploide Gametophyten als auch diploide Tetrasporophyten bildet. Dabei unterscheidet sich die Geschlechtsgeneration bei *Galaxaura* von der tetrasporenbildenden Generation nicht nur durch die Chromosomenzahl, sondern auch durch ihren morphologisch-anatomischen Aufbau. Es läßt sich nicht ohne weiteres entscheiden, welche bisherigen Galaxaura-,,Arten" lediglich die beiden Generationen ein und derselben Art darstellen. SVEDELIUS [1953 (2)] weist nun darauf hin, daß manche *Galaxaura*-Arten vielleicht ohne Generationswechsel weiterleben können, ein Umstand, der das Kombinieren von innerhalb eines bestimmten Gebietes wachsenden sexuellen und sporenbildenden Galaxauren noch unsicherer macht. SVEDELIUS sucht nun nach anatomisch-morphologischen Merkmalen, welche einen Fingerzeig für die Kombination von Geschlechts- und Tetrasporengeneration geben könnten. Auf Grund der habituellen Ähnlichkeit stellt er — vorläufig mit einiger Vorsicht — *Galaxaura infirma* Kjellm. und *G. acuminata* Kjellm. als die beiden Teile im Generationswechsel einer Art zusammen. Der Autor (1953, 2) zeigt ferner, daß sog. ,,lobierte" Zellen, d. h. Zellen mit starken Ausbuchtungen, nur bei denjenigen ,,Arten" auftreten, welche als Geschlechtsgenerationen anzusprechen sind. Diese lobierten Zellen treten bei *Galaxaura* im Rindengewebe auf. Man nahm bisher an, die starken

Ausbuchtungen entständen durch unregelmäßiges Wachstum der betreffenden Zelle. SVEDELIUS weist aber nach, daß die lobierten Zellen Zellfusionen darstellen. Durch die Auflösung der Zellwände wird möglicherweise der durch starke Verkalkung erschwerte Nährstofftransport erleichtert. Auch in einer ausführlicheren Studie über die *Galaxauren* von Hawaii kommt SVEDELIUS [1953 (3)] zum Schluß, daß nur Kulturversuche sicheren Aufschluß über die Zusammengehörigkeit von sexuellen und asexuellen Formen der Gattung geben können.

Actinotrichia fragilis (Forssk) Börz., die einzige bekannte Art der Gattung, ist die kleinste Form innerhalb der Familie der Chaetangiaceen. SVEDELIUS (1952) beschreibt auf Grund von Material aus Hawaii die Struktur und die Fortpflanzungsverhältnisse der Gattung: Nur die von November bis April gesammelten Algen waren fertil, und unter den sexuellen Exemplaren des gesamten Materials befanden sich nur männliche Individuen. Die Struktur ihrer Sexualorgane stimmte weitgehend mit derjenigen der Gattung *Galaxaura* überein. Die asexuellen Tetrasporangien werden am Ende einfacher oder verzweigter Filamente gebildet, welche zwischen den Assimilationsfäden aus dem Rindengewebe wachsen. Nachdem die Sporangien entleert sind, wachsen die Filamente zu Assimilationsfäden aus. In bezug auf die Sporangienbildung schließen an *Actinotrichia* primitive *Galaxauren*-Typen an. Hinsichtlich der vegetativen Organisation steht aber *A.* höheren Galaxauren näher.

Bryophyta. In der vorwiegend südhemisphärischen Laubmoosgattung *Hypopterygium* erreicht die Wuchsform der Bäumchenmoose ihre höchste Ausbildung. Das neuseeländische *H. setigerum* (Palis) Hook fil. et Wils. besitzt in seinen Assimilationsästchen zwei Reihen größerer Seitenblätter und eine Reihe deutlich kleinerer Unterblätter (Amphigastrien). Zwischen diesen Amphigastrien wachsen Borsten, welche bisher als borstenförmige Unterblätter aufgefaßt wurden. REIMERS (1953) deutet sie aber als Kurzäste und kann in einem Fall an einer Borste zum Beweise seiner Auffassung basale reduzierte Blättchen nachweisen. In derselben Weise wie bei *Hypopterygium* deutet er die entsprechenden Borsten bei *Catharomnium ciliatum*.

Pteridophyta. Die heute lebenden Vertreter der Pteridophytenklasse der *Psilotinae* stellen offenbar Reliktformen dar. BIERHORST (1953) untersuchte Struktur und Entwicklung des Gametophyten von *Psilotum nudum* (L.) Beauv. und fand in den Zellen *Chladochiirium tmesipteridis* Dang. als Mycorrhizenpilz, außerdem gelegentlich Hyphen eines anderen Pilzes. In der Spitze des Gametophyten findet sich eine pyramidenförmige Scheitelzelle. Unter natürlichen Bedingungen wird der Scheitel während des Wachstums im Erdboden öfters verletzt. Als Folge der apikalen Läsionen differenzieren sich neue Scheitelzellen aus, welche Verzweigungen des Gametophyten bewirken. Der Verzweigungsmodus wird nur in dem Sinne genetisch gesteuert, daß der Gametophyt nach einer Störung des apikalen Meristems die Fähigkeit zur Bildung neuer Scheitelzellen und damit neuer Vegetationskegel besitzt. Diese Tatsache muß berücksichtigt werden, wenn der Verzweigungsmodus zur Aufstellung phylogenetischer Beziehungen benützt wird.

Angiospermae. Von C. FAVARGER (1952) liegen neue Ergebnisse seiner karyologischen Untersuchungen an *Gentianaceen* vor, in die neben *Gentiana* verschiedene andere Gattungen *(Neurotheca, Swertia, Halenia)* einbezogen wurden. Als haploide Grundchromosomenzahlen wurden wiederum $x = 5, 7, 9$ und 11 festgestellt. Mit Ausnahme der diploiden *Gentiana utriculosa* L. $(n = 11)$ und *Halenia elliptica* D. Don $(n = 11)$ erwiesen sich alle Arten als polyploid. Die Untersuchungen über den Zeitpunkt der Meiose wurden auf *Gentiana alpina, G. brachophylla* und *G. bavarica* var. *subacaulis* ausgedehnt. Alle drei Arten legen die Blütenknospen so wie *G. Clusii, G. Kochiana* und *G. verna* bereits im Herbst an. Die Meiose der Mikrosporen-Mutterzellen dagegen läuft wahrscheinlich bei den diesmal untersuchten Arten nicht schon im Frühjahr, sondern [s. Fortschr. d. Bot. 13, 87 (1951)] erst im Juli des darauffolgenden Jahres ab.

R. GSELL (1951) untersuchte im Herbst der Jahre 1949/50 gut zwei Drittel aller in der Schweiz wild lebenden Orchideenarten. Alle weisen — zumeist unterirdisch — schon in dieser Jahreszeit die weitgehend durchgestalteten jungen Pflanzen für das folgende Jahr auf; sogar die Blüten sind bereits gut entwickelt. Im Herbst entscheidet es sich demnach, ob eine Pflanze im folgenden Jahr blühen wird; ausschlaggebend hierfür ist also nicht etwa die Witterung einiger der Blütezeit unmittelbar vorangehender Monate. Im Herbst sind aber auch bereits die Anlagen für die Pflanzen des übernächsten Jahres vorhanden. Diese Untersuchungen GSELLs bilden einen interessanten Parallelfall zu den Ergebnissen der karyologischen Untersuchungen FAVARGERS (1952) an Gentianaceen.

In manchen Merkmalen zeigt die *Cruciferen*-Blüte Ähnlichkeit mit der Blüte der Fumarioideen. Daraus wurde schon früh auf nähere verwandtschaftliche Beziehungen geschlossen, doch ist das Problem der Homologisierung der einzelnen Teile der Blütenhülle nicht endgültig geklärt. I. ALEXANDER (1952) zeigt nun, daß bei den Cruciferen die medianen Kelchblätter den äußersten Kreis darstellen und zuerst angelegt werden, obwohl die lateralen Kelchblätter tiefer inseriert sind. Die vier Kronblätter sind durch Spaltung von zwei einfachen Anlagen im Laufe der phylogenetischen Entwicklung entstanden. Sie sind dem inneren Kronblattpaar der Fumarioideen homolog. Damit gelingt ALEXANDER eine weitgehende Homologisierung der Blüten von Fumarioideen und Cruciferen. Verf. schließt darauf auf nahe verwandtschaftliche Beziehungen.

In den Blüten der *Cucurbitaceen* wechseln sowohl Form als Anzahl der Staubgefäße häufig. Bei der monöcischen *Beninasca hispida* (Thumb) Cogn. besitzen die männlichen Blüten drei Staubgefäße mit je zwei Theken. S. S. BHATTARJYA (1954) findet nun in zwei Staubfäden je zwei, im dritten nur ein Leitbündel und faßt das bithecale Staubgefäß mit einem Leitbündel als ursprünglichen Typ auf. Die (ursprünglich) vier anderen Staubgefäße haben sich zuerst in den monothecalen Typus rückgebildet; hierauf sind je zwei benachbarte Filamente verwachsen, während ihre Leitbündel selbständig blieben. So entstanden neben dem einen primär bithecalen Staubgefäß zwei sekundär bithecale Staubgefäße.

Eine Besonderheit vieler im Wasser lebender Blütenpflanzen ist ihre Sterilität oder verminderte Fertilität. Worin diese beruht, ist in den meisten Fällen noch völlig unabgeklärt. M. ERNST-SCHWARZEN-BACH (1951) hat nun zwei *Elodea*-Arten auf diese Frage hin untersucht und gefunden, daß nicht nur der Pollen, sondern auch der weibliche Gametophyt für diese verminderte Fertilität verantwortlich ist.

Die vier im Tetradenverband verbleibenden Pollenkörner von *Elodea canadensis* und *E. occidentalis* zeigen keinerlei Unterschiede in ihrer Morphologie und Entwicklungsgeschichte. Daß meist nur ein bis zwei Pollenkörner derselben Tetrade auf den Narben keimen, beruht darauf,

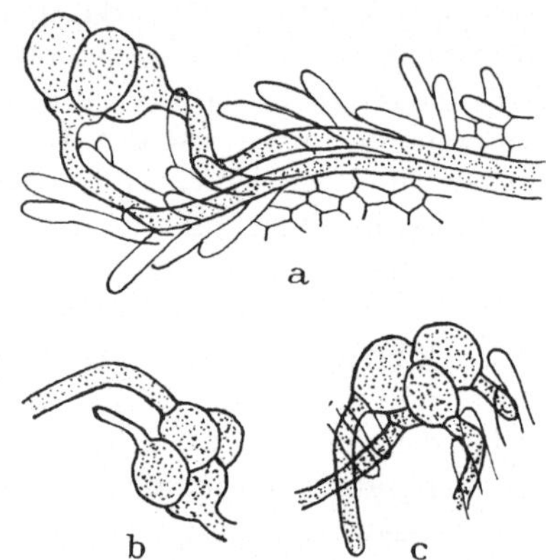

Abb. 31 a—c. a Pollentetraden von *Elodea occidentalis* auf einem Narbenast von *E. canadensis*. Von den vier Pollenkörnern haben nur die zwei gekeimt, die dicht neben Narbenpapillen lagen. Die Pollenschläuche wachsen den Papillen entlang gegen deren Basis und die mittleren Narbenteile hin. b Von den vier Pollenkörnern einer Tetrade von *E. canadensis* haben zwei normale, dicke Schläuche mit Plasmaströmung, ein dritter nur einen dünnen Schlauch ohne Plasmaströmung gebildet. Das vierte Pollenkorn hat nicht gekeimt. c Pollentetraden von *E. canadensis* zwischen zwei Narbenstücken derselben Art: alle vier Pollenkörner haben Narbenpapillen berührt und daraufhin gekeimt. Nach M. ERNST-SCHWARZENBACH (1951).

daß bei spontaner Bestäubung meist nur ein bis zwei Pollenkörner mit den Narbenpapillen in Berührung kommen. Nur solche Pollenkörner, welche Narbenpapillen berühren, gelangen zur Keimung (Abb. 31).

Erfüllen sämtliche vier Pollenkörner derselben Tetrade diese Bedingung, so vermögen alle zu keimen. Die Keimung jedes einzelnen Pollenkorns ist somit rein physiologisch und nicht genetisch bedingt. Überdies beruht die geringe Fertilität der beiden untersuchten *Elodea*-Arten auf der geringen Zahl sowie auf der häufigen Degeneration eines Teiles der Samenanlagen.

Literatur.

ALEXANDER, I.: Planta (Berl.) **40**, 125—144 (1952)

BAHR, H.: Schweiz. Z. Hydrologie **15**, 285—301 (1953). — BHATTACHARJYA, S. S.: Ber. dtsch. bot. Ges., **67**, 22—25 (1954). — BIERHORST, D. W.: Amer. J. Bot. **40**, 649—658 (1953). — BISSET, K. A.: Bacteria. Edinburgh u. London: E. & S. Livingstone 1952, 123 S. — The Cytology and Life History of Bacteria. Baltimore: Williams & Wilkins Company (1950). — BONNER, J. T., u. E. B. FRAS-CELLA: J. of Exper. Zool. **121**, 561—572 (1952). — BRAUN, W.: Bacterial Genetics. Philadelphia u. London: W. B. Saunders Company 1953. 238 S.

CIFERRI, R., u. R. TOMASELLI: Atti Ist. bot. ecc. Pavia, Ser. 5 **40** (1949).

De Lamater, E. D.: Cold Spring Harbor Symp. Quant. Biol. 16 (1951). — Genetics 37 (1952). — Delaporte, B.: Adv. Genet. 3, 1 (1950).

Ernst-Schwarzenbach, M.: Planta (Berl.) 39, 542—569 (1951). — Ertl, L.: Planta (Berl.) 39, 245—270 (1951).

Favarger, C.: Ber. schweiz. bot. Ges. 62, 244—257 (1952). — Fink, B.: Mycologia 8, 231—269 (1911).

Geitler, L.: (1) Österr. bot. Z. 99, 4, 506—520 (1952). — (2) Ebenda 99, 5, 598—605 (1952). — Der Formwechsel der pennaten Diatomeen. Jena 1932. — Gsell, R.: Ber. schweiz. bot. Ges. 61, 280—376 (1951).

Hollande, A.: Ordre des Choanoflagellés. In Traité de Zoologie, 1., 1953.

Jaag, O.: (1) Beiträge Kryptogamenflora der Schweiz (Bern) 9 (3), 560 S. (1945). — (2) Schweiz. Z. Path. u. Bakter. 1945. — (3) Verh. der Schweiz. Naturforsch. Ges. in Schaffhausen 1943.

Karsten, G.: Flora (Jena) 83 (1897). — Klement, O., u. H. Doppelbauer: Ber. dtsch. bot. Ges. 65, 166—174 (1952). — Kuchar, K. W.: Arch. f. Hydrobiol. 44, 15—72 (1952). — (1) Zbl. Bakter. 160, 511—517 (1954). — (2) Ebenda 160, 517—521 (1954). — Kühlwein, H.: Arch. Mikrobiol. 19, 365—371 (1953).

Leifson u. R. Hugh: J. Gen. Microbiol. 10, 68—70 (1954). — Lewin, R. A.: J. Gen. Microbiol. 10, 93—96 (1954).

Manton, I., B. Clarke and A. D. Greenwood: J. of Exper. Bot. 4, 319—329 (1952). — Marquardt, H.: Fortschr. Bot. 13, 297—339 (1951). — Mattick, F.: Ber. dtsch. bot. Ges. 64, 94—106, 93—107 (1951).

Nannefeldt, J. A.: Nova Acta Reg. Soc. Sci. Upsaliensis, Ser. IV 8 (2), 1—368 (1932). — Nipkow, F.: Schweiz. Z. Hydrologie 15, 302—310 (1953).

Oetker, H.: Arch. Mikrobiol. 19, 206—246 (1953).

Parriaud, H.: C. r. Acad. Sci. Paris 238, 832—834 (1954). — Pringsheim, E. G.: Philosophic. Trans. Roy. Soc. Lond., Ser. B, Biol. Sec. 1949, 233, 453. — Endeavour 1952. — Probst, T.: Tätigkeitsber. naturforsch. Ges. Basel-Land 7, 29—36 (1926).

Reimers, H.: Ber. dtsch. bot. Ges. 66, 409—420 (1953). — Robinow, C. F.: Proc. Roy. Soc. Lond., Ser. B 130, 299 (1942).

Santesson, R.: Abs. lich. pap., Proc. VII Int. Congr. Stockholm 1950, S. 1—2 u. 809—810. 1951. — Saperstein, S., M. P. Starr and J. A. Filfus: J. Gen. Microbiol. 10, 85—92 (1954). — Schanderl, H.: Gartenbauwiss. 15, 1 (1940). — Planta (Berl.) 33, 424 (1943). — Biol. generalis (Wien) 17, 311 (1944). — Botanische Bakteriologie und Stickstoffhaushalt der Pflanzen auf neuer Grundlage, Stuttgart: Ulmer 1947. — Naturwiss. 40, 296 (1953). — Schiller, J.: Arch. f. Hydrobiol. 48, 2, 248—259 (1953). — Silva, P. C., u. R. C. Starr: Sv. bot. Tidskr. 47, 235 bis 247 (1953). — Simon, M.-F.: C. r. Acad. Sci. Paris 238, 1156—1158 (1954). — Singh, B. N.: J. Gen. Microbiol. 1, 1 (1947). — Stapp, C.: Naturwiss. 40, 618—620 (1953). — Starr, R. C.: Amer. J. Bot. 41, 17—20 (1954). — Stosch, H. A. v.: (1) Arch. Mikrobiol. 16, (1951). — (2) Naturwiss. 1951. — Sussmann, M.: J. of Exper. Zool. 118, 407 (1951). — Biol. Bull. Mar. Biol. Labor. Wood's Hole 103, 446 (1952). — J. Gen. Microbiol. 10, 110—120 (1954). — Sussmann, M. and E. Noel: Biol. Bull. Mar. Biol. Labor. Wood's Hole 103, 259 (1952). — Sussmann, R. R., u. M. Sussmann: Ann. New York Acad. Sci. 56, 949 (1953). — Svedelius, N.: (1) Sv. bot. Tidskr. 46, 1—17 (1952). — (2) Österr. bot. Z. 100, 217—225 (1953). — (3) Nova Acta Reg. Soc. Sci. Upsaliensis, Ser. IV 15, 1—92 (1953).

Thomas, E. A.: Beiträge zur Kryptogamenflora der Schweiz (Bern) 9 (1), 1—208 (1939). — Thompson, R. H.: Amer. J. Bot. 39, 365—367 (1952). — Tobler, F.: Ber. dtsch. bot. Ges. 66, 429—432 (1953). — Trainor, F. R., u. H. C. Bold.: Amer. J. Bot. 40, 758—767 (1953).

Wilson, Ch. M.: Amer. J. Bot. 40, 714—718 (1953).

Zahlbruckner, A.: In Engler, Die natürlichen Pflanzenfamilien, Bd. 8, S. 1—270. 1926. — Catalogus Lichenum universalis, I—X. Leipzig 1922—1940. — Zastrow, E. M. v.: Arch. Mikrobiol. 19, 174—205 (1953).

4. Submikroskopische Morphologie.

Von Kurt Mühlethaler, Zürich.

Mit 6 Abbildungen.

Allgemeines.

Die in den letzten Jahren verbesserten Untersuchungsmethoden der Elektronenmikroskopie (EM) und Röntgendiffraktion haben unsere Kenntnisse über den makromolekularen Bau von Zellen und Geweben bedeutend erweitert. Beide Methoden ergänzen sich in vorzüglicher Weise, indem das EM die Feinstruktur bis hinab zu den größeren Eiweißmolekülen direkt sichtbar macht, während mit Hilfe der Röntgendiffraktion der molekulare Bau chemisch einheitlicher Stoffe berechnet werden kann.

Die rasche Verbreitung des EM seit der Einführung im Jahre 1934 läßt sich am deutlichsten an Hand der Zahl der seither erschienenen Veröffentlichungen zeigen. In der Zeit zwischen 1934—1944 sind etwa 350 Arbeiten erschienen. 1950 zählte man bereits 3200 und in den folgenden zwei Jahren kamen ungefähr weitere 700 Publikationen hinzu. Die Zahl der 1953 erschienenen Veröffentlichungen darf auf etwa 500 geschätzt werden. Wenn man bedenkt, daß heute nur in den biologischen Wissenschaften 16000 Zeitschriften existieren, so ist ohne weiteres klar, daß es für den einzelnen unmöglich ist, die neuen Arbeiten laufend zu verfolgen. Aus diesem Grunde hat sich die New York Society of Electron Microscopists entschlossen, eine mit dem Jahr 1950 beginnende Bibliographie der EM Arbeiten zu veröffentlichen (A new bibliography of electron microscopy. New York 1953). Die einzelnen Literaturangaben sind auf Lochkarten gedruckt und können nach einem bestimmten Schlüssel in die einzelnen Sachgebiete sortiert werden. Die Literatur bis zum Jahre 1950 ist in einer Bibliographie von Cosslett (1950) zusammengestellt. Für das deutsche Sprachgebiet erscheinen in der Zeitschrift für wissenschaftliche Mikroskopie in zwangloser Folge Literaturzusammenstellungen von Borries u. Ruska (1951—1953). Zu der recht ansehnlichen Zahl von Büchern über EM sind zwei weitere von Hall (1953) und Fischer (1953) hinzugekommen.

Der persönliche Austausch von Forschungsergebnissen wird durch regelmäßige Tagungen ermöglicht. Die 5. Jahrestagung der deutschen Gesellschaft für EM fand vom 15.—19. September 1953 in Innsbruck statt. Auch hier zeigt sich von Jahr zu Jahr eine stets wachsende Zahl von Teilnehmern, so daß eine Gliederung der einzelnen Teilgebiete in Untersektionen unumgänglich wurde. Der dritte internationale Kongreß für EM findet 1954 vom 16.—21. Juli in London statt.

Entwicklung im Mikroskopbau.

In der technischen Entwicklung des EM sind heute zwei verschiedene Richtungen erkennbar. Einerseits wird versucht, die bestehenden Typen für Forschungszwecke weiter zu verbessern, und als Ergänzung dazu werden neue, billigere Kleinmikroskope entwickelt. Für das neue Siemensgerät ELMISKOP I garantiert die Firma ein Auflösungsvermögen von 15 Å, und vereinzelt sollen schon 5 Å erreicht worden sein. So hohe Auflösungen sind aber im Dauerbetrieb nicht möglich, da eine extrem genaue Strahlzentrierung und Stromstabilität sowie die absolute Sauberkeit des Rohres und der Blende unbedingt nötig ist. Aus theoretischen Überlegungen heraus ergibt sich, daß eine weitere Verbesserung mit den heute verwendeten Polschuhsystemen, infolge von chromatischen, sphärischen und astigmatischen Fehlern kaum mehr möglich ist. Für den Praktiker erscheint ein Auflösungsvermögen von 5 Å bereits erstaunlich, ermöglicht es uns doch die Sichtbarmachung von relativ kleinen Molekülen wie z. B. Glucose. Die Techniker geben sich aber mit dem Erreichten nicht zufrieden, und bereits wird mit einem sphärisch korrigierten Objektiv nach SCHERZER experimentiert, das eine theoretische Leistungsgrenze von 2 Å aufweisen soll. Durch die größere Anzahl von Linsen wird die Strahlzentrierung sehr schwierig, und es werden wohl noch etliche Jahre vergehen, bis dieses System für kommerzielle Geräte durchentwickelt ist. Der Preis dieser Forschungsinstrumente bleibt, als Folge der zahlreichen Verbesserungen, auch in Zukunft sehr hoch. Um dem großen Interesse gerecht zu werden, das für ein leistungsfähiges Gebrauchsmikroskop niedriger Preisklasse besteht, haben viele Firmen neben dem großen Modell auch einfachere Kleinmikroskope auf den Markt gebracht. Hier ist vor allem das neue Philips 75 kV-Mikroskop zu erwähnen, das an der Innsbrucker Tagung zum erstenmal gezeigt wurde. Durch Verwendung einer Objektivlinse von äußerst kurzer Brennweite ($f = 0,8$ mm) konnte auf eine elektronische Regelung und Stabilisierung ganz verzichtet werden, was eine bedeutende Vereinfachung des Gerätes mit sich bringt. Die Projektivlinse hat einen variablen Polschuhabstand und ermöglicht eine kontinuierliche Änderung der Vergrößerung zwischen 1500—15 000. Bei Netzspannungsschwankungen bis 5% garantiert die Firma eine Auflösung von 70 Å. Das Mikroskop ist völlig luftgekühlt und kann daher überall ohne besondere Installationen angeschlossen werden. Solche Instrumente sind vor allem für Testuntersuchungen bei Fabrikationsvorgängen, z. B. Teilchengrößenbestimmungen, oder für Spitäler von Nutzen. Sie füllen eine Lücke, die den Anwendungsbereich der EM bedeutend steigert. Die Versuche mit magnetostatischen Kleinmikroskopen, die eine weitere Vereinfachung bringen würden, gehen weiter (v. BORRIES 1952, RUSKA 1952).

Wie beim Lichtmikroskop besteht auch hier bereits die Tendenz, für bestimmte Anwendungsgebiete Zusatzgeräte zu bauen. Für die Metalluntersuchungen setzt sich die Auflichteinrichtung in vermehrtem Maße durch. In den heute gebräuchlichen Durchstrahlungsmikroskopen können die Metalloberflächen nur an Hand von Abdruckfilmen studiert werden. Das erfordert eine zeitraubende, sorgfältige Präparation, die beim Auflichtmikroskop wegfällt. Durch sehr flachen Einschuß des beleuchtenden Elektronenstrahles gelang es RUSKA (1933) und v. BORRIES (1940), sehr schöne Bilder von Metalloberflächen zu erzielen. Der Nachteil dieser Methode besteht aber darin, daß die an der Oberfläche reflektierten Elektronen chromatisch gestreut werden, wodurch sich das Auflösungsvermögen verschlechtert. Um das zu verhindern, hat BOERSCH (1949) einen elektrostatischen Filter, der diese schädlichen Elektronen aus dem Strahlengang entfernt, vorgeschlagen.

Ein junger Entwicklungszweig ist die Röntgenmikroskopie. Verglichen mit dem EM weist dieses Instrument verschiedene Vorteile auf: Die Durchstrahlungsdicke ist bedeutend größer als im Lichtmikroskop, was die Präparationsherstellung sehr vereinfacht. Die Objekte können in Luft oder sogar im lebenden Zustand untersucht werden. Ferner ist eine genaue Bestimmung der Massendichte und damit der chemischen Zusammensetzung der Präparate durch die bekannten Gesetze der Röntgenabsorption möglich. Die einfachste Methode, um Röntgenbilder zu erhalten, besteht darin, die Objekte auf einen hochauflösenden Film zu legen und durch normale Röntgenstrahlen zu exponieren. Das erhaltene Negativ wird dann auf photographischem Wege bis zur Auflösungsgrenze der Emulsion nachvergrößert. ENGSTRÖM (1950) erhielt auf diese Weise Aufnahmen mit einem Auflösungsvermögen von 1 μ. Eine zweite Methode besteht darin, für Röntgenstrahlen einen ähnlichen Strahlengang zu konstruieren wie im Lichtmikroskop. An Stelle der Glaslinsen treten aber gekrümmte Kristallflächen, welche die Strahlen in ähnlicher Weise reflektieren wie die neuen Spiegelobjektive das ultraviolette Licht. Mit einem solchen Instrument haben LUCHT u. HARKER (1951) ebenfalls eine Auflösung von 1 μ erreicht. Als dritte Möglichkeit hat SIEVERT (1936) die Konstruktion eines Röntgen-Schattenmikroskopes vorgeschlagen. COSSLETT und NIXON (1953) haben mit ihrem Instrument bei einer Expositionszeit von 5 min eine Auflösung von 0,5 μ erreicht. Aus Abb. 32 ist der Aufbau dieses Instrumentes ersichtlich. Durch ein elektromagnetisches Linsensystem wird ein Elektronenstrahl auf ein Bündel von weniger als 1 μ Durchmesser verkleinert und auf eine dünne Metallfolie von 1 μ Dicke, die den Abschluß des Vacuumrohres bildet, projiziert. Auf diese Weise erhält man eine punktförmige Quelle für Röntgenstrahlen. Je näher ein Objekt an dieses Metallfenster herangebracht wird, desto größer ist seine Vergrößerung in der Schattenprojektion. Dank der großen Tiefenschärfe ist die Herstellung von Stereoaufnahmen, aus denen die räumliche Struktur zu erkennen ist, leicht möglich. Durch zahlreiche Aufnahmen von *Drosophila melanogaster* belegen COSSLETT u. NIXON (1952) die Nützlichkeit dieser Methode. Das Auflösungsvermögen kann durch Verkleinerung der Röntgenquelle bis auf 100—200 Å verbessert werden, wobei aber die Expositionszeit 1 Std beträgt.

Präparationstechnik.

Die im letzten Bericht ausführlich beschriebene Methacrylat-Einbettungsmethode (FREY-WYSSLING 1953) hat heute universelle Bedeutung erlangt, und das Herstellen von 0,1 µ dicken Schnitten stellt keine nennenswerten Schwierigkeiten mehr dar. Man gibt sich aber mit dem Erreichten nicht zufrieden, sondern versucht die Methode weiter zu verbessern, um noch feinere Schnitte zu erhalten. Durch die Konstruktion eines neuen Mikrotomes ist es SJÖSTRAND (1953 a) gelungen, ultradünne Schnitte bis zu 70 Å Dicke zu erzielen. Das Mikrotom, das durch die LKB-Products in Stockholm fabriziert wird, weist zahlreiche Neuerungen auf. Es besteht nicht mehr aus einem Schlittenmechanismus wie die bisherigen Mikrotome, sondern aus einem zylindrischen

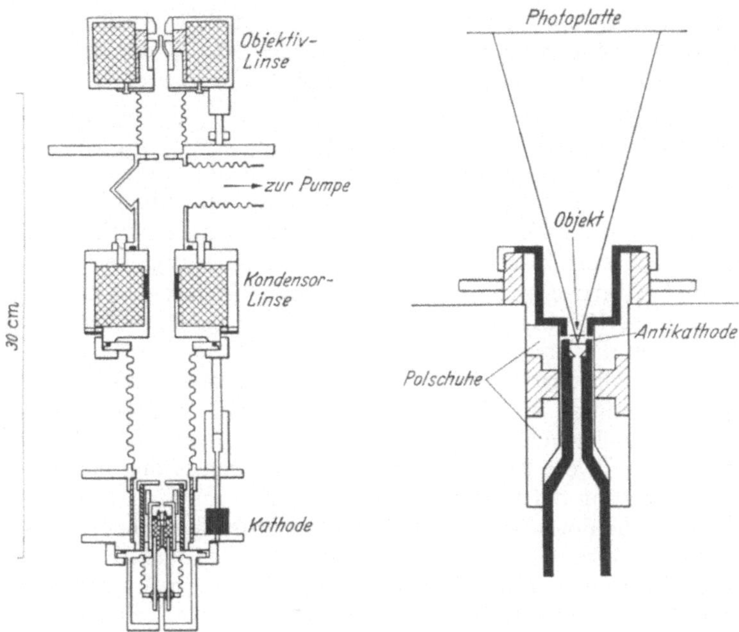

Abb. 32. Schematischer Längsschnitt durch das Röntgenschattenmikroskop nach COSSLETT u. NIXON (1952).

Rotor, der durch ein Präzisionskugellager geführt wird. Der zu schneidende Block wird am Ende eines exzentrisch, parallel zur Achse eingesetzten Stahlstabes aufmontiert. Durch eine Heizwicklung kann dieser Stab erwärmt werden, wobei die thermische Ausdehnung als Vorschub dient. Als Antrieb ist ein Elektromotor eingebaut, der den Rotor mit einer konstanten Tourenzahl von 60 T/min dreht. Das exzentrisch befestigte Objekt gleitet also bei jeder Umdrehung nur einmal am Messer vorbei. Ein eingebauter Ventilator kühlt den Stab in kurzer Zeit wieder auf Zimmertemperatur ab. Als Messer dienen Schick-Rasierklingen. Um eine bessere mechanische Stabilität zu erreichen, hat es sich als günstig erwiesen, sie halbkreisförmig einzuspannen. Zum Auffangen der Schnitte ist am Messerhalter ein Trog montiert, der bis zur Messerkante mit 20% Alkohol gefüllt wird. Von Zeit zu Zeit fischt man die auf der Oberfläche schwimmenden Schnitte auf einen Objektträger auf. Die Konstruktion dieses Mikrotomes bedeutet einen wesentlichen Fortschritt für die EM-Zellforschung. Über die Ergebnisse wird im folgenden noch ausführlich berichtet. Zum Gelingen der Dünnschnitte spielt neben der Präzision des Mikrotomes die Güte der Messerkante eine ausschlaggebende Rolle. FERNÁNDEZ-MORÁN (1953) hat auf Grund der guten Erfahrungen, die mit Glasmessern gemacht wurden, auch Diamantmesser ausprobiert. Infolge der großen Härte des Materials ist die Abnützung der Schneide viel geringer als bei den üblichen Glas- oder Metallmessern. Um eine Schnittkante von 2,5 mm Länge zu erhalten, benötigt man einen Diamanten von 0,3 Karat. Er muß nach ganz bestimmten Spaltebenen geschnitten und poliert werden, was recht teuer zu stehen kommt.

Das Fehlen von spezifischen Färbemethoden, wie sie in der Lichtmikroskopie zum Nachweis bestimmter Stoffe Verwendung finden, macht die Deutung der im EM sichtbaren Zellstrukturen sehr schwierig. Die Phosphorwolframsäure, die von SCHMITT, HALL und JAKUS (1945) verwendet wurde, um die Querstreifung der Kollagenfibrillen zu verstärken, ist nicht spezifisch. Die heute für die Fixierung viel verwendete Osmiumsäure färbt ebenfalls Eiweiße und Lipoide. Es werden daher neue Färbemethoden mit Schwermetallsalzen gesucht, welche den Kontrast von einzelnen Proteinen, z.B. Nucleinsäuren, erhöhen sollen. LAMB und Mitarbeiter (1953) versuchten mit 1-Fluoro-2:4-dinitrobenzol, welches mit NH_2, SH oder Phenolgruppen reagiert, Schwermetallverbindungen an die Eiweiße anzulagern. Nach BAHR (1953) eignet sich für eine Nucleinsäurefärbung vor allem Gallocyanin-Indiumalum. Befriedigende Ergebnisse sind bisher aber nicht erzielt worden. Die komplizierten chemischen Umsetzungen, die nötig sind, um die Schwermetallverbindungen an die Eiweiße anzulagern, bringen in den meisten Fällen eine Veränderung der ursprünglichen Struktur mit sich.

Wesentliche Fortschritte sind in der Fixierungstechnik erzielt worden. Die in der Histologie gebräuchlichen, zusammengesetzten Fixiergemische, wie z. B. Flemming, Bouin, Carnoy usw., verändern die ursprünglichen Zellstrukturen sehr stark. PALADE (1952) konnte zeigen, daß jede plötzliche Veränderung der Wasserstoffionenkonzentration die Eiweiße zu groben Koagulaten ausfällt. Er injizierte die Gewebe zuerst mit einer 1%igen Neutralrotlösung, die bei der nachfolgenden Fixierung als Indicator benützt wird. Die Reaktion der eindringenden Osmiumsäure ist an dünnen, zwischen zwei Glasplättchen montierten Gewebeschnitten deutlich erkennbar. Vor der eindringenden Osmiumsäure ist ein deutlicher Umschlag des Neutralrotindicators nach Orange festzustellen. Die Säurebildung vor der OsO_4-Welle kann auch durch Verkleinern der Fixierstücke nicht verhindert werden. Versuche mit Jodoacetamid und Kaliumfluorid (0,04 Mol), die auf säurebildende Enzyme hindernd wirken, verliefen ergebnislos. Durch eine Pufferlösung läßt sich aber diese Säurebildung aufhalten. Am besten hat sich eine 1%ige Osmiumsäurelösung in Acetat-Veronalpuffer bewährt. Die Unterschiede, die sich bei gleicher Fixierung, aber verschiedenem p_H ergeben, hat PALADE (1952) an Mitochondrien studiert. Auf beiden Seiten des Neutralpunktes sind sie stark gequollen, und nur in einem engen Bereich zwischen p_H 7,0 bis 7,2 weisen sie eine, dem Leben entsprechende Größe auf. In ähnlicher

Weise verhalten sich auch die übrigen Zellbestandteile wie Kern, Chloroplasten usw. Solche gepufferte Fixiergemische sind früher schon von GROSS u. LOHAUS (1932) vorgeschlagen worden. Außer dem Säuregrad haben auch die chemische Zusammensetzung und die Molarität des Puffers einen gewissen Einfluß auf die Struktur. HAGUENAU u. BERNHARD (1952) sowie PORTER u. KALLMANN (1953) bestätigen in eingehenden Untersuchungen die Befunde von PALADE (1952). Neben der Verbesserung der chemischen Fixiermethoden wird immer noch intensiv an der Ausarbeitung von geeigneten physikalischen Fixierungen, z. B. der Gefriertrocknung gearbeitet (BELL 1952, BRETSCHNEIDER u. ELBERS 1952, BUTLER u. BELL 1953, WILLIAMS 1953). Der Vorteil dieser Methode besteht darin, daß die Gewebe chemisch nicht verändert werden. Das Verfahren hat deshalb für histochemische Untersuchungen große Bedeutung erlangt (GLICK 1949). Es schien daher vorteilhaft, die Methode auch für die EM-Zellanalyse zu verwenden. Leider sind bis heute die großen Hoffnungen, die man darauf setzte, noch unerfüllt geblieben. Beim Abkühlen tritt nämlich eine Eisbildung ein, die selbst beim plötzlichen Eintauchen dünner Schnitte in flüssiges Propan (etwa -180^0 C) nicht ganz vermieden werden kann (BRETSCHNEIDER u. ELBERS 1952). Nach der Gefriertrocknung bleiben an den Stellen, wo sich die Eiskristalle befanden, Lücken zurück und täuschen eine Schaumstruktur vor. Bis heute ist es nicht gelungen, die Eisbildung ganz zu vermeiden. Bei der Trocknung im Vacuum muß ferner darauf geachtet werden, daß die Temperatur stets unter dem Gefrierpunkt der eutektischen Konzentration der Zellsäfte (etwa -50^0 C) bleibt. Der Trocknungsprozeß vollzieht sich daher bei diesen tiefen Temperaturen sehr langsam. Modifizierte Gefriertrocknungseinrichtungen sind für die Untersuchung von Viren (WILLIAMS 1953) gebaut worden. Sie haben sich deshalb sehr gut bewährt, weil kein Zusammenfallen der Struktur, wie dies beim Eintrocknen an der Luft oft eintritt, erfolgt. Durch stereoskopische Aufnahmen kann an solchen Präparaten die räumliche Anordnung der Teilchen besonders gut studiert werden. Eine andere Methode, um die räumliche Struktur zu erhalten, hat ANDERSON (1951) entwickelt und unter dem Namen „Critical Point Method" beschrieben. Sie besteht im wesentlichen darin, beim Trocknen der Objekte den Durchgang der Phasengrenze, Flüssigkeit—Luft, zu verhindern. Die Präparate werden nach der Fixierung in Alkohol in normaler Weise entwässert und dann in Amylacetat übergeführt. Anschließend kommen die Objekte in eine Bombe mit flüssiger Kohlensäure, wo das Amylacetat durch Kohlensäure ersetzt wird. Die Temperatur wird dann über den kritischen Punkt (81^0 C) hinaus erhöht und das Gas durch ein Ventil langsam abgelassen. Die Nützlichkeit dieser Methode hat ANDERSON (1951) mit zahlreichen Aufnahmen von roten Blutkörperchen, Bakterien usw. belegt.

Untersuchungsergebnisse.

Makromoleküle. Durch die Verbesserung der physikalischen Untersuchungsmethoden hat die Strukturforschung an Proteinen in den letzten zwei Jahren große Fortschritte erzielt. Es ist hauptsächlich die verbesserte Röntgenfeinbauanalyse mit Hilfe der Kleinwinkelstreuung, die unsere Kenntnisse über den molekularen Aufbau der Eiweißmoleküle stark erweitert hat. Die wichtigsten Arbeiten über die Struktur von α-Keratin, Nucleinsäure und Poly-L-Alanin sind von Pauling u. Corey (1953), Wilkins u. Mitarbeitern (1953), Crick (1952) und Bamford u. Mitarbeitern (1954) veröffentlicht worden. Taylor hatte bereits 1941 für Eiweißketten eine Schraubenstruktur vorgeschlagen, konnte aber mit dieser Ansicht nicht durchdringen. Die oben erwähnten Autoren,

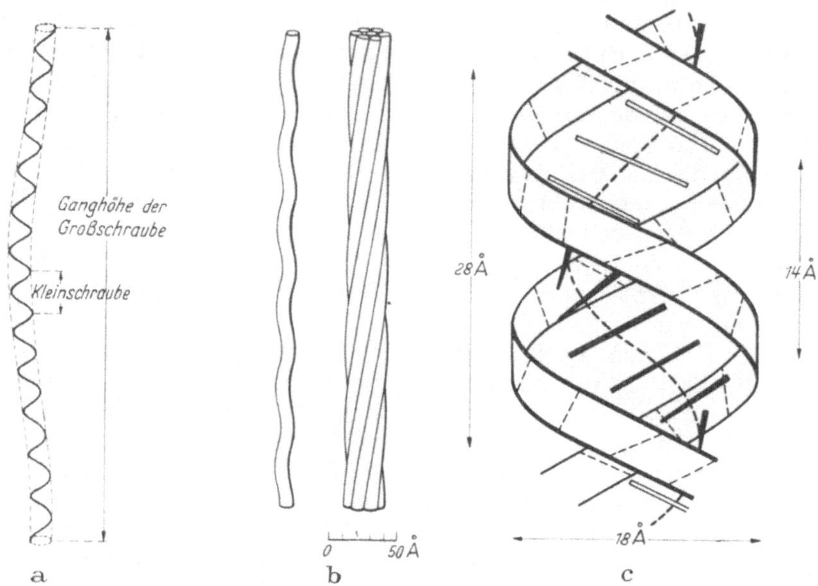

Abb. 33a—c. a Struktur von α-Keratin nach Pauling u. Corey (1953). Die einzelne Polypeptidkette ist geschraubt (small helix) und nach 12,5 Umdrehungen erfolgt eine weitere, den kleinen Schrauben überlagerte Drehung um die Längsachse (large helix). Der Abstand der kleinen Windungen beträgt 5,44 Å, derjenige der großen 68 Å. Der Durchmesser ist 10 Å. b Verschiedene Anordnungen von α-Keratinmolekülen nach Pauling u. Corey (1953). Links eine einzelne Kette, rechts ein Strang von sieben Molekülen. c Struktur von kristalliner Desoxyribonucleinsäure nach Wilkins, Seeds, Stokes u. Wilson (1953).

vor allem Pauling und Corey (1953), haben durch die Ergebnisse ihrer Untersuchungen an α-Keratin die Ansicht von Taylor allgemein als richtig erkannt. Die α-Schraubenlinie bildet die Grundkonfiguration sowohl für die globulären α-Polypeptide wie die α-Formen der fibrillären Proteine, z. B. α-Keratin. Teilweise sind die schraubenförmig orientierten Makromoleküle selbst wieder geschraubt (Doppelwendelbau). Aus Abb. 33 sind die verschiedenen Konfigurationen der Polypeptidketten vom α-Keratintyp klar ersichtlich (Pauling u. Corey 1953). Es können z. B. drei oder sieben Stränge koaxial durcheinander laufen und eine Kabelstruktur bilden. Bamford, Brown, Elliott, Hamby u. Trotter (1954) fanden, daß die Zahl der Schraubenumgänge von der Packung der Seitenketten abhängig ist. Normalerweise besteht die engste Packung bei geringster sterischer Hinderung. Bei Poly-L-Alanin, das für Strukturuntersuchungen besonders günstig ist, da die Seitenketten nur aus

Methylgruppen bestehen, sind von Bamford und Mitarbeitern (1954) folgende Beziehungen gefunden worden: Die Zahl der Schraubenumgänge verhält sich zu derjenigen der Methylgruppen wie 5:18, 8:29 oder 13:47.

In Abb. 33 c ist die Struktur der Desoxyribonucleinsäure, wie sie von Wilkins, Seeds, Stokes u. Wilson (1953) aus Röntgendiffraktogrammen berechnet wurde, dargestellt. Es sind zwei koaxial durcheinanderlaufende Stränge mit einem Windungsdurchmesser von 18 Å vorhanden. Innerhalb von 28 Å erfolgt eine Umdrehung, und zwar sind elf Nucleotide daran beteiligt (in Abb. 33 c sind sie als Stäbchen eingezeichnet). Alle bisher untersuchten Desoxyribonucleinsäuren, z.B. von T_2-Bakteriophagen, Heringsspermien, weißen Blutkörperchen, Kalbsthymus usw., zeigen den gleichen Aufbau. Die Schraubenstruktur ist von Kahler u. Lloyd (1953) auch im EM beobachtet worden. Als Fibrillendurchmesser geben sie 15 ± 5 Å an, als Länge je nach Molekulargewicht 4000—7000 Å. Williams (1952) findet bei gefriergetrockneten Präparaten die gleichen Werte.

Von Mitchell (1952) sind einige gereinigte Plasmaproteine im EM untersucht worden. Für γ-Globulinmoleküle findet er einen Durchmesser von etwa 75 Å, was nicht mit den durch indirekte Methoden (Lichtstreuung, Ultrazentrifuge) ermittelten Werten übereinstimmt. Aus diesen mußte man auf ellipsoidische Teilchen mit einem Achsenverhältnis von 235 Å:44 Å oder 5:1 schließen (Mitchell 1952). Auch bei Fibrinogen ist keine Übereinstimmung mit den aus indirekten Methoden berechneten Werten gefunden worden. Nach Cohn und Mitarbeitern (1944) ist ein Fibrinogenmolekül in Lösung etwa 700 Å lang und weist ein Achsenverhältnis von 20:1 auf, was einem Durchmesser von 30 bis 40 Å entspricht. Mitchell (1952) findet im EM neben längeren Teilchen von 100—300 Å auch solche von 50 Å. Diese Unterschiede deuten darauf hin, daß bei den indirekten Untersuchungen nicht die Elementarteilchen gemessen wurden, sondern lineare Aggregate der im EM sichtbaren globulären Teilchen. Offenbar zerfielen diese Stränge erst bei der EM-Präparation in die Primärteilchen. Der Befund, daß sich globuläre Eiweißmoleküle kettenartig aneinanderreihen können („beaded chains"), ist für die Protoplasmastruktur von großer Bedeutung. Die Amöbenbewegung, Plasmaströmung der Zellen usw., die auf einer dauernden Sol—Gel-Umwandlung beruhen, lassen sich damit viel einfacher erklären.

Viren. Die Zahl der neuerschienenen Arbeiten auf diesem Gebiet ist so groß, daß ich nur die interessantesten kurz besprechen kann. Mit Hilfe der EM-Schnittuntersuchung ist vor allem die Vermehrung der Viren in der Wirtszelle untersucht worden. Während dieser vegetativen Phase wird durch die eingedrungenen Viren der Stoffwechsel der Wirtszelle völlig desorganisiert. Gleichzeitig schützen diese Provirusteilchen die Zelle vor einer weiteren Infektion durch die gleiche Art. Hershey u. Chase (1952) haben die Vorgänge, die sich beim Angriff auf die Wirtszelle abspielen, an Bakteriophagen eingehend untersucht. Die Methode bestand darin, die Proteine durch radioaktiven Schwefel, die Nucleinsäure durch radioaktiven Phosphor zu markieren. Auf diese Weise konnten die beiden Forscher zeigen, daß der Schwefel nicht in die Zelle eintritt, sondern an der Membran kleben bleibt.

ANDERSON (1952) verfolgte das Eindringen der Bakteriophagen in E. coli im EM. In stereoskopischen Aufnahmen beobachtete er, daß die Phagen sich zuerst mit dem Schwanz an den Bakterien ansetzen. Sobald die Zellwand durchstoßen ist, dringt die im Kopf lokalisierte Nucleinsäure in den Wirt ein. Die Kopfhülle und der Schwanz bleiben auf der Membran kleben, wie das von HERSHEY u. CHASE (1952) auch gefunden wurde. Für experimentelle Zwecke kann die Nucleinsäure aus den Phagen durch sprunghafte Veränderung der Salzkonzentration künstlich herausgelöst werden (ANDERSON 1952). Die nucleinsäurefreien, als „Ghosts" bezeichneten Teilchen behalten die Fähigkeit bei, sich an Bakterien anzusetzen, sie zu töten und zu lysieren. Ohne die Nucleinsäure können sie sich aber nicht mehr fortpflanzen und degenerieren (FRAZER u. WILLIAMS 1953). Die eingedrungene Nucleinsäure übernimmt also genetische Funktionen in der Wirtszelle. Wichtig ist die Erkenntnis, daß bei der Passage der Bakteriophagen genetische Merkmale von einem Bakterienstamm zum andern übertragen werden. ZINDER (zit. nach ADAMS 1953) stellte die Hypothese auf, daß bei der Fortpflanzung genetisch aktive Nucleinsäurereste der Wirtszelle in den Phagen eingebaut werden, die dann später den Transport und das Eindringen im nächsten Bacterium steuern. BLACK, MORGAN u. WYCKOFF (1950) sowie LEYON (1953) untersuchten die Vermehrung von Tabakmosaikviren. An Hand von Dünnschnitten läßt sich zeigen, daß ihre Entwicklung hauptsächlich in den Chloroplasten stattfindet. Die Chloroplasten stellen aber nicht das einzige Substrat dar, auf dem sich das Virus vermehren kann. Nach WHITE (1934) und HOLMES (1934) kann sich das Tabak-Mosaikvirus auch in Zellen ohne Chloroplasten entwickeln.

In vermehrtem Maße wird das EM auch für die Erkennung von Pflanzenkrankheiten herangezogen (DE BRUIN OUBOTER, BEYER u. v. SLOGTEREN 1951). Die einfachste Methode besteht darin, den Preßsaft einer kranken Pflanze im EM zu untersuchen. Diese Präparationsart ist aber nicht immer zuverlässig, da sich im Protoplasma oft Teilchen vorfinden, die äußerlich gleich aussehen wie Virusteilchen. Es kann auch vorkommen, daß in der Pflanze gleichzeitig zwei Virusinfektionen vorhanden sind, wobei aber nur die eine die Krankheit verursacht (DE BRUIN OUBOTER, BEYER u. v. SLOGTEREN 1951). Eine genaue Bestimmung der Virusteilchen ist sehr schwierig, da sie sich morphologisch nicht stark voneinander unterscheiden. Es sind entweder Stäbchen (Tabakmosaikviren) oder Kügelchen (Tabaknekrosisvirus). Im Laboratorium für Tulpenforschung in Lisse (Holland) sind daher serologische Reaktionen mit spezifischen Antiseren für die Bestimmung der Viren entwickelt worden (v. SLOGTEREN 1943). Spritzt man die Virussuspension einem Kaninchen ein, so bildet der Tierkörper sofort das spezifische Antiserum. Dieses bewirkt, wenn es einem Tropfen Pflanzensaft zugefügt wird, eine Fällung des Virusproteins. VAN SLOGTEREN (1952) führt diese Reaktion auf dem Objektträger aus und beobachtet dann im EM die Form der ausgefällten Virusteilchen. Auf diese Weise läßt sich nachweisen, daß die gefleckten Tulpen durch eine Viruskrankheit entstehen. Es ist dies einer der wenigen Fälle, wo sich eine Pflanzenkrankheit für den Züchter produktiv auswerten läßt.

Bakterien. Die EM-Ergebnisse deuten darauf hin, daß die Bakterien im Prinzip gleichgebaut sind wie die Zellen der höher entwickelten Organismen. Nach MUDD (1953) und DELAMATER (1953) lassen sich Zellwand, Kern, Chromosomen und Mitochondrien sowohl durch Färbung im Lichtmikroskop als auch im EM deutlich nachweisen. Eine interessante Arbeit über die Bakterienzellwand ist von HOUWINK (1953) erschienen. Er fand, daß die Zellwand von *Spirillum* aus mindestens zwei Membranen besteht. Die Innenseite der äußeren Membran ist mit einer monomolekularen Schicht von globulären Teilchen ausgekleidet. Die Packung ist hexagonal, wie in den von WYCKOFF (1948) beschriebenen Eiweißkristallen von Tabaknekrosisvirus. Über die chemische Zusammensetzung dieser Eiweißmoleküle, die einen Durchmesser von 120—140 Å aufweisen, ist nichts bekannt. Die Geißelstruktur der Flagellen von *Proteus vulgaris* und *B. subtilis* wurde von ASTBURY u. WEIBULL (1949) mit Hilfe der Röntgendiffraktion untersucht. Die Flagellen gehören ihrem chemischen Bau nach in die Keratin-Myosin-Fibrinogengruppe der Faserproteine. Man darf sie daher als monomolekulare Muskeln ansehen. Durch genaues Studium der Flagellenbewegung hofft man nähere Kenntnisse über den Mechanismus der Muskelkontraktion zu erhalten. Die oben erwähnten Befunde über den Bau der Faserproteine (Schraubenstruktur) lassen vermuten, daß die Bewegung durch reversible Kontraktion der Proteinstränge zustande kommt. Woher aber die Energie stammt, um diese Kontraktion zu bewirken, ist noch unklar. Nach WEIBULL (1951) sind in gereinigten Flagellen praktisch keine Phosphor- und Kohlenhydratverbindungen zu finden. Die Frage bleibt also offen, ob die für die Bewegung nötige Energie aus den Flagellen selbst oder aus dem Bakterienkörper stammt. Eine Untersuchung von HOUWINK u. VAN ITERSON (1950) führte zum Schluß, daß die Geißeln einzeln wachsen. Mit zunehmendem Alter der Bakterien nehmen sie an Zahl und Länge zu. Bei *Proteus vulgaris* wachsen die Geißeln aus kleinen Kugeln von etwa 110 mμ Durchmesser heraus, die im Protoplasma versenkt sind (HOUWINK u. VAN ITERSON 1950).

Algen. Die von HELMCKE und KRIEGER (1952) begonnenen systematischen Untersuchungen der Kieselalgen lassen uns ein vollkommenes Bild vom Bau dieser Organismen gewinnen. Da die Diatomeenschalen im EM nicht durchstrahlbar sind, verwenden sie mit großem Erfolg das von KÖNIG entwickelte Kohle-Abdruckverfahren. Die Siliciumschale wird mit einer dünnen Kohlehaut bedeckt und dann mit Flußsäure weggelöst. Damit lassen sich die Feinheiten der Schalenoberfläche deutlich erkennen. Die unglaubliche Mannigfaltigkeit der Kieselskelette wird an prächtigen Rekonstruktionszeichnungen vordemonstriert.

Mit Hilfe der Röntgenmethode haben NICOLAI u. PRESTON (1952) die Zellwände von etwa 60 fadenförmigen Grünalgen analysiert. Bei den *Cladophorales* und einigen Vertretern der *Siphonales*, z. B. *Valonia, Chaetomorpha*, besteht die Skelettsubstanz der Zellwand aus gut kristallisierter nativer Cellulose (Cellulose I). Bei *Halicystis, Vaucheria, Ulothrix* und *Microspora* ist mercerisierte Cellulose (Cellulose II) gefunden worden. Bei einer dritten, heterogen zusammengesetzten Gruppe (z. B. *Spirogyra* und *Vaucheria*) wird vermutet, daß es sich um Alginate handelt. Aus der chemischen Zusammensetzung der Membran lassen sich gewisse Schlüsse auf die gegenseitige Verwandtschaft ziehen. Cellulose I tritt bei den niedrigsten Formen der Algen nicht auf, erst bei den *Chaeto-phorales (Trentepohlia)* erscheint sie zum erstenmal. Elektronenmikro-skopisch unterscheiden sich die Zellwände nicht voneinander. Die

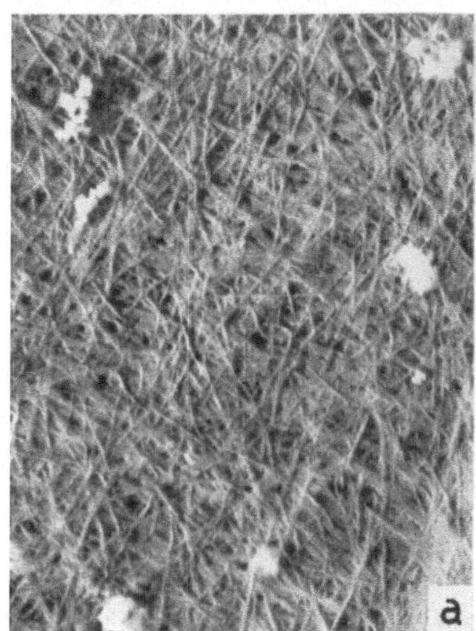

Abb. 34a u. b. a Primärwand einer jungen *Valonia*-Zelle nach STEWARD u. MÜHLETHALER (1953). Vergr. 10000mal. b Sekundärwand von *Valonia* in der Aufsicht. In aufeinanderfolgenden Lamellen ist die Fibrillenrichtung um 120° gedreht. Vergr. 10000mal.

Primärwand zeigt eine Streuungstextur, die später abgelagerte Sekun-därschicht eine Paralleltextur (Abb. 34a, b). Über eigene Untersuchungen an *Valonia*-Membranen wird später im Abschnitt „Zellwand" noch ein-gehend berichtet. MANTON, CLARKE u. GREENWOOD (1951) beobachteten, daß gewisse Zoosporencysten von *Saprolegnia ferax* (Gruith) an der Membran zahlreiche Haken aufweisen, die im EM gleich aussehen, wie die Griffel der Compositen. Durch diese submikroskopischen Doppel-haken bleiben die Cysten an Fischen, Holzstücken usw. hängen, was für eine schnelle Ausbreitung der Art von Nutzen sein kann. MEIER u. WEBSTER (1954) haben den Versuch unternommen, diese Cysten-struktur für die Taxonomie zu verwenden. Bei *Saprolegnia ferax, Sapro-legnia dioica,* in *Isoachlya eccentrica* und *Isoachlya unispora* ist die pri-märe Cystenmembran glatt, während die sekundären Cysten die erwähn-ten Doppelhaken aufweisen. In *Protoachlya, Achlya* und *Brevilegnia* sind beide Cysten ohne Haken. Auf Grund der Membranstruktur wäre also *Isoachlya* der Gattung *Saprolegnia* zuzuordnen.

Die Struktur der Zoosporengeißeln hat MANTON (1952) untersucht. Die Flimmergeißeln bestehen aus zwei Reihen von feinen Haaren, die an einem zentralen Schaft befestigt sind. Wie bei den Spermatozoiden der Farne, Moose, Ginkgo und Cycas besteht der zentrale Strang aus elf Fibrillen. Zwei davon verlaufen in der Achse, und die restlichen neun bilden einen zylindrischen Schaft. Der Durchmesser einer einzelnen Fibrille beträgt etwa 500 Å. Das Röntgendiagramm dieser Algenflagellen zeigt keine Verwandtschaft mit den heute bekannten Proteinen oder Polysacchariden (ASTBURY u. SAHA 1953). Sie sind chemisch also nicht gleich aufgebaut wie die oben erwähnten Bakterienflagellen.

Protoplasma. Infolge der rasch fortschreitenden Forschung über die Eiweißstruktur ist es zur Zeit recht schwierig, ein Modell für die Plasmastruktur zu geben. Durch die neueren Erkenntnisse der Zellforschung mit Hilfe der Röntgenanalyse und der EM-Schnittuntersuchung ist es aber möglich, die bisherigen Protoplasmahypothesen einer kritischen Analyse zu unterziehen. Die wichtigsten, heute gültigen Theorien sollen daher nochmals kurz in Erinnerung gerufen werden. Nach FREY-WYSSLING (1938) ist das Protoplasma aus einem dreidimensionalen Netzwerk von gestreckten Proteinmolekülen aufgebaut, die durch ihre Seitenketten miteinander verbunden sind. Diese „Haftpunkte" sind nicht als dauerhafte chemische Bindungen anzusehen, sondern haben mehr temporären Charakter. Sie werden dauernd aufgelöst und wieder gebildet, was die Erklärung der Plasmaströmung ermöglicht. Zwischen den Proteinsträngen sollen Wasser, Salze, Lipoide und Phosphatide eingelagert sein, die sich um die hydrophilen bzw. lipophilen Gruppen der Seitenketten ansammeln. MONNÉ (1946), der hauptsächlich mit Seeigeleiern arbeitete, glaubt, daß das Protoplasma ähnlich aufgebaut ist wie die Chromosomen. Entlang von deutlich ausgebildeten, 500 Å dicken Proteinfilamenten sollen nach einem bestimmten Bauplan zahlreiche 2000—3000 Å große Eiweißkörper eingebaut sein, die er als Chromidien bezeichnet. Sie enthalten Ribonucleinsäure und Enzyme und müßten infolge ihrer Größe bereits im Lichtmikroskop zu sehen sein. Entlang den Eiweißfibrillen besteht also eine periodisch wiederkehrende Struktur, und wie in den Speicheldrüsenchromosomen sollen die Perioden benachbarter Stränge übereinstimmen. Er nimmt an, daß in den Chromidien die autokatalytische Proteinsynthese durch Wachstum und Teilung stattfindet. In nucleinsäurefreien Zellen besteht das Plasma aus einem Netzwerk von chromidienfreien Strängen. Als dritte, heute viel diskutierte Plasmatheorie ist weiter die von LEHMANN (1947) postulierte Biosomentheorie zu erwähnen. Seine Theorie basiert auf Untersuchungen am *Tubifexei*, und wie MONNÉ betrachtet er die Chromidien und Interchromidien als Bauelemente des Cytoplasmas. Nach seiner Ansicht ist nicht nur der Kern, sondern auch das Protoplasma der Eizelle aus einzelnen, selbständigen Elementen zusammengesetzt. Diese vitalen Gebilde sollen in ihrer Vermehrung, in ihrem Bau und ihrer Physiologie in manchen Eigenschaften den einfachen Virusarten ähnlich sein. Chromonemata, Plasmafibrillen mit Chromidien und die Mitochondrien werden daher zusammenfassend, entsprechend ihren vitalen Eigenschaften als elementare Funktions- und Struktureinheiten, als „Biosomen" bezeichnet (LEHMANN 1947). Sie bilden also die kleinsten vitalen Einheiten zwischen der Zelle als Ganzes und den Makromolekülen. Schließlich muß noch eine neue, von BRETSCHNEIDER (1952) postulierte Plasmatheorie erwähnt werden. Aus EM-Befunden an pflanzlichem und tierischem Material schließt er, daß das Cytoplasma der Zelle aus einem Fibrillengerüst von 80—200 Å Dicke aufgebaut ist. Ein einzelner Strang besteht aus 4—10 parallel geordneten Proteinketten. In regelmäßigen Abständen berühren sich diese Fibrillen, laufen eine gewisse Strecke parallel und entfernen sich wieder voneinander. Dadurch ergibt sich ein fast hexagonales Gitter, mit genau definierten Längs- und Querachsen, das BRETSCHNEIDER (1952) als „Lepton"-Gitter bezeichnet. In den Maschen sollen die Pigmentkörner, NISSL-Substanz, Microsomen usw. eingebettet sein.

Es stellt sich nun die Frage, wie die neuen Ergebnisse der Zellforschung mit diesen Theorien vereinbar sind. Das EM bietet uns ohne Zweifel die beste Möglichkeit, den Aufbau des Cytoplasmas zu studieren, aber durch unsere heutigen, zum Teil noch recht mangelhaften Kenntnisse über die Denaturierungsvorgänge, die sich bei der Fixierung, Dehydratisierung und Einbettung einstellen, kann dieses Instrument noch nicht in gewünschtem Maße zu einer definitiven Abklärung dieses Fragenkomplexes herangezogen werden. Nach einer Osmiumsäurefixierung bei p_H 7 erscheint das Protoplasma homogen oder fein globulär. Durch saure Fixiermittel und durch Alkohol entsteht ein fibrilläres Netz mit variabler Fibrillendicke. Die von BRETSCHNEIDER (1952) aufgestellte Theorie erscheint daher mit den neueren Anschauungen über die Fixierung nicht mehr vereinbar. Man könnte einwenden, daß die Struktur einer tierischen und pflanzlichen Zelle grundsätzlich verschieden ist. Nach eigenen Ergebnissen ist das aber nicht der Fall.

Die „Chromidien"-Theorie von MONNÉ (1946) und LEHMANN (1947) basiert hauptsächlich auf den Zelluntersuchungen mit Hilfe der Zentrifugierung. Seit den Untersuchungen von BENSLEY u. HOERR (1934), die zum erstenmal die verschiedenen Zellkomponenten durch differenzierte Zentrifugation trennten, hat diese Methode vor allem für histochemische Analysen große Bedeutung erlangt. Auf diese Weise isolierte CLAUDE (1940) die „Microsomen" aus der Zelle und analysierte das dort lokalisierte Fermentsystem. Solche „Microsomenfraktionen" aus Mäuseleberhomogenaten sind von SLAUTTERBACK (1953) im EM untersucht worden. Er fand drei Typen mit einer mittleren Größe von 222 Å, 787 Å und 1290 Å. Es konnte nicht mit Sicherheit festgestellt werden, ob die kleinen Teilchen als Bausteine für die größeren zu betrachten sind. In Schnittpräparaten durch die gleichen Zellen sind die Mitochondrien sehr deutlich zu erkennen. „Microsomen" von der oben erwähnten Größe oder „chromidien"-ähnliche Gebilde konnten wir aber bis jetzt nie finden (unveröffentlicht). Untersuchungen an isolierten Chloroplasten (FREY-WYSSLING u. MÜHLETHALER 1949) ergaben deutlich, daß bei der Zertrümmerung der Zellen und der Zentrifugation die ursprüngliche Struktur durch Entmischungsvorgänge (Myelinbildungen) stark verändert werden kann. Es sind vor allem die Lipoide, welche sich bei solchen Behandlungen entmischen. Es bleibt daher noch abzuklären, ob sich die globulären Teilchen, die als „Microsomen" bezeichnet wurden, in gleicher Form in der lebenden Zelle nachweisen lassen. Das gleiche trifft für die Biosomen zu. Das nucleinsäurereiche Ergastoplasma der Pankreas-, Speicheldrüse- und Leberzellen ist von DALTON u. Mitarbeitern (1950), OBERLING u. Mitarbeitern (1953) und SJÖSTRAND u. RHODIN (1953) untersucht worden. Dieses ist für die Zellphysiologie von besonderer Wichtigkeit, weil ein enger Zusammenhang zwischen der Entwicklung des basophilen Plasmas und der Proteinsynthese besteht. Die Nucleinsäure ist infolge ihres Phosphorgehaltes im EM vom übrigen Eiweiß deutlich zu unterscheiden. In den Dünnschnitten sind im basophilen Plasma zahlreiche Fibrillen oder Lamellen, die entweder konzentrisch um einen Bildungspunkt oder parallel zur Zellmembran angeordnet sind, erkennbar. In den oben erwähnten Zellen ist also die Nucleinsäure nicht entlang von Eiweißfibrillen lokalisiert, wie das bei den „Chromidien" der Fall sein sollte.

Die neueren Ergebnisse der Zellforschung zeigen also, daß sowohl die Theorien von BRETSCHNEIDER (1952) wie von MONNÉ (1946) und LEHMANN (1947) anfechtbar sind. Auch die von FREY-WYSSLING (1938) postulierte Plasmatheorie bedarf wohl einer gewissen Korrektur, obwohl sie, verglichen mit allen übrigen Theorien, mit den morphologischen und physikalischen Eigenschaften des Cytoplasmas am besten vereinbar ist. Die oben bereits erwähnten Befunde, daß zahlreiche globuläre Eiweiße die Tendenz besitzen, sich kettenförmig zusammenzulagern, müßten wohl in vermehrtem Maße berücksichtigt werden. Neben den gestreckten Molekülen sind sicher auch solche zusammengesetzte Stränge am Aufbau des Cytoplasmas beteiligt. Wie sie zusammengehalten werden, ist noch nicht abgeklärt, aber man darf vermuten, daß es sich um die gleichen Kräfte handelt, wie sie FREY-WYSSLING (1938) für die „Haftpunkte" diskutiert hat. Der labile Zustand der Eiweißstrukturen, der dauernde Wechsel zwischen Sol- und Gelzustand, wie er im strömenden Protoplasma zu beobachten ist, läßt sich damit gut erklären. Die strukturell anders gebauten fibrillären Eiweiße, wie z.B. Keratin und Myosin, bilden ein widerstandsfähiges Gerüst und werden durch die Fixierung weniger stark verändert als das übrige Eiweiß. Die komplizierten chemischen Umsetzungen, die z.B. bei der Proteinsynthese erfolgen, lassen vermuten, daß sowohl globuläre wie fibrilläre Eiweiße nach bestimmten Bauplänen zusammengeordnet sind.

Chloroplasten. Der lamellare Aufbau der Chlorophyllkörner, der bereits durch indirekte Methoden erschlossen wurde (FREY-WYSSLING 1937), hat sich als richtig erwiesen. Die EM-Präparation muß sehr vorsichtig erfolgen, da etwa $1/_3$ des Plastiden aus Lipoiden aufgebaut ist (FREY-WYSSLING u. STEINMANN 1953). Erst durch die Osmiumsäurefixierung gelang es, die natürliche Struktur weitgehend zu erhalten. Heute darf das von STRUGGER (1951) entworfene Schema für den Feinbau der Chloroplasten im Prinzip als bewiesen gelten. Aus licht- und fluoreszenzmikroskopischen Untersuchungen ergab sich, daß die Granen, die zylindrisch übereinanderliegen und ihrerseits lamelliert sind, zwischen durchgehenden Trägerlamellen liegen. In den von COHEN u. BOWLER (1953) untersuchten Tabakchloroplasten weisen die Trägerlamellen eine Dicke von 140—280 Å auf. Der Abstand zwischen zwei aufeinanderfolgenden Stromalamellen beträgt 380 Å. Unsere früheren Befunde (FREY-WYSSLING u. MÜHLETHALER 1949), daß die Granen geldrollenartig geschichtet sind, ist bestätigt worden. Im Mittel sind die Lamellen 70 Å dick. Eine gleiche Struktur wurde von STEINMANN (FINEAN, SJÖSTRAND u. STEINMANN 1953) und von LEYON (1953) auch bei *Aspidistra*-Chloroplasten gefunden (Abb. 35 b). Sehr schöne Aufnahmen von Algenchloroplasten haben STEINMANN (1952) von *Mougeotia* und *Spirogyra* sowie WOLKEN u. PALADE (1952) und WOLKEN (1953) von den Flagellaten *Euglena gracilis* und *Poteriochromonas stipitata* veröffentlicht. STEINMANN (1952) gibt als Lamellendicke 70 Å an, während WOLKEN (1953) bei seinen Objekten 250 Å mißt. Der Lamellenbau ist aber nicht nur auf die Chloroplasten beschränkt, sondern auch die Pyrenoide der Flagellaten (WOLKEN 1953), die Myelinschicht der Nerven (FERNÁNDEZ-MORÁN 1950) (SJÖSTRAND 1953) und die Retinastäbchen (SJÖSTRAND 1953) weisen den gleichen Bau auf. Die Struktur ist so regelmäßig, daß die Lamellenabstände auch durch Röntgenmethoden bestimmbar sind (FINEAN, SJÖSTRAND u. STEINMANN 1953). Über die chemische Zusammesetzung der Stroma- und Granalamellen kann nichts ausgesagt werden. Die Einlagerung von Osmiumsäure, die eine erhebliche Kontraststeigerung bewirkt, kann sowohl in der Lipoid- als auch in der Proteinschicht erfolgen.

Nicht nur die Struktur von ausgewachsenen Chloroplasten ist von allgemeinem Interesse, sondern auch deren Entwicklung. HEITZ u. MALY (1953) und STRUGGER (1954) haben eingehende Untersuchungen mit lichtmikroskopischen Methoden darüber veröffentlicht. Nach HEITZ u. MALY (1953) sind die jungen Plastiden in embryonalen Blättern von *Agapanthus umbellatus* und *Dracaena draco* als kleine 1—1,5 μ lange und etwa 0,7 μ dicke Körper erkennbar. Sie fluoreszieren vollkommen homogen, und von einer Differenzierung in Stroma und Grana ist nichts zu sehen. Erst in einem späteren Stadium der Entwicklung kann im Fluoreszenzmikroskop das Auftreten der Granen beobachtet werden. Sie schließen daraus, daß sie aus dem Stroma entstehen und nicht durch flächenhafte Reduplikation, wie das STRUGGER (1950) angibt. Das gleiche Problem wurde von LEYON (1953) an *Vallota speciosa* und *Taraxacum* im EM studiert. Er kommt zu ähnlichen Ergebnissen wie HEITZ u. MALY (1953), wobei man aber bemerken kann, daß die Fixierung zum Teil recht schlecht ist. Die Befunde von METZNER (1952), der im Stroma der Chloroplasten Pentosenucleinsäuren, in den Granen Pentose- und Desoxypentose-Nucleinsäure nachwies, deuten, aus Analogie zu den Chromosomen, darauf hin, daß doch eine Reduplikation ablaufen könnte. Das hat STRUGGER (1954) in einer sehr sorgfältigen Arbeit erneut bestätigt und die Anschauungen von HEITZ u. MALY (1953) widerlegt. Bei einer guten Osmiumsäurefixierung können die Primärgranen in den Proplastiden beobachtet werden. Die Färbung mit Rhodamin B gelingt nach STRUGGER (1936) nur bei älteren Zellen. In den Chloroplasten postembryonaler Zellen wird dieser Farbstoff nicht gespeichert, und eine fluoreszenzoptische Beobachtung der Granen ist daher nicht möglich. Die von SCHIMPER (1883) aufgestellte Theorie von der Selbständigkeit der Plastiden in allen Lebensphasen der Zelle ist daher richtig. Eine Umwandlung von Chondriosomen zu Proplastiden, wie sie GUILLIERMOND und Mitarbeiter (1933) postulierten, konnte STRUGGER (1954) nie beobachten.

Stärkebildner. Die Bildung der Stärkekörner erfolgt bei der transitorischen Stärke in den Chloroplasten zwischen den Granen im Stroma. Wie bei der Reservestärke in den Amyloplasten wird der Plastid durch das wachsende Korn gedehnt und ist schließlich nur noch als feine Haut zu erkennen. Eine Schichtenstruktur ist an den, im EM untersuchten Dünnschnitten nie beobachtet worden (MÜHLETHALER, im Druck), was die bisherige Auffassung, daß hauptsächlich die Unterschiede im Quellungsgrad diese Erscheinung bewirken, bestätigt. Nach MEYER (1952) sind Amylose und Amylopektin im Stärkekorn nicht vermischt, sondern schichtenweise eingelagert. Die linear gebaute Amylose ist leichter löslich als das verzweigte Amylopektin, und der Abbau der Stärkekörner verläuft daher nicht gleichmäßig.

Mitochondrien. Die als Mitochondrien, Chondriokonten, Plastosomen usw. bezeichneten Protoplasmakörper sind schon seit 50 Jahren bekannt, aber infolge ihrer geringen Größe ist es bis jetzt nicht möglich gewesen, einen Einblick in ihre submikroskopische Struktur zu erhalten. Die histochemischen Befunde von CLAUDE (1940), die zeigten, daß in ihnen die für die Zellatmung wichtigen Enzymsysteme lokalisiert sind, haben der Strukturforschung neuen Auftrieb gegeben. Eine morphologische Einteilung dieser Partikelpopulation stößt immer noch auf erhebliche Schwierigkeiten, und es wäre wünschenswert, wenn man die einzelnen Gruppen besser auseinander halten könnte. STRUGGER (1954) hat in seiner Arbeit über Proplastiden erwähnt, daß in den bisherigen Untersuchungen Proplastiden und Chondriosomen ständig miteinander verwechselt wurden. Die interessantesten EM-Aufnahmen von Mitochondrien aus der Mausniere sind in einer Arbeit von SJÖSTRAND u. RHODIN (1953) abgebildet. Es sind nicht, wie man bis jetzt allgemein vermutete, homogene Protoplasmakörper, sondern sie weisen eine komplizierte Innenstruktur auf (Abb. 35a). Gegen das Grundcytoplasma sind die Mitochondrien durch eine 160 Å dicke Doppelmembran abgeschlossen. Die zwei, durch die Osmiumsäurefixierung schwarz gefärbten Schichten weisen je eine Dicke von 45 Å auf und sollen aus Eiweiß, die dazwischenliegende helle Zone (70 Å breit) aus Lipoid bestehen (SJÖSTRAND u. RHODIN 1953). Wie aus Abb. 35a hervorgeht, ist auch das Innere der Mitochondrien durch eine große Zahl von Doppelmembranen unterteilt. Die meisten verlaufen quer in bezug auf die Längsachse und haben den gleichen Aufbau wie die Außenmembranen. Über die physiologische Bedeutung dieser Doppelmembranen ist zur Zeit noch nichts bekannt. Diese Befunde zeigen aber, daß selbst diese kleinsten Bestandteile des Protoplasmas sehr hoch organisiert sind.

Kern und Chromosomen. Die EM-Arbeiten, die über den Kern und die Chromosomen veröffentlicht wurden, haben keine grundlegend neuen Erkenntnisse über deren Feinbau gebracht. ROZSA u. WYCKOFF (1951) untersuchten in den Wurzeln von *Allium cepa* den Ablauf der mitotischen Teilung. Bei formalinfixierten Geweben ist keine Kernmembran sichtbar und man muß deshalb vermuten, daß die Abgrenzung gegen das Protoplasma nur durch eine Phasengrenze erfolgt. Zu einem anderen Ergebnis kommen SJÖSTRAND u. RHODIN (1953), die in

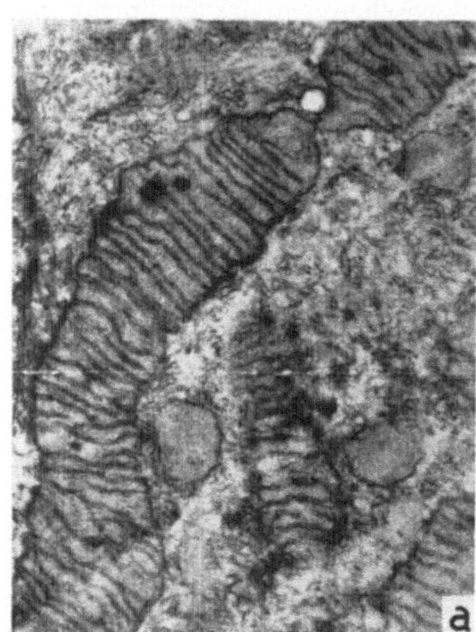
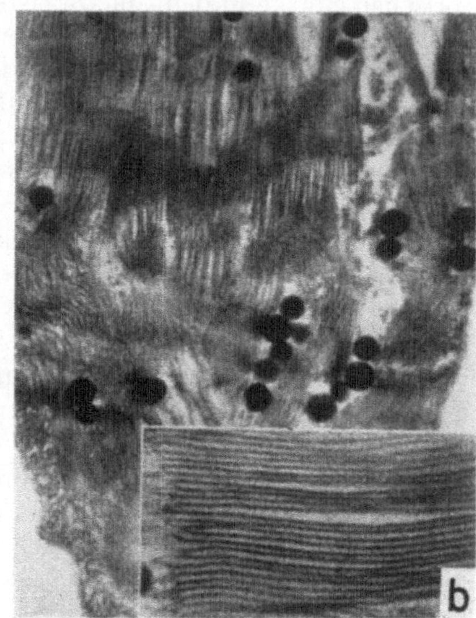

Abb. 35 a u. b. a Mitochondrien aus einer Mausniere. Nach SJÖSTRAND u. RHODIN (1953) aus einem Prospekt der LKB-Products über das Ultra-Mikrotom. Vergr. 32000mal. b Dünnschnitt durch einen *Aspidistra*-Chloroplasten nach STEINMANN. Vergr. 62000mal (FINEAN, SJÖSTRAND u. STEINMANN 1953).

Nierenzellen um den Kern herum eine Doppelmembran von 230 Å Dicke nachweisen konnten. Die Dicke der einzelnen Membranen beträgt 60—70 Å und ihr gegenseitiger Abstand 160 Å. Eine solche Struktur ist früher bereits von CALLAN u. TOMLIN (1950) sowie von HARTMANN (1952) beschrieben worden. In Abb. 36a ist ein Zellkern aus einer jungen Hyazinthenwurzel abgebildet. Das Chromatingerüst hebt sich im EM kontrastreich vom Kernplasma ab. Der dunkle Fleck im Innern des Kernes entspricht dem Nucleolus. In Abb. 36b ist ein Längsschnitt durch Metaphasechromosomen zu sehen. Eine Schraubenstruktur, wie sie nach der FEULGEN-Färbung im Lichtmikroskop zu beobachten ist, fehlt. Die für Formalin oder Osmiumsäure typische homogene Eiweißstruktur ist sowohl in den Chromosomen wie im umgebenden Karyoplasma gleich, und eine Unterscheidung zwischen Chromonema, Chromomeren und Matrix ist nicht möglich.

EM-Aufnahmen von Chromosomen mit schön sichtbaren Schraubenstrukturen wurden von YASUZUMI und Mitarbeiter (1952) veröffentlicht.

Es handelt sich hier nicht um Schnittpräparate, sondern um isolierte Chromosomen aus *Triton*- und Karpfenerythrocyten, die durch Zerquetschen und anschließende Zentrifugation gewonnen wurden. Die als Chromosomen beschriebenen Körper besitzen ein flagellenähnliches Anhängsel, das die Autoren als Geschlechtschromosom bezeichnen. Ähnliche Bilder hat auch POLLI (1953) veröffentlicht. An Hand eigener Aufnahmen wies aber HOUWINK (1952) eindeutig nach, daß es sich bei diesen Körpern um Bakterien aus der Gattung *Caulobakter* handelt.

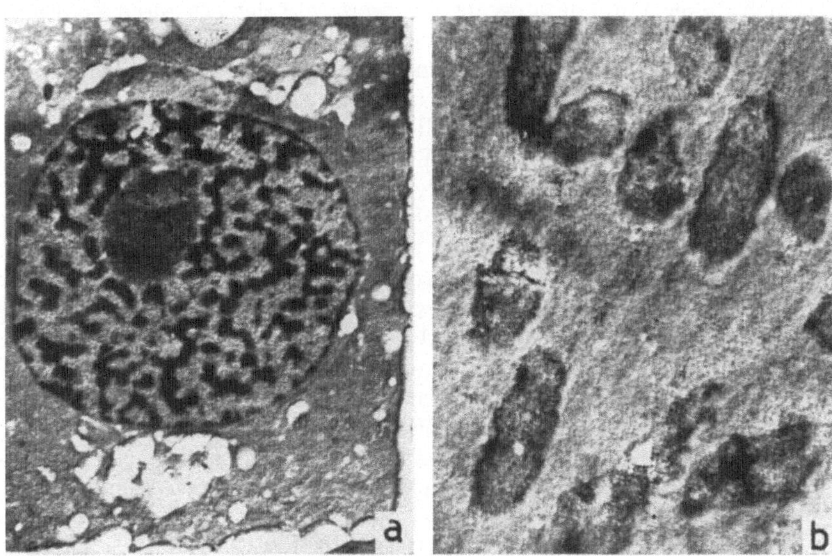

Abb. 36a u. b. a Schnitt durch eine Zelle der Hyacinthenwurzel mit Ruhekern. Das Chromatingerüst und der Nucleolus erscheinen schwarz. Vergr. 4000mal. b Längsschnitt durch Metaphasechromosomen (Hyacinthenwurzel). Eine Innenstruktur ist nicht erkennbar. Vergr. 6000mal.

Dieser Organismus ist in destilliertem Wasser sehr oft anzutreffen und muß die Gewebesuspension verunreinigt haben. Inzwischen haben DENUES und SENSENEY (1953) die Sache nochmals überprüft und sind zum gleichen Schluß gekommen wie HOUWINK (1952). Dieses Beispiel zeigt besonders eindrücklich, wie schwierig es ist, aus einem Zellhomogenat die einzelnen Elemente nachträglich wieder zu identifizieren. Mit den heute verbesserten Fixier- und Schneidemethoden sind neue Erkenntnisse über den Feinbau der Chromosomen in nächster Zeit zu erwarten.

Zellwand. Im letzten Bericht hat FREY-WYSSLING (1953) ausführlich über die Struktur der Primär- und Sekundärwände berichtet. Im ganzen Pflanzenreich sind die Membranen nach gleichen Prinzipien aufgebaut und weisen in der Primärwand eine Streuungstextur (Abb. 34a), in den Sekundärwänden eine Paralleltextur (Abb. 34b) auf. Die neueren Untersuchungen beschäftigen sich daher hauptsächlich mit Problemen der Zellwandentwicklung und ihre Differenzierung in die Leit- und

Festigungselemente. Es konnte gezeigt werden, daß die Faserzellen und Tracheiden ein ausgesprochenes Spitzenwachstum aufweisen (MÜHLETHALER 1950). Inzwischen sind noch weitere Wachstumstypen gefunden worden. In jungen Parenchymzellen ist die Zellwand an zahlreichen Stellen mit elliptischen Öffnungen versehen. Nach FREY-WYSSLING u. STECHER (1951) ist diese lokale Auflockerung des Mikrofibrillengeflechtes die Ursache des Flächenwachstums. Durch intensives Plasmawachstum wird in der Primärwand ein ovaler oder runder Bezirk aufgesprengt und anschließend durch Einflechtung neuer Fibrillen wieder geschlossen. Da sich dieser Vorgang abwechslungsweise auf der gesamten Zellwandfläche abspielt, wird er als Mosaikwachstum bezeichnet.

Auf Grund von Zellwandstudien an wachsenden Pflanzenhaaren von *Ceiba pentandra*, *Asclepias cornuti* und *Gossypium* haben ROELOFSEN u. HOUWINK (1953) einen weiteren Zellstreckungsmechanismus beschrieben. In diesen Membranen sind die Cellulosefibrillen auf der Innenseite der Primärwand nahezu quer zur Zellachse orientiert und wechseln nach außen in eine axiale Richtung über. Mit dieser Richtungsänderung ist auch eine Auflockerung von innen nach außen verbunden. Die beiden Autoren vermuten, daß durch den Zug, den die wachsende Zelle auf die Wand ausübt, die transversalen Fibrillen in die Achsenrichtung auseinander gezogen und aufgelockert werden. Da dieser Prozeß dem Auseinanderziehen eines Fischernetzes gleicht, haben ROELOFSEN u. HOUWINK (1953) dafür den Ausdruck „Multi-net-growth" geprägt.

Zum Studium der Zellwandentwicklung eignen sich im allgemeinen isolierte Zellen besser als Gewebe, weil sie in ihrem Bau einheitlicher sind. Als sehr günstige Objekte haben sich die *Valonia*-Zellen erwiesen. Ihre Entwicklung von den Aplanosporen bis zu den ausgewachsenen Kolonien haben STEWARD u. MÜHLETHALER (1953) studiert. Nach der von STEWARD (1939) angegebenen Methode können die Algen im Laboratorium kultiviert und ihre Entwicklung während Monaten an Zellen gleichen Alters dauernd verfolgt werden. Bereits nach 15 Std ist auf der nackten Protoplasmaoberfläche der Aplanosporen eine solide Membran zu beobachten. Sie besteht aus einem dichten Fibrillengeflecht wie die Primärwände der höheren Pflanzen (MÜHLETHALER 1950). Mit zunehmendem Alter treten zahlreiche Risse in der Primärwand auf und noch später sind nur noch einzelne Fetzen auf den Sekundärlamellen zu sehen. Diese neugebildeten Lamellen weisen nicht mehr eine Netzstruktur auf, sondern parallel orientierte Fibrillen. Wie aus Abb. 34 b hervorgeht, ist die Fibrillenrichtung in aufeinanderfolgenden Lamellen um 120° gedreht. Die vierte und siebente Lamelle weisen daher die gleiche Orientierungsrichtung auf. Die Sekundärschichten weisen ebenfalls Rißstellen auf, und an den ausgewachsenen Exemplaren können die an der Oberfläche klebenden Fetzen der früheren Lamellen von bloßem Auge beobachtet werden. Das führte uns zum Schlusse, daß die in einem bestimmten Zeitpunkt der Entwicklung gebildete Lamelle beim späteren Zellwachstum gesprengt und durch eine neue Schicht ersetzt wird. Der Prozeß wiederholt sich immer wieder, was schließlich zur Bildung von zahlreichen Lamellen führt (Abb. 37 a). Die unelastischen Cellulosestränge können bis zu einem gewissen Grade auseinandergezogen werden; geht aber die Oberflächenvergrößerung weiter, so muß das Geflecht schließlich reißen.

O. KELLEY (1953) hat versucht, den Ablauf der Zellwandstreckung mit Hilfe von eingelagertem radioaktivem C^{14} zu verfolgen. Baumwollpflanzen mit halb ausgewachsenen Samenkapseln wurden während kurzer Zeit in einen Raum mit radioaktiver Kohlensäure gebracht und anschließend bis zur Reife der Haare im Gewächshaus weiter kultiviert.

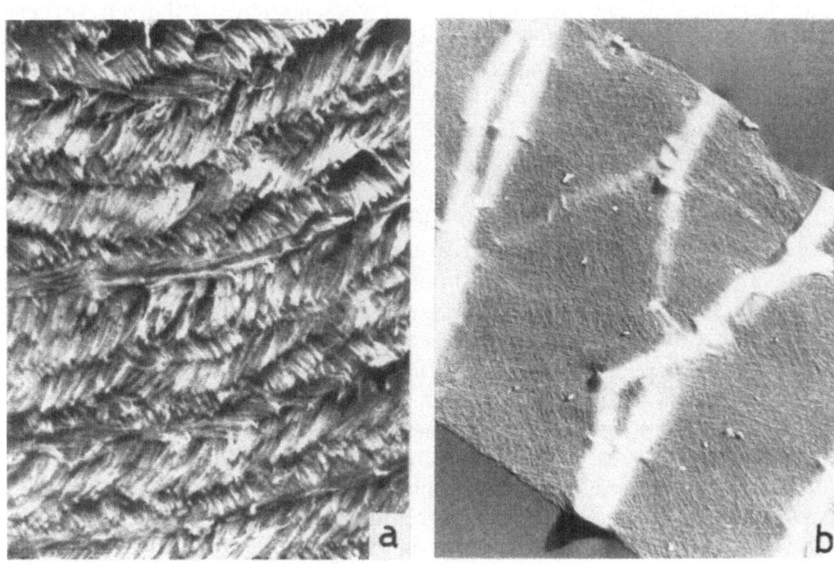

Abb. 37a u. b. a Schnitt durch die Sekundärwand einer *Valonia*-Zelle. Die Lamellenstruktur ist deutlich erkennbar. Vergr. 9300mal. b Teilstück einer Schraubentracheide nach MÜHLETHALER (1953). Vergr. 4700mal.

Die Prüfung der Radioaktivität erfolgte durch Auflegen auf eine Photoplatte. Bei einem ausgesprochenen Spitzenwachstum, wie es die Baumwollhaare zeigen, wäre zu erwarten, daß nur das Mittelstück eine Schwärzung verursacht, die beiden Enden, die in der zweiten Hälfte kein C^{14} mehr erhielten, aber nicht reagieren. Bei der Prüfung erwies sich aber das ganze Haar als radioaktiv. Offenbar wird C^{14} im Protoplasma gespeichert und erst später in die Zellwand eingebaut.

Außer den eben diskutierten Arbeiten über die Zellstreckung sind zahlreiche Untersuchungen über den Feinbau der Cellulosefibrillen erschienen. RÅNBY (1952) hat in mehreren ausführlichen Arbeiten seine Befunde an Baumwoll- und Holzcellulose veröffentlicht. Als Fibrillendicke gibt er 70 Å an, die bei der Hydrolyse in Micellen von 500 Å Länge zerfallen. VOGEL (1953) hat den Aufbau der Fibrillen in gereinigten Ramiefasern studiert. Beim hydrolytischen Abbau der Cellulose in 2,5 n H_2SO_4 und anschließender Peptisierung der Hydratcellulose zu einem Sol (RÅNBY 1952), werden Hydrolyseteilchen erhalten, die aus den

Fibrillen durch unregelmäßige Querspaltung hervorgehen. Diese Teilchen sind aus kleineren Elementen von 80—100 Å Breite und 300 bis 1000 Å Länge zusammengesetzt, die den röntgenographisch nachgewiesenen Micellen entsprechen. Die nativen Cellulosefibrillen sind bandförmig und weisen bei einer Dicke von etwa 30 Å eine mittlere Breite von 173—302 Å auf. Ähnliche Hydrolyseversuche an Baumwoll- und Ramiefasern sind von MUKHERJEE u. WOODS (1953) beschrieben worden. Sie fanden ebenfalls bandförmige Hydrolyseteilchen von 30 Å Dicke, 130 Å Breite und unregelmäßiger Länge. Aus diesen Untersuchungen geht hervor, daß die Fibrillendicke bei verschiedenen Pflanzen variiert. Bei der Hydrolyse werden die zwischen den Micellen liegenden parakristallinen Bereiche zuerst abgebaut, und die Fibrille zerfällt dann in die röntgenographisch nachweisbaren Micellen.

Die Zellwandstruktur in Geweben kann heute mit der Schnittmethode bis ins Detail abgeklärt werden (MÜHLETHALER 1953). Es sind vor allem die Zellverbindungen, z.B. Siebplatten, Lochtüpfel und Hoftüpfel, die auf diese Weise der Beobachtung besser zugänglich sind. VOLZ (1952) hat die Tüpfelstruktur von Siebröhren untersucht, um neues Licht in die Kontroverse zwischen SCHUMACHER und MÜNCH, ob die Siebbahnen offen oder geschlossen seien, zu bringen. Fast alle Siebröhren der untersuchten Gymnospermen haben einen geschlossenen Bau, während die Angiospermen teils offen und teils geschlossen sind. Eine plasmatische Kontinuität zwischen diesen Zellen existiert also nicht durchwegs. Sehr schöne Aufnahmen von Hoftüpfeln haben LIESE u. FAHNENBROCK (1952 und 1953) publiziert. Die Schließhäute der Hoftüpfel regulieren den Stoffaustausch im Holz und sind daher für den Wassertransport und die Holzimprägnierung sehr wichtig. Mit Hilfe der Abdruckmethode konnten die beiden zeigen, daß im Kiefernholz der Torus einen fransenartig ausgezogenen Rand besitzt, von dem aus 0,04—0,06 µ dicke Fäden radial zur Ansatzstelle des Hofes verlaufen. Die Flüssigkeitsbewegung kann, so lange der Torus in der Mitte des Tüpfelraumes steht, zwischen diesen Fäden ungehindert verlaufen. Legt sich aber der Torus an die Wand, so wird die Öffnung verschlossen. Bei Tanne, Fichte, Lärche und Douglasie ist die Hofwand glatt, bei den Kiefernarten aber mit kleinen warzenförmigen Höckern versehen. Die großen Unterschiede in der Imprägnierbarkeit werden von LIESE u. FAHNENBROCK (1953) auf den verschieden starken Verschluß der Hoftüpfel zurückgeführt. Bei den Kiefernarten kann auch im geschlossenen Zustande ein minimaler Flüssigkeitsaustausch erfolgen, was bei den übrigen Hölzern mit glatter Hofwand unterbleibt. Die Befunde, daß in der Tüpfelschließhaut offene Poren vorhanden sind, stehen im Gegensatz zu den bisherigen Untersuchungen, wonach nur in den Querwänden der Angiospermen offene Verbindungen bestehen. Entwicklungsgeschichtlich gehen die Schließhäute aus den Primärwänden hervor, und es war daher noch nachzuprüfen, ob diese bei der späteren Entwicklung aufgelöst werden, oder ob durch die Abdruckmethode ihre feine Struktur dem Betrachter verborgen bleibt. FREY-WYSSLING u. BOSSHARD (1953) gelang es, mit Hilfe der Schnittmethode, das feine Fibrillennetz der

Primärwand zwischen den Haltefäden des Torus nachzuweisen. Der prinzipielle Unterschied zwischen Nadelhölzern und Laubholz bleibt somit bestehen.

Zum Schlusse sollen noch zwei Arbeiten über die Struktur der Pollenmembranen besprochen werden. Die mannigfaltige Oberflächenstruktur dieser Körner läßt auf einen ebenso reichen submikroskopischen Aufbau schließen. Mit Hilfe der Dünnschnittmethode haben FERNÁNDEZ-MORÁN u. DAHL (1952) und MÜHLETHALER (1953) zahlreiche Pollen im EM untersucht. Die Exine besteht aus einer ziemlich dicken, zusammenhängenden Basalschicht, aus der zahlreiche Stäbchen radial nach außen herauswachsen. Sie sind keulenförmig verdickt und am Ende miteinander verwachsen. Dieses Hohlraumsystem ist bei jungen Pollen von einer öligen Flüssigkeit erfüllt, welche der Exine die bekannte gelbliche Farbe verleiht. Die Intine ist in den meisten Pollen nur als feines, der Exine eng anliegendes Häutchen erkennbar. Unter der Keimpore ist sie linsenförmig verdickt und bildet den Zwischenkörper. Er besteht aus einer besonders quellbaren Substanz, die beim Zutritt von Wasser die darüberliegende Exine aufbricht und damit das Auswachsen des Pollenschlauches ermöglicht.

Literatur.

ADAMS, M. H.: Cold Spring Harbor Symp. Quant. Biol. 118, 66 (1953). — ANDERSON, T. F.: Trans. New York Acad. Sci. 13, 130 (1951). — Amer. Naturalist 86, 91 (1952). — ASTBURY, W. T., u. N. N. SAHA: Nature (Lond.) 171, 280 (1953). — ASTBURY, W. T., u. C. WEIBULL: Nature (Lond.) 163, 280 (1949).

BAHR, G. F.: Exper. Cell. Res. 5, 551 (1953). — BAMFORD, C. H., L. BROWN, A. ELLIOTT, W.-E. HAMBY u. I. F. TROTTER: Nature (Lond.) 173, 27 (1954). — BELL, L. G. E.: Int. Rev. Cytol. 1, 35 (1952). — BENSLEY, R. R., u. N. L. HOERR: Anat. Rec. 60, 251 (1934). — BLACK, L. M., C. MORGAN u. R. W. G. WYCKOFF: Proc. Soc. exper. Biol. Med. 73, 119 (1950). — BOERSCH, H.: Optik 5, 435 (1949). — BORRIES, B. v.: Z. Physik 116, 370 (1940). — Z. wiss. Mikrosk. 60, 329 (1952). — BORRIES, B. v., u. H. RUSKA: Z. wiss. Mikrosk. 60, 104, 212 (1951); 61, 106, 253, 306 (1952/53). — BUTLER, L. O., u. L. G. E. BELL: Nature (Lond.) 171, 971 (1953). — BRETSCHNEIDER, L. H.: Survey of biol. Progr. 2, 223 (1952). — BRETSCHNEIDER, L. H., u. P. F. ELBERS: Proc. Kon. Ned. Akad. v. Wetensch. C. 55, 675 (1952). — BRUIN OUBOTER, M. P. DE, J. J. BEYER u. E. VAN SLOGTEREN: Antonie van Leeuwenhoek 17, 1 (1951).

CALLAN, H. G., u. S. G. TOMLIN: Proc. roy. Soc. B 137, 367 (1950). — CLAUDE, A.: Science (Lancaster, Pa.) 91, 77 (1940). — COHEN, M., u. E. BOWLER: Protoplasma (Wien) 42, 414 (1953). — COHN, E. J., J. L. ONCLEY, L. E. STRONG, W. L. HUGHES u. S. H. ARMSTRONG: J. chim. Invest. 23, 417 (1944). — COSSLETT, V. E.: Bibliography of Electron Microscopy. London 1950. — COSSLETT, V. E., u. W. C. NIXON: Proc. roy. Soc. B 140, 422 (1952). — J. appl. Physiol. 24, 616 (1953). — CRICK, F. H. C.: Nature (Lond.) 170, 882 (1952).

DALTON, A., H. KAHLER, M. J. STRIEBICH u. B. J. LLOYD: J. nat. Canc. Inst. 11, 439 (1950). — DELAMATER, E. D.: Int. Rev. Cytol. 2, 158 (1953). — DENUES, A. R. T., u. C. A. SENSENEY: Experientia (Basel) 9, 210 (1953).

ENGSTRÖM, A.: Progress in Biophysics. London 1950.

FERNÁNDEZ-MORÁN, H.: Exper. Cell. Res. 1, 309 (1950); 5, 255 (1953). — FERNÁNDEZ-MORÁN, H., u. O. DAHL: Science (Lancaster, Pa.) 116, 465 (1952). — FINEAN, J. B., F. S. SJÖSTRAND u. E. STEINMANN: Exper. Cell. Res. 5, 557 (1953). — FISCHER, F. B.: Applied Electron Microscopy. Bloomington 1953. — FRASER, D., u. R. C. WILLIAMS: Proc. nat. Acad. Sci. U. S. A. 39, 750 (1953). — FREY-WYSSLING, A.: Protoplasma (Wien) 29, 279 (1937). — Protoplasma-Monogr. 15 (1938). — Fortschr. Bot. 14, 66 (1953). — FREY-WYSSLING, A., u. H. H. BOSSHARD:

Holz 11, 417 (1953). — FREY-WYSSLING, A., u. K. MÜHLETHALER: Vjschr. naturforsch. Ges. Zürich 94, 179 (1949). — FREY-WYSSLING, A., u. H. STECHER: Experientia (Basel) 7, 420 (1951). — FREY-WYSSLING, A., u. E. STEINMANN: Vjschr. naturforsch. Ges. Zürich 98, 20 (1953).

GLICK, D.: Techniques of Histo- and Cytochemistry. London 1949. — GROSS,
W., u. H. LOHAUS: Z. wiss. Mikrosk. 49, 168 (1932). — GUILLIERMOND, A., G.
MANGENOT u. L. PLANTEFOL: Traité de Cytologie Végétale. Paris 1933.

HAGUENAU, F., u. W. BERNHARD: Exper. Cell. Res. 3, 629 (1952). — HALL, C.:
Introduction to Electron Microscopy. New York 1953. — HARTMANN, J. F.: J.
appl. Physiol. 23, 163 (1952). — HEISE, F.: Optik 9, 139 (1952). — HEITZ, E., u.
R. MALY: Z. Naturforsch. 8 b, 243 (1953). — HELMCKE, J.-G., u. W. KRIEGER:
Z. wiss. Mikrosk. 60, 85, 197 (1951). — Naturwiss. 39, 146 (1952). — HERSHEY,
A. D., u. M. J. CHASE: J. gen. Physiol. 36, 39 (1952). — HOLMES, F. O.: Phyto-
pathology 24, 1125 (1934). — HOUWINK, A. L.: Experientia (Basel) 8, 385 (1952). —
Biochim. et Biophysica Acta 10, 360 (1953). — HOUWINK, A. L., u. W. VAN ITER-
SON: Biochim. et Biophysica Acta 5, 10 (1950).

KAHLER, H., u. B. J. LLOYD: Biochim. et Biophysica Acta 10, 355 (1953). —
KERR, TH., u. I. W. BAILEY: J. Arnold Arboretum 15, 327 (1934).

LAMB, W. G. P., J. STUART-WEBB, L. G. BELL, R. BOVEY u. J. F. DANIELLI:
Exper. Cell. Res. 4, 159 (1953). — LEHMANN, F. E.: Rev. suisse Zool. 54, 246
(1947). — LEYON, H.: Exper. Cell. Res. 4, 362, 371 (1953a, b); 5, 520 (1953c). —
LIESE, W., u. M. FAHNENBROCK: Holz 10, 197 (1952). — Biochim. et Biophysica
Acta 11, 190 (1953). — LUCHT, C. M., u. D. HARKER: Rev. Sci. Instr. 22, 392 (1951).

MANTON, I.: Symposia Soc. exper. Biol. 6, 306 (1952). — MANTON, I., B.
CLARKE u. A. D. GREENWOOD: J. exper. Bot. 2, 321 (1951). — MEIER, H., u. F.
WEBSTER: J. of exper. Bot. (im Druck). — METZNER, H.: Biol. Zbl. 71, 257 (1952). —
MEYER, K. H.: Experientia (Basel) 8, 405 (1952). — MITCHELL, R. F.: Biochim.
et Biophysica Acta 9, 430 (1952). — MÖLLENSTEDT, G., u. H. DÜKER: Optik 10,
192 (1953). — MONNÉ, L.: Experientia (Basel) 2, 153 (1946). — MUDD, ST.: Int.
Rev. Cytol. 2, 133 (1953). — MÜHLETHALER, K.: Ber. schweiz. bot. Ges. 60, 614
(1950a). — Biochim. et Biophysica Acta 5, 1 (1950b). — Z. Zellforsch. 38, 299 (1953a).
Mikroskopie (Wien) 8, 103 (1953b). — Z. wiss. Mikrosk. (im Druck). — MUKHERJEE,
S. M., u. H. J. WOODS: Biochim. et Biophysica Acta 10, 499 (1953).

NEWMAN, S. B., E. BORYSKO u. M. SWERDLOW: Science (Lancaster, Pa.)
110, 66 (1949). — *New York Society of Electron Microscopists:* A new Bibliography
of Electron Microscopy. New York 1953. — NICOLAI, E., u. R. D. PRESTON: Proc.
roy. Soc. B 140, 244 (1952).

OBERLING, CH., W. BERNHARD, A. GAUTIER u. F. HAGUENAU: Presse méd.
1953, 719. — O'KELLEY, J.: Plant Physiol. 28, 281 (1953).

PALADE, G. E.: J. of exper. Med. 95, 285 (1952). — PAULING, L., u. R. B.
COREY: Nature (Lond.) 171, 59 (1953). — POLLI, E. E.: Biochim. et Biophysica
Acta 10, 215 (1953). — PORTER, K. R., u. F. KALLMANN: Exper. Cell. Res. 4, 127
(1953).

RÅNBY, B. G.: Tappi 35, 53 (1952). — Svensk Papperstidning 55, 115 (1952). —
ROELOFSEN, P. A., u. A. L. HOUWINK: Acta bot. neerl. 2, 219 (1953). — ROZSA, G.,
u. R. W. G. WYCKOFF: Exper. Cell. Res. 2, 630 (1951). — RUSKA, E.: Z. Physik.
83, 492 (1933). — Z. wiss. Mikrosk. 61, 152 (1952).

SALTON, M. R. J., u. R. W. HORNE: Biochim. et Biophysica Acta 7, 177 (1951). —
SCHIMPER, A. F. W.: Bot. Ztg 41, 105, 121, 137, 153 (1883). — SCHMITT, F. O.,
C. E. HALL u. M. A. JAKUS: J. appl. Physiol. 16, 459 (1945). — SIEVERT, R.:
Acta radiol. (Stockh.) 17, 299 (1936). — SJÖSTRAND, F. S.: Experientia (Basel)
9, 114 (1953a); 11, 68 (1953b). — J. Cellul. a. Comp. Physiol. 42 (1953c). — SJÖ-
STRAND, F. S., u. J. RHODIN: Exper. Cell. Res. 4, 426 (1953). — Nature (Lond.)
171, 130 (1953). — SLAUTTERBACK, D. B.: Exper. Cell. Res. 5, 173 (1953). —
SLOGTEREN, E. VAN: T. Plantenziekten 49, 1 (1943). — Philips Technical Rev.
14, 13 (1952). — STEINMANN, E.: Mündliche Mitteilung. — Exper. Cell. Res. 3,
367 (1952). — STEWARD, F. C.: Carnegie Instr. Publ. 1939, No 517, 87. — STE-
WARD, F. C., u. K. MÜHLETHALER: Ann. of Bot. 17, 295 (1953). — STRUGGER, S.:
Flora (Jena) 131, 324 (1936). — Naturwiss. 37, 166 (1950). — Ber. dtsch. bot. Ges.
64, 69 (1951). — Protoplasma (Wien) 43, 120 (1954).

TAYLOR, H. S.: Proc. amer. phil. Soc. **85**, 1 (1941).

VOGEL, A.: Makromolekulare Chem. **11**, 111 (1953). — VOLZ, G.: Mikroskopie (Wien) **7**, 251 (1952).

WEIBULL, C.: Nature (Lond.) **167**, 511 (1951). — WHITE, P. R.: Phytopathology **24**, 1003 (1934). — WILKINS, M. H. F., W. E. SEEDS, A. R. STOKES u. H. R. WILSON: Nature (Lond.) **172**, 759 (1953). — WILKINS, M. H. F., A. R. STOKES u. H. R. WILSON: Nature (Lond.) **171**, 738 (1953). — WILLIAMS, R. C.: Biochim. et Biophysica Acta **9**, 237 (1952). — Exper. Cell. Res. **4**, 188 (1953). — WOLKEN, J. J.: Federat. Proc. **12**, 292 (1953). — WOLKEN, J. J., u. G. E. PALADE: Nature (Lond.) **170**, 114 (1952). — WYCKOFF, R. W. G.: Acta crystallographica **1**, 292 (1948).

YASUZUMI, G., T. YAMANAKA, S. MORITA, Y. YAMAMOTO u. J. YOKOYAMA: Experientia (Basel) **8**, 218 (1952).

B. Systemlehre und Pflanzengeographie.

5a. Systematik und Stammesgeschichte der Pilze.

Von HEINZ KERN, Zürich.

I. Allgemeines.

In einem 1952 in Paris abgehaltenen Kolloquium diskutierten HEIM und GÄUMANN die Grundfragen der Stammesgeschichte der Pilze: Ableitung der Phycomyceten von Flagellaten oder Grünalgen, Bedeutung der Begeißelung und des Zellwandchemismus, Ursprung der Ascomyceten, Beziehungen zwischen Hymenomyceten und Gastromyceten usw. Die zu interpretierenden Tatsachen sind hier weitgehend unbestritten; doch je nach dem Gewicht, das verschiedene Autoren den wenigen verfügbaren Kriterien zumessen, muß die Beurteilung der stammesgeschichtlichen Vorfahren und der Entwicklungsrichtungen notgedrungen sehr verschieden ausfallen. Bei manchen Problemen werden wir uns mit dieser Sachlage wohl noch lange Zeit abfinden müssen; doch führen neue Untersuchungen und verfeinerte Methoden immer wieder zu anderen Gesichtspunkten (z. B. Plasmodiophoraceen; S. 96). Auch die Untersuchung der chemischen Zusammensetzung von Pilzzellwänden ist noch nicht zum Abschluß gekommen. So enthalten nach neueren Untersuchungen (ROELOFSEN u. HOETTE) zahlreiche Saccharomyceten neben anderen, noch nicht sicher identifizierten Wandbestandteilen auch geringe Mengen von Chitin. Sie würden sich also in dieser Beziehung von den Endomycetaceen (von denen sie sich ableiten lassen) und von den übrigen Ascomyceten nicht grundsätzlich unterscheiden. Dasselbe gilt für verschiedene hefenartige, aber nicht ascosporenbildende Pilze (*Candida* u. a.).

Verschiedene Autoren stellen Systematik und Biologie der Pilze zusammenfassend dar, so ALEXOPOULOS, GWYNNE-VAUGHAN u. BARNES, MOREAU und (unter besonderer Berücksichtigung der humanpathogenen Formen) LANGERON u. VANBREUSEGHEM. BISBYs Einführung in Systematik und Nomenklatur der Pilze erschien in zweiter Auflage und GÄUMANNs Lehrbuch in englischer Übersetzung. Schließlich sei auf CATCHESIDEs Buch über die Genetik der Mikroorganismen hingewiesen.

II. Phycomyceten (einschließlich Archimyceten).

Plasmodiophoraceen. Die Bildung von Plasmodien, also von nackten, vielkernigen Vegetationskörpern, bei den Plasmodiophoraceen läßt an eine Beziehung zu den Myxomyceten denken. Gegen eine nahe Verwandtschaft der beiden Gruppen sprach jedoch bis jetzt die zweite, kurze Geißel, die vor rund 20 Jahren an den Zoosporen der Plasmodiophoraceen nachgewiesen werden konnte. Dieser Einwand erscheint jedoch neuerdings nicht mehr stichhaltig: Die zweite Geißel, die als Ausnahmefall bei einigen Arten bereits in einem früheren Bericht erwähnt wurde (Fortschr. Bot. 13, 91) läßt sich mit geeigneter Technik bei sehr vielen Myxomyceten regelmäßig finden (ELLIOT). Sie ist bei einzelnen Formen sehr kurz, bei anderen beinahe so lang wie die erste Geißel und kann innerhalb einer Art stark variieren. Einer stammesgeschichtlichen Beziehung von Plasmodiophoraceen und Myxomyceten stünde also von dieser Seite nichts mehr im Wege.

Blastocladiales. Über die Gattung *Allomyces* liegen bereits zahlreiche entwicklungsgeschichtliche Untersuchungen vor; sie werden von WILSON nun auch nach der cytologischen Seite hin ausgebaut. Wir kennen heute in dieser Gattung drei Entwicklungstypen:

Bei *Allomyces arbuscula* Butl. erfolgt die Reduktionsteilung während der Keimung der Dauersporen. Die entstehenden Zoosporen wachsen zu haploiden Pflänzchen, den Gametophyten, aus, welche männliche und weibliche Gametangien tragen. Die bei der Kopulation der Gameten entstehende Zygote entwickelt sich zum Sporophyten, der seinerseits Zoosporangien (mit diploiden Zoosporen) und Dauersporen bildet. Der Pilz durchläuft also einen antithetischen Generationswechsel.

Auch bei *Allomyces cystogenus* Emers. (Untergattung *Cystogenes* nach EMERSON) erfolgt die Reduktionsteilung bei der Keimung der Dauersporen. Die entstehenden Zoosporen enthalten einen bis sechs (meist zwei) haploide Kerne und im allgemeinen die gleiche Anzahl Geißeln. Die Zoosporen encystieren sich bald; die Kerne machen eine mitotische Teilung durch, und nach kurzer Zeit werden (meist vier) Gameten entlassen. Die bei der Kopulation entstehende Zygote wächst zum Sporophyten aus, welcher Zoosporangien (mit diploiden Zoosporen) und Dauersporen bildet. Nach dieser Darstellung wäre also bei *Allomyces cystogenus* (und bei einigen verwandten Arten; vgl. Fortschr. Bot. 13, 93) der Gametophyt unterdrückt.

Den kürzesten Cyclus schließlich finden wir bei *Allomyces anomalus* Emers. (Untergattung *Brachyallomyces* nach EMERSON). Hier keimen die Dauersporen unter mitotischen Teilungen, und die entstehenden Zoosporen entwickeln sich direkt zu Sporophyten mit Zoosporangien und Dauersporen. Der Kreislauf wickelt sich also hier vegetativ ab; doch können sich die Dauersporen einzelner Stämme unter bestimmten Außenbedingungen meiotisch teilen und einen sexuellen Cyclus (entsprechend *Allomyces arbuscula*) einleiten.

Auch bei anderen Formen aus dieser Gruppe ist der Entwicklungsgang nicht unbedingt konstant. Störungen im Cyclus von *Allomyces arbuscula* waren schon von SÖRGEL beschrieben worden (Unterdrückung der Reduktionsteilung bei der Dauersporenkeimung usw.). Bei einem anderen Stamm des gleichen Pilzes fand WHIFFEN ähnliche Abweichungen unter der Einwirkung von Cycloheximid (Actidion): Am Sporophyten können (an Stelle der normalerweise entstehenden Dauersporen) männliche und weibliche Gametangien gebildet werden; keimen die am Sporophyten gebildeten, diploiden Zoosporangien in Anwesenheit von Cycloheximid, wachsen einzelne (haploide?) Zoosporen nicht wie erwartet zu neuen Sporophyten, sondern zu Gametophyten aus. Die cytologischen Grundlagen dieser Vorgänge sind noch nicht untersucht.

Bei *Blastocladiella Emersonii* Cantino et Hyatt entstehen aus den bei der Keimung der Dauersporen gebildeten Zoosporen normalerweise Gametophyten (männliche und weibliche Pflänzchen), bei erhöhtem CO_2-Gehalt der Umgebung dagegen Sporophyten (CANTINO). Es kann also offenbar durch bestimmte Außenbedingungen die Reduktionsteilung unterdrückt und der Entwicklungsgang abgekürzt werden. Die weitere physiologische und cytologische Bearbeitung dieser Pilze dürfte in den nächsten Jahren zu neuen wertvollen Ergebnissen führen.

Oomyceten. Die Ausbildung der männlichen und weiblichen Geschlechtsorgane von *Achlya* wird durch Hormone gesteuert und läuft in einer bestimmten Reihenfolge ab (RAPER). Von der weiblichen Pflanze ausgeschiedene Hormone lassen an der männlichen Pflanze dünne, verzweigte Fäden, die antheridienbildenden Hyphen, entstehen; zwei von der männlichen Pflanze selbst ausgeschiedene Hormone fördern oder hemmen diesen Vorgang, können ihn aber allein nicht in die Wege leiten. Die antheridienbildenden Hyphen scheiden während ihres Wachstums einen Stoff aus, der an der weiblichen Pflanze die Bildung von Oogonienanlagen auslöst. Durch einen von diesen ausgehenden chemischen Reiz werden die antheridienbildenden Hyphen angezogen und legen sich den jungen Oogonien an. Bei der Berührung mit dem Oogon (oder mit irgendeiner Membran) bilden sich die Antheridienzellen. Schließlich bewirkt ein von den Antheridien ausgeschiedenes Hormon die Reifung der Oogonien und Eizellen, und die Befruchtung kann erfolgen. Bei geeigneter Versuchsanordnung läßt sich der Vorgang durch Kulturfiltrate steuern oder auch an bestimmten Stellen unterbrechen. Die chemische Natur der dabei wirksamen Stoffe ist noch nicht bekannt.

In den Lehrbüchern wird allgemein angenommen, daß im Entwicklungsgang der Saprolegniaceen die Reduktionsteilung bei der Keimung der Dauersporen erfolgt. ZIEGLER konnte dies nun durch cytologische Untersuchung verschiedener Arten von *Achlya*, *Saprolegnia* u. a. bestätigen.

III. Ascomyceten.

Nach dem Schema der Lehrbücher schneidet bei der Sporenbildung im Ascus das Kinoplasma, die „Strahlensonne", eine Spore aus dem Ascusplasma heraus. Auf Grund neuerer Untersuchungen scheinen sich die Ascosporen zum mindesten nicht allgemein auf diese Weise zu bilden (P. HEIM). Die Verf. studierte Vertreter der Gattungen *Taphrina* und *Phyllactinia* und verschiedene Discomyceten. Bei der Sporenbildung verdichtet sich das die Kerne umgebende Plasma, grenzt sich in vieleckig- sich abrundende Portionen ab, bildet eine Zellwand und wird schließlich zur Ascospore. Eine „Strahlensonne" konnte in keinem Fall sichtbar gemacht werden. Nach diesen Ergebnissen wird die Ascosporenbildung auch an anderen Objekten neu überprüft werden müssen; dies um so mehr, als die in Frage stehenden Strukturen durch ihre Kleinheit die Interpretation in hohem Maße erschweren. — An

dieser Stelle seien noch zwei Arbeiten von CUTTER und von OLIVE erwähnt, welche die Ergebnisse cytologischer Untersuchungen an Pilzen
zusammenfassend darstellen.

Endomycetales. In einem umfassenden Werk stellen LODDER und
KREGER-VAN RIJ den heutigen Stand der Hefensystematik dar;
einen weiteren Beitrag zur Diskussion der hier noch zu lösenden Probleme liefert eine kürzere Übersicht von WICKERHAM. Neben den
echten, Asci und Ascosporen bildenden Hefen (Saccharomyceten)
behandeln diese Autoren zwei weitere, in ihrer systematischen Stellung
noch unsichere Gruppen hefenartiger Pilze: Die Sporobolomyceta-
ceen (*Sporobolomyces, Bullera*), die sich außer durch Sprossung mit
besonderen, von einem Sterigma abgeschleuderten „Ballistosporen‟
vermehren, und die Cryptococcaceen (*Torulopsis, Candida, Rhodotorula* u. a.), die keine solche Sporen bilden. Neben einigen morphologischen Merkmalen (Sprossung und Sporenbildung, Aussehen von Zellen
und Kulturen) lassen sich physiologische Eigenschaften, wie die Verwendung von Nitraten und verschiedenen Zuckern als Nährstoffe, das
Gärvermögen, die Farbstoffbildung u. a., als weitgehend stabile Merkmale verwenden. Der Ausbau dieser Methoden gestattet es, die stets
wachsende Zahl von oft nur wenig voneinander abweichenden Stämmen
genauer zu charakterisieren und auch ihre Variabilität besser zu erfassen;
auf der anderen Seite erscheint die Abgrenzung klarer systematischer
Einheiten immer schwieriger. Zur Abklärung der Beziehungen zwischen
den einzelnen Gattungen, Arten und Stämmen wird auch die Hefen-
genetik weitere Beiträge zu liefern haben.

Pseudosphaeriales, Sphaeriales und verwandte Reihen. Mit der Auf-
teilung der klassischen Pyrenomyceten in natürliche Reihen und
Familien befaßt sich LUTTRELL in einer eingehenden Literaturstudie.
Als wichtigstes systematisches Merkmal verwendet er den Bau der
Asci und unterscheidet als Grundtypen den doppelwandigen und den
einwandigen Ascus.

Der doppelwandige Ascus besteht aus einer dünnen, nicht dehnbaren Außenwand und einer dicken, dehnbaren Innenwand. Zur Reife-
zeit reißt die Außenwand auf, die Innenwand dehnt sich zu einem langen,
zylindrischen Sack, und die Ascosporen werden durch einen elastischen
Porus an seiner Spitze ausgeschleudert. Dieser Porus ist vor dem Auf-
reißen der Außenwand nicht sichtbar. Die Asci der verschiedenen hierher
gehörigen Formen erscheinen ziemlich einheitlich und weisen keine besonderen Strukturen auf.

Die Wand des einwandigen Ascus ist im allgemeinen relativ dünn;
der Scheitel ist meist verdickt und besitzt bei manchen Formen einen
Porus und eine charakteristische Wandstruktur (z.B. bei den *Diaporthales* einen den Porus umgebenden, stark lichtbrechenden Ring). Im
Gegensatz zum relativ einheitlichen doppelwandigen Ascus können wir
hier sicher eine ganze Anzahl verschiedener Typen unterscheiden.
Solche finden sich z.B. in den Gattungen *Claviceps, Xylaria, Diatrype,
Endothia* und *Erysiphe*; die Einzelheiten ihrer Struktur sind jedoch
nur mangelhaft bekannt.

Auf Grund dieser beiden Typen gelangt LUTTRELL zu einer ersten Einteilung der Pyrenomyceten in Bitunicatae und Unitunicatae.

Die Bitunicatae, also die Formen mit doppelwandigem Ascus, entsprechen im wesentlichen den bisherigen Ascoloculares (Myriangiales, Pseudosphaeriales, Hemisphaeriales u. a.; vgl. Fortschr. Bot. 14, 91); die Einteilung auf Grund des inneren Baus der Fruchtkörper (des Perithezienzentrums oder „Nucleus") einerseits und auf Grund der Ascusstruktur andererseits führt also prinzipiell zum gleichen Ergebnis.

Nach Ausscheidung dieser Formen bleibt für die Unitunicatae die große, heterogene Gruppe aller übrigen Euascomyceten. Sie entspricht (mit einigen Ausnahmen) den Plectascales und Ascohymeniales von NANNFELDT. Die unitunicaten Pyrenomyceten (d. h. nach Abtrennung der Plectascales, Laboulbeniales und Discomyceten) gliedert LUTTRELL auf Grund von Bau und Entwicklung der Perithezien zur Hauptsache in die Reihen der Xylariales (= Sphaeriales s. str.), Hypocreales, Diaporthales und Erysiphales (= Perisporiales). Wie die Struktur der Asci müssen auch die verschiedenen Typen von Perithezienzentren einzeln genauer untersucht werden, um die Beziehungen der hier eingeschlossenen Formen zutage treten zu lassen. Sicher ist diese Gruppe weniger einheitlich als die Bitunicatae und umfaßt mehrere selbständige Entwicklungsreihen.

Bau und Entwicklung von Fruchtkörpern und Asci bilden auf jeden Fall wesentliche Kriterien zur Beurteilung der Verwandtschaft dieser Pilze. Welche Kombination von Merkmalen schlußendlich zur zweckmäßigsten Einteilung führen wird, muß die Zukunft weisen. Weitere systematische und entwicklungsgeschichtliche Untersuchungen der einzelnen Gattungen und Arten haben hier zuerst die Unterlagen zu liefern. Unter den zahlreichen vorliegenden Arbeiten, die dazu beitragen, sei zunächst auf eine weitere zusammenfassende Diskussion des Systems der Pyrenomyceten durch MUNK hingewiesen, die sich vor allem auf Untersuchungen an dänischem Material gründet.

Die Gattung *Pleospora* mit ihren Verwandten wurde einerseits durch MÜLLER (1) und andererseits durch WEHMEYER bearbeitet; dieser letztere Autor stützt sich dabei vor allem auf Form und Septierung der Ascosporen. — MÜLLER (2) behandelt weiter die schweizerischen Arten von *Ophiobolus*; die Gattung gehört zu den Pseudosphaeriaceen in die Nähe von *Leptosphaeria* (vgl. Fortschr. Bot. 14, 92) und ist ausgezeichnet durch langfädige Sporen. Der pflanzenpathologisch wichtige *Ophiobolus graminis* Sacc. ist auszuscheiden und gehört zu den Gnomoniaceen (v. ARX); v. ARX u. OLIVIER schaffen für ihn die neue Gattung *Gaeumannomyces*; PETRAK (1) stellt ihn dagegen zu *Linocarpon cariceti* (B. et Br.) Petr.

Neben zahlreichen kleineren, in der „Sydowia" erschienenen Arbeiten revidiert PETRAK (2) die Typen einer Reihe von Gattungen der Ascomyceten und Fungi imperfecti. RAMSBOTTOM u. BALFOUR-BROWNE geben eine Liste der für die britischen Inseln bekannten Discomyceten.

Tuberales. Trotz der Schwierigkeiten, welche die Trüffeln mit ihren unterirdischen Fruchtkörpern dem Sammler entgegenstellen, sammelt sich auch für diese Pilzgruppe immer mehr Material an. KNAPP faßt die mitteleuropäischen Gattungen und Arten in einer Übersicht zusammen, der sich eine solche der unterirdisch wachsenden Gastromyceten (Hypogäen) anschließen soll.

IV. Basidiomyceten.

Hymenomyceten. In der Berichtszeit sind zwei umfassende Darstellungen der modernen Systematik der Blätterpilze (einschließlich Röhrlinge; Agaricaceen oder Agaricales) erschienen. Die eine bildet das Ergebnis von SINGERs langjährigen, in den verschiedensten Gebieten der Erde erworbenen Erfahrungen. Der Verf. bespricht ausführlich die Bedeutung der heute in dieser Pilzgruppe vornehmlich verwendeten systematischen Kriterien (Entwicklung und anatomischer Bau der Fruchtkörper, des Hymeniums, der Huthaut usw., Farbe und Form der Sporen, chemische Reaktionen, Schnallenbildung u. a.); daran schließt sich eine durch zahlreiche Schlüssel ergänzte kritische Übersicht der Familien, Gattungen und Arten an. — Im zweiten hier zu besprechenden Buch geben KÜHNER und ROMAGNESI einen sorgfältig beschreibenden, bis hinunter zu den einzelnen Arten reichenden Schlüssel zu den Blätterpilzen und Röhrlingen West- und Mitteleuropas und teilweise Nordafrikas. Wir besitzen hier zwei Standardwerke, welche den gegenwärtigen Stand der Kenntnisse und der oft auseinandergehenden Anschauungen auf diesem Gebiet festhalten und eine Basis bilden für weitere Diskussionen, die um Interpretation und Umgrenzung mancher strittiger Formen noch lange andauern werden.

Die aus einer Gruppe nahe verwandter *Coprinus*-Arten isolierten Einsporkulturen lassen sich auf Grund des Auftretens oder Ausbleibens somatogamer Kopulationen zwischen den Mycelien in zahlreiche Interfertilitätsgruppen aufteilen (LANGE; LANGE u. SMITH). Innerhalb einer solchen Gruppe sind die einzelnen Stämme verschiedener Herkunft (Europa oder Nordamerika) zum großen Teil vollständig interfertil und können in beliebigen Kombinationen (ohne Rücksicht auf die Tetrapolarität innerhalb eines bestimmten Stammes) zur Kopulation und Fruchtkörperbildung gebracht werden. Diese Interfertilitätsgruppen entsprechen nun ziemlich genau den in herkömmlicher Weise morphologisch umschriebenen Arten; Kopulationen zwischen Stämmen verschiedener Arten wurden nicht festgestellt. Diese Methode dürfte sich auch zur Abklärung anderer kritischer Formenkreise in vermehrtem Maße heranziehen lassen.

Von der Darstellung der Agaricales durch KONRAD u. MAUBLANC ist der zweite Band (Russulaceen, Boletaceen u. a.) erschienen. MOSER bearbeitete Agaricales und Gastromyceten in der Kleinen Kryptogamenflora Mitteleuropas. Eine weitere systematische Übersicht der Blätterpilze liegt von PILAT in tschechischer Sprache vor. JOSSERAND gibt eine Einführung in Arbeitsmethoden und Terminologie der Systematik von Hutpilzen. SINGER (2) bespricht Probleme der Nomenklatur höherer Pilze (Lektotypen, nomina conservanda). An Arbeiten an einzelnen Gruppen seien diejenigen von MØLLER über *Psalliota*, von COKER u. BEERS über *Hydnum*, von SINGER (3) über die Typen verschiedener Basidiomyceten, von MOSER (2) über *Cortinarius (Phlegmacium)* und von SCHAEFFER über *Russula* erwähnt.

Gastromyceten. Eine in Form, Farbe und Größe vom Typus stark abweichende Form (*f. anglicus*) von *Cyathus olla* Pers. ist wie die bisher untersuchten Cyathus-Arten tetrapolar (BRODIE). Nach den Ergebnissen der Kreuzungsversuche mit Einsporstämmen haben die typische und die abweichende Form das eine der beiden die Tetrapolarität steuernden Faktorenpaare gemeinsam, während das andere verschieden ist. An zwei der Hybridmycelien entwickelten sich Fruchtkörper, die von denen beider Eltern deutlich abwichen. Die zwei Formen sind somit sicher nahe verwandt und können weiterhin in der gleichen Art untergebracht werden.

Auriculariales und Tremellales. Lowy gibt eine Übersicht der bisher beschriebenen Arten von *Auricularia* und ihre Verbreitung über die Erde; er verwendet als Hauptmerkmal die Hyphenstruktur der verschiedenen Zonen, die sich auf einem Querschnitt durch den Fruchtkörper unterscheiden lassen. — Martin bearbeitete zahlreiche nordamerikanische Arten aus verschiedenen Gallertpilzgruppen.

Uredinales. Für physiologische Untersuchungen an Rostpilzen, die mit den üblichen Methoden nicht kultivierbar sind, dürften sich Gewebskulturen in vermehrtem Maße verwenden lassen; so konnte in Kulturen von *Gymnosporangium*-Gallen an *Juniperus* Wachstum und Sporenbildung des Pilzes während längerer Zeit verfolgt werden (Hotson u. Cutter; Hotson). — Leppik diskutiert Phylogenie und Wirtswahl von Koniferenrosten im Zusammenhang mit der Entstehung ihrer Wirtspflanzen im Laufe der historischen Entwicklung. — Guyot setzt seine Bearbeitung der Uredineen bei der Gattung *Uromyces* fort, und von Savulescu liegt eine Monographie der Rostpilze Rumäniens vor.

Literatur.

Alexopoulos, C. J.: Introductory Mycology. New York u. London 1952. 482 S. — Arx, J. A. v.: Antonie van Leeuwenhoek **17**, 259 (1951). — Arx, J. A. v., u. D. L. Olivier: Trans. brit. myc. Soc. **35**, 29 (1952).

Bisby, G. R.: An Introduction to the Taxonomy and Nomenclature of Fungi, 2. Aufl. Kew 1953. 143 S. — Brodie, H. J.: Mycologia (N. Y.) **44**, 413 (1952).

Cantino, E. C.: Antonie van Leeuwenhoek **17**, 325 (1951). — Cantino, E. C., u. M. T. Hyatt: Antonie van Leeuwenhoek **19**, 25 (1953). — Catcheside, D. G.: The Genetics of Micro-Organisms. New York 1951. 233 S. — Coker, W. C., u. A. H. Beers: The Stipitate Hydnums of the Eastern United States. Chapel Hill 1951. 211 S. — Cutter jr., V. M.: Annual Rev. Microbiol. **5**, 17 (1951).

Elliot, E. W.: Mycologia (N. Y.) **41**, 141 (1949). — Emerson, R.: Lloydia **4**, 77 (1941).

Gäumann, E. A.: The Fungi. Trans. by F. L. Wynd. New York u. London 1952. 420 S. — Colloques Int. C. N. R. S. **41**, 47. Paris 1952. — Guyot, A. L.: Les Urédinées, Bd. II. Paris 1951. 331 S. — Gwynne-Vaughan, H. C. I., u. B. Barnes: The Structure and Development of the Fungi. Cambridge 1951. 449 S.

Heim, P.: Revue Mycol. **17**, 3 (1952). — Heim, R.: Colloques Int. C. N. R. S. **41**, 27. Paris 1952. — Hotson, H. H.: Phytopathology **43**, 360 (1953). — Hotson, H. H., u. V. M. Cutter jr.: Proc. Nat. Acad. Sci. U.S.A. **5**, 400 (1951).

Josserand, M.: La Description des Champignons Supérieurs. Paris 1953. 338 S.

Knapp, A.: Schweiz. Z. Pilzkde **28**, 29, 101, 153 (1950); **29**, 65, 133 (1951); **30**, 33, 81 (1952). — Konrad, P., u. A. Maublanc: Les Agaricales, Bd. II. Paris 1952. 201 S. — Kühner, R., u. H. Romagnesi: Flore Analytique des Champignons Supérieurs. Paris 1953. 557 S.

Lange, M.: Dansk bot. Ark. **14**, Nr 6, 164 (1952). — Lange, M., u. A. H. Smith: Mycologia (N. Y.) **45**, 747 (1953). — Langeron, M., u. R. Vanbreuseghem: Précis de Mycologie. Paris 1952. 703 S. — Leppik, E. E.: Mycologia (N. Y.) **45**, 46 (1953). — Lodder, J., u. N. J. W. Kreger-van Rij: The Yeasts. Amsterdam 1952. 713 S. — Lowy, B.: Mycologia (N. Y.) **43**, 351 (1951); **44**, 656 (1952). — Luttrell, E. S.: Univ. Missouri Stud. **24**, Nr 3, 120 (1951).

Martin, G. W.: Univ. Iowa Stud. Nat. Hist. **19**, 122 (1952). — Møller, F. H.: Friesia **4**, 1 (1949); **4**, 135 (1951). — Moreau, F.: Les Champignons. 2 Bde. Paris 1952 u. 1954. 2120 S. — Moser, M.: (1) Die Blätter- und Bauchpilze. Jena 1953.

282 S. — (2) Sydowia 5, 488 (1951); 6, 17 (1952). — MÜLLER, E.: (1) Sydowia 5, 248 (1951). — (2) Ber. schweiz. bot. Ges. 62, 307 (1952). — MUNK, A.: Dansk. bot. Ark. 15, Nr 2, 163 (1953).

NANNFELDT, J. A.: Nova Acta r. Soc. Sci. upsaliensis, Ser. IV, 8, Nr 2, 368 (1932).

OLIVE, L. S.: Bot. Review 19, 439 (1953).

PETRAK, F.: (1) Sydowia 6, 383 (1952). — (2) Ebenda 5, 169, 328 (1951); 6, 336 (1952); 7, 295 (1953). — PILAT, A.: Kliěk urcovani ... (Agaricalium europaeorum clavis dichotomica). Prag 1951. 722 S.

RAMSBOTTOM, J., u. F. L. BALFOUR-BROWNE: Trans. brit. myc. Soc. 34, 38 (1951). — RAPER, J. R.: Bot. Review 18, 447 (1952). — ROELOFSEN, P. A., u. I. HOETTE: Antonie van Leeuwenhoek 17, 27 (1951).

SAVULESCU, T.: Monografia Uredinalelor. Bukarest 1953. 1166 S. — SCHAEFFER, J.: Russula-Monographie. Bad Heilbrunn Obb. 1952. 296 S. u. 22 Farbtafeln. — SINGER, R.: (1) Lilloa 22, 832 (1949). — (2) Schweiz. Z. Pilzkde 29, 204 (1951). — (3) Sydowia 5, 445 (1951); 6, 344 (1952). — SÖRGEL, G.: Z. Bot. 31, 401 (1937).

WEHMEYER, L. E.: Mycologia (N. Y.) 40, 269 (1948); 41, 565 (1949); 43, 34, 570 (1951); 45, 391 (1953). — Amer. J. Bot. 39, 237 (1952). — Lloydia 15, 65 (1952). — WHIFFEN, A. J.: Mycologia (N. Y.) 43, 635 (1951). — WICKERHAM, L. J.: Annual Rev. Microbiol. 6, 317 (1952). — WILSON, C. M.: Bull. Torrey bot. Club 79, 139 (1952).

ZIEGLER, A. W.: Amer. J. Bot. 40, 60 (1953).

5b. Systematik der Spermatophyta.

Von Karl Suessenguth, München.

Der Leitgedanke der „Pleiophylese" größerer systematischer Gruppen, der schon im letzten Bericht hervorgehoben wurde, hat in mehreren Fällen an Boden gewonnen. Die Pleiophylese der Sympetalae ist seit langem bekannt, die pleiophyletische Zusammensetzung der Gruppe *Liliaceae-Amaryllidaceae* hat in letzter Zeit mehrfach die Systematiker beschäftigt (vgl. den entsprechenden Abschnitt unter „Bearbeitung systematischer Gruppen", besonders die Arbeit von Cave). Man ist neuerdings dazu übergegangen, die *Compositae* in mehrere Familien *(Asteraceae, Carduaceae, Liguliflorae)* zu teilen und nimmt für die letzteren eine getrennte Ableitung von mit Milchröhren ausgestatteten *Campanulales* an. Ebenso inhomogen erscheint heute die Reihe der *Myrtales* und der *Rubiales* (im Englerschen und Wettsteinschen Sinn), vgl. vorigen Bericht: Arbeiten von Utzschneider und Baumann. Derselbe Nachweis wird demnächst erbracht werden für die Reihe der *Primulales*, da die holzigen *Myrsinaceae* nicht von der krautigen *Primulaceae* abgeleitet werden können und die *Myrsinaceae* trotz ihrer Zentralplacenta sicher nichts mit den Centrospermen zu tun haben. Für die gesamten Angiospermen sind im vorigen Bericht bereits Arbeiten angeführt worden, die für eine Pleiophylese sprechen. Danach geht die Zusammenfassung mehrerer großer Gruppen im bisherigen Sinn auf Konvergenzen einzelner Merkmale zurück, nicht auf natürliche Verwandtschaft und es kann ein wesentlicher Fortschritt des Systems erzielt werden durch Nachweise, daß hier andere Gliederungen vorgenommen werden müssen. Allgemein erscheint in der Angiospermen-Systematik der Reihenbegriff als der schwächste, schwächer als der der Familien und der Gattungen, insbesondere da sich viele kleine Familien nicht klar in die gewohnten Reihen einfügen lassen wie z. B. bei den *Myrtales*. Wenn erst wirklich homogene Gruppen (wie Reihen) geschaffen worden sind, reduziert sich der Begriff der „Pleiophylese" von selbst durch Berichtigung unnatürlicher Zusammenhänge, das Wort „Pleiophylese" bezieht sich vielfach ja nur auf jetzt vorhandene, heterogene Systemgruppen. Damit entfallen Einwände gegen die „Pleiophylese" in vielen Fällen von selbst.

Die Lamsche Theorie der Stachyo- und Phyllosporie ist in den beiden vorausgehenden Bänden der „Fortschritte" bereits kurz besprochen worden. Als weitere hierher gehörige Arbeiten von H. J. Lam seien genannt: „De Invloed van de Nieuwe Morfologie op de Indeling der Cormophyten" [Vakblad voor Biologen 28, S. 27 (1948)]; Dynamic Palaeontology (C. r., 3. Congrès de Strat. et de Géol. du Carbonifère, Heerlen 1951, S. 385); L'Evolution des Plantes vasculaires [Ann. Biol.

28 (1952)]. — Eine Karte der Verbreitung der gefäßlosen Angiospermen auf der Erde von K. SUESSENGUTH und I. GALL läßt erkennen, daß diese Pflanzen *(Winteraceae, Trochodendraceae, Tentracentraceae, Monimiaceae-Amborella, Chloranthaceae)* in ihrem Areal den südlichen und mittelwestlichen Teil des Pazifischen Ozeans umschließen. Es werden daher südpazifische und südlich davon gelegene antarktische Gebiete als Entwicklungszentren der „Gefäßlosen" angenommen. — Ableitung der Angiospermen im allgemeinen: Nachdem sich das Interesse den „gefäßlosen" Angiospermen, als Pflanzen, die ein primitives Merkmal behielten, zugewendet hatte, ist jetzt von mehreren Seiten, insbesondere von B. HUBER und MÄGDEFRAU die phylogenetische Bedeutung der Markstrahlen untersucht worden.

Viele Angiospermen, sowie rezente und fossile Gymnospermen, darunter die Pteridospermen-Gattungen *Protopitys, Heterangium, Lyginopteris, Rhetinangium* und *Stenomyelon*, besitzen liegende, d. h. radial gestreckte Zellen in den sekundären Markstrahlen. Dagegen haben nach BARGHOORN gewisse *Bennettitales, Pteridospermae* und *Cycadales* sowohl heterogene, vielreihige, wie hochzellige, einreihige Markstrahlen im sekundären Xylem. Im allgemeinen bestätigt das fossile Material nach HUBER und MÄGDEFRAU die Hypothese CHATTAWAYs, daß die Markstrahlentwicklung von stehenden zu liegenden Zellformen fortschritt. Beigefügt sei, daß die Calamiten stehende Markstrahlzellen haben und daß bei den *Sphenophyllales* die aufrechte Form das erste Stadium der Markstrahlbildung darstellt. Die Markstrahlen der gefäßlosen Angiospermen (*Drimys, Zygogynum, Tetracentron* und *Trochodendron* wurden von BARGHOORN untersucht) haben mehrschichtige, heterogene und hochzellige, einschichtige Markstrahlen, stimmen infolgedessen nach Ansicht des Ref. gut mit den Angaben von BARGHOORN für gewisse *Bennettitales* usw. (s. oben) überein; freilich gibt BARGHOORN nicht näher an, auf welche Gattungen er sich bezieht. So wird es von Wichtigkeit sein, zuerst zu klären, wie die *Bennettitales* sich im einzelnen verhalten.

Systematische Beziehungen der Sippen.

In der Arbeit von R. HENDRYCH „Kotázce fylogenetického významu třídy *Gnetineae*" wird die Anschauung vertreten, daß sich die „*Gnetogenae*" von den Angiospermen erst abgetrennt haben, nachdem schon eine mehr oder weniger geschlossene Samenanlage entwickelt war. Die *Gnetogenae* sollen eine sehr hohe Stufe der Differenzierung schon zu einer Zeit erreicht haben, als die übrigen Stämme der Bedecktsamigen sich erst zu bilden begannen. Diese Annahme wird unter anderem mit den Unterschieden der *Gnetales* von den Gymnospermen und mit der angiospermoiden Frucht der *Gnetales* begründet. — Über die modernen Grundsätze der Phylogenie im System der Blütenpflanzen hat Soó eine umfangreiche Arbeit vorgelegt, die insofern von Bedeutung ist, als sie zahlreiche neuere russische Arbeiten zitiert; so sind die Systeme von GROSSHEIM 1945/1949 und von BUSCH 1944 eingehender behandelt. Sie bringen kaum prinzipiell Neues. Auch Soó selbst hat einen „Stammbaum der Angiospermen" gegeben (Abb. 3), der dem Ref. indes stark durch das System von WETTSTEIN beeinflußt zu sein scheint. Die teilweise Stellungnahme von So6 gegen eine pleiophyletische Ableitung der *Angiospermae* (merkwürdigerweise hat er selbst in seinem Stammbaum die *Gnetinae* doch wieder mit den *Verticillatae* verbunden) ist insofern nicht zu billigen, weil die *Polycarpicae*, die als Grundgruppe angesehen wurden — einschließlich der Vorläufer der *Piperales*, *Aristolochiales* und *Spadiciflorae* — unmöglich von einer einzigen proangiospermen Gruppe abgeleitet werden können. Im übrigen liegt bei derartigen Arbeiten heute der Fall leider so, daß allgemein die östlichen Autoren von den Bestrebungen der westlichen nur dürftig unterrichtet sind und umgekehrt.

Methodisch von Interesse ist die Anordnung von DOMKE, was die Beziehungen der Ordnungen bei den Angiospermen anlangt. Bei kreisförmiger Anordnung des Schemas der Übersicht (ähnlich bei GROSSHEIM) hat DOMKE die *Protoangiospermae* in der Mitte, der Kreis der Angiospermenordnungen bildet die Peripherie des Schemas.

Im allgemeinen bezeichnend ist, daß zahlreiche hervorragende Kenner der Angiospermen in England, Deutschland, USA., Frankreich usw. sich bisher niemals entschließen konnten, sich auf ein genaues, die Beziehungen aufweisendes Schema der Verwandtschaften festzulegen. Dies wäre zwar für viele Einzelgruppen möglich, so z.B. für den größten Teil der Monokotylen, aber auch für zahlreiche andere, für das g a n z e System ist es aber — auch nach Ansicht des Ref. — zur Zeit tatsächlich noch kaum durchführbar.

Einen Teil der *Ranales* (mit monokolpatem oder sekundär dikolpatem, polyporatem oder akolpatem Pollen und mit Zellen ätherischen Öls) gliedert SWAMY, S. 406, folgendermaßen:

I. Kategorie: „Nodes unilacunar". *Austrobaileyaceae, Trimeniaceae, Amborellaceae, Monimiaceae, Gomortegaceae, Hernandiaceae, Chloranthaceae, Calycanthaceae, Lactoridaceae.*

II. Kategorie: „Nodes trilacunar or multilacunar". *Winteraceae, Degeneriaceae, Himantandraceae, Magnoliaceae, Annonaceae, Myristicaceae, Eupomatiaceae, Canellaceae, Piperaceae, Saururaceae.*

Mehr und mehr tritt also die Vorstellung hervor, die *Chloranthaceae, Piperaceae* und *Saururaceae* den *Polycarpicae* anzugliedern. Der Ref. hofft, daß diese Angliederung nicht durch aprioristische Vorstellungen bedingt ist (Gefäßlosigkeit der *Chloranthaceae*!), denn früher war man jedenfalls der Ansicht, daß die *Piperales* mit den *Polycarpicae* nichts zu tun hätten.

Von A. J. EAMES [Chronica bot. 14, Nr. 3 (1953)] wird, auch auf Grund der Blütenanatomie, die Neuaufstellung der Familie der *Paeoniaceae* gebilligt; *Paeonia* hat unter anderem Kalkoxalatdrusen, die Gattungen der eigentlichen *Ranunculaceae* besitzen solche nicht. *Paeonia* ist nach EAMES den *Dilleniaceae* und *Crossosomataceae* verwandt. Nach der Blütenanatomie sind die *Ranunculaceae* auch sonst eine inhomogene Familie. *Hydrastis* und *Glaucidium* sollten als eigene Familie isoliert werden, ebenso *Thalictrum* einschließlich *Anemonella*.

Nach weiteren Ausführungen von EAMES l. c. sollte *Menyanthes* von den *Gentianaceae* getrennt werden; *Trapa* hat nach EAMES nichts zu tun mit den *Onagraceae*; die Teilung von *Cornus* in mehrere Gattungen wird empfohlen, z. B. sollten die Arten mit großen Brakteen (wie *C. florida, C. occidentalis*) abgetrennt werden; *Chiogenes* wird zu *Gaultheria* gezogen, *Oakesia* zu *Uvularia (Liliac.)*. Endlich soll *Sambucus* auf Grund der Blütenanatomie und der Holzstruktur aus den *Caprifoliaceae* herausgenommen werden.

Familiae incertae sedis: Eine interessante Studie widmeten I. W. BAILEY und A. C. SMITH der Gattung *Calyptosepalum*, von der zwei Arten bekannt sind, eine von Sumatra und eine von den Fiji-Inseln. Früher zu den *Santalaceae* gestellt, kann die Gattung nach heutigen Ermittlungen weder zu den *Santalaceae*, noch zu den *Oleaceae* oder *Icacinaceae* gerechnet werden. BAILEY u. SMITH neigen aber zur Annahme, daß Beziehungen zu den *Olacales* und zu den *Celastrales* (im Sinne HUTCHINSONs) bestehen und daß *Calyptosepalum* am besten in einer eigenen Familie untergebracht werden solle. Von deren Aufstellung wollen sie jedoch Abstand nehmen, bis weiteres Material vorliegt.

I. W. BAILEY und SWAMY haben ferner *Idenbourgia* und *Nouhuysia* neu untersucht und gelangen zu dem Schluß, daß beide einander nahestehende Gattungen wegen des Mangels an Ölzellen, wegen der Kalkoxalat-Styloiden bei *Nouhuysia*, wegen der Pollenbeschaffenheit usw. nicht zu den *Monimiaceae* und verwandten Familien genommen werden können; ebensowenig sind sie den *Guttiferae* einzureihen (VAN STEENIS hatte 1952 diese Zuweisung getroffen). Es handelt sich hier wie bei *Calyptosepalum* offenbar um altertümliche Relikte von holzigen Dikotylen, die sich im Gebiet von Neuguinea, Neu-Kaledonien, Fiji und benachbarten Regionen gehalten haben; es ist nicht möglich, ihre systematische Stellung heute schon zu klären.

Euphorbiaceae: Die bisher nie recht klargestellte Einordnung der *E.* in das System gab DAENIKER 1946 Veranlassung zu einer Studie: er bringt die *E.-Hippomaneae* in Beziehung zu den *Balanopsidaceae* und *Juglandaceae*. Von Bedeutung ist das trimere Ovar von *Trilocularia (Balanopsidac.)* und das Auftreten eines Obturators bei Balanopsidaceen. Die Stellung der Samenanlagen allerdings differiert. Bei den *E.* ist sie hängend mit ventraler Raphe, bei *Balanopsidac.* aufsteigend mit ventraler Raphe (bei den *Juglandaceae* orthotrop).

Cactaceae. — BUXBAUM ist hauptsächlich auf Grund von blütenmorphologischen Merkmalen wieder dafür eingetreten, daß die *C.* den Centrospermen anzugliedern sind, nicht den *Parietales (-Loasaceae)*; er weist insbesondere auf die Übereinstimmung der Samen von *Opuntioideae* mit denen der Aizoaceen-Gattung *Trianthema* hin. Für die primitivsten Centrospermen hält er die *Phytolaccaceae* (nicht etwa die *Chenopodiaceae*). In dieser Hinsicht ist ihm sicher beizupflichten.

Turneraceae: Die bisher zu den *Flacourtiaceae* gerechnete afrikanische Gattung *Stapfiella* Gilg wurde von J. LEWIS zu den *T.* versetzt.

Stackhousiaceae: Auf Grund anatomischer Befunde empfiehlt M. J. STANT, *Stackhousia* von den *Celastrales* und *Sapindales* (zwischen *Salvadorac.* und *Staphyleac.*) wegzunehmen und sie in die Nähe der *Scrophulariaceae* und *Selaginaceae* zu stellen.

Malvales: RAO, C. VENKATA, hat [J. Indian Bot. Soc. 31 (3), S. 171 (1952)] die Blütenanatomie von *Sterculiac., Tiliac., Elaeocarpac., Bombacac.* und *Malvaceae* studiert und nimmt für diese Familien eine gemeinsame Ausgangsgruppe an. Die *Malvales* werden unter Berücksichtigung der Apokarpie und ihrer morphologischen, anatomischen und embryologischen Charaktere phylogenetisch angeordnet. Als primitiv werden die *Sterculiaceae* angesehen, als am meisten abgeleitet die *Malvaceae.*

Sympetalae. TOURNAY und LAWALRÉE schlugen eine neue Gliederung einiger *S.*-Familien vor. Sie definieren: I. *Ordo Ligustrales,* mit den Familien *Oleaceae, Buddleiaceae, Menyanthaceae;* II. Ordo *Contortae* mit den Familien *Loganiaceae, Gentianaceae, Apocynaceae, Asclepiadaceae.* Die Begründung der Gliederung hat vieles für sich: die *Ligustrales* haben kollaterale Leitbündel, die *Contortae* bikollaterale. Bei letzteren weitere Einteilung in milchsaftfreie (*Loganiaceae,* mit, wenn auch oft sehr reduzierten Stipeln, ohne Bitterstoffe; *Gentianaceae* ohne Stipeln, mit Bitterstoffen) und milchsaftführende *(Apocynaceae, Asclepiadaceae).*

Primulaceae: H. K. AIRY SHAW (Kew Bull. 1951, S. 31) tritt dafür ein, die Gattung *Coris* aus den *P.* herauszunehmen und eine eigene Familie „*Coriaceae*" zu schaffen. SHAW weist auf Übereinstimmungen von *Coris* mit den *Lythraceae* hin. — *Oleaceae:* siehe *Verbenaceae.* —

Verbenaceae: Die Gattungen *Nyctanthes* L. und *Dimetra* Kerr (Kew Bull. Misc. Inform. 1938, S. 127) wurden früher mehrfach zu den *Oleaceae* gerechnet. AIRY SHAW (1952/III) und STANT (1952) haben gezeigt, daß sie besser zu den *Verbenaceae* gestellt werden, und zwar zu der neuen Unterfamilie *Nyctanthoideae* Shaw.

Bemerkenswerte neue Sippen.

Cupressaceae. Von *Libocedrus* gliederte HUI-LIN LI 1953 als neue Gattung *Papuacedrus* ab (siehe *Cupressac.* im Abschnitt „Bearbeitung systematischer Gruppen").

Gramineae. Neue Gattungen: *Ectosperma* Swallen; Heimat: Kalifornien; gehört zu den *Festuceae,* verwandtschaftliche Beziehungen bestehen vielleicht zu den *Aveneae.* Charakteristisch ist die nackte, oft frühzeitig ausfallende Karyopse. — *Froesiochloa* Black; Heimat Brasilien; die Gattung ist mit *Olyra* verwandt. — *Kerriochloa* Hubbard 1950; Heimat: Siam; mit *Ischaemum* verwandt. — *Louisiella* HUBBARD u. LÉONARD; die Gattung gehört zu den *Paniceae* und ist verwandt mit *Acroceras* Stapf und *Oplismenopsis* Parodi; Vorkommen: Anglo-ägyptischer Sudan, Belgisch-Kongo. — *Spartochloa* Hubbard 1952; Heimat: Westaustralien; mit *Triodia* verwandt. — *Thrasyopsis* L. R. Parodi; Argentinien; gehört zu den *Paniceae.* — *Whiteochloa* Hubbard 1950 (1952); Australien; gehört zu den *Panicoideae* und ist begründet auf *Panicum semitonsum* F. Muell. Tabellen für die Unterscheidung dieser Gattung von *Paspalidium* und *Pseudechinolaena* sind beigegeben.

Cyperaceae. Eine neue Gattung, *Volkiella,* beschrieben von MERXMÜLLER und CZECH; Heimat: nördliche Grenze von Südwestafrika. *V.* steht zwischen *Lipocarpha* und *Eu-Cyperus;* die Ährchen sind zweizeilig, entsprechen jedoch im Diagramm (Schuppen) den bisher bekannten Gattungen nicht. Die Köpfchen der Infloreszenz sitzen unmittelbar dem Erdboden auf.

Liliaceae-Amaryllidaceae. H. E. Moore jr. stellte *Dandya* (auf *Muilla purpusii* Brandeg. begründet) als neue Gattung der *Amar.-Allieae* auf.

Burmanniaceae. Neue Gattung: *Haplothismia* Airy Shaw 1952/IV, Shaw 1952/IV, Bild S. 278; Heimat: Südindien. A. Shaw unterscheidet *Burmannieae* Miers, Antheren drei, sitzend im Schlund, quer aufspringend; *Haplothismiae* A. Shaw, als neue Tribus mit sechs Antheren, Theken quer aufspringend, Griffel so lang wie das Perianth; *Thismieae* Miers, Antheren sechs, selten drei, unter dem Anulus hängend, Antheren längs aufspringend, Griffel sehr kurz.

Marantaceae. Milne-Redhead trennte *Megaphrynium* als neue Gattung von *Sarcophrynium* K. Schum. ab (bisher *S. macrostachyum* K. Schum.).

Proteaceae. Neue Gattung: *Opistholepis* L. B. Smith 1952; Heimat: Australien. *O.* erinnert an *Lomatia*, unterscheidet sich aber durch das Auftreten einer einzelnen hypogynen Schuppe in der Blüte an Stelle von drei Drüsen. Die Arbeit von Smith befaßt sich außerdem noch mit anderen monotypischen Gattungen der Proteaceen.

Medusandrales, als neue Reihe. Brenan stellte 1952/II die *M.* als neue Ordnung mit der Familie der *Medusandraceae* und der Gattung *Medusandra* auf. Die Pflanze *(Medusandra richardsiana)* ist ein 9 bis 18 m hoher Baum aus Brit. Cameroons; sie wurde von Brenan mit vielen Einzelheiten abgebildet und erinnert äußerlich etwas an gewisse Euphorbiaceen (kätzchenförmige Blütenstände). Die Blüten sind sehr klein, haben Kelch und Krone, fünf Staubblätter und fünf Staminodien, einen oberständigen, einfachen Fruchtknoten mit sechs bis acht hängenden Samenanlagen. Am merkwürdigsten sind die verhältnismäßig sehr langen, die Kronblätter weit überragenden, dicht behaarten Staminodien (daher „*Medusandra*", die Staminodien erinnern an die Schlangenhaare der Medusa). — Der Pollen ähnelt nach Erdtman dem gewisser *Olacaceae-Couleae*; Metcalf bearbeitete genauestens die Anatomie von Blatt, Sproß und Holz. Was die Verwandtschaft betrifft, so ist zu sagen: der Bau des Fruchtknotens und die Zwittrigkeit der Blüten sprechen gegen einen Anschluß an die *Euphorbiaceae*. In Betracht für eine Näherung kämen *Anacardiaceae, Sapindaceae (Allophylus), Corynocarpaceae, Pandaceae, Myrsinaceae* und *Lacistemaceae*, aber in all diesen Fällen sind große Unterschiede im Blütenbau vorhanden. Am ehesten ist eine Verbindung anzunehmen zu den *Olacales* und *Santalales*, besonders in Hinsicht auf die Familie der *Octoknemaceae*, die unter anderem aber einen unterständigen Fruchtknoten haben. Auch die anatomischen Untersuchungen durch Metcalf sprechen nicht gegen eine Verwandtschaft mit den *Olacales*. *"And there for the present, must be left Medusandra enigmatic, isolated, questioning"*. — Nach einer neuen Mitteilung von Brenan (Kew Bull. 1953, S. 507) gehört *Soyauxia*, bisher den Flacourtiaceen oder Passifloraceen zugeteilt, als zweite Gattung zu den *Medusandraceae*.

Mesembryanthemaceae, von HERRE und VOLK aus den *Aizoaceae* herausgenommen und als eigene Familie aufgestellt; später hat sich SCHWANTES dieser Ansicht angeschlossen. — Eine neue Gattung (zu den bisher über 40, aus *Mesembryanthemum* ausgegliederten) wurde von HERRE aufgestellt: *Arenifera*; sie gründet sich auf *Psammophila pilansii* L. Bolus.

Davidsoniaceae. Diese Familie wurde von BANGE neu aufgestellt. *Davidsonia* wurde früher zu den Saxifragaceen oder Cunoniaceen gerechnet, ENGLER schloß sie indes bereits 1930 aus den Cunoniaceen aus. Eine Art mit zwei Varietäten in Queensland, New South Wales und Fiji.

Anonaceae. *Monocyclanthus* Keay 1953, neue Gattung der Goldküste; sie steht etwa zwischen *Isolona* und *Uvaria.* — R. E. FRIES führte *Uvaria divaricata* Diels in eine neue Gattung *Dielsiothamnus* (Ostafrika) über [Ark. Bot. (Stockh.) 3, Nr. 2, S. 35 (1953)].

Cruciferae. Eine neue Gattung hat BOELCKE aufgestellt: *Lithodraba* (Argentinien), eine Polsterpflanze, von *Xerodraba mendoncinensis* Hauman aus zur Gattung erhoben. — *Silicularia* Compton, neue Gattung, aus der Kap-Provinz, gehört zur Tribus *Isatideae.* Von *Cycloptychis* dadurch unterschieden, daß die Schötchen nur einen zentralen Samen enthalten.

Papilionaceae. Als neue Gattung der *Genisteae* beschrieb WILCZEK *Robynsiophyton* aus Belgisch-Kongo. Die Gattung hat neun Staubblätter, davon sind fünf fertil und vier steril.

Polygalaceae. Neue Gattung aus Neuguinea: *Eriandra* van Royen und van Steenis; wurde zwischen *Diclianthera* und *Moutabea* gestellt; ein Schlüssel der *Moutabeae*-Gattungen wurde beigegeben.

Euphorbiaceae. C. LEAL hat die Gattung *Polyandra* (eine Art aus dem Gebiet des Rio Madeira, Amazonien) neu aufgestellt. Sie unterscheidet sich von *Micandra* unter anderem durch die Zahl der Staubblätter (etwa 50!) und durch die traubig-büscheligen Infloreszenzen. Die weiblichen Blüten der diözischen Pflanze sind bisher nicht bekannt, die männlichen sind apetal.

Anacardiaceae. Eine neue Gattung, *Campylopetalum*, beschrieb FORMAN aus Thailand; sie steht *Dobinea* nahe. Auffällig ist der Unterschied zwischen männlichen und weiblichen Exemplaren von *C. siamense* in den Hochblättern.

Malvaceae. KRAPOVICKAS stellte *Monteiroa* (Südamerika) als neue Gattung der *M.* auf. — HOCHREUTINER hat 1952 *Macrostelia* (aus Madagaskar) als neue Gattung beschrieben: Staminodialröhre und Kronröhre bis zur Höhe der Kelchzipfel verwachsen; verwandt mit *Megistostegium* Hochr. — Vier neue *Hibiscus*-Arten aus Madagaskar, vgl. HOCHREUTINER 1953.

Bombacaceae. *Patinoa* wurde als neue Gattung von CUATRECASAS 1953/VI beschrieben; eine Art im Amazonasgebiet, ein 30 m hoher Baum; eine andere in Colombia, 10—15 m hoch. Androeceum wie bei *Matisia*; ganzrandige Blätter.

Sterculiaceae. Sechs neue *Hermannia*-Arten aus Südwestafrika beschrieb M. HOLZHAMMER.

Violaceae. KEAY (Kew Bull. 1953) hat *Gymnorinorea* als neue Gattung von *Rinorea* Aubl. abgetrennt. Das Ovar öffnet sich zur Zeit des Abfalls der Petala, die Pflanze ist also frühzeitig „gymnosperm", ähnlich wie *Anchietia (Violac.), Caulophyllum (Berberid.), Erythropsis (Sterculiac.),* die *Dioncophyllaceae* und in schwächerem Ausmaße *Reseda.* — Eine Art im tropischen Westafrika.

Melastomataceae. MORLEY hat 1953 eine neue Gattung der *Memecyleae* aufgestellt, *Coryphadenia* (Amazonien, Französisch-Guiana, Cuba); drei Arten, davon zwei von *Mouriri* übernommen. Die Unterscheidung von der Gattung *Mouriri* wird hauptsächlich anatomisch begründet. — In STEYERMARKs „Contribut. to the Flora of Venezuela" 1952 hat GLEASON die neue Gattung *Farringtonia* beschrieben und abgebildet; es ist eine 8—15 m hohe Pflanze mit sehr kleinen quirligen Blättern, die zur Tribus *Microlicieae* gehört. Fundorte: zwischen Esmeralda-Savanne und dem Cerro Duida.

Myrtaceae. VAN STEENIS behandelte 1952/III die malesischen Gattungen *Kjellbergiodendron* und *Witheodendron;* letztere ist als Gattung neu und gehört, als kapselfrüchtig zu den *Leptospermoideae-Metrosiderinae;* auch für *Kjellbergiodendron* nimmt VAN STEENIS trotz der fleischigen Früchte an, daß es den *Leptospermoideae* nahesteht, was freilich der bisherigen, der Praxis dienenden Einteilung der Myrtaceen in trockenfrüchtige und fleischfrüchtige widerspricht.

Araliaceae. Eine neue Gattung, *Munroidendron,* wurde 1952 von SHERFF für die Insel Kauai (Hawaii) beschrieben; sie unterscheidet sich von *Tetraplasandra,* der sie nahe zu stehen scheint, durch das völlige Fehlen von Döldchen (aufrechte Trauben), die deutlich einreihigen Stamina usw.

Umbelliferae. M. ZOHARY beschrieb eine neue Gattung der *Apioideae-Echinophorae, Echinosciadium,* aus Arabien; *E.* ist nahe verwandt mit *Anisosciadium* und *Theocarpus.*

Ericaceae. *Eremiella,* eine neue Gattung der *Ericoideae* (Cap-Provinz), vgl. COMPTON 1953/II; mit *Eremia* verwandt, aber mit trimerer Korolle, ebenso ist das Andröceum und Gynäceum trimer.

Apocynaceae. Neue Gattung: *Morleya* Woodson, eine Art aus Costarica; *Plumerioideae-Plumerieae-Alstoniinae.* Von allen anderen *Alstoniinae* unterschieden durch hinfällige Kelchlappen und drüsige Blattstiele.

Boraginaceae. JOHNSTON hat 1953 *Moltkiopsis, Mairetis* und *Neatostema* als neue Gattungen von *Lithospermum* abgetrennt. — POPOW gab Beschreibungen von zwei neuen Gattungen: *Tianschaniella* (Tian Shan) und *Stephanocaryum;* letztere stützt sich auf *Trigonotis olgae* B. Fedsch.

Verbenaceae. Neue Unterfamilie: *Nyctanthoideae* A. Shaw 1952/III, mit den Gattungen *Nyctanthes* L. und *Dimetra* Shaw. Siehe auch „Systematische Beziehungen der Sippen", hier *Verbenaceae.*

Acanthaceae. Eine neue Gattung der *A.-Trichanthereae* beschrieb H. MERXMÜLLER 1953 aus Bolivia: *Suessenguthia.* — RIZZINI (1952) stellte *Thalestris* als neue Gattung der *A.* auf und stellt sie vorläufig zur

Tribus der *Justicieae*; sie scheint mit *Lophothecium* verwandt zu sein und hat ganz glatten Pollen. — Ferner hat Rizzini 1949/I folgende Gattungen neu aufgestellt: *Glosarithys* (auf Arten von *Rhytiglossa* Nees begründet); *Heteraspidia* (auf *Beloperone scansilis* Rizz. begründet); *Acelica* (früher *Adhatoda* sp. p. p.); *Pupilla* (früher *Leptostachya* Nees *p. p.*); alle brasilianisch.

Gesneriaceae. Als neue Gattung stellte Morton auf: *Pterobesleria*, aus Venezuela; von *Besleria* unterschieden durch deutlich zweilippigen Kelch; Kelchblätter auf dem Rücken mit häutigem Flügel.

Bignoniaceae. Die von Rizzini 1949 aufgestellte Gattung *Bothriopodium*, gegründet auf *Distictis glaziovii* Bur. et Schum., ist hinfällig, da *Urbanolophium* Melchior, ebenfalls auf *Distictis glaz.* gegründet, 1927 vorausgeht. Neue Gattung: *Romeroa* A. Dugand, 1952, verwandt mit *Tabebuia*.

Rubiaceae. Verdcourt hat die Gattung *Batopedina* 1953 neu aufgestellt; es ist eine krautige Pflanze, eine Hedyotidee aus der Nähe von *Otomeria*, begründet auf *Otomeria linearifolia* Brem. und *O. tenuis* A. Cheval., erstere aus Nord-Rhodesia, letztere aus dem französischen Sudan usw. Die Blüten stehen zu zweien axillär und sind nicht in Ähren angeordnet. — *Cuatrecasas* (1953/III) hat die von ihm unlängst aufgestellte Gattung *Boroja* (Gardenieae) neu definiert und untersucht; sie zählt jetzt sechs Arten, die teilweise aus *Alibertia* und *Thieleodoxa* übernommen sind. — Weitere neue Gattungen: *Dichrospermum* (eine Art) aus der Verwandtschaft von *Staelia*; *Paraknoxia* (eine Art) aus der Verwandtschaft von *Knoxia*; beide von Belgisch-Kongo, nach Germain.

Compositae. *Aylacophora* A. L. Cabrera, als neue Gattung der *Astereae* 1953 aus Argentinien, Neuquén, beschrieben; kleiner Strauch, verwandt mit *Chiliotrichiopsis* Cabr. und eventuell *Nardophyllum*.

Bearbeitung systematischer Gruppen.

Gymnospermae. Von der großen Darstellung von Gaussen „Gymnospermes actuelles et fossiles" ist 1952 die Lieferung IV erschienen. Behandelt sind die *Pentoxyleae* und die *Pinoideae*. Das Buch ist nicht artsystematisch, sondern allgemein gehalten und bringt in vielen Abbildungen die lebenden und fossilen Typen, auch die Phylogenie ist, wie in den früheren Lieferungen berücksichtigt. — In seiner Arbeit über ein „natürliches System der Pflanzen im Lichte der gegenwärtig vorliegenden paläontologischen Dokumente" hat Němejc ein modernes System der Gymnospermen unter Anführung aller Familien gegeben, das von Bedeutung ist, weil es sämtliche bisher bekannten fossilen Gruppen einschließt; von besonderem Interesse ist also neben der allgemeinen Gliederung die Aufzählung zahlreicher, neu von der Paläontologie beschriebener Taxa. Zu einer besonderen, unter *Cycadophyta-Pteridospermae* aufgeführten Reihe sind die „*Proangiospermales*" erhoben, welche die Familien der *Caytoniaceae* und *Corystospermaceae* umfassen (letztere Familie „schließt sehr wahrscheinlich viele Arten der *Thinnfeldia*-Serie ein"). Freilich sind die Meinungen bezüglich der *Caytoniaceae* als einer „proangiospermen" Familie bis jetzt noch sehr geteilt. Zu den *Taxales*, die auch von NĚMEJC als eigene Reihe geführt werden, werden provisorisch auch die wenig bekannten (fossilen) *Stachyotaxaceae* und *Diplostrobaceae* gestellt. Wegen der Einreihung der vielen fossilen Familien muß auf die Originalarbeit verwiesen werden. — Eine Übersicht über die Gymnospermen und den Ursprung der Angiospermen gab W. ROTHMALER (Wiss. Z. Univ. Halle-Wittenberg 1, H. 4, Math.-naturwiss. Reihe Nr. 3 (1951/52). Unter den zahlreichen Abbildungen finden sich auch solche von *Degeneria*. Im Text folgt ROTHMALER seinem eigenen System; am Zusammenhang *Pteridospermopsida-Cycadopsida* mit den *Magnoliales* wird festgehalten.

Ein neues Buch über britische Coniferen von B. A. JAY (London 1952, 47 S., 136 ganzseitige Tafeln) bringt Bestimmungsschlüssel der Gattungen und Arten der meisten in englischen Gärten und Parks gezogenen Nadelbäume. — Im Eozän von Westkazakhstan (am Syrdarya, nahe der Orenburgbahn in der turanischen Wüste) glaubt A. A. CHIGURYAYEVA eine (!) Mikrospore von *Welwitschia mirabilis* gefunden zu haben (vgl. Kew Bull. 1953, S. 497); A. A. BULLOCK l. c. 498 zweifelt indes den Fund auf Grund der gegebenen Abbildung stark an.

Cycadaceae. — Im kolumbianischen Amazonasgebiet wurde eine neue Art von *Zamia* gefunden, vgl. SCHULTES.

Podocarpaceae. — Die afrikanischen sechs Arten von *Podocarpus sect. Afrocarpus* wurden von N. E. GRAY 1953 behandelt, ebenso die afrikanischen Arten von *Eupodocarpus*, subsect. A und E (1953/II).

Pinaceae. — J. W. DUFFIELD berichtete [Z. Forstgenetik u. Forstpflanzenzüchtung 1 (4) S. 93 (1952)] über die Verwandtschaftsverhältnisse innerhalb von *Pinus*, Untergattung *Diploxylon*.

Taxodiaceae. — Eine genaue monographische Studie über alles bisher von *Metasequoia* bekannte gab FLORIN; großes Literatur-Verzeichnis. — In seinen Studien über *Athrotaxis* zeigte C. G. ELLIOTT [Proc. Linnean Soc. N. S. Wales 76, S. 36 (1951)] unter anderem, daß *A.* sich von den übrigen Taxodiaceen durch einen einheitlichen Embryo unterscheidet (keine Spalt-Polyembryonie). — *T.* Japans: vgl. MIKI, SHIGERU, in J. Inst. Polytechn. — Osaka City Univ. — Ser. D Biol. 1, S. 63 (1950). —

Cupressaceae. — HUI-LIN LI gab 1953 eine neue Übersicht über die Familie der *C.*; er hat *Heyderia* K. Koch und *Pilgerodendron* Florin als Gattungen bestätigt, die nicht zu *Libocedrus* gehören. *Papuacedrus*, mit drei früheren *Libocedrus*-Arten, wurde als Gattung neu aufgestellt. Wertvoll ist die Gattungsübersicht der Familie. — *Callitris*-Studie über die letzten Exemplare von *Callitris quadrivalvis* in der Sierra de Cartagena, vgl. A. RIGUAL und F. ESTEVE in An. Inst. Bot. Cavanilles (Madrid) T. XI, Vol. I, S. 437 (1952) 1953. — *Juniperus:* Variation und Hybridisation, vgl. M. T. HALL, Ann. Missouri Bot. Gard. 39 (1), S. 1 (1952).

Ephedraceae. — In einer morphologisch-anatomischen Untersuchung wird von A. J. EAMES [Phytomorphology, Delhi, 2 (1) S. 79 (1952)] die Anschauung vertreten, daß *Ephedrales, Welwitschiales* und *Gnetales* sensu strict. als Ordnungen zu trennen und die *Ephedrales* mit den beiden anderen Reihen nicht näher verwandt seien. Ferner wird aus anatomischen Gründen angenommen, daß *Ephedra* sich vom Grundstock der *Cordaiten-Coniferen* herleite.

Monocotyledones. Pandanaceae. — Die 23 *Pandanus*-Arten der Maskarenen wurden von VAUGHAN studiert.

Najadaceae. — Über die *Najas*-Arten des tropischen Afrika berichtete an Hand des Materials von KEW HORN AF RANTZIEN.

Gramineae. — 1951 erschien die zweite, von A. CHASE bearbeitete Auflage von A. S. HITCHCOCK, Manual of the grasses of the United States (U. S. Dept. of Agricult., Miscell. Publ. Nr. 200, Washington 1951); 1051 S., 1199 Fig. — Es folgt eine Aufzählung in alphabetischer Ordnung über die Bearbeitungen verschiedener Gattungen usw.: *Agrostideae* Spaniens, vgl. E. PAUNERO, An. Inst. Bot. Cavanilles (Madrid) T. XI, Vol. 1, S. 319 (1952) 1953. — 46 Tafeln. — *Apocopis* in Malesien: vgl. BOR 1952/II; *Aristida:* Neue Arten aus Südafrika, vgl. H. G. SCHWEICKERDT in Bot. Jb. 76, S. 217. — *Arundinella*; indische Arten, vgl. BOR 1948. — *Bromus* sect. *Bromopsis:* Revision der nordamerikanischen Arten, siehe H. K. WAGNON in Brittonia 7 (5), S. 415 (1952). — *Danthonia* in Indien, vgl. BOR 1952/I. — *Danthoniopsis:* die Arbeit von KIWAK u. DUVIGNEAUD gibt die Verteilung der *D.*-Arten in Belgisch-Kongo und anderen Teilen Afrikas; morphologische Darstellung der Blüten und Spelzen. — *Digitaria:* Neue Arten von Belgisch-Kongo, vgl. W. ROBYNS u. P. VAN DER VEKEN in Bull. Jard. bot. Bruxelles 22, S. 143 (1952). — *Dimeria*, in Indien und Burma, vgl. BOR in Kew Bull. 1952, S. 553; 25 Arten, Schlüssel. — *Duthiea:* vgl. N. L. BOR in Kew Bull. 1953, S. 547 (Asien). — *Eremochloa* in Indien und Burma, vgl. BOR 1952/II. — *Festuca:* Revision der Varietäten von *F. ovina* ssp. *laevis* Hack. in Spanien, vgl. LITARDIÈRE. — *Isachne*, vgl. BOR 1952/IV. *Ischaemum*, subgen. *Corrugaria* Hack., vgl. BOR in Kew Bull. 1953, S. 371. — „*Leptureae*": Anatomie, Systematik, neue Arten, vgl. J. HANSEN u. E. POTZTAL, Bot. Jb. 76, S. 251 (1954). Die Tribus ist aufzulösen; *Monerma, Parapholis, Pholiurus, Scribneria* und *Agropyropsis* werden zu der Tribus *Monermeae* versetzt (Unterfamilie *Festucoideae*); *Lepturus* und *Ischnurus* bilden die Subtribus *Lepturinae* (zur Tribus *Chlorideae* gehörig); *Oropetium* kommt ebenfalls zu den *Chlorideae*, in die Nähe von *Lepturella* und *Microchloa*. *Prionanthium* steht isoliert und kann bis jetzt nirgends eingegliedert werden. — Über *Lopholepsis* (Indien, Ceylon): vgl. BOR 1952/VI. — Über *Microstegium* in Indien und Burma, ibidem. — Über südamerikanische und westindische *Oryza*-Arten: R. CIFERRI in Atti Ist. bot. ecc. Pavia, Ser. 5, 7, S. 1 (1946); Verbreitungskarten. — Ein neues, meist landwirtschaftlichen Belangen dienendes Werk über Reis: D. H. CRIST, Rice, 331 S., 68 Photos., 34 Textfig.; London, New York u. Toronto 1953. — *Poa* in USA. und Kanada, vgl. MARSH. — *Poecilostachys:* 1953 beschrieb A. CAMUS neue Arten der Gattung *P.* Hackel, die *Oplismenus (Panicoideae)* nahesteht, nicht *Lophatherum*, wie HACKEL annahm. — *Saccharum:* Eine monographische Studie über den Bau, die Physiologie, die Chemie und den Anbau des Zuckerrohrs liegt vor von DILLEWIYN. — *Sorgum:* J. D. SNOWDEN, The cultivated Races of *Sorghum*; 274 S. — Klassifikation und Beschreibung: 31 Taxa, zahlreiche Varietäten und Formen, Verbreitung, Anbau, Wirtschaftliches, Bibliographie. — *Triticum:* Über in Frankreich angebaute Rassen von *Triticum vulgare* Vill. hat JONARD eingehend berichtet; Literaturverzeichnis. — *Zea mays:* Rassen von Assam, vgl. STONOR u. ANDERSON.

Bearbeitungen nach Ländern geordnet: Malesische Gräser, vgl. JANSEN 1953 (*Deyeuxia, Festuca, Garnotia* u. a.) mit Schlüsseln; 1953/II: 125 S., 18 Abb.; zahlreiche Gattungen behandelt, zum Teil Schlüssel. — Vgl. ferner JANSEN 1952 *(Deyeuxia, Dichanthium, Sporobolus, Themeda).* — JANSEN in Reinwardtia 2, S. 225—350 (1953). Es sind zahlreiche Gattungen behandelt und unter anderem Schlüssel gegeben für die malesischen Arten von *Coelorhachis, Danthonia, Eulalia, Isachne, Leptaspis, Mnesithea* und *Poa.* — Afrika: K. STURGEON gab 1953 (Rhodesia Agric. J. 50 S., S. 278) den 1. Teil einer Revisionsliste der Gräser von Südrhodesia; Teil 2 folgte in Rhodesia Agric. J. 50, Nr. 5 (1953).

A. CAMUS gab 1948 eine Übersicht über die Gräser der Domaine centrale von Madagaskar. — Südamerika: Neue Arten der *Paniceae* aus Brasilien, siehe G. A. BLACK. — Katalog der Gräser Uruguays, vgl. HERTER. — Australien: Die Gräser Westaustraliens sind von einem langjährigen Kenner der australischen Flora, GARDNER, in seiner Flora von Westaustralien Bd. I/1 mit vielen Tafeln und Figuren dargestellt worden; es handelt sich um 420 Arten, davon 132 eingeführte. Letztere haben durch ihr Neuauftreten das Florenbild von Westaustralien sehr verändert. Schlüssel und sehr ausführliche Beschreibungen sind beigegeben, in der Einleitung ist die Grasvegetation Westaustraliens allgemein behandelt. — Zur Identifikation und Verbreitung australischer Gräser und Cyperaceen legte S. T. BLAKE eine Arbeit vor in Proc. Roy. Soc. Queensland 62, Nr. 10, S. 83 (1952). — Über neue Arten verschiedener Gattungen der G. siehe BOR in Kew Bull. 1953, S. 269.

Cyperaceae. — *Scleria:* 36 Arten von Belgisch-Kongo und Ruanda-Urundi, vgl. P. PIÉRART in Lejeunia, Rev. de Bot. Mém. 13 (1951) 70 S., 5 Tafeln (erschien II. 1953). — *Scleria*-Arten Colombias, siehe PFEIFFER. — Die afrikanische Gattung *Coleochloa* (sieben Arten) wurde von NELMES (Kew Bull. 1953, S. 373) bearbeitet. — Über untergetauchte Arten von *Heleocharis* mit einblütigen Ährchen schrieb NELMES. — Die Gattungen *Heleocharis* und *Carex* in Angola und am unteren Kongo, siehe H. HESS, Ber. schweiz. bot. Ges. 63, S. 317 (1953); hier auch eine Anzahl neuer Arten. — *Carex:* geographische Verbreitung der Arten im östlichsten Asien, vgl. AKIYAMA SHIGEO in Bot. Mag. Tokyo 62, S. 64 (1949) mit englischer Zusammenfassung. Das Vorkommen endemischer Arten auf kleinen Inseln führte zu der Vorstellung, daß bei *Carex* neue Arten in relativ kurzer Zeit entstehen. — *Carex:* neue Arten von Guatemala, siehe STANDLEY u. STEYERMARK in Ceiba 4, S. 62 (1953). — Bestimmungsschlüssel für die *Carex*-Arten Nordwestdeutschlands im blütenlosen Zustand gab A. NEUMANN. — Neue afrikanische *Cyperaceae:* Siehe R. P. BERHAUT in Bull. Soc. bot. France 100, S. 173 (1953). — Über verschiedene neue und kritische Arten australischer *Cyp.* berichtete BLAKE 1949; siehe auch BLAKE unter Gramineae (vorher).

Palmae. — Wichtig ist die systematische Übersicht über die Gruppen der *P.* von Burret: *Cocoideae, Nypoideae* (*Nypa* Wurmb, nicht *Nipa*!), *Borassoideae, Lepidocaryoideae, Coryphoideae, Phoenicoideae, Arecoideae.* Die Gattungsschlüssel sind bearbeitet mit Ausnahme der *Arecoideae.* Der Arbeit gehen voraus: kritische Bemerkungen zu vier Palmengattungen. — Über die auf Trinidad und Tobago einheimischen *P.*-Gattungen liegt eine Arbeit vor von L. H. Bailey 1947; 68 Abb. — L. H. Bailey und Moore berichteten über wenig bekannte und neue Palmen aus den Gattungen *Thrinax, Coccothrinax, Roystonea, Acrocomia, Astrocaryum, Bactris, Aiphanes, Yuiba, Desmoncus, Malortiea, Reinhardtia, Attalea, Hyospathe, Synechanthus* und *Morenia.* Es sind Schlüssel der Arten und 87 Abbildungen beigegeben. — P. H. Allen gab [Ceiba 3, S. 173 (1953)] eine Übersicht über die Gattung *Cryosophila* (sieben Arten) in Mittelamerika und beschrieb zwei neue. — Über die Gattung *Attalea* in Colombia: vgl. Dugand 1953 (drei neue Arten). — Die Gattung *Daemonorops* in Malaya, vgl. Furtado; 32 Arten, 41 Abb.— Zwei neue *Ceroxylon*-Arten aus Colombia, vgl. A. Dugand, in Mutisia-Bogota 14 (1953). — Über exotische Palmen in der westlichen Welt, vgl. H. E. Moore jr. in Gentes Herbar. VIII, Fasc. 4, S. 295 (1953): *Drymophloeus, Siphokentia.* usw.

Cyclanthaceae. — Die *C.* Mexikos, siehe E. Matuda in An. Inst. Biol., Mexico 22, S. 385 (1951).

Araceae. — *A.* von Surinam, vgl. A. M. E. Jonker-Verhoef u. F. P. Jonker in Acta bot. neerl. 2 (3) (1953) und in Mededeel. Bot. Mus. Utrecht Nr. 118, S. 349 (1953). — Neue *A.* aus Mexiko: vgl. E. Matuda, An. Inst. Biol., Mexico 22, S. 369 (1951). 10 Fig.

Restionaceae. — Pillans hat etwa 24 neue und bisher unvollständig behandelte Arten aus Südafrika beschrieben.

Mayacaceae. — Revision der *M.* vgl. A. Lourteig, Mus. Nat. Hist. Nat. Paris, Notul. systematic. 14 (4), S. 234 (1952).

Xyridaceae. — Fünf neue *Xyris*-Arten aus Malesien, vgl. P. van Royen in Blumea 7, Nr. 2, S. 307 (1953).

Eriocaulaceae. — Über die Standorte von *E.* vgl. Moldenke 1953. — Ergänzungen zu früheren Studien: H. N. Moldenke in Phytologia 4, S. 134 (1952); ebenda 4, S. 311. — *E.* des Guiana-Hochlands: Moldenke in Mem. New York Bot. Gard. 8, Nr. 2, S. 99.

Bromeliaceae. — Neue *Guzmania*-Arten aus Venezuela und Colombia: L. B. Smith, Phytologia 4, S. 355 (1953). — Andere *B.* aus Venezuela, Colombia, Bolivia: Phytologia 4, S. 378. — *B.* von Sta. Catarina (Brasilien) vgl. Reitz 1951 und 1952; hier auch neue Arten; zahlreiche Abbildungen. — Neue *Aechmea-* und *Billbergia*-Arten aus Brasilien: L. B. Smith (1950). — Kritische Studien zu verschiedenen *B.* des nordwestlichen Südamerika, vgl. L. B. Smith 1953. — Einige neue *Tillandsia*-Arten aus El Salvador, vgl. Rohweder. — *Puya*-Arten Chiles, siehe Gourlay in Kew Bull. 1952, S. 501.

Commelinaceae. — Über afrikanische *C.*, siehe Brenan 1952: *Murdania* (mit Schlüssel); *Aneilema, Floscopa, Cyanotis.*

Liliaceae. — Wichtig ist die Arbeit von M. S. Cave [Plant Genera, Chronica bot. 14, Nr. 2, S. 140 (1953)]; danach können die Subtribus der *Asphodelinae* und *Anthericinae* besser als in dem System von Krause (Nat. Pflanz.-Familien, 2. Aufl., Bd. 15 a) getrennt werden. Die *Asphodelinae* haben simultane Pollenentwicklung, atrope oder hemitrope Ovula und einen Arillus; Embryosackhaustorien fehlen. Die *Anthericinae* dagegen weisen sukzessive Pollenentwicklung auf, die Ovula sind anatrop, der Arillus fehlt, doch ist ein Embryosackhaustorium vorhanden. Demnach muß *Paradisia* (bisher *Asphodelinae*) zu den *Anthericinae* versetzt werden, *Bulbine* dagegen (bisher *Anthericinae*) zu den *Asphodelinae*. Es mag erwähnt werden, daß die ersten Angaben über simultane und sukzessive Pollenentwicklung bei Liliaceen von Suesseguth stammen (1919). Außerdem hat sich ergeben, daß *Asphodelinae* und *Aloinae* stark verwandt sind. Von den *Lilioideae* sind nach embryologischen Gesichtspunkten die *Scilloideae* als eigene Unterfamilie abzutrennen. Das Vorliegen des *Fritillaria*-Typs, mit pentaploidem Endosperm, bei den *Lilioideae* wird genau dargelegt und systematisch verwertet. Es wird mit Recht darauf hingewiesen, daß die Familien der *Liliaceae* und *Amaryllidaceae* in ihrer früheren Fassung als pleiophyletisch zu gelten haben. Besonders behandelt wird die Familie der *Agavaceae* Hutch., die sich aus den Triben *Yucceae, Dracaeneae, Nolineae, Agaveae* und *Polyantheae* zusammensetzt. Wie man sieht, sind in den *Agavaceae* Triben vertreten, die früher zu den *Liliaceae* zählten und auch solche der früheren *Amaryllidaceae*. — Für den Systematiker ist etwas ungünstig: zwar sind jetzt gewisse systematische Gruppen besser begründet als früher, doch wird kein, alle Gattungen umfassendes, neues System gegeben; denn immer fallen wieder aus den neuen Gruppen Gattungen aus, mit denen weder Systematiker noch Embryologen bis jetzt etwas anfangen können, so z. B. *Doryanthes* und *Phormium (Agavaceae?)*, *Calochortus (Tulipeae?)*. — Die Gliederung H. Stenars für *Liliaceae-Amaryllidaceae* findet man in Bot. Not. 1951, H. 3, S. 216, ebenso genaue Angaben über die Endospermtypen bei *Amaryllidoideae, Agavoideae* und *Hypoxidoideae*. Auch hier wird auf die Uneinheitlichkeit (S. 222) der *Hemerocallideae* im Sinne Krauses hingewiesen. — Schlittler vertritt den Standpunkt, daß die Phyllocladien der *L.* echte Blätter seien, „denen, sofern sie Blüten tragen, Achsen von verschiedengradig reduzierten Infloreszenzen partiell an- bzw. eingewachsen sind". Der Autor gelangt unter Einbeziehung zahlreicher, früher nicht berücksichtigter Gattungen zu einer Übersicht der *Asparageae* (S. 258), die von *Behnia* (Südostafrika) einesteils zu *Ruscus* und *Semele*, andernteils zu *Myrsiphyllum* und von dort zu *Danaë*, sowie *Asparagopsis* und *Euasparagus* führt; eine andere Reihe verläuft von *Philesia, Lapageria, Luzuriaga* (südamerikanisch-antarktische Gruppe) zu *Eustrephus-Geitonoplesium-Dianella* (indomalesisch-australische Gruppe), eine dritte von *Schellhammera-Kreysigia-Drymophila* zu *Disporum, Polygonatum-Streptopus* (asiatisch-amerikanisch-boreale Gruppe). — H. E. Moore jr. behandelte [Gentes Herbar. VIII, S. 263 (1953)] die Gattung *Milla* und ihre Verwandten *(Dandya, Bessera, Petronymphe)*, die er alle zu den

Amaryllidaceae-Allieae rechnet. — R. A. DIETZ hat 1952 *Uvularia per-foliata* und *U. grandiflora* genau hinsichtlich ihrer Merkmale (auch cytologisch) und ihres Vorkommens im atlantischen Nordamerika geprüft und besonders die intermediären Formen, welche in Populationen an der Westgrenze des Areals von *U. perfoliata* auftreten, genau unter-sucht. Es konnte auf statistischem Wege gezeigt werden, daß die ver-schiedenen Zwischenformen durch Introgression von *U. grandiflora* in das Gebiet von *U. perfoliata* entstehen. Die intermediären Typen halten sich auch an Standorten, welche die Elterarten nicht besiedeln und scheinen so vital zu sein, daß mit der Entstehung neuer Varietäten, später vielleicht auch von Arten zu rechnen ist. — Die Gattung *Dianella* wurde von H. WILD (Kew Bull. 1953, S. 251), zum erstenmal in einer Art auf dem afrikanischen Kontinent (Südrhodesia und Portugiesisch-Ost-Afrika) festgestellt. Bisher war die Gattung unter anderem von Madagaskar und den Maskarenen bekannt. — Eine monographisch-soziologische Studie über *Aphyllanthes* liegt vor von TOMASELLI. — Über kultivierte Arten von *Allium*, vgl. MILLÁN. — Vier neue *Aloë*-Arten aus Kenya und dem Tanganyikagebiet beschrieb REYNOLDS. — Übersicht über die Sektionen und Arten von *Haworthia*, vgl. H. JACOB-SEN in „Sukkulentenkunde" [Jb. schweiz. Kakteen-Ges. IV, S. 97 (1951)]. — Über Variabilität und Taxonomie von *Haworthia* berichtete ferner F. RESENDE in Portugal. Acta Biol., Ser. B 1949, S. 1.

Amaryllidaceae. — Siehe unter *Liliaceae*, CAVE. usw.

Dioscoreaceae. — *Testudinaria* (drei Arten, vier Var.) wurde von BURKILL als eine Sektion von *Dioscorea* monographisch bearbeitet; Gebiet: südlichstes und südöstliches Afrika.

Iridaceae. — Eine gegenüber den Aufstellungen von DYKES und DIELS neue Gliederung der Gattung *Iris* in Sektionen gab LAWRENCE in Gentes Herbar. 8, Fasc. 4, S. 346 (1953); weitgehende Schlüssel für die Subgenera, Sektionen und Subsektionen, auch alphabetische Liste für die Eingliederung der Arten. — In Ann. S. Afric. Mus. 11 (1954) hat G. J. LEWIS eine umfassende Studie über die Morphologie und Phylogenie der südafrikanischen *I.* veröffentlicht, die auch viele syste-matische Fragen der Gattungsverwandtschaft berücksichtigt; Gliederung der Unterfamilien S. 103; Einteilung: 1. *Irideae*, 2. *Nivenieae* Weimarck 1940 (strauchig), 3. *Ixieae*.

Musaceae. — K. CHERIAN JACOB gab 1952 ein Buch über mehr als 70 Bananenrassen von Madras heraus; 228 S., 84 Tafeln. — Die Gat-tung *Ensete*, früher zu *Musa* gestellt, in Afrika: vgl. R. E. D. BAKER und N. W. SIMMONDES in Kew Bull. 1953, S. 405.

Marantaceae. — Afrikanische *M.*, vgl. MILNE REDHEAD: *Sarco-phrynium, Marantochloa, Ataenidia, Megaphrynium*.

Orchidaceae. — Zwei schöne Bände haben O. AMES und D. ST. COR-RELL 1952 und 1953 (erschien. Chicago) den *O.* Guatemalas gewidmet; zahlreiche Illustrationen. In der textlichen Fassung entspricht das Werk dem Buch von CORRELL „Native orchids of North America". — Von einer „Revised Flora of Malaya" erschien der 1. Band: HOLTTUM, Orchids of Malaya, 1953. Außer den wild vorkommenden Arten der

Halbinsel Malaya sind auch die kultivierten und zahlreiche gärtnerische Kreuzungen berücksichtigt. — P. VERMEULEN vertritt (Amer. Orchid Soc. Bull. 1953, S. 560) auf Grund von Befunden am äußeren Quirl des Andröceums mit überzähligen Staminas usw. den Standpunkt, daß die Auriculae des einen Staubblatts der *Monandrae*, nicht, wie man früher glaubte (R. BROWN, EICHLER) zwei seitliche reduzierte Stamina des inneren Quirls sind, sondern daß sie als homolog gelten müssen zu den Staminalanhängen von *Allium*. — Revision von *Dendrochilum* sect. *Acoridium*, vgl. L. O. WILLIAMS in Philipp. J. Sci. 80 (3), S. 281, 1951 (1952). Es sind 58 Arten beschrieben und geschlüsselt. — Über die *Coelogyne-* und *Eulophia*-Arten der Philippinen, vgl. QUISUMBING; Schlüssel und Beschreibungen. — Die *Cranichis*-Arten Colombias, vgl. M. SCHNEIDER in Caldasia 6, S. 11 (1953). — Orchideen Schwedens: A. OHLSON, Uppsala 1951, 169 S., 16 Tafeln. — Schwedische und britische Formen von *Orchis maculatus* L. sens. lat. wurden 1951 von H. J. HARRISON verglichen in Sv. bot. Tidskr. 45 (4), S. 608. — Neue *O.*-Zeitschrift: Malayan Orchid Review, Singapore, I (1949), II (1950). — Über malesische *O.* und ihre Bastarde erschienen mehrere Arbeiten: M. R. HENDERSON, 10 Orch.; in Malayan Garden Plants 3, Bot. Gardens Singapore 1950; R. E. HOLTTUM, Neue Hybriden in Mal. Orch. Review 4, pt. 1 (1949), 20; SANDERs Liste von Orchid.-Hybriden in Mal. Orch. Review 4, pt. 2 (1950), 57. — Afrikanische *O.*: vgl. V. S. SUMMER-HAYES in Kew Bull. 1953, S. 129 (*Eulophia* und viele andere); Kew Bull. 1953, S. 575. — Ostafrikanische *O.*: F. PIERS, „A book of East Afrikan Orchids", Nairobi 1951, 112 S., 60 Photos. Nach dem Ref. von SUMMER-HAYES in Kew Bull. 1953, S. 382, als Abbildungswerk von Interesse, aber nicht ohne Irrtümer. — Mexikanische Orch.: J. BAIME, Mem. y Rev. Acad. Nac. Cienc. Antonio Alzata 57, S. 9 (1952). Allgemeine Übersicht über die Typen mexikanischer Orch. — Brasilien: Die 17 *Habenaria*-Arten des Itatiaia-Gebiets, vgl. A. C. BRADE 1951; 12 Tafeln. — Über die Habenarien Brasiliens, ferner über *Centrogenium* und *Sarcoglottis*, vgl. PABST 1951, 12 Tafeln. — URPIA gab einen etymologischen Dictionnär der Orchideen heraus; Bahia 1949: Gattungs- und Artnamen, geographische Verbreitung, Orch.-Forscher usw. — Größere Arbeit über südamerikanische *O.* vgl. L. A. GARAY, in Sv. bot. Tidskr. 47, S. 190 (1953). — Orch. von Sta. Catarina, siehe PABST 1951/II und 1952. — Neue Orch. aus Brasilien, vgl. A. BRADE in Arqu. Jard. bot. Rio de Janeiro 11, S. 73 (1951); vier Tafeln; ebenso: L. A. GARAY S. 51. — Argentinien: *Habenaria*-Arten, vgl. CORREA.

Dikotyledones. Piperaceae. — Neue Südamerikanische *P.*: T. G. YUNCKER, in Caldasia 6, S. 19 (1953), 14 Abb. — Über *Ottonia* in Südamerika: C. T. RIZZINI in Dusenia III (4), S. 263 (1952).

Hydrostachyaceae. — Über die Familie der *H.* in Angola: H. HESS, Ber. schweiz. bot. Ges. 63, S. 375 (1953).

Chloranthaceae. — Die Entdeckung gefäßloser Xyleme bei *Sarcandra*, neuerdings auch bei *Chloranthus*-Arten, hat die Aufmerksamkeit wiederum auf diese Familie gelenkt. SWAMY berichtete darüber. Es ist nach SWAMY nicht anzunehmen, daß die genannten Gattungen ein reduziertes Perianth besitzen oder die Einzelblüten reduzierte Infloreszenzen sind. *Chloranthus* hat nach SWAMY drei Stamina (nicht ein dreigespaltenes). Die *Chloranthaceae* sind von den *Piperaceae* und *Saururaceae* zu trennen, als nächste Verwandte sind gewisse Familien der *Polycarpicae* anzusehen, die monokolpaten Pollen, Zellen mit ätherischem Öl und unilokulare Knoten besitzen. Über die Familieneinteilung der *Polycarpicae* siehe „Systematische Beziehungen der Sippen".

Betulaceae. — Die Arbeit von BERGER (Wien) gibt eine vollständige Übersicht über die rezenten und fossilen Arten der Gattung *Carpinus* und ordnet sie nach der Gestalt der Fruchtbecher. Die Einfügung der fossilen Arten in die rezenten Gruppen ist systematisch von Interesse und führt zu wichtigen florengeschichtlichen Feststellungen. — Die Gattung *Corylus*, ihre Verwandtschaft und die Verbreitung der Arten, Varietäten usw. hat BEYERINCK behandelt. — JANTYS-SZAFEROVA, J., gab eine Analyse der Kollektivart „*Betula verrucosa*" auf Grund von Blattmessungen, vgl. Bull. int. Acad. Pol. Sci. et Lett. 1, 7—10, S. 175 (1949).

Fagaceae. — 16 neue papuanische *Nothofagus*-Arten hat VAN STEENIS 1952 kurz beschrieben. Eine ausführlichere Darstellung (Merkmale, Schlüssel, Verbreitung, Gliederung der Gattung) gab derselbe Autor in J. Arnold Arboret. 34, S. 301 (1953); 22 Abb. mit vielen Fig. — Über die Eichen Mittelamerikas hat M. MARTINEZ in An. Inst. Biol., Mexico 22, S. 351 (1951) kurz berichtet; 221 Taxa gehören zur Untergattung *Lepidobalanus*, sieben zu *Protobalanus*, 219 zu *Erythrobalanus*.

Ulmaceae. — Über *Celtis-*, *Trema-* und *Chaetacme*-Arten des Oubangui-Chari-Gebietes (tropisches Westafrika) hat SILLANS Studien herausgegeben und einen Schlüssel der *Celtis*-Arten geliefert.

Moraceae. — Über *Morus*-Arten Japans vgl. HOTTA.

Podostemonaceae. — P. VAN ROYEN hat den zweiten Teil seiner Revision der amerikanischen *P.* veröffentlicht; er behandelt die Gattungen *Tristichia, Weddellina, Mourera, Tulasneantha* und *Lonchostephus*, siehe Mededeel. Bot. Mus. Utrecht Nr. 115, S. 1 (1953). — Über die Familie der *P.* in Angola: H. HESS, in Ber. schweiz. bot. Ges. 63, S. 360 (1953); hier eine neue Sektion der Gattung *Inversodicraea: Monantherae* H. HESS. Über *P.* Uruguays vgl. F. TOBLER in Revista sudamer. Bot. 10, S. 301 (1953).

Proteaceae. — Eine systematische Revision der amerikanischen *P.*, vgl. H. SLEUMER in Bot. Jb. 76, S. 138 (1954); anschließend sind die pflanzengeographischen Beziehungen der amerikanischen *P.* zu australisch-malesischen erörtert.

Loranthaceae. — Unter australischen *L.* fand MCKEE Wurzelparasiten; bei der baumförmigen Gattung *Gaiadendron* scheint die Sachlage noch nicht geklärt. — Über *Struthanthus*-Arten Brasiliens berichtete C. T. RIZZINI in Rev. brasil. Biol. 10 (4), S. 393 (1950). Es wurden 12 neue Arten und mehrere neue Varietäten beschrieben.

Balanophoraceae. — Über *Lophophytum* in Argentinien usw.: A. BURKART in Darwiniana (Buenos Aires) 9, Nr. 1, S. 169 (1949).

Polygonaceae. — In Humberts Flora von Madagaskar erschienen die *P.* von *A. Cavaco* 1953 (vier Gattungen). — Notizen über *Triplaris*-Arten Venezuelas und Colombias: A. Dugand in Mutisia (Bogota) 10, 1952. — Übersicht der Gattung *Tovara:* Li, Hui-Lin in Rhodora 54, S. 19 (1952); *Tovara* wird von *Polygonum* getrennt; eine nordamerikanische Art, eine ostasiatische.

Chenopodiaceae. — Über *Ch.* des Iran: P. Aellen 1950; 1952; 1953.

Amaranthaceae. — Über neue *Aerva*-Arten von Madagaskar, siehe Cavaco 1952; hier auch Schlüssel; ferner in Bull. Mus. Hist. nat. Paris, 2. Ser. 24, Nr. 6, S. 574 (1952). — Die *A.* Südwestafrikas: K. Suessenguth 1952. Über neue und seltene *A.:* Suessenguth 1953/II. — Die *Psilotrichum*-Arten Madagaskars: Cavaco in Bull. Soc. bot. France 99, S. 183 (1952). — Die *Lagrezia*-Arten Madagaskars und der Komoren: Cavaco, Bull. Mus. Hist. nat. Paris, 2. Ser. 24, Nr. 5, S. 485 (1952). Hier acht neue Arten. — Kritische Revision der ungarischen Arten und Varietäten von *Amaranthus*, vgl. S. Priszter in Ann. Sect. Horti- et Viticulturae Univers. Sci. Agric. Budapest II, Fasc. 2 (1951), edit. 1953; ungarisch. Vom gleichen Autor: Ungarische *Amaranthus*-Hybriden, Index Horti bot. Univ. Budapest VII, 1 (1949). — Allgemeines über *A.* (Verbreitungskarten usw.) in Különleniyomat az Agrártudományi Egyetem Kert- és Szölogazdaságtudományi Karának Erkönyvéböl 1950, S. 56.

Nyctaginaceae. — *Boerhavia*-Arten des Senegalgebiets behandelte Berhaut 1953. *Boerhavia diffusa* L. scheint noch nicht genügend abgrenzbar zu sein.

Aizoaceae. — Über eine Anzahl *Trianthema*-Arten berichtete Melville 1952/II. — Eine sehr knapp gefaßte, aber vollständige Übersicht über die Gliederung von *Conophytum:* A. Tischer in ,,The Cactus and Succulent" J. Great Bret. 14, S. 8 (1952); ebenda S. 32, 56, 80. — Ein System der *Mesembryanthemaceae Herre et Volk* (vgl. Abschnitt ,,Bemerkenswerte neue Sippen"), mit allen Subtribus und Gattungen gibt G. Schwantes in ,,Sukkulentenkunde" 1, S. 34 (1947).

Caryophyllaceae. — Die *Cerastium*-Arten der iberischen Halbinsel sowie der Azoren und Madeiras hat Möschl behandelt in Agrom. Lusitan. 13, S. 23, 86 Fig. Die *Scleranthus*-Arten Portugals wurden von W. Rössler eingehend studiert, De Flora Lusitana Commentarii 8, S. 97 (1953), auch in Agronom. Lusitan. 15, T. II, S. 97 (1953).

Ranunculaceae. — A. Lourteig verdanken wir eine große Arbeit über die *R.* des außertropischen Südamerika; folgende Gattungen sind behandelt: *Clematis, Hamadryas, Caltha, Ranunculus, Myosurus, Thalictrum, Anemone* und *Barneoudia* (Schlüssel, viele Abbildungen). — *Myosurus* in Nordamerika: G. R. Campbell in Aliso 2 (4), S. 389 (1952).

Annonaceae. — R. E. Fries beschrieb 1951 neue Arten aus dem nördlichen Südamerika. — Eine Reihe von *A.* Borneos sind von Sinclair 1951 kritisch untersucht worden; drei Arten wurden neu beschrieben. — Über *A.* von Siam, Indien und Burma: Sinclair 1953. — Neue Beobachtungen in der Familie der *A.* legte R. E. Fries 1953 in Ark. Bot. (Stockh.), Ser. 2, Bd. 3, S. 35 vor; siehe auch unter ,,Bemerkenswerte neue Sippen".

Monimiaceae. — Die *M.* von Belgisch-Kongo und Ruanda Urundi, siehe Léonard in „Flore du Congo Belge etc." 2 (1951) unter „Floren".—

Lauraceae. — Einen historischen Führer für die Systematik der *L.* gab Kostermans 1952. — Über Campher-Bäume und Camphergewinnung: Naonori Hirota.

Fumariaceae. — *F.* von Belgisch Kongo, siehe J. Léonard in „Flore du Congo Belge etc." 2 (1951), unter „Floren".

Cruciferae. — Eine neue Klassifikation der *Cr.* wird von M. Zohary [Palestine J. Bot. Jerusalem, Ser. 4 (3), S. 158 (1948)] vorgeschlagen. Sie geht aus von der innerhalb der Familie zu beobachtenden Reduktion der Früchte, dem Verlust der Dehiszenz, der dimensionalen Reduktion der Klappen, der Reduktion des Griffels, der hier zur Samenlosigkeit führt, von der Entstehung zweigliedriger Früchte und den Gliederfrüchten. — Südafrikanische *Cr.*, vgl. R. H. Compton in J. S. Afric. Bot. 19, Part 4, S. 147 (1953). Vgl. auch unter „Bemerkenswerte neue Sippen".

Pittosporaceae. — Eine schätzbare Revision der afrikanischen Arten von *Pittosporum* gab G. Cufodontis 1952; Resumé und Übersicht erschienen 1953. — Die *P.* von Belgisch-Kongo und Ruanda Urundi, vgl. J. Léonard in „Flore du Congo Belge etc." 2 (1951). — Die Gattung *Pittosporum* im indochinesischen Gebiet: *Gowda, Mari* in J. Arnold Arboret. 32 (3), S. 263 (1951); Schlüssel etc. beigegeben.

Rosaceae. im weiteren Sinn. — L. H. Bailey gab 1949 einen dritten Nachtrag zu den nordamerikanischen Species Batorum *(Rubus)*, in dem auch neue Arten beschrieben sind. — Neue *Alchemilla*-Arten aus dem östlichen Rußland usw., siehe S. Juzepczuk in Notulae Syst. Herb. Inst. Bot. Nom. Komarovii Acad. Sci. URSS. 14, S. 144 (1951); es sind etwa 20 Arten neu beschrieben. — Neue *Alchemilla*-Arten aus den Karpathen und vom Balkan, siehe B. Pawlowski in Bull. Acad. Polon. Sci. et Lettres, Mathem. et Natur., Ser. B, Sci. Nat. (I) 1952, S. 301 (25 neue Arten). — Über *Alchemilla subglobosa* C. G. Westerl., ein Glazialrelikt des Harzes: W. Rothmaler in Vegetatio, Acta geobot. IV, Fasc. 1, 32 (1952); enthält eine Übersicht der 12 mitteldeutschen *Alchemilla*-Arten. — Kanadische *Potentilla*-Arten: B. Boivin in Phytologia 4, S. 89 (1952). — *Rosac.* und *Chrysobalanc.* von Belgisch-Kongo und Ruanda Urundi, siehe L. Hauman in Flore du Congo Belge etc. 3 (1952). — Neue *Rosac.* aus dem tropischen Afrika vgl. Hauman in Bull. Jard. bot. Bruxelles 22, S. 87 (1952). — Über *Acioa* in Amerika, siehe B. Maguire in Brittonia 7 (4), S. 271 (1951).

Leguminosae im allgemeinen. — A. Burkart hat 1951 eine vierte Studie über südamerikanische *L.*, darunter neue *Mimosa*-Arten veröffentlicht. Derselbe Autor beschrieb in Darwiniana (Buenos Aires) 9, Nr. 1, S. 63 (1949) neue und kritische Arten der Gattungen *Arthrosamanea, Prosopis, Piptadenia, Sesbania, Adesmia, Galactia* u. a.

Mimosaceae. — Über *Albizzia gummifera* und verwandte Arten im tropischen Afrika, besonders auch Bastarde, vgl. Brenan in Kew Bull. 1952, S. 507.

Caesalpiniaceae. — J. Léonard berichtete 1952 im Anschluß an seine früheren Studien über afrikanische *C.* der Gattungen *Cynometra, Dide-*

lotia, Zingania, Cryptosepalum, Pynaertiodendron. — Derselbe Autor widmete 1950 den Copal-Bäumen (Harzbäumen) von Belgisch-Kongo eine ausführliche Studie; die Pflanzen gehören der Tribus *Amherstieae* und den Gattungen *Colophospermum, Trachylobium, Cynometra, Guibourtia, Daniella, Copaifera* und *Tessmannia* an. Schlüssel, Verbreitungsangaben, Behandlung, technische Fragen. — Ferner hat J. Léonard die Triben *Cynometreae* und *Amherstieae* aus Belgisch-Kongo und Ruanda Urundi für die „Flore du Congo Belge etc.", 3 (1952) dargestellt, außer *Berlinia* und verwandten Gattungen, welche von Hauman im selben Bande übernommen wurden. In Bull. Jard. bot. Bruxelles 22 (1952) hat Léonard dann noch die Gattungen *Macrolobium* und *Gilbertiodendron* (nov. gen.) für Belgisch-Kongo bearbeitet. — Die Beziehungen zwischen den Gattungen *Uittienia, Dansera* und *Dialium* wurden 1953 von R. L. Steyaert klargelegt (Reinwardtia 2, S. 351). — Die Gattung *Crudia,* soweit sie in Indonesien südlich der Philippinen vorkommt, wurde 1950 von de Wit bearbeitet. — Amerika: Eine Revision von *Macrolobium* (tropisches Südamerika, 48 Arten) liegt vor von Cowan. — J. D. Dwyer berichtete über die mittelamerikanischen, westindischen und südamerikanischen Arten von *Copaifera* in Brittonia 7 (3), S. 143 (1951).

Papilionaceae. — *Anthyllis,* nordische Arten: vgl. Jalas 1952. — *Astragalus:* Neue *A.*-Arten aus dem Iran, vgl. Sirjaev und K. H. Rechinger, in Anz. Math.-naturwiss. Kl. der Österr. Akad. Wiss. 1953, Nr. 6 u. 8. — *Derris:* über *D.*-Arten und die Herkunft des kultivierten Materials, vgl. Toxopeus. — *Desmodium: D.* sect. *Podocarpium*; Revision, Schlüssel, vgl. Isely, D. in Brittonia 7 (3), S. 185 (1951). — *Desm.*-Arten Westafrikas: kurzer Bericht von Roberty 1952, hier Arten weit gefaßt. — Arten von Belgisch-Kongo, siehe Schubert. — *Droogmansia,* Arten von Belgisch-Kongo vgl. Schubert. — *Erythrina:* die in Kultur befindlichen 16 Arten, vgl. Mc Clintock. — *Geoffroea* Jacq.: Drei Arten in Südamerika, siehe Grondona, E. M. in Darwiniana (Buenos Aires) 9, Nr. 1, S. 24. *Gourliea decorticans* Gill. ex Hook. et Arnh. wird zu *Geoffroea* versetzt. — *Sesbania:* Arten des Senegal-Gebiets, vgl. Berhaut 1952. — *Tephrosia:* die groß- und gelbblütigen Arten der Sambesi-Steppen, vgl. Dewit 1951. — Revision der südafrikanischen *T.*-Arten: H. Forbes in Bothalia 4, S. 951 (1948). — *Trifolium:* N. A. P. de Basto Folque hat 36 in Portugal vorkommende Arten behandelt und abgebildet, siehe Melhoramento, Elvas 1, Nr. 2, S. 11; 23 Tafeln, 1949, portugiesisch. — Die spanischen *T.*-Arten wurden von Vicioso 1952 und 1953 revidiert, der Teil 1953 enthält 30 Tafeln. — 38 Arten von *T.* in Südarabien und in Afrika südlich der Sahara, vgl. Gillett. — Arbeiten, die sich nicht nur auf eine Gattung beziehen: Daß Endosperm bei einigen *P.* vorkommt, wies Rau nach. — Neue *P.*-Arten aus Belgisch-Kongo beschrieb Cronquist *(Dalbergia, Indigofera, Sesbania, Tephrosia).* — Aus der Tribus *Genisteae* beschrieb Wilczek eine neue Gattung, *Robynsiophyton:* siehe den Abschnitt „Bemerkenswerte neue Sippen"; ferner 81 (!) neue Taxa, meist Arten, von *Crotalaria* und eine von *Argyrolobium.* Für die Crotalarien, deren sehr hohe Zahl auffällig ist, wurde ein Gruppenschlüssel gegeben; die Pflanzen stammen aus Belgisch-Kongo. — Neue *P.* aus Madagaskar, vgl. R. VIGUIER, Mus. Nat. Hist. Nat. Notulae systemat. 14 (3), S. 168 (1951).

Oxalidaceae. — Die malesischen Arten von *Biophytum*, vgl. VAN STEENIS 1950; die Arten von Belgisch-Kongo: DELHAYE.

Rutaceae. — Die *Casimiroa*-Arten Mexikos und Mittelamerikas sind von MARTINEZ behandelt worden.

Burseraceae. — Von den *B.* des malesischen Gebiets im weiteren Sinn wurden die Gattungen *Protium, Scutinanthe, Dacryodes* und *Canarium* von LEENHOUTS, HUSSON und LAM revidiert. — Revision von 21 Arten der Gattung *Haplolobus* (Malesien), vgl. A. M. HUSSON und H. J. LAM in Blumea 7, S. 413 (1953); 15 Abb. — Revision der vier malesischen *Garuga*-Arten, vgl. C. KALKMAN in Blumea 7, S. 459 (1953). — Neue südamerikanische Arten der *B.* (*Protium, Trattinickia*) siehe SWART.

Vochysiaceae. — Monographie der brasilianischen Gattung *Callisthene*, vgl. STAFLEU 1952 und 1952/II; hier auch Angaben über die Familie der *V.* im allgemeinen, z. B. Diagramme. — Monographie der einzigen afrikanischen Gattung *Erismadelphus*, vgl. STAFLEU 1953; ebenso KEAY und STAFLEU; Monographie der Gattung *Qualea* mit 59 Arten, vgl. STAFLEU 1953/II, sowie Mededeel. Bot. Mus. Utrecht Nr. 116, S. 144 (1953).

Polygalaceae. — Eine Revision der 32 kolumbianischen Arten von *Monnina* wurde von FERREYRA veröffentlicht. — Neue brasilianische *Polyg.* siehe E. M. GRONDONA in Darwiniana 9, Nr. 1, S. 24 (1949). —

Dichapetalaceae. — Über *D.* Brasiliens liegt eine Arbeit vor von C. T. RIZZINI in Rev. brasil. Biol. 12 (1), S. 97 (1952); es sind nicht sämtliche Arten behandelt.

Euphorbiaceae. — Die papuasischen *Macaranga*-Arten — 59, darunter 20 neue — sind von PERRY beschrieben und geschlüsselt worden. — Über die Gattung *Endospermum* in Neuguinea vgl. L. S. SMITH 1947. — Neue und kritische *E.* Ostasiens, siehe KENG 1951; *Euphorb.* Taiwans: KENG 1951/II; MERRILLL und VAN STEENIS haben [Webbia 8, S. 405 (1952)] die malesischen Gattungen *Aconceveibum* Miq. und *Paracelsea* Zoll. eingezogen, die erstere zu *Mallotus*, die zweite zu *Acalypha* gestellt. Revision von *Stillingia* in der Neuen Welt, vgl. D. J. ROGERS in Ann. Missouri Bot. Gard. 38 (3), S. 207 (1951). — Von mehreren Arbeiten von R. E. SCHULTES über *Hevea* sei hier die siebente [Bot. Mus. Leaflets Harvard Univ. 16 (2), S. 21 (1953)] genannt. — Brasilianische *E.* (Arten von *Pera, Amanoa, Polyandra*) vgl. C. G. LEAL in Arqu. Jardim Bot. (Rio de Janeiro) 11, S. 63 (1951), Tafeln. — Die *Uapaca*-Arten der lichten Wälder von Congo méridional behandelte P. DUVIGNEAUD in Bull. Séances, Inst. R. Colonial Belge 20, S. 863 (1949).

Limnanthaceae. — Eine schöne Bearbeitung von *Limnanthes* liegt vor von MASON; zahlreiche Abbildungen und Arealkarten.

Anacardiaceae. — Neue *A.* Angolas: EXELL und MENDONÇA; neue *Rhus*- und *Heeria*-Arten Angolas: MEIKLE. — Neue *Mangifereae* aus Indochina (*Melanorrhoea, Bouea*) vgl. EVRARD. — Über Ursprung, Verbreitung und Verwandtschaft der Arten von *Mangifera*, siehe

Mukherjee; Arealkarte der Gattung — Ostindien—Neuguinea — und der Arten.

Aquifoliaceae. — Über *Ilex*-Arten in Taiwan und auf den Liu-Kiu-Inseln, vgl. Hu (Schlüssel).

Stackhousiaceae. — Die Untersuchungen von Stant haben ergeben, daß die Anatomie von *Stackhousia* der mancher *Scophulariaceae* und *Selaginaceae* ähnlich ist.

Staphyleaceae. — Über die Arten der Gattung *Huertea* (nordwestliches Südamerika, Westindien), siehe J. Cuatrecasas in Bull. Soc. bot. France 100, S. 159 (1953). Die Frage ist, ob nicht *Huertea* besser von den *St.* abgegliedert werden sollte, da nach Erdtman auch der Pollen weitgehend verschieden ist von dem anderer *St.*

Sapindaceae. — *S.* von Rio Grande do Sul: Rambo 1952/II; acht neue *Allophylus*-Arten von Gabon: F. Pellegrin in Bull. Soc. bot. France 100, S. 188 (1953).

Rhamnaceae. — Die *Rh.* sind 1953 in den „Natürlichen Pflanzenfamilien", 2. Aufl. von Suessenguth neu bearbeitet worden. Neben den in den Natürlichen Pflanzenfamilien vertretenen allgemeinen Fragen, ist die Artsystematik weitgehend berücksichtigt, fast sämtliche bekannte Arten sind in Schlüssel eingegliedert. Die neueren Monographien von *Ceanothus, Phylica* usw. sind eingearbeitet. Als wichtig für die Gattungszuteilung erwiesen sich die auf S. 32 dargestellten Plazentationstypen. — *Rh.* Südwestafrikas: Suessenguth 1952. — Über einige neue und kritische *Rhamnales*, vgl. Suessenguth 1953/III.

Vitaceae. — Diese systematisch schwierige Familie ist von Suessenguth in der zweiten Auflage der „Natürlichen Pflanzenfamilien" 1953 in derselben Form wie die Rhamnaceen dargestellt worden (siehe diese). Den Abschnitt über die Kulturreben haben Scherz und Zimmermann übernommen, den über die fossilen *V.* F. Kirchheimer. Auch bei den *V.* sind mit Ausnahme einiger *Vitis*-Arten sämtliche bekannte Arten in die Schlüssel übernommen. Die Frage, ob die Sprosse von *Vitis* Monopodien oder Sympodien darstellen, ist dahin beantwortet, daß es nicht angeht, morphologische Erscheinungen wie hier die „Vitopodien" in Begriffe (Sympodien, Monopodien) zu pressen, die vor langer Zeit geprägt, den natürlichen Verhältnissen nicht gerecht werden. Es ist falsch, Termini der alten Morphologie als a priori und ausschließlich gültig anzusehen; wenn die morphologischen Termini heute geprägt würden, fielen sie ganz anders aus.

Leeaceae. — In den „Natürlichen Pflanzenfamilien", 2. Aufl., Bd. 20 d, hat Suessenguth die *L.* von den Vitaceen wieder abgetrennt. Übereinstimmungen bestehen zwar, wie bisher immer angenommen, mit den *V.*, andererseits aber auch mit den *Sterculiaceae-Buettnerinae.* Für die Art der Bearbeitung gilt dasselbe, was oben für die Rhamnaceen angegeben wurde.

Elaeocarpaceae. — A. C. Smith gab 1953 (Contrib. U. S. Nat. Herbar. 30, Part 5, S. 523) eine Bearbeitung von *Elaeocarpus* der Neuen Hebriden, von Fiji, Samoa und Tonga; 25 Arten. — E. D. Merrill reduzierte

90 Binomiale, von etwa 500, zu Synonymen [Proc. Roy. Soc. Queensland 62, S. 49 (1950) 1952]. —

Tiliaceae. — Argentinische Arten von *Heliocarpus:* FABRIS 1950/II. — Arten und Varietäten von *Corchorus* in Nordargentinien: A. DEL PILAR RODRIGO in Notas del Museo de la Plata 13, Bot. Nr. 64, S. 273 (1948).

Malvaceae. — *Hibiscus*-Arten Argentiniens: RODRIGO; Nachträge zu den argentinischen Arten von *Cienfuegosia:* A. DEL PILAR RODRIGO in Notas del Museo de la Plata 13, Bot. Nr. 57, S. 25 (1948/I). — Neue *Hibiscus*-Arten von Madagaskar: HOCHREUTINER in Candollea 14, S. 79 (1952/53).

Bombacaceae. — Materialien für eine Revision der malayischen (Halbinsel Malaya) und borneensischen *Durio*-Arten: J. WYATT-SMITH in Kew Bull. 1953, S. 513. Schlüssel für etwa 25 Arten. — *Durio*-Arten von Ostborneo: A. J. G. H. KOSTERMANS in „Tropisch. Natuur" 31. 1. 1953. — Einige neue *B.* Colombias vgl. H. GARCIA-BARRIGA in Mutisia-Bogota Nr. 2 (1952); *Quararibea* gilt als Gattungsname, nicht *Matisia.*

Sterculiaceae und **Triplochitonaceae.** — Revision von *Mansonia:* CHATTERJEE u. BRENAN; die indonesischen Gattungen *Scaphium* (vier Arten) und *Hildegardia* (zwei) wurden von A. J. G. H. KOSTERMANS in J. Sci. Res. Indonesia 2, Nr. 1, S. 1 (1953) bearbeitet. — *Terrioux* untersuchte die zwei afrikanischen Arten von *Mansonia*; die Gattung *M.* wird von manchen Autoren zu den *Sterculiac.*, von anderen zu den *Triplochitonaceae* gestellt. Die beiden Arten enthalten verschiedene Cardiotonica und sind sehr giftig.

Dilleniaceae. — Eine Darstellung der Gattung *Tetracera* gab R. D. HOOGLAND 1953 in Reinwardtia 2, S. 185, für die 15 Arten der östlichen Alten Welt.

Quiinaceae. — Sechs neue Arten beschrieb J. M. PIRES 1950 in Bot. tecn. Inst. agronômico Norte (Brasil) Nr. 20, S. 40; 15 Tafeln.

Theaceae. — Neue Arten aus Malesien, China usw., vgl. KOBUSKI.

Guttiferae. — Die *Hypericinae* Japans wurden ausführlich von NAKAI und HONDA behandelt.

Dipterocarpaceae. — Eine vierte Arbeit über malesische *D.*, und zwar über die *Shorea*-Arten erschien 1949 von VAN SLOOTEN.

Violaceae. — Eine Monographie der strauchigen Gattung *Isodendrion* (Hawaii) erschien von ST. JOHN; es sind 14 Arten behandelt.

Flacourtiaceae. — Die *Fl.-Oncobeae* von Belgisch-Kongo (neun Gattungen) wurden von C. EVRARD in Bull. Soc. roy. bot. Belg. 86, S. 5 (1953) beschrieben. — Die *F.* von Gabun-Westafrika (23 Gattungen) sind von PELLEGRIN bearbeitet und geschlüsselt worden. Die Gattung *Homalium* ist im Gebiet mit 14 Arten vertreten. — TISSERANT und SILLANS haben mehrere *Scottellia*-Arten aus Französisch Äquatorialafrika behandelt.

Turneraceae. — Notizen über tropisch-afrikanische *T.:* J. LEWIS, Kew Bull. 1953, S. 281; siehe auch unter „Floren", hier Trop.-Ostafrika, TURRILL und MILNE-REDHEAD.

Passifloraceae. — Über Bau und Natur der Korona bei *P.* vgl. PURI. Revision der indischen *P.* vgl. CHAKRAVARTY, H. L. in Bull. Bot. Soc. Bengal 3, S. 45 (1949): 52 *Passiflora*-Arten, sieben *Adenia*; Schlüssel, 2 Tafeln.

Begoniaceae. — Ausführliche Studien über die *B.* des tropischen Südamerika, insbesondere Brasiliens, hat IRMSCHER veröffentlicht. Es sind die Sektionen *Begoniastrum, Solananthera, Trachelocarpus* und *Bradea* behandelt und Übersichten der Arten und Formenkreise gegeben; eine große Zahl von Arten und Varietäten ist neu beschrieben. — Neue Begonien aus Spirito Santo (Brasilien) beschrieb A. C. BRADE 1950 (sieben Tafeln). — Neue afrikanische *B.*, vgl. E. IRMSCHER in Bot. Jb. 76, S. 212 (1954).

Ancistrocladaceae. — Die *A.* von Belgisch-Kongo: J. LÉONARD, Bull. Soc. roy. bot. Belg. 82, S. 27 (1949).

Cactaceae. — Das Werk von J. BORG, Cacti, A Gardeners Handbook for their Identification and Cultivation, 487 S., 65 Photos, erschien 1951 in London in 2. Auflage; es sind 1500 Arten (von 1752 — nach dem Autor) beschrieben. Auch eine Anzahl neuerdings veröffentlichter Gattungen ist aufgenommen. Referat: Kew Bull. 1952, S. 581. — Kleineres Buch über Kakteen: G. G. GREEN, Cacti and Succulents, New York 1953, 238 S. — Zeitschriften über Kakteen mit zahlreichen Abbildungen: The Cactus etc., J. of Great Britain, 14 (1952) usw.; Anschrift: 7 Deacons, Hill Road, Elstree, Herts. — „Sukkulentenkunde", Jb. schweiz. Kakteen-Ges. 1947ff.; in dieser Zeitschrift unter anderem folgende Aufsätze: F. BUXBAUM, Bd. I, S. 10 (1947): Über die Systematik der Kakteen. — H. KRAINZ, ebenda S. 18: Die Arten von *Mediolobivia* Backbg., *Aylostera* Speg., *Rebutia* K. Schum. — C. BACKEBERG in Bd. III, S. 3 dieser Z. (1949): Übersicht der *Loxanthocerei* (10 Gattungen). F. BUXBAUM, ebenda S. 10: Zur Phylogenie der *Loxanthocerei*. — H. KRAINZ, ebenda S. 41: Die Gattung *Lobivia*; Gliederung in Reihen, Aufführung der Arten. — F. BUXBAUM ebenda Bd. IV, S. 3 (1951): Die Gattungen der *Mamillaria*-Stufe. — Ferner ist eine größere Anzahl neuer Kakteenarten 1948 in der Z. „Sukkulentenkunde" Bd. II (Zürich) beschrieben worden. — Über Fragen der Klassifikation der K. schrieb R. MORAIN in Gentes Herbar 8, Fasc. 4, S. 316 (1953); es sind unter anderen die Gattungen *Cephalocereus, Coryphanta, Mamillaria, Mediocactus, Opuntia, Austro-cylindropuntia* behandelt und zahlreiche nomenklatorische Fragen bearbeitet. Im zweiten Teil (ab S. 328) wurden *Schlumbergera, Epiphyllanthus, Rhipsalidopsis* und Hatiora eingehend behandelt. — Das Genus *Monvillea* Br. et R. wurde von BACKEBERG 1948 geschlüsselt; 12 Arten. — Beschreibungen neuer Arten: A. E. RAGONESE, Rev. Invest. agric. Argentinien 1951, S. 1; C. SCHMOLL in An. Inst. Biol., Mexico 22, S. 11 (1951); BRAVO HOLLIS, ebenda S. 15.

Thymelaeaceae. — Drei neue *Gonystylus*-Arten Borneos wurden von AIRY SHAW 1952 beschrieben.

Elaeagnaceae. — Die Gattung *Elaeagnus* wurde für Formosa von HUI-LIN LI 1952 revidiert.

Rhizophoraceae. — *Anisophyllaea* wurde mit einer neuen Art von SANDWITH im tropischen Amerika (Brit. Guiana) nachgewiesen. Die Gattung war bisher aus dem tropischen Afrika, aus Madagaskar und aus Asien bekannt. — *Rhizophora* in Westafrika: siehe KEAY in Kew Bull. 1953, S. 121. — Revision von *Macarisia*, vgl. ARÈNES, J., Mus. Nat. Hist. Nat. Notulae systemat. 14 (4), S. 248 (1952); sieben Arten in Madagaskar. — *Rhizophoraceae* von Französisch Äquatorialafrika, siehe PELLEGRIN, Mus. Nat. Hist. Nat. Notulae systemat. 14 (4), S. 292 (1952).

Combretaceae. — ROBERTY bearbeitete 1952 eine Reihe von *Combretum*-Arten aus dem tropischen Westafrika und gab dafür Schlüssel, insbesondere auch für die zahlreichen Formen von *C. glutinosum* Perr. — Die *Combretum*-Arten der Neuen Welt: EXELL; 11 Sektionen, 41 Arten; Verzeichnis der Sammlernummern, Richtigstellung vieler Synonyma. — 11 neue Arten von *Terminalia* aus Malesien: A. W. EXELL, Blumea 7, Nr. 2, S. 322 (1953).

Myrtaceae. — Die nordaustralischen *Eucalyptus*-Arten sind systematisch und arealmäßig von BLAKE 1953 dargestellt worden; etwa 170 S., 36 Tafeln. — Über *Eucalyptus paniculata* und verwandte Arten, siehe M. A. TODD in Kew Bull. 1953, S. 191. — Über *Kjellbergiodendron* und *Witheodendron* (Malesien) vgl. VAN STEENIS, Acta bot. neerl. 1, S. 435 (1952). — *Witheodendron:* siehe auch unter „Bemerkenswerte neue Sippen". — LUDWIG gliederte die Familie der M. nach dem Fruchtknotenbau und der Plazentierung. Es ergibt sich daraus ein gutes Hilfsmittel für die Praxis der Bestimmung gegenüber den früheren Schlüsseln, die meist nur den Bau des Embryos und der Samenschale berücksichtigen. Die *Myrtoideae* werden gegenüber den trockenfrüchtigen *Leptospermoideae* als abgeleitet angesehen, es steht aber nicht fest, ob die Ableitung monophyletisch erfolgt ist. Als Ursprungsland der M. ist nach derzeitigen Kenntnissen Australien anzusehen.

Melastomataceae. — Die *M.* von Fernando Po sind von E. GUINEA bearbeitet worden. — Eine anatomisch und morphologisch begründete Revision von *Mouriri* hat MORLEY 1953/II gegeben, die unter anderem über die Einteilung der Gattung in Sektionen Aufschluß gibt. Die Arten sind nicht geschlüsselt. — In Amer. J. Bot. 40 (4), S. 248 (1953) hat MORLEY *Coryphadenia* mit drei Arten von *Mouriri* als eigene Gattung abgetrennt.

Onagraceae. — Bemerkungen zu zahlreichen Onagraceen und Trapaceen: J. M. BRENAN in Kew Bull. 1953, S. 163.

Araliaceae. — Über hawaiische Arten von *Tetraplasandra* und *Reynoldsia*, darunter auch neue, berichtete SHERFF 1952 und 1953.

Umbelliferae. — Neue iranische *U.:* K. H. RECHINGER in Anz. Math. naturwiss. Kl. Österr. Akad. Wiss. 1952, Nr. 11 u. 12.

Clethraceae. — Blütenmorphologie von *Clethra*, siehe KAVALJAN.

Pirolaceae. — Über einige neue indische und chinesische Monotropeen; ANDRES.

Ericaceae. — Die *E.* Äthiopiens sind von PICHI-SERMOLLI und HEINIGER bearbeitet worden. Von Interesse ist unter anderem das verhältnismäßig häufige Vorkommen von *Erica arborea* in den Gebirgen

Abessiniens usw. — Ein Schlüssel der sino-himalayischen Arten von *Gaultheria* sect. *Leucothoides* wurde von AIRY SHAW 1952/II gegeben. — Der Gattungsname *Lagenocarpus* Klotzsch wurde von A. A. BULLOCK 1952 in *Nagelocarpus* umgewandelt, da *Lagenocarpus* Nees *(Cyperac.)* vorausgeht. — Als nächstverwandte Art von *Rhodothamnus chamaecistus* (L.) Reichenb. wurde *Rh. leacheanus* (früher *Kalmiopsis* l. Rheder) von SW-Oregon erkannt, vgl. H. F. COPELAND in J. Arnold Arboret. 35, S. 82 (1954).

Epacridaceae. — Zwei neue *Epacris*-Arten aus Tasmanien wurden von MELVILLE 1952 beschrieben.

Primulaceae. — Eine neue Wasserpflanze, *Anagallis kochii* fand H. HESS in Angola, siehe Ber. schweiz. bot. Ges. 63, S. 213 (1953).

Plumbaginaceae. — Eine ausführliche Revision der Gattung *Armeria*, mit besonderer Berücksichtigung der iberischen Typen, von F. BERNIS ist jetzt im Druck erschienen: An. Inst. Bot. Cavanilles/ Madrid T. XI, Vol. II, S. 5 (1952) 1953; 23 Tafeln, Verbreitungskarten.

Sapotaceae. — Über die Verbreitung der *S.*-Gattungen im pazifischen Gebiet berichtete H. J. LAM, der auch eine Karte des Gesamtareals der Familie gab. Nach Ansicht von LAM liegt das Entwicklungszentrum der *S.* vielleicht in Antarktica, die Typen des Pazifischen Gebiets gehören zwar einem primitiven Typus an, aber die lebenden Arten haben alle Kennzeichen junger Taxa. Beigefügt ist eine Liste der *S.* aus dem Gebiet östlich von Formosa, von Neuguinea, Australien, Neukaledonien und Neuseeland. — LAM und VAN ROYEN revidierten 1952 die Gattung *Burckella* mit 11 Arten; Schlüssel. — Revision der malesischen Gattung *Ganua* (17 Arten), vgl. J. VAN DEN ASSEN in Blumea 7, S. 364 (1953); Revision der 13 malesischen *Manilkara*-Arten: P. VAN ROYEN in Blumea 7, S. 401 (1953). — Eine Studie über 22 *Manilkara*-Arten von Südamerika liegt vor von J. V. MONACHINO in Phytologia 4, S. 94 (1952). — CH. BAEHNI gab eine Bearbeitung von *S.* Surinams und Brit. Guianas in Candollea 14, S. 61 (1952/53). Eine Anzahl von Arten ist neu beschrieben.

Sarcospermataceae (*Sarcosperma* früher unter *Sapotaceae*). — Die indomalesische Gattung *Sarcosperma* (sechs Arten) wurde 1952 von LAM und VAN ROYEN revidiert. Siehe auch in Flora malesiana, Ser. I, 41, S. 32 (1948).

Ebenaceae. — *E.* von Madagaskar und den Komoren: Revision von PERRIER DE LA BÂTHIE, H., in Mém. Inst. Sci. Madagaskar, Ser. B 4 (1), S. 93 (1952).

Symplocaceae. — Die Gattung *Baranda* Llanos ist nach MERRILL 1951 wohl zu *Symplocos polyandra* (Blanco) Brand zu stellen.

Loganiaceae. — Über die afrikanischen Sektionen von *Strychnos* berichtete DUVIGNEAUD 1952; die Merkmale sind einleitend sehr gut klargelegt; Abbildungen. Nur wenige Sektionen sind von älteren Autoren übernommen, die Sektionen *Phaeotrichae, Variabiles, Spinosae, Aculeatae, Mites, Densiflorae, Heterophyllae, Sambae, Micranthae, Icajae, Acrotrichae, Ligustroides, Booneae, Syringiflorae, Heterodoxae, Floribundae* und *Dolichanthae* sind neu aufgestellt. — In einer anschließenden

Arbeit von DUVIGNEAUD, STAQUET und DEWIT sind die anatomischen Befunde an Zweigen von afrikanischen *Strychnos*-Arten mit dem vorher gegebenen System von DUVIGNEAUD in Beziehung gebracht. — Die dornigen Arten des tropischen Afrika: vgl. P. DUVIGNEAUD in Lejeunia 13, S. 103 (1949); Schlüssel S. 117. — Ergänzungen zu den südamerikanischen Arten von *Strychnos*, siehe R. A. KRUKOFF und J. MONACHINO in Bot. técn. Inst. agronômico Norte (Brasilien) Nr. 20, S. 3 (1950).

Gentianaceae. — Neue Arten von *Gentiana* in Argentinien: FABRIS 1949 und 1950. — Das illustrierte Buch von D. WILKIE „Gentians" erschien 1950 in zweiter, revidierter Auflage; Beschreibungen der alphabetisch geordneten Arten; Lichtbilder; keine Schlüssel.

Apocynaceae. — Über neue *Strophanthus*-Arten und *Str.*-Bastarde aus Angola berichtete H. HESS 1952; auch eine neue Sektion (*Intermedii*, mit neun Arten) wurde aufgestellt; es sind neun schöne Tafeln beigegeben. — Pharmakognostische Literatur über *Strophanthus* stellte VISSER-SMITS zusammen. — Neue *A.* aus dem nördlichen Südamerika: vgl. DE AZUMBUJA und R. E. WOODSON jr.; desgleichen aus Mittel- und Südamerika: WOODSON 1948. — Revision von *Aspidosperma*, vgl. R. WOODSON in Ann. Missouri Bot. Gard. 38 (2), S. 119 (1951). — In der Revision der *Pleiocarpineae* von M. PICHON in Bol. Soc. Broteriana, 2. Ser. 27, S. 73 (1953) sind die Gattungen *Picralima, Hunteria, Pleuranthemum, Comularia, Tetradoa, Pleiocarpa* und *Carpodinopsis* behandelt (fünf Tafeln). Diese Gattungen wurden früher, so in den „Natürlichen Pflanzenfamilien", bei sehr verschiedenen Tribus geführt, PICHON hat sie hier als *Pleiocarpineae* zusammengefaßt. — In einer weiteren (13.) Untersuchung über die Klassifizierung der *A.* hat PICHON 1951 [Mus. Nat. Hist. Nat. Notulae systemat. 14 (2), S. 77] 10 Arten von *Wrightia* bearbeitet, ferner einige Arten von *Walida*, bisher Sektion von *Wrightia* und *Scleranthera*. — Über die Gattung *Pterotaberna* in Westafrika vgl. M. PICHON in Bull. Soc. bot. France 100, S. 172 (1953). — Über die geographische Verteilung der Charaktere bei *Diplorrhynchus* im Sambesigebiet, vgl. P. DUVIGNEAUD, M. L. MARLIER und J. DEWIT in Bull. Soc. roy. bot. Belg. 84, S. 243 (1952). Im Anschluß an die systematische Gliederung wird hier der bemerkenswerte Versuch gemacht, die Verbreitung von morphologischen und Behaarungsmerkmalen ohne Rücksicht auf systematische Artzugehörigkeit in Karten darzustellen.

Asclepiadaceae. — Die *Stapelieae* Südafrikas sind 1952 von LÜCKHOFF mit 250 prächtigen Abbildungen (Photos von Blüten) und fünf farbigen Tafeln dargestellt worden. Schlüssel beigegeben. — Studien über afrikanische *A.* mit zahlreichen instruktiven Figuren: BULLOCK 1952/II (Neue Arten, Synonyma, Neukombinationen) und Kew Bull. 1953, S. 51 und 329. — *Sarcostemma:* amerikanische Arten, siehe R. W. HOLM, Ann. Missouri Bot. Gard. 37 (4), S. 477 (1950). — Neue amerikanische *A.*, vgl. WOODSON 1948. — Geographische Verteilung von Gruppen der *A.:* siehe GOOD.

Convolvulaceae. — Eine neue Gliederung der *C.*-Gattungen liegt vor von G. ROBERTY in Candollea 14, S. 11 (1952/53). Es ist in folgende Unterfamilien geteilt: I. *Humbertioideae* (die *Humbertiaceae* M. PICHONs werden hier trotz ihrer vielen Samenanlagen und trotz ihrer dorsiventralen Blüten zu den C. gestellt); II. *Dichondroideae*; III. *Wilsonioideae*; IV. *Hildebrandtioideae*; hier wird *Hildebrandtia somalensis* Engl. ex Peter als neue Gattung *Pterochlamys* G. Rob. abgegliedert; V. *Eryciboideae*; VI. *Poranoideae* mit den Triben *Neuropeltideae* (trib. nova), *Dipteropeltideae* (trib. nov.), *Prevosteae* (trib. nov.), unter letzteren als neue Gattung *Baillaudea* G. Rob., begründet auf *Breweria mirabilis* Bak. ex Oliv., *Lepistemonopseae* (trib. nov.); VII. *Convolvuloideae*, mit den Triben *Evolvuleae*, hier als neue Gattung *Volvulopsis* G. Rob. (=*Evolvulus nummularius* L.), *Nephrophylleae* (trib. nov.), *Cresseae* (trib. nova), *Convolvuleae* (von *Jacquemontia* wurde *Montejacquia* G. Rob. als neue Gattung abgetrennt; *Ipomoeae*; VIII. *Argyreioideae* G. Rob., mit den Triben *Lysiostyleae* Rob., *Argyreieae* und *Blinkworthieae*. — Ein Schlüssel der Gattungen ist für die ganze Familie beigefügt, der sich natürlich stark von früheren Schlüsseln der Familie unterscheidet. — Über neue und bemerkenswerte Arten von *Argyreia* aus Malesien berichtete VAN OOSTSTROOM, über die Gattung *Argyreia* der malayischen Halbinsel HOOGLAND 1952. — Übersicht über die 70 Arten von *Erycibe:* R. D. HOOGLAND in Blumea 7, S. 342 (1953); über neue *Erycibe*-Arten Malesiens, HOOGLAND 1953. — Neue und kritische Arten der *C.* aus Amerika, vgl. O'DONELL, C. A. in Lilloa 23, S. 421 (1950). — Schlüssel der ostafrikanischen Arten von *Cuscuta*, siehe VERDCOURT 1952/II.

Boraginaceae. — JOHNSTON hat 1953 eine 24. Studie über die *B.* veröffentlicht und drei neue Gattungen von *Lithospermum* angetrennt (siehe unter „Bemerkenswerte neue Sippen"). Außerdem sind einige *L.*-Arten aus Vorderasien und Indien neu beschrieben oder von anderen Gattungen wie *Arnebia* zu *Lithospermum* übernommen. Die 25. Studie über *Lithospermeae* (1953) umfaßt *Lithodora* (früher Sektion von *Lithospermum*), *Moltkia*, *Halacsya*, *Alkanna*, *Echium* und *Lobostemon*. Von den drei letzten Gattungen sind die Arten nicht gegliedert. Die 26. Studie [J. Arnold Arboret. 35, S. 1 (1954)] behandelt weitere 17 Gattungen der *Lithospermeae* und zwar amerikanische und altweltliche.

Verbenaceae. — Von H. N. MOLDENKE erschienen unter anderem folgende Arbeiten über *V.:* Neue Arten, Varietäten und Kombinationen in Phytologia 4, S. 41 (1952); ergänzende Studien zu *Aegiphila*, ebenda S. 347 (1952); auch S. 384 und 427; zu *Chascanum*, ebenda S. 439; zu *Amasonia* S. 452; Neue Beiträge zur Verbreitung der *V.* (sensu latiore): Phytologia 4, S. 65 (1953); ebenda S. 119 und 450. — Über Standorte von *V.*, einschließlich *Avicenniaceae*, *Stilbaceae* und *Symphoremaceae*, und ihr Vorkommen in den einzelnen Florenbezirken, vgl. MOLDENKE 1953; hier auch neue Arten. — Neue und kritische *Lippia*-Arten Argentiniens: siehe TRONCOSO.

Labiatae. — Umfassende Revision der Gattung *Hyptis*, vgl. C. EPLING 1949. — Nachträge zu amerikanischen Labiaten: EPLING in Brittonia 7 (3), S. 129 (1951). — Die *L.* des Valle central von Mexiko (37 Arten, davon 23 zu *Salvia*, 5 zu *Stachys* gehörend) wurden bearbeitet von MATUDA. — Über *Scutellaria*, vgl. S. JUZEPCZUK, Scutellariarum novarum

Decades I—IV, in Notulae Syst. Herb. Inst. Bot. Nom. Komarovii Acad. Sci. URSS. 14, S. 356 (1951).

Solanaceae. — Entstehung der Arten von *Nicotiana* und ihre Verwandtschaft: vgl. GOODSPEAD. — Studien über *Dunalia:* H. SLEUMER in Lilloa 23, S. 117 (1950). — Über die Gliederung von *Brunfelsia* und ihre Arten: J. V. MONACHINO in Phytologia 4, S. 342 (1952). — Die Kulturrassen von *Capsicum annuum* und *C. frutescens* („spanischer Pfeffer") wurden systematisch und genetisch von P. G. SMITH und HEISER untersucht.

Scrophulariaceae. — HUI-LIN LI gab eine Übersicht über die 34 chinesischen Arten von *Veronica*, vgl. Proc. Acad. Nat. Sci. Philadelphia 104, S. 197 (1952); Schlüssel ist beigegeben. — *Achetaria (Gratioleae)* in Südamerika, vgl. PENNELL; fünf Arten. — Nach STANDLEY und WILLIAMS, in Ceiba 3, S. 172 (1953) muß *Ghiesbreghtia* Gray (Mittelamerika als Gattungsname fallen gelassen werden, da *Ghiesbreghtia* A. Rich. u. Galeotti *(Orchid.)* vorausgeht. Statt dessen soll die Gattung heißen: *Eremogeton* Standley et Williams.

Bignoniaceae. — Studien über *B.* des tropischen Amerika veröffentlichte N. Y. SANDWITH in Kew Bull. 1953, S. 451; viele Neukombinationen.

Pedaliaceae. — Über einige afrikanische *P.:* vgl. E. A. BRUCE in Kew Bull. 1953, S. 417.

Orobanchaceae. — In der Arbeit von TIAGI über die Embryologie von *Cistanche tubulosa*, einer O. aus dem nordwestlichen Indien, finden sich auch Angaben über den Blütenbau; Wirtspflanzen sind *Calotropis* und *Acacia.*

Gesneriaceae. — 13 *Cyrtandra*-Arten der Fiji-Inseln, darunter neun neue, wurden 1953 von A. C. SMITH bearbeitet; im ganzen sind 45 Arten von den Fiji-Inseln bekannt.

Acanthaceae. — E. C. LEONARD ließ 1953 den zweiten Teil seiner Arbeit über die *A.* Colombias erscheinen: Contrib. U. S. Nat. Herbar. 31, Teil 2, S. 119. Dieser Teil umfaßt die *Aphelandreae, Rhombochlamydeae, Asystasieae, Graptophylleae* und *Pseuderanthemeae.* — Neue *A.* aus Brasilien beschrieb C. T. RIZZINI in Dusenia 3 (3), S. 181; siehe auch den Abschnitt „Bemerkenswerte neue Sippen". — Schlüssel für die brasilianischen Gattungen und Arten der *A.:* RIZZINI in Dusenia 2 (3) (1951). — *A.* von Minas Geraes: RIZZINI 1949/II. — Sechs neue argentinische A.: BRIDAROLLI.

Myoporaceae. — Über die polynesischen Arten von *Myoporum* vgl. WEBSTER.

Rubiaceae. — Die Gattung *Pentanisia* wurde von B. VERDCOURT 1952 einer Revision unterzogen: 16 Arten, Schlüssel, Abbildungen. — Für krautige afrikanische Gattungen, nämlich für *Otomeria, Batopedina, Virectaria, Parapentas, Tapinopentas* und *Otiophora* gab VERDCOURT 1953 Revisionen. Vgl. auch den Abschnitt „Bemerkenswerte neue Sippen" *(Batopedina).* — *Pseudomussaenda* im Kongogebiet, siehe TROUPIN und PETIT in Bull. Jard. bot. Bruxelles 23, S. 227 (1953). — Revision der Gattung *Pentas:* B. VERDCOURT ebenda S. 237; 34 Arten,

Verbreitungskarten. — Neun neue Arten von *Pavetta* aus dem östlichen tropischen Afrika, Rhodesia und Portugiesisch-Ostafrika: C. E. B. BREMEKAMP in Kew Bull. 1953, S. 501. — Über malesische *R.* (*Argostemma, Xanthophytum* u. a.) vgl. R. C. BAKHUIZEN VAN DEN BRINK jr. in Blumea 7, S. 329 (1953). — *R.* von Fiji, vor allem *Psychotria*, siehe A. C. SMITH 1953/II. — Revision der Arten von *Cephaelis* in Mexiko, Zentralamerika und von den Antillen: siehe A. MOLINA in Ceiba 4, Nr. 1, S. 1 (1953); 14 Arten. — Weitere Mitteilung über die 1949 aufgestellte Gattung *Boroja* (jetzt sechs Arten im tropischen Südamerika) siehe J. CUATRECASAS in Acta agronomica 3, S. 89 (1953). — J. A. STEYERMARK bearbeitete die Gattung *Platycarpum* in Amer. J. Bot. 39, S. 418 (1952). — Die argentinischen Arten von *Psychotria, Palicourea* und *Rudgea* wurden von N. M. BACIGALUPI in Darwiniana 10 (1), S. 31 (1952) studiert.

Valerianaceae. — LAWALRÉE hat die belgischen Arten der *Valerianaofficinalis*-Gruppe untersucht und *V. procurrens* Wallr. und *V. collina* Wallr. als Arten anerkannt. — Die *Valeriana*-Arten Nordamerikas und Westindiens, vgl. FR. MEYER in Ann. Missouri Bot. Gard. 38 (4), S. 377 (1951).

Cucurbitaceae. — L. H. BAILEY gab 1948 eine Übersicht über eine Anzahl Arten von *Cucurbita*; zahlreiche sehr gute Abbildungen.

Campanulaceae. — Die *C.* des nordwestafrikanischen Gebiets sind von QUÉZAL eingehend behandelt worden; neue Arten; Verbreitungskarten. — Neue afrikanische Arten aus den Gattungen *Lobelia, Monopsis, Cyphia*, vgl. WIMMER 1952. — Im „Pflanzenreich" erschien der 2. Teil der *Campanulaceae-Lobelioideae* von F. E. WIMMER 1953; etwa 550 S. Die Monographie der *Lobeliaceae* liegt damit abgeschlossen vor.

Pentaphragmataceae. — (Früher zur vorigen Familie gestellt.) — Neue malesische Arten: AIRY SHAW in Kew Bull. 1953, S. 241.

Goodeniaceae. — Hawaiische Arten von *Scaevola* vgl. ST. JOHN 1952.

Compositae. — Zunächst seien die monographischen Studien, die sich auf einzelne Gattungen beziehen, dem Alphabet folgend aufgeführt: *Artemisia:* GIACOMINI und PIGNATTI haben die alpine *Genipi*-Gruppe (*A. lanata, nitida, glacialis, laxa, petrosa, genipi, nivalis*) bearbeitet und geschlüsselt. — *A. norvegica* Fries (bisher aus Norwegen und Sibirien bekannt) wurde in Schottland gefunden, siehe R. A. BLAKELOCK in Kew Bull. 1953, S. 173. Die sonstigen arktischen und subarktischen Arten sind hier nach Ländern gegliedert. — *Baccharidinae:* T. LUIS gab einen Index Baccharidinarum heraus [Contrib. Inst. Geobiol. La Salle de Canôas 2, S. 1 (1952)]; hier Listen für *Archibaccharis, Baccharidastrum, Baccharis* — 506 Taxa, davon 252 im andinen Gebiet, 17 auf den Antillen, 201 in Brasilien, 36 im sonstigen amerikanischen Gebiet; *Heterothalamus, Pseudobaccharis* (23). Über 400 Namen werden als ungültig verworfen. — Neue *Baccharis*-Arten aus Colombia: *Cuatrecasas* 1953/V. — *Chrysanthemum:* J. WOOLMAN veröffentlichte ein für den Gartenbau bemerkenswertes Buch über Chrysanthemen (London u. New York 1953; 112 S., 50 Photos). Neben der Kultur ist der Gliederung der Rassen besonders Rechnung getragen. — *Cousinia:* Studien über *C.*, die mit etwa 550 Arten die zweitgrößte Gattung der *Cynareae* darstellt, veröffentlichte K. H. RECHINGER in der Österr. bot. Z. 100, S. 437 (1953). Außer allgemeinen Gesichtspunkten sind die persischen *C.*-Arten besonders berücksichtigt. — *Erechthites,* in Chile: vgl. CABRERA 1949/III. — *Espeletia:* neue kolumbianische und venezuelanische Arten, siehe CUATRECASAS 1953/IV. — *Eupatorium:* Studie über 225 *E.*-Arten Brasiliens; Synonymie der Arten; Einteilung der Sektionen, Arten-schlüssel, 19 Tafeln: siehe BARROSO. — *Geigeria:* eine Monographie dieser afrikanischen Gattung liegt vor von MERXMÜLLER 1953/III. Es sind 25 Arten festgelegt. Arealkarte und Tafeln mit Pappus-Abbildungen sind beigegeben. Die Gliederung der Gattung läßt eine Fülle von Über-gangsformen erkennen, das Entwicklungszentrum liegt im südwestlichen Afrika (einschließlich Angola). Die Arbeit zeigt besonders eindringlich, wie sich bei Verwendung eines sehr großen Materials die Artgrenzen immer schwieriger geben lassen und ist daher für die Auffassung syste-matischer Gliederung im allgemeinen von Bedeutung. — *Hieracium:* neue Arten Dänemarks, vgl. WIINSTEDT. — Ausführlicher Katalog der piemontesischen Arten von F. VIGNOLO-LUTATI in Allionia 1 (2), S. 289 (1953). — *Othonna:* Arten des Kap-Gebiets, vgl. R. H. COMPTON in J. S. Afric. Bot. 19, part 4, S. 137 (1953); zahlreiche Fig., eine Tafel. — *Pamphalea:* acht Arten, vgl. A. L. CABRERA in Notas del Museo Univ. Nac. de Eva Perón, Buenos Aires, Tom. 16, Bot. Nr. 82 (1953). — *Senecioneae:* zahlreiche neue, andine *S.* beschrieb CUATRECASAS 1953: 26 *Senecio,* eine *Werneria,* zwei *Gynoxys,* sechs *Liabum*; weitere andine Compos., besonders *Senecio,* vgl. CUATRECASAS 1953/II. — Neue *Senecio*-Arten Südamerikas, vgl. A. L. CABRERA VII. Teil, Notas del Museo de la Plata 15, S. 71 (1950); neue *Senecioneae* von Bolivia, vgl. CABRERA 1949/II. — *Soliva:* Synopsis der Gattung, vgl. CABRERA 1949. —*Tara-xacum:* Die Arten des Gebietes von Uusikaupunki (Finnland): MALMIO. *Trichogonia:* Studien über die brasilianischen Arten: G. M. BARROSO, in Arqu. Jardim. Bot. (Rio de Janeiro) 11, S. 7 (1951). — *Vernonia:* über einige V.-Arten von Belgisch-Kongo, von denen zwei einen in-teressanten Vikariismus zeigen (Kwango-Katanga), berichteten DU-VIGNEAUD u. HOTYAT. — Arbeiten über mehrere Gattungen von Compo-siten: Südamerika: Verteilung der *C.* in Südbrasilien, Artenlisten (545 Arten) vgl. RAMBO 1952. — Neue andine *C.* hier unter anderem *Senecio* und *Jungia,* siehe CUATRECASAS in Fedde's Repertor. 55, S. 120 (1953); CUATRECASAS in Mutisia-Bogota, Nr. 16 (1953), über *Espeletia* und *Senecio*; über *Baccharis,* ebenda Nr. 17 (1953); über bolivianische *C.* der Sammlung Herzog berichtete CABRERA 1952; über *Plazia* und die verwandten Gattungen *Hyalis, Aphyllocladus, Gypothamnium,* dann über einige neue Arten und über vier, für Argentinien neue Gattungen *(Brickellia, Kanimia, Clibadium* und *Gynura),* siehe A. C. CABRERA 1952, in Darwiniana 9, Nr. 3—4, S. 363. — Kritische peruanische *C.* *(Micania, Senecio* und *Lophopappus)* vgl. A. L. CABRERA, Bol. Soc. Argentin. Bot. 5, S. 37 (1953). — Neue und kritische *C.* aus der Puna Argentiniens, vgl. A. L. CABRERA, in Darwiniana 9, Nr. 1, S. 40 (1949),

besonders *Perezia*-Arten. — Malesien: Notizén über malesische C.:
J. TH. KOSTER. — Nordamerika: über *Bidens*- und *Coreopsis*-Arten,
vgl. SHERFF 1952.

Karyologie.

Die neueren Methoden zum raschen Nachweis der Chromosomenzahlen sind mit entsprechenden Literaturnachweisen von TRAUB besprochen. — Einen Katalog der Chromosomenzahlen bei Phanerogamen
gab DELAY (1. Liste). Die Angaben umfassen die Jahre 1938—1950;
über 60 Seiten Literatur. — A. FERNANDES untersuchte die Chromosomen einer Anzahl Pflanzen aus der Serra do Gerês. Einige Arten erwiesen sich als autopolyploid oder allopolyploid. In manchen Fällen
lassen die Chromosomenzahlen die systematische Beurteilung des Taxoncharakters zu; *Paradisia* und *Anthericum* sind vom gleichen Karyotyp,
können also vom karyologischen Standpunkt nicht als Gattungen getrennt werden. — O. HEDBERG [Hereditas (Lund) 38 (3), S. 256 (1952)]
hat acht Gattungen ostafrikanischer *Gramineae* karyologisch untersucht.
Liliaceae — Agavaceae — Palmae: Die Untersuchungen von D. SATÔ
an 25 Palmengattungen ergaben vielfach den 8-Chromosomentyp
(8 — 16 — 18 — 19), eine einheitliche Linie der Karyotypen zeigte sich
indes bis jetzt nicht. Dagegen führen nach SATÔ vier Karyotyplinien
von den *Liliaceae* über die *Agavaceae* zu den Palmen: 1. *Eucomis, Hosta—
Yucca — Agave*; 2. *Dianella — Phormium — Cocos*; 3. *Ophiopogon —
Nolina — Trithrinax*; 4. *Dracaena — Phoenix, Livistona, Sabal* und
Oreodoxa. Dies spricht nach SATÔ für die phylogenetische Verwandtschaft zwischen *Agavaceae* und Palmen im Sinne HUTCHINSONs und gegen
die ENGLERsche Auffassung von der Stellung der Palmen im System.
Im Vergleich der Kernplattenbilder sehen solche ,,Übergänge" ganz
plausibel aus, der Ref. hält es aber für fraglich, ob es sich bei derartigen
Übereinstimmungen um mehr als Konvergenzen handelt. — Die Karyologie von *Polygonatum* (Gruppen *Verticillata* und *Oppositifolia*) wurde
von E. THERMEN [Ann. bot. Soc. zool.-bot. fenn. ,,Vanamo", 25, Nr. 6
(1953)] studiert. In der Gruppe *Verticillata* hat *Polyg. sibiricum* 26 Chromosomen, andere diploide Klone haben 28. *Polygonatum verticillatum*
ist nicht einheitlich, es wurden fünfzehn diploide Klone ($2n = 28$), ein
tetraploider und zwei hexaploide (von Kew und Dublin stammend)
gefunden. — Eine große Studie über *Ornithogalum* veröffentlichte DE
BARROS NEVES; für eine Anzahl von Arten wurde die systematische
Stellung an Hand der Chromosomenzahlen erörtert. Die Sachlage der
Aneuploidie (überzählige euchromatische oder heterochromatische Chromosomen), der Mixoploidie und Polyploidie wurde eingehend behandelt,
doch muß wegen aller Einzelheiten auf die Originalarbeit verwiesen
werden. — LEWIS, EPLING, MELQUIST und WYCKHOFF haben die Chromosomenzahlen der kalifornischen *Delphinium*-Arten untersucht, sowie
deren geographische Areale; die meisten Arten sind diploid ($2n = 16$);
bei drei Arten wurden tetraploide Rassen ($2n = 32$) gefunden. — Über
Diplotaxis (Crucif.) vgl. G. LÜBBERT, Beitr. Biol. der Pflanzen 28 (3),
255 (1951). — Karyologische Untersuchungen an *Gentiana*-Arten, von
FAVARGER ergaben bei zwei Arten das Vorliegen einer Grundzahl $x = 11$;

die Zahl $2n = 18$ scheint bei der Untergattung *Gentianella* zu dominieren. In der Sektion *Cyclostigma* gibt es: $n = 7$, $= 11$, $= 14$. — Mit der Cytotaxonomie und Vererbung bei *Physalis* hat sich MENZEL 1951 beschäftigt. — D. M. BRITTON [(Brittonia 7 (4), S. 233 (1951)] hat 90 Arten und Varietäten von 19 Gattungen der *Boraginaceae* geprüft. — KRISHNASWAMY und RAMAN haben 1948 die Chromosomenzahlen von *Jasminum*-Arten untersucht: Grundzahl $n = 13$, das Vorkommen von Triploidie wurde nachgewiesen. — Zahlreiche, meist asiatische Arten von *Lonicera* wurden 1952 von JANAKI AMMAL und SAUNDERS (Kew Bull. 1952, S. 539) studiert. Die Sektionen *Isoxylosteum, Isika, Coeloxylosteum, Nintoona* und *Periclymenum* haben als Grundzahl $x = 9$ (bei *Nintoona* teilweise hexaploide Arten mit $2n = 54$); bei *Isika* nnd *Isoxylosteum* $2n$ meist $= 18$, teilweise tetraploid, $2n = 36$; *Periclymenum* teilweise $2n = 18$, andere $2n = 36$. Sehr instruktiv ist die Arealkarte der diploiden, tetra- und hexaploiden Arten, die einmal wirklich greifbare und einfache Beziehungen zwischen Chromosomenzahlen und Vorkommen zeigt.

Von erheblichem Interesse sind die Studien von STEBBINS, JENKINS und WALTERS an 112 Arten (in 38 Gattungen) der *Compositae-Cichorieae*. Die häufigste Basiszahl ist $x = 9$, in zweiter Linie $x = 8$. Es wird angegeben, daß die Arten mit 18 Chromosomen die „primitivsten" der Tribus umfassen, sowohl in der Alten wie in der Neuen Welt. Demgegenüber wäre allerdings erst zu prüfen, welches denn überhaupt die primitivsten *Cichorieae* sind, eine Frage, die nach Ansicht des Ref. noch nicht entschieden ist. Die Abnahme der Chromosomenzahl dürfte in verschiedenen Gattungen der *Cichorieae*, also sozusagen polytop, eingetreten sein. Die Arten mit $x = 7, 6, 5, 4$ und 3, haben vielfach verschieden große Chromosomen und einen hohen Prozentsatz von Chromosomen mit subterminalen Centromeren. Reduktion in der Chromosomengröße wurde bei neun verschiedenen Gruppen beobachtet. Sie ist gewöhnlich verbunden mit einer Größenreduktion der Blütenteile und oft mit einem Übergang vom perennierenden zum annuellen Wachstum. 18 Fälle von Polyploidie wurden beobachtet: 15 waren tetraploid, zwei hexaploid und einer aneuploid (*Krigia dandelion*, $2n = 59$). Manche Polyploide scheinen allopolyploid zu sein. — F. EHRENDORFER [Österr. bot. Z. 100, S. 583 (1953)] hat den Rassenkomplex von *Achillea millefolium* karyologisch geprüft. Die europäischen Sippen lassen sich fast alle in eine Polyploidserie $2x$ *(A. asplenifolia* und *setacea)*, $4x$ *(A. collina)*, $6x$ *(A. millefolium)* und $8x$ *(A. pannonica)* mit der Grundzahl $n = 9$ einordnen. *A. tomentosa:* $n = 9$; *A. stricta:* $n = 27$.

Floren.

Europa. — Nordeuropa; Island: STEFÁNSSON, Flora von Island, 3. Auflage, 1948. — Färöer: RASMUSSEN, Flora der F., 2. Auflage, 1952. — Von HYLANDER, Flora von Schweden, Norwegen, Ost-Fennoskandinavien, Island und Färöer 1953 erschien der 1. Band, der die Gefäßkryptogamen, Nadelhölzer und die Monokotylen (außer Cyperac. und Orchid.) umfaßt. — Norwegen: Die Flora von LID erschien 1952

in 2. Auflage; 771 S., 389 Fig. — Finnland: EINO KÄRKI gab 1951 eine
Flora von F. mit kolorierten Tafeln heraus. — Dänemark: Flora von
Fanø og Manø, siehe PETERSEN. — Estland: Die Flora der Insel Dagö
(Hiiumaa) hat GRÖNTVED bearbeitet. — England-Irland: B. L. BURTT,
British Flowers in Colour, 192 S., farbige Abbildungen. — Pflanzenwelt
Irlands, Ergebnisse der 9. internationalen pflanzengeographischen Ex-
kursion 1949, redigiert von W. LÜDI; Veröffentl. geobot. Inst. Rübel,
Zürich 25, Bern 1952; 421 S., 37 Fig., 5 Tafeln. Hervorzuheben ist der
Abschnitt von D. A. WEBB über die Flora und Vegetation von Irland,
S. 46. — Westeuropa: Niederlande: HEIMANS, E., HEINSIUS, H. und
THIJSSE, J. P.: Geillustreerde Flora van Nederland, Ed. 17 herausge-
geben von J. HEIMANS, A. W. KLOES jr. und G. KRUSEMAN jr., 1180 S.,
mehr als 6000 Fig.; 1951. — Von der *Flore Générale de Belgique*, Spermato-
phyt., ist 1954 Fasc. 3 mit den Caryophyllaceen von A. LAWALRÉE er-
schienen. — Frankreich: Eine vierte Liste der Arten der Landschaft
Quercy (nordöstlich der mittleren Garonne) gab GALINAT heraus; sie
ist nach Florenelementen gegliedert; es gingen drei entsprechende Listen
voraus in Mém. Soc. Bot. France 1950/51, S. 50. — Ferner veröffentlichte
BREISTROFFER Listen über die Flora von la Drôme und l'Ardeche in
Hinsicht auf die Nordgrenze der Mediterranflora (vorheriger Teil in
Mém. Soc. Bot. France 1951, 81). — Spanien: Beiträge zur Flora der
kantabrisch-leonesischen Berge, vgl. T. M. LOSA und P. MONTSERRAT
(An. Inst. Bot. Cavanilles Madrid, T. IX, Vol. II (1952) 1953, S. 385 bis
462. — Flora und Vegetation von Nordwestspanien, vgl. BUCH. —
Eine Fortsetzung der *Flora montserratina* gab MARCET heraus; sie be-
handelt sympetale Familien mit Ausnahme der Compositen. — Weitere
floristische Arbeiten über Spanien, siehe DE BOLOS (Montes de Falgars);
FONT QUER (Aragon); in *Collectanea bot.* Vol. 3, 1953: LAPRAZ (Flore de
Catalogne) S. 385; GARCIAS FONT (Balearen) S. 359; PIGNATTI (Plum-
baginac. der Ebro-Ebene) S. 377; MONTSERRAT (Menorca) S. 399. —
Für Mallorca (Balearen) gab CID floristische Funde an. — Weitere flo-
ristische Neufunde von den Balearen, vgl. P. PALAU-FERRER, An. Inst.
Bot. Cavanilles Madrid T. XI, Vol. II (1952) 1953, S. 497. — Portugal:
vgl. PINTO DA SILVA, SOBRINHO u. a., Gefäßpflanzenflora der Serra do
Gerês. Notizen zur Flora von Portugal, siehe R. FERNANDES. —
Mitteleuropa: Schleswig-Holstein: eine kritische Flora von W. CHRI-
STIANSEN mit 240 Verbreitungskarten. — Eine Exkursionsflora der deut-
schen Ostzone (Sowjetzone), mit 405 kleinen Abbildungen versehen,
ist von ROTHMALER herausgegeben worden. — Österreich: E. JANCHEN
u. G. WENDELBERGER, Kleine Flora von Wien, Niederösterreich und
Burgenland. — Beiträge zur Benennung, Verbreitung usw. der Farn-
und Blütenpflanzen Österreichs, vgl. E. JANCHEN, *Phyton* 5 (1 und 2)
S. 55 (1953). — Schweiz: die „Flora der Schweiz und angrenzender
Gebiete" von BINZ und THOMMEN erschien 1953 in 2. Auflage; E. THOM-
MEN gab ferner 1951 seinen Taschenatlas der Schweizer Flora in 2. Auflage, mit 3050 Fig. heraus. — Italien: WALO KOCH berichtete über
die Flora der oberitalienischen Reisfelder; sehr interessant ist das
Auftreten von Adventivpflanzen, die aus tropischen und anderen

außereuropäischen Gebieten stammen wie *Blyxa japonica, Ottelia alismoides, Lemna paucicostata*. — Die Phanerogamenflora der Reisfelder von *Italia transpadana* behandelten CIFERRI, GIACOMINI und POGGIO. — Flora der Mauern Roms, vgl. B. ANZALONE in Ann. di Bot. 23 (3), S. 393 bis 497 (1951). — Corsica: Neue Beiträge zum Studium der Flora, siehe R. DE LITARDIÈRE in *Candollea* 14, S. 121 (1952/53). — Griechenland: Eine Liste der im Oetagebirge vorkommenden 338 Arten hat C. v. REGEL erstellt. — Rußland: Gesamtflora, siehe unter Asien.

Asien. — Von der großen Flora URSS liegt dem Ref. der 18. Band vor (1952), der die Familien von den Pirolaceen bis zu den Asclepiadaceen umfaßt; er ist von B. K. SCHISCHKIN und E. G. BOBROW herausgegeben, mitgearbeitet haben 13 weitere russische Botaniker. So ist das umfangreiche Werk jetzt bis zu Sympetalen gediehen, nachdem 17 andere Bände vorausgegangen sind. Band 18 sind 39 Tafeln beigegeben. — Vorderasien: Ausführlich berichtete K. H. RECHINGER 1951 über Funde aus Palästina, Transjordanien und Cypern; es lag das Material von G. SAMUELSSONs Orientreisen zugrunde. — Vgl. ferner: K. H. RECHINGER, Pflanzen aus Kurdistan und Armenien, Symbolae. bot. Upsalienses 11, 5, 56 S. — *Plantae novae syriacae (Reliquiae Samuelssonianae* III) Ark. Bot. (Stockh.), 2. Ser. 1, S. 505; Zur Flora der Türkei (*Reliquiae Samuelssonianae* IV), ebenda S. 513; Zur Flora von Palästina und Transjordanien (*Rel. Samuelsson*. V) ebenda S. 271, 11 Tafeln. — P. MOUTERDE, *La Flore du Djebel Druze*. Paris 1953, 224 S., 23 Tafeln. Das Gebiet liegt auf der Grenze von Syrien und Jordanien. — Irak: Mitteilungen über die Pflanzen des Rustam-Herbariums, Part. V, von R. A. BLAKELOCK u. a. in Kew Bull. 1953, S. 207; Kew Bull. 1953, S. 383: allgemeiner Teil hierzu: E. R. GUEST, Kew Bull. 1953, S. 535, mit Karten. — Flora von Kuweit (hier *Caryophyllac.* usw.): BURTT und LEWIS. — Zentralasien: Neue und seltene Pflanzen aus Kasakhistan (Alatau, Tian-schan usw.), vgl. POLJAKOW; floristische Arbeit über eine Expedition im Tian-schan, vgl. BOROMILOW; seltene und endemische Pflanzen von Abchasien, vgl. KOLAKOWSKY. — Ein wertvoller Beitrag zur Flora des Hindukusch (Tirich Mir) vgl. WENDELBO 1952, 70 S., 21 Abb.; auch neue Arten abgebildet. — Südasiatische Inselgebiete: Neue und kritische Arten malesischer Pflanzen beschrieb A. J. G. H. KOSTERMANs [Reinwardtia 2, S. 357 (1953)]: *Mimosac.*, *Oleac., Sterculiac.* usw. — Neue Beobachtungen über malesische und westpazifische Pflanzen: VAN STEENIS 1953; VAN STEENIS hat ferner 1952/II über das BECCARI-Herbarium, das sich in Florenz befindet, als über eine ältere, sehr wichtige Malesien-Sammlung berichtet. — VAN OOSTSTROOM und VAN STEENIS wiesen nach, daß die KEULEMANsche Sammlung (1865, Leiden) von „Prinseneiland" nicht von einer bei Java gelegenen Insel stammt, wie man bisher glaubte, sondern von Prince Island (Isla do Principe) vor Westafrika, vgl. Bull. Bot. Gard. Buitenzorg., 3. Ser. 18, S. 466. — Über die ursprüngliche Vegetation der Karangasinseln von Sarawak, siehe BROWNE. — DE WIT hat 1949 über malesische *Setaria-, Trema-, Alsomitra- (Cucurb.), Eusideroxylon-(Laur.), Dillenia-, Elaeocarpus-* und *Kingiodendron-(Legum.)*-Arten in einem *Spicilegium* berichtet. — Eine große Liste holzliefernder Bäume stellte WYATT-SMITH für forstliche Zwecke zusammen; die Dipterocarpaceen sind besonders berücksichtigt (Schlüssel usw.). *Ficus* und die Fagaceen fehlen, da sie als Bäume von geringerer wirtschaftlicher Bedeutung gelten. — Die Flora der Koralleninseln in der Bay von Djakarta ist von ZANEVELD und VERSTAPPEN im Zusammenhang mit geomorphologischen Studien behandelt worden. — Die Gattungen und Arten, die WILLIAM JACK von malesischen und sonstigen südasiatischen Gebieten aufgeführt hat, wurden von MERRILL 1952 kritisch geprüft. — Ceylon: 120 der häufigsten Arten behandelte T. E. T. BOND in seinem Buch „Wild flowers of the Ceylon Hills", Oxford 1953, 240 S. — Neuguinea: Das Supplement zu W. GALIS, Bibliography of Nederl. New Guin. 1952 (mimeographisch) enthält auch naturwissenschaftliche Zitate. — Über die Paläogeographie Neuguineas berichtete CHEESMAN; die Arbeit ist für die Beurteilung der heutigen Flora von Bedeutung. — Die von C. LAUTERBACH für Neuguinea aufgestellten Gattungen wurden von HATUSIMA revidiert. *Idenburgia* wird zurückgeführt auf *Nouhuysia*, *Gjellerupia* auf *Lepionurus silvestris* Bl., *Cyclandra* auf *Ternstroemia*, *Lamiofrutex* auf *Vavaea*. — Neue Arten von Neuguinea: vgl KOSTERMANS 1950 (*Laurac., Koompassia, Inocarpus*, beide Legumin.). — Borneo: Zahlreiche neue Arten, Nummernliste der von J. u. M. S. CLEMENS im Kinabalugebiet gesammelten Pflanzen, vgl. HEINE. — Liste der Baumarten der Western Division, vgl. HILDEBRANDT 1952; Ostborneo, vgl. HILDEBRANDT 1952/II. — Sumatra: Baumarten der Ostküste, HILDEBRANDT 1952/III. — Baumarten von Banka und Belitong, HILDEBRANDT 1952/IV. — Siam: Der dritte Teil der Flora siam. von KERR und FLETCHER herausgegeben von R. L. PENDLETON, umfaßt die Asclepiadac., Logan., Gentian., Hydrophyllac., Boragin. und Convolvulaceen (100 S.). — Formosa: LI, HUI-LIN gab 1950 einen Schlüssel der Dikotylenfamilien von Formosa, 1951 Gattungsschlüssel von den Casuarinac. bis zu den Caryophyllaceen; alle vorkommenden Arten sind genannt. 1951/II erschienen vom selben Autor taxonometrische Bemerkungen über die Rosaceen Formosas; 1952/II Notizen über einige Phanerogamenfamilien Formosas (alles Arbeiten von LI). — Ostasien: Japan: HARA hat bei holarktischen Arten untersucht, wie sich die japanischen Varietäten, Rassen und Arten von den eurasiatisch-amerikanischen unterscheiden. — Die Familie der Hypericaceen wurde von NAKAI und HONDA ausführlich behandelt. — Korea: Synoptische Skizze der Koreaflora, vgl. NAKAI.

Afrika. Allgemeines: Drogenpflanzen Afrikas, siehe GIETHENS. — Nordafrika: Von der *Flore de l'Afrique du Nord* (Marocco bis Tripolis und Cyrenaica) von R. MAIRE gaben GUINOCHET und FAUREL den zweiten Band heraus, der die Gräser enthält. — Von einer neuen Flora Marokkos von CH. SAUVAGE u. J. VINDT erschien Teil 1 mit den *Ericales, Primulales, Plumbaginales, Ebenales, Contortae* (148 S.); Schlüssel, Beschreibungen, Einzelfiguren, geographische Verbreitung usw. Das Buch geht auf systematische Vorarbeiten von MAIRE zurück. — Einen Bericht über Arten aus der Umgebung von Tripolis gab VACCARI. —

Äthiopien: Ein sorgfältig bearbeiteter Katalog der Spermatophyten Äthiopiens, siehe G. CUFODONTIS, 1953/II; der hier vorliegende erste Teil umfaßt die Familien von den Coniferen her bis zu den Menispermaceen; weitgehende Angaben über die Typusexemplare. — Ferner erschien von CHIARUGI die Einführung zur „Adumbratio, Florae Aethiopicae" und als deren erste Familie die der *Ericaceae* von PICHI SERMOLLI und HEINIGER. — Südsahara: Die Pflanzen des Gebietes von Tassili des Ajjers wurden von S. VAUTIER studiert, Candollea 14, S. 257 (1952/53). — Tropisches Afrika: Von der „Flore du Congo Belge et du Ruanda Urundi", Bd. II, erschienen 1951 die *Monimiaceae, Fumariaceae, Pittosporaceae* (J. LÉONARD); von Bd. III (1952) die *Rosaceae* im weiteren Sinn (L. HAUMAN); von den *Caesalpiniaceae* die *Cynometreae* und *Amherstieae* (J. LÉONARD 1952/II); auch hat HAUMAN *Berlinia* und die mit *B.* verwandten Gattungen bearbeitet. — Kongo: Neue und interessante Arten der *Euphorbiaceae, Gentianaceae, Gramineae, Iridaceae, Papilionaceae* und *Zingiberaceae* vgl. LÉONARD 1951/II. — Französisch Äquatorialafrika: einige Araliaceae, Loganiaceae und Rubiaceae, die sich in AUBRÉVILLES Flore soudano-guinéenne 1950 als *nomina nuda* finden, wurden 1953 von AUBRÉVILLE und PELLEGRIN beschrieben. — Angloägyptischer Sudan: der zweite Band von ANDREWs Flora enthält *Sterculiaceae* bis *Dipsacaceae*. — Tropisches Westafrika: Nigeria, Brit. Cameroons: Pflanzen der Cambridge Expedition, bearbeitet von BRENAN, Kew. Bull. 1952, S. 441. — Revisionen zu einigen Familien, für eine Neuausgabe der „Flora of West Trop. Afr." von HUTCHINSON und DALZIEL, vgl. KEAY 1952; hier: *Annonaceae, Hernandiaceae, Aristolochiac., Capparid., Melastomatac.*; siehe hierzu auch: KEAY in Kew Bull. 1953, S. 69, sowie S. 287 und 487 *(Ochnaceae, Mimosac., Caesalpiniacae)*. — Weitere Pflanzen aus dem tropischen Afrika vgl. Kew Bull. 1953, S. 83 und 431. — Voraus ging Kew Bull. 1950, S. 389. — Anonym erschien in Paris 1951 ein zweisprachiges Werk (englisch und französisch) über die Hölzer des tropischen Afrika: Nomenklatur, Merkmale, Nutzen; 421 S. — Tropisches Ostafrika: Von der Flora, die TURRILL, MILNE REDHEAD und Mitarbeiter herausgeben, sind die *Marantaceae, Ranunculaceae, Onagrac., Oleac., Trapac.* erschienen. Das bearbeitete Gebiet umfaßt Kenya, Uganda und Tanganyika-Territorium. — Das große illustrierte Werk über die einheimischen Bäume Ugandas von EGGELING erschien in zweiter, erweiterter Auflage. — Notes from the East Afr. Herbarium Nairobi: Neue Arten von VERDCOURT und Nachweise seltener Arten, siehe Kew Bull. 1952, S. 353. — Nyassa-Land: Die Ausbeute der Vernay-Nyasaland-Expedition wurde 1953 von BRENAN und Mitarbeitern bearbeitet (Farne; *Ranunculac.* bis *Papilionaceae*). — Einen Führer der Flora der Victoria-Fälle gab WILD, er enthält eine pflanzengeographische Einführung und eine Artenliste. — Rhodesia: Neue Sippen aus Südrhodesia, vgl. MERXMÜLLER 1953/II. — Über die Pflanzen Rhodesiens ist ein kleines Buch erschienen von R. A. S. MARTINEAU, Rhodes. Wild Flowers (London 1953); 34 farbige Tafeln mit zahlreichen Figuren. Der Text ist von H. WILD-Salisbury überprüft. — H. WILD wies ferner das bisher nicht bekannte Vorkommen einer Art der malesisch-madagassischen Liliaceen-Gattung *Dianella* auf dem afrikanischen Kontinent, nämlich in Südrhodesia, nach: Kew Bull. 1953, S. 251. — Angola: Neue Arten der *Celastraceae, Sapindaceae, Hippocrateaceae, Vitaceae, Connaraceae* beschrieben unter Zufügung von 14 Tafeln A. W. EXELL und F. A. MENDONÇA in Bol. Soc. Broter., 2. Ser. 26, S. 221 (1952). — *Anacardiac.*, ebenda S. 277. — Südwestafrika: eine Anzahl neuer Arten beschrieben K. SUESSENGUTH und Mitarbeiter in Mitt. bot. Staatssammlg. München 8, S. 333 (1953). — Die Holzpflanzen des Bechuana-Landes bearbeitete MILLER; es sind auch zahlreiche Arten kleinerer, strauchiger Pflanzen aufgenommen. — Eine Liste der Sammler in Portugiesisch-Afrika (Angola, Cap Verde, Portugiesisch Guinea, Mossambique und der Inseln Principe und St. Thomé) wurde von EXELL, FERNANDES und MENDONÇA gegeben; Kotypen der Sammlungen BAUM und MECHOW aus Angola finden sich auch im Herbarium München. — Südafrika: Von dem wichtigen Werk von PHILIPPS „The Genera of South African Plants" ist eine neue vergrößerte Auflage erschienen, die 142 Gattungen mehr nennt als die erste Auflage 1926; das Buch enthält Schlüssel der Familien und der Genera, sowie Literaturverzeichnisse und Angaben über das Vorkommen der Gattungen in einzelnen Gebieten. — Eine Liste der besonders aus tiermedizinischen Gründen wichtigen Giftpflanzen Südafrikas gab BULLOCK 1952. — Einen botanischen Führer des Keiskammahoek-Distriktes schrieb STORY. — CODD gab ein Buch heraus über die Bäume und Sträucher des Krüger-Nationalparkes; auch Gattungen wie *Acacia* und *Albizzia* sind behandelt, ebenso Volksnamen. — Die Vegetation von Weenen County in Natal wurde 1950, die des Gebiets am Potchefstroom 1951 von LOUW dargestellt; beide Arbeiten gehen vom ökologischen Standpunkt aus. — Neue Arten, vgl. R. H. COMPTON J. S. Afric. Bot. 19, Part IV, S. 109 (1953). — Vor allem sind Compositen und Ericaceen behandelt.

Madagaskar. Von HUMBERTs Flora von M. und den Komoren erschienen 1952 die *Moraceae*, bearbeitet von PERRIER DE LA BÂTHIE und LÉANDRI; die *Linaceae, Erythroxylaceae* und *Zygophyllaceae* von PERRIER DE LA BÂTHIE; die *Chlaenaceae* von CAVACO, die *Ebenaceae* von PERRIER DE LA BÂTHIE; 1953 *Myrsinaceae* und *Myrtaceae* (PERRIER DE LA BÂTHIE); Literatur, siehe unter HUMBERT. — Die Fortschritte in der Kenntnis der Flora von Madagaskar hat J. LÉANDRI in Bull. Soc. bot. France 99, S. 206 (1952) vom systematischen und pflanzengeographischen Standpunkt aus zusammengestellt: Bearbeiter, Vorkommen, neue Typen; großes Literaturverzeichnis.

Nordamerika. Eine neue dreibändige Ausgabe von BRITTON und BROWN, Flora of the northeastern United States and adjacent Canada, erschien 1953, herausgegeben von H. A. GLEASON. — P. D. STRAUSBAUGH und E. L. CORE geben eine Flora von Westvirginia heraus; es liegt vor Teil 1 (Univ. Bull. Morgantown 1952, Ser. 52, Nr. 12—2, 272 S.; Teil 2 ebenda Ser. 53, Nr. 12—1 (1953), 296 S., viele Abbildungen. Das Werk ist vom Beginn des Systems bis zu den Leguminosen fortgeschritten. — 400 Pflanzen von Südflorida, einheimische und

kultivierte, besonders Bäume, Sträucher, Lianen, behandelt das Buch von
J. E. Morton u. R. Bruce Ledin, 1952, Text House Florida; 134 S.,
28 Tafeln. — Ein zweibändiges Werk „Wild Flowers of Western Penn-
sylvania and the upper Ohio-Basin" wurde 1953 von O. E. Jennings
herausgegeben. Es sind 2200 Arten behandelt und 200 Bilder beigegeben
(Preis 60 Dollar). — Kleinere Floren: Flora der Insel Sainte Hélène im
Lorenzstrom bei Montreal, vgl. Rouleau 1945; der Inseln Terra nova,
St. Pierre und Miquelon südlich von Neufundland, vgl. Rouleau 1949.—
Alaska: Der neunte Teil der Flora Alaskas und des anliegenden Kanada
von J. P. Anderson enthält die Compositen: Schlüssel, kurze Beschreibungen der Arten [Jowa State Coll. J. Sci. 26 (3), S. 387 (1952)]. —

    Westindien. Über neue Arten aus Cuba, Provinz Las Villas, siehe
Howard und Briggs; ein Bericht über die floristischen Verhältnisse
von Cuba, insbesondere über endemische Arten findet sich bei J. A.
Conde, Mem. de la Soc. cubana des Hist. Nat. 21, 123 (1952). — Farbige
Bilder blühender Bäume der karibischen Inseln, vgl. Pertchik, referiert
in Kew Bull. 1952, S. 71.

    Mittelamerika. Teil V der Flora von Panama, Fasc. 3 von R. E.
Woodson jr. u. R. W. Schery erschien in Ann. Missouri Bot. Gard. 38
(1), S. 1—94 (1951). Er enthält den zweiten Teil der Leguminosen. —
Neue Pflanzen aus Chiapas, vgl. F. Miranda in Ceiba 4, S. 126 (1954). —
Floristisch-ökologische Beobachtungen über ein Gebiet im Staate
Puebla-Veracruz (Mexiko), siehe Bravo Hollis, H. u. Ramirez Cantu
in An. Inst. Biol., Mexiko 22, S. 397 (1951). — Ein ausführlicher Bericht
über die Expedition Martin Sessés, um 1788, nach Mexiko, erschien
von Alvarez Lopez. — Standley und Williams veröffentlichten eine
fünfte Studie über (35) neue Arten Mittelamerikas. — Neue Beiträge
zur Flora von Costa Rica und dem benachbarten Panama, siehe Dayton; apart, aber nicht geschmackvoll wirkt in dieser Studie der Name
Quercus aáata C. H. Mull. (an erster Stelle im Alphabet!).—San José, eine
Insel im Golf von Panama hat I. M. Johnston 1949 botanisch bearbeitet.

    Südamerika. Venezuela: Ein weiterer Teil der „Contributions to
the Flora of Venezuela" von Steyermark und Mitarbeitern erschien
1952; er umfaßt Droseraceen bis Umbelliferen (447 S.), wie schon im
ersten Teil sind auch hier sehr zahlreiche neue Arten beschrieben und
zum Teil abgebildet. Die Cunoniaceen und Bombacaceen hat z. B.
Cuatrecasas bearbeitet, die Rosaceen Maguire. In Fieldiana Bot. 28,
Nr. 3, Chicago ist 1953 noch ein weiterer Teil, wiederum mit vielen
neuen Taxa's erschienen, der die Familien von den Ericaceen bis zu den
Compositen enthält. Über die neue Gattung *Pterobesleria* siehe den Abschnitt „Bemerkenswerte neue Sippen". — Über Lianen Venezuelas
vgl. Aristeguieta (Schlüssel der Familien). — *Loranthaceae* und andere
Parasiten Venezuelas, Gattungsschlüssel, Abbildungen, vgl. M. Ramia
in Bol. Soc. Venez. Cienc. Nat. 15, S. 64 (1953); *Halorrhagaceae* Venezuelas, vgl. T. Lasser, Bol. Acad. Cienc. Fis. Mat. y Nat. Nr. 47 (1953).
Guiana und benachbarte Gebiete: Bericht über Arten der Guiana-Hoch-
länder, vor allem auf venezuelanischem Gebiet, z. B. Eriocaulac.,
Caesalpiniac., Papilion., Rutac., Malpighiac., Polygalac., Combretac,

Melastomatac., Compositen, siehe MAGUIRE, COWAN, WURDACK und Mitarbeiter; zahlreiche neue Arten. — Studie über die Flora der Kanuku Mountains in Brit. Guiana: COWAN 1952. — Neue Arten aus Brit. Guiana: R. E. FRIES, SANDWITH u. a. in Kew Bull. 1952, S. 255. — Eine vorläufige Übersicht über die Vegetationsverhältnisse (nicht über die Flora) von Brit. Guiana gab Imperial Forestry Instit. Univ. Oxford, Inst. Paper Nr. 29, 1953. — Die Vegetation der Küstenregion von Surinam findet man ausführlich behandelt bei LINDEMANN; farbige Karten. Bolivia: Von der Sammlung TH. HERZOGs sind neuerdings bearbeitet worden: *Compositae* (J. TH. KOSTER in Blumea 5, Nr. 3, S. 641 (1945); Blumea 6, Nr. 11, S. 269 (1947); A. L. CABRERA, Blumea 7, Nr. 1, S. 193 (1952); hier unter anderem neue Arten von *Senecio*; *Labiatae* [C. EPLING, Blumea 6, Nr. 2, S. 355 (1950)]. — Brasilien: Die andinen Gebirgspflanzen der Araucarienwälder von Rio Grande do Sul behandelte RAMBO 1951; das Vorkommen des andinen Florenelements wird von der Ausstrahlung von den Anden her erklärt, der australantarktische Teil weist entschieden auf die Herkunft aus Südseegebieten, nicht aus transatlantischen Teilen der Erde. Über die Flora des feuchten Waldes von Rio Grande do Sul siehe RAMBO 1951; dieser Wald kann nicht als autochthon gelten, sondern ist jünger als der Camp und immigriert (nach einer Liste von 640 Arten). — Matto Grosso: ein Katalog der Arten, die von HOEHNE und KUHLMANN auf den Reisen der Commissão RONDON, im wesentlichen in Matto Grosso 1908—1923 gesammelt wurden, liegt vor von F. C. HOEHNE und J. G. KUHLMANN: Indice bibliografico e numerico das plantas colhidas pela Commissão Rondon, Secretaria da Agricultura, São Paulo 1951, 400 S., und stellt nach PILGER einen wertvollen Beitrag zur Kenntnis dieses Gebiets dar. — Südbrasilien: Vegetation des Morro do Bau, Municipe Itajai, Liste der Arten, siehe REITZ 1950. — Uruguay: von HERTERs Katalog der Flora von Uruguay erschien das Heft *Glumiflorae* III als Text zur Flora illustrada del Uruguay, 1953. Von der Flora illustrada selbst kamen in Basel heraus die Hefte VI a, *Casuarinaceae* bis *Chenopodiaceae* I (1952); VII a, *Chenopodiaceae* II bis *Caryophyllaceae* I (1952); IX a, *Capparidac.* bis *Mimosac.* I (1953). — Argentinien: A. L. CABRERA, Manual de la Flora de los Alrededores de Buenos Aires (Flora der Umgebung von Buenos Aires, 590 S., 191 Zeichnungen im Text, 1387 Arten, ohne Jahr, wohl 1953. — Die pflanzengeographische Arbeit von A. L. CABRERA [Rev. Mus. Eva Perón, N. Ser., Tomo VIII, Secc. Bot., S. 87 (1953)] wird in manchen Fällen wegen der Angaben vieler Arten in bestimmten Gegenden auch für den Systematiker wertvoll sein. — Chile: Beiträge zur Flora der Insel San Ambrosio (Islas Desventuradas), vgl. SKOTTSBERG, C., Ark. Bot. (Stockh.), 2. Ser. 1, S. 453. — Juan Fernandez: Vegetation, vgl. C. SKOTTSBERG in An. Inst. bot. Cavanilles Madrid T. XI, Vol. I, S. 515 (1952) 1953; 22 Abb. — Flora der Inseln San Felix und San Ambrosio, vgl. HORST 1949. — C. SKOTTSBERG, Natural History of Juan Fernandez and Easter Island, Vol. II, Part VI, Supplement, S. 763. Uppsala 1953.

Australien-Neuseeland. Von J. M. BLACK's Flora of South Australia, ed. 2, erschien Part III, 1952 in Adelaide; er enthält die Familien *Calli-*

trichaceae bis *Plumbaginaceae.* — Flora von Westaustralien, siehe GARDNER 1952: *Gramineae* in Vol. I, 400 S. u. XII, 1 Karte, 1 farbige und 102 Schwarzweißtafeln, 6 Diagr. Perth 1952. — Die Bäume der australischen Regenwälder schildert in einem schön illustrierten Werk FRANCIS (die erste Auflage erschien 1929); auch nichttropische Arten sind jetzt mitaufgenommen. Ref. in Kew Bull. 1952, S. 66. — Von Interesse ist der Nachweis von COOKSON, daß in Australien fossil gefundener Pollen identisch ist mit dem von rezentem Nothofagus von Neuguinea und Neukaledonien. — Giftpflanzen Neuseelands: siehe COONOR u. ADAMS. Liste der Gefäßpflanzen der Campbellinseln von J. H. SÖRENSEN, in R. L. OLIVER und J. H. SÖRENSEN, Bot. Investigations on Campbell-Islands II., New Zeald. Dept. Sci. and Industry Res. Cape Expedit., Ser. Bull. 7, S. 1—38 (1951).

Pazifisches Gebiet. Hawaii: Einige Arten von Caryophyllaceen, Sapindaceen, Loganiac., Euphorbiac., Labiaten, Compositen, vgl. E. E. SHERFF, Bot. Leaflets Nr. 9, S. 2 (1954). — Einzelstudien über hawaiische Dikotyle (Araliac., *Phyllostegia*, *Bidens*, *Stenogyne* usw.) vgl. SHERFF 1953. — Östliche Karolinen: Flora der Insel Ponape, vgl. GLASSMAN; Schlüssel sind nicht beigegeben. — Fiji: Nutzpflanzen, vgl. DEGENER. — Neukaledonien: Pflanzenausbeute von Dr. O. H. SELLING 1949, vgl. GUILLAUMIN; Arten aus Neukaledonien, Neuguinea, siehe VAN STEENIS 1953 unter „Asien-Malesien". — Artenkatalog von Koralleninseln bei Neukaledonien und ökologische Studien, vgl. CATALA. Neue Hebriden: Vgl. Scientif. Results of the Oxford Univers. Expedition to the New Hebrides 1933/34. Published for the Oxford Univ. Exploration Club, 1951 (254 S., 17 Tafeln). Neben der Geographie und Fauna ist auch die Flora berücksichtigt.

Hilfsmittel der Systematik.

1953 erschien der 11. Supplementband zum Index Kewensis, herausgegeben von SALISBURY und den Kuratoren des Herbariums Kew; er umfaßt die Jahre 1941 bis einschließlich 1950. — Das wichtige und altbekannte Werk von A. W. EICHLER die „Blütendiagramme" (Leipzig 1875—1878) ist 1954 im Nachdruck wiedererschienen (Verlag O. Koeltz, Eppenhain-Taunus, Westdeutschland). — VAVILOVs Buch „Origin, Variation, Immunity and Breeding of Cultivated Plants" (1953) ist ins Englische übertragen worden. Für den Systematiker ist das Kapitel „Gesetz der homologen Serien bei der Vererbung" von besonderem Interesse. Referat: Kew Bull. 1952, S. 84. — Das Buch von A. F. HILL „Textbook of Useful Plants and Plant Products" erschien 1952 in zweiter Auflage (New York, Toronto u. London; 560 S.). — Die Royal Horticulture Society ließ 1951 einen „Dictionary of Gardening", eine Enzyklopädie für die praktische und wissenschaftliche Gartenkultur, erscheinen. Als Herausgeber zeichnete F. J. CHITTENDEN, von den Mitarbeitern sei hier W. T. STEARN genannt. Vier Bände in Quart, 2316 S., viele Textfiguren. Referat in Kew Bull. 1952, S. 280. — Ein neues Bilderwerk der Gartenpflanzen mit 1100 Photos: A. G. L. HELLYER, „The Encyclopaedia of Plant Portraits". New York 1953. — Von dem Werk von W. J. BEAN, Trees and Shrubs hardy in British Isles erschienen 1951 die Bände II und III in 7. Auflage. — Das Buch von KRÜSSMANN über in Deutschland winterharte Laubgehölze erschien in 2. Auflage. — Ein Hilfsbuch für die in Frankreich kultivierten Pflanzen ist das von FOURNIER, welches Bäume, Sträucher und sonstige Zierpflanzen bis auf die Arten schlüsselt. Es handelt sich um etwa 7000 Arten, 2020 sind abgebildet. — Blühende Sträucher und Bäume für südafrikanische Gärten: ELIOVSON. — Ein Handwörterbuch der Botanik in spanischer Sprache, das die spanischen Sprachgebiete (Spanien, Lateinamerika außer Brasilien) besonders berücksichtigt, ist das Werk von FONT QUER und Mitarbeitern: „Diccionario de Botanica" Barcelona 1953, XXXIX + 1244, illustriert. Auch Beschreibungen der Arten sind gegeben. — Eine große Bibliographie der kultivierten Bäume und Sträucher von A. REHDER wurde durch das Arnold Arboretum der Harvard University herausgegeben. — Eine eingehende Übersicht über die Obstbäume usw. von Mittelamerika gab POPENOE (Abbildungen). — BAILEYA, eine neue systematische Zeitschrift über Gartenpflanzen erscheint ab 1953 als „Quarterly J. of Horticultural Taxonomy"; sie wird herausgegeben von Bailey Hortorium of the New York State College of Agriculture und enthält Schlüssel der besprochenen Gattungen für die in Kultur befindlichen Arten. Bis jetzt sind vier Hefte erschienen. — Zahlreiche neue Arten von Sukkulenten (Cacteen, Stapelien, Mesembryanthemaceen usw.) wurden in der Zeitschrift „Sukkulentenkunde" (ab 1948) beschrieben; die Herausgabe erfolgt durch H. KRAINZ-Zürich. — Schlüssel der javanischen Holzarten auf anatomischer Grundlage und unter Beziehung auf das Werk des Verf. „Mikrographie des Holzes der auf Java vorkommenden Baumarten" vgl. JANSSONIUS. — Auf die große Bedeutung des Werkes von C. R. METCALFE und L. CHALK (Oxford 1950, zwei Bände „Anatomy of the Dicotyledons" sei erneut hingewiesen. Es wäre zu wünschen, daß die Verff. dieses große Werk durch eine Arbeit über die Schlußfolgerungen im systematischen Sinn ergänzen würden, denn für einen Nichtanatomen ist dies, zumindesten generell, kaum möglich. — P. GREGUSS gab 1947 ein Werk mit 1000 Mikrophotographien und 257 Tafeln und Zeichnungen heraus; „Bestimmung der mitteleuropäischen Laubhölzer auf xylotomischer Grundlage." Dieses Buch wird besonders für die Paleobotanik von Nutzen sein. Eine andere Arbeit von GREGUSS, 1948, behandelt die Gymnospermen-Hölzer und ist ebenfalls mit zahlreichen Tafeln ausgestattet. — Index der amerikanischen botanischen Literatur vgl.: SCHWARTEN. — Ein Verzeichnis von giftigen Pflanzen erstellte MOLDENKE 1951; wichtig sind die Hinweise auf amerikanische Literatur der letzten Jahre. — Die Pflanzen der Bibel wurden von H. N. MOLDENKE u. A. MOLDENKE in einem 1952 erschienenen, illustrierten Buche dargestellt.

Nomenklatur — Terminologie.

Über alle laufenden Fragen der Nomenklatur berichtet die Zeitschrift „Taxon", herausgegeben durch das internationale Büro für Pflanzentaxonomie und Nomenklatur, 106 Lange Nieuwstraat, Utrecht,

Netherlands. Im April 1954 lag von Vol. III die dritte Nummer vor. — Bericht der Sektion Nomenklatur beim 7. Internationalen Bot. Kongreß (Stockholm) siehe J. LANJOUW, Regnum vegetabile, Vol. 1, Upsala 1953.

Ähnlich dem MANSFELDschen Buche für Deutschland (1940) hat E. JANCHEN 1953 einen Index der gültigen Namen und ihrer wichtigsten Synonyme für Österreich herausgegeben (Z. angew. Pflanzensoziologie, H. X). Die Autornamen sind hier nicht angegeben, sie sind unter anderem zu entnehmen aus einer Arbeit JANCHENs 1953 in „Phyton" 5, S. 55: „Beiträge zur Benennung usw. der Farn- und Blütenpflanzen Österreichs." — Für Italien erschien ein „Nomenclator florae italicae" von CIFERRI und GIACOMINI, dessen erster Teil bisher die Gymnospermen und die Monokotylen umfaßt; es sind auch sehr viele Kulturpflanzen mitaufgenommen. Wie zu erwarten, stimmen die Artnamen nicht immer mit den MANSFELDschen und JANCHENschen (s. oben) überein; Standorte sind nicht mitgeteilt. — STEARN arbeitete Vorschläge aus für einen internationalen Kodex der Kulturpflanzen. — Über die alte Verwendung des Artbegriffs und die im 16. Jahrhundert gebräuchlichen Artnamen verbreitete sich F. CAMARA NIÑO. Die Namen aus den alten Werken werden im Sinne der neueren Systematik gedeutet (13 Tafeln). — Über die richtigen Namen der in botanischen Gärten usw. kultivierten Pflanzen siehe auch H. M. LAWRENCE 1949.

In seinen Beiträgen zur deskriptiven Terminologie hat G. M. SCHULZE [Bot. Jb. 76, S. 109 (1953)] an Hand von Figuren die einfachen Blattspreitenformen behandelt. Im Hinblick auf die oft verschiedenen Auffassungen der einzelnen Autoren ist es zu begrüßen, daß Einheitlichkeit auf terminologischem Gebiet angestrebt und in Diagnosen zum Ausdruck gebracht wird.

Für den Nachweis von Typen (Originalexemplaren) ist der Index Herbariorum, Part II (Regnum vegetabile Vol. 2) von J. LANJOUW und F. A. STAFLEU wichtig. Hier sind Register der Sammler und ihrer Herbarien zusammengestellt, was für die Auffindung der Typen wesentlich ist. Der erste Teil erschien in Utrecht 1954 (Buchstabe A mit D).

Der Index Rafinesquianus mit den Namen von RAFINESQUE, den MERRILL herausbrachte, erschien 1949. — JALAS veröffentlichte 1951 Überlegungen über die Geschichte der Pflanzensystematik und ihren gegenwärtigen Stand.

Pollenanalyse — Palynologie. — Für Südafrika erschien als palynologische Schrift: VAN ZINDEREN BAKKER, South Africa Pollen Grains, Part I; für Neuseeland: die Pollen der neuseeländischen Monokotylen wurden von CRANWELL bearbeitet: Schlüssel für die Pollenformen S. 18—21; Terminologie S. 16/17. — FR. JONAS gab einen Atlas mit 57 Tafeln zur Bestimmung rezenter und fossiler Pollen und Sporen heraus, der hauptsächlich die Untersuchung von Pollen in europäischen Mooren erleichtern soll. — Das bereits im vorigen Band der „Fortschritte" zitierte Standardwerk von ERDTMAN: „Pollen Morphology and Plant Taxonomy", Part I Angiosperms (Stockholm und Waltham) wird in allen systematischen Fragen die beste Grundlage für weitere

Studien bilden. In sehr vielen Fällen wird durch den Vergleich der Pollenformen die Annahme gestützt, daß die Familien dort zu Recht stehen, wo sie jetzt im System untergebracht sind. In nicht wenigen anderen Fällen wird das ERDTMANsche Buch wichtig sein, um zu beurteilen, ob eine Änderung des Systems am Platze ist oder nicht, doch würde eine Darlegung dieser Fragen den Rahmen, der hier zur Verfügung steht, allzusehr überschreiten. Immerhin sei wenigstens auf einige Befunde ERDTMANs hingewiesen: Die Gattung Sphenostemon (bisher *incertae sedis* oder zu den *Aquifoliaceae* gerechnet) sollte nach ERDTMAN in einer eigenen Familie untergebracht werden, dasselbe gilt nach ERDTMAN für *Barbeya*, die man bisher zu den *Ulmaceae* stellte. Die *Bruniaceae* sollen nach ERDTMAN, auch dem anatomischen Befund nach, in die Nähe der *Polygalaceae* gebracht werden. Die *Cactaceae* ähneln im Pollen gewissen Centrospermen, nicht den *Loasaceae*, die „*Sambucacae*“ den *Cornaceae*. Die *Campanulaceae-Campanuloideae* scheinen inhomogen zu sein, die Gattung *Pentaphragma* sollte wohl, in Übereinstimmung mit GAGNEPAIN und AIRY SHAW, als eigene Familie gefaßt werden. Die *Chlaenaceae* ähneln im Pollen *Caryocar*, den *Ericaceae, Guttiferae, Lecythidaceae* (Gegensatz zu anderen Auffassungen). — Die *Flacourtiaceae-Paropsieae* sollten wenigstens zum Teil nach ERDTMAN zu den *Passifloraceae* versetzt werden. Der Pollen der *Geraniaceae* ähnelt dem der *Zygophyllaceae*, gewisser Centrospermae (!) und dem der *Polemoniaceae* (!), der der *Convolvulaceae* ebenfalls dem mancher *Centrospermae*, usw. usw. Vor allem ist zu erwägen, ob und wieweit bei Pollen Konvergenzen auftreten, wie sie uns in den vegetativen Organen und vielleicht in der Eiweißbildung (Serodiagnostik) entgegentreten. Sicherlich ist die Formung der Pollenkörner bei weitem nicht so stark dem Einfluß von Außenfaktoren unterworfen wie etwa die Blatt- und Sproßgestalt. ERDTMAN selbst neigt — nach mündlicher Mitteilung — der Ansicht zu, daß die Konvergenz bei Pollen nur eine sehr geringe Rolle spiele. Jedenfalls sind alle seine Befunde für den Systematiker von größtem Interesse.

Literatur.

Vorbemerkung: Zahlreiche weitere Arbeiten sind, um Raum zu sparen, nur im vorhergehenden Text zitiert.

AELLEN, P.: Verhandl. naturforsch. Ges. Basel **61**, 157 (1950); **63**, 253 (1952); Mitt. Basler bot. Ges. **1**, 10 (1953). — ALVAREZ LOPEZ, E.: An. Inst. bot. Cavanilles, Jard. bot. Madrid **2**, 5 (1951). — AMES, O., u. D. ST. CORRELL: Fieldiana Bot. **26**, Nr. 1, 1 (1952), 107 Abb.; **26**, Nr. 2, 399 (1953), 198 Abb. — ANDRES, H.: Bot. Jb. **76**, 103 (1953). — ANDREWS, F. H.: The flowering plants of the Anglo-Egyptian Sudan, Bd. II. Arbroath-Scotland 1952. — ARISTEGUIETA, L.: Bol. Soc. Venezolana Sci. Nat. **14**, 182 (1953). — AZUMBUJA, D., u. R. E. WOODSON jr.: Ann. Missouri Bot. Gard. **36**, 543 (1949). — AUBRÉVILLE, A.: Flore forestiere soudano-guinéenne, Paris 1950. — AUBRÉVILLE, A., u. F. PELLEGRIN: Bull. Soc. bot. France **100**, 24.

BAZIGALUPO, N. M.: Darwiniana **10**, 31 (1952). — BACKEBERG, C.: Sukkulentenkunde, Zürich **2**, 49 (1948). — BAILEY, I. W., u. A. C. SMITH: J. Arnold Arboret. **34**, 52 (1953), 2 Taf. — BAILEY, I. W., u. B. G. L. SWAMY: J. Arnold Arboret. **34**, 77 (1953), 2 Taf. — BAILEY, L. H.: Gentes Herbar. **7**, Fasc. 4, 353 (1947), *Palmae.* — Ebenda **7**, Nr. 5, 448 (1948), *Cucurbit.* — Ebenda **7**, Nr. 6, 480, *Rubus.* — BAILEY, L. H.: Assisted by H. E. MOORE: Gentes Herbar. **8**, Nr. 2, 92 (1949). —

BANGE, G. G. J.: Blumea 7, 293 (1952). — BARROSO, G. M.: Arqu. Jardim. Bot. (Rio Janeiro) 10, 13 (1950), 19 Taf. — BEAU, W. J.: Trees and shrubs hardy in the Brit. Isles, 7. Aufl., Bd. II, F—Q, Bd. III, R—Z. London 1951. — BERGER, W.: Bot. Not. (Lund) 1953, 1. — BERHAUT, R. P.: Bull. Soc. bot. France 99, 297 (1952); 100, 48 (1953). — BEYERINCK, W.: 17. Jaarboek Ned. Dendrol. Ver. 1948/49 (1951), S. 67. — BINZ, A., u. E. THOMMEN: Flore de la Suisse y compris les parties de l'Ain et de la Savoie, 2. Aufl. Lausanne 1953, 451 S. — BLACK, G. A.: Bot. tecn. Inst. agronômico Norte (Brasil.) N 4; 20, 29 (1950). — BLAKE, S. T.: Proc. Roy. Soc. Queensland 60, 45 (1949). — Austral. J. Bot. 1, 185 (1953). — BOELCKE, O.: Darwiniana 9, 348 (1951). — BOLOS, A. DE: Collectanea Bot. Barcinone 3, Nr. 3, 325 (1953). — BOR, N. L.: J. Indian Bot. Soc. 27, 61 (1948); 27, 63 (1948/II). — Kew Bull. 1952/I, 75; 1952/II, 101; 1952/III, 309; 1952/IV, 321; 1952/V, 209; 1952/VI, 317. — BORG, J.: Cacti, A Gardeners Handbook. London 1951. — BOROMILOW, W. N.: Acad. NAYK, SSSR., Bull. Glarnogo, Bot. Sada 2, Moskau-Leningrad 1949, 67. — BRADE, A. C.: Arqu. Jardim. Bot. (Rio de Janeiro) 10, 131 (1950). — Rodriguesia 14, Nr. 26, 7 (1951). — BREISTROFFER, M.: Bull. Soc. bot. France 1952, 75. — BRENAN, J. P. M.: Kew Bull. 1952, 179; 1952/II, 227. — BRENAN, J. P. M., u. Mitarb.: Mem. New York Bot. Gard. 8, No 3, 161 (1953). — BRIDAROLLI, A. J.: Notas Museo de la Plata 13, Bot. Nr. 62 (1948). — BROWNE, F. G.: Malay. Forest. 15, 61 (1952). — BUCH, H.: Comm. Biol. Soc. Scient. Fenn. 10 (17), 1 (1951). — BULLOCK, A. A.: Kew Bull. 1952, 117; 1952/II, 405. — BURKART, A.: Darwiniana 9, 387 (1951). — BURKILL, J. H.: J. S. Afric. Bot. 18, 177 (1952). — BURRET, M.: Mitt. bot. Gart. u. Mus. Berlin-Dahlem 1 (1), 59 (1953). BURTT, B. L.: Brit. Flowers in Colour. London 1952 od. 1953. 142 S. — BURTT, B. L., u. P. LEWIS: Kew. Bull. 1952, 333. — BUXBAUM, F.: Sukkulentenkunde, Zürich 2, 3 (1948).

CABRERA, A.: Darwiniana 9, 363 (1951). — Notas Museo de la Plata 14, Bot. Nr. 70 (1949); ebenda Nr. 71 (1949/II); Nr. 69 (1949/III); 15, Bot. Nr. 75 (1950).— Blumea 7, 193 (1952). — Bol. Soc. argentina Bot. 4, Nr. 4, 261 (1953). — CAMARA NINO, F.: An. Inst. bot. Cavanilles, An. Jard. bot. Madrid 3, 107 (1951), erschien. 1952. — CAMUS, A.: Mém. Inst. Sci. Madagascar, Ser. B 1, f. 2, 104 (1948). — Bull. Soc. bot. France 100, 20. — CATALA, R.: Bull. biol. France et Belg. 84, 234 (1950), 16 Photos. — CAVACO, A.: Bull. Soc. bot. France 99, 251 (1952). — CHATTERJEE, D., u. J. P. M. BRENAN: Hooker, Ic. plant. 35, t. 3484 (1950). — CHEESMAN, L. E.: Natura 1951, 597. — CHIARUGI, A.: Webbia 9, 1 (1953). — CHRISTIANSEN, W.: Neue krit. Flora von Schleswig-Holstein 1953, 572 S., 240 Verbreit.-Karten usw. — CID, J. C.: Collectanea bot. 3, Nr. 3 309 (1953). — CIFERRI, R.: Atti Ist. bot. Univ., Laborat. crittogam. Pavia, Suppl. A (nach Bd. 9) 1948?, 200 S. CIFERRI, R., u. V. GIACOMINI: Nomenclator Florae Italicae, Pars I; Ticini 1950, 196 S. — CIFERRI, R., GIACOMINI, V. u. P. POGGIO: Atti Ist. bot. Univ., Laborat. crittogamico Pavia, Suppl. D (nach Bd. 9) 1948?, 26 S. — CODD, L. E. W.: Trees and shrubs of the Krueger National Park, Mem. 26, Bot. Survey Div. Bot. and Plant Pathology, Dept. Agricult. Pretoria 1951, 6 farb. Tafeln, viele Photos u. Zeichnungen. — COMPTON, R. H.: J. S. Afric. Bot. 19, Teil 4, 147 (1953). — Ebenda 19, 119 (1953/II). — COOKSON, J. C.: Nature (Lond.) 170, 127 (1952). — COONOR, H. E., u. N. M. ADAMS: Bull. 99, Dept. Sci. and Industr. Research, New Zealand 1951, 141 S., 39 Fig. — CORREA, M. N.: Notas del Museo de la Plata, 15, Bot. Nr. 78 (1950). — COWAN, R. S.: Mem. New York Bot. Gard. 8, 257 (1953). — COWAN, R. S. u. Mitarb.: Brittonia 7, 389 (1952). — CRANWELL, L. M.: Bull. Auckland Inst. and Mus. Nr. 3. Cambridge, Massach. 1953. 8 Taf., 66 Abb. — CRONQUIST, A.: Bull. Jard. bot. Bruxelles 22, 215 (1952). — CUATRECASAS, J.: Collect. bot. Barcinone 3, Nr. 3, 261 (1953). — Feddes Repertor. 55, 120 (1953/II). — Acta agronomica 3, 89 (1953/III). — Mutisia Bogota Nr. 16 (1953/IV); Nr. 17 (1953/V); Rev. internat. Bot. Appliquée 33, 306 (1953/VI). — CUFODONTIS, G.: Fedde's Repertor., spec. nov. 55, 27 (1952) u. 113 (1953); Bull. Jard. bot. Bruxelles 23, Suppl., Nr. 3/4 (1953/II).

DÄNIKER, A. U.: Arch. Klaus-Stiftg., Erg.bd zu 20, 252 (1945). — 6. Jber. Schweiz. Ges. für Vererbungsforsch. Arch. Klaus-Stiftg. 21, 465 (1946). — DAYTON, A.: Phytologia 4, 223 (1953). — DEGENER, O.: Mitt. bot. Gart. u. Museum Berlin-Dahlem 1, 131 (1953). — DELAY, C.: Rev. Cyt. et Biol. veget. 12, 1 (1950/51).

DELHAYE, R. J.: Inst. colonial Belge, Bull. seanc. **23**, 844 (1952). — DEWIT, J.: Bull. Soc. roy. bot. Belg. **84**, 73 (1951). — DIETZ, R. A.: Ann. Missouri Bot. Gard. **39** (3), 219 (1952). — DILLEWIJN, C. VAN: Botany of sugar cane. Waltham-Massach. Chron. Bot. 1952. XXIV u. 371 S., 229 Zeichnungen u. Photos. — DOMKE, W.: In MIEHE-MEWIUS, Taschenbuch der Bot., 11. Aufl., S. 174. 1953. — DUGAND, A.: Mutisia-Bogota Nr. 8 (1952); Nr. 18 (1953). — DUVIGNEAUD, P.: Bull. Soc. bot. Belg. **85**, Nr. 1, 9 (1952). — DUVIGNEAUD, P., u. L. HOTYAT: Bull. Soc. bot. Belg. **85**, Nr. 1, 75 (1952). — DUVIGNEAUD, P., J. STAQUET u. J. DEWIT: Bull. Soc. bot. Belg. **85**, Nr. 1, 39 (1952).

EGGELING, W. J.: The indigenous trees of Uganda-Protectorat, 2. Aufl. Entebbe, Uganda, Govern. Printer Uganda 1951. — ELIOVSON, S.: Flowering shrubs and trees for south afric. Gardens. London 1951. 146 S. — EPLING, C.: Rev. Mus. Plata, N. Ser. **7**, secc. Bot. 153 (1949). La Plata. — ERDTMAN, G.: Pollenmorphology and plant taxonomy, Stockholm u. Waltham-Massach.: Chron. Bot. 1952. XII u. 539 S., mehr als 1000 Fig. — EVRARD, F.: Bull. Soc. bot. France **99**, 131 (1952). — EXELL, A. W.: J. Linn. Soc. **55**, 103 (1953). — EXELL, A. W., A. FERNANDES u. F. A. MENDONÇA: Bol. Soc. Broter. **26**, 213 (1952). — EXELL, A. W., u. F. A. MENDONÇA: Bol. Soc. Broter. **26**, 277 (1952). *(Anacard.).*

FABRIS, H. A.: Notas del Museo de la Plata **14**, Bot. Nr. 68 (1949). — Ebenda **15**, Nr. 76 (1950); Nr. 77 (1950/II). — FAVARGER, CL.: Ber. schweiz. bot. Ges. **62**, 244 (1952). — FERNANDES, A.: Agronom. Lusitan. **12**, T. IV, 551 (1950). — FERNANDES, R.: Annuario Soc. Broteriana **18**, 5 (1952). — FERREYRA, R.: Smithsonian Miscell. Collect. **121**, Nr. 3, S. 1 (1953). — FLORIN, R.: Bot. Not. (Lund) **1952**, S. 1. — FONT QUER, P.: Collectanea bot. Barcinone **3**, Nr. 3, 345 (1953). — FORMAN, L. L.: Kew Bull. **1953**, 555. — FOURNIER, P.: Arbres, arbustes et fleurs de pleine terre. Paris 1951 u. 1952; 890 S., 1181 Bilder. — FRANCIS, W. D.: Australian Rain Forest Trees. Forestry and Timber Bureau, Canberra 1951; 469 S., 1270 Zeichnungen u. Lichtbilder. — FRIES, R. E.: Ark. Bot. (Stockh.), Ser. 2, **1** (5), 445. — FURTADO, C. X.: Gardens Bull. Singapore **16**, 49 (1953).

GALINAT, M.: Bull. Soc. bot. France **1952**, 36. — GARDNER, C. A.: Flora of Western Australia, Bd. I, Teil 1, *Gramineae*; Perth 1952, 400 S., 102 Taf., viele Fig. — GAUSSEN, H.: Les Gymnospermes actuelles et fossiles, Bd. 4. Toulouse 1950—1952. 248 S., etwa 175 Fig., zahlreiche Tafeln. — GERMAIN, R.: Bull. Jard. bot. Bruxelles **22**, 71 (1952). — GIACOMINI, V., u. S. PIGNATTI: Atti Ist. bot. ecc. Pavia, Ser. 5, **6** (3), 225 (1950). — GILLETT, J. B.: Kew Bull. **1952**, 367. — GITHENS, T.: Drug plants of Africa. Philadelphia 1949. XIII u. 125 S. — GLASSMAN, S. F.: Bernice Bishop Mus. Honolulu, Bull. 209; 152 S. 1952. — GOOD, R.: New Phytologist **51**, 189 (1952). — GOODSPEED, T. H.: Univ. Californ. Publ. Bot. **26**, 391 (1953). — GRAY, N. E.: J. Arnold Arboret. **34**, 67 (1953). — Ebenda **34**, 163 (1953/II). — GREGUSS, P.: Bestimmung der mitteleuropäischen Laubhölzer und Sträucher. Budapest 1947. — Acta Univ. Szegediensis, Sect. Sci. Nat. Pars botan.: Acta bot. **3**, Nr. 1—6 (1948), 62 Taf., 62 S. Gymnospermen. — GRÖNTVED, J.: Dansk bot. Arkiv **15**, Nr. 3, 112 (1953). — GUILLAUMIN, A.: Acta hort. Gotheb. **19**, Nr. 1, S. 1 (1952), 4 Taf. — GUINEA, E.: Bol. Soc. Espagnola Hist. Nat. secc. Biol. **49**, 175 (1951); 62 S. (Gymnospermen).

HARA, H.: J. Fac. Sci. Univ. Tokyo, Sect. 3 Bot. **6**, 29 (1952). — HARRISON, J. H.: Sv. bot. Tidskr. **45**, 608 (1951); 4 Taf. — HATUSIMA, S.: Bot. Mag. Tokyo **65**, 109 (1952). — HAUMAN, L.: *Rosaceae.* Flore Congo Belg. etc. **3**, 1 (1952); *Berlinia* u. verwandte Gattungen S. 376. — HEINE, H.: Mitt. bot. Staatssammlg. München **6**, 208 (1953). — HENDRYCH, R.: Preslia **26**, 111 (1952). — HERRE, H.: Sukkulentenkunde, Zürich 2, 35 (1948). — HERRE, H., u. VOLK: Sukkulentenkunde, Zürich **2**, 38 (1948). — HERTER, G.: Flora del Uruguay, 5. *Glumiflorae* II u. III, S. 97. Basel 1953. (Als Text zu Flora illustrada del Uruguay). — HESS, H.: Ber. schweiz. bot. Ges. **62**, 80 (1952), 9 Taf. *(Strophanthus).* — HILDEBRAND, F. H.: Repertor. for Forest. Res. Stat. Bogor Nr. 54 (1952), 82 S., mimeographisch; Nr. 55, desgl. (1952/II), 83 S.; Nr. 56 (1952/II), 66 S.; Nr. 57 (1952/IV), 48 S. — HOCHREUTINER, B. P. G.: Notulae systemat. Paris **14**, 229 (1952). — Candollea **14**, 79 (1953). — HOLTTUM, R. E.: Orchids of Malaya, Bd. I of revised Flora of Malaya. 740 S., 234 Fig., 4 farb. Tafeln, Singapore, ? 1953. — HOLZHAMMER, M.: Mitt. bot. Staatssammlg. München **8**, 345 (1953). — HOOGLAND, R. L.: Blumea

7, 171 (1952). — Ebenda 7, 310 (1953), *Erycibe*. — HORN af H. RANTZIEN: Kew Bull. **1952**, 29. — HORST, A.: Bol. Mus. Nac. Hist. Nat. Santiago Chile 24, 1 (1949). HOTTA, T.: Acta Phytotax. Geobot. 14, 104 (1952). — HOWARD, R. A., u. W. R. BRIGGS: J. Arnold Arboret 34, 182 (1953). — HU, SHIU-YING: J. Arnold Arboret. 34, 138 (1953). — HUBBARD, C. E.: In Hooker Ic. plant. 35, T. 3494, 1950. — Kew Bull. **1952**, 307. — Proc. Roy. Soc. Queensland 62, 109 (1950) 1952. — HUBBARD, C. E., u. J. LÉONARD: Bull. Jard. bot. Bruxelles 22, 313 (1952). — HUBER, B., u. K. MÄGDEFRAU: Ber. dtsch. bot. Ges. 66, 117 (1953). — HUMBERT, H.: Flore de Madagascar, Familien 101—103, Paris 1952; 126; 152 (*Myrtac.*) 1953; 161 (*Myrsinac.*) 1953; 165 (1952). — HUSSON: Siehe LEENHOUTS, HUSSON u. LAM 1952. — HYLANDER, N.: Nordisk Kärlväxtflora omfattende Sveriges, Norges, Östfennoscandias, Islands och Faröarnas, Bd. I. Uppsala 1953. 391 S.

IRMSCHER, E.: Bot. Jb. 76, 1 (1953).

JALAS, JAAKKO: Valvoja 71, 122 (1951). — Arch. Soc. zool. bot. fenn. ,,Vanamo'' 7, 49 (1952). — JANCHEN, E., u. G. WENDELBERGER: Kleine Flora von Wien, Niederösterreich u. Burgenland. Wien 1953. 207 S., illustr. — JANSEN, P.: Acta bot. neerl. 1, 468 (1952). — Ebenda 2, 363 (1953). — Reinwardtia 2 225 (1953/II). — JANSSONIUS, H. H.: Key to the javanese woods on the basis of anatomical features. Leiden 1952. XI, 244 S. u. 365 Fig. — JOHN, H. ST.: Pacific Sci. 6, 30, 213 (1952). — JOHNSTON, J. M.: Sargentia 8, 1 (1949), 17 Taf. — J. Arnold Arboret. 34, 1 (1953). — Ebenda 34, 258 (1953/II). — JONARD, P.: Les blés tendres cultivés en France. Paris 1952. 492 S., 32 Fig., 30 Photos. Inst. n. Recherche agronomique. — JONKER-VERHOEF, A. M. E., u. F. P. JONKER: Acta bot. neerl. 2, 349 (1953). — JONAS, F. R.: Beiheft 133 zu Feddes Repertor. spec. nov. Berlin 1952. 60 S., 57 Taf. —

KÄRKI, E.: Värikuvakasvio, 1951, 188 S., Porvoo. — KAVALJIAN, L. G.: Bot. Gaz. 113, 392 (1952). — KEAY, R. W. J.: Kew Bull. **1952**, 149, 543; **1953**, 69. — KEAY, R. W. J., u. F. A. STAFLEU: Mededeel. Bot. Mus. Utrecht Nr. 114, 594 (1953). — KENG, HSÜAN: J. Washington Acad. 41, 200 (1951). — Quart. J. Taiwan Mus. 4, 253 (1951/II). — KERR, A. F. G., u. H. R. FLETCHER: Flora Siam. enum. 3, 1 (1951). — KEW: Index, Suppl. 11, siehe unter SALISBURY. — KIWAK, A., u. P. DUVIGNEAUD: Bull. Soc. bot. Belg. 85, Nr. 1, 69 (1952). — KOBUSKI, C. E.: J. Arnold Aboret. 34, 125 (1953). — KOCH, WALO: Ber. schweiz. bot. Ges. 62, 628 (1952), 9 Abb. — KOLAKOWSKY, A.: Acad. NAYK, SSSR., Liste der Pflanzen des Herbars der Flora SSSR, herausgegeben vom Bot. Inst. B. L. Komarow XI, Nr. 65—70, Moskau-Leningrad 1949. 171 S. — KOSTER, J. TH.: Blumea 7, 288 (1952). — KOSTERMANS, A. J. G. H.: Bull. Bot. Gard. Buitenzorg., Ser. III, 18, 435 (1950). — J. Sci. Res. (Indonesia) 1, 83, 113 (1952). — KRAPOVICKAS, A.: Bol. Soc. Argent. bot. 3, 235 (1951). — KRISHNASWAMY, N., u. V. S. RAMAN: J. Ind. bot. Soc. 27, 77 (1948). — KRÜSSMANN, G.: Die Laubgehölze (in Deutschland winterhart), 2. Aufl. Berlin 1951.

LAM, H. J.: Siehe unter LEENHOUTS, HUSSON u. LAM. 1952. — LAM, H. J.: Sixth Pacific Sci. Congress Botan., Jahr ?, S. 673 (Sapotac.-Areale). — LAM, H. J., u. P. van ROYEN: Blumea 6, 580 (1952); 7, 148 (1952). — LAWALRÉE, A.: Bull. Jard. bot. Bruxelles 22, 193 (1952). — LAWRENCE, H. N.: Gentes Herbar 8, Nr. 1, 1 (1949). — Baileya 1, 31 (1953). — LEENHOUTS, P. W., A. M. HUSSON u. H. J. LAM: Blumea 7, 154 (1952). — LÉONARD, J.: Publ. de l'Inst. Nat. pour l'Etude agron. du Congo Belge (INEAC) Ser. scient. Nr. 45, 1 (1950); *Monimiaceae* in Flore du Congo Belg. etc. 2, 400 (1951); *Fumariac.* S. 450; *Pittosporac.* S. 574; Bd. III (1952/II): *Cynometreae* u. *Amherstieae.* — Bull. Soc. roy. bot. Belg. 84, 47 (1951/II). Bull. Jard. bot. Bruxelles 22, 201 (1952). — LEWIS, J.: Kew Bull. **1953**, 281. — LEWIS, H., C. EPLING, G. A. MEHLQUIST u. C. G. WYKOFF: Ann. Missouri Bot. Gard. 38, 101 (1951). — LI, HUI-LIN: Quart. J. Taiwan Mus. 3, 124 (1950); 4, 213 (1951). — Lloydia 14, 201 (1951/II); 15, 156 (1952). — Proc. Acad. Nat. Sci. Philadelphia 104, 197 (1952). — J. Washington Acad. Sci. 42, 39 (1952/II). — J. Arnold Arboret. 34, 17 (1953). — LID, J.: Norsk Flora, 2. Aufl. Oslo 1952. 771 S., 390 Textfig. — LINDEMAN, J. C.: Mededeel. Bot. Mus. Utrecht Nr. 113, 1 (1953); 32 Photos, 2 farb. Tafeln, Tabellen. — LITARDIÈRE, R. DE: An. Inst. bot. Cavanilles, (Jard. bot. Madrid) T. X., Vol. 2, 291 (1952). — LOSA, T. M., u. P. MONTSERRAT: An. Inst. bot. Cavanilles, Jard. bot. Madrid T. X, Vol. 2, 413 (1952). LOURTEIG, A.: Darwiniana 9, 397 (1951), 63 Abb. — LOUW, W. J.: Bot. Survey of South Africa, Mem. 24 (1951). — LUDWIG, A.: Der Fruchtknotenbau der Myrtaceen und seine Bedeutung für die Gliederung dieser Familie. Diss. Univ. München 1952. — LÜCKHOFF, C. A.: *Stapelieae* of Southern Africa. Cape Town 1952. 280 S., 250 Bilder, 5 farb. Tafeln.

MAC CLINTOCK, E.: Baileya 1, 53 (1953). — MAC KEE, H. S.: Nature (Lond.) 170, 40 (1952). — MAGUIRE, B., COWAN, R. S., J. J. WURDACK etc.: Mem. New York Bot. Gard. 8, 87 (1953). — MAIRE, R.: Flore de l'Afrique du Nord, Bd. II, Paris 1953. 374 S., 196 Fig. — MALMIO, B.: Arch. Soc. zool. bot. fenn. „Vanamo" 7, 147 (1953). — MARCET, A.: Bol. Soc. españ. Hist. Nat., Secc. Biol. 49, 202 (1951). MARSH, V. L.: Amer. Meedl. Natur. 47, 202 (1952). — MASON, CH. T. jr.: Univ. California Publ. Bot. 25, 455 (1952). — MARTINEZ, M.: An. Inst. Biol., Mexico 22, 25 (1951), 36 Fig. — MATUDA, E.: An. Inst. Biol., Mexico 22, 83 (1951), 25 Fig. — MEIKLE, R. D.: Bol. Soc. Broteriana 26, 284 (1952). — MELVILLE, R.: Kew Bull. 1952, 175; 1952/II, 261. — MENZEL, M. Y.: Proc. Amer. Phil. Soc. 95, 132 (1951). — MERRILL, E. D.: Index Rafinesquian., Arnold Arboret. 1949. S. 1. — J. Arnold Arboret. 32, 409 (1951); 33, 199 (1952). — MERRILL, E. D., u. C. G. G. J. VAN STEENIS: Webbia 8, 405 (1952). — MERXMÜLLER, H.: Mitt. bot. Staatssammlg. München 6, 175 (1953); 6, 196 (1953/II); 7 (1953/III). — MERXMÜLLER, H., u. G. CZECH: Mitt. bot. Staatssammlg. München 8, 317 (1953). — MILLÁN, R.: Darwiniana 10, 90 (1952). — MILLER, O. B.: J. S. Afric. Bot. 18, 1 (1952). — MILNE-REDHEAD, E.: Kew Bull. 1952, 167. — MOESCHL, W.: Agronom. Lusitan. 13, 23 (1951). — MOLDENKE, H. N.: Poisonous plants of the World, 3. Aufl., S. 25, 1951. Phototyp. — Phytologia 4, 200, 266 u. 295 (*Eriocaulac.*) (1953) u. S. 184, 266 u. 285 (*Verbenac.*). — MOLDENKE, H. N., u. A. MOLDENKE: Plants of the Bible. Waltham-Massach.; Chronica Bot. London. XX u. 364 S., 95 Illustr. — MONTELUCCI, G.: Webbia 8, 245 (1952); 9, 49 (1953). — MOORE, H. E.: Gentes Herbar. 8, Nr. 4, 266 (1953). — MORLEY, TH.: Amer. J. Bot. 40, 248 (1953). — Univ. California Publ. Bot. 26, 283 (1953/II), 5 Taf., 53 Fig. — MORTON: Fieldiana Bot. 28, Nr. 3, 532 (1953). — MUKHERJEE, S. K.: J. Linn. Soc. 55, 65 (1953).

NAKAI, T.: Bull. Nat. Sci. Mus. Tokyo Nr. 31, 1 (1952). — NAKAI, T., u. M. HONDA: Nova Flora japonica, *Hypericac.* 1951; 273 S., Ill. — NAONORI, HIROTA: Mem. Ehime Univ., Sect. 2, 1, Nr. 2 (1951). — NELMES, E.: Kew Bull. 1952, 289. — NĚMEJC, F.: Sbornik Narodniho Musea Praze (Acta Musei Nation. Pragae) Bd. VI B (1950), Nr. 3, Geolog. u. Palaeontolog. Nr. 2, S. 81. — NEUMANN, A.: Mitt. Flor.-soziolog. Arbeitsgem. Stolzenau, N. F. 3, 44 (1952). — NEVES, J. DE BARROS: Bol. Soc. Broteriana 26, 5 (1952).

OOSTSTROOM, S. J. VAN: Blumea 7, 171 (1952).

PABST, G. F.: Rodriguesia 14, Nr. 26, 43 (1951). — Anais Bot. Herb. Barbosa Rodrigues 3, 37 (1951); 4, 69 (1952). — PARODI, L. R.: Bol. Soc. Argentin. bot. 1 (4) 293 (1946). — PELLEGRIN, FR.: Bull. Soc. bot. France 1952, 105. — PENNELL, F. W.: Notulae naturae Philadelphia Nr. 244, 1 (1952). — PERRY, L. M.: J. Arnold Arboret. 34, 191 (1953). — PERTCHIK, B. u. H.: Flowering trees of the Caribbean. New York u. Toronto 1951. 125 S., 30 farb. Tafeln. — PETERSEN, A.: Bot. Tidsskr. 50, 1 (1953). — PFEIFFER, H. H.: Fedde's Repertor. 55, 113 (1953). — PHILLIPS, E. P.: Genera of south afric. Plants, 2. Aufl. Pretoria 1951; Bot. Survey Mem. 25, 923 S. — PICHI-SERMOLLI, R., u. H. HEINIGER: Webbia 9, 9 (1953). — PILLANS, N. S.: J. S. Afric. Bot. 18, 101 (1952). — PINTO DA SILVA, A. R., L. G. SOBRINHO u. Mitarb.: Agronom. Lusitan. 12, 233 (1951). — POLJAKOW, P. O.: Akad. NAYK, SSSR. Moskau-Leningrad Bull. Glarnogo, Bot. Sada, 6, 53 (1950). — POPENOE, W.: Ceiba-Honduras 3, 225 (1953). — POPOW, M.: Notulae Syst. Herb. Inst. Bot. Nom. Komarovii Acad. Sci. URSS 14, 336 (1951). — PURI, V.: J. Ind. Bot. Soc. 27, 130 (1948).

QUÉZAL, P.: Fedde's Repertor 56, 1 (1953). — QUISUMBING, E.: Philipp. Orchid Rev. 4, 8 (1951).

RASMUSSEN, R.: Føroya Flora, 2. Aufl. XXVIII u. 232 S. Tórshavn 1952. — RAU, M. A.: Phytomorphology 1, 153 (1951). — RAMBO, B.: Anais bot. Herb. Barbosa Rodrigues 3, 3 (1951), andine Flora. — Ebenda 3, 55, Wald Rio Grande. — Ebenda 4, 87 (1952); *Compos.* — Ebenda 4, 161 (1952), *Sapind.* — RECHINGER, K. H. jr.: Ark. f Bot. (Stockh.) 2, Nr. 5, 271 (1951), 11 Taf. (Palästina-Transjordan.). — Ebenda Ser. 2, 1 (:5), 413 (Cypern). — REGEL, C. VON: Bull. Soc. bot.

France 1952, 122. — REHDER, A.: Bibliogr. of cultivated trees and shrubs (Arnold Arboret.) 1949. XL u. 825 S. — REITZ, R.:: Rodriguesia 13, 267 (1950). — Anais Bot. Herb. Barbosa Rodrigues 3, 89 (1951); 4, 5 (1952). — REYNOLDS, G. W.: J. S. Afric. Bot. 19, Teil 1, 1 (1953), 7 Taf., vgl. auch ebenda S. 13—16. — RIZZINI, C. T.: Arqu. Jardim. Bot. (Rio de Janeiro) 9, 193 (1949/I); 9, (1949/II); 9, 70 (1949/III). — Dusenia 3, (3), 189 (1952). — ROBERTY, G.: Bull. Soc. bot. France 1952, 16; 99, 168 (1952), Desmodium. — RODRIGO, AMÉRICA DEL PILAR: Rev. del Museo de la Plata (Nueva Ser.) 7, Secc. bot. 111 (1948). — ROHWEDER, O.: Senckenbergiana 34, 109 (1953). — ROTHMALER, W.: Exkursionsflora. Berlin (russ. Sektor) 1952. 366 S. — ROULEAU, E.: Contrib. Inst. bot. Univ. Montreal Nr. 57 (1945), Nr. 64 (1949). — ROYEN, P. VAN: Acta bot. neerl. 2, 1 (1953). — ROYEN, P. VAN, u. C. C. G. J. VAN STEENIS: J. Arnold Arboret. 33, 91 (1952).

SALISBURY, E. J.: Index Kewensis, Suppl. 11. Oxford 1953. 273 S. — SANDWITH, N. Y.: Kew Bull. 1952, 303. — SATÔ, D.: Cytologia, Tokyo 14, 174 (1949). — SAUVAGE, CH., u. J. VINDT: Flore du Maroc I, Trav. Inst. Scient. Cherif 4. Tanger 1952. — SCHILDER, F. A.: Einführung in die Biotaxonomie. Jena 1952. 161 S., 123 Abb. — SCHLITTLER, J.: Feddes Repertor. 55, 154 (1953). — SCHUBERT, B. G.: Bull. Jard. bot. Bruxelles 22, 287 (1952). — SCHULTES, R. E.: Mutisia-Bogota Nr. 15 (1953). — SCHWARTEN, L.: Bull. Torrey Bot. Club 79, 339, 415, 491 (1952); 80, 102, 145, 234 (1953). — SHAW, H. K. AIRY: Kew Bull. 1952, 73; 1952/II, 171; 1952/III, 271; 1952/IV, 277. — SHERFF, E. E.: Bot. Leaflets, ed. Sherff, Chicago Nr. 6, 1 (1952); Bidens, Coreopsis. — Ebenda Nr. 7, 21 (Araliac.). — Ebenda Nr. 7, 2 (1952), Compos. — Ebenda Nr. 8, 1 (1953). — SILLANS, R.: Bull. Soc. bot. France 1952, 100. — SINCLAIR, J.: Sarawak Mus. J. 5, 597 (1951). — Gardens Bull. Singapore 16, 40 (1953). — SLOOTEN, D. F. VAN: Bull. Bot. Gard. Buitenzorg, Ser. 3, 18, 229. — SMITH, A. C.: J. Arnold Arboret. 34, 37 (1953); 34, 97 (1953/II). — SMITH, LYMAN B.: Proc. Roy. Soc. Queensland 58, 51 (1947); 62, 79 (1952). — Arqu. Jardim. Bot. (Rio de Janeiro) 10, 141 (1950). — Phytologia 4, 213 (1953). — SMITH, P. G., u. C. B. HEISER: Amer. J. Bot. 38, 362 (1951). — Soó, R.: Acta biol. Acad. Sci. Hungar. Budapest 4, 257 (1953). — STAFLEU, F. A.: Mededeel. Bot. Mus. Utrecht Nr. 108, 222 (1952). — Acta bot. neerl. I Nr. 2, 222 (1952/II); I Nr. 4, 594 (1953); II Nr. 2, 144 (1953/II). — STANDLEY, P. C., u. L. O. WILLIAMS: Ceiba 3, 187 (1953). — STANT, M. Y.: Kew Bull. 1951, 309 (1952). — 1952, 273. — STEARN, W. T.: J. R. Hort. Soc. 77, 157 (1952). — STEBBINS, G. L. jr., J. A. JENKINS u. M. S. WALTERS: Univ. California Publ. Bot. 26, 401 (1953). STEENIS, C. G. G. J. VAN: Bull. Bot. Gard. Buitenzorg, Ser. III 18, 449 (1950). — Blumea 7, 146 (1952). — Webbia 7, 427 (1952/II). — Acta bot. neerl. I, 435 (1953/III); II, 298 (1953). — STEFÁNSSON, ST.: Flora Islands, 3. Aufl. 1948. LVIII u. 407 S., 254 Fig. — STEYERMARK, J. A.: Fieldiana Bot. 28, Nr. 2, 1 (1952). — ST. JOHN: Siehe unter JOHN. — STONOR, C. R., u. E. ANDERSON: Ann. Missouri Bot. Gard. 36, 355 (1949). — STORY, R.: Bot. Survey S. Afric. Mem. 27 (1952), S. XI u. 184; 85 Photos, 1 Karte. — STRASBAUHG, P. D., u. E. L. CORE: West Virginia Univ. Bull. Ser. 52, Nr. 12—2, Morgantown 1952. — SUESSENGUTH, K.: Mitt. bot. Staatssammlg. München 5, 135 (1952); Rhamnaceae SW-Afrik.; S. 137, Amaranthac. SW. Afrikas; Rhamnaceae, Vitaceae, Leeaceae in „Natürliche Pflanzenfamilien", 2. Aufl., Bd. 20d, Berlin 1953; 398 S., 104 Abb. — Mitt. bot. Staatssammlg. München 6, 184 (1953/II); 6, 181 (1953/III). — SWALLEN, J. R.: J. Washington Acad. Sci. 40, 19 (1950). — SWAMY, B. G. L.: J. Arnold Arboret. 34, 375 (1953), 3 Taf. 46 Fig. — SWART, J. J.: Mededeel. Bot. Mus. Utrecht Nr. 110, 244 (1952). — Acta bot. neerl. I, 244 (1952).

TERRIOUX, J.: Recherches bot. etc. sur les „Mansonia" africains. Le Havre 1952. 113 S. — TIAGI, B.: Lloydia 15, 129 (1952). — TISSERANT, R. P. CH., u. R. SILLANS: Bull. Soc. bot. France 100, 6 (1953). — TOMASELLI, R.: Atti Ist. bot. Univ., Laborat. crittogam. Pavia, Ser. 5 7 (2), 236 (1948). — TOURNAY, R., u. A. LAWALRÉE: Bull. Soc. bot. France 99, 262 (1952). — TOXOPEUS, H. J.: Euphytica 1, 34 (1952). — TRAUB, H. P.: Taxon 2, 28 (1953). — TRONCOSO, N. S.: Darwiniana 10, 69 (1952). — TURRILL, W. B., u. E. MILNE-REDHEAD: Flora of tropical East Africa. London 1952/53. Bisher 6 Lieferungen.

URPIA, H.: Dicionario etimologico das Orquideas. Bahia 1949.

VACCARI, E.: Atti Ist. bot. Univ. Pavia, Ser. 5, **6** (3), 151 (1950). — VAUGHAN, R. E.: J. Linn. Soc. **55**, 1 (1953). — VAVILOV, N. J.: Origin, variation, immunity and breeding of cultivated plants. Waltham-Massach.; Chronica Bot. 13, Nr. 1—6, London 1951. 366 S., 37 Abb. — VERDCOURT, B.: Bull. Jard. bot. Bruxelles **22**, 233 (1952); **23**, 5 (1953). — East Afric. Agric. J. 18, No. 2 (1952/II). — VICIOSO, C.: An. Inst. bot. Cavanilles, Jard. bot. Madrid T. X, Vol. II, 347 (1952); T. XI, Vol. II, 289 (1952/53). — VISSER SMITS, D. DE: Indones. J. Sci. **107**, 140 (1951).

WARDLAW, C. W.: Phylogeny and morphogenesis. London 1952. 536 S., 173 Illustr. — WEBSTER, G. L.: Pacific Sci. **5**, 52 (1951). — WENDELBO, P.: Nytt Magasin Bot. **1**, 1 (1952). — WEST, O.: Bot. Survey S. Afric. Mem. **23** (1950). — WHITE, C.: Siehe PERTCHIK, Trees of the Caribbean. — WIINSTEDT, K.: Bot. Tidsskr. **50**, 56 (1953). — WILCZEK, R.: Bull. Jard. bot. Bruxelles **23**, 125 (1953). — WILD, H.: Offprint from the Victoria Falls, Handbook. 1952?. S. 121. — WILKIE, D.: Gentians, 2. Aufl. 1950. 255 S., 55 Photos. 1 Farbbild. — WIMMER, F. E.: Kew Bull. **1952**, S. 1. — WIT, H. C. D. DE: Bull. Bot. Gard. Buitenzorg., Ser. III, **18**, 181 (1949); **18**, 407 (Crudia) (1950). — WOODSON, R. E. jr.: Ann. Missouri Bot. Gard. **36**, 543 (1949). — WYATT-SMITH, J.: Malay. Forest. Rec. Nr. 17 (1952), IV u. 171 S.

ZANEVELD, J. S., u. H. TH. VERSTAPPEN: J. Sci. Res. Djakarta **1**, 38, 58 (1952). — ZINDEREN BAKER, E. M. VAN: South Afric. Pollen Grains and Spores, Teil I. Amsterdam-Cape Town 1953. 88 S. — ZOHARY, M.: Palestine J. Bot., Ser. 4 (3) **1948**, 174.

6. Paläobotanik.

Von KARL MÄGDEFRAU, München.

Der Beitrag folgt in Band XVII.

7. Systematische und genetische Pflanzengeographie.

Von Franz Firbas, Göttingen, und Hermann Merxmüller, München.

I. Areal- und Florenkunde[1].

1. Lehrbücher, neue Theorien und Terminologien. Während in Deutschland ein allgemeines Lehrbuch der genetischen Pflanzengeographie noch immer auf sich warten läßt, sind mittlerweile einige ausgezeichnete fremdsprachige Werke dieser Art zugänglich geworden. Besonders hervorzuheben ist das Erscheinen der 2. Auflage der an dieser Stelle noch nicht referierten „Geography of the Flowering Plants" von Good, deren Neigungen im Gegensatz zu Cains etwas älteren „Foundations of Plant Geography" (vgl. Fortschr. Bot. 12, 86) stärker floristisch sind.

Der erste Teil des Buches, der die „bekannten Fakten der Pflanzenverbreitung" schildert, bringt einen geographischen Überblick über die Welt und ihre floristischen Regionen, der durch ausgezeichnete Weltkarten (in Mollweides „homolographischer Projektion") illustriert ist — wie überhaupt das Buch eine Fundgrube guter Übersichts- und Verbreitungskarten darstellt. Es folgen grundsätzliche Überlegungen über Evolution, „Verbreitungscyclen" (Relation zwischen phylogenetischem Alter und Verbreitung), Endemismus, Diskontinuität, Willis' Age-and-Area-Theorie (in der bei aller Kritik doch der wesentlichste pflanzengeographische Anstoß der neueren Zeit gesehen wird) und die Differentiations-Theorie von Guppy und Willis.

Eine Besprechung der Verbreitungstypen der Familien (sehr ausführlich: *Primulaceae*, *Proteaceae*, *Palmae*) gliedert in weitverbreitete, tropische, gemäßigte, diskontinuierlich verbreitete, endemische, südhemisphärische Gruppen; ähnlich sind auch eine Reihe von Gattungen und eine Auswahl charakteristischer Arten (mit guten statistischen Angaben) geographisch aufgeschlüsselt. Von Interesse sind bei diesen Gruppierungen die Angaben über engverbreitete Arten, marine Angiospermen, Mangrovepflanzen, Strandpflanzen u. a. Geschichtliche Entwicklungs- und Verbreitungsrichtungen werden auch an Hand eines kleinräumigen Beispiels, nämlich der englischen Grafschaft Dorset, unter Verwendung interessanter Karten besprochen. Ein weiteres Kapitel „Geologische Geschichte und frühere Verbreitung der Blütenpflanzen" nimmt zu den Problemen der Identifizierung fossiler Reste, der Floren der Vergangenheit (Karten einstiger und heutiger Verbreitung!) und der Eiszeiten Stellung.

Der zweite Teil des Buches nimmt sich die „bewirkenden Faktoren der Pflanzenverbreitung" vor, von denen zunächst die Ausbreitungsmöglichkeiten, frühere und rezente Verteilung von Land und Meer einerseits, der klimatischen und edaphischen Faktoren andererseits, Wettbewerb und menschlicher Einfluß behandelt werden. Bei der Untersuchung der Verbreitungsmittel werden vor allem die Studien von Thomson und Allan über die Naturalisation der in Neuseeland eingeführten und eingeschleppten Arten vorgeführt.

Sehr wesentlich erscheint das Kapitel „Klimaänderungen und geographische Veränderungen", in dem sich Good sehr ausführlich mit den Theorien Wegeners (Kontinentaldrift) und Jolys (radioaktive Aufschmelzung) auseinandersetzt. Viele Verbreitungsbilder, vor allem viele

---

[1] Bearbeitet von H. Merxmüller.

starke Disjunktionen ließen nur eine der folgenden Erklärungen zu, nämlich (1) daß sie auf Ausbreitungseigenschaften der Pflanzen beruhten (von deren fast genereller Unzulänglichkeit jedoch ein früheres Kapitel handelt) oder (2) auf der Existenz früherer Landbrücken (einer „week theory", da das Fehlen exakter Nachweise dagegen, alles aber für eine gewisse Konstanz der Land-Meer-Verteilung spreche) oder endlich (3) daß ihnen eben doch eine Kontinentaldrift zugrunde liege. Diese letzte Erklärung hält GOOD in Anerkennung der von DU TOIT beigebrachten Gründe und in einer gewissen Verbindung mit JOLYs Theorien für die aussichtsreichste, wenn sie auch noch stark zu modifizieren sei.

Ein weiteres Kapitel beschäftigt sich mit der „Toleranz-Theorie", wonach jede Art nur innerhalb eines bestimmten klimatischen und edaphischen Bereichs existenzfähig ist (von SALISBURY dahingehend ergänzt, daß drei Zonen vorlägen, eine mit voller Reproduktionsfähigkeit, eine weitere mit nur mehr vegetativer und einer letzten, in der nur mehr künstliche Vermehrung statthaben könne — schönstes Beispiel *Stratiotes*, wo die männlichen Pflanzen nördlicher verbreitet sind als die weiblichen und daher Samenproduktion nur im Überlappungsbereich möglich ist). Die Gültigkeit seiner Theorie erhärtet GOOD an vielen Beispielen, angefangen von der oftmaligen Unmöglichkeit der Akklimatisation bis zu den Möglichkeiten der Vernalisation. Letztlich gibt die Theorie in gewisser Hinsicht auch eine allgemeine Erklärung der rezenten Pflanzenverbreitung, wenn man (zutreffend) einräumt, daß klimatische Änderungen auf der Erde schneller eintreten können als solche der Toleranz (und der Morphologie), mit anderen Worten, daß in solchen Fällen keine Zeit zu mutativer Adaptation vorhanden ist.

Zusammenfassend wird ein Überblick über die Entwicklung der Blütenpflanzen gegeben. In der Oberkreide und den anschließenden Epochen kommen durch das generelle Vorherrschen mesophytischer Holzgewächse ein relativ gleichmäßiges Klima, weniger wirksame Barrieren und eine allgemeinere, weitere und gleichmäßigere Verbreitung zum Ausdruck. Desgleichen dürften, ob durch Landbrücken oder infolge engerer Nachbarschaft, die Kontinente weniger stark isoliert gewesen sein. Daher wird bis etwa zum Miocän (nach GOOD sogar bis ins Pliocän hinein) eine verhältnismäßig ruhige Ausbreitung stattgefunden haben, die im wesentlichen von der Qualität der Ausbreitungsmittel, nicht von äußeren Faktoren abhing. Diese Verhältnisse haben sich in der Folgezeit durch fortschreitende Isolierung der Kontinente, durch Gebirgsbildung und Klimaverschlechterung entscheidend geändert. Seither ist das Überleben das Hauptproblem. Die Entwicklung ist nicht mehr ein relativ unabhängiger, inhärenter Vorgang, sondern eine Auslese der gerade Tauglichsten. Das Gleichgewicht, in dem sich früher die Floren mit ihrer Umwelt befanden, ist seither auf der ganzen Welt entscheidend gestört.

Im Anschluß an die Besprechung des GOODschen Buches mag hier auch noch auf die bereits im Jahre 1942 niedergeschriebene, jedoch erst 1950 erschienene englische Übersetzung der WULFFschen „Introduction to Historical Plant Geography" (Original russisch 1932/33) hingewiesen werden, die eine ganz ähnliche Gliederung aufweist (Arealbegriff, Zentren und Grenzen; monotope und polytope Entstehung; Arealtypen; Verbreitungskorrelationen zwischen Pflanzen und Tieren; künstliche und natürliche Faktoren der Verbreitung; Wanderung von Arten und Floren und ihre Gründe; historische Gründe für die gegenwärtige Arealstruktur und Florenverteilung; Florenelemente). Auch hier ist wieder das Kapitel „Historische Gründe" von besonderem Interesse, das eingehende Besprechung der Landbrücken-Theorien, der Theorie von der Permanenz der Meere und Kontinente (SOERGEL), der Pendeltheorie von SIMROTH, der Theorien von der polaren Entstehung der Floren (HEER für den Nordpol, HOOKER u. a. für den Südpol) und endlich wieder der WEGENER-schen Kontinentaldriftlehre bringt. Hier setzt sich WULFF so rückhaltlos für die Alleingültigkeit und -brauchbarkeit der WEGENER-Theorie ein, daß sich MERRILL, der die Herausgabe der englischen Übersetzung inaugurierte, in seinem Vorwort zu starken Vorbehalten gezwungen sieht.

MERRILL stützt sich hier auf ein eindrucksvolles, bislang noch nicht angeführtes Gegenargument: von den 2800 in den bisher erschienenen Bänden der 2. Auflage von ENGLER-PRANTLs „Natürlichen Pflanzenfamilien" aufgeführten Gattungen sind nur 180 der Alten und der Neuen Welt gemeinsam, also nur etwa 6,3%; bei einer Beschränkung auf die rein tropischen Gattungen würde sich dieser Prozentsatz noch bedeutend erniedrigen, da der holarktische Anteil wesentlich ist. Dies scheint doch sehr nachdrücklich zumindest gegen WEGENERs Annahme einer relativ späten Trennung zu sprechen.

Kein „Handbuch der Pflanzengeographie" ist hingegen CROIZATs „Manual of Phytogeography", wenn man nicht mit seinem Autor unter Pflanzengeographie ausschließlich eine unglaublich apodiktisch und einseitig geführte Rekonstruktion der Pflanzenwanderungen früherer Zeitalter verstehen will — und wenn man mit ihm in der Meinung uneins ist, daß „Wanderung eine so methodische, genaue, wiederholbare Angelegenheit ist, daß die gesamten Elemente der Pflanzengeographie in wenigen Lektionen lehrbar sind". Da es sich trotzdem um ein geistreiches, anspruchsvolles Buch handelt, das sicher anregend und befruchtend wirken wird, soll auf die Theorien des Autors etwas weiter eingegangen werden.

Die Hauptformen der Angiospermen sind in Kontinenten der Vorkreidezeit entstanden, von denen wir heute noch Überbleibsel wie die Antarktis kennen; der wichtigste von ihnen war das Gondwanaland, das in CROIZATs Fassung Afrika, Asien, Malesien, Australien und einen Teil des Westpazifik zusammenschweißte und Berührung mit Südamerika, Karibien und bestimmten Teilen Nordamerikas und Europas hatte. Nur aus der (angenommenen) Existenz solcher Landmassen läßt sich die heutige Tier- und Pflanzenverbreitung erklären; postkretazische Landbrücken, Polwanderungen, Klimaveränderungen sind Utopien, die ebenso wie das Festhalten an modernen Kartenbildern und „akademischen Theorien" nur Verwirrung bringen.

Eine biogeographische Studie ist eine kritische Erforschung der Evolution in Zeit und Raum. Diese Evolution ist nach CROIZAT an Wanderströme von Urtypen gebunden, die in bestimmten Epochen von bestimmten Punkten der alten Landkarten ausgingen und die entlang ihrem Weg ihre Spuren in Form neuer Typen zurückließen. Solche Urtypenströme nennt der Autor (in Anlehnung an LAM) „Genorheitra".

Die Spuren aller Angiospermen beginnen im Süden unserer modernen Landkarten, und zwar einheitlich in wohldefinierten Zentren, den „drei Toren der Angiospermie", nämlich dem afrikanischen, dem westpolynesischen und dem magellanischen Tor, die untereinander Verbindung hatten. Von ihnen ist das afrikanische Tor das wichtigste; es kann in zwei Abschnitte geteilt werden, in den Raum Madagaskar—Maskarenen—Seychellen („Gondwana-Dreieck", von dem die Mehrheit der tropischen Geschlechter ausging) und in den Raum Natal—Kerguelen—Tristan da Cunha („Afro-antarktisches Dreieck" — gemäßigte Geschlechter). Ähnlich ist das polynesische Tor in ein neukaledonisches und ein macquarisches Zentrum unterteilt. Zu diesen Toren treten einzelne Zentren sekundärer Evolution, etwa die Kalahari (??) und Nigeria, oder Roraima und die Appalachen.

Da die Angiospermen so einheitlich wanderten und so gleichförmige Kanäle benutzten, kann man aus diesen Wanderungslinien die Umrisse der damaligen Landmassen ableiten (!) und die so gewonnene Karte mit geologischen und paläogeographischen vergleichen und auf diese Weise datieren. Da die Angiospermen lange vor der Jurazeit entstanden sind, müssen nach solchen Kartenvergleichen die modernen Angiospermen ihre aktiven Wanderungen an der Wende von Jura und Kreide begonnen haben; eine zweite Wanderung dieser Art erkennt Croizat an der Wende von Kreide und Tertiär. Kein einziger angiospermer Urtyp sei in der Holarktis oder ähnlichen „mythologischen Nordkontinenten" entstanden.

(Der Berichterstatter muß hier allerdings gestehen, daß ihm keine Landverteilungskarte irgendeiner Epoche bekannt ist, die mit der von Croizat „erschlossenen" irgendeine Ähnlichkeit aufwiese — wie ihm eben andererseits auch die Existenz großer Landblöcke und -massen im Norden völlig unbestritten erscheint.)

Als Basis für die Erschließung der (etwa 12) „Hauptwege der Verbreitung" dienen ausschließlich die rezenten Areale einzelner (meist sogar ziemlich heterogen zusammengestellter) Artgruppen — wie auch die zahlreichen Verbreitungskarten vielfach keine Fakten wiedergeben, sondern ganz einseitig ausgedeutete und gelegentlich durchaus unrichtige Schemata. Bei aller Anerkennung der Wahrscheinlichkeit, daß eine Anzahl der angeführten Gruppen wirklich südhemisphärischer Herkunft ist, vermögen wir nicht zu glauben, daß auf diesem Wege eine ausschließlich antarktische Herkunft der Angiospermen erschlossen wird — noch, daß diese postulierte Ausschließlichkeit überhaupt einige Wahrscheinlichkeit für sich hat.

Wie sich der Paläontologe die Florenverteilung gegen Ende des Paläo- oder zu Beginn des Mesozoikums vorstellt, legt Gothan dar, der einer antarkto-carbonischen Provinz (= Gondwana-Provinz mit *Glossopteris*-Flora) eine arkto-carbonische gegenüberstellt, die ihrerseits in ein euramerisches Florengebiet (Nordamerika—Europa), ein Angara-Gebiet (Nordsibirien und Nordrußland) und ein Cathaysia-Gebiet (Ostasien mit *Gigantopteris*-Flora) zerfällt. Eine solche Einteilung spricht jedenfalls nachhaltig für die Existenz der von Croizat als mythologisch bezeichneten Nordkontinente.

Eine „kritische Erforschung der Evolution in Raum und Zeit", die nach Croizat den Inhalt einer biogeographischen Studie darstellt, bringt für eine ansehnliche Zahl von Sippen des nördlich-gemäßigten Gebietes Scharfetter in zwei etwas stärker populär gehaltenen Schriften. Seine „Biographien" kommentieren die Auseinandersetzung einzelner Sippen mit den geologischen Umweltänderungen, wobei er in Übereinstimmung mit seinen früheren Forschungen besonders der Aufdeckung von Disharmonien zwischen Klima- und Vegetationsrhythmik großen Wert für die Ergründung der Sippengeschichte beimißt.

Der Florenverwandtschaft zwischen Ostasien und Nordamerika hat Li eine eingehende Untersuchung gewidmet, die an Hand umfangreicher Listen die engen Zusammenhänge gerade des östlichen (atlantischen) Nordamerika mit Ostasien aufzeigt. Allerdings handelt es sich bei den gemeinsamen Sippen vielfach um phylogenetisch recht alte Gattungen; in fast allen Fällen finden sich auch in Amerika durchaus und deutlich andere Arten aus solchen Gruppen als in Ostasien, was beides für ein beträchtliches Alter dieser Disjunktion spricht. (Die hier behandelten Typen dürfen nicht mit den bekannten circumpolaren oder circumborealen verwechselt werden, deren Verbreitung jüngeren Datums ist und die dadurch gekennzeichnet sind, daß sie nicht ausschließlich auf Ostasien und das östliche Nordamerika beschränkt sind und außerdem heute vielfach die wieder eisfrei gewordenen Gebiete bewohnen.) Bei den von Li besprochenen Arten handelt es sich meist um baumförmige, laubwerfende, einfachblätterige Typen; im Unterwuchs finden sich großblätterige Stauden: die Vegetation ist also deutlich mesophytisch und entspricht dem arktotertiären Element.

Diesen Terminus lehnt Li jedoch ab, da „arktisch“ falsche Vorstellungen erwecke; auch das einfach beschreibende Epitheton „ostamerikanisch-ostasiatisch“ ist wegen der viel weiteren Verbreitung einzelner Formen (bis Westasien und Südeuropa, teilweise auch im westlichen Nordamerika) unangebracht. Der Verf. schlägt daher „tertiär-mesophytisch“ vor, einen Terminus, der also einen bestimmten Vegetationstyp in einer bestimmten Zeit fixiert.

Ähnliche kombinierte Termini will BERGER verwenden, der im Zusammenhang mit seinen Studien zur Geschichte der Gattung *Carpinus* auf die Bedenklichkeit der heute in der Tertiärbotanik üblichen Einteilungen nach rezentfloristischen Gesichtspunkten hinweist. Seine neuen Binome geben im ersten Glied die Epoche an, in der die betreffende Form erstmals nachgewiesen ist, im zweiten das damalige Verbreitungsgebiet. So hätte man etwa *Cercidiphyllum* als oberkretazisch-holarktisch, *Ailanthus* als miocän-holarktisch, *Carpinus tschonoskii* als pliocän-eurasiatisch zu bezeichnen.

Das heutige Gesamtareal von *Carpinus* gliedert sich in ein europäisch-vorderasiatisches, ein ostasiatisches und ein atlantisch-nordamerikanisches Teilgebiet; Häufungszentren finden sich in Ostasien und (viel schwächer) im östlichen Transkaukasien, so daß wir das erstere Gebiet offensichtlich als Urheimat und primäres Entwicklungszentrum zu betrachten haben. Von hier aus ist die Ausbreitung in zwei Wellen vor sich gegangen: eine ältere (mit *C. betulus* und *orientalis*, wohl auch *C. caroliniana*) hat Europa im Oligocän erreicht, war im Miocän sehr verbreitet und hat hier auch (zumindest zum Teil) die Eiszeiten überstanden; dagegen sind die Angehörigen dieser alten Welle in Ostasien heute weitgehend erloschen und von der jüngeren (mit *C. japonica* und der heute noch kohärenten Gruppe um *C. tschonoskii*) überflutet worden. Diese zweite Welle erreichte Mitteleuropa erst zu Beginn des Pliocäns (und zwar nur das östlichere Gebiet) und wurde hier durch die Vereisungen wieder ausgemerzt.

Diese von B ERGER für *Carpinus* an Hand fossilen Materials nachgewiesenen Einwanderungsschübe decken sich offensichtlich nicht mit den von R EID oder S ZAFER oder auch von K RYSHTOFOVICH angenommenen tertiären Florenwellen, so daß an der Homogenität der letzteren ernstlich zu zweifeln ist.

2. Geobotanische Ergebnisse taxonomischer Untersuchungen. R E - CHINGER legt eine Studie über die Compositen-Gattung *Cousinia* vor, die das i r a n o - t u r a n i s c h e Florengebiet durch ihren Artenreichtum beherrscht und durch ihre Gesamtverbreitung mehr oder minder genau begrenzt.

Von den rund 550 Arten finden sich 474 in Persien, Afghanistan und Turkestan; dagegen besitzen Beludschistan (saharo-sindischer Florengürtel) nur 2—3, Ost-Afghanistan und Chitral (nordwest-indisches Monsungebiet) 9, westliches Tibet und Himalaya 9, die Wüste Gobi 1, das Wolga-Gebiet 1, der Kaukasus etwa 19, Ostanatolien 8, Syrien 10 und Palästina 1 Art. Nirgends wird das Mittelmeergebiet erreicht.

Bei dieser Geschlossenheit des Gattungsareals und der raschen Verarmung nach außen hin besteht keine Möglichkeit zur Annahme von Wanderungen und Arealverschiebungen: Entstehungs-, Verbreitungs- und Mannigfaltigkeitszentrum fallen hier offensichtlich zusammen. Ähnlich verhalten sich *Acantholimon (Plumbaginaceae)* und *Acanthophyllum (Caryophyllaceae)*, auch eine Reihe von *Astragalus*-Sektionen — alles hochgradig xeromorphe Taxa, die durch das Vorherrschen ausdauernder, basal verholzter, engverbreiteter und stenözischer, morphologisch erstarrter Typen ausgezeichnet sind und wohl insgesamt a l t e Sippen ohne rezente Anpassungs- und Ausbreitungsfähigkeit darstellen.

Diese Annahme eines autochthonen, altendemischen, xeromorphen Elementes deckt sich mit den Angaben B OBEK s, der im Gegensatz zur herrschenden Meinung im iranischen Hochland und seinen Binnengebirgen kein wesentlich feuchteres Diluvialklima nachweisen konnte. Das irano-turanische Gebiet ist also Entstehungs- u n d Erhaltungsgebiet vieler ursprünglicher, altertümlicher Pflanzengattungen, ein unerschöpfliches Reservoir — auch für die Nachbargebiete — an ,,P a l ä o x e r o - m o r p h e n''.

Die historisch-pflanzengeographischen Verhältnisse N o r d a u s t r a - l i e n s behandelt B LAKE in seiner Revision der nordaustralischen *Euca- lyptus*-Arten *(Myrtaceae)*.

Die *Myrtaceen* waren in der Oberkreide fast kosmopolitisch verbreitet; Gattungen wie *Leptospermum* und *Metrosideros* dürften, nach ihrer rezenten Verbreitung zu urteilen, bereits aus dieser Epoche stammen, als nämlich Australien, Neuguinea, Neukaledonien und Neuseeland noch zusammenhingen. Dagegen ist die Entwicklung von *Eucalyptus* später anzusetzen, da die Gattung in Neuseeland und Neukaledonien zu fehlen scheint. Aus dem Fehlen von Endemiten in Neuguinea wird auf eine sehr späte Zuwanderung dorthin geschlossen (die Landbrücke Australien—Neuguinea brach erst im Pleistocän ein).

Fossil sind aus dem durch gleichmäßige Klimate ausgezeichneten tertiären Nordaustralien bereits recht verschiedenartige Eucalypten bekannt geworden; schroffe Wechsel in der Folgezeit sind unbekannt, da ja auch die Gebirgsbildung in diesem Raum stets recht unbedeutend war. So können für die Artbildung kaum geographische Isolierungen verantwortlich gemacht werden, sondern man wird edaphische Ursachen heranziehen müssen: etwa die schweren Lehmböden, die auf weite Strecken unüberwindbare Barrieren für jeden Baumwuchs bilden — oder besonders die verschiedenen Regenmengen, wie dies die Verbreitung einiger Arten am Golf von Carpentaria beweist. Die zahlreichen kleinen Monsunwald-Inseln *("jungles")* werden als diluviale Relikte aufgefaßt, die durch eine postglaziale aride Phase zerrissen wurden.

Zu pflanzengeographischen Überlegungen hinsichtlich des antarktischen Elementes benützt VAN STEENIS (1) eine Revision der papuanischen *Nothofagus*-Arten *(Fagaceae)*. Er gliedert dieses Element in vier Typen, den circum-südpazifischen, australasischen, alt-ozeanischen und allgemein-subantarktischen Typ.

Dem circum-südpazifischen Typ gehören *Araucaria, Drapetes, Erechthites,* dann eben auch *Nothofagus* an; er erstreckt sich über Chile, Fuegia, die subantarktischen Inseln bis Neuseeland, Tasmanien und in die Victorianischen Alpen, oft auch noch weiter bis Neukaledonien, Neuguinea, bis Celebes, auf den Kinabalu und bis in die Philippinen; im großen und ganzen hat man hierher auch Sippen wie *Pratia* zu rechnen, die bis Südostasien reicht, und selbst *Euphrasia,* die sich dann in der Nordhemisphäre sekundär stark entwickelt. Engverwandt mit diesem ersten Typ ist der australische, der Australien, Tasmanien und Neuseeland einbegreift und sich bis Ostmalesien erstreckt. Ihm sind etwa *Olearia, Centrolepis* und *Bubbia* zuzurechnen, wobei *Centrolepis* selbst hierher, die *Centrolepidaceen* zum ersten Typ gehören. Der alt-ozeanische Typ ist ebenfalls dem circum-südpazifischen recht ähnlich, reicht aber hinüber zu den zentralpazifischen Inseln, bis Hawaii und Juan Fernandez; zu ihm zählen *Uncinia, Oreobolus, Coprosma, Hebe.* Die allgemein-subantarktische Gruppe endlich greift über diesen letztgenannten Bereich hinaus noch auf die Inseln des fernen Südindischen und Atlantischen Ozeans, nach Südafrika, Madagaskar und zu den Maskarenen hinüber; hier sind etwa *Acaena, Gunnera* und *Nertera* zu nennen.

Diese großen Disjunktionen zeigen, daß es sich um Relikte früherer Verbreitung auf der Südhemisphäre handelt. VAN STEENIS stimmt daher mit DIELS, SKOTTSBERG und DU RIETZ überein, daß zumindest während Oberkreide und Alttertiär ein Südkontinent bestanden haben muß, für dessen Relikte heute Neuguinea unter den großen Inseln das hervorstechendste Refugium darstellt.

Während *Euphrasia* als nahezu einzige Sippe große nordhemisphärische Verbreitung gewonnen hat, sind andere große Einheiten in ein nördliches und ein südliches Taxon auseinandergebrochen, die sich manchmal sogar überlappen: *Ericaceae—Epacridaceae, Dillenia—Hibbertia, Fagus—Nothofagus.* Hierfür gibt es zwei Erklärungsmöglichkeiten: Entweder sind die nördlichen und die südlichen Glieder Nachkommen einer weltweit (oder zumindest alltropisch-subtropisch) verbreiteten „Matrix", die sich voneinander unabhängig entwickelt haben — oder der eine Partner ist älter, war ehemals weiter verbreitet und hat den anderen hervorgebracht; der letztere hätte sich dann in situ ausgebreitet, während der erstere in diesem Bereich ausstarb (vorstellbar für *Araucaria,* die fossil aus der Nordhemisphäre bekannt ist, und *Libocedrus*).

VAN STEENIS hält es für sehr bemerkenswert, daß *Euphrasia, Fagus* und *Nothofagus, Libocedrus* und *Araucaria* so offensichtlich „konform" sind und „äquiforme Reliktareale" besiedeln. Er lehnt offenbar auch für die beiden letztgenannten seine zweite Theorie ab und glaubt, daß in allen Fällen beide Hemisphären ihre eigene autonome Phanerogamenflora von einer gemeinsamen Matrix bezogen haben und daß es daher kein Monopol für eine der beiden Hemisphären gegeben hat. Er lehnt daher die „monoboreale Relikthypothese" THISELTON-DYERs ebenso ab wie die „mono-antarktische" COPELANDs (für die Pteridophyten) und erst recht CROIZATs (in ihrer extremen Form für alle Phanerogamen).

Auch von *Nothofagus* scheinen einzelne Formen früher auf der Nordhalbkugel existiert zu haben (*Dicotylophyllum stopesiae* des englischen Eocäns), während umgekehrt auf Neuguinea neben zahlreichen *Nothofagus*-Arten auch sehr primitive Fagoideen aus der nordhemisphärischen Verwandtschaft zu finden sind.

Die Anacardiaceen-Gattung *Mangifera*, die MUKHERJEE behandelt (Verbreitung: Vorderindien bis Philippinen und Neuguinea), dürfte in ihren Ursprüngen auch bereits auf Eocän oder sogar Oberkreide zurückreichen und, der Gesamtartenzahl und der Endemitenzahl nach zu schließen, in Hinterindien und Malaya entstanden sein. Die anschließende Ausbreitung nach Westen führte nach Indien und Ceylon, die nach Osten zu den sekundären Entwicklungszentren Philippinen und Sunda-Archipel. Auffallend ist die geringe Artenzahl in Ostmalesien, die auf die unstabile archipelagische Beschaffenheit dieser Region und das Fehlen direkter Landverbindungen mit dem asiatischen Kontinent seit der Kreidezeit zurückgeführt wird.

In einem Sammelreferat über die botanische Erforschung Madagaskars unterscheidet LÉANDRI vier verschieden alte historische Elemente: die alte Gondwana- oder australe Flora, die australo-indo-madagassische, die africano-brasilianische und endlich die rezent-afrikanisch-pantropische Flora. Von ihnen besiedeln in Madagaskar die Angehörigen der beiden ersten Gruppen die östlichen, die der beiden letzteren die westlichen Inselhänge. Der Westen der Insel scheint gegenwärtig eine bedeutende Austrocknung zu erleiden.

Hinsichtlich der GOODschen Theorien über Zusammenhänge zwischen Madagaskar und Neukaledonien nimmt LÉANDRI eine ablehnende Stellung ein; zwar ließen sich deutliche Verbindungen zwischen Neukaledonien und Südafrika erkennen (*Proteaceae, Ericaceae*), jedoch beständen solche zu Madagaskar höchstens ganz indirekt.

Typisch insulare Verbreitung in diesem fraglichen Bereich (es sind kaum Vorkommen im Innern der Kontinente bekannt), zeigt die Gattung *Pandanus*, die von Westafrika über die Anrainer des Indischen Ozeans bis in den Pazifik (Hawaii, Bonin I., Tubai I.) reicht. Hauptverbreitungszentren dieser durch extremen Endemismus (Inseln!) ausgezeichneten Gattung sind Indonesien und der südwestliche Indische Ozean. Über die Arten dieses letzteren Gebietes haben VAUGHAN und WIEHE gearbeitet und etwa 70 Arten in Madagaskar, 18 auf Mauritius, vier auf den Seychellen, vier auf Réunion und eine auf Rodrigues gefunden. Bemerkenswert ist vor allem das Auftreten einer Art der § *Keura*, die von Mikronesien bis zu den Maskarenen verbreitet ist und eine Mittelstellung zwischen der Ost- und der Westzone der Gattung einnimmt. Die anderen Arten des Gebietes sind afrikanisch-madagassisch, also der Westzone angehörig.

Die Gesamtverbreitung spricht dafür, daß es sich hier um Reste eines Gondwana-Areals handelt, bei deren Aufsplitterung starke Isolationsmechanismen wirksam wurden. Die Ausbreitung, die mit Ausnahme der Litoralarten im wesentlichen wohl durch große Vögel erfolgt, scheint jedenfalls nur über kleine Strecken wirksam zu sein.

Auch einige afrikanische Formenkreise von *Pittosporum* (vor allem *P. viridiflorum*), deren Revision von Cufodontis unternommen wurde, zeigen deutliche Beziehungen zu indischen Sippen (die madagassischen sind in dieser Gattung noch nicht geklärt).

Das Areal der *viridiflorum*-Gruppe (10 Sippen) deckt sich scharf mit dem „*Tropical African Mountain Centre*" (Afromontan-Bereich), das nach Weimarck die Bezirke Inyangani, Mlanje, Rungwe, Katanga, Kenya, Kiwu, Abyssinien, Angola, Kamerun, dazu die extratropischen Drakensberge und fünf capensische Bezirke umfaßt; als trennende, unüberschreitbare Niederungen dieser mesophytischen, montanen Nebelwaldgebiete (die sich ungefähr mit Rübels „*Laurilignosa*" decken) sind die Steppen- oder Regenwaldgebiete des Limpopo und Zambesi, von Nyasa, der ostafrikanischen Steppe, des Rudolphsees sowie des Kassai- und Kongobeckens zu nehmen.

Die Gesamtart muß im Zug der tertiären Florenwanderungen aus dem pazifisch-australisch-malayischen Entwicklungszentrum der Gattung über Arabien nach Afrika gelangt sein und sich bis zum äußersten Süden ausgedehnt haben; die plio- und pleistocänen Klimawechsel haben dann das Areal zerstückelt und den Polymorphismus der Gruppe herausmodelliert. Ähnlich verhält sich die ebenfalls relativ jung wirkende *abyssinicum*-Gruppe, während die alte, anschlußlose Reliktgruppe von *goetzei* und *mildbraedii* und erst recht das extrem isolierte makaronesische *P. coriaceum* für sich stehen.

Die Entfaltung dieser vier Artengruppen ist kaum auf afrikanischem Boden erfolgt, sondern schon in den südasiatischen Zentren, so daß mindestens vier Ausgangsarten nacheinander nach Afrika gelangt sind. Da nämlich alle Arten recht ähnliche ökologische Ansprüche zeigen, wäre bei gleichzeitiger Einwanderung und dementsprechend gleicher historischer Entwicklung die auffallend starke Ungleichheit der Verbreitung nicht erklärbar. Werden aber (sicher zu recht!) die morphologisch starren und engräumigen Arten als ältere, die variableren, großräumigen als jüngere historische Elemente gewertet, so bietet sich eine durchaus einleuchtende Erklärung. Vor allem *P. coriaceum* erscheint derart isoliert, daß Cufodontis seine Wanderung nach Makaronesien sogar bis in die Kreidezeit zurück (entlang der Küste des lybischen Kreidemeeres) versetzen zu müssen glaubt.

Einen hochinteressanten Fund machte Wild (1) in den Chimani-mani-Bergen (Süd-Rhodesien/Portugiesisch Ostafrika — seit Weimarck als wichtiges extrazonales Zentrum des Kap-Elementes bekannt) aus der bislang dem Kontinent Afrika fremden Gattung *Dianella (Liliaceae)*: *D. ensifolia*, die erst von Madagaskar ab über die Maskarenen durch Asien bis Australien verbreitet schien. Damit ist wieder ein neues Verbindungsglied zwischen Süd-Rhodesien und Madagaskar, in größerem Rahmen gesehen: zwischen Afrika und Australien gefunden. Ähnliches ergab sich auch bei einer taxonomischen Studie Bullocks über die Pedaliaceen-Gattung *Josephinia*, die die generische Zusammengehörigkeit einer aus Kenya und Somaliland bekannten Sippe mit einer nordaustralisch-malesischen ergab, wobei die westliche, afrikanische Sippe älter zu sein scheint. Ähnliche Verbreitung besitzt auch die Bombacacee *Adansonia*, die überdies in Madagaskar vorkommt, so daß auch hier wieder alles für eine lemurische Verbindung spricht.

Zur Kenntnis der innerafrikanischen Florenbeziehungen tragen einige weitere Arbeiten bei, so eine Untersuchung von BRENAN über die tropisch-afrikanische *Albizzia gummifera*-Gruppe *(Mimosaceae)*, die typisch bizentrische Verbreitung zeigt; das Vorliegen eines allgemeineren Falles wird hierbei durch interessante Beispiele aus 11 Familien gesichert, die alle in ähnlicher Disjunktion Kamerun einerseits, Ostafrika (eventuell mit Madagaskar) andererseits besiedeln.

Die kausale Analyse des in Katanga entdeckten gemeinsamen Vorkommens zweier sonst durchaus verschieden verbreiteter baumförmiger *Strychnos*-Arten *(Loganiaceae)* gelang DUVIGNEAUD:

S. mitis gehört einem etwa 5000 km langen Band ± tropisch-submontaner immergrüner Laubwälder (,,*Laurisilvae*-Typ") an, das der Verf. als ,,*élément tropical submontagnard*" von dem ,,*élément orophile transafricain*" unterscheiden zu müssen glaubt, das xerophiler *(forêts sclérophylles)*, temperierter *(Podocarpus, Juniperus)* oder sogar überhaupt kühl (alpin und subalpin) sei. Beide Elemente nehmen allerdings dieselbe Verbreitung ein. *S. stuhlmanni* dagegen ist im wesentlichen innerhalb des ,,*Climat tropical sec du type sahélo-soudanais*", jedoch nur südlich des Äquators, verbreitet, ist also eine typisch zambesische Art. In Katanga, das keine ähnlich trockenen Böden bietet (Klimacharakter eher ,,*guinéo-congolais*") findet sich die Art extrazonal, und zwar obligatorisch an Termitenhügel gebunden.

Während sich also auf den Hochflächen von Katanga in frischerem Klima montane und sogar oreophytische Relikte erhalten, findet sich daneben, spezialisiert auf die Termitenhügel mit ihrer maximalen Aridität (und Fertilität) eine ,,östliche", xerophytische und xeromorphe Flora.

Die Bearbeitung der pantropischen Flacourtiaceen-Tribus *Oncobeae* in Belgisch-Kongo (ÉVRARD) zeigt, daß von den 21 am Kongo vorkommenden Arten 18 dem guineischen Florenbezirk entstammen; die Arten häufen sich dementsprechend im zentralen Forstsektor und in dem Gebiet von Ubangi-Uele, die klimatisch am meisten der Guinea-Region ähneln. Überhaupt ist die Verbreitung der Oncobeen in Afrika im wesentlichen guineisch, was die floristische Unabhängigkeit dieser Region unterstreicht.

Auch bei dieser Tribus findet sich zwischen dem afrikanischen und dem indomalesischen Sektor wieder eine geographische und taxonomische Verbindungsgattung in Madagaskar.

Für die Verbreitungsgeschichte mancher Steppenelemente lassen sich aus der Sippengeschichte der Compositen-Gattung *Geigeria* (MERXMÜLLER) Schlüsse ziehen. An Hand der Verwandtschaftsverhältnisse und des Artengefälles wird gezeigt, daß sich die Sippen von einem Entstehungszentrum im tropischen Südwestafrika ausgehend über ganz Südafrika verbreitet haben; sekundär und offensichtlich spät durchquerten dann zwei (in Südafrika bereits voll ausdifferenzierte, nicht miteinander verwandte) Arten das gesamte ostafrikanische Gebiet, stießen in die nordafrikanischen Steppenbezirke vor und erlangten dort eine sehr weite Verbreitung von Mauretanien bis Arabien — ohne sich jedoch morphologisch noch im mindesten zu verändern. Dies ist also ein durchaus anderer Vorgang als er etwa für die rezent im großen und ganzen ähnlich verbreiteten, jedoch mit Sicherheit den ostafrikanischen Gebirgen entstammenden Ericoideen bekannt ist, die eben gerade keine Steppenelemente darstellen.

Für die Gliederung nordafrikanischer Elemente endlich hat QUÉZEL (1) in einer Campanulaceen-Studie interessante Anregungen gegeben.

Er gliedert die Arten in eine europäische und fünf mediterrane (endemische, mesogäisch-occidentale, mesogäisch-orientale, circum-mediterrane und mediterran-atlantische) „Linien".

Der Polymorphismus der zu der endemischen Linie gehörigen *Campanula medium*-Gruppe läßt sich zum Teil ökologisch erklären (aride, humide und montane Zonen); im wesentlichen dürften jedoch geographische Faktoren zugrunde liegen. Nach diesen kann man das Gebiet von Ost nach West in etwa fünf Regionen gliedern, die „*tuniso-constantinoise*", „*algéroise*", „*oranaise*" (mit Tell-Atlas, Hauts-Plateaux und Sahara-Atlas), „*est-marocaine*" (mit Littoral, Mittlerem Atlas, Moulouya und Hochatlas) und „*ouest-marocaine*" Region.

Auffällige Erkenntnisse über die Beziehungen zwischen den Floren Afrikas und Südamerikas gewinnt EXELL bei einer Bearbeitung der neuweltlichen *Combretum*-Arten *(Combretaceae)*. Es zeigen sich hier starke Verbindungen zwischen afrikanischen und amerikanischen Sektionen, besonders bei Regenwald- und Mangrove-Arten, weniger bei Elementen der Savannen-Flora (die ja jünger sind). So lassen sich Parallelsektionen zwischen der Alten und der Neuen Welt aufstellen, etwa *Combretastrum—Olivaceae* oder *Elegantes—Tomentosae, Parviflorae—Hypocrateropsis* und manche andere. Ausgerechnet die sehr hochentwickelte § *Cacounia* ist sogar beiden Kontinenten gemeinsam.

Man kann hier drei Hypothesen aufstellen, nämlich daß sich entweder die ganze Evolution der Gattung bereits abgespielt hatte, als noch Landbrücken bestanden oder die Kontinente noch vereinigt oder sich recht nahe waren (also im Eocän — es ist aber doch kaum vorstellbar, daß die Hauptentwicklung der ja sowieso stark abgeleiteten Familie und Gattung damals schon beendet gewesen und nicht mehr fortgeschritten ist) — oder daß es sich hier um parallele Evolution in Südamerika und Afrika handelt (was unwahrscheinlich ist, da nicht nur die Blüten-, sondern auch Blatt- und andere Charaktere gleichförmig entwickelt sind) — oder endlich, daß der Südatlantik in seiner jetzigen Form eben doch keine Barriere für die Verbreitung bilde.

Auch HESS findet bei einer taxonomischen Untersuchung angolensischer *Heleocharis*- und *Carex*-Arten *(Cyperaceae)* Florenbeziehungen zwischen Angola und Südamerika (neben solchen zu Madagaskar); doch handelt es sich hier um Sumpfpflanzen, also eine ökologische Gruppe, bei der solche Verbindungen bereits öfters diskutiert worden sind.

Über Wanderwege nach Venezuela hat sich LASSER anläßlich einer Untersuchung venezolanischer Halorrhagaceen Gedanken gemacht. *Gunnera*, australisch-antarktischen Bereichen entsprungen, ist offensichtlich auf dem Anden-Weg, angepaßt an große Höhen und subnivale Klimate, eingewandert; sie stellt einen klaren Beweis für die Existenz eines antarktischen Elementes in Venezuela dar.

Schwieriger ist das Vorkommen einer *Laurembergia* zu erklären, die auch in Nordafrika und an der Ostküste von Brasilien auftritt. Bei dieser Sumpfpflanze denkt LASSER mangels anderer Erklärungsmöglichkeiten an eine Verbreitung durch den Wind, das Meer oder, ihm am wahrscheinlichsten, durch Vögel.

Eine Untersuchung südbrasilianischer Compositen durch RAMBO ergibt, daß hier (wie dies MALME bereits bei Gramineen, Cyperaceen und Papilionaceen festgestellt hat) zwei systematisch, geographisch und historisch unterscheidbare Gruppen vorliegen. Während eine „nördliche Gruppe" ihr Zentrum im tropischen Mittelbrasilien besitzt und zum Teil aus dem tropischen Regenwald, zum größeren aus den offenen Kamp-

Formationen stammt (Hauptgruppe: *Eupatorieae*), ist eine „südliche Gruppe" ganz offenbar in den Anden beheimatet; Hauptvertreter der letzteren sind *Cynareae* und *Cichorieae*. Diese Verteilung stimmt mit dem geologischen Faktum überein, daß im Pliocän der altbrasilianische Block im Osten und die frisch entstandenen Anden im Westen noch durch ein Flachmeer getrennt waren.

Eine interessante Disjunktion Hylaea—südbrasilianische Küstenwälder zeigt STAFLEU bei der Vochysiaceen-Gattung *Qualea* auf. Auch hier liegt ein allgemeinerer Fall zugrunde, wie ähnliche Verhältnisse in einer Reihe weiterer Gruppen, auch bei der Nachbargattung *Vochysia* selber, zeigen.

Untersuchungen an der von Südbrasilien bis Cuba und Mexiko verbreiteten Melastomaceen-Gattung *Mouriri* führen MORLEY zu der Annahme, daß Amazonien als ihr primäres, Südbrasilien als sekundäres Entwicklungszentrum zu betrachten ist.

3. Chorogenetische Ergebnisse zytologischer Untersuchungen.

Ein klares und gut verständliches Bild kann man sich nach den Untersuchungen STAUDTs von der Entwicklung und Ausbreitung der Gattung *Fragaria (Rosaceae)* machen. Das Gattungsareal erstreckt sich über die ganze nördliche Hemisphäre; diploide Arten ($2n = 14$) finden sich im Gesamtgebiet der Holarktis (vor allem die weitverbreitete *vesca*-Gruppe, dazu einige ostasiatische Arten), während tetraploide nur in Ostasien, eine hexaploide in Mittel- und Osteuropa, einige oktoploide endlich ausschließlich in Amerika existieren. STAUDT deutet diese Verhältnisse so, daß bereits an der Wende Oberkreide/Alttertiär Nordamerika und Nordasien von einer *vesca*-ähnlichen Form besiedelt worden seien. Als sekundäres Entwicklungszentrum vor allem auch für die Ausbildung polyploider Formen wird Ost- und Südostasien angesehen, wo weitere, anscheinend als jünger betrachtete, diploide sowie die tetraploiden Arten hausen. Die Besiedlung Europas mit *Fragaria*-Sippen hätte dann erst im Mittel-Oligocän begonnen. Damit stimmt gut überein, daß sich die stärkst abgeleiteten Formen, nämlich die europäische hexaploide und die amerikanischen oktoploiden in den vom Differenzierungszentrum am weitesten entfernten Gebieten finden.

Ähnlich schöne Verteilungsgesetze im Zusammenhang mit der Polyploidisierung konnten JANAKI AMMAL u. SAUNDERS bei der Gattung *Lonicera (Caprifoliaceae)* herausarbeiten, die bei einer Grundzahl von $n = 9$ in vier von fünf Sektionen zur Polyploidie vorangeschritten ist. Die tetraploiden sind offensichtlich mehrstämmig; ihr Hauptverbreitungsgebiet liegt in den Gebirgen Südostasiens. Stärker alpine Verbreitung zeigen auch die tetraploiden Stämme einiger Sippen, die diploid und tetraploid bekannt sind. Die drei hexaploiden Arten endlich beschränken sich auf einen Bereich, der sich genau innerhalb der Grenzen des südostasiatischen Tetraploiden-Zentrums hält; es handelt sich hier um eine Region, die etwas Assam, Südost-Tibet, Oberburma, West-Szechuan und Yünnan umfaßt und die bereits mehrfach als Zentrum hochpolyploider Formen aus den verschiedensten Gattungen bekanntgeworden ist.

EHRENDORFER (1) beschäftigt sich mit der Klärung des *Achillea millefolium*-Rassenkomplexes in Europa. Auch hier handelt es sich um eine Polyploidserie, deren diploide Rassen (die pannonische, feuchtere und meist salzhaltige Stellen bevorzugende *A. asplenifolia* und die submediterrane, an oft ziemlich kalkarme Sandsteppen gebundene *A. setacea*) auch morphologisch von dem ganzen Komplex noch gut abgesetzt erscheinen. Die wie manche zentralasiatischen und nordamerikanischen Rassen tetraploide *A. collina* (Trockenrasen des südost-submediterranen Raumes) ist vielleicht aus diesen vorgenannten durch Allopolyploidie entstanden; sie bastardiert ($5n$) mit der hexaploiden *A. millefolium* (Nord- und Mitteleuropa, Alpenraum; feuchtere, nährstoffreichere Mineralböden, wenig wählerisch), die nun ihrerseits in einen stark kohärenten Formenschwarm von Ökotypen und wohl auch geographischen Rassen zerfällt. Die noch wenig geklärte *A. pannonica* der Felssteppen scheint sogar oktoploid zu sein.

Weniger geeignet für solche Untersuchungen erweist sich die Gattung *Rubus*, deren Chromosomen sehr einheitlich aussehen und relativ klein sind. Bei 217 Chromosomen-Bestimmungen britischer Rubi (HESLOP-HARRISON) verhalten sich die britischen *Moriferi veri* wie die schwedischen: unter den insgesamt di- bis hexaploiden Sippen erweisen sich über 90% als tetraploid; die *Corylifolii* hingegen sind in England tri- bis hexaploid, unter ihnen 25% tetraploid (in Schweden 57%!), 60% pentaploid (18%), 10% hexaploid (25%). Es gelingt jedoch nicht, einen Sinn in dieses abweichende Verhalten zu bringen. Alle untersuchten Arten erwiesen sich als euploid.

Einige interessante, jedoch ebenfalls noch nicht voll übersehbare Beziehungen zwischen Cytologie, Taxonomie und Chorologie stellt SÖLLNER in Fortführung seiner *Cerastien*-Arbeiten fest.

Einen interessanten Überblick über die geobotanische Bedeutung der Polyplodie geben A. u. D. LÖVE. Zahlreiche Untersuchungen sichern heute die Erkenntnis, daß die Häufigkeit der Polyploiden vom Mediterrangebiet zur Arktis hin schrittweise zunimmt, während die Artenzahl selbst stetig sinkt.

Eindrucksvoll ist die Gegenüberstellung folgender, zum Teil bereits bekannter Zahlen: in der Reihenfolge Cycladen (37°) — Ungarn (47°) — Pardubice (Tschechoslovakei, 50°) — Sjaelland (Dänemark, 57°) — Pite Lapmark (Schweden, 67°) — Sassen (Spitzbergen, 80°) steigt der Gesamtanteil der Polyploiden von 34—41—52—53—63—77%, der Prozentsatz polyploider Dikotyler von 31—37—46—46—50—65, der Prozentsatz polyploider Monokotyler sogar von 45—55—69—71—89—99% an.

Die ursprünglich weit verbreitete Theorie, daß dieses Ansteigen auf größere Widerstandsfähigkeit der Polyploiden gegenüber schlechteren Klimabedingungen zurückzuführen sei, wurde inzwischen vielfach bestritten. Unter anderen schließt man aus der weiten und disjunkten Verbreitung vieler Polyploider der arktischen Region, daß es sich um sehr alte Typen handle, die entschieden älter als der pleistocäne Kälteeinbruch seien. Man hat daher in jüngerer Zeit drei andere Erklärungen in den Vordergrund geschoben. So soll (vgl. WESTERGAARD 1943) das Ansteigen der Polyploiden nur die Begleiterscheinung eines Monokotylen-Anstiegs sein — der freilich ebensowenig kausal zu fassende Monokotylen-Anteil an der Gesamtflora rückt von 21% auf den Cycladen zu 36% auf Spitzbergen vor. Dem steht freilich gegenüber, daß sich nicht nur der Prozentsatz polyploider Monokotyler, sondern auch der der polyploiden Dikotylen nach Norden hin jeweils aufs Doppelte erhöht (s. oben), was mit dem allgemeinen Monokotylen-Anstieg nichts zu tun haben kann. — Nach anderen Autoren soll es sich hinwiederum um ein

Begleitphänomen von Änderungen im biologischen Spektrum handeln, insofern als die kurzlebigen Therophyten, die nach Norden zu seltener werden, wenige Polyploide aufweisen, die häufiger werdenden Stauden und holzigen Phanerophyten hingegen bedeutend mehr. Es wird jedoch von A. u. D. Löve die Ansicht vertreten, daß der Polyploiden-Anstieg gegen Norden hin alle Lebensformen mehr oder minder gleichmäßig ergreife.

Eine dritte Theorie endlich (vor allem Stebbins 1951) spricht den Polyploiden eine verstärkte Besiedlungs- und Ausbreitungstendenz zu, die sich besonders in Gebieten bewähre, die vom Glazialeis bedeckt gewesen sind. Dies könnte (wenn sie sich schärfer fassen ließe) wohl eine Erklärung für das Vorherrschen der Polyploiden in manchen nordischen Ländern bieten, nicht aber für Island, Spitzbergen und ähnliche Gebiete, die ja schon vor der Eiszeit vom Festland getrennt waren. Ihre Floren müssen in unvergletscherten Refugien überdauert haben; dieser Umstand führt nun aber A. u. D. Löve doch wieder zu der alten Theorie einer größeren Toleranz gegenüber extremen Bedingungen zurück.

Die physiologischen Hintergründe dürften nicht nur in Frosthärte u. ä., sondern vor allem auch in einer Anpassung an extremen Wechsel von Wasserüberschuß und -mangel sowie in photoperiodischen Faktoren zu suchen sein. Insgesamt sind die Erscheinungen noch so vielfältig, daß sie sich in keine allgemeine Regel zwingen lassen; eine breite Überprüfung der morphologischen und physiologischen Reaktionen der diploiden und aller Arten von polyploiden Sippen auf verschiedene klimatische und edaphische Bedingungen scheint den Verff. daher die vordringlichste Aufgabe der weiteren Forschung auf diesem Gebiete zu sein.

Einen etwas populärer gehaltenen Aufsatz über unseren derzeitigen Kenntnisstand innerhalb des Fragenkomplexes „Polyploidie und ökologische Anpassung" bringt Fischer, wobei auch eine Reihe chorologischer Daten zusammengestellt und die Bedeutung der Polyplodie für die geographische Ausbreitung der Arten erneut erhärtet wird.

Im einzelnen hat Löve neuerlich Untersuchungen an der isländischen Flora durchgeführt, von deren 511 Blütenpflanzen er 389 als einheimisch (und als Eiszeit-Überwinterer) betrachtet, während die restlichen 122 naturalisiert seien. Unter den einheimischen Arten sind 71,2% polyploid, und zwar 60% der Dikotylen, 90% der Monokotylen; wesentliche Unterschiede im Polyploidiegrad der einzelnen Florenelemente lassen sich nicht erkennen. Scharf hebt sich dagegen der Anteil der Polyploiden unter den naturalisierten Arten ab, der nur 48,3% beträgt; er entspricht offensichtlich ausschließlich den Verhältnissen in den Herkunftsländern, d.h. also im mittel- und nordeuropäischen Bereich.

Die Gebirgsflora Islands zeigt gegenüber der Gesamtflora keine erhöhte Polyploidie, was aber wohl darauf zurückzuführen ist, daß der Polyploidiegrad sowieso nahezu maximal ist. Hingegen findet Löve beim Vergleich einzelner Gebirgsgesellschaften bedeutende Unterschiede, nämlich höchste Polyploiden-Anteile bei den Gesellschaften toniger Flächen, die nicht gegen Frost und Solifluktion geschützt sind, niedrigste bei den Vereinen der geschützten Schneetälchen. Dies bestärkt den Verf. in der bereits oben referierten Ansicht, daß die Polyploiden in der Arktis durch größere Toleranz gegenüber den extremen Klimabedingungen höherer Erhebungen ausgezeichnet seien.

Wie sehr man sich jedoch auch in diesem Zusammenhang vor Verallgemeinerungen hüten muß, zeigen Untersuchungen Favargers (1) an Blütenpflanzen der alpinen und subalpinen Stufe der Schweizer Alpen, die sich im Gegensatz zu den Verhältnissen in der Arktis und Subarktis als gar nicht so reich an Polyploiden erweisen (vgl. auch Fortschr. Bot. **15**, S. 114). Es zeigt sich auch hier wieder, daß arktisches und alpines Klima nicht miteinander vergleichbar sind. Zudem ist die Alpenflora im großen und ganzen als Reliktflora zu betrachten: die Hin- und Herbewegungen auf kurze Distanz, die die Alpenflora im Verlauf der Eiszeiten unternehmen mußte, können in keiner Weise als Äquivalent der großräumigen Wiederbesiedlungen im Norden gewertet werden. In diesem Zusammenhang sind einige Fälle, bei denen die Alpenrasse diploid, die Ebenenrassen polyploid sind, von besonderem Interesse.

Die schon mehrfach verfolgte (vgl. Fortschr. Bot. **14**, S. 162 und 446, dann GUSTAFSSON 1948, STEBBINS 1951 und endlich A. u. D. LÖVE in der oben referierten Arbeit) Frage nach den Beziehungen zwischen Polyploidie und den Lebensformen der Pflanzengesellschaften hat KNAPP (1) in mitteleuropäischen Bereichen untersucht. Unter den Therophyten überwiegen die Diploiden, unter den Hemikryptophyten die Polyploiden, während die Phanerophyten-Anteile etwa gleich sind. Das in kälteren Zonen stark geförderte Auftreten von Hemikryptophyten soll den Polyploidenreichtum solcher Gebiete auch von dieser Seite her verständlich machen.

In Sukzessionen beherbergen die Initialstadien (vorzugsweise Therophyten) einen höheren Diploidenanteil, die Zwischenstadien (vorwiegend Hemikryptophyten) viele Polyploide; dagegen stehen auffallenderweise in den Endstadien trotz des Vorherrschens von Hemikryptophyten wieder die Diploiden im Vordergrund. In endemitenreichen Pflanzengesellschaften herrschen diploide Formen bei weitem vor.

Neue Gesichtspunkte in das Verständnis der Entwicklung von Klein- und Kleinstrassen bringen Studien EHRENDORFERs (2) an einer *Galium pumilum*-Population auf Wiesen des Wienerwaldes. Der Autor fand hier auf engstem Raum zehn ökologisch geringfügig differenzierte Teilpopulationen vor; die Einzelstandorte sind so homogen, daß die Möglichkeit modifikativ bedingter Verschiedenheiten ausgeschlossen werden kann. Es zeigt sich, daß die Individuen der sonnigeren und trockeneren Standorte bevorzugt — und erblich — behaart und frühblühend, die der schattigeren und feuchteren kahl und späterblühend sind. Die Struktur der einzelnen Teilpopulationen entspricht also weitgehend den jeweiligen Standortsverhältnissen, wobei die morphologischen Unterschiede erblich fixiert sind (Mikro-Ökotypen). Es handelt sich demnach nicht um eine mikrogeographische Gliederung infolge zufälliger Fixierung bei partieller Isolation, sondern um eine feinste Reaktionsfähigkeit der Einzelpopulationen auf veränderte Umweltfaktoren in Form einer prozentuellen Verschiebung bestimmter Merkmalsträger, eine Art von „*balanced polymorphism*", die durch die Überlegenheit entsprechend angepaßter Biotypen an mikroklimatisch und edaphisch leicht verschiedenen Standorten bedingt ist. Durch diese Aufgliederung wird eine gewisse „Pufferung" der Gesamtpopulation gegen Schwankungen der Umwelt erzielt, die der Art den Anschein einer großen morphologisch-ökologischen Amplitude verleiht.

4. Wichtige Neufunde aus der arktisch-alpinen Flora; Eiszeitprobleme. Eine bisher nur aus Schweden, Lettland und Kiew, aus Wisconsin und, fraglich, aus Spanien bekannte Blaualge, *Anabaena lapponica*, wurde an den Monts Dore (Auvergne), dem bekannten Reliktgebiet arktischer Arten, neu für Frankreich aufgefunden (LEMÉE). GAMS meldet im Zusammenhang mit der Revision einiger *Sagina*-Arten *(Caryophyllaceae)* die arktische *S. intermedia* als neu für das Alpengebiet; es handelt sich hier um eine bisher anscheinend mit den Kleinsippen der *linnaei*-Gruppe verwechselte Art der *Nivales*, die auf Schneeböden der Tauern und Penninen heimisch ist.

Von bedeutendem Interesse ist die Auffindung der bislang aus dem norwegischen Dovrefjeld und aus dem Nord-Ural bekanntgewordenen *Artemisia norvegica* im Norden von Schottland. Da auch die Norweger an ein eiszeitliches Überdauern dieser und ähnlicher Arten an der Atlantikküste glauben (vgl. etwa MØRE-NANNFELDTs „eisfreie Sanctuarien"), glaubt BLAKELOCK dies auch für den Neufund in Schottland annehmen zu dürfen. Am ehesten kommen dann hiefür einige der Schottland vorgelagerten Inseln in Frage.

Eingehender wird das gleiche Problem von HOLMEN u. MATHIESEN diskutiert, die die circumpolar verbreitete *Luzula wahlenbergii* an einer engbegrenzten Lokalität in G r ö n l a n d, neu für diese Insel, fanden. Da es die Verff. für ausgeschlossen halten, daß die Art, etwa durch norwegische Jäger, eingeschleppt ist (Apophyten sind in Grönland überhaupt sehr selten), ist auch hier eine Relikterhaltung am wahrscheinlichsten. Der Fundort liegt denen einiger weiterer „unizentrischer" Arten an der Nordostküste nahe *(Polemonium boreale, Saxifraga nathorstii* und *hieraciifolia, Chrysosplenium tetrandrum, Torularia humilis ssp. arctica, Eriophorum callithrix, Carex sparsiflora, Bryoxiphium norvegicum, Funaria polaris)*. Das Auftreten dieser Arten wird seit GELTING (1934) als Beweis für die Existenz von Glazialrefugien (nicht nur von Nunatakkern, sondern auch von unvergletschertem Tiefland) in Grönland genommen. Es erscheint den Verff. naheliegend, auch die *Luzula* dem „alten Element der präglazialen Einwanderung" zuzuweisen, wobei ökologische Gründe (Bindung an die nur dort vorhandenen saueren Böden) eine weitere Ausbreitung verhindert haben dürften.

Die schöne Vegetationskarte, die THIMM ihrer vor allem vegetationskundlich und pflanzensoziologisch wertvollen Arbeit über das Sonnwendgebirge (Rofan, Tirol) beigegeben hat, läßt auch in den Nordalpen enge Beziehungen zwischen den geologisch erschlossenen Nunatakkern und der heutigen Verbreitung mancher Pflanzen erkennen. Einige von ihnen, wie besonders *Saussurea pygmaea*, dann auch *Aretia helvetica, Petrocallis pyrenaica* und *Draba tomentosa*, dann vor allem noch die Flechte *Dactylina madreporiformis*, zeigen in ihrer Verteilung so klare Übereinstimmungen, daß an der „Überwinterung" dieser „Nunatakpflanzen" nicht mehr gezweifelt werden darf.

Von anderen chorologisch interessanten Ergebnissen der THIMMschen Arbeit sei noch das Verhalten der Zirbe in dem besprochenen Gebiet erwähnt: Ähnlich wie im benachbarten Karwendel (vgl. VARESCHI) geht der Baum hier an seiner Ozeanitätsgrenze nicht mehr in die Kargründe, sondern besiedelt ausschließlich die Karwälle und -schultern, besonders auch die Zenithflächen großer Blöcke. Er vikariiert im Gebiet deutlich mit der Buche, die hier umgekehrt ihre Kontinalitätsgrenze (45°-Isepire) erreicht.

Mit der „Ursache des Reliktcharakters" von *Colchicum bulbocodium (Liliaceae)* in den Ostalpen hat sich GILLI befaßt. Er sucht das Vorkommen dieser „phänologisch auffallendsten Pflanze Österreichs" ökologisch zu erklären: der an einer steilen Felswand gelegene Standort ist sehr frühzeitig schneefrei, stark von Schmelzwasser durchtränkt, infolge seiner Süd-Exposition sehr warm; er liegt gerade unmittelbar über der winterlichen Tal-Wolkendecke, wo es im Winter wesentlich wärmer als in Tieflagen, jedoch noch relativ feucht ist. Auch die Begleitpflanzen sind zum Teil ausgesprochen xerotherm (*Asparagus tenuifolius, Medicago carstiensis* u. a.). GILLI vermutet eine Einwanderung in der postglazialen Wärmezeit und anschließendes Aussterben an allen übrigen Orten bei der späteren Klimaverschlechterung. Den Versuchen des Autors, die Wanderungsgeschichte der Gattung nach Europa und ihre dortige Weiterentwicklung überhaupt erst ins Postglazial zu verlegen, vermag der Berichterstatter nicht zu folgen.

Zwei weitere Studien zeugen von der Verarmung bestimmter Gebietsteile während oder im Gefolge der Eiszeiten. PAWLOWSKA (1) führt die Armut Polens an Endemiten vor, die allerdings ihre Gründe nicht nur in den Vereisungsfolgen, sondern auch in dem Fehlen von Schranken gegen die Nachbarländer hin zu suchen hat. Endemitenreichere Gebietsteile sind ausschließlich die Karpaten, an denen Polen jedoch nur in geringem Maße Anteil hat.

Eine Gliederung dieser karpatischen Endemiten weist für den östlichen Gebietsteil lediglich zwei ostkarpatische Neoendemiten (in den Waldkarpaten) auf; im westlichen Gebietsteil finden sich einige wenige karpatische oder westkarpatische Endemiten in den Westbeskiden, einige schwache Neoendemiten in den Pieninen und einige weitere in der Tatra. Nur in der Tatra sind daneben auch Paläoendemiten zu finden, die dem westkarpatischen Element angehören.

In den Sudeten wie auch in den weiten Flächen des zentralen und nördlichen Polens sind überhaupt keine echten Artendemiten zu finden, sondern lediglich vereinzelte schwache Sippen meist ökologischer Natur, von denen allerdings einige Holzgewächse (bes. *Larix*) Beachtung verdienen.

Die floristische Armut des Pizzo Corombe im Nordtessin, den FURRER studiert hat, drückt sich in dem Fehlen vieler Kalkpflanzen des benachbarten Graubünden sowie aller südalpinen Elemente aus. Der Florenbestand scheint sich im wesentlichen aus Interglazialrelikten zusammenzusetzen, während postglaziale Zuwanderer fehlen, da hier die rasche Wiederbewaldung ein Vordringen zu dem inselgleich in die alpine Stufe aufragenden Stock erschwerte oder unmöglich machte.

Zwei größere Arbeiten aus dem Mediterrangebiet befassen sich unter anderem auch mit den Auswirkungen der glazialen Klimaänderungen auf die betreffenden südlichen Gebiete. QUÉZEL (2) stellt in einer großen phytosoziologischen und geobotanischen Studie über die Sierra Nevada fest, daß in allen Etagen dieses Gebirges Arten mediterranen Stammes und präglazialer circummediterraner Oreophyten absolut vorherrschen. Die eiszeitlichen Zuwanderer haben nirgendwo eine der zentraleuropäischen subalpinen oder alpinen vergleichbare Stufe ausgebildet; sie gruppieren sich vielmehr ausschließlich an eng begrenzten Stellen, die mikroklimatisch an zentraleuropäische Standorte erinnern. Reiche Varietätenbildung (insbesondere unter vegetativer Reduktion) zeigt die Schwierigkeit der Erhaltung solcher Elemente auf.

QUÉZEL gliedert in der genannten Arbeit die Vegetation in zwei Serien soziologischer Gruppen auf, von denen die eine allgemein dem generellen Klima der Sierra zugehört, während die andere unmittelbar von edaphischen Faktoren abhängt. Zu der ersten Serie gehören etwa die „Landes" der dornigen Xerophyten sowie die offenen Geröll- und Grasfluren; alle weisen eine allgemeiner verbreitete Florengarnitur aus Elementen mediterraner Wurzel auf. Die zweite Serie umfaßt die Nardus-Fluren, sowie stärker stenözische hygrophile und rupicole Gruppen; ihnen ist ein größeres Kontingent europäischer Arten gemeinsam.

In den edaphisch bedingten Gruppen nimmt das europäische, besonders das oreophile europäische Element mit steigender Höhe zu; in den klimatisch bedingten findet es sich maximal nur in der Zone von etwa 2500 m (größte sommerliche Regenmenge) und in der von etwa 3300 m (Schneegrenze). Ebenfalls mit zunehmender Höhe steigt auch der Prozentsatz endemisch-nevadischer Elemente an. Hingegen nimmt das endemisch-iberische Element im allgemeinen mit zunehmender Höhe ab; eine Ausnahme bilden hier nur die rupicol-calcicolen Gruppen, deren Standorte zweifellos seit der Eiszeit die Rolle von Refugialstationen spielen. Auffälliger ist dann noch das Verhalten des ibero-mauretanischen Elements, das in den klimatisch bedingten Gruppen 2400 m kaum überschreitet, in den mesophilen dagegen erst bei 2700 m sein Maximum erreicht: dieser letzte Umstand spricht für die reale Existenz einer Atlas-Sierra-Einheit.

Unter den autochthonen Elementen sind besonders die hygrophilen Arten interessant, die sich infolge der reicheren Wasservorräte der Sierra Nevada hier in viel stärkerem Umfang ausgebildet haben als etwa im Atlas oder auch in Griechenland.

Die Unzahl gemeinsamer Arten demonstriert wieder einmal die engen florengeschichtlichen Verbindungen zwischen den Pyrenäen, der Sierra Nevada und dem Atlas, die zweifellos auf vorpleistocäne Epochen zurückgehen. Das Fehlen mancher den Pyrenäen und dem Atlas gemeinsamen Arten in der Sierra dürfte darauf zurückzuführen sein, daß der letzteren eine ausgedehnte Hochgebirgs-Kalkzone mangelt.

BRAUN-BLANQUET hat das Vorkommen europäischer Elemente in der nordtunesischen Kroumirie analysiert, die von großen Forsten nahezu europäischen Aspekts durchzogen wird. Das Gebiet weist ein humides, fast kühles Klima auf (bis 2250 mm jährliche Regenmenge, mittlere Augusttemperatur 25° C, mittlere Luftfeuchtigkeit 60 % im August, 85 % im Januar). Die zahlreichen eurosibirischen und atlantischen Arten zeigen nur geringe Variabilität: wenn es sich wirklich in einzelnen Fällen um Neoendemiten handelt, so sind diese mit Formen Siziliens identisch. Sämtliche Arten finden sich zudem in Sizilien, oft auch in Sardinien wieder — und sind in diesen beiden letzten Gebieten wesentlich häufiger als in Tunis; nach Westen hin nehmen hingegen solche Typen rasch ab und fehlen dann in Algier oder in Marokko. Montane und kälteliebende Formen mangeln; die weitaus meisten der hier betrachteten sind hygrophil oder mesotherm.

Diese Kriterien scheinen BRAUN-BLANQUET für eine relativ späte Einwanderung der ganzen Gruppe zu sprechen, die zeitlich wohl mit den großen Rückzugsbewegungen des Mittelmeers im mittleren Pleistocän zusammenfällt: hier muß, zumindest kurzfristig, ein enger Kontakt zwischen Sardinien, Sizilien und Tunis bestanden haben. Während also die oreophytischen Typen auf einer Gebirgsbrücke von Norden her über die iberischen Gebirge bis zu Rif und Atlas nach Nordafrika eingewandert sind, scheinen die hier besprochenen mitteleuropäischen Arten eine thyrrhenische Brücke benutzt zu haben.

Weitere Beiträge zur Eiszeitfrage finden sich in dem Report LOUSLEYs („The Changing Flora of Britain", 1953), der erst im nächsten Berichtband referiert werden kann.

5. Neuere Versuche zur Gliederung der Florengebiete. Eine vom Florenzer Botanischen Institut in Angriff genommene „Adumbratio

Florae Aethiopicae" begreift folgende Gebiete ein: Eritrea, das historische Abyssinien, Harar, Galla und Sidamo, Italienisch-, Britisch- und einen Teil von Französisch-Somaliland, den nördlichen Grenzdistrikt von Kenia und Socotra. CHIARUGI gliedert dieses Gebiet in fünf pflanzengeographisch wohldefinierte Bezirke, nämlich die äthiopische Hochebene, die somalische Hochebene, die „Dancalia" (Dreieckszone zwischen diesen beiden Hochebenen gegen das Meer hin), die somalische Ebene und Socotra. Zur Abrundung wäre als sechster Bezirk noch die yemenische Hochebene Arabiens hinzuzuziehen.

WILD (2) bringt zu einer Gräserliste von STURGEON eine Neueinteilung Süd-Rhodesiens in fünf pflanzengeographische „Divisionen", die zwar auf Verwaltungseinheiten basieren, aber klimatisch und ökologisch verhältnismäßig einheitlich erscheinen. Sein „Nordbezirk" beherbergt das Zambesi-Element (verwandt mit dem des unteren Zambesi in Portugiesisch Ostafrika; Höhe bis 1000', Klima trockenheiß, annuelle Gräser herrschen vor); der endemitenreiche „Ostbezirk" umfaßt besonders die Gebiete von Inyanga und Umtali (Höhe bis 8000', Regen bis 50 in. und mehr). Der „Südbezirk" umgreift das Tiefland des Sabi- und Limpopotales und geht in die Transvaalflora über (verwandt mit dem Zambesi-Element, wieder annuelle Gräser vorherrschend); auch der „Westbezirk" (Wankie-Bulawayo) ist ähnlich, leitet aber zur Sandflächen-Flora des Kalahari-Elementes über (trockenheiß, Höhe bis 4500'). Der „Zentralbezirk" endlich (Gwelo, Salisbury, Marandellas) stellt die Wasserscheide dar, ist kühler, hat eine Regenhöhe von 30—40 in. und wird durch das Vorherrschen perennierender Gräser ausgezeichnet.

Untersuchungen argentinischer Bryophyten-Floren zeigen HERZOG, daß das Terr. de Misiones pflanzengeographisch bereits einen Teil Südbrasiliens darstellt und sich auch von den Wäldern des benachbarten Paraguay nicht wesentlich unterscheidet. Die Provinzen Córdoba, Tucuman und Salta weisen mehr Anklänge an die andine Flora auf; auf der anderen Seite sind aber in diesen westlichen Provinzen auch unverkennbar südbrasilianische Züge feststellbar. Das Terr. Formosa endlich gehört pflanzengeographisch betrachtet bereits dem Gran Chaco an.

Mehr physiognomischen Charakter trägt BEARDs Übersicht über die Vegetation der Savanne des nördlichen tropischen Amerikas, worunter er etwa das Gebiet zwischen Orinoko-Trinidad und dem Amazonas begreift. Hier läßt sich grob, aber praktisch in eine Niedergras-Savanne (mit Dornbäumen, unter 240 mm Niederschläge), eine Hochgras-Savanne (240—600 mm) und eine Halbgras-Savanne (mit Farnen und Moosen, aber auch mit Sukkulenten und immergrünen Sträuchern — Niederschläge über 600 mm) gliedern.

In ähnlich großen Zügen teilt HANSON, auf Untersuchungen der Rentierweiden in Nordwest-Alaska fußend, die arktische Vegetation auf, wobei die hier erzielte Großgliederung für die Gesamtarktis Gültigkeit haben soll. Er trennt *Picea-glauca-* und *Betula-resinifera*-Wälder, Gebüsche aus *Salix, Alnus, Populus* und *Betula,* Zwergstrauchheiden von *Betula nana* und *Ericaceen,* Heidemoore mit *Betula nana* und *Rubus chamaemorus,* grasreiche Zwergstrauchheiden mit Cariceten und Dryadeten und endlich „kräuterreiche Typen", unter welchem Namen er Moore, Hochgrasfluren, Moosheiden, Ruderalia und andere zusammenfaßt.

Eine instruktive Übersicht über die Waldregionen Europas legen RUBNER und REINHOLD in einem als Grundlage für einen europäischen Waldbau bezeichneten Werke vor. Die neun im wesentlichen auf einer klimatischen Einteilung beruhenden Regionen reihen sich folgendermaßen aneinander: I. Nordeuropäische Nadel-Birkenwaldregion; II. Nordosteuropäische Nadel-Laubwaldregion; III. Mitteleuropäische Buchen-Eichenwaldregion; IV. Westeuropäische Laubwaldregion; V. Alpenregion; VI. Ost- und Südosteuropäische Eichen-Buchenwaldregion; VII. Osteuropäische Eichen- und Waldsteppenregion; VIII. Waldregion der Krim und des Kaukasus; IX. Südeuropäische Kastanien- und Hartlaubregion. Dieser letzten (uns etwas heterogen dünkenden) Region werden anhangsweise noch die meist sehr kleinräumigen Waldgebiete Syrien-Palästinas, Makaronesiens und des nordafrikanischen Berglandes angereiht. Jede dieser Regionen wird ihrerseits in mehr oder minder zahlreiche (bis zu 32 bei III.) „Waldgebiete" unterteilt. Zahlreiche Kartenskizzen dienen zur Illustration und Erläuterung der zwar verständliche Unvollkommenheiten aufweisenden, jedoch wirklich dankenswerten Zusammenstellung.

6. Vegetationsstudien und Florenlisten. Einer Vegetationsstudie des piemontesischen Subapennins (besonders dessen zentraler Zone, der „Langhe") legt SAPPA die neuere Methodik von E. SCHMID (Zürich) zugrunde. Mit Ausnahme der südöstlichen Langhe gehört das Gebiet dem Quercus-Tilia-Acer-Laubmischwald-Gürtel an, der heute allerdings vielerorts durch Kulturen stark beeinträchtigt erscheint. Gegen Südosten zu treten Übergangsstadien zum Quercus-pubescens-Gürtel auf, aus denen sich unter menschlicher Mithilfe vorzüglich die Castaneeten entwickelt haben. Die heute nur mehr in den südöstlichen Langhe gut ausgebildeten Gesellschaften des Pubescens-Gürtels selbst stellen die westlichsten Abkömmlinge des präapenninischen Flaumeichen-Waldes dar. Dieser hat vermutlich im letzten Interglazial in nahezu zusammenhängendem Streifen die basalen Partien der Hügel bedeckt, wurde dann aber während der Vereisungen stark kontrahiert. Postglazial dehnte er sich wieder, jedoch meist in engster Verflechtung mit dem Quercus-Tilia-Acer-Mischwald, nach Nordwesten und nach Norden aus.

Der Quercus-ilex-Gürtel bildet in diesem Gebiet heute keine Gesellschaften aus; es treten nur Einzelarten auf, die man auf zwei Gruppen verteilen kann, nämlich in solche, die an vom Menschen nicht beeinflußten Lokalitäten wachsen (vor allem in den südöstlichen Langhe, mit Ausstrahlungen in den nördlichen Subapennin und in einzelne Westalpentäler) und in vom Menschen abhängigere, die allgemeiner verbreitet sind. SAPPA glaubt, daß die Arten des Ilex-Gürtels (vor allem die der ersten Gruppe) in einzelnen „Kernen" die Eiszeiten mehr oder minder an Ort und Stelle überdauern konnten.

Von geringerer Bedeutung sind die Angehörigen einiger weiterer Gürtel, so die Laurocerasus-Arten, die auf das (fossil belegte) Vorherrschen dieses Gürtels in der Tertiärvegetation verweisen, oder die Arten des Fagus-Abies-Gürtels, der im Postglazial stärker entwickelt war, heute aber vom Mischwald aufgesaugt ist. Praktisch bedeutungslos sind der mediterrane Gebirgssteppen- und der Stipa-Steppen-Gürtel.

Insgesamt muß das Gebiet als eine Übergangszone zwischen den nördlichsten Abkömmlingen des Pubescens- und der Südgrenze der gemäßigten Gürtel angesehen werden. Von Interesse sind die dieser Arbeit beigegebenen Übersichtskarten über die Gesamtverbreitung der einzelnen Gürtel.

In kleinem Rahmen hat Tosco die Flora der „Arene Candide", eines Dünenstreifens bei Finale Ligure, nach derselben Methode aufgegliedert. Hier herrschen die Elemente des Quercus-ilex-Gürtels vor (52,8%), die vor allem von den angrenzenden Felsen des Mte. Caprazoppa einwandern; im Gefolge der Degradation dieses Gürtels stellt sich, wie überall in Ligurien, auch ein beträchtlicher Prozentsatz (15,8%) von Arten des Pubescens-Gürtels ein. Die ökologischen Verhältnisse der Düne lassen überdies Arten der Steppen- und Halbwüsten-Gürtel gedeihen; Halophyten sind allerdings selten, da die Sande stark ausgewaschen sind, Therophyten fehlen, wohl wegen der extremen Oberflächen-Trockenheit, überhaupt.

Den gesamten Quercus-Tilia-Acer-Laubmischwald-Gürtel hat RUPF einer chorologischen Analyse unterzogen — und zwar nicht nur in seiner europäischen Hauptcoenose, sondern auch in den entsprechenden ostasiatischen und atlantisch-nordamerikanischen sowie in den artenärmeren Arealfragmenten des Himalaya, Zentralchinas und des pazifischen Nordamerika.

Im analytischen Teil werden ähnliche Typen der (nur in einer Auswahl von Sträuchern und Bäumen erfaßten) Gürtelflora in Gruppen zusammengefaßt und auf ihre Stellung im System, die phylogenetischen Verhältnisse, die Epiontologie und die Ökologie überprüft: besonders eingehend wird das synchorologische Auftreten in „biocoenologischen Statistiken" erfaßt. Der 2. Teil „Ergebnisse und Zusammenfassung" gibt zunächst einen ausführlichen Überblick über die mutmaßliche Entwicklung des Laubmischwald-Gürtels seit der Kreidezeit, wobei die paläontologische, geologische, palynologische usw. Literatur in umfassender Weise ausgewertet und auf die behandelten Gebiete bezogen wird.

Es zeigt sich, um ein Bild von der Behandlung Europas zu geben, daß hier der Laubmischwald-Gürtel seit der postglazialen Wärmeperiode in stetem Rückzug begriffen ist (Zerstückelung in Mitteleuropa, Ersetzung in Nord- und Westeuropa durch den Quercus-robur-Calluna-Gürtel, Verdrängung in den Alpenländern durch den Fagus-Abies-Gürtel). Nur im Kaukasus, in Bulgarien und Rumänien und ähnlichen Bereichen haben sich seine Gesellschaften noch in größerem Umfang erhalten. Die vorderasiatischen Areale werden als Glazialrefugien gedeutet, ähnlich die Fragmente in Nordafrika. Andererseits treten an der Nordgrenze Reliktstandorte aus der postglazialen Wärmezeit auf.

Zusammenfassend betrachtet haben sich die drei rezenten Quercus-Tilia-Acer-Zentren in Europa, Ostasien und dem atlantischen Nordamerika seit der Kreidezeit aus subtropischem bis temperiertem Stammmaterial herausentwickelt, das zunächst circumpolar zusammenhing. Später wurde dieser Konnex durch geologische und klimatische Veränderungen unterbrochen, die Teilstücke wurden isoliert und nach Süden geschoben. Die Artengarnitur ist meist mio- bis pliocänen Alters; sie wurde in den Glazialzeiten vor allem in Europa und im pazifischen Nordamerika stark reduziert. Auf Grund der gemeinsamen Artenzahl und der systematischen Vicarianzen kommt RUPF zu dem Schlusse, daß die Trennung der eurasiatischen von der atlantisch-nordamerikanischen Flora älteren (pliocänen), die der europäischen von der südostasiatischen Flora jüngeren (pleistocänen) Datums ist.

Im Anschluß sei noch auf eine Reihe meist kleinerer oder nicht speziell chorologischer Vegetationsstudien und Florenlisten, vor allem aus dem europäischen Gebiete, hingewiesen. GRÖNTVED hat als Beitrag zur Flora Estlands Untersuchungen auf der Insel Dagö (Hiiumaa) durchgeführt, NORLINDH in Fortsetzung der Beiträge zur Flora von Skåne die Vegetation in Glimakra socken, KAARET die Wasservegetation der Seen Orlangen und Trehörningen in der Gegend von Stockholm untersucht; HASSELROT (2) bringt weitere floristische Anmerkungen aus dem Anten-Mjörn-Gebiet im westlichen Westgötland. KLEMENT zeigt in einer eingehenden Studie über die Nordseeinsel Wangerooge, daß sich die Vegetation dieser jungen, ständig nach Osten wandernden Insel noch nicht stabilisiert hat, wie die floristische Analyse (relativ artenarmes, aber buntes Florengemisch) und der wenig ausgereifte Zustand mancher Pflanzengesellschaften beweisen; Wald dürfte auf der Insel seit jeher gefehlt haben und ist auch unter den heutigen makroklimatischen Bedingungen nicht denkbar. Neufunde von Benthosalgen in der Kieler Bucht meldet HOFFMANN. Die Vegetation des Siebengebirges, in dem sich submediterrane Ausstrahlungen mit subatlantischen und montanen Gesellschaften treffen, haben KÜMMEL und HAHNE in Einzeldarstellungen geschildert. Weitere Florenlisten geben MAHLER (für den Ostteil der Schwäbischen Alb), HANDEL-MAZZETTI [für Tirol-Vorarlberg (1) und den (2) Ober-Vintschgau]; KIELHAUSER behandelt in dem Kaunerberg-Hang die extremste inneralpine Trockeninsel des oberen Inntals. Dem Naturschutzgebiet der Perchtoldsdorfer Heide bei Wien hat WENDELBERGER eine soziologische Studie gewidmet, die an Hand eindrucksvoller Florenlisten den Gang der Vegetationsentwicklung in den pannonischen Trockenrasen erfaßt und den tatsächlichen Ablauf der Wiederbewaldung in den sekundären Rasenflächen zu verfolgen sucht. Aus dem Schweizer Hochjura stammen Florenlisten von LÜDI (2), aus Korsika von LITARDIÈRE, aus den Balearen von PALAU FERRER. Für Spanien werden ausführliche Aufzählungen aus Cantabrien vorgelegt (BORJA CARBONELL, für die cantabrisch-leonischen Gebirge auch LOSA u. MONTSERRAT); umfangreiche Mooslisten mit zahlreichen Neufunden aus Spanien bringt CORTES LATORRE. Eine Monographie des Mte. Terminillo im Zentral-Apennin finden wir bei MONTELUCCI. COHRS gibt Beiträge zur Flora des nordadriatischen Küstenlandes (besonders der Umgebung von Görz), SOŠKA in Beendigung der früheren Arbeiten über die Schluchtenfloren Mazedoniens Florenlisten von Strumica und Valandovo; WOJTERSKI endlich schildert die Vegetation des Annaberg-Gebietes (,,Dziewicza Gora'') bei Posen.

Von außereuropäischen Studien und Berichten erscheinen bemerkenswerter eine Florenliste aus der Zentral-Sahara (VAUTIER: Tassili des Ajjers) und eine Flora des Djebel Druze, eines vulkanischen Bergmassivs an der Grenze zwischen Syrien und Jordanien [MOUTERDE (2)]; der letztgenannte Autor setzte auch seine Listen über die Flora Syriens und des Libanon (1) fort. CURRY-LINDAHL berichtet über die Expeditionen schwedischer Forscher in den afrikanischen Gebirgen; WALKER gibt eine Vegetationsübersicht über die Okinawa-Inseln (Riu Kiu, Japan). SKOTTSBERG vollendet sein Florenwerk über Juan Fernandez und die Osterinsel durch eine eingehende Vegetationsmonographie; MATTICK endlich berichtet über einen lichenologischen Forschungsaufenthalt in Brasilien.

Von den in diesem Jahre erschienenen Floren seien nur drei herausgegriffen, die auch speziellere pflanzengeographische Bedeutung besitzen. Die ,,Neue kritische Flora von Schleswig-Holstein'' von CHRISTIANSEN gibt für jede Art eingehende Standorts-, Gesellschaftsanschluß- und Verbreitungsgrenzen, so daß die geographischen und ökologischen Eigenarten dieses Gebietes, dem durch die Häufung westlicher und östlicher Verbreitungsangaben eine Schlüsselstellung im norddeutschen Flachland zukommt, deutlich herausgearbeitet werden (240 Arealkarten). Skandinavien bekommt eine wertvolle ,,Nordische Gefäßpflanzenflora'' (HYLANDER), die ganz Fennoskandien (mit Karelien und Kola), Skanodanien, Island und die Faeröer umfaßt. Auch sie ist durch sehr sorgfältige Verbreitungsangaben ausgezeichnet, bei denen zudem stets die in- und außerhalb Skandinaviens veröffentlichten Arealkarten angegeben werden. Die Verbreitung wird nach Landschaften gegliedert, wobei auf Schweden 31, Norwegen 18, Dänemark 8, auf Finnland 21 und auf Russisch-Fennoskandien 11 Einheiten entfallen. — Eine leider ungarisch geschriebene Moosflora Ungarns (Boros) fällt durch wertvolle Verbreitungsangaben, vor allem aber durch Zuteilungen soziologischer Art auf.

7. Neuerschienene Verbreitungskarten (Pu = Punktkarte). Suessenguth u. Gall legen eine Umrißkarte der Verbreitung der bis jetzt bekannt gewordenen gefäßlosen Angiospermen vor; das sehr geschlossene Areal umgreift den südlichen und zum Teil den westlichen pazifischen Ozean. Ungewöhnlich zahlreiche Verbreitungskarten von Familien, Gattungen und Arten verschiedenster Herkunft (jedoch nicht immer Originale) finden sich in den besprochenen Werken von Good, Wulff und Croizat, für den Bereich Ostasien — atlantisches Nordamerika bei Li, für die nördlich gemäßigte Zone bei Scharfetter. Bäume und Sträucher des Schmidschen *Quercus-Tilia-Acer*-Laubmischwald-Gürtels (in weitester Erstreckung) sind in Umrißkarten, ihre vertikale Höhenschichtung in Profilen bei Rupf festgehalten; die europäischen Waldgebiete wurden von Rubner und Reinhold kartiert.

In Fortsetzung der vor dem Krieg begonnenen Kartierung mitteldeutscher Leitpflanzen bringt Meusel (im Auftrag der Arbeitsgemeinschaft mitteldeutscher Floristen) zahlreiche neue Pu für Laubwaldpflanzen, submediterrane und dealpine Gehölze, Salz-, Rohhumus-, Hoch- und Flachmoorpflanzen, sowie für einige kontinentale Hochstauden des mitteldeutschen Bereiches. 240 Pu- und Rasterkarten legt Christiansen in seiner Flora Schleswig-Holsteins vor, 44 Pu Wiinstedt zur Verbreitung der Pteridophyten in Dänemark; 13 mediterrane Arten Piemonts werden in Pu bei Sappa dargestellt. 20 zum Teil äußerst instruktive Pu- und Umrißkarten legt Bernis für die von ihm monographierte Plumbaginaceen-Gattung *Armeria* vor. Von weit verbreiteten Sippen wurden Umrißkarten für *Carpinus* (Berger, fossil und rezent), für die Compositen-Gattung *Cousinia* (Rechinger, irano-turanisch) und für *Lonicera* (Janaki Ammal, mit besonderer Berücksichtigung der Polyploiden) erstellt.

Europa: Unter den Kryptogamen sind 27 Pu von nördlichen Flechten-Arten in Schweden von besonderem Interesse (Hasselrot), bei denen auffällt, daß manche dieser oreophytischen Arten im Ostseegebiet als Litoralformen (zum Teil auch an Binnenseen) weit nach Süden gehen. Für die Characee *Nitellopsis stelligera* hat Corillion (1) das französische Areal, für *Chara braunii* Pekkari die Vorkommen in Skandinavien und Norddeutschland, für die Grünalge *Chaetophora incrassata* Luther die nordeuropäische Verbreitung in Pu festgehalten. Eine Pu des Lebermooses *Trichocolea tomentella* auf der iberischen Halbinsel bringt Casas de Puig, des eu-ozeanischen Farnes *Trichomanes speciosum* im Gebiet von Ploermel (Bretagne) Louis-Arsène.

Die Phanerogamen seien alphabetisch aufgeführt: Die *Alchemilla*-Arten aus der Series *Elatae* stellt Pawlowski in einer Pu für die Balkanhalbinsel und die Karpaten dar, die Verbreitung von *Allium scorzonerifolium* (Pu) auf der iberischen Halbinsel Fernandes, die Gesamtverbreitung (Pu) der sehr disjunkten *Artemisia norvegica* Blakelock. Die spärlichen Fundorte der afrikanischen Conifere *Callitris quadrivalvis* in Spanien werden auf einer Pu von Rigual u. Esteve verzeichnet, die Verbreitungsgrenze des indigenen Areals von *Carpinus betulus* in der Bretagne von Corillion (3). Fast bringt eine Pu der laciniaten Mutanten von *Chelidonium maius* in Europa, bei denen sie eine deutliche Häufung entlang einer Südwest-Nordostlinie mit Bevorzugung der Mittelgebirge feststellen zu können glaubt (Auslese in niederschlagsärmeren Gebieten polytop entstandener Mutanten). Weitere Karten finden sich von *Chrysanthemum arcticum, rotundifolium* und *zawadzkii* bei Pawlowska (1), von *Coleanthus subtilis* in Frankreich [Pu: Corillion (2)], von *Delphinium montanum, dubium* und *oxysepalum* [Pawlowska (1)] und von der spanischen Umbellifere *Dethawia tenuifolia* (Pu: de Bolos), die in schöner geographischer Trennung mit der einen Rasse die Pyrenäen, mit der anderen das Cantabrische Gebirge besiedelt. *Erysimum hungaricum, pieninicum, virgatum* und *wahlenbergii, Euphorbia austriaca* und *carpatica* werden wieder von Pawlowska (1) gebracht, eine Pu der *Glyceria*-Arten *declinata, fluitans* und *plicata* in Luxemburg von Jungblut, acht Umrißkarten europäischer *Hieracien*-Hauptarten und drei Pu des in den Niederlanden allgemeiner verbreiteten *H. caespitosum* sowie der fast ausschließlich in Südlimburg heimischen *H. bauhini* und *piloselloides* von den Holländern Dijkstra, Kern, Reichgelt und v. Soest. Die bretonische Verbreitung der Orchidee *Malaxis paludosa* (Pu) führen Abbayes u. Corillion vor. Der kleinasiatisch-griechische *Podocytisus caramanicus (Papilionaceae)* wird von Ehm dargestellt, die im wesentlichen arktischen *Sagina caespitosa* und *intermedia* bringt Gams. Pawlowska führt neben den Verbreitungskarten von *Saxifraga ajugifolia* und *perdurans* (1) eine eingehende Studie der in den Karpaten, den Sudeten und auf der Balkanhalbinsel in silicicole und calcicole Rassen aufgespaltenen *Saxifraga moschata* vor [mit Pu: Pawlowska (2)]. *Scleranthus annuus, polycarpus* und *ruscinonensis* werden für Portugal von Rössler in 3 Pu festgehalten, *Soldanella carpatica* findet sich wieder bei Pawlowska (1). Über die neuere Verbreitungsgeschichte der (sich jetzt auch in Nordamerika einbürgernden) *Veronica filiformis* hat sich an Hand einer Pu für Eurasien Thaler verbreitet, die darauf aufmerksam macht, daß die im Kaukasus bis 2700 m steigende Art in Europa noch kaum über 800 m Meereshöhe hinausgekommen ist.

Afrika: Die Gruppe von *Albizzia gummifera (Mimosaceae* des tropischen Afrikas) stellt Brenan in Pu dar, die *Apocynaceae pleiocarpineae* mit den Gattungen *Picralima, Hunteria, Pleuranthemum, Comularia, Tetradoa, Pleiocarpa* und *Carpodinopsis* Pichon in 3 Pu; Umrißkarten der meisten nordafrikanischen Campanulaceen finden sich bei Quézel (1). Das Vorkommen der Asclepiadacee *Cynanchum praecox* zeigt eine Pu Bullocks. Die äthiopischen *Ericaceae* wurden von Pichi-Sermolli und Heiniger in Pu festgehalten, die gesamtafrikanische Compositengattung *Geigeria* von Merxmüller. Die Pedaliaceen-Gattung *Josephinia* ist von Afrika bis Australien verbreitet (Pu: Bullock); schöne Umrißkarten der afrikanischen Arten von *Pittosporum* gibt Cufodontis. Im Rahmen von Gattungsrevisionen afrikanischer Rubiaceen finden sich bei Verdcourt mehrere Pu für *Batopedina, Otomeria, Virectaria* (1) und für die große Gattung *Pentas* (2). Die Arten der Cyperaceen-Gattung *Scleria* in Belgisch-Kongo und Ruanda-Urundi werden in sechs Pu Pierarts, zwei zentralafrikanische baumförmige *Strychnos*-Arten *(Loganiaceae)* von Duvigneaud aufgezeichnet.

Südostasien und Australien: Die 51 nordaustralischen Arten der Myrtaceen-Gattung *Eucalyptus* sind auf 30 Pu Blakes verzeichnet, während Pichon die Apocynaceen-Gattung *Hunteria* in einer Pu, Mukherjee die malesisch-südostasiatische Anacardiaceen-Gattung *Mangifera* in drei Umrißkarten niederlegt. Eine Pu der Myrtacee *Metrosideros nigroviridis* (Molukken—Neuguinea) stammt von van Steenis (2); die *Pandanus*-Arten des südwestlichen Indischen Ozeans haben Vaughan u. Wiehe in Umrißkarten dargestellt. Airy Shaw bringt eine Pu der Nyctaginacee *Pisonia grandis* in Malesien, Hoogland in Zusammenhang mit einer Gattungsrevision zahlreiche Pu der Dilleniaceen-Gattung *Tetracera.*

Nord- und Südamerika: Von Möschl stammt die Pu eines neuen argentinischen *Cerastiums (C. junceum)*, von Skallerup eine Pu der nordamerikanischen *Diospyros virginiana*, deren Grenzen auffallend im Westen mit der 30-in.-Jahres-Isohyete, im Norden mit der 25⁰ F-Jahres-Isotherme zusammenfallen. Eine Pu der bislang aus Venezuela bekanntgewordenen Halorrhagaceen *(Gunnera spp.* und *Laurembergia sp.)* bringt Lasser, eine weitere der als fraglich zu den Staphylaeaceen gestellten, sehr alten und systematisch isolierten Gattung *Huertia*, die disjunkt über Peru, das hyläische und das subandine Columbien und Cuba verbreitet ist, Cuatrecasas. Die Podostemonaceen-Gattungen der neuen Welt *(Tristicha, Mourera, Weddellina, Lonchostephus* und *Tulasneantha)* hat van Royen in Umrißkarten festgehalten, die südamerikanische Vochysiaceen-Gattung *Qualea* und ihre Sektionen Stafleu.

Besonders hingewiesen sei hier noch auf ein neues russisches Kartenwerk („Areale" von Grossheim u. Schischkin), dessen erster Teil im Jahre 1952 erschien; es lag leider dem Ref. nicht vor, so daß er sich auf eine ausführliche Besprechung Hulténs beziehen muß. Nach Hannig

u. Winklers „Pflanzenarealen" (1920—1940: 340 Tafeln) ist dies ein neuer Versuch, kartographisches Material zur Floren- und Vegetationsgeschichte in fortlaufenden Lieferungen auszugeben; ein wesentlicher Unterschied gegenüber den in Mercator-Projektion dargestellten „Pflanzenarealen" liegt in der Verwendung der im höheren Norden arealtreueren Polarprojektion. In der ersten Lieferung werden auf 39 Tafeln Vertreter der arktischen Flora Rußlands abgehandelt; der eingehende, leider russische Begleittext besteht aus Originalarbeiten von Tolmatchew, Roschevits, Busch, Kretchetovitch und Selivanova-Gorodkova. Hultén weist in seiner Besprechung viele Irrtümer auf, denen eine ungenügende Kenntnis der außerrussischen Literatur zugrunde liege.

8. Arealkundlich-ökologische Fragen. H. u. E. Walter haben in Südwestafrika versucht, in ursprünglicher Landschaft die natürliche Verbreitung einförmiger Pflanzendecken in ihrer Kontinuität zu verfolgen. Die Arealgrenzen vieler Bäume und Sträucher folgen nicht den Linien gleicher Niederschläge (der dort wichtigsten klimatischen Gegebenheit, da der Wasserfaktor alle anderen überlagert), sondern stehen auf ihnen senkrecht. Für viele Arten ist ein bestimmtes zonales Verbreitungsgebiet bezeichnend, in dem sie sich verhältnismäßig euryözisch verhalten. In den trockeneren Klimaten des Südwesten suchen sie feuchtere Standorte (Rivierränder und ähnliche) auf, in den feuchteren des Nordostens gehen sie auf trockenere Biotope über bzw. werden sie von wüchsigeren Arten dorthin verdrängt; in extrazonaler Verbreitung kompensiert also ein Biotopwechsel die Klimaänderung. Diese schon öfters hervorgehobene Erscheinung formulieren H. u. E. Walter treffend als „geo-ökologisches Gesetz der relativen Standortskonstanz": Wenn im Wohnbezirk oder Areal einer Pflanzenart das Klima sich in einer bestimmten Richtung ändert, so tritt ein Wuchsorts- oder Biotopwechsel ein, durch den die Klimaänderung aufgehoben wird. Dies gilt sowohl für den Hydratur- als auch für den Temperaturfaktor.

Selbstverständlich gibt es auch interzonale Arten, meist Spezialisten wie Halophyten und ähnliche. Parallel mit dem Biotopwechsel geht bei manchen Arten noch die Ausbildung ökologischer Anpassungsformen einher. — Da jede Art beim Biotopwechsel anders reagiert, ergeben sich hieraus Rückschlüsse auf das Wesen der Gesellschaften: die einzelnen Arten bewahren innerhalb der Gesellschaften volle Selbständigkeit. Diese Anschauung sollte für den Assoziationsbegriff von einiger Bedeutung sein.

Serpentin-Vegetationen wurden bisher vor allem in Zentral- und Südeuropa, sowie in Nordamerika, in kleinerem Umfang auch in Norwegen und Finnland untersucht. Rune hat erstmals die verhältnismäßig ausgedehnten schwedischen Vorkommen (41 ultrabasische Felsen in Nordschweden) bearbeitet, die sich als ausgesprochen arten- und individuenarm erweisen (insgesamt nur 140 Gefäßpflanzen, das ist nur etwa $^1/_4$ der Gesamtartenzahl der entsprechenden Gebiete). Bemerkenswert ist das Nebeneinander calcicoler und acidicoler Arten, die vielfach xerophytischen Charakter zeigen und oft sehr disjunkt verbreitet sind; schlecht erklärbar ist die auffällige Bevorzugung oder geradezu Beherrschung durch einzelne Familien, so in Nordeuropa und im östlichen Nordamerika durch die Caryophyllaceen.

Während in Südeuropa eine relativ große Zahl von „Serpentinpflanzen" s. str. existiert, von denen manche sogar als eigene Arten, eine sogar als Gattung *(Zwackhia)*, unterschieden werden, finden sich in Nordeuropa nur einige wenige, noch dazu meist morphologisch recht schlecht geschiedene Kleinrassen. Dies kann leicht verstanden werden, da ja die nordischen Serpentinfloren wesentlich jünger sind und zumeist postglazialen Ursprungs sein dürften. Immerhin machen nach RUNE selbst hier einige Sippen einen reliktären Eindruck.

Im wesentlichen auf edaphischen Faktoren scheint die Verbreitung der Pteridophyten in Dänemark (WIINSTEDT) zu beruhen, deren einzige erkennbare Sonderung dem Gegensatz der eutrophen Moränengebiete im Osten zum oligotrophen Westen entspricht. Ökologisch ist anscheinend auch die merkwürdig heterogene Verbreitung der Grünalge *Chaetophora incrassata* zu erklären, die in Nordeuropa einerseits in schwach brackischem, andererseits in süßem, dann aber stets kalkreichem Wasser zu finden ist. Diese „ökologische Vicarianz zwischen Meeressalz und Kalkgestein" hat DU RIETZ bereits 1932 von mehreren Phanerogamen und Characeen beschrieben.

RUNGE behandelt die starken Florenveränderungen, die auf der Insel Baltrum in den letzten 80 Jahren vor sich gingen: Während kaum irgendwelche Arten ausgestorben sind, sind zahlreiche neue aufgetaucht und haben sich die bereits vorhandenen zum Teil überaus stark vermehrt. Dies ist zum einen auf die ständige Vergrößerung der Insel, insbesondere der Wattflächen und der Salzwiesen zurückzuführen, zum anderen aber auf die Alterung der Dünen. Früher fand man fast nur weiße, also junge Dünen vor, denen sumpfige Stellen fehlten; heute existieren dagegen zahlreiche graue Dünen, deren Täler viele neue Sumpfpflanzen beherbergen. Während BUCHENAU seinerzeit die Flora der Insel als reliktisch, als Restbestand früherer reicherer Floren deutete, glaubt RUNGE, daß Baltrum früher ausgesprochen arm war und seine Flora seither in ständiger Zunahme begriffen ist.

Wie bereits die Keimungsverhältnisse die Arealgestalt beeinflussen, zeigen zwei weitere Arbeiten: Nach FAVARGER (2) bedürfen die Samen von *Gentiana lutea* einer mindestens sechswöchigen Nachreifung bei feuchtkalter Temperatur von 0—5° C, wie dies die Pflanzen an ihren natürlichen, winters schneebedeckten Standorten vorfinden. Eine Ausbreitung ins Flachland dürfte bereits hierin ihre Begrenzung finden. KNAPP (2) zeigt, daß *Arnica*-Keimlinge auf stark basischen Böden zwar gut keimen, aber dann bald chlorotisch werden; solche Böden werden also nicht ertragen. Hingegen beweist das gute Gedeihen auf neutralen, nährstoffreichen Lehmböden (auf denen die Art in der Natur gänzlich fehlt), daß hier am Standort eine Verdrängung durch konkurrenzkräftigere Typen wirksam sein muß. Die Verbreitung der mitteleuropäischen Flechten endlich wird nach LANGE zwar nicht durch die gelegentlich auftretenden Trockenperioden, möglicherweise aber durch Thallus-Überhitzung begrenzt, eine Angabe, die der Autor durch umfangreiche experimentelle Bestimmungen der Hitze- und Dürre-Resistenz sowie der Flechten-Temperaturen erhärtet.

Drei Untersuchungen widmen sich dann noch dem menschlichen Einfluß auf die Florenbilder. GRANÖ nahm seine Studien auf dem in den Finnischen Meerbusen hineinragenden Schärenhof von Porvoo zum Anlaß einer Neugliederung, in der er die „Indigenen" von den „Kulturankömmlingen" scheidet. Unter den letzteren trennt er die „Kultursteten" von den „Neu-Apophyten", während die „Stamm-Apophyten" (einheimische Arten, die auf Kulturland übergehen) zu den Indigenen

12*

rechnen. Diese Stamm-Apophyten heben sich ihrerseits unter den Indigenen scharf von den „naturbedingten" Hemeradiaphoren und Hemerophoben ab.

Interessant ist hier die Nebenbemerkung, daß auf dem Schärenhof die Kulturflächen und die Ufer zusammen die Wohnstätte für die Hälfte aller Gefäßpflanzen abgeben, während sie nur etwa $^1/_6$ des Gesamtraums einnehmen.

GROSSE-BRAUCKMANN erkennt als wesentlichen Faktor für die Verbreitung ruderaler Dorfpflanzen innerhalb eines kleinen Gebietes im Landkreis Göttingen die mangelhafte Ausbreitungsfähigkeit und die ungünstigen Ausbreitungsverhältnisse der Arten: nur recht selten läßt sich eine Übereinstimmung mit bestimmten Standortsverhältnissen erkennen.

KREH endlich zeigt an Hand des Beispiels der Stuttgarter Flora Entwicklungslinien in der jüngsten Florengeschichte Mitteleuropas auf, die vor allem zu Änderungen des Familien-Spektrums führen (starke Vermehrung der Compositen und Cruciferen, allgemein wohl der Dikotylen überhaupt, dann natürlich der Nitrophilen; auf der anderen Seite Rückgang der Magerwiesen- und Moor-Arten mit vielen Monokotylen). Im Lebensformen-Spektrum treten die Therophyten stärker in den Vordergrund, im Arealtypen-Spektrum die Mediterranen; im Landschaftsbild sollen sich eine Verschiebung zur gelben Blütenfarbe hin und eine Verlängerung des Blütenjahres bemerkbar machen. „Der Artenaustausch der ganzen Erde" scheint dem Autor „eben erst begonnen" zu haben.

Abschließend sei noch auf den interessanten Überblick verwiesen, den FROMENT über die Entwicklung der Pflanzengeographie und -soziologie in Frankreich seit Beginn des 19. Jahrhunderts gibt (mit 341 leider ungenauen Literaturzitaten), wobei besonders FLAHAULTs, REYNAUD-BEAUVERIEs, JOVETs und des Verf. eigene Ansichten zu den Problemen der gegenwärtigen Verbreitung, des Assoziationsbegriffs, der Aufnahmeverfahren und Milieustudien, der Syngenetik, Synchronologie und Synchorologie prägnante Darstellung finden.

II. Floren- und Vegetationsgeschichte seit dem Tertiär [1].

1. Methodik. G. ERDTMAN (3), (4) hat seine palynologische Bibliographie bis einschließlich 1953 fortgeführt, FAEGRI (2) die technische Einrichtung eines Pollenlaboratoriums beschrieben. Ein über 500 Seiten starkes russisches Buch über „Pollenanalyse" bespricht KAZ (3).

Die Arbeiten zur Pollendiagnostik sind unter anderem durch eine sehr gute Darstellung der Monokotylen-Pollen Neuseelands von CRANWELL (1) bereichert worden. Weiter sind ENEROTHS schon früher bekannt gewordene Untersuchungen über die Bestimmung fossiler *Betula*-Pollenkörner an Hand ihrer Größe nach seinem Tode von LINDQUIST und FROMM veröffentlicht worden. ENEROTH hat die spezifische Zusammensetzung des fossilen Pollens dadurch auf die einzelnen Arten zurückzuführen versucht, daß er seine Verteilungskurve mit solchen Variationskurven verglich, die unter der Annahme bestimmter wechselnder Mengenanteile einzelner Arten *(B. nana, pubescens, tortuosa, pendula)* errechnet worden sind. (Daß die Pollengröße von *Betula* artspezifisch ist, steht fest.) Die Anwendung dieses Verfahrens auf drei nordschwedische Pollendiagramme führte zu sehr wahrscheinlichen Ergebnissen. Trotzdem ist auch weiterhin große Vorsicht geboten, da abgesehen von intermediären Formen die Pollengröße auch in hohem Maße vom Medium abhängt. WENNER bestätigt das von neuem und fordert daher für zuverlässige Diagnosen die gleichzeitige Messung der Pollen von 1—2 anderen Arten. Dies wiederum hat die Kritik FAEGRIS (1) ausgelöst, da verschiedene Pollenarten auf

---

[1] Bearbeitet von F. FIRBAS.

die gleiche Behandlung verschieden reagieren können. ERDTMAN (5) weist auf neue Merkmale zur Unterscheidung von *Alnus glutinosa* und *incana* hin. Über elektronenmikroskopische Untersuchungen an Exinen von *Tradescantia* vgl. FERNÁNDEZ-MORÁN u. ORVILLE-DAHL, über Pollendimorphismus der Plumbaginaceen BAKER, über *Artemisia*-Pollen MONOSZON-SOLINA [ref. in KAZ (2)].

Schon lange war es wünschenswert, die Bestimmbarkeit der besonders in Rohhumusschichten häufigen Spaltöffnungen von Coniferen systematisch zu untersuchen. Dies hat für die mitteleuropäischen Arten TRAUTMANN mit gutem Erfolg getan. Über die Rhizopoden-Analyse von Torfen berichtete neuerlich GROSPIETSCH (2).

Der heutige Pollenniederschlag wurde weiterhin unter verschiedenen Gesichtspunkten untersucht. Die Ergebnisse lassen sich nur schwer verallgemeinern, da die Unterschiede von Jahr zu Jahr sehr groß sind. So haben LEIBUNDGUT u. MARCET 1950 den Pollenniederschlag auf dem Uetliberg bei Zürich in 870 m Höhe aufgefangen und 20531 Pollenkörner/cm² gezählt. Die die Berghänge reichlich bestockende Rotbuche *(Fagus)* stand mit 57% im Vordergrund. Etwa zur gleichen Zeit bestimmte PINTO DA SILVA den Jahresgang des vor Regen geschützten Pollenniederschlags bei Lissabon und LICITIS den Pollenanflug an fünf Stationen Neuseelands (vorwiegend Gramineen, *Pinus, Nothofagus*), wo auch CLARK, vor allem von allergischen Gesichtspunkten aus, die Jahreskurve des Niederschlags verfolgte. Ebenfalls in Neuseeland fand MIRAMS, daß der Pollenanflug auf einem ständig gegen den Wind gerichteten senkrechten Objektträger ein Mehrfaches des Niederschlags auf gegen Regen geschützter horizontaler Fläche beträgt, wobei aber das Mengenverhältnis der verschiedenen Typen sehr ähnlich bleibt. LUNDQUIST (2) berichtet über einen Massentransport von *Chrysomyxa*-Sporen über mehr als 75 km.

Die Anwendung der Radiokarbon-(C¹⁴-)Methode zu Altersbestimmungen wird durch die Errichtung neuer Laboratorien und die Untersuchung der noch beträchtlichen Fehlerquellen ständig gefördert. Während MOVIUS einen allgemeinen Überblick nach dem Stand von 1950 gibt, berichten ANDERSON u. LEVI sowie ANDERSON, LEVI u. TAUBER von den methodischen Verbesserungen und den ersten Altersbestimmungen im Kopenhagener Institut. NARR weist als Archäologe auf die Fehlerquellen hin. Auch LIBBYS vierter Bericht aus dem Laboratorium in Chicago enthält verschiedene methodisch wichtige Ergebnisse, daneben Bestimmungen an archäologischen Objekten aus dem Orient, aus Nord- und Südamerika. Im ersten Bericht des Laboratoriums an der Yale-Universität in New Haven von DEEVEY u. GROSS finden sich methodische Untersuchungen an Holz, marinen Mollusken und karbonatreichen Seeablagerungen, u. a. an Material aus Neuseeland. Auch hierbei werden die Unsicherheiten sehr betont. Man muß die Kritik um so mehr begrüßen, als an der großen Bedeutung der Methode nicht zu zweifeln ist.

Bei der kritischen Beurteilung der Jahrringkurven in der Dendrochronologie wird der Prozentsatz der Gegenläufigkeiten bewertet. W. v. JAZEWITSCH (1) verbessert diese Methode durch Berücksichtigung auch der Stärke der Ausschläge („fraktionierte Gegenläufigkeitsstatistik"). Die Verf. (2) hat außerdem eine 265-jährige Jahrringchronologie von Rotbuchen aus dem Spessart und eine 297jährige aus dem Bayerischen Wald aufgestellt. Obwohl die Jahrringbreite von *Fagus* neben klimatischen Faktoren besonders von den Mastjahren beeinflußt wird, läßt sich eine gute Übereinstimmung mit der bereits vorliegenden Jahrringkurve der Traubeneichen im Spessart erkennen, die dadurch weiter gesichert wird. Die Übereinstimmung von Buchenkurven aus verschiedenen mitteleuropäischen Landschaften ist hingegen gering.

2. Erd- und klimageschichtliche Grundlagen. Im September 1953 hat in Rom und Pisa der 4. Quartär-(Inqua-) Kongreß stattgefunden, im Mittelpunkt stand das Quartär des Mediterrangebiets, vor allem also das marine Quartär und die Beziehungen zur Archäologie [vgl. GROSS (2)]. Aus einer Reihe klimageschichtlicher Vorträge im 2. Klimaheft der Geologischen Rundschau seien hervorgehoben: der neuerliche Nachweis diluvialer Klimaveränderungen, wahrscheinlich bis in die Risseiszeit zurück, mit Hilfe der in den Tiefseesedimenten des Atlantik erhaltenen pelagischen Foraminiferen durch C. SCHOTT (über Proben aus dem Pazifik vgl. ARRHENIUS) und Ausführungen von H. FLOHN über die Rekonstruktion des Eiszeitklimas an Hand der heutigen atmosphärischen Zirkulationsformen. Von

Fr. Zeuners Einführung in die Geochronologie (Dating the Past) ist die 3. Auflage erschienen, von Brooks „Climate trough the Ages" die 2. Auflage, über Orogenese und Eiszeiten vgl. Schwarzbach.

R. F. Flint (1), (2) hat die Fortschritte der nordamerikanischen Glazial-geologie in den letzten 5—10 Jahren zusammengefaßt. Es ergeben sich deutlichere Parallelen zu Europa als bisher. So dürfte die erste der vier unterschiedenen Eis-zeiten (Nebraskan) gleich dem alpinen Günz von geringerer Ausdehnung als alle folgenden Vereisungen gewesen sein. Die letzte Eiszeit (Wisconsin) läßt vier Stadien unterscheiden (Jowan — Tazewell — Cary — Mankato) und vielleicht auch noch einen Vorstoß vor dem Jowan, wobei auf Grund von Verwitterungserscheinungen das Tazewell-Cary-Interstadial am meisten ausgeprägt erscheint und der euro-päischen „Aurignac-Schwankung" zugehören könnte. Das Cary-Mankato-Inter-stadial entspricht nach den C¹⁴-Datierungen (vgl. Fortschr. Bot. 14, 173) der Aller-ödschwankung. Das wird freilich von Antevs bestritten, dem man einen kritischen Überblick über die Bändertonchronologie in Nordeuropa und Nordamerika ver-dankt. Nach Antevs sollen die erwähnten C¹⁴-Bestimmungen (am Two Creeks-Torf) ein um etwa 8000 Jahre zu geringes Alter ergeben haben. Das erscheint aber doch sehr unwahrscheinlich. Kritische Übersichten über das jüngere Pleistocän der Niederlande gab, besonders im Hinblick auf die absolute Datierung und die Strahlungskurve, Brouwer (2—4).

Florengeschichtliches Interesse kann eine Arbeit von Mortensen (2) über das Eiszeitklima beanspruchen. Nach verschiedenen Befunden in den Alpen und im extra-alpinen Mitteleuropa soll die glaziale Temperatur-Depression mit zunehmender Höhe stark abgenommen haben und oberhalb 2000 m annähernd 0 gewesen sein. Ist dies richtig, dann waren die eiszeitlichen Überdauerungsmöglichkeiten für die alpine Flora wesentlich günstiger, als bisher angenommen worden ist.

Beenhouwer erörtert, inwieweit eine Rekonstruktion vergangener Klimate nach Pollenuntersuchungen möglich ist, wenn man feststellt, innerhalb welcher Klimate nach der Klassifikation von Thornthwaite die verschiedenen Gehölze heute gedeihen können. Klimageschichtlich sind außerdem folgende Beiträge von Bedeutung: Studien über das marine Spät- und Postglazial Schwedens an Hand von als Klimazeiger wichtigen Foraminiferen mit dem Nachweis „lusitanischer" Einwanderer in der Wärmezeit (Brotzen); Untersuchungen über den Zusammen-hang der marinen Grenze in Westschweden mit den spätglazialen Klimaverände-rungen (Gillberg), und über das südschwedische Spätquartär im allgemeinen (Nilsson); Angaben über den ersten postglazialen Durchbruch des Ärmelkanals (um 7000 v. Chr.?; Terasmäe). Ein zusammenfassendes Referat über die Bildung des Auelehms in den Flußtälern Deutschlands gibt Reichelt.

Schließlich sei hier noch ein Vorschlag zur Benennung der Stufen des Pleisto-cäns mitgeteilt, den Woldstedt vorlegt [vgl. Fortschr. Bot. 15, 125; über die Grenze Pliocän-Pleistocän in Italien nach der Auffassung von Venzo vgl. Gross (2)].

Norddeutschland	Alpen	Marine Stufen des Mittelmeergebietes
Weichsel-Eiszeit	Würm	
Eem-Warmzeit		Monastir
Saale-Eiszeit	Riss	
Holstein-Warmzeit		Tyrrhen
Elster-Eiszeit	Mindel	
Cromer-Warmzeit		Milazzo
Weybourne-Kaltzeit	Günz?	
Tegelen-Warmzeit		Sizil
Butley-Kaltzeit		
Reuver-Stufe des Pliocäns		

3. Interglaziale. Unsere Kenntnisse von der Vegetationsentwicklung in den pleistocänen Warmzeiten sind im Berichtszeitraum vor allem durch große zusammenfassende Darstellungen in drei Gebieten (Niederlande, Polen, Schweizer Alpenvorland) wesentlich gefördert worden. Das große Schauspiel der weitgehenden Vernichtung der pliocänen Flora in Europa und die merkwürdigen Unterschiede der Vegetationsentwicklung in den einzelnen Interglazialen lassen sich immer schärfer erfassen. Von endgültigen Altersbestimmungen sind wir freilich in vielen Fällen noch weit entfernt, ebenso von einem Verständnis der Ursachen.

In den Niederlanden haben VAN DEN VLERK u. FLORSCHÜTZ ihren zunächst in einem holländischen Buch (vgl. Fortschr. Bot. 14, 171) niedergelegten Versuch einer Gliederung des Pleistocäns in einer englisch geschriebenen Abhandlung weitergeführt. Wir erhalten folgendes Bild (in Klammern die wahrscheinliche Zuordnung zu den norddeutschen und englischen Vereisungen):

1. Auf das mit der Reuver-Stufe abschließende Pliocän folgt, durch marine Ablagerungen mit kalter Fauna eingeleitet, das Praetiglian. Im Pollengehalt sind *Nyssa, Sciadopitys, cf. Taxodium* noch, aber nur in geringen Spuren, vorhanden und (im Gegensatz zu Reuver und Tegelen) *Fagus* von beträchtlicher Bedeutung. Südost-Holland ist Festland.

2. Tiglian (Tegelen-Stufe). Leitfossil ist *Azolla tegeliensis.* Von pliocänen Arten sind nur noch *Tsuga, Pinus s. haploxylon, Carya, Pterocarya* und *Phellodendron* vorhanden, *Fagus* fehlt. Zu Beginn und gegen Ende spielt *Pinus* in wohl jeweils kühleren Abschnitten eine große Rolle, *Selaginella selaginoides* wird erstmals verzeichnet. Süd- und Ostholland sind Festland.

3. Taxandrian (Elster- oder Weybourne-Vereisung?). Im Pollenniederschlag herrschen *Pinus* und *Picea*; noch wenig bekannt.

4. Needian (Holstein-Warmzeit). Leitfossil *Azolla filiculoides.* Die unter 2. genannten pliocänen Arten fehlen. Die Pollendiagramme von Neede und Geldern zeigen die für diese Warmzeit bezeichnende undeutliche Gliederung der Waldgeschichte mit frühem und reichlichem Auftreten von *Picea* und *Abies.*

5. Drenthian (Saale-Vereisung). In der Fauna unter anderem Mammut und Lemming. Bisher nur spärliche Nachweise einer Glazialflora mit *Betula nana, Selaginella selaginoides* u. a. Wahrscheinlich zumindest mit einem wärmeren Interstadial.

6. Eemian (Eem-Warmzeit). *Azolla* fehlt. Die Waldentwicklung ist, wie seit langem bekannt, in mehrere deutlich verschiedene Perioden gegliedert.

7. Tubantian (Weichsel-Vereisung). Mehrere Fundstellen einer typischen „Dryasflora" besonders in Twenthe. In dieser mehrere als Halophyten oder „Steppenpflanzen" bemerkenswerte Arten, so *Androsace septentrionalis, Euphorbia seguieriana, Biscutella cf. laevigata, Blysmus rufus* und andere. Bei Hengelo lassen sich zwei wärmere Interstadiale nachweisen, die durch neue Diagramme bestätigt werden. [Es kann sich um die gleichen Interstadiale handeln, die später W. SELLE (vgl. Fortschr. Bot. 15, 128) im norddeutschen Flachland und H. REICH (Fortschr. Bot. 15, 127) im Bayerischen Alpenvorland nachgewiesen haben.] Das Spätglazial der letzten Vereisung wird schließlich im Anschluß an VAN DER HAMMEN gegliedert (vgl. Fortschr. Bot. 14, 183).

Der vorstehenden Gliederung liegt unter anderem eine hier noch nicht erwähnte, sehr eingehende Arbeit von BROUWER (1) über das Unter- und Mittelpleistocän Nordhollands zugrunde, in der über mehrere Bohrungen bis 240 m Tiefe berichtet wird, die Interglaziale und Interstadiale mit zum Teil reichlich pollenführenden Sedimenten durchstoßen haben.

Den Verhältnissen in den Niederlanden seien gleich jene in Polen und dem ostdeutschen Flachland gegenübergestellt, die W. SZAFER zusammengefaßt hat. Er stützt sich hierbei auf nicht weniger als 266 Fundorte von Glazial- und Interglazialfloren, die zum Teil sehr reichhaltig und besonders von SZAFER selbst und seinen Schülern auch sehr gut bearbeitet sind. Szafer glaubt, die Befunde ganz in das Vier-Eiszeiten-System von Penck u. Brückner einordnen zu können, behält aber ähnlich wie van den Vlerk u. Florschütz wegen mancherlei Unsicherheiten (Warthe-Stadium, Aurignac-Schwankung) die von ihm aufgestellte regionale Nomenklatur noch bei. Er berücksichtigt auch einige russische Arbeiten (Griszuk 1950 u. a.), die dem Verf. unbekannt geblieben sind. Die wichtigsten Ergebnisse sind:

In das 1. (Günz-Mindel-) Interglazial hatte Szafer 1931 die Flora von Hamarnia gestellt. Das läßt sich nicht mehr aufrechterhalten. Doch wurde seither in Mizerna bei Czorsztyn (östlich Neumarkt am Nordfuß der Tatra) eine 30 m mächtige Schichtfolge entdeckt, die vom ausklingenden Pliocän (Reuver-Stufe) über die Günz-Eiszeit ins Günz-Mindel-Interglazial reichen soll. In diesen, der Tegelen-Stufe gleichgesetzten, interglazialen Schichten treten noch verschiedene tertiäre Elemente auf (*Tsuga, Keteleeria, Pseudolarix, Sciadopitys, Pterocarya, Zelkowa, Nyssa,* daneben auch *Fagus, Castanea, Ostrya,* unter den Wasserpflanzen *Stratiotes intermedius, Proserpinaca reticulata, Dulichium vespiforme, Najas lanceolata*).

Die Mindeleiszeit (Cracovien) führte in Polen zur größten Ausdehnung des Inlandeises und zu einer fast vollständigen Vernichtung der „tertiären" Arten. In ihren Ausklang gehört die berühmte, von Sawicki (1949) neu untersuchte Glazialflora von Ludwinow bei Krakau.

Das vorletzte Interglazial (Mindel-Riss, Masovien I), dessen Standardfloren in Polen Nowiny Zukowskie bei Lublin, in Rußland Lichwin a. d. Oka sind, unterscheidet sich auch in Polen vom letzten Interglazial wesentlich und läßt sich in vier Abschnitte gliedern: I. Eine kalt-humide Birken-Kiefernzeit mit nur wenig *Picea.* II. Einen Abschnitt mit einem sehr auffälligen Fichtengipfel (wohl *Picea abies* und *P. omoricoides*), daneben mit *Quercus, Tilia, Ulmus,* in Syrniki bei Lublin mit der heute nordamerikanischen *Osmunda claytoniana.* III. Eine Tannen-Hainbuchenzeit, in der zwei *Abies*-Gipfel einen *Carpinus*- und *Quercus*-Gipfel einrahmen. *Carpinus* reichte damals viel weiter gegen Osten und gelangte in Lichwin zu Pollenanteilen von 65%. Funde von *Vitis silvestris* (Sobolewska 1952) und von thermophilen Wasserpflanzen (*Brasenia, Dulichium, Trapa, Aldrovanda, Stratiotes,* in Syrniki auch das S. 185 genannte Leitfossil *Azolla filiculoides*) weisen auf hohe Wärme hin. IV. Ein Abschnitt mit Vorwiegen von *Pinus, Betula,* daneben auch *Larix,* in eine subarktisch-kontinentale Vegetation überleitend.

Wie schon früher erkannt worden ist (vgl. Fortschr. Bot. 14, 176), ist für das vorletzte Interglazial also auch weiter im Osten das reichere Hervortreten von *Picea* bezeichnend, besonders das in mehreren Diagrammen sehr augenfällige Vorangehen eines Fichtengipfels in II vor den Tannengipfeln in III. Der *Abies*-Pollen wird ganz auf *Abies fraseri* zurückgeführt (vgl. Fortschr. Bot. 15, 126), eine Art, die heute hochmontane Lagen im atlantischen Nordamerika bewohnt. Sie soll sich von Norden, besonders von Skandinavien her, gegen Mitteleuropa ausgebreitet haben, und auch die im westlichen Mitteleuropa aus dieser Warmzeit bekannten Tannenvorkommen sollen auf *A. fraseri* zurückgehen, was freilich noch einer sorgfältigen Überprüfung bedarf.

Die vorletzte Eiszeit (Riss, Varsovien I) führte ähnlich wie die letzte zur Ausbreitung weiter Tundren (mit *Dryas, Betula nana, Salix herbacea*) und *Artemisia*reichen Steppentundren (bei Bedlno, Leki Dolne und anderen).

Die letzte Interglazialzeit (Riss-Würm, Masovien II) ist besonders gut bekannt. Als Standarddiagramm kann ein neubearbeitetes Diagramm von Bedlno (südöstlich Tomaschow) gelten. Es lassen sich vier Hauptabschnitte unterscheiden:

I. Mit subarktischen Coniferen-Wäldern, in diesen im Nordosten bei Grodno auch *Picea obovata* und *Larix sibirica.* II. Mit vorherrschenden thermophilen Laubmischwäldern (unter anderem mit *Acer tataricum*) und sehr hohen *Corylus*-Anteilen (bis 299%), wie sie im polnischen Holocän fehlen. Wärmeliebende Wasserpflanzen (*Brasenia, Dulichium spathaceum, Trapa, Aldrovanda, Stratiotes, Caldesia parnassifolia*), die in Polen heute nicht oder nur selten fruchten oder ganz fehlen, bezeugen ein Wärmeoptimum. III. Ein unter offenbar humiderem und kühlerem Klima stehender Abschnitt mit Vorherrschaft von *Carpinus* und *Abies*, mit etwas *Picea*. IV. Eine neuerliche kontinentale Nadelwaldzeit, auf die schließlich die Tundra der Würmeiszeit (Varsovien II) gefolgt ist.

Mit der Mitteilung, daß *Fagus silvatica* den letzten beiden Interglazialen fehlt und ältere Angaben unter anderem auf unrichtige Bestimmungen zurückgehen, wird das für die westlichen Landschaften Mitteleuropas seit langem erkannte, so eigentümliche und stratigraphisch wichtige Fehlen der Rotbuche in diesen Warmzeiten nun endlich auch für Polen bestätigt (vgl. Fortschr. Bot. 14, 175).

An diese großen Zusammenfassungen ist zunächst eine Studie von SELLE (2) anzuschließen, der, wie schon andere vor ihm (z. B. SZAFER 1925), die gemeinsamen Züge in der Vegetations- und Klimaentwicklung der quartären Kalt- und Warmzeiten einschließlich des Postglazials herauszuarbeiten sucht. Er schlägt auch eine für alle diese Perioden anwendbare Zonengliederung vor, die recht praktisch ist, aber vorläufig die Gefahr verfrühter Schematisierung in sich birgt. SELLE weist unter anderem darauf hin, daß die ökologische Amplitude (d. h. wohl der Biotypengehalt) mancher Arten wie *Picea*, *Abies*, *Carpinus* im Laufe des Pleistocäns geringer geworden sein dürfte. Weiter sind folgende Einzeluntersuchungen zu erwähnen:

D. WALKER konnte weitere Schichten aus der letzt-interglazialen Fundstelle von Histon Road, Cambridge (Fortschr. Bot. 14, 176) untersuchen. Sie stammen aus der Carpinus-Zeit (g) und einer darauffolgenden Kiefernzeit (wohl i), in deren Beginn auch *Picea* im Gebiet vorgekommen sein dürfte. Bemerkenswert ist der Nachweis einiger Arten wie *Sanguisorba minor*, *Origanum vulgare* und *Umbilicus pendulinus*, die auf das Vorkommen von trockenen Lichtungen in der damaligen Tallandschaft hinweisen. PIKE u. GODWIN haben ein Pollendiagramm von Clacton-on-Sea (Essex, nahe der Themsemündung) veröffentlicht, von jener berühmten Fundstelle einer als „Clactonien" bezeichneten, Faustkeil-freien paläolithischen Kultur, die schon mehrfach in das vorletzte Interglazial gestellt worden ist. Das wird — soweit zur Zeit möglich — auch durch das Pollendiagramm bestätigt, das zwei Perioden erkennen läßt: eine ältere mit viel Eichenmischwald (*Quercus* bis 37%), sehr viel *Hedera* und geringen Mengen von *Carpinus* und eine jüngere mit bis 70% *Abies*. In die Übergangszeit fällt eine marine Transgression, also ein Gegenstück zur Holsteinsee. Schon 1923 haben hier REID u. CHANDLER wichtige Pflanzenfunde gemacht (unter anderem die atlantische *Euphorbia hiberna*, aber auch *Picea*). Das Leitfossil des vorletzten Interglazials, *Azolla filiculoides*, hat WEST in den Interglazialen von Hoxne und Little Welnetham gefunden und (nach DUIGAN) auch für ein Interglazial bei Birmingham angegeben. Er erörtert dabei die Artbestimmung näher. Aus dem Ende des vorletzten Interglazials stammt ein Schwemmtorf über Ablagerungen der Holsteinsee bei Lohbrügge nahe Hamburg, in dessen Pollengehalt *Pinus* und *Betula* und etwas *Picea* vorherrschen; ein anderes Vorkommen (von Havighorst) mit ähnlichem, etwas reicherem Diagramm wird zwischen Elster- und Warthe-Vereisung gestellt [KOLUMBE (3)]. In Hemmoor (zwischen Stade und Cuxhaven) untersuchte KOLUMBE (1) Torfe, die zwischen zwei Vorstöße der Saale-Eiszeit („zwischen Alt- und Mittel-Riss") fallen sollen und dann mit viel *Pinus* und *Picea*, bis 17% Eichenmischwald und etwas *Abies* eine (interstadiale ?) Warmzeit innerhalb der Elster-Vereisung belegen. Aus einer das Pliocän und ältere Pleistocän umfassenden Bohrung bei Oosterhout in den südlichen Niederlanden hat FLORSCHÜTZ (in BURCK) einige Proben untersucht, die wahrscheinlich der Tegelen-Stufe angehören. Das von anderer Seite für älter gehaltene Interglazial von Haren-Ems gehört nach K. RICHTER und dort mitgeteilten Untersuchungen V. D. BRELIES doch in die letzte (Saale-Weichsel-) Warmzeit. Pollenführende Schichten der vorletzten Warmzeit konnten aber in der Nähe ebenfalls erbohrt und von PFAFFENBERG untersucht werden. HALLICK macht darauf aufmerksam, daß in verschiedenen norddeutschen Diagrammen aus dem letzten Interglazial vier *Carpinus*- und vier mit diesen alternierende *Picea*-Gipfel zu erkennen sind, die, wahrscheinlich klimabedingt, vielleicht zur Unterscheidung vom vorletzten Interglazial dienen können. Einen dankenswerten Überblick über die

Transgression und Regression des Eem-Meeres im holländisch-westdeutschen Küstengebiet hat (mit einigen neuen pollenanalytischen Befunden) v. D. BRELIE gegeben. Danach vollzog sich die Transgression im Zeitraum von der Birken-Kiefernzeit (d nach JESSEN u. MILTHERS) bis in die Eichenmischwaldzeit (f), die Regression während der Fichten- und Fichten-Tannenzeit (h). Die eustatisch bedingten Hochstände des Meeres fielen also, wie zu erwarten, in die wärmsten Zeiten des Interglazials, in die Eichenmischwald- und die Hainbuchenzeit (f, g). Die Bildung der Versumpfungsmoore und der damals seltenen Hochmoore wird teils auf Veränderungen des Grundwasserstandes im Zusammenhang mit den Seespiegelschwankungen, teils auf gleichzeitige Klimaveränderungen zurückgeführt.

Unter den Hölzern des altdiluvialen Tons von Jockgrim in der Rheinpfalz fand FIETZ auch ein *Pinus*-Holz, das den Sektionen *Strobus* oder *Cembra* angehören muß. Er stellt es zu Pinus *cembra*, die bisher aus dem Oberrheingebiet unbekannt war. Bei dem hohen Alter der Flora wäre eine Bestätigung, etwa durch Zapfen, sehr erwünscht. REISSINGER macht auf Kiese bei Steufzgen nahe Kempten im Allgäu aufmerksam, die Pollen einer Waldflora, unter anderem 10% *Fagus* enthalten sollen. Er stellt sie in ein Würm-Interstadial. Eine weitere Untersuchung wäre wichtig. Nach LOŽEK (3) lehren die Schneckenfunde in den den drei Würmhochständen zugeordneten Lößen der berühmten paläolithischen Fundstelle von Předmost in Mähren (Aurignacien), daß das Interstadial W I/II lang und warm, W II/III aber kühl war und W III einer Tundrenzeit mit Solifluktion entsprach. In einen W III zugeschriebenen Löß soll nach AMBROŽ, LOŽEK u. PROŠEK die Aurignac-Station von Moravany im Waagtal (Südslowakei) fallen. Auch hier spricht die Mollusken-Fauna für trocken-kalte Steppe, während Holzkohlen nach SLAVIKOVA-VESELÁ neben *Pinus*, *Larix*, *Picea* auch zu *Taxus*, *Corylus*, *Quercus* und *Fraxinus* gehören. Danach scheint das Alter und die vegetationsgeschichtliche Zuordnung dieser Löß-Funde doch noch recht fraglich zu sein.

Die dritte eingangs erwähnte große Zusammenfassung ist W. LÜDIS (1) „Pflanzenwelt des Eiszeitalters im nördlichen Vorland der Schweizer Alpen". Er behandelt in erster Linie die Interglaziale, meist Schieferkohlen (stark gepreßte, mehr oder weniger kohlige Torfe). Obwohl 24 Fundgebiete bekannt und seit O. HEER (1858, 1865) mehrfach untersucht worden sind und LÜDI nun in den durch den letzten Krieg veranlaßten neuen Aufschlüssen Proben für zahlreiche neue Pollendiagramme gewinnen konnte, ist das Alter der Fundstellen recht unklar. Die meisten, wenn nicht alle, dürften über das Riß-Würm-Interglazial nicht zurückreichen. Die Pollendiagramme sind überraschend einförmig. Sie werden fast dauernd von *Pinus* und *Picea* beherrscht, zeitweise treten auch *Abies*, *Betula*, *Alnus* stärker hervor, andere Gehölze, besonders die mehr Wärme erfordernden Laubhölzer sind hingegen selten. *Fagus* ist nur an zwei Stellen in anscheinend relativ jungen Schichten genügend gesichert. Warum die Vegetation des Schweizer Mittellands während der jüngeren Interglaziale und Interstadiale so sehr von Nadelhölzern beherrscht worden ist, ist noch unklar. Die vom Ref. (vgl. Fortschr. Bot. **15**, 127) und von H. REICH aufgeworfene Frage, ob etwa die Bildung von Versumpfungsmooren während der eigentlichen Warmzeiten im Alpenvorland und in den Alpen aus klimatischen Gründen (größere Trockenheit) gehemmt gewesen sei und erst mit dem Herannahen einer neuen Eiszeit durch ein feuchteres und kühleres Klima gefördert wurde[1], reicht zur Erklärung nicht aus. Denn wenigstens ein Teil der Ablagerungen ist limnisch und stammt aus tieferen Gewässern und spiegelt

---

[1] Bei der Wiedergabe meiner Vermutung auf S. 193 ist LÜDI ein mißverständlicher Schreibfehler unterlaufen: es muß statt Interglazialzeiten Glazialzeiten heißen.

trotzdem die gleiche Coniferen-Herrschaft. Wichtig ist der Hinweis
Lüdis, daß schon das damalige Fehlen der Rotbuche in der heutigen
Buchen-Tannenstufe, in der die meisten Fundstellen liegen (zwischen
450 und 550 m), in den Interglazialzeiten zu einer Ausbreitung der Nadelhölzer in dem heute von *Fagus* eingenommenen Raum führen mußte.
Ein Teil der heutigen Buchenböden kann zudem von *Acer pseudoplatanus*
eingenommen worden sein, der wie alle Ahorne im Pollengehalt stark
untervertreten ist. Auch Veränderungen der Höhenlage durch tektoni-
sche Bewegungen können mitspielen. Überraschend ist jedenfalls, wie
sehr die Pollendiagramme von einigen besonders gut untersuchten Fundstellen (Grandson und Gondiswil-Zell, weniger deutlich Sulzberg,
Mörschwil) mit den Diagrammen übereinstimmen, die H. Reich in Groß-
weil im Bayerischen Alpenvorland (vgl. Fortschr. Bot. **15**, 127) gewonnen
hat. Auch die erste stadiale Verarmung, die einen unteren und einen
oberen Kohlenkomplex trennt, tritt wieder auf. Danach scheint aber
doch ein großer Teil der nadelholzreichen Schieferkohlen nicht während
der wärmsten Abschnitte, sondern in etwas kühleren Perioden des alpinen
Pleistocäns gebildet worden zu sein. Lüdi hat auch die ältere Literatur
und Fossillisten zusammengestellt, so daß eine neue Grundlage für das
Studium der diluvialen Vegetationsentwicklung in den Alpen geschaffen ist.

Für die Kenntnis der alpinen Interglaziale ist außerdem ein neuer
Nachweis von *Rhododendron ponticum* von hohem Interesse, der Depape
u. Bourdier im Isère-Tal bei Barraux zwischen Grenoble und Cham-
béry (zusammen mit *Buxus*) gelungen ist (vgl. Fortschr. Bot. **15**, 127).
Er soll ins Riß/Würm-Interglazial fallen und wirft damit auf das umstrittene Alter der *Rhododendron*-Funde in der Höttinger Breccie neues
Licht. Wichtige Aufschlüsse sind im übrigen aus dem insubrischen Gebiet der südlichen Alpen zu erwarten, über deren diluviale Pflanzen-
fundstellen, die nun auch pollenanalytisch untersucht werden sollen,
Lona eine Übersicht gibt. Eingehend bearbeitet wird zur Zeit von Trombara vor allem das bekannte, *Rhododendron ponticum* führende Interglazial von Pianico-Sellere, das nach Venzo mit Sicherheit in die Riß-
Würm-Warmzeit gehört. Nach Lona und Trombara weist es sehr deutliche Parallelen zur damaligen Vegetationsentwicklung nördlich der
Alpen auf, vor allem eine *Carpinus*-Zeit mit sehr geringem Coniferen-
anteil, eine *Abies*-Zeit und das Fehlen oder nur sehr spärliche Vorkommen von *Fagus*. Sehr interessant ist hier auch der Nachweis von *Pinus
peuce*. Ähnliches gilt für Re im Vigezzo-Tal.

Die fortschreitende Bereicherung unserer Kenntnisse der pleistocänen Flora
führt zu der schon mehrfach verfolgten Frage, wie weit sich mit paläontologischen
Mitteln die Herausbildung der heutigen Arten verfolgen läßt. J. Jentys-
Szaferowa hat in diesem Sinn zusammen mit M. Bialobrzeska auf Grund der
Untersuchung von acht rezenten *Carpinus*- und drei *Ostrya*-Arten einen Schlüssel
für die Bestimmung fossiler Früchte dieser Gattungen aufgestellt. Mit J. Tru-
chanowieczowna aber hat die gleiche Verf. die Gattung *Menyanthes* untersucht.
Aus dem Pliocän von Mizerna in den Karpathen wird eine neue pliocäne Art,
M. carpathica, beschrieben, die interglazialen Funde werden einer var. *interglacialis*
von *M. trifoliata* zugesprochen. Diese dürfte aber nicht auf *M. carpathica*, sondern
auf eine pliocäne *M. trifoliata* zurückgehen, zu der wahrscheinlich die von

KIRCHHEIMER aus dem Pliocän beschriebene *M. germanica* gehört. Ist dies richtig, besaß die heute monotypische Gattung im Pliocän also zumindest noch zwei Arten. MIKI hat sich mit den fossilen *Trapa*-Arten Japans beschäftigt. Im Pliocän zählte dort die wahrscheinlich in Asien entstandene Gattung noch 16 Arten, davon 12 Endemiten. Nur vier davon haben sich bis ins Pleistocän erhalten. Die Ursache für das Aussterben der anderen dürfte weniger im Klima der Eiszeiten als in marinen Transgressionen zu suchen sein, die die tiefer liegenden Standorte der wenig verbreitungsfähigen Arten vernichtet haben.

In einer Zusammenstellung der für Pollenanalysen geeigneten Ablagerungen Neuseelands von HARRIS findet sich auch der erste Nachweis eines Interglazials (an der Westküste der Südinsel) mit einer der heutigen ähnlichen Vegetation eines gemischten Regenwalds.

4. Glazial und Spätglazial in Europa. Eine dankenswerte Zusammenstellung der hoch- und spätglazialen Flora der Britischen Inseln hat GODWIN veröffentlicht. Aus dem letzten Hochglazial (Würm) sind bisher nur zwei Fundstellen bekannt: das „arctic bed" im Lea-Tal (vgl. Fortschr. Bot. **15**, 130) und jenes von Barnwell-Station, Cambridge. Gegenüber dem von vielen Fundstellen bekannten Spätglazial, in dem unter anderen auch einige ozeanische Arten auftreten, erscheint die hochglaziale Flora deutlich kälteresistenter. In beiden Floren stehen die arktisch-alpinen Arten im Vordergrund, von denen eine beträchtliche Zahl auch heute noch auf den Britischen Inseln lebt. Von diesen sind nun bereits $^1/_3$ auch fossil bekannt. Zehn fossil nachgewiesene arktisch-alpine Arten sind hier lebend nicht mehr vorhanden. Zwei Arten *(Silene coelata, Linum praecursor)* scheinen überhaupt ausgestorben zu sein. Die meisten Glazialpflanzen gehören entweder der Wasser- und Sumpfflora an oder es sind Arten offener Böden, die uns heute oft als Ruderalpflanzen oder Ackerunkräuter bekannt sind.

In der Nähe von Braunschweig, bei Salzgitter-Lebenstedt, wurde 1952 eine paläolithische Fundstelle entdeckt und von A. THODE mustergültig ausgegraben. Die durch Geräte des Moustérien (mit Acheuléen-Nachwirkungen) und sehr viele Reste vom Ren, daneben vom Mammut, Wisent und anderen gekennzeichnete Fundschicht wird von den Geologen mit hoher Wahrscheinlichkeit in den Beginn der letzten Eiszeit gestellt. Nach vorläufigen pollenanalytischen Befunden von SELLE (1) (neben *Pinus, Betula* und *Salix* etwas *Picea* und *Alnus*; viel Nichtbaumpollen, und zwar neben *Helianthemum* auch *Calluna* und *Empetrum*) war die damalige Landschaft bereits waldlos oder waldarm. Nach PFAFFEN-BERG waren *Salix polaris* und *S. herbacea* häufig. Interessant ist auch der Nachweis von *Splachnum ampullaceum* und *S. vasculosum*. Der Fundstelle kommt unter den seltenen frühglazialen Floren Mitteleuropas eine große Bedeutung zu.

In den Bereich der Würmeiszeit vor den jüngsten Löß scheint auch eine Papier-kohle von Prisches in Nordfrankreich zu fallen, in der C. u. G. DUBOIS (1) viel *Pinus* und etwas *Betula*-Pollen fanden. Die Glazialpflanzen der Schweiz hat LÜDI in der S. 186 erwähnten Arbeit zusammengestellt. Alle Funde stammen aus dem Beginn des Würm-Spätglazials.

Im letzten Spätglazial sind weitere Nachweise der Allerödzeit und wesentliche Beiträge zu ihrer Datierung gelungen. So konnte IVERSEN einige von ANDERSEN, LEVI u. TAUBER ausgeführte Radiokarbon-Datierungen an einem sehr typischen Aufschluß bei Ruds Vedby (in dem klassischen Allerödgebiet von Seeland) mitteilen. Für die jüngere Hälfte der Allerödzeit wurde ein Alter von 10970 ± 220 bis 11880 ± 340 Jahren gefunden, für den Übergang zur jüngeren Tundrenzeit 10830 ± 200. Die Zahlen stimmen somit vorzüglich mit den in Wallensen im Hils (Weserbergland) gewonnenen überein (vgl. Fortschr. Bot. **15**, 130), von jener Fundstelle also, die durch den mitten ins Alleröd fallenden vulkanischen Laacher Tuff von besonderem Interesse ist und eine weitere Verknüpfung mittel- und süddeutscher Allerödvorkommen gestattet. FRECHEN hat die petrographischen Belege für die Konnektierung dieses vulkanischen Tuffs an seinen verschiedenen Fundstellen veröffentlicht und v. D. BRELIE, TEICHMÜLLER, THOMSON u. WERNER haben an dem Aufschluß in Wallensen eine Reihe geologischer, chemisch-petrographischer und paläontologischer Beobachtungen durchgeführt, vor allem eine längere Liste von Diatomeen-Funden mitgeteilt.

Da die Allerödschichten in Ruds Vedby reich an $CaCO_3$ sind, haben die Kopenhagener Forscher auch eine allerödzeitliche kalkfreie Torfmudde von Bölling untersucht. Es ergab sich ein Alter von 10770 ± 300 Jahren. Es können also kalkarme wie kalkreiche Ablagerungen übereinstimmende Werte ergeben. Auch die Schicht von Wallensen ist übrigens carbonatfrei. In Bölling wurde zudem das Alter des Endes der Jüngeren Tundrenzeit (III/IV) mit 10300 ± 350 Jahren bestimmt. Nach der schwedisch-finnischen Bändertonchronologie soll es nach SAURAMO 1939 in die Zeit um 8150 v. Chr. fallen, nach SAURAMO 1949 allerdings etwa um 9000 v. Chr., was also wohl weniger wahrscheinlich ist.

Zwei Spätglazialaufschlüsse mit dem Laacher Tuff fand H. MÜLLER im mitteldeutschen Trockengebiet, nämlich bei Aschersleben (Gatersleben) im östlichen Harzvorland und im Geiseltal bei Halle. Bei Aschersleben ließ sich bereits vor der Allerödzeit ein vorübergehender Vorstoß von Birkenwäldern nachweisen, den der Verf. der dänischen Böllingzeit gleichsetzen möchte. Diese Untersuchungen lehren, daß auch das thermisch begünstigte mitteldeutsche Trockengebiet nicht nur im älteren Spätglazial, sondern auch noch nach der Allerödzeit wieder waldarm oder waldlos war. An Stelle der Wälder herrschte eine an Gramineen, *Artemisia* und *Helianthemum* reiche, wohl steppenähnliche Vegetation, auch *Betula nana* wurde bei Gatersleben durch Früchte und Fruchtschuppen nachgewiesen.

Pollenmorphologische Untersuchnngen in der Gattung *Centaurea* lehren nach WAGENITZ, daß sich die auf Pollenfunde begründeten Angaben über spätglaziale Vorkommen von *C. cyanus* (vgl. F. B. **12**, 106 u. **14**, 183) auf diese oder allenfalls auf eine nahe verwandte, heute ausgestorbene Art beziehen müssen.

In Nordengland hat K. BLACKBURN (1), (2) bei Neasham, Co. Durham, eine spätglaziale Schichtenfolge aus 56 m Seehöhe untersucht, die um so interessanter ist, als in der Nähe, freilich etwa 600 m höher, heute noch Glazialpflanzen an offenbaren Reliktstandorten vorkommen, unter anderem *Helianthemum canum*. Tatsächlich konnten von diesen *Arctostaphylos uva ursi*, *Armeria maritima*, *Dryas octopetala*, *Selaginella selaginoides*, *Thalictrum alpinum* und auch *Helianthemum cf. canum* in den spätglazialen Schichten nachgewiesen werden, dazu noch *Betula nana* und *Arabis petraea*. Während der Allerödzeit bestand um Neasham offenbar eine Parktundra mit *Betula pubescens*, *Juniperus* und *Salix phylicifolia*, während der jüngeren Tundrenzeit (III) eine Tundra, der, wohl infolge hohen Kalkgehalts der Böden, die in Westeuropa sonst um diese Zeit verbreiteten *Empetrum*-Heiden fehlten. Für einen *Hypnum*-Torf aus dem Ende von III wurde mit C^{14} ein Alter von 10851 ± 630 Jahren gefunden (wohl unkorrigiert), was ebenfalls gut zu den vorhin genannten Zahlen paßt. H. Ross hat viele Diatomeen aus dieser Fundstelle bearbeitet.

Typische späteiszeitliche Seeablagerungen hat auch Tallantire (1) im mittleren Südostengland (Lopham Little Fen) gefunden. Auch hier ist für die Allerödzeit *Betula pubescens* nachgewiesen. Zu Beginn des Alleröd wurde ein offenbar fossiles Pollenkorn von *Centaurea cyanus* gefunden.

Die spät- und postglaziale Flora Irlands hat Mitchell zusammengestellt und durch zahlreiche neue Funde, vor allem von Mapastown, Co. Louth bereichert. Bemerkenswert sind vor allem weitere Nachweise relativ Wärme erfordernder Arten bereits in spätglazialer Zeit wie *Satureia acinos*, *Clinopodium vulgare*, *Lycopus europaeus*, *Helianthemum canum* und andere.

Faegri (3) hat 1935 zwei an *Salix*-Pollen reiche Proben aus dem Spätglazial von Jaeren (Norwegen) auf eine schneetälchenartige Vegetation zurückgeführt. Er hat nun im Anschluß an Straka versucht, die beteiligten Arten nach den Pollen zu bestimmen. Danach waren in erster Linie *S. herbacea*, *S. polaris*, aber auch *S. phylicifolia* ssp. *weigeliana* an der damaligen Vegetation beteiligt. Pollenfunde spät- und frühpostglazialer „Pionierpflanzen" wie *Ephedra* cf. *distachya*, *Helianthemum* cf. *alpestre* teilt auch Hafsten aus Norwegen mit, während Erdtman (2) auf die möglicherweise sekundäre Herkunft einzelner *Ephedra*-Pollenkörner hinweist. Ackermann glaubt die Bildung von Fließerden im Raum um Göttingen auch noch in der jüngeren Tundrenzeit (III) belegen zu können. Szafer veröffentlicht ein von Oszastowna bearbeitetes Standarddiagramm für das Spät- und Postglazial Polens (von Zuchowo bei Lipno). Der Alleröd- und Jüngeren Tundrenzeit zugewiesene Schichten enthalten außer Birken- und Kiefernpollen auch schon ziemlich viel *Alnus*, *Quercus* und *Ulmus* (Sekundärpollen?).

Bei ihren Untersuchungen in den französischen Alpen (vgl. i. f.) hat Becker an einigen Stellen von 460—980 m Seehöhe, besonders bei Chinens nordwestlich Grenoble, spätglaziale Ablagerungen gefunden, die mit einer waldlosen Phase mit viel *Artemisia*, *Helianthemum*, Gramineen, Chenopodiaceen beginnen (I), dann gleichzeitig mit dem Übergang von Tonmudde zu Seekreide eine Ausbreitung von Birkenwäldern (IIa) und Kiefernwäldern (IIb) erkennen lassen, worauf ein nicht sehr starker Rückgang der Bewaldung (III, mit viel *Artemisia*) und schließlich das Postglazial folgen. Offenbar handelt es sich also bei II um die Allerödzeit. Spärliche *Picea*-Pollen in I weisen auf die Möglichkeit einer glazialen Überdauerung der Fichte am Fuß der Westalpen hin.

Mit spätglazialen Ablagerungen der Umgebung von Bern hat sich Moeckli beschäftigt. Er versucht die pollenanalytischen Ergebnisse pflanzensoziologisch näher zu deuten und findet vor allem Beziehungen zu der heutigen steppenartigen *Festuca vallesiaca* — *Carex supina*-Assoziation des Vintschgau.

5. Postglazial in Europa. Der nach Ländern geordneten Übersicht seien zunächst Arbeiten vorangestellt, die die Frage nach dem Vorhandensein natürlicher Steppen im nacheiszeitlichen Mitteleuropa gefördert haben.

Bei den S. 189 erwähnten Untersuchungen H. MÜLLERs im mittel-deutschen Trockengebiet hat sich herausgestellt, daß auch die post-glazialen Schichten des ehemaligen Gaterslebener und Salzigen Sees Pollen in so reichen Mengen und in so vorzüglicher Erhaltung führen, daß die Vegetationsgeschichte auch dieser heute niederschlagärmsten (zum Teil 434 mm Jahresniederschlag), durch ausgedehnte Schwarzerdeböden und viele Vorkommen von Steppenpflanzen ausgezeichneten Landschaften Deutschlands durch Pollenuntersuchungen verfolgt werden kann. Ob es auf den heutigen Schwarzerdeflächen bis zur neolithischen Besiedlung natürliche Steppen gegeben hat, ließ sich freilich nicht entscheiden. Doch lehren die geringen Nichtbaumpollen-Anteile, daß das Trockengebiet schon seit der Haselzeit von ausgedehnten Gehölzen zumindest reich durchsetzt gewesen sein muß, und daß schon die erste neolithische Besiedlung mit einer Zurückdrängung der Wälder verbunden gewesen ist. Von da an läßt sich im großen ganzen bis zum Beginn des Subatlantikums eine immer weiter fortschreitende Ausdehnung des Siedlungslandes auf Kosten der Wälder verfolgen. Erst in der älteren Nachwärmezeit bis etwa ins sechste nachchristliche Jahrhundert nahmen die Wälder wieder zu, wobei in ihnen neben *Quercus* und *Carpinus* auch *Fagus* mitten im Trockengebiet einen hohen Anteil besaß. Die mittelalterliche Besiedlung hat zunächst zu einem Rückgang der hainbuchen- und erlenreichen, später auch der buchenreichen Wälder geführt. Dabei wurde die Eiche verhältnismäßig geschont. Heute ist das Trockengebiet äußerst waldarm, die Waldbedeckung liegt im engeren Umkreis der Seen unter 1%.

Von ganz anderer Seite, nämlich durch das Studium der rezenten und fossilen Mollusken, die bekanntlich als sehr standortstet gelten, hat LOŽEK (1) die Steppenfrage in Böhmen verfolgt. Er unterscheidet zwei Steppentypen bzw. -faunen: 1. Die lokalklimatisch und edaphisch bedingten „Felssteppen". 2. Die „normalen" Steppen. Diese kommen in den wärmsten und niederschlagärmsten Gebieten auf lockeren Böden wie Löß und anderen vor und sind vor allem durch *Helicella candicans*, *H. striata*, *Jaminia tridens*, *Abida frumentum* und andere Arten ausgezeichnet. Mit Hilfe dieser Fauna der normalen Steppen und nach dem fast völligen Fehlen der Waldformen läßt sich in Böhmen ein zentrales Steppengebiet umreißen, das von Prag nordwärts bis an das Böhmische Mittelgebirge und rechts der Elbe von der Iser bis Leitmeritz reicht und nur wenige Waldinseln umschließt. In diesem Gebiet soll sich nun (die Belege für die fossilen Vorkommen sind nur zum Teil veröffentlicht) im Gegensatz zu den benachbarten Landschaften die Fauna der normalen Steppen und das Fehlen der Waldformen spätestens seit dem Neolithikum bis zur Gegenwart nachweisen lassen. Hier sollen ursprüngliche neolithische Steppen in die heutige Kultursteppe übergegangen sein, ohne daß sich (infolge der kontinuierlichen Besiedlung!) seit der eisenzeitlichen Klimaverschlechterung eine nennenswerte Bewaldungsphase einschieben konnte, wie sie in den Nachbargebieten zustande kam und dort erst nach der Waldrodung die Bildung „sekundärer Steppen" ermöglicht hat. (Diese Schlüsse erinnern also an R. GRADMANNs erste Fassung der „Steppenheidetheorie".)

Ähnliche Ergebnisse wie in den vorgenannten Randgebieten hat Ložek (2) auch im unteren Neutratal in der südlichen Slowakei erhalten. Auch Untersuchungen bei Kladno in Innerböhmen durch Žebera u. Ložek fallen in diesen Rahmen. Außerdem hat Ložek (4) bei Melnik an der Elbe ähnliche Seekreiden und Torfe untersucht wie jene, in denen Losert 1949 wichtige waldlose Glazialfloren entdeckt hat. Botanische Angaben hierüber fehlen noch.

In England hat Blackburn (3) ein Standarddiagramm aus Northumberland (Broadgate Fell) mitgeteilt, das das ganze Postglazial umfaßt und die von Godwin in Ostengland aufgestellten Perioden gut erkennen läßt. Nur sind, entsprechend der nördlichen Lage, *Betula* viel häufiger, *Quercus*, *Alnus* und *Tilia* viel spärlicher vertreten. Die dem Subatlantikum zugeordneten Schichten zeichnen sich durch hohe Ericaceen-Werte aus. In den nördlichen Penninen, die heute von ausgedehnten Deckenhochmooren („Blanket bogs") bedeckt werden, hat Precht (1) das Vorkommen subborealer Waldtorfe im Gebiet des 621 m hohen Cold Fell untersucht. Er fand basale Waldtorfe nur unterhalb 369 m, Buschwaldreste auch noch höher, in den höchsten Lagen aber nur holzfreie Torfe. Etwas anders lauten die Ergebnisse, die Conway in mehrjährigen sorgfältigen Untersuchungen in den südlichen Penninen gewonnen hat. Die ausgedehnten, stark erodierten Deckenmoore, die das Gebirge auch hier in Höhen zwischen 370—625 m überziehen, haben sich an der Wende vom Boreal zum Atlantikum gebildet, vielfach aus lichten Birken- und Erlenwäldern. Nach einer etwa von 1100 bis 500 v. Chr. dauernden Trockenperiode hat sich im weiteren Verlauf der Klimaverschlechterung, deren erste Anzeichen hier schon um etwa 2500 v. Chr. beobachtet werden, über dem älteren, stärker zersetzten Torf ein jüngerer Moostorf entwickelt. Gleichzeitig damit hat aber auch die starke Erosion der Moore eingesetzt und in den zurückweichenden Gehölzen eine zunehmende Förderung der Birke begonnen. Über die Stratigraphie eines verlandeten ostenglischen Seebeckens (Buckenham Mere) mit *Najas marina* vgl. Tallantire (2). Einige Torfproben von der Küste von Jersey lassen sich nach H. u. M. E. Godwin gut in das bekannte Schema der Nordsee-Entwicklung einfügen.

In Norwegen hat Hafsten (in Torgersen und Mitarbeiter) ein sehr gründliches Pollendiagramm aus der Nähe von Bleivik an der Westküste mitgeteilt, während T. Nilsson (in Stjernquist und Mitarbeiter) Diagramme aus Schweden bringt, nämlich aus dem Nebbe Mose in Südschonen, in denen auch Pollenfunde von *Trapa* und *Cladium* genannt werden. Einen kurzen Überblick über die Vegetationsgeschichte Hallands gab Erdtman (1), eine kurze Darstellung der nacheiszeitlichen Ausbreitung der Waldkiefer in Nordeuropa Arnborg (zusammen mit M. Fries).

In den subarktischen Waldgrenzgebieten kommen die merkwürdigen Torfhügel-(Palsen-) Moore vor, die von Kihlman als Erosionsreste ehemals geschlossener Moordecken gedeutet worden sind, nach Th. C. E. Fries aber auf das Hochfrieren von Bulten zurückgehen, in die beim Auftauen wäßrige Torfsubstanz von der Seite eingesogen wird. Im Palsen wechseln Torf- und Eisschichten von wenigen Zentimetern Stärke. Ein von Lundquist (1), (3) in Nordschweden pollenanalytisch untersuchter Torfhügel hat sein Wachstum schon im älteren Postglazial begonnen und bis über die Einwanderungszeit der Fichte hinaus fortgesetzt, dabei aber im Gegensatz zu dem umgebenden Flachmoor doch schon längere Zeit vor der Gegenwart eingestellt. Die nordschwedischen Palsenmoore liegen in einem Gebiet, in dem mindestens an 120 Tagen im Jahr Temperaturen unter — 10⁰ herrschen.

Die heutige Fichtengrenze ist in Skandinavien nach Kjellander nicht klimatisch, sondern historisch und konkurrenzökologisch bedingt.

In Holland hat Florschütz (in Modderman und Mitarbeiter) einige Pollendiagramme aus der Nähe einer spätneolithischen Siedlung bearbeitet, die auf dem überbordeten Ufer eines Flußarms bei Hekelingen südwestlich Rotterdam lag und später überschlickt worden ist. Ein Diagramm aus den südöstlichen Niederlanden mit sehr ausgeprägtem borealem Haselgipfel (193%) teilen BELDEROK u. HENDRIKS mit. VAN DEN BERGHEN faßt die Ergebnisse der Untersuchungen über die nacheiszeitliche Waldentwicklung Belgiens zusammen.

Aus Deutschland, und zwar aus Schleswig-Holstein, sind zunächst einige wichtige Arbeiten von SCHMITZ zu nennen. Er hat (1), (2) auf Grund von 23 eigenen Profilen und den Untersuchungen anderer Verff. die spät- und nacheiszeitlichen Waldperioden Ostholsteins klar herausgearbeitet und in einem Durchschnittsdiagramm dargestellt. Die von SCHÜTRUMPF für Westholstein, von OVERBECK u. SCHNEIDER für Niedersachsen aufgestellten Perioden lassen sich auch auf Ostholstein übertragen. Dabei werden mit guten Gründen die Zonen IX und X (nach OVERBECK) vollständig der späten Wärmezeit (dem Subboreal) zugewiesen, die damit ähnlich wie in Dänemark mit dem Ulmus- und Tilia-Abfall (um 3000 v. Chr.?) beginnt, also schon im jüngeren Teil der von mir (1949) noch der mittleren Wärmezeit zugerechneten Zone VII (nach FIRBAS). Auf dieser Grundlage, nach Überprüfung der Diagramme von TAPFER und mit Hilfe von 15 neu bearbeiteten Transgressionskontakten wird dann eine neue Zuordnung der Ostseetransgression zur Waldgeschichte vorgenommen, die diejenige TAPFERs wesentlich ergänzt (4). Nach dieser neuen Transgressionskurve lag die boreale Küstenlinie 20 m unter dem heutigen Ostseespiegel, die subboreale immer noch 3—2 m tiefer. Die Transgression der Ostsee hat also in Ostholstein über das Subboreal hinweg (ob durch Regressionen unterbrochen?) bis gegen die Gegenwart angedauert.

An anderer Stelle hat SCHMITZ (3) die Beziehungen zwischen Pollenanalyse und Siedlungsgeschichte am Beispiel Schleswig-Holsteins in allgemeiner Form behandelt und WERNER u. SCHMITZ zeigen, daß einige Lager von Raseneisenerz dort in das Ende der Späten Wärmezeit und den Beginn der Nachwärmezeit fallen. KOLUMBE (1) fand in einem Moor bei Hamburg ein wohl als Sukzessionsstadium zu deutendes nachwärmezeitliches *Salix*-Maximum. GRIPP u. SCHÜT-RUMPF konnten an einem Moor mit 6—9 m Bruchtorf zeigen, daß dessen seit dem Beginn des Atlantikums einsetzendes Wachstum offenbar durch sehr spätes Tieftauen von Toteis im Gang erhalten worden ist. Rhizopodenuntersuchungen hat in den Mooren Ostholsteins GROSPIETSCH (1) ausgeführt. Er glaubt auf eine starke Vernässung zurückzuführende Veränderungen der Rhizopodenfauna vor allem in Moortiefen erkennen zu können, die den Rekurrenzflächen II und III entsprechen. Die pollenanalytischen Belege hiefür sind aber noch recht ungenügend.

Mit der Problematik des Grenzhorizonts (der Rekurrenzfläche III) beschäftigt sich NIETSCH (2). Er errechnet, daß der Zuwachs der nordwestdeutschen Hochmoore zur Bildungszeit des stärker zersetzten älteren Moostorfs keineswegs — wie man zunächst erwarten möchte — geringer war als zur Zeit des jüngeren Moostorfs. An anderer Stelle teilt NIETSCH (1) ein interessantes Beispiel für die Auswirkung der marinen Transgressionen auch tiefer im Binnenland mit: Eine eichenmischwaldzeitliche Ablagerung im Vechtetal bei Laar, Grafschaft Bentheim, liegt heute 12—12,5 m unter dem Vechtespiegel.

Für die Verknüpfung der nordwestdeutschen Waldgeschichte mit der Vorgeschichte ist eine Mitteilung von HAYEN (1) wichtig: ein in den Anfang der jüngeren Bronzezeit gestelltes Bronzemesser aus dem Lengener Moor (bei Hollriede) liegt knapp unter der Grenze Xa/Xb der Zonen von OVERBECK-SCHNEIDER. Buchenpollen findet sich in jeder Probe, aber noch unter 5%, *Carpinus* nur in Spuren. Aus dem Anfang der Bronzezeit stammt wahrscheinlich ein Bohlweg im Hankhausermoor, Ammerland, der Kiefernstämme enthält [HAYEN (2)]. Das ist ein weiterer Beleg für den fortschreitenden nacheiszeitlichen Rückzug der Kiefer aus Nordwestdeutschland. Holzreste der Kiefer liegen auch am Grunde des Amtsvenns im nordwestlichen Münsterland, sie stammen aus der mittleren Wärmezeit (GOEKE).

Im nordwestdeutschen Flachland bestehen bekanntlich gewisse Gegensätze zwischen den von pflanzensoziologischer und den von vegetationsgeschichtlicher Seite angenommenen natürlichen Anteilen einiger Holzarten, besonders der Rotbuche *(Fagus)* einerseits, der Eiche und Birke bzw. armer Eichenbirkenwälder andererseits. BUCHWALD u. LOSERT haben zur Verfolgung dieser Fragen in einem heute zum Teil von *Calluna*-Heiden durchsetzten Eichengebiet mit einem kleinen Moorsee (,,Blankes Flat") bei Vesbeck an der Leine gleichzeitig pflanzensoziologische und pollenanalytische Untersuchungen durchgeführt. Die Pollenuntersuchungen stimmen mit der nach der heutigen Vegetation entworfenen ,,Naturlandschaftskarte", d. h. der Karte der Vegetation, die sich nach Aufhören aller menschlichen Eingriffe wahrscheinlich einstellen würde, im wesentlichen überein. Ein genauerer Vergleich der von pflanzensoziologischer Seite geschätzten Mengenanteile der Holzarten mit den Pollenwerten der älteren Nachwärmezeit ergibt für *Quercus*, *Fagus* und *Betula* eine recht gute Übereinstimmung, während der Anteil von *Carpinus* bei den pflanzensoziologischen Untersuchungen zu hoch, der von *Ulmus*, *Tilia* und *Alnus* zu gering geschätzt worden sein dürfte. Allerdings können diese Unterschiede zum Teil auch durch irreversible Standortsveränderungen seit der mittelalterlichen Besiedlung (z. B. Auelehmablagerungen) veranlaßt sein. Weitere Untersuchungen dieser Art in standörtlich möglichst gleichförmigen Gebieten wären sehr erwünscht.

Die Hochmoore Mecklenburgs hat GEHL untersucht. Sie sind im Gefolge der Verlandung von Seen entstanden. Ein Grenzhorizont bzw. eine Aufeinanderfolge von einem mächtigeren älteren und einem weniger mächtigen jüngeren Sphagnumtorf wurde mehrfach festgestellt. Die Pollenanalysen haben orientierenden Charakter: Die Kiefer war im Gebiet wohl während der ganzen Nacheiszeit mehr oder weniger häufig. Der bekanntlich mit zunehmender Kontinentalität schwächer werdende Haselgipfel ist noch recht ausgeprägt. In die Nachwärmezeit fällt eine kräftige Ausbreitung der Rotbuche, doch erreicht neben ihr auch *Carpinus* beträchtliche Werte (bis 36%).

Eine Reihe von Arbeiten haben mehr oder weniger enge Beziehungen zur Forstwissenschaft. So hat über Forstwissenschaft und Geschichtswissenschaft HILF vorgetragen, während MORTENSEN (1) zusammenfassend über eine auch vegetationsgeschichtlich interessante ,,Entmischung" von Ackerland, Weide und Wald in der spätmittelalterlichen Kulturlandschaft berichtet. Die archivalischen Belege über die Wälder des nordwestlichen Thüringer Waldes um Eisenach hat SCHRETZENMAYR neuerlich bearbeitet. Die schon von DENGLER u. a. nachgewiesenen spärlichen natürlichen Vorkommen der Fichte *(Picea abies)* und der Kiefer *(Pinus silvestris)* werden bestätigt, während das natürliche Vorkommen der Tanne *(Abies alba)* offenbar nicht hinreichend belegt ist. Die Ursache für den Rückgang der Tanne in Gebieten ihres früheren optimalen Vorkommens sehen SCHMID u. ZEIDLER in der verschiedenen Bewurzelung der Fichte, Tanne und Buche: Bei stärkerem Eindringen der flachwurzelnden Fichte an Stelle der Buche in frühere Mischbestände kommt es zu Wassermangel in den tieferen, von der Tanne vorzugsweise durchwurzelten Bodenschichten.

Aus der vorgeschobenen Kieferninsel in der Rheinpfalz hat PRECHT (2) durch Pollenanalysen, archivalische Urkunden und Holzbestimmungen an alten Gebäuden weitere Belege für das natürliche Vorkommen von *Pinus silvestris* im Inneren des Pfälzer Waldes und besonders an seinem trockenen und bodenarmen Ostrand erbracht. Hohe Eichen- und Birken- und nur geringe Buchenanteile im Pollengehalt

sprechen für ein natürliches Vorkommen azidiphiler Eichenwälder und ein Zurück-
treten von *Fagus* auf den armen Buntsandsteinböden schon vor den mittelalterlichen Rodungen.

In einer nach seinem Tode erschienenen Arbeit hat Issler unsere Kenntnisse
von der quartären Waldgeschichte im südlichen Oberrheingebiet zusammengefaßt.
Litzelmann versucht das Alter eines anscheinend natürlichen Standort von *Erica
tetralix* im Südschwarzwald auch durch Pollenanalysen zu verfolgen. Seit langem
umstritten ist die ursprüngliche und natürliche Zusammensetzung der Wälder auf
den Buntsandsteinhochflächen des Ostschwarzwalds. Das relativ kontinentale
Klima könnte vermuten lassen, daß die heutige Vorherrschaft des Nadelholzes,
besonders der Fichte, weitgehend natürlich sei. Ein von Oberdorfer u. Lang
untersuchtes Moor bei Friedenau östlich Neustadt in 940 m Höhe lehrt aber, daß
hier im Pollenniederschlag in der späten Wärmezeit *Abies* im Vordergrund ge-
standen hat und während der älteren Nachwärmezeit und sogar noch längere Zeit
nach der mittelalterlichen Besiedlung neben *Abies*, *Picea* und *Pinus* auch *Fagus*
häufig gewesen ist. Die Wälder auf den armen Buntsandsteinböden waren also
im Mittelalter doch buchen- und tannenreich, wenn auch nicht so buchenreich
wie der Südschwarzwald; die heutige Buchenarmut ist wirtschaftsbedingt.

Die seit 1928 von K. Bertsch und F. Bertsch und W. Zimmermann veröffentlichten Durchschnittsdiagramme vom Federsee bzw. von Oberschwaben sind
in vielem überholt, werden aber trotzdem immer wieder abgedruckt. Das hat
Gross (1) veranlaßt, die Korrekturen zusammenzustellen, die hier nötig sind. Aus
dem Blautal bei Ulm hat K. Bertsch (2) ein Pollendiagramm mitgeteilt, das einen
frühwärmezeitlichen *Corylus*-Gipfel von 104% und ein wärmezeitliches Eichen-
mischwaldmaximum von 46% erkennen läßt.

Die Untersuchung einer mesolithischen, dem jüngeren Tardenoisien zugeordneten Fundstelle im nordböhmischen Kreidesandsteingebiet bei Dauba ergab
Holzkohlenreste von *Pinus* (vorherrschend), *Quercus* und *Corylus* (reichlich) sowie
von *Fraxinus*, *Taxus*, *Salix* und (?) *Sorbus*. Das Bodenprofil läßt erkennen, daß
die dort heute vorhandene starke Auswaschung der Böden damals noch nicht vorhanden gewesen ist (Prošek u. Ložek).

Becker hat nun die Ergebnisse ihrer Untersuchungen von 95 Mooren
der französischen Alpen ausführlich, mit 17 Pollendiagrammen, veröffentlicht. Von den beiden waldgeschichtlichen Bezirken, auf die schon
in Fortschr. Bot. **15**, 130 und 138 hingewiesen worden ist, war der nördliche, nördlich einer vom Vercors zum Mt Cenis verlaufenden Linie gelegene, in der Nacheiszeit durch folgende Entwicklung ausgezeichnet:
Auf eine sehr ausgeprägte Hasel-Eichenmischwaldzeit folgte zunächst
eine kräftige Tannen-*(Abies-)* Zeit, stellenweise mit höheren *Alnus*-
Werten, in der *Fagus* und *Picea* vorerst nur geringe Anteile erlangten,
und zum Schluß eine Periode mit höheren *Fagus*- und besonders *Picea*-
Werten. Diese Fichtenzeit, die mehr oder weniger große Teile der Nachwärmezeit umfassen dürfte, läßt deutliche menschliche Einwirkungen
erkennen, unter anderem eine Ausbreitung von *Juglans* (bis 33% der
Baumpollen) und von *Castanea*. Im südlichen Gebiet lassen sich die
gleichen Perioden abgrenzen, doch sind sie infolge der ständig hohen
Pinus-Anteile weniger ausgeprägt. Die auf das nördliche Gebiet be-
schränkten Hochmoore haben sich seit der Tannenzeit gebildet.

Die Moore des Französischen Jura sind in einer vielseitigen, dabei
freilich noch recht extensiven Weise (z. B. noch ohne Beachtung der
Nichtbaumpollen) von Firtion untersucht worden. Die bisher ältesten
Schichten mit *Betula*- und *Salix*-Dominanz dürften präborealen Alters
sein. Später folgen, ähnlich wie im Schweizer Jura, eine sehr ausgeprägte
Hasel-Eichenmischwaldzeit und schließlich die Dominanz der Weißtanne,

Buche und Fichte. Vor allem durch hohe Fichtenwerte lassen sich die inneren Gebirgsketten als eigener Bezirk von den gegen Nordwesten anschließenden fichtenarmen Plateaus abgrenzen. Die Bestimmung einer Anzahl physikalisch-chemischer Eigenschaften der Torfe ergab eine deutlich geringere Humifizierung und höhere Acidität der subatlantischen gegenüber den atlantisch-subborealen Torfschichten.

G. u. C. Dubois (2) haben zwei postglaziale Moore in der Charente (Südwestfrankreich) untersucht. Neben *Quercus* und *Ulmus* spielt besonders landeinwärts in den jüngeren Schichten auch *Fagus* (bis über 60%) eine große Rolle. Über einen wahrscheinlich nach einer früheisenzeitlichen Überflutung im alten Argentoratum innerhalb Straßburgs gebildeten Torf vgl. C. u. G. Dubois u. Hatt. Offenbar sehr jung ist nach Jonker ein 2,30 m mächtiger Riedtorf im Ebro-Delta.

Pollenanalysen geringmächtiger Torfe in der an der Nordgrenze Portugals gelegenen Sierra de Geres bestätigen nach Rodriguez, daß hier *Pinus pinaster* erst in historischer Zeit eingeführt worden ist, während *Pinus silvestris* ein Glazialrelikt dieses Gebirgszugs darstellt.

Die nacheiszeitliche Ausbreitung der anspruchsvollen Laubhölzer in einem Teil der UdSSR hat Kaz (1) untersucht und hierbei nach der Zu- bzw. Abnahme der Pollenanteile „Ausbreitungs-" bzw. „Rückgangsgradienten" berechnet. Nach diesem freilich recht groben und leicht irreführenden Verfahren scheint sich unter anderem die Ausbreitungsgeschwindigkeit der Eiche, Ulme und Linde von Moskau gegen das nördliche Baltikum, wohl infolge der ungünstiger werdenden Temperaturverhältnisse, verringert zu haben. Der Rückgang einer Art erfolgt immer langsamer als ihre Ausbreitung.

Über weitere Untersuchungen im Gebiet der Sowjetunion berichtet (nach mir freundlichst zugegangener Übersetzung von A. Häusler, Halle) N. J. Kaz (2) anläßlich der bei einer Tagung in Moskau 1953 gehaltenen Vorträge. Danach wurde eine größere Zahl von Diagrammen besonders aus dem mittleren Wolgagebiet veröffentlicht. D. K. Zerow faßte seine Untersuchungen zur Vegetationsgeschichte der Ukraine zusammen. N. u. S. Kaz berichteten über die Landschaftsentwicklung im südlichen Westsibirien. Hier wurde offenbar in der ältesten waldarmen Zeit eine bedeutende Versalzung im Bereich der Wasserscheiden nachgewiesen und deren spätere Entsalzung verfolgt. Gegen die Gegenwart hin konnte dann eine neue Salzanreicherung festgestellt werden. Mehrere Vorträge befaßten sich mit der Entwicklung der Torflager. Nach Minkina soll die Transgression der Moore im Atlantikum, ihr Höhenwachstum im Subatlantikum am größten gewesen sein.

6. Glazial und Postglazial außerhalb Europas. In der Küstenebene von Nord-Carolina (unter 34° nördlicher Breite), wo heute auf armen Böden Kiefernwälder, auf besseren sommergrüne Laubhölzer und auch immergrüne Gehölze mit *Magnolia* und *Gordonia* als natürliche Schlußgesellschaften angesehen werden, ist es Frey (1), (2) offenbar gelungen, durch Pollenanalysen der Ablagerungen von acht mehr oder weniger verlandeten Becken tief in die letzte Eiszeit vorzustoßen. Unter der Oberfläche finden sich zunächst organogene Schichten, deren Alter an der Basis mit C^{14} auf rund 10000 Jahre bestimmt worden ist. Sie müssen also postglazial sein und enthalten mehr oder weniger hohe Pollenanteile von thermisch anspruchsvollen Laubhölzern wie *Quercus, Carya, Nyssa, Liquidambar* und anderen, bald auch von *Magnolia* und *Gordonia* sowie von *Taxodium*. Unter diesen postglazialen Schichten folgen dann aber tonige Ablagerungen, in denen die Pollen der genannten Gattungen verschwinden und neben weitaus vorherrschenden *Pinus*-Pollen regelmäßig einige Prozent *Picea* gefunden werden. Gleichzeitig war in der Wasservegetation *Isoëtes* sehr häufig. Diese Schichten werden dem Cary- und Mankatostadium der letzten Eiszeit zugeordnet und belegen jedenfalls (entgegen den Ansichten von Berry, Braun u. a.) eine sehr bedeutsame glaziale Verarmung der Vegetation auch im südöstlichen Vorland der Alleghenys. Noch tiefer liegen dann tonig-sandige Sedimente, die von zwei organogenen Horizonten unterbrochen werden, die älteren Interstadialen der letzten Eiszeit entsprechen dürften, sich aber im Pollengehalt (zeitweise viel Nichtbaumpollen) nicht klar herausheben.

Eine nach einer C¹⁴-Datierung wahrscheinlich dem Two Creeks-Interstadial (also der Allerödzeit) angehörende, im Pollengehalt von *Pinus* und *Picea* beherrschte Ablagerung fand Dreimanis am Lake Erie in Ontario. Ein anderes „Interstadial" von North Bay soll der postglazialen Wärmezeit entsprechen.

Heusser hat an Hand von Pollendiagrammen von 17 Mooren die Waldentwicklung in einem im Mankato-Stadium noch vereisten Gebiet in Südost-Alaska untersucht. Die Wiederbewaldung hat hier vor etwa 8000 Jahren mit viel *Pinus contorta* eingesetzt, während der postglazialen Wärmezeit breitete sich zunächst *Picea sitchensis*, dann *Tsuga heterophylla* stark aus, während der Nachwärmezeit kam es neuerlich zu einer Zunahme von *Picea sitchensis* und von *Pinus*. Somit ergibt sich eine deutliche Revertenz im Sinne v. Posts. In Britisch Columbia hat Hansen die postglaziale Waldentwicklung in Mooren entlang der Alaska-Straße untersucht. Hier wurde die postglaziale Wiederbewaldung vor allem von *Picea glauca, Picea mariana* und *Pinus contorta v. latifolia* beherrscht, wobei *Pinus* erst mit zunehmender Erwärmung, wohl durch Brände gefördert, in den Vordergrund tritt. Für diese Bäume haben unvergletscherte Gebiete in Yukon und Alaska und wohl auch in West-Alberta während der letzten Eiszeit als Refugien gedient. Über die in Fortschr. Bot. **15,** 139 erwähnten Vegetations- und Feuchtigkeitsschwankungen in Mexiko liegt ein weiterer Bericht von Sears vor. Über andere Beiträge zur nacheiszeitlichen Waldgeschichte nordamerikanischer Landschaften unterrichtet nach kurzen Vortragsberichten das letzte Heft des „Pollen- and Spore-Circular".

Nach einer vorläufigen Mitteilung von C. Troll über eine Vegetationskarte Eurasiens zur postglazialen Wärmezeit soll die damalige Nordgrenze der Waldtundra auf Kola 120—150 km, im Taimyr-Gebiet 400—500 km, die Trockengrenze 300 km nördlich der heutigen gelegen haben. Tsukada hat ein Pollendiagramm aus der japanischen Provinz Nagana veröffentlicht, das sich gut in die von Nakamura aufgestellte Dreigliederung der postglazialen Vegetationsentwicklung Japans (vgl. Fortschr. Bot. **15,** 140) einfügen läßt. Einen kurzen Bericht über den Stand der Palynologie in Japan gab Jimbo.

Als Beleg für das weite Vordringen borealer Arten in äquatorialer Richtung im Laufe des Quartärs sind zwei nordafrikanische Floren von großer Bedeutung, die Arambourg, Arènes u. Depape untersucht haben. Die ältere vom Lac Ichkeul bei Bizerta (Tunesien) wird in den Beginn des Quartärs (Villafranchien) gestellt, die jüngere von Maison Carrée bei Alger zwischen Villafranchien und Thyrrhenien (Rißeiszeit?).

In der älteren Flora wurden nachgewiesen: *Salix alba, S.* cf. *canariensis, Pterocarya* sp., *Juglans regia, Quercus mirbeckii, Q. afares, Q. ilex, Q. suber, Fagus* cf. *silvatica, Ulmus scabra, Elaeagnus* cf. *angustifolia, Cassia* sp., *Ceratonia siliqua, Rhus coriaria, Sapindus* sp., *Laurus nobilis, Pittosporum* sp., *Olea europaea.*

Von der jüngeren Flora werden angegeben: *Smilax aspera v. mauritanica, Salix alba, S. cinerea, Populus alba, Carpinus betulus, Quercus mirbeckii, Quercus afares, Q. ilex, Q. coccifera, Rubus ulmifolius, Rhamnus frangula, Vitis ducellieri, Laurus nobilis, Fraxinus ornus.*

In der älteren Flora ist also noch ein tropisches Element vertreten, das in der jüngeren völlig fehlt. Besonders interessant ist der Nachweis von *Fagus* und *Carpinus,* deren Südgrenzen heute viel weiter nördlich in Südeuropa liegen. Das Vordringen der nördlichen Arten dürfte zu verschiedenen Zeiten des Tertiärs und Altquartärs auf folgenden Wegen möglich gewesen sein: 1. Über Spanien — Gibraltar — das Rif, 2. transthyrrhenisch, 3. über Sizilien — Malta — Tunis, 4. von Ägypten her.

Eine von FIRBAS (leider schon 1930) ausgeführte Pollenuntersuchung eines kleinen Quellmoors aus 780 m Höhe im tunesischen Kroumirie-Gebirge hat BRAUN-BLANQUET mitgeteilt. Das Moor dürfte sich erst nach der durch den Menschen hervorgerufenen Waldvernichtung gebildet haben. Über die 1951 in Südafrika im Gang befindlichen palynologischen Arbeiten berichtet VAN ZINDEREN-BAKKER. Pollenführende Ablagerungen wurden bisher im Oranje-Freistaat, in Natal und im Küstengebiet Kaplands gefunden.

Eine wichtige Übersicht über die Torflager Neuseelands hat CRANWELL (2) mitgeteilt, MOAR einen Torf von Plimmerton auf der Nordinsel untersucht. In Feuerland und Patagonien bieten bekanntlich drei in Seeablagerungen und Mooren weithin verfolgbare vulkanische Aschenschichten eine vorzügliche Basis zur Synchronisierung der Vegetationsgeschichte. AUER (1), (2) hat seine Untersuchungen hierüber (vgl. Fortschr. Bot. 11, 120) in zwei in spanischer Sprache abgefaßten Arbeiten zusammengefaßt und weiter geführt.

7. Kulturpflanzen. Zur Geschichte der Kulturpflanzen können wiederum vor allem Untersuchungen an vorgeschichtlichen Fundstellen mitgeteilt werden.

Kornabdrücke an neolithischen Gefäßen Südschwedens ergaben nach HJELMQUIST Nacktgerste *(Hordeum vulgare)* schon für die frühe Dolmenzeit, *Triticum dicoccum* spätestens für die ältere Ganggräberzeit und erst für diese auch *Triticum monococcum*, außerdem *Bromus secalinus* und *Malus communis*. Vorgeschichtliche Funde des Einkorns waren bisher aus Schweden unbekannt, sie erweitern also das bekannte spätwärmezeitliche Verbreitungsgebiet dieser Art in bemerkenswerter Weise.

Die verkohlten Pflanzenreste einer Wikinger-Siedlung bei Aggersborg in Nordjütland enthielten nach KN. JESSEN Holzkohlen überwiegend von *Quercus*, daneben auch von *Fagus* und unter den Getreiden bespelzte Gerste *(Hordeum vulgare)*, Roggen und Hafer *(Avena sativa)*. Nach den Ergebnissen aus verschiedenen Fundplätzen scheint in der Wikingerzeit im Vergleich zur Römerzeit mehr Roggen und weniger Gerste gebaut worden zu sein.
Eine in der Provinz Drenthe in Holland in stark zersetztem Sphagnumtorf gefundene und von VAN ZEIST im Anschluß an WATERBOLK in den Beginn unserer Zeitrechnung gestellte Moorleiche enthielt in Speiseresten viel *Panicum miliaceum*. K. BERTSCH (3) bestimmte in einer neolithischen Siedlung bei Ehrenstein im Blautal nahe Ulm „literweise" *Polygonum convolvulus* und nimmt an, daß die Art damals als Hauptfrucht gebaut worden ist und die Siedlung einer besonders primitiven Stufe des neolithischen Feldbaus angehöre. Spärlich fanden sich *Polygonum persicaria, Hordeum hexastichum, Triticum monococcum, Triticum dicoccum, T. spelta* und vielleicht auch *T. compactum*. Gramineen-Pollen vom Getreidetyp werden, freilich in kühner Weise, auf *Glyceria* zurückgeführt, da die Pollenkörner von *G. plicata* und *fluitans* (nach FIRBAS 1937) zu einem Teil in den Bereich des „Getreidetyps" fallen. BERTSCH spricht sogar von damaligen „Massenbeständen" von *G. plicata*. Gefunden wurde offenbar kein einziges Früchtchen der Gattung. Im Rahmen von „Beiträgen zur Frühgeschichte der Landwirtschaft" von ROTHMALER u. PADBERG gibt der Erstgenannte einen Überblick über Probleme der Kulturpflanzengeschichte und teilt aus einer Rössener Siedlung (Neolithikum) von Wahlitz, Kreis Burg, das Vorkommen von *Triticum monococcum, dicoccum, compactum* und vereinzelt von *Hordeum* mit. Reiche Getreidefunde machte WERNECK (2) in einer Siedlung der jüngeren Eisenzeit am Magdalensberg bei St. Johann am

Brückl in Kärnten: reichlich *Triticum aestivum*, *Tr. compactum*, *Hordeum vulgare* und *Setaria italica*, daneben *Secale cereale* und *Sinapis arvensis*. Zwischen *T. compactum* und *aestivum* kommen alle Übergänge vor.

Derselbe Verf. (1) hat nach mehreren tausend Urkunden eine eindrucksvolle Karte über die größte Ausdehnung des Weinbaus im österreichischen Donaugebiet zwischen 760—1600 n. Chr. und seinen Rückzug seit 1600 veröffentlicht. Der Rückgang des Weinbaus wird unter anderem auf Grund der Übereinstimmung mit dem gleichzeitigen Anwachsen der alpinen Vergletscherung in erster Linie auf klimatische Ursachen zurückgeführt. Schließlich hat WERNECK (3) seine Untersuchung über das Vorkommen wilder „Steinnüsse" *(Juglans regia* ssp. *germanica)* in Nieder- und Oberösterreich (vgl. Fortschr. Bot. 15, 141) fortgesetzt und neue Belege für ihr dortiges ursprüngliches Vorkommen in Eichenmischwäldern bis in Höhen von 820 m mitgeteilt. Auch BERTSCH (4) (vgl. Fortschr. Bot. 15, 141) hat für das Vorkommen von Wildformen von *Juglans regia* nördlich der Alpen spätestens seit dem Neolithikum weitere Belege gesammelt (unter anderem ein neuer Fund im neolithischen Pfahlbau Litzelstetten am Bodensee) und erörtert. KOVAČEVIČ teilt einige mittelalterliche Funde von Getreide und Unkräutern aus Belgrad mit *(Hordeum tetrastichum* und andere). Über das Alter des Pflanzenbaus hat sich neuerlich WERTH geäußert.

Literatur.

ABBAYES, H. D., u. R. CORILLION: Bull. Soc. Bot. France 100, 355—358 (1953). — ACKERMANN, E.: Mitt. Geol. Staatsinst. Hamburg 23, 126—141 (1954). — AIRY SHAW, H. K.: Kew Bull. 1952, 87—97 (1953). — AMBROŽ, V., V. LOŽEK u. F. PROŠEK: Anthropozoikum (Praha) 1, 53—142 (1951). — ANDERSON, E. C., u. H. LEVI: Kgl. Dansk Vid. Selsk. Mat. fys. Medd. 27/6, 22 S. (1952). — ANDERSON, E. C., H. LEVI u. H. TAUBER: Science (Lancaster, Pa.) 118, 6—8 (1953). — ANTEVS, E.: J. of Geol. (Chicago) 61, 195—230 (1953). — ARAMBOURG, C., J. ARÈNES u. G. DEPAPE: C. r. Acad. Sci. (Paris) 234, 128—130 (1952). — ARNBORG, T.: Våra träd. 40—48 (1951). — ARRHENIUS, G.: Göteborgs Kgl. Vet. och Vitt. samhälle (1952). — AUER, V.: (1) Gaea (Buenos Aires) 8, 311—336 (1948). — (2) Rev. Invest. Agric. (Buenos Aires) 3/2, 49—208 (1950).

BAKER, H.: Ann. of Bot. 17, 433—445 u. 615—627 (1953). — BEARD, J. S.: Ecol. Monogr. 23, 149—215 (1953). — BECKER, J.: Mém. Service de la Carte Géol. d'Alsace et de Lorraine, Strasbourg 11, 61 S. (1952). — BEENHOUVER, O.: Ecology 34, 803/804 (1953). — BELDEROK, B., u. J. HENDRIKS: Natuurhist. Maandblad 42, 64—66 (1953). — BERGER, W.: Bot. Not. Lund 1953/1, 1—47 (1953). — Ebenda 1953/3, 341—344 (1953). — BERGHEN, V. VAN DEN: Nat. Belg. Bull. mens. Bruxelles (1951). — BERNIS, F.: An. Inst. Bot. Cavanilles 11/2, 1952, 5—288 (1953). — BERTSCH, K.: (1) Jber. Ver. vaterl. Naturkde Württbg 107, 137—145 (1952). — (2) Ebenda 108, 68—70 (1953). — (3) Ber. dtsch. bot. Ges. 67, 18—21 (1954). — (4) Vorzeit am Bodensee 1/4, 8 S. (1953). — BLACKBURN, K. B.: (1) In: Lousley, Study of the Distribution of British Plants, S. 96—102 (1951). — (2) New Phytologist 51, 364—381 (1952). — (3) Transact. North. Natur. Union 2/1, 40—43 (1953). — BLAKE, S. T.: Austr. J. Bot. 1/2, 185—352 (1953). — BLAKELOCK, R. A.: Kew Bull. 1953, 173—184 (1953). — BOLÓS, A. DE: Collect. Bot. 3/3, 325—344 (1953). — BORJA CARBONELL, J.: An. Inst. Bot. Cavanilles 11/1, 1952, 420—435 (1953). — BOROS, A.: Magyar. viragt. növén. határ. kécik. 4, 1—360 (1953). — BRAUN-BLANQUET, J.: Vegetatio 4, 182—194 (1953). — BRELIE, G. V. D.: Mitt. Geol. Staatsinst. Hamburg 23, 111—118 (1954). — BRELIE, G. V. D., M. u. R. TEICHMÜLLER, P. W. THOMSON u. H. WERNER: Geol. Jb. (Hannover) 67, 231—242 (1953). — BRENAN, J. P. M.: Kew Bull. 1952, 507—537 (1953). — BROOKS, C. E. P.:

Climate through the Ages. London, 395 S. (1950). — BROTZEN, FR.: Geol. För. Förh. Stockholm **73**, 57—68 (1951). — BROUWER, A.: (1) Leidse Geol. Med. B **14**, 259—346 (1949). — (2) Geol. en Mijnbouw **12**, 9—11 (1950). — (3) Ebenda **13**, 403—414 (1951). — (4) Ebenda **13**, 313—319 (1951). — BUCHWALD, K. u. H. LOSERT: Mitt. Flor. Soz. Arb.-Gem. Stolzenau, N.F. **4**, 124—146 (1953). — BULLOCK, A. A.: Kew Bull. **1953**, 329—362 (1953).— BURCK, H. D. M.: Med. Geol. Stichting N. S. **7**, 26—43 (1953).

CASAS DE PUIG, C.: Collect. Bot. **3**/3, 395—397 (1953). — CHIARUGI, A.: Webbia **9**, 1—8 (1953). — CHRISTIANSEN, W.: Neue kritische Flora von Schleswig-Holstein, S. 1—532. Rendsburg 1953. — CLARK, H.E.: New Zealand J. Sci. a. Technology B **33**/2, 73—91 (1951). — COHRS, A.: Feddes Rep. **56**, 66—96 (1953). — CONVAY, V. M.: J. Ecology **42**, 117—147 (1954). — CORILLION, R.: (1) Bull. Soc. Sci. Bretagne **27** (1952), 65—68 (1953). — (2) Ebenda **27** (1952), 77—84 (1953). — (3) Bull. Soc. Bot. France **100**, 320—322 (1953). — CORTES LATORRE, C.: An. Inst. Bot. Cavanilles **11**/1, 1952, 161—249 (1953). — CRANWELL, L. M.: (1) Bull. Auckland Inst. a. Mus. **3**, 91 S. (1953). — (2) Seventh Pacific Science Congress **5**, 23 S. (1953). — CROIZAT, L.: Manual of Phytogeography, The Hague **1952**, 1—587 (1952). — CUATRECASAS, J.: Bull. Soc. Bot. France **100**, 159—163 (1953). — CUFODONTIS, G.: Feddes Rep. **55**, 27—113 (1952/53). — CURRY-LINDAHL, K.: Tropiska fjäll, 1—280. Stockholm 1953.

DEEVEY, E. S., u. M. S. GROSS: Science (Lancaster, Pa.) **118**, 1—6 (1953). — DEPAPE, G., et FR. BOURDIER: C. r. Acad. Sci. (Paris) **235**, 1531—1533 (1952). — DIJKSTRA, S. J., J. H. KERN, TH. REICHGELT u. J. L. v. SOEST: Act. Bot. Neerland. **2**, 522—534 (1953). — DREIMANIS, A.: Bull. Geol. Soc. Amer. **64**, 1414 (1953). — DUBOIS, G. et C.: (1) Ann. Soc. Géol. du Nord **48**, 194—196 (1948). — (2) C. r. Congrès Sédém. et Quat. Bordeaux, (1949). — DUBOIS, C., G. DUBOIS u. J. J. HATT: Gallia **7**/2, 192—194 (1951). — DUVIGNEAUD, P.: Bull. Soc. Roy. Bot. Belg. **86**, 105—112 (1953).

EHM, H.: Act. Mus. Macedon. Sci. Nat. **1**, 77—89 (1953). — EHRENDORFER, F.: (1) Österr. bot. Z. **100**, 583—592 (1953). — (2) Ebenda **100**, 616—638 (1953). — ENEROTH, O.: Geol. För. Förh. Stockholm **73**, 343—400 (1951). — ERDTMAN, G.: (1) In C. SKOTTSBERG u. CURRY-LINDAHL, Natur i Halland, Göteborg S. 42—54. (1952). — (2) Geol. För. Förh. Stockholm **75**, 121 (1953). — (3) Ebenda **75**, 17—38 (1953). — (4) Ebenda **76**, 17—45 (1954). — (5) Sv. Bot. Tidskr. **47**, 449/450 (1953). — EVRARD, C.: Bull. Soc. Roy. Bot. Belg. **86**/1, 5—23 (1953). — EXELL, A. W.: J. Linn. Soc. Bot. **55**, 103—141 (1953).   ·

FAEGRI, KN.: (1) Geol. För. Förh. Stockholm **76**, 17 (1954). — (2) Ebenda **75**, 108—112 (1953). — (3) Norsk Geogr. Tidskr. **14**, 61—76 (1953). — FAST, G.: Ber. dtsch. bot. Ges. **66**, 188—198 (1953). — FAVARGER, C.: (1) Bull. Soc. Neuchâteloise d. Sc. Nat. **76**, 133—169 (1953). — (2) Phyton **4**/4, 275—289 (1953). — FERNANDES, R.: Bol. Soc. Brot. **27**, 179—200 (1953). — FERNÁNDEZ-MORÁN, H., u. ORVILLE-DAHL, A.: Science (Lancaster, Pa.) **116**, 465—467 (1952). — FIETZ, A.: Eiszeitalter u. Gegenwart **3**, 47—49 (1953). — FIRTION, F.: Mém. Serv. Carte géol. Als. et Lorr., STRASBOURG **10**, 92 S. (1950). — FISCHER, A.: Mitt. Bad. Ld. Ver. N.F. **6**, 36—44 (1953). — FLINT, R. F. :(1) Bull. Geol. Soc. America **64**, 897—919 (1953). — (2) Eiszeitalter u. Gegenwart **3**, 5—13 (1953). — FRECHEN, J.: Geol. Jb. (Hannover)**67**, 209—230 (1952). — FREY, D. G.: (1) Ecology **32**, 508—517 (1951). — (2) Ecolog. Monographs **23**, 289—313 (1953). — FROMENT, P.: Bull. Soc. Bot. France **100**, 362—387 (1953). — FROMM, E.: (1) Geol. För. Förh. Stockholm **75**, 403 (1953). — (2) Ebenda **75**, 410 (1953). — FURRER, E.: Ber. Geobot. F.-Inst. Rübel, Zürich **1952**, 54—72 (1953).

GAMS, H.: Phyton **5**, 107—115 (1953). — GEHL, O.: Geologie (Berlin), Beih. **2**, 99 S. (1952). — GILLBERG, G.: Geol. För. Förh. Stockholm **74**, 71—103 (1952). — GILLI, A.: Carinthia II, **143**/2, 26—40 (1953). — GODWIN, H.: In J. E. LOUSLEY, The Changing Flora of Britain, S. 59—74. 1953. — GODWIN, H. a. M. E.: Bull. Soc. Jers. **15**/4, 457—462 (1952). — GOEKE, D.: Natur u. Heimat (Münster/W.) **13**, 9 S. (1953). — GOOD, R.: The Geography of the Flowering Plants. London—New York—Toronto **1947**, (1—403); 2nd. ed. London **1953**, (1—452). — GOTHAN, W.: Sitzgsber. Akad. Wiss. Berlin **1952**, 3—18 (1952). — GRANÖ, O.: Ann. Bot. Soc. „Vanamo" **25**/4, 1—47 (1953). — GRIPP, K., u. R. SCHÜTRUMPF: Naturwiss.

40, 55 (1953). — Gröntved, J.: Dansk Bot. Ark. **15**/3, 1—112 (1953). — Grospietsch, Th.: (1) Arch. f. Hydrobiol. **47**, 321—452 (1953. — (2) Mikrokosmos **42**, 101—106 (1953). — Gross, H.: (1) Die Pyramide (Innsbruck) **3**, 113—116 (1953). — (2) Erdkunde **8**, 71—74 (1954). — Grosse-Brauckmann, G.: Mitt. Fl.-Soz. Arb. Gem. N.F. **4**, 5—10 (1953). — Grossheim, A. A., u. B. K. Schischkin: Areal. Teil I, Leningrad u. Moskau 1952.

Hafsten, U.: Naturen N. **16**, 501—505 (1953). — Hallik, R.: Geol. Jb. (Hannover) **68**, 179—184 (1953). — Handel-Mazzetti, H.: (1) Verh. Zool.-Bot. Ges. Wien **93**, 81—99 (1953). — (2) Der Schlern **1953**, 151—156 (1953). — Hansen, H. P.: Proc. Amer. phil. Soc. **94**, 411—421 (1950). — Hanson, H. C.: Ecology **34**, 111—140 (1953). — Harris, W. F.: 7. Pacif. Science Congress **5**, 1—14 (1953). — Hasselrot, T. E.: (1) Act. Phyt. Suec. **33**, 1—200 (1953). — (2) Svensk Bot. Tidskr. **47**, 465—487 (1953). — Hayen, H.: (1) Oldenburger Jb. **52**/53, 202—210 (1953). — (2) Ammerländer Kalender (Westerstede). 24—28 (1953). — Herzog, Th.: Feddes Rep. **55**, 1—27 (1952). — Heslop-Harrison, Y.: New Phytol. **52**/1, 22—39 (1953). — Hess, H.: Ber. Schw. Bot. Ges. **63**, 317—359 (1953). — Heusser, C. J.: Ecolog. Monographs (Durham) **22**, 331—352 (1952). — Hilf, R. B.: Allg. Forst- u. Jagdztg. **125**, 12—15 (1953). — Hjelmquist, H.: Bot. Notiser Lund 330—338 (1952). — Hoffmann, C.: Kieler Meeresforschungen **9**/2, 228—230 (1953). — Holmen, K., u. H. Mathiesen: Bot. Tidskr. **49**, 233—238 (1953). — Hoogland, R. D.: Reinwardtia **2**, 185—224 (1953). — Hultén, E.: Svensk Bot. Tidskr. **47**, 547—551 (1953). — Hylander, N.: Nordische Gefäßpflanzenflora Bd. 1, 1—392, Stockholm 1953.

Issler, E.: Bull. Soc. Hist. Nat. Colmar **44**/4/1, 4—12 (1953). — Iversen, J.: Science (Lancaster, Pa.) **118**, 8—11 (1953).

Janaki Ammal, E. K., u. B. Saunders: Kew Bull. **1952**, 539—544 (1953). — Jazewitsch, W. v.: (1) Holzforschung **6**, 82—89 (1953). — (2) Forstwiss. Cbl. **72**, 234—247 (1952). — Jentys-Szaferowa, J., u. M. Bialobrzeska: Prace Inst. Geol. Warszawa **10**, 5—35 (1953). — Jentys-Szaferowa, J., u. J. Truchanowiczowna: Ebenda **10**, 36—59 (1953). — Jessen, Kn.: Bot. Tidskr. (Københ.) **50**, 125—139 (1954). — Jimbo, T.: Geol. För. Förh. Stockholm **75**, 400—402 (1953). — Jonker, F. P.: Collectanea Botanica (Inst. Bot. Barcelona) **3**, 179—182 (1952). — Jungblut, F.: Bull. Soc. Roy. Bot. Belg. **86**, 25—37 (1953).

Kaaret, P.: Act. Phyt. Suec. **32**, 1—50 (1953). — Kaz, N. J.: (1) Ber. Ak. Wiss. UdSSR **81**/1 (1951). — (2) Bull. z. Erforschung d. Quartärs, Moskau **17**, 108—112 (1953). — (3) Ebenda 102—108 (1953). — Kielhauser, G. E.: Wetter u. Leben **5**/1—2, 43—45 (1953). — Kjellander, C. L.: Svensk Papperstidning Nr. 23 u. 24, 34 S. (1953). — Klement, O.: Veröff. Inst. Meeresforschung Bremerhaven **2**, 279—379 (1953). — *Klimaheft*, zweites: Geolog. Rundschau **40**, 1—200 (1952). — Knapp, R.: (1) Z. Vererbungslehre **85**, 163—179 (1953). — (2) Ber. dtsch. bot. Ges. **66**, 168—179 (1953). — Kolumbe, E.: (1) Mitt. Geol. Staatsinst. Hamburg **22**, 22—27 (1953). — (2) Ebenda **22**, 28—31 (1953). — (3) Ebenda **23**, 103—110 (1954). — Kovačević, J.: Bull. Mus. Hist. Nat. Pays Serbe, Beograd B **5**—6, 513—514 (1953). — Kreh, W.: Naturw. Rundschau **1953**/11, 457—462 (1953). — Kümmel, K., u. Au. Hahne: Die Vegetation des Siebengebirges in ausgewählten Einzeldarstellungen, S. 1—118. Bonn 1953.

Lange, O. L.: Flora **140**, 39—97 (1953). — Lasser, T.: Bol. Acad. Ci. Fisic., Matem, Natur. Caracas nr. **47**, 1—7 (1953). — Léandri, J.: Bull. Soc. Bot. France **99**, 206—236 (1952). — Leibundgut, H., u. E. Marcet: Schweiz. Z. Forstwesen Nr. 11/12, 18 S. (1953). — Lemée, G.: Bull. Soc. Bot. France **100**, 147—148 (1953). — Li, H. L.: Trans. Amer. Phil. Soc. N.S. **42**, 371—429 (1952). — Libby, W. F.: Chicago Radiocarbon Dates IV. (Manuskr.) (1953). — Licitis, R.: New Zealand J. Sci. a. Technology B **34**/4, 289—316 (1953). — Litardière, R. de: Candollea **14**, 121—157 (1953). — Litzelmann, E.: In Metz, Allemannisches Jahrb. (Lahr i. B.) 9—31 (1953). — Löve, A.: Hereditas **39**, 113—124 (1953). — Löve, A. u. D.: Proc. 6. Int. Grassland Congr., Sonderdr. 1953. — Lona, F.: Nuovo Giorn. Bot. Ital. **59**, 506—509 (1952). — Losa, T. M., u. P. Montserrat: An. Inst. Bot. Cavanilles **11**/2, 1952, 385—462 (1953). — Louis-Arsène, Frère: Bull. Soc. Bot. France **100**, 285—290 (1953). — Ložek, V.: (1) Bull. Intern. Ac. tcheque Science. II. cl. **49**/18 41 S. (1949). — (2) Anthropozoikum (Praha) **1**, 37—52 (1951). —

(3) Ebenda **2**, 279—280 (1952). — (4) Ebenda **2**, 29—92 (1952). — LÜDI, W.: (1) Veröff. Geobot. Inst. Rübel, Zürich **27**, 208 S. (1953). — (2) Ber. Geob. Instit. Rübel, Zürich **1952**, 14—54 (1953). — LUNDQUIST, G.: (1) Geol. För. Förh. Stockholm **73**, 209—225 (1951). — (2) Ebenda **75**, 39—42 (1953). — (3) Ebenda **75**, 149—154 (1953). — LUTHER, H.: Bot. Not. Lund **1953**/3 (317—340) 1953.

MAHLER, K.: Jahreshefte Ver. vaterl. Naturkde. Württemberg **108**, 74—89 (1953). — MATTICK, FR.: Mitt. Bot. Gart. Mus. Berlin **1**/1, 106—117 (1953). — MERXMÜLLER, H.: Mitt. Bot. Staatssammlung München **7**, 239—316 (1953). — MEUSEL, H.: Wiss. Z. Mart.-Luth.-Univ. Halle **3**/1, 11—49 (1953/54). — MIKI, S.: J. Inst. Polytechn. Osaka C. Univ. **3**/D, 1—30 (1952). — MIRAMS, R. V.: New Zealand J. Sci. a. Technology B **34**/5, 378—383 (1953). — MITCHELL, G. F.: Proc. Roy. Irish Ac. B **55**, 12, 225—281 (1953). — MOAR, N. T.: New Zealand J. Sci. a. Technology A **34**, 479—486 (1953). — MODDERMANN, P. J. R., J. BENNEMA, F. FLORSCHÜTZ: Proc. State Serv. Archaeol. Inst. in the Netherlands **4**/2, 26 S. (1953). — MOECKLI, BR. E.: Beitr. z. Geobot. Landesaufn. d. Schweiz **32**, 62 S. (1952). — MÖSCHL, W.: Mem. Soc. Brot. **9**, 79—84 (1953). — MONTELUCCI, G.: Webbia **9**/1, 49—359 (1953). — MORLEY, TH.: Univ. Calif. Publ. Bot. **26**/3, 223—312 (1953). — MORTENSEN, H.: (1) Ber. dtsch. Landeskunde **10**, 341—361 (1951). — (2) Erdkunde (Bonn) **6**, 145—160 (1952). — MOUTERDE, P.: (1) Bull. Soc. Bot. France **100**, 344—349 (1953). — (2) La Flore de Djebel Druze, 1—224. Paris 1953. — MOVIUS jr., H. L.: Aus La Découverte du Passé. Paris 13 S. (1952). — MÜLLER, H.: Nova Acta Leopoldina (Halle) N.F. **16**/110, 67 S. (1953). — MUKHERJEE, S. K.: J. Linn. Soc. Bot. **55**, 65—83 (1953).

NARR, K. J.: Anthropos **48**, 282—286 (1953). — NIETSCH, H.: (1) Z. Dtsch. Geol. Ges. **104**/1, 29—40 (1952). — (2) Eiszeitalter u. Gegenwart **3**, 37—46 (1953). — NILSSON, E.: Geol. För. Förh. Stockholm **75**, 155—246 u. **76**, 168—170 (1953 u. 1954). — NORLINDH, T.: Bot. Not. Lund **1953**/2, 204—232 und **1953**/4, 369—398 (1953).

OBERDORFER, E., u. G. LANG: Allg. Forst- u. Jagdztg. (Frankfurt/M) **124**, 169—172 (1953).

PALAU FERRER, P.: An. Inst. Bot. Cavanilles **11**/2, 1952, 497—520 (1953). — PAWLOWSKA, S.: (1) Ochrony Przyrody **21**, 1—33 (1953). — (2) Act. Soc. Bot. Poloniae **22**/1, 225—244 (1953). — PAWLOWSKI, B.: Act. Soc. Bot. Poloniae **22**/1, 245—258 (1953). — PEKKARI, S.: Bot. Not. Lund. **1953**/1, 73—77 (1953). — PFAFFENBERG, K.: Eiszeitalter u. Gegenwart **3**, 163—165 (1953). — PICHI-SERMOLLI, R., u. H. HEINIGER: Webbia **9**, 9—48 (1953). — PICHON, M.: Bol. Soc. Brot. **27**, 73—153 (1953). — PIÉRART, P.: Lejeunia, Rev. Bot., Mem. **13**, 1951, 1—70 (1953). — PIKE, K., a. H. GODWIN: Quart. J. Geol. Soc. London **108**, 261—272 (1953). — PINTO DA SILVA, Q. G.: Portugaliae Acta Biolog. **3**/A, 261—274 (1952). — *Pollen- and Spore Circular* (Manuskript, New Haven), **1**/18, 36 S. (1954). — PRECHT, J.: (1) Transact. North. Natur. Union **2**/1, 44—48 (1953). — (2) Pollichia (Bad Dürkheim) III **1**, 150—159 (1953). — PROŠEK, FR., u. V. LOŽEK: Anthropozoikum (Praha) **2**, 93—160 (1952).

QUÉZEL, P.: (1) Feddes Rep. **56**, 1—56 (1953). — (2) Mem. Soc. Brot. **9**, 5—78 (1953).

RAMBO, B.: Anais Bot. **4**, 87—159 (1952). — RECHINGER, K. H.: Österr. bot. Z. **100**, 438—477 (1953). — REICHELT, G.: Petermanns Geogr. Mitt. 245—261 (1953). — REISSINGER, A.: Zur Würmstratigraphie der Gegend von Memmingen. Bayreuth (Naturwiss. Ges.), 16 S. (1953). — RICHTER, K.: Jb. Emsländ. Heimatver. 1—14 (1953). — RIGUAL, A., u. F. ESTEVE: An., Inst. Bot. Cavanilles **11**/1, 1952, 437—478 (1953). — RODRIGUEZ, F. BELLOT: Agron. Lusit. Sacavem **12**, 481—491 (1950). — RÖSSLER, W.: Agron. Lusit. **15**/2, 97—138 (1953). — ROTHMALER, W., u. W. PADBERG: Wiss. Abh. Dtsch. Akad. Landwirtschaftswiss. Berlin **6**/1, 119 S. (1953). — ROYEN, P. v.: Act. Bot. Neerland. **2**, 1—21 (1953). — RUBNER, K., u. F. REINHOLD: Das natürliche Waldbild Europas als Grundlage für einen europäischen Waldbau. Hamburg und Berlin **1953**, 1—288 (1953). — RUNE, O.: Act. Phyt. Suec. **31**, 1—139 (1953). — RUNGE, F.: Abh. naturw. Ver. Bremen **33**, 165—177 (1953). — RUPF, E.: Decheniana **107**, 1—104 (1953).

SAPPA, F.: Allionia **1**/1, 1—144 (1952). — SCHARFETTER, R.: (1) Biographien von Pflanzensippen, Wien **1953**, 1—546. — (2) Pflanzenschicksale, Wien **1952**, 1—79. — SCHMID, H., u. H. ZEIDLER: Forstwiss. Cbl. **72**, 101—110 (1953). —

Schmitz, H.: (1) Die Küste, Arch. f. Forsch. u. Technik 1, 34—44 (1952). — (2) Ber. dtsch. bot. Ges. 66, 151—166 (1953). — (3) Umschau (Frankfurt/M) 53, 355—358 (1953). — (4) Mitt. Geol. Staatsinst. Hamburg 23, 150—155 (1954). — Schretzenmayr, M.: Urania (Jena) 16, 247—253 (1953). — Schwarzbach, M.: Naturwiss. 40, 452—455 (1953) .— Sears, P. B.: Bull. Geol. Soc. Amer. 63, 241—254 (1952). — Selle, W.: (1) Eiszeitalter u. Gegenwart 3, 161—163 (1953). — (2) Abh. naturw. Ver. Bremen 33, 259—290 (1953). — Skallerup, H. R.: Ann. Miss. Bot. Gard. 40, 211—225 (1953). — Skottsberg, C.: The Natural History of Juan Fernandez and Easter Island, 763—960. Uppsala 1953. — Söllner, R.: Bull. Soc. Neuchateloise d. Sc. Nat. 76, 121—132 (1953). — Soška, Th.: Act. Mus. Maced. Sci. Nat. 1, 61—77 (1953). — Stafleu, F. A.: Act. Bot. Neerland. 2, 144—217 (1953). — Staudt, G.: Ber. dtsch. bot. Ges. 66, 236—238 (1953). — Steenis, C. G. G. J. van: (1) J. Arnold Arb. 34, 301—374 (1953). — (2) Act. Bot. Neerland. 2, 298—307 (1953). — Stjernquist, B., T. Nilsson, O. Nybelin: K. Human. Vetensk. Lund Årsber. 1952/53, IV, 123—148 (1953). — Suessenguth, K., u. I. Gall: Mitt. Bot. Staatssammlg. München 8, 350—351 (1953). — Szafer, Wl.: Ann. Soc. Géol. Pologne 22/1 (1952), 1—99 (1953).

Tallantire, P. A.: (1) J. Ecology 41, 361—373 (1953). — (2) New Phytologist 53, 131—139 (1954). — Terasmäe, I. u. J.: Geol. För. Förh. Stockholm 73, 608 bis 618 (1951). — Thaler, I.: Phyton 5, 41—54 (1953). — Thimm, I.: Ber. Naturw.-Med. Ver. Innsbruck 50, 1950—53, 5—166 (1953). — Tode, A. u. Mitarb.: Eiszeit-alter u. Gegenwart 3, 144—220 (1953). — Trombara, C.: L'Ateneo Parmense 23, 1—4 (1952). — Torgersen, J., B. Getz, U. Hafsten u. H. Olsen: Univ. Bergen, Årbok, nat. r. 6, 33 S. (1953). — Tosco, U.: Allionia, 1/2, 247—256 (1953).— Trautmann, W.: Flora 140, 523—533 (1953). — Troll, C.: Jb. Akad. Wiss. u. Lit. Mainz 1952, 57—62 (1952). — Tsukada, M.: Biol. Inst., Fac. Educ. Shinsu Univ 170—172 (1953?). — Tüxen, R.: Mitt. Flor. Soz. Arb.-Gem. Stolzenau N. F. 4, 181—182 (1953).

Vaughan, R. E. u. P. O. Wiehe: J. Linn. Soc. Bot. 55, 1—33 (1953). — Vautier, S.: Candollea 14, 257—269 (1952—1953). — Verdcourt, B.: (1) Bull. Jard. Bot. Bruxelles 23, 5—52 (1953). — (2) Ebenda 23, 237—372 (1953). — Vlerk, J. M. van den, u. F. Florschütz: Verh. Kon. Nederl. Ak. Wetensch. Afd. Nat. 1. r. 20/2, 58 S. (1953).

Wagenitz, G.: Naturwiss. 40, 249 (1953). — Walker, D.: Quart. J. Geol. Soc. London 108, 273—282 (1953). — Walker, E. H.: Smithson. Rep. 1952, 359—383 (1953). — Walter, H. u. E.: Ber. dtsch. bot. Ges. 66, 227—235 (1953). — Wendelberger, G.: Angew. Pfl. Soziol. 9, 1—51 (1953). — Wenner, C. G.: Geol. För. Förh. Stockholm 75, 367—380 (1953). — Werneck, H. L.: (1) Atlas von Nieder-österreich (Wien) (1952). — (2) Die Bodenkunde (Wien) 6, 277—280 (1952). — (3) Verh. Zool. Bot. Ges. Wien 93, 112—119 (1953). — Werner, H. u. H. Schmitz: Schrift. Naturw. Ver. Schleswig-Holstein 25, 138—141 (1951). — Werth, E.: Ber. dtsch. bot. Ges. 66, 432—436 (1953). — West, R. G.:New Phytologist 52, 267—272 (1953). — Wiinstedt, K.: Bot. Tidskr. 49, 305—388 (1953). — Wild, H.: (1) Kew Bull. 1953, 251—252 (1953). — (2) Bei K. E. Sturgeon, Rhod. Agric. J. 50, 278 bis 291 (1953). — Wojterski, H. u. Th.: Poznan. Tow. Przyj. *Nauk*, 14, 1—126 (1953). — Woldstedt, P.: Eiszeitalter u. Gegenwart 3, 14—18 (1953). — Wulff, E. V.: An Introduction to Historical Plant Geography, Waltham, Mass. 1950.

Žebera, K., u. V. Ložek: Anthropozoikum (Praha) 2, 173—186 (1952). — Zeist, W. van: Acta Botan. Neerl. 1, 546—550 (1953). — Zeuner, Fr. E.: Dating the Past. 3. ed. London, 495 S. (1952). — Zinderen-Bakker, E. M. van: Geol. För. Förh. Stockholm 75, 398—400 (1953).

8. Ökologische Pflanzengeographie.

Von Heinrich Walter, Stuttgart-Hohenheim,
und Heinz Ellenberg, Hamburg.

I. Standortslehre.

1. Größere Werke. Von einer Reihe größerer und wichtiger Werke
sind Neuauflagen erschienen. J. Braun-Blanquet hat nach 23 Jahren
seine „Pflanzensoziologie (Grundzüge der Vegetationskunde)", 631 S.,
Springer-Wien, 1951 in zweiter, vermehrter Auflage veröffentlicht. Die
Standortslehre, als Synökologie bezeichnet, nimmt mit 318 Seiten den
breitesten Raum ein. Das Literaturverzeichnis enthält auf 30 Seiten
eine sehr vollständige Übersicht der einschlägigen Arbeiten. Ausführlicher wurde das Werk von Ref. in der Z. f. Bot. **40**, 439, 1952 besprochen.
Von K. Rubner liegt die vierte, völlig umgearbeitete Auflage der „Pflanzengeographischen Grundlagen des Waldbaues", 583 S., Neumann-Rade-
beul 1953, vor. Auch in diesem Werk wird etwa die Hälfte des Umfanges
den Außenfaktoren gewidmet; 100 Seiten entfallen auf die Bestandes-
soziologie, die ausführlicher in einem neuen Werk desselben Verf. zusammen mit F. Reinhold „Das natürliche Waldbild Europas als Grundlage für den europäischen Waldbau", 288 S., Parey-Berlin 1953, behandelt wird. Eine wichtige Neuerscheinung ist auch P. W. Richards „The
Tropical Rain Forest, an Ecological Study", 450 S., Cambridge 1952,
in dem Verf., der den tropischen Regenwald in der Neuen Welt, in
Afrika und in Indomalayen aus eigener Anschauung kennt, eine vorzügliche Übersicht über Aufbau und Ökologie gibt[1]. Von E. Klapp
„Wiesen und Weiden (Behandlung, Verbesserung und Nutzung von
Grünflächen)", 519 S., Parey-Berlin 1954, ist die zweite, völlig neuge-
staltete Auflage erschienen. Die Wiesen und die Weiden sind in Mitteleuropa keine natürlichen Pflanzengesellschaften; deswegen werden in
diesem Buch neben ihrer Ökologie vor allen Dingen auch die Pflege,
die Düngung, der Umbruch und die Neuansaat sowie die Futterwerbung
besprochen. Im Anschluß an dieses Werk können wir auf Bd. II und
Bd. III der „Landwirtschaftlichen Pflanzensoziologie" von H. Ellenberg,
Ulmer-Ludwigsburg 1952 und 1954 hinweisen. In Bd. II (143 S.) werden
die Wiesen und Weiden vom pflanzensoziologischen Standpunkt aus
und vom ökologischen als Standortszeiger behandelt sowie ihr Nutzwert
und ihre Kartierung besprochen. Zum Schluß bringt Verf. eine Über-
sichtstabelle (12 S.) mit den Wuchseigenschaften der einzelnen Arten,
ihren Standortsansprüchen (Licht-, Temperatur-, Feuchtigkeits-, Reak-
tions- und Stickstoffzahl) sowie dem Nutzwert. Bd. III (110 S.) beschäftigt sich mit der „Naturgemäßen Anbauplanung, Melioration und
Landschaftspflege". In der Landwirtschaft und im Obstbau können die

---

[1] Besprechung des Buches vom Ref. in Ztschr. f. Bot. **42**, 381 (1954).

größten nachhaltigen Erträge nur dann erzielt werden, wenn die natürlichen Voraussetzungen, also die Standortsbedingungen, Berücksichtigung finden. Verf. wendet sich gegen den Mißbrauch, den man heute oft mit den Begriffen „Versteppung" und „Windschutzhecken" treibt und bespricht die Gefahren der Bodennutzung (Erosion), die Verbesserung der Bodennutzung (Moorkultivierung, Ödlandkultur) und behandelt die Standortsbeurteilung (Kartierung).

Nach dem Tode von F. SHREVE ist sein Lebenswerk „Vegetation of the Sonoran Desert" als Carnegie Instit. of Washington Publ. 591 (1951), 192 S., mit einer farbigen Vegetationskarte, 27 Arealkarten und 37 Tafeln veröffentlicht worden. Er beschreibt das Gebiet, das durch die Arbeiten aus dem Desert Laboratory, Tuczon (Arizona) in der ökologischen Wissenschaft im Zusammenhang mit dem Xerophytenproblem besonders bekannt geworden ist. Sehr zu begrüßen ist auch, daß von F. RUTTNER „Grundriß der Limnologie", 232 S., Walter de Gruyter-Berlin 1952, nunmehr eine zweite Auflage vorliegt. In ihr wird besonders ausführlich die Ökologie des Lebensraumes im Wasser behandelt.

Schließlich haben wir noch A. P. SCHENNIKOW „Pflanzenökologie", 380 S., D. Bauernverlag-Berlin 1953, zu erwähnen. Es ist die deutsche Übersetzung eines 1950 in Moskau erschienenen Werkes. Verf. berücksichtigt fast ausschließlich die russische Literatur. Von den Abbildungen sind viele nicht russischen Werken, aber ohne Quellenangabe, entnommen. Die Ausführungen sind meist sehr allgemein gehalten.

2. Der Wärmefaktor (Temperatur). MORGEN (1) hat einen Geländebesonnungsmesser konstruiert, der es erlaubt, die Bestrahlungsverhältnisse einer Fläche an einem Hang in beliebiger Exposition und Neigung zu bestimmen. KAEMPFERT stellt ein Phasendiagramm der Besonnung auf, das uns die Möglichkeit gibt, die Besonnungsdauer innerhalb von beliebig orientierten Reihenpflanzungen zu berechnen. LEHMANN (3) beschreibt einen einfachen Integrator für Wärmeumsatzmessungen im Boden, während UNGER drei Ausführungen eines Thermoelementpsychrometers erläutert, der für mikroklimatische Messungen sich gut eignet und von der Ventilation und Einstrahlung fast unabhängige Werte für die trockene und feuchte Temperatur liefert. Eine sehr einfache Methode für Temperaturmessungen von Pflanzenteilen oder der Bodenoberfläche bis zu 1—2° genau hat KREEB ausgearbeitet. Er verwendet 29 Substanzen mit von 20° bis 80° gestaffelten Schmelzpunkten. Winzige Kriställchen der Substanzen werden z. B. auf eine Blattoberfläche gebracht. Die Temperatur liegt dann zwischen dem Schmelzpunkt der Substanz, die gerade noch schmilzt und der, die bereits nicht schmilzt. Verf. ist bereit, den Satz der zum Teil seltenen organischen Substanzen an Interessenten abzugeben.

Über mikroklimatische Messungen liegen eine Reihe von Arbeiten vor. ZÖTTL (4) vergleicht das Mikroklima von einer Geröllhalde (Kalk), einem Rasen und einem Legföhrenbestand in gleicher Lage. Es zeigt sich, daß die Geröllhalde keine extremen Temperaturverhältnisse aufweist. Am stärksten erwärmt sich bei Einstrahlung der Rasen, wodurch das frühe Schwinden des Schnees und das rasche Austreiben gerade auf diesen Flächen zu erklären ist. Die hohe Luftfeuchtigkeit am Boden des Latschenbestandes begünstigt die üppige Entwicklung der Moosschicht, die ihrerseits eine gute Wasserspeicherung aufweist. Forstmeteorologische Messungen im Baumbestand und außerhalb desselben führt AULITZKY an der Baumgrenze in 1400—1900 m Seehöhe bei Innsbruck durch. Auch in dieser Höhe besitzt das Bestandesinnere ein stark gemäßigtes Klima.

Über die komplizierten Wärmeaustauschverhältnisse in einem Kaltluftfluß berichtet LEHMANN (1). Er (2) weist auch auf die Fragwürdigkeiten der meisten Maßnahmen der Frostschutzverfahren hin. Am meisten zu empfehlen ist noch das Versprühen von Wasser. Künstlicher Nebel setzt die Ausstrahlung nur um 40% herab, wasserdampfreicher, dichter Rauch dagegen um 70%. Die Abhängigkeit der Kaltluftlagen vom Makro- und Mikrorelief läßt sich in einzelnen Fällen durch Beobachtung von Frostschäden an Pflanzen feststellen (KNAPP, G. u. R., 1). Die Kartoffelblätter erfrieren z. B. bei —2° nach etwa $^3/_4$ Std. Als am Nordvogelsberg am 17. Juni ein Nachtfrost eintrat, machten sich an Hängen Schädigungen an Kartoffeln nicht bemerkbar; sie waren am Fuß der Hänge nur schwach, am Grunde der Täler dagegen stark. Auch auf schwach geneigten Hochflächen sammelte sich Kaltluft an. Am stärksten waren die Schäden im Bereich ausgedehnter Wiesenflächen. Doch ist hierbei nicht die Nutzungsart von Bedeutung, sondern ausschlaggebend ist die Tallage der Wiesen. KUMAKOV hat die Auswirkungen eines Nachtfrostes vom 9. zum 10. Mai (—1,7°) auf Anpflanzungen von Eschen und Eichen im Steppengebiet genauer untersucht. Von den Eschen wurden 72% geschädigt, von den Eichen nur 13%. Nach 5 bis 7 Tagen bildeten sich neue Blätter, aber das Längenwachstum wurde eingestellt. Die Kohlenhydratreserven waren geringer. Stark geschädigte Bäume litten im folgenden Winter mehr unter Kälte und im Sommer unter Dürre.

Die Temperaturverhältnisse des unbewachsenen und bewachsenen (Rasen) Bodens im Vergleich zur Hüttentemperatur in Hohenheim behandelt BAIER (3). Gemessen werden täglich die Temperaturen von der Bodenoberfläche bis in 1 m Tiefe. Es zeigt sich, daß die Temperaturschwankungen im bewachsenen Boden geringer sind als im unbewachsenen. Absolut sind sie im Frühjahr und Herbst, insbesondere im Mai, am größten. In 2 cm Tiefe betrug die absolute Schwankung im unbewachsenen Boden im April 24,9°, im Grasboden nur 13,2°, im Mai 26,1 bzw. 21,5°. Die Wärmeleitung ist im bewachsenen Boden schlechter. Interessant ist die Andauer bestimmter Temperaturen im Boden. Zum Beispiel lag die Temperatur in 10 cm Tiefe an 145 Tagen über 14°, in 50 cm Tiefe an 129 Tagen und in 100 cm Tiefe nur noch an 114 Tagen. Vergleichende Messungen der Bodentemperaturen unter sieben verschiedenen Pflanzengesellschaften führte BIEBL an hochsommerlichen Schönwettertagen an nahe zueinander gelegenen Standorten in Oberösterreich durch, allerdings nur bei je zwei Gesellschaften am selben Tage. Der Schwankungsbereich der Temperaturen in den obersten Bodenschichten nimmt ab in folgender Reihenfolge: Sphagnum-Bult, Fettwiese, abgeplaggter Moorboden, wasserfreie Schlenke, Moorwiese, Buchenwald, Schilfgürtel.

Für die Beurteilung der Wärmeverhältnisse benutzt man oft die Phänologie. Morgen (2) weist darauf hin, daß 1951 das zweihundertste Jahr ihrer Begründung durch Linné war. Er bespricht kurz ihre Geschichte unter Erwähnung von Quetelet, Hoffmann und Ihne bis zur Zusammenfassung des phänologischen Netzes im Reichswetterdienst. Besonders erfreulich ist heute die Mitarbeit der Volksschulen. Bei allen phänologischen Beobachtungen sind aber die individuellen Schwankungen in der Entwicklung der einzelnen Pflanzen zu beachten. Baumgartner stellte fest, daß die Belaubung von 98 Rotbuchen einer Allee in München, die unter gleichen Bedingungen wuchsen, sich über drei Wochen hinzog, obgleich beim einzelnen Baum die Knospen sich in 55% der Fälle in 3—4 Tagen entfalteten. Der tägliche Laubzuwachs zeigt sehr enge Beziehungen zu den Tagesmitteln der Lufttemperatur ($r = +0,86$). Für phänologische Beobachtungen sollten deshalb immer viele Testpflanzen benutzt werden.

Wird die Entwicklung der Pflanzen messend verfolgt, so kommt man von der Phänologie zur Phänometrie. Berger-Landefeldt und Busch haben mit der Lichtpaus-Planimeter-Methode den täglichen Flächenzuwachs von je fünf Blättern der Buche, der Linde und des Flieders an den intakten Pflanzen gemessen. Die mittlere Zuwachskurve zeigt eine Abhängigkeit von der Temperatursummenkurve; nur ist sie um einen Tag versetzt. Hustich vergleicht die Durchschnittserträge der verschiedenen Getreidesorten in Finnland seit 1861 mit den Temperaturverhältnissen und findet eine gute Korrelation.

Der Temperaturbereich, innerhalb dessen sich die Pflanzen entwickeln können, ist sehr weit. Wenn trotzdem alpine Arten im Tiefland fehlen, so wird das auf den Wettbewerb zurückgeführt. In botanischen Gärten wachsen diese Arten meist gut. Aber das gilt nicht für *Salix herbacea, Ranunculus glacialis, R. platanifolius, Rhododendron lapponicum, Lactuca alpina* und andere, die nach Dahl sich nicht in Oslo kultivieren lassen. Aus dem Vergleich einzelner Fundorte im Flachland mit den entsprechenden Klimakarten ergibt sich, daß die genannten Arten die hohen Sommertemperaturen nicht aushalten. Außerdem kann sich ein frühes Austreiben bei geringer Schneebedeckung schädlich auswirken.

Lauer hat die Temperaturansprüche der verschiedenen Ackerunkräuter bei der Keimung untersucht und große Unterschiede von Arten mit niederem T-Optimum bei 2—5° bis zu solchen mit sehr hohem (bis 40°) gefunden. Diese verschiedenen Ansprüche sind auch die Hauptursache für die unterschiedliche Zusammensetzung der Unkrautflora in Halm- und Hackfrüchten. Arten mit niederer Keimtemperatur treten hauptsächlich im Wintergetreide auf, solche mit hoher Keimtemperatur dagegen in Hackfrüchten (s. S. 226).

Schmidt befaßt sich mit Methoden zur Unterscheidung von Klimarassen (Ökotypen) der Kiefer, die sich für Massenuntersuchungen eignen. So ist z. B. die phototropische Empfindlichkeit schon bei Keimlingen graduell verschieden, und zwar nimmt sie bei Rassen kälterer Klimate (kürzere Andauer der Temperaturen über 5°) ab. Auch das photoperiodische Verhalten der Rassen höherer Gebirgslagen ist ähnlich wie dasjenige der Rassen höherer Breiten. Unterschiede weist auch der Beastungstyp und der Beginn und das Ende des Treibens auf.

Eine sehr gründliche ökologische Arbeit liegt über die Hitze- und Trockenresistenz der Flechten in Beziehung zu ihrer Verbreitung von LANGE (1), (2) vor. Zunächst wird experimentell die Schädigung der Flechten durch eine halbstündige Erhitzung geprüft, indem nach der Einwirkung sowohl die Atmung der Gesamtflechte, als auch die Teilungsfähigkeit der herauskultivierten Algen einer Prüfung unterzogen wird. Europäische Flechten verschiedenster Provenienz (von Lappland bis zum Mittelmeer) erwiesen sich in sehr verschiedenem Grade resistent. Die empfindlichsten werden im trockenen Zustand schon bei 70° geschädigt, die widerstandsfähigsten erst bei 100°. In gequollenem Zustand liegen die Grenzwerte bei 35—46°. Die Resistenz des Pilzes und der Alge stimmen bei den einzelnen Flechten überein. Die Austrocknungsfähigkeit geht parallel mit der Hitzeresistenz. Die ökologische Auswertung zeigte, daß, von wenigen Ausnahmen abgesehen, sehr enge Beziehungen zwischen den Standortsbedingungen und der Resistenz bestehen. *Lobaria pulmonaria*, die nur an feuchten, schattigen Standorten wächst, ist wenig widerstandsfähig; die *Umbilicaria*-Arten der trockenen Felsen dagegen sind äußerst resistent. Keine der untersuchten Flechten ist am natürlichen Standort so langen Trockenperioden ausgesetzt, daß eine Schädigung eintritt, dagegen können die Temperaturen das erträgliche Maximum erreichen und sogar überschreiten. Temperaturmessungen der Flechtenthalli am Standort ergaben Werte von 60—70° C, die etwa 30° über der Lufttemperatur lagen. Bei Krustenflechten entspricht die Temperatur derjenigen der Bodenoberfläche.

Die Besonderheiten des Mikroklimas von Flechtenstandorten untersuchten an einem einzelnstehenden Birnbaum LÜDI und ZOLLER. Neben den Temperaturunterschieden am Stamm auf der Sonnenseite und auf der Schattenseite spielen auch Feuchtigkeitsunterschiede eine Rolle. Die Expositionsabhängigkeit epixyler Flechtengesellschaften studiert STEINER bei Steinach in Tirol. Innerhalb des *Physcietum ascendentis* zeigt es sich, daß *Xanthoria substellaris* deutlich die Süd- und Westseiten der Baumstämme bevorzugt, die *X. parietina* dagegen die Nord- und Ostseiten. Dasselbe gilt auch für *Parmelia sulcata*. Moose bevorzugen immer die Schattenseite. Mikroklimatische Unterschiede sind sicher die Ursache für dieses Verhalten, wobei allerdings der Hydraturfaktor eine größere Rolle spielen dürfte als der Temperaturfaktor.

Die Untersuchungen von SATOO zeigen, daß die Blattemperaturen bestimmend für die Wirkung des Windes auf die Transpiration sein können. Durch die kühlende Wirkung des Windes wird das Dampfgefälle an der Blattoberfläche verringert und die Transpiration kann sinken. Die letzten besprochenen Arbeiten leiten aber bereits zum nächsten Faktor über.

3. Der Wasserfaktor (Hydratur). Einen selbstregistrierenden Apparat zur Messung der Evaporation nach dem Prinzip des Piche-Evaporimeters beschreibt Boss. Zugleich zeigt er, daß bei poikilohydren höheren Pflanzen, die keine Regulation der Transpiration aufweisen (*Notholaena, Barbacenia* und andere südwestafrikanische Arten), der Gang der Transpirationskurve ganz parallel mit der Evaporation eines Piche-Evaporimeters verläuft. Die tatsächliche Verdunstung im Gelände versucht Haude mit Hilfe von glasierten und mit Erde gefüllten Tontöpfen bei bestimmten Grundwasserständen zu ermitteln. Grunow hat einen Nebelfänger konstruiert, der auf einen Regenmesser aufgesetzt wird, um die „horizontalen Niederschläge" mit zu erfassen. Messungen auf dem Hohenpeißenberg (988 m NN) ergaben von Mai 1951 bis August 1952 bei geringen Windgeschwindigkeiten ein Plus an Niederschlägen von 37%, bei starkem Wind von 15% und im Mittel von 24%. Bei anhaltendem Nebel steigt der Mehrwert auf 196%. Auf dem Nebelhorn (1932 m NN) wurde ein Plus von 89% gemessen. Eine sehr einfache Methode zur qualitativen Tauregistrierung, die z. B. bei der Peronosporabekämpfung eine Rolle spielt, gibt Weise an: Ein Papier von 12×18 cm wird mit einem Tintenstift schraffiert und zu einer Röhre (Farbstoffbelag nach außen) gerollt. Diese Röhre legt man abends horizontal aus und beschwert sie. Bei Taufall tritt Verfärbung des Farbstoffbelages ein, wobei sich vier Intensitätsstufen unterscheiden lassen. Die Verfärbung bleibt auch bei nachträglichem Austrocknen erhalten, so daß die Registrierung nicht vor Sonnenaufgang zu erfolgen braucht. Sehr eingehende Taumessungen mit Leickschen Tauplatten führt Steubing durch. Der Taufall ist nicht einheitlich; unmerkliche Unterschiede auf einem Stoppelfeld sind schon von Bedeutung. Auf bewachsenem Boden ist der Taufall höher als auf unbewachsenem (stärkere Abkühlung). Auch über Wasserflächen kann Tau gemessen werden. Hinter Windschutzstreifen wird die Taubildung verstärkt, was auch in der Zusammensetzung der Unkrautflora zum Ausdruck kommt.

Die Niederschlagsverteilung (30 Meßstellen) unter einem Apfelbaum im Laufe einer Vegetationsperiode und ihre Abhängigkeit vom Belaubungszustand wird von Linskens dargestellt.

Knapp, Linskens, Lieth u. Wolf bestimmen die Bodenfeuchtigkeit durch Messung der elektrischen Widerstände von Gipsblöcken in verschiedenen Pflanzengesellschaften. Sie erhalten ein gutes Bild von den den Pflanzen im Boden zur Verfügung stehenden Wassermengen, machen allerdings auch auf bestimmte Nachteile der Methode aufmerksam. Auch Baier (1) findet, daß die Gipsblöcke infolge der großen Hygroskopizität sehr träge reagieren. Günstiger in dieser Beziehung sind Nylonblöcke; dafür macht sich bei ihnen aber der Elektrolytgehalt der Bodenlösung nachteilig bemerkbar. Deswegen wendet derselbe Verf. (2) bei seinen Bodenfeuchtemessungen in Hohenheim, die sich über ein ganzes Jahr erstrecken, noch die gewöhnliche Bohrmethode an. Es wird die Wasserbewegung in unbewachsenem und in bewachsenem Boden in ihrer Abhängigkeit von der Witterung verfolgt. Den Popoff-Verdunstungsmesser (Kleinlysimeter) verwendet Schubach. Im Laufe eines Jahres verdunstete

Sandboden 30 %, humoser Boden 37 % und Lößlehm 46 % des Niederschlages. Nach einem Niederschlag von 15 mm im August verlor der Löß 4,5 mm, der humose Boden 3,2 mm und der Sand 2,4 mm durch Verdunstung. Die Sickerwassermenge verhielt sich umgekehrt wie die Verdunstung. Den höchsten Wassergehalt wiesen die Böden im Januar auf, und zwar wurden für die oberen 25 cm in Volumprozent ermittelt bei Sand 19,6, bei Löß 35,6 und bei humosem Boden 47,2.

Die künstliche Beregnung gewinnt bei uns eine immer größere Bedeutung für die landwirtschaftliche Praxis. Die mikroklimatischen Auswirkungen einer Beregnung im Tabakbestand bei Forchheim (Rheinebene) untersucht TRAPPENBERG. Es zeigt sich, daß eine längere Beregnung mit geringer Regendichte (2 mm/h) vorzuziehen ist. 2—3 mm am Morgen eines Sommertages genügen, um das Mikro- und Bodenklima während des ganzen Tages für die Pflanzen günstig zu gestalten: Die Überhitzung am Boden fällt weg, der Dampfdruck im Bestand wird erhöht und der Boden wird feucht gehalten. Über die Möglichkeiten einer Großberegnung der nordbadischen Rheinebene hat RÖSCH eine Denkschrift verfaßt.

Auf Bergwiesen des Schwarzwaldes ist nach ENDRISS künstliche Bewässerung seit langem üblich. Dabei überwiegt fallweise die anfeuchtende, düngende oder erwärmende Wirkung. KRAUSE (2) untersucht nun den Einfluß winterlicher Bewässerung vom ökologisch-physiologischen Standpunkt aus. Winter-Wässerwiesen bringen ohne Düngung etwa den doppelten Ertrag der nicht bewässerten Wiesen, weil sie schneefrei und grün bleiben und die Tagesbilanz ihrer CO_2-Assimilation auch in der kältesten Zeit positiv ist. Für den Stoffgewinn entscheidend ist der Vorfrühling: Während die nicht bewässerten Wiesen noch unter hoher Schneedecke ruhen, werden die grünen Blätter der Wässerwiesen in ähnlichem Maße erwärmt wie an Standorten mit etwa 500 m geringerer Meereshöhe.

Die Auswirkungen einer weitreichenden Grundwassersenkung auf verschiedene Wiesengesellschaften konnte ELLENBERG (1) erstmalig durch großmaßstäbige Kartierung vor und nach dem Bau eines Seitenkanals westlich von Braunschweig belegen. Ohne besondere Eingriffe der Bauern verwandelten sich auf den Niedermoorböden des Auetales Seggenreiche Kohldistelwiesen in Reine Glatthaferwiesen. Das Ausmaß dieser erstaunlich raschen Veränderungen geht besonders deutlich aus Vegetationsaufnahmen hervor, die 1939 und 1946 auf denselben Probeflächen gemacht wurden. Die neu entstandenen Gesellschaften entsprechen in ihrem Artengefüge und in den Grundwasserständen bereits sehr weitgehend den Gesellschaften, die sich seit langem im Gleichgewicht mit ihrer Umwelt befinden. Nur diejenigen Wiesen, unter denen das Grundwasser während des Kanalbaues vorübergehend besonders stark absank, wurden zunächst lückig und enthalten zum Teil noch heute Brennesseln und andere wiesenfremde Unkräuter, die während dieser Zeit eindrangen. Ähnliche Beobachtungen machte WALTHER im Emsland.

Ebenfalls im Zusammenhang mit der bevorstehenden Ems-Begradigung nahmen BÜKER u. ENGEL die Pflanzengesellschaften der Dauerweiden auf. Die Verteilung der *Armeria-Festuca*-Trockenrasen sowie des *Lolieto-Cynosuretum luzuletosum* und *typicum* ist hier in erster Linie vom Körnungsgrad des Bodens abhängig. Lediglich die *Phalaris*-Bestände der Altbetten erwiesen sich als grundwasserbeeinflußt.

Die Grundwassersenkung, die im südlichen Oberrheingebiet infolge der Rheinkorrektion seit 1838 eintrat, wirkte sich besonders katastrophal auf die durchlässigen Kiesböden der ehemals häufig überschwemmten Flußaue bei Neuenburg aus. Es ist sehr erfreulich, daß BARNER die Geschichte dieser Vorgänge, die heutigen Standortsverhältnisse und die Möglichkeiten des Anbaues trockenresistenter Pappeln gründlich prüft. Die Sohlevertiefung des begradigten Stromes um etwa 73 cm pro Jahrzehnt hatte zunächst segensreiche Folgen, weil seit 1876 Schadenshochwässer ausblieben. Seit 1890 ist aber auch das Grundwasser aus dem Wurzelbereich der Holzarten gewichen, so daß Wuchsstockungen die Folge waren. Nur eine einheimische Schwarzpappelrasse treibt gesunde Pfahlwurzeln in die wasserarmen Kiesschichten, während die Hauptwurzeln und Spitzentriebe aller anderen Arten (auch von *Pinus silvestris*) verkümmern. So starke Schäden treten aber nur auf den flachgründigsten Standorten auf, die auch schon vor der Rheinkorrektion in Trockenjahren dürregefährdet waren. Um die waldbaulich wertvolleren, kolloidreicheren und physiologisch tiefgründigeren Böden von diesen abzugrenzen, benutzte Verf. neben Bestimmungen der Sickergeschwindigkeit auch den mittleren Durchmesser der Knöllchen (er spricht fälschlich von Mykorrhizen) der *Robinia pseudacacia*. Dieser soll auf den flachgründigen Standorten 0,1—0,6 mm, auf tiefgründigen dagegen 4,5—7,5 mm betragen.

Der Wasserhaushalt alpiner Kalkschutthalden ist nach ZÖTTL (3) mit dem von groben Sandböden zu vergleichen, jedoch wegen der reichlichen Wasserversorgung und des großen Verdunstungsschutzes trotzdem als günstig zu beurteilen.

Das unterschiedlich große Vermögen der Moor- und Grünlandpflanzen, sich auf nassen und infolgedessen luftarmen Standorten zu halten oder durchzusetzen, dürfte nicht zuletzt mit der Ausbildung des Durchlüftungsgewebes in ihren Wurzeln zusammenhängen. Deshalb ist der von SCHRÖDER bearbeitete, gut bebilderte Schlüssel zur anatomischen Bestimmung von Wurzeln und Rhizomen auch für den Ökologen sehr willkommen.

Ausführliche Angaben zur Ökologie von *Scirpus lacustris* macht im Hinblick auf den erwerbsmäßigen Anbau SEIDEL.

Wie sehr die Wasserverhältnisse am gleichen Standort für nebeneinanderstehende Pflanzen verschieden sein können, zeigt BIRAND, der die Wurzelsysteme der Steppenpflanzen in Anatolien untersucht. Frühlingsephemere wurzeln nur in 20—50 cm Tiefe und gehen deshalb Anfang Juni zugrunde, perennierende Arten dagegen erreichen Wurzeltiefen von 3—4 m und können deshalb die Dürrezeit durchhalten. Ohne Kenntnis der Wurzelverhältnisse lassen sich die Wachstumsbedingungen nicht beurteilen. Das Verhältnis des Trockengewichts vom Sproß zu dem des Wurzelsystems sinkt bei diesen Arten oft unter 1 bis auf 0,145, während es bei den Frühlingsephemeren selbst 20 und sogar 40 übersteigen kann.

Nach DREIBRODT beeinflußt die Durchwurzelung die Wasserkapazität des Bodens. Diese nahm z. B. im Gefäßversuch mit Bohnen um etwa 15% ab, wahrscheinlich weil die Wurzelfasern das Senkwasser besser ableiten.

STÅLFELT hatte 1944 eine bedeutende Wasseraufnahme durch oberirdische Organe der Koniferen ermittelt. HÄRTEL und EISENZOPF prüfen diese Angaben im Laboratoriumsversuch nach. Sie können eine gewisse cuticuläre Wasseraufnahme der Nadeln bei Benetzung feststellen, die vom Alter der Nadeln, von ihrer Exposition und von der Jahreszeit abhängig ist. Eine genaue Berechnung zeigt aber, daß diese Wasseraufnahme für den Wasserhaushalt der Koniferen im Sommer ökologisch bedeutungslos ist, im Winter könnte sie jedoch eine Rolle spielen. Eine Wasserdampfaufnahme durch die Nadeln läßt sich nicht nachweisen. Bei Versuchen mit ganzen Zweigen wird das Wasser als Quellwasser von der Rinde aufgenommen. Das war wohl auch bei den Versuchen von STONE, WENT u. YOUNG der Fall, die glaubten, eine Wasserversorgung aus der Luft bei *Pinus coulteri* in Wüstengebieten nachgewiesen zu haben.

Der Wasserverbrauch von Ackerpflanzen, und zwar eines Sommerweizens, einer Faserleinsorte und einer roten Hirse, wird erstmals nach der Methode der kurzfristigen Wägungen von PENKA bestimmt. Die Transpiration steigt im Laufe der Entwicklung zuerst langsam, dann rascher an und erreicht das Maximum zur Zeit der Blüte; danach sinkt sie rasch ab, da die Blätter von unten nach oben abzutrocknen beginnen. Insgesamt verbraucht eine Leinpflanze 830 g Wasser, eine Weizenpflanze 942 g und eine Hirsenpflanze 1186 g. Daraus lassen sich die Transpirationskoeffizienten berechnen für Lein 810, für Weizen 491 und für Hirse 422. Sie stimmen mit den Angaben in der Literatur überein, was für die Zuverlässigkeit der Methode spricht. Mit zunehmender Entwicklung der Pflanzen nimmt die Frischgewichtstranspiration ständig ab (Frischgewicht der Gesamtpflanze).

Über die Transpirationsverhältnisse einiger Vertreter der brasilianischen Caatinga berichtet FERRI. Selbst während der Regenzeit schließen *Spondias tuberosa* und *Maytenus rigida* die Spalten am frühen Vormittag. *Jatropha phyllacantha* öffnet sie am Nachmittag wieder und nur *Caesalpinia pyramidalis* transpiriert durch. Die Wasserdefezite sind sehr gering.

IWANOW, SILINA u. CELNIKER vergleichen die Transpirationswerte der Laub- und Nadelbäume in den Waldschutzstreifen der Steppe mit den bei Moskau gefundenen. Sie liegen alle 2—3 mal niedriger, was auf die Wasserarmut des Steppenbodens zurückzuführen ist. Bei hohem Grundwasserstand werden dagegen die Werte von Moskau erreicht. Die in der Umgebung von Moskau gefundene lineare Beziehung zwischen Transpirationsintensität und Lufttemperatur besteht in der Steppe nicht. Sie gilt nur bei guter Wasserversorgung in humiden Gebieten.

Eckardt (1) findet bei *Centaurea intybacea,* die durchaus mesomorph ist, aber an extrem trockenen Standorten bei Montpellier vorkommt, daß der osmotische Wert während der Trockenzeit stark ansteigt (von 12 auf 50 Atm.), daß jedoch weder die Transpiration noch die Photosynthese eine nennenswerte Reduktion erfahren. Es dürfte sich um einen Typus handeln, der den Maximowschen Xerophyten (malacophylle Arten) entspricht. Wurzeluntersuchungen ergaben einzelne dünne, tiefgehende Wurzeln, die der Wasseraufnahme in der Trockenzeit dienen, aber die Wasserbilanz nicht aufrechterhalten können, so daß starke Wasserdefizite auftreten.

Derselbe Verf. (2) vergleicht auch das ökologische Verhalten (osmotische Werte, Transpiration, Photosynthese) während der feuchten und trockenen Jahreszeit von *Rosmarinus, Staechelina, Globularia alypum, Bupleurum fruticosum, Coronilla glauca* und *Teucrium flavum* in Südfrankreich. Bei allen untersuchten Arten steigt der osmotische Wert im Sommer von 10,9—19 Atm. auf 37,5—50 Atm.; gleichzeitig wird die Transpiration eingeschränkt und die Photosynthese sinkt.

Oppenheimer findet, daß *Phillyrea media* in Palästina sich während der Trockenzeit anders verhält als *Quercus calliprinos* und *Pistacia palaestina.* Ähnlich wie bei der *Centaurea intybacea* steigt bei ihr der osmotische Wert auf fast 50 Atm. an, ohne daß die Transpiration eingeschränkt wird oder die Pflanze eine Schädigung erfährt.

Killian (1) arbeitete während der Trockenzeit in Französisch-Guinea im Fonta-Djallon-Gebirge (1500 m) und untersuchte hier die Transpiration, das Wasserdefizit und die Blattemperaturen. Die Regenzeit (Juni-Oktober) bringt hier über 1000 mm Regen. Untersucht werden die Savannensträucher, annuelle Arten, Schattenpflanzen der Galeriewälder, poikilohydre Farnarten und andere. Ihr ökologisches Verhalten wird beschrieben.

Simonis hat seine Versuche an feucht und trocken gezogenen Pflanzen auf breiterer Grundlage fortgesetzt. Neben *Trifolium incarnatum* und *Andromeda polifolia* werden in der Hauptsache bei *Vicia faba* und *Rorippa aquaticum* die Dimensionsquotienten, der Wassergehalt, der osmotische Wert, die Viscosität, die Photosynthese und die Atmung untersucht. Bei der Trockenkultur tritt stets eine Verringerung der Oberflächenentwicklung ein, sonst steigt jedoch bei *Rorippa* der Wassergehalt und der Succulenzgrad. Trotzdem waren auch in diesem Falle der osmotische Wert und die Viscosität erhöht. Verf. schließt daraus auf eine erhöhte Hydratation des Plasmas, was nicht ohne weiteres zulässig ist. Denn bei erhöhter Hydratation vergrößert das Plasma als Ganzes sein Volumen und es müßte eine Abnahme der Viscosität eintreten. Der erhöhte Wassergehalt könnte auf eine Vergrößerung der Vacuolen zurückgeführt werden und die Viscositätserhöhung doch eine Folge der Plasmaentquellung sein. Die gesteigerte Photosynthese läßt sich durch die geringere Oberflächenentwicklung erklären. Die Atmung verhält sich nicht einheitlich. Aus dieser Arbeit geht hervor, daß wir es bei den einzelnen Arten mit verschiedenen Reaktionstypen zu tun haben.

Sehr interessant ist die Feststellung von TAKADA, daß bei Halophyten die Tagesschwankungen des osmotischen Wertes mit einem Anstieg des Chloridanteils verbunden sind. Die Pflanzen müssen also im Laufe des Tages relativ mehr Salz aufnehmen. Bei nicht typisch halophilen Arten dagegen ist der Chloridanteil um die Mittagszeit am geringsten.

Im Rahmen einer vielseitigen ökologischen Faktorenanalyse behandelt GROSSE-BRAUCKMANN den Wasserhaushalt von Ruderalgesellschaften. Dabei führt er unter anderem Transpirations-Wägungen in geschlossenen Gefäßen durch, so daß die Dauer der Wägung nicht in die Expositionszeit eingerechnet zu werden braucht. Das Verhalten der einzelnen Arten am gleichen Standort ist sehr unterschiedlich. *Malva neglecta* z. B. erreicht eine außerordentlich hohe Transpiration und schränkt diese niemals ein. Die dürftig bewurzelte *Urtica urens* dagegen besitzt zwar ebenfalls ein hohes Transpirationsvermögen, begrenzt ihre Wasserabgabe aber oft schon frühzeitig. Ihrem Transpirationsverhalten nach will Verf. alle untersuchten Ruderalpflanzen als Xerophyten und ihre Standorte als typische mitteleuropäische Xerophytenstandorte ansehen.

Von sehr großer Bedeutung für die Feuchtigkeitsverteilung und damit auch für die Vegetationsverhältnisse in den Tropen sind die Lokalwinde. TROLL zeigt das an sehr eindrucksvollen Beispielen der beiden großen Gebirgsgürtel, die das tropische Südamerika und Afrika von Norden nach Süden durchziehen. Entsprechend dem tageszeitlichen Gang der Temperatur sind es vor allen Dingen die tageszeitlichen Winde, die dabei eine Rolle spielen.

Mit dem Problem der südbrasilianischen Savannen (campos cerrados) beschäftigt sich RAWITSCHER. Bei einem Jahresniederschlag von 1250 mm wird das Wasser von der Savannenvegetation nicht aufgebraucht. Wälder können in diesem Gebiet somit wachsen. Die Savannenpflanzen müssen nach dem Schlagen der Wälder aus arideren Gebieten (nordöstliches Brasilien) eingewandert sein.

4. Der Lichtfaktor und der Assimilathaushalt. Im vorigen Abschnitt hatten wir schon einige Arbeiten erwähnt, die sich mit der Photosynthese beschäftigten. Wir fügen hier noch die Untersuchungen von TRANQUILINI mit dem Uras-Gerät hinzu. Es ist das erste Mal, daß dieser Apparat für ökologische Zwecke eingesetzt wird. Untersucht wurden jeweils an 2—3 Tagen (Ende September bis Anfang Oktober) die Assimilation und Respiration von Fichte, Buche und Birke. Die Fichte erreicht das Assimilationsmaximum schon bei 45 % der Lichttageshöchstwerte, so daß die Netto-Assimilation an klaren und trüben Tagen nicht wesentlich verschieden ist. Im Gegensatz zur Fichte wird der Assimilationsapparat bei Buchen und Birken durch Nachtfröste gestört, die Atmung dagegen gesteigert. Der Apparat zeichnet die Kurven mit einer vorher noch nicht erreichten Genauigkeit auf.

Bisher ist bei ökologischen Assimilationsversuchen nicht berücksichtigt worden, daß für die Absorption des CO_2 durch das Blatt die Windgeschwindigkeit eine größere Rolle spielt als die CO_2-Konzentration, wie es DENEKE bereits 1931 zeigte. Deswegen schlägt WALTER vor, zur Erfassung des CO_2-Faktors 200 cm³-Flaschen mit 10 cm³ $^1/_2$ n KOH zu verwenden. Die durch diese absorbierte Kohlensäure läßt sich leicht titrimetrisch bestimmen und ist ein Maß für die CO_2-Bedingungen, unter denen sich das Blatt befindet; denn die Absorptionswerte zeigen in diesem Falle dieselbe Abhängigkeit von der Windgeschwindigkeit wie beim grünen belichteten Blatt. Absorptionsmessungen in verschiedenen Pflanzenbeständen mit diesen Standardgefäßen ergaben (WALTER u. ZIMMERMANN), daß die Bedingungen für die CO_2-Absorption für ein Blatt, abgesehen von den Lichtverhältnissen, um so günstiger sein müssen, je höher es sich über dem Boden befindet. Die günstigere CO_2-Konzentration am Boden wird durch die Luftruhe überkompensiert. Durch die starke Turbulenz am Tage wird es auch nie zu einer stärkeren CO_2-Anreicherung über dem Boden kommen.

Sehr eingehend beschäftigt sich mit den Lichtverhältnissen im Walde (Haut-Doubs) ROUSSEL. Die Messungen der relativen Lichtintensität wurden an völlig bewölkten Tagen mit hoher Wolkendecke und schwachem Wind und an ganz klaren Tagen ausgeführt. Um in letzterem Falle Mittelwerte zu erhalten, wurden auf einer Fläche von 10×10 m Messungen alle Meter längs den vier Seiten und entlang den Diagonalen (insgesamt 65 Messungen) ungeachtet der Lichtflecke ausgeführt und das Mittel berechnet. Die Übereinstimmung der Werte mit denen an bewölkten Tagen war dann eine sehr gute. In gleichmäßigen Beständen von Fichten oder Tannen betrug die relative Lichtintensität am Boden $L = 20/N$, wo N die Stammzahl pro Hektar bedeutet. Die Höhe derselben spielt keine Rolle. Die Lichtverhältnisse sind von größter Bedeutung für die Entwicklung des Fichtenjungwuchses. Die Tanne verträgt in der Jugend viel tieferen Schatten. 50% des Zuwachses im freien Stand werden von der Fichte bei einem relativen Lichtgenuß von 25 bis 30%, bei der Tanne schon bei 10—15% erreicht. Verf. führt auch vergleichende Messungen in verschiedenen Beständen mit dem Destillations-Aktinometer nach Bellani aus und erhält auf diese Weise Strahlungssummen vom 1. Mai bis 30. September. Die Übereinstimmung mit den Lichtmessungen ist eine gute. Auch hier gilt die Formel $L = 20/N$. 15—25jährige Fichten zeigen folgende Abhängigkeit des Zuwachses ihrer Jahrestriebe von der relativen Strahlung:

Relative Strahlung	4,25%	7,61%	20,97%	100%
Länge in Zentimetern	3,5	7,5	25	65
Durchmesser in Zentimetern	0,3	0,5	0,7	1,5

Einen kurzen Überblick über die Stoffproduktion der Gerste gibt MÜLLER. Die Bruttoproduktion einer hochleistenden Gerstensorte in Dänemark beträgt im günstigsten Falle 25 t/ha; 10 t oder 40% gehen aber durch die Atmung verloren, so daß ein Ertrag von 15 t verbleibt: 6 t an Körnern, 6 t Stroh und 3 t an Stoppeln und Wurzeln. Je mehr die Sorten leisten, desto abhängiger werden sie vom Licht und vom Wasser.

Von TAMM ist jetzt die ausführliche Veröffentlichung über die Stoffproduktion von dem Waldmoos *Hylocomium splendens* erschienen (vgl. Fortschr. Bot. **14**, 214, 1953).

Für die Stoffproduktion der Pflanzen ist in erster Linie die Größe der Blattflächen maßgebend. VARESCHI hat nun den sehr interessanten Versuch unternommen, die Blattfläche verschiedener Pflanzengesellschaften unter verschiedenen Klimaverhältnissen zu bestimmen. Die Untersuchungen wurden einmal in den Alpen und ein anderes Mal in Venezuela durchgeführt. Wir bringen die Ergebnisse in folgender Tabelle:

Alpen. Blattfläche in Quadratmeter über 1 m² Boden.

I 1000—1050 m NN	Arrhenatheretum	11,55
	Piceetum myrtillosum	10,15
	Alnetum adenostylidosum	11,07
II 2600—2680 m NN	Salicetum herbaceae	1,26
	Silenetum acauli	1,34
III 2950 m NN	Androsaceetum glacialis	0,45

Man sieht aus dieser Tabelle, daß die Blattfläche in gleicher Höhenlage bei verschiedenen Gesellschaften sehr ähnlich ist, mit zunehmender Höhe aber rasch abnimmt. Berücksichtigt man die Verkürzung der Vegetationszeit, so muß die Produktivität noch rascher sinken. Der Anteil der Baumschicht an der Blattfläche ist sowohl beim Nadelwald als auch beim Laubwald ziemlich gleich, und zwar 77% bzw. 79%. Viel geringer sind die Blattflächen in den Subtropen:

Venezuela. Blattfläche in Quadratmeter über 1 m² Boden.

I 1100 m NN	Montegrasbestand (Panicetum)	0,960
	Grasland (Paspaletum)	0,906
II 1600 m NN	Quebradawald (Guareetum)	6,180
III 2630 m NN	Gratbusch (Espeletietum)	8,218
Nebelwald, untere Stufe (Gyrantheretum)		1,918

Diese Zahlen zeigen, daß die Blattfläche sich hier mit zunehmender Höhe und damit zunehmenden Niederschlägen vergrößert. Sie ist im Vergleich zu den Alpen nicht groß, dafür ist aber die Vegetationszeit sehr lang und wird nur durch eine Trockenzeit eingeschränkt. Die beiden floristisch verschiedenen Grasbestände haben die gleiche Blattfläche pro Quadratmeter Boden, was in den Alpen bei den verschiedenen Waldgesellschaften ebenfalls zutrifft.

5. Bodenverhältnisse und chemische Faktoren. Als Mustergebiet gemeinsamer Arbeit von Bodenkunde und Pflanzensoziologie gelten noch heute die Klimaxfragen in der alpinen Stufe, besonders die Studien im schweizerischen Nationalpark, die von BACH (1) zusammenfassend referiert werden. An dem Satze „Klimaxgesellschaft ist sowohl auf Carbonat- als auf Silicatgestein das Curvuletum" sind aber neuerdings von verschiedenen Seiten Zweifel geäußert worden. Unter allen bisher von ihm untersuchten Curvuleten oder anderen acidoclinen Gesellschaften über Carbonatgestein fand ELLENBERG (3), daß die Böden entweder nicht aus reinem Kalk, sondern aus Mergeln entstanden oder geologisch zweischichtig waren. Oft enthielt die Feinerde, wenigstens in dem oberen Dezimeter, primär entkalktes Moränenmaterial, oder aber sie hatte sich aus carbonatarmem Verwitterungslehm kolluvial angereichert.

ZÖTTL (1) kam ebenfalls zu dem Schluß, daß die klassische Klimaxtheorie zumindest für die Kalkschutthalden und Kalkfelsgebiete der Bayerischen Alpen keine Geltung habe. Über sehr reinem, kaum tonhaltigem Kalkgestein hat er „eine Anreicherung oder überhaupt ein nennenswertes Vorkommen von tonigen oder lehmigen Bestandteilen in keinem Stadium der Bodenbildung" beobachten können. Dementsprechend kommen nirgends Elyneten oder andere Stadien der Successionsserie zum *Curvuletum* vor. Auch ZÖTTL weist auf die Möglichkeit hin, daß eine Succession in weniger reinen Kalkgebieten durch ortsfremdes Material oder durch höheren Tongehalt des Grundgesteins vorgetäuscht werden könne. Die Entscheidung, ob es sich im einzelnen Falle um eine Dauergesellschaft oder das Stadium einer Entwicklungsserie handelt, ist nach FURRER auch auf Dolomitböden im Tessin schwierig.

Den heutigen Stand unseres Wissens vom Humus faßt WITTICH zusammen und erörtert einige neue Wege zur Lösung des Rohhumusproblems im Walde. Auch die als bodenpfleglich angesehenen Holzarten bildeten auf den bereits stark versauerten Flottlehmböden bei Syke einen ähnlich ungünstigen Rohhumus wie die standortsfremden Nadelhölzer. Deshalb muß sich der Forstmann zur künstlichen Verbesserung der Standorte entschließen, sei es durch Kalkung, durch Umbruch und mehrjährigen Leguminosenanbau oder andere Maßnahmen, die teilweise den Abbau, vor allem aber den Umbau des Rohhumus in stickstoffreicheren Humus bewirken. Solche Maßnahmen des Waldfeldbaues erwiesen sich auch im Mittelgebirge als rentabel (KRAHL-URBAN).

Durch vorsichtige Auswertung von Literaturangaben und eigenen Untersuchungen stellt FIRBAS interessante Berechnungen über die Ernährung der Hochmoore an. Der Stickstoffgehalt ist zwar gering, läßt sich aber nicht allein auf den Regen zurückführen. Daneben spielt Flugstaub eine Rolle, während der Pollenniederschlag höchstens für die Zufuhr von Phosphorsäure von Bedeutung ist. Da jedoch noch keine Stoffbilanz eines einzelnen Hochmoores vorliegt, läßt sich die Frage der Nährstoffversorgung noch nicht ausreichend beantworten.

Seine umfangreichen Studien über die Moorvegetation in schwedischen Berglagen veranschaulicht SJÖRS (1) u. a. durch zahlreiche Karten und Kärtchen, aus denen die Verteilung der p_H-Werte sowie des Gehaltes an Calcium, Natrium, Kalium, Magnesium und Strontium hervorgeht. Im gleichen Maßstab ist die Verbreitung vieler Pflanzenarten, insbesondere der Sphagnen, kartiert worden. Dadurch treten manche Gesetzmäßigkeiten klar hervor. Auf Beziehungen zwischen der Vegetation und dem Elektrolytgehalt des Moorwassers geht SJÖRS (2) besonders ein. Sowohl bei den p_H-Werten als auch bei den Salzkonzentrationen überschneiden sich die Amplituden der einzelnen Gesellschaften mehr oder minder stark. CHASTAIN kartierte die Verteilung der p_H-Werte und einiger Vegetationseinheiten in einem Hochmoor-Kiefernwald des Schweizer Jura. Es ergaben sich beträchtliche örtliche Schwankungen innerhalb jeder Gesellschaft, wenn sich auch im Bergkiefernbestand des Moores die sauersten Werte konzentrierten.

Die große Streuung der p_H-Werte innerhalb einer Vegetations- oder Standortseinheit, die sich bei den üblichen einmaligen Bestimmungen meistens ergibt, dürfte ihre Ursache zum Teil in jahreszeitlichen Schwankungen der aktuellen Acidität haben. Diese ist nach GÖRS auch in Flach- und Zwischenmoor-Böden beträchtlich. In der Zeit von März bis Oktober 1950 ergaben sich z. B. für sechs Wuchsorte des *Caricetum davallianae molinietosum* folgende p_H-Werte:

	1.	2.	3.	4.	5.	6.
min.	5,7	5,6	6,0	6,0	6,3	6,3
mittel	6,0	6,2	6,3	6,4	6,4	6,7
max.	6,4	6,7	6,5	7,5	6,8	7,3

Derartige Schwankungen lassen sich selbst bei sorgfältigster Ausschließung aller Fehlerquellen feststellen. So führten die Untersuchungen von SCHÖNHAR über die Korrelation zwischen der floristischen Zusammensetzung der Bodenvegetation und der Bodenacidität in württembergischen Wäldern zu einer Bestätigung der Befunde ELLENBERGS (Fortschr. Bot. **12**, 142 (1949): Wenn man die zeitlichen Schwankungen des p_H-Wertes berücksichtigt, überschneiden sich die Daten der einzelnen Gesellschaften nicht. Die Beziehungen zwischen p_H und Vegetation sind also enger, als sie bei der üblichen variationsstatistischen Auswertung zahlreicher, in einem längeren Zeitraum gesammelter Einzelmessungen erscheinen würden. Wie eng sie sind, zeigt sich am besten durch Vergleiche zwischen dem p_H-Jahresmittel der Bodenkrume und der „mittleren Reaktionszahl" des darauf stockenden Pflanzenbestandes. Diese wird nach Zuordnung der Pflanzenarten zu sechs „Reaktionsgruppen" errechnet.

Sehr aufschlußreich sind auch die Untersuchungen von LÖTSCHERT über Vegetation und p_H-Faktor auf kleinstem Raum in Kiefern- und Buchenwäldern auf Kalksand, Löß und Granit. In geologisch zweischichtigen Böden kann der p_H-Wert bei 3—4 cm Höhenunterschied um zwei Einheiten springen. In kalkhaltigem Flugsand, der von Rohhumus überdeckt ist, steigen die p_H-Werte mit zunehmender Tiefe von etwa 5 bis über 8. Wurzelprofile machen das gemeinsame Vorkommen von Kalk- und Säurezeigern verständlich.

Das Problem der Nitrophilie erörtern BHARUCHA u. DUBASH. Sie betonen, daß nitrophile Pflanzen in dreifacher Hinsicht charakterisiert sind: 1. durch ihre Fähigkeit, Nitrate in ihren Geweben zu speichern, 2. durch ihre Fähigkeit, Nitrate in hoher Konzentration zu ertragen und 3. durch ihr Vorkommen auf nitratreichen Standorten. Die Autoren multiplizieren deshalb die Frequenz einer Pflanze an ruderalen Standorten, die prozentuale Häufigkeit positiver Nitratteste und die Nitratkonzentration im Zellsaft miteinander, um den „Grad der Nitrophilie" zu errechnen. Auf diese Weise lassen sich auch nitratnegative Arten herausstellen. BHARUCHA u. SHERIAR beschreiben eine einfache Methode zur Bestimmung der nitrifizierenden Kraft des Bodens.

LINDNER charakterisiert die Nitratpflanzen vom zellphysiologischen Standpunkte aus und vergleicht sie in dieser Hinsicht mit Wiesenpflanzen. Mit der starken Nitratspeicherung, die in den meisten Organen der Nitratpflanzen nachgewiesen werden kann, gehen bei den meisten Arten erhöhte Nitratresistenz und -permeabilität Hand in Hand. Gegen Chloride sind sie dagegen weniger resistent als Wiesenpflanzen.

Auf GROSSE-BRAUCKMANNS ökologische Studie von Ruderalgesellschaften wurde bereits hingewiesen. TISCHLER (4) behandelt die Tierwelt von Ruderalstellen recht ausführlich und erörtert auch die mannigfachen Ursachen ihrer Bindung an derartige Biotope sowie deren Beziehungen zu primären Biotopen. Nach Ansicht TISCHLERs läßt sich „die neuerdings von TÜXEN (1950) vorgenommene Aufteilung der Rudereto-Secalinetea in fünf Klassen vom gesamtbiocönotischen Gesichtspunkt aus keineswegs rechtfertigen". „Berücksichtigt man auch die Fauna, so ergeben sich natürliche Einheiten, die am besten mit den pflanzensoziologischen Ordnungen von KNAPP (1948) übereinstimmen."

Beiträge zur Ökologie und Biologie der Halmfrucht-Unkrautgesellschaften in der Vojvodina bringt SLAVNIĆ (2) und berechnet die Samenproduktion einiger Unkrautgesellschaften. Den Einfluß der Getreidekonkurrenz und des Nährstoffgehalts im Keimsubstrat auf Keimung und Jugendentwicklung von Unkräutern untersuchen RADEMACHER u. OƵOLINŠ. UHL berührt bei seinen Untersuchungen über die Anwendung von Kalkstickstoff und Feinkainit gegen Ackerunkräuter auf Kalkböden ebenfalls keimungsbiologische Fragen. Bindungen zwischen Unkräutern und bestimmten Wintergetreidearten lassen sich nach JAHN (1) statistisch nicht nachweisen, jedenfalls nicht, wenn man größere Gebiete betrachtet.

RADEMACHER faßt unsere Kenntnisse über die Unkrautbekämpfung an Hand der neueren Literatur in einer auch für den Biologen und Ökologen interessanten Weise zusammen.

Das umfangreiche Schrifttum über Fragen der Grünlanddüngung berührt vielfach auch ökologische Probleme, kann hier aber nicht ausführlich referiert werden. Genannt seien als Beispiele nur die Untersuchungen von VOIGTLÄNDER über Gülleanwendung auf Weiden, von KLAPP, MORGENWECK u. SCHULZE über die Wirkungen einer gleichbleibenden und einer in verschiedenen Zeitabständen wechselnden Düngungsweise sowie von ZÜRN über Ertrag, Pflanzenbestand und Wirtschaftlichkeit der Düngung auf alpinen Wiesen.

6. Mechanische Faktoren. Sehr aufschlußreich für die Beurteilung des menschlichen Einflusses im Walde ist die gründliche und gut mit Literatur belegte Darstellung, die DAY von der Rolle des Indianers als ökologischem Faktor in den Wäldern der nordöstlichen USA. gibt. Bei der Landnahme durch die Weißen waren diese Wälder keineswegs mehr so unberührt, wie es nach der populären Literatur allgemein angenommen wird. Es gab umfangreiche Rodungssiedlungen und der Verbrauch an Brennholz war groß und schonungslos. Außerdem pflegten die Indianer Wälder und Grasland abzubrennen und Pflanzen zu begünstigen, die der Ernährung oder medizinischen Zwecken dienten. Als Jäger störten sie darüber hinaus das Gleichgewicht der tierischen Lebensgemeinschaften und beeinflußten damit indirekt auch die Vegetation.

Mit der Besiedlung durch Europäer trat zu der bewußten Vernichtung vieler Wälder auch die Waldweide als ein neuer, äußerst wirksamer Faktor hinzu, der bis vor etwa 100 Jahren auch in Europa fast alle Wälder umgestaltete. Heute spielt sie außer auf dem Balkan und in den östlichen Ländern nur noch in den Alpen eine nennenswerte Rolle. Hier bemüht man sich neuerdings energisch um eine Ordnung von Wald und Weide, bei der die Pflanzensoziologie mithelfen soll [GAYL, AICHINGER (4)].

Untersuchungen über die Wirkungen von Schnitt und Beweidung auf Graslandgesellschaften oder einzelne Arten werden neuerdings auch in Amerika und Afrika in steigendem Maße durchgeführt. Genannt sei unter anderem die Arbeit von HENRICI über *Pentzia incana* in Südafrika, die mit viel Zahlenmaterial belegt ist.

Bei Versuchen zur Wirkung verschiedener Schnittintensitäten auf Weiderasen im westlichen Zentral-Kansas (ALBERTSON, RIEGEL u. LAUNCHBAUGH) bestätigte sich unter anderem, daß Dichte und Tiefgang der Wurzeln mit steigender Schnittzahl abnehmen. Durch sehr häufigen Schnitt wird unter den Klimabedingungen des Untersuchungsgebietes die Bodenerosion beschleunigt.

JEFFREYS ist der Ansicht, daß es keine Beweise für die Schädlichkeit wiederholter Grasbrände gibt. Sie reichen bis zum Beginn der Menschheit zurück. Die Bodenerosion ist nicht die Folge der Brände, sondern der sich daran anschließenden intensiven Nutzung. Der Verf. hat insofern Recht, als nicht der Grasbrand die Grasnarbe zerstört, sondern die starke Beweidung der abgebrannten Fläche beim Neuaustreiben der Gräser. Deshalb ist überall dort, wo eine Farmwirtschaft betrieben wird, das Abbrennen des Grases doch zu verwerfen. Beweidung ohne Abbrennung ist nicht so schädlich, wie Beweidung und regelmäßiges Abbrennen. Die bei Grasbränden sich entwickelnden Temperaturen messen PITOT u. MASSON an 10×10 m-Flächen. In 2 cm Tiefe bleibt die Temperatur unbeeinflußt, an der Bodenoberfläche kann sie für 2—3 min auf 70—100° steigen; am höchsten ist sie in 50 cm Höhe, wo sie 280—560° erreicht.

II. Vegetationskunde.

1. Methodik und Klassifikation. DE VRIES u. EMIK unterscheiden Frequenz-Indikatoren und Präsenz-Indikatoren. Letztere weisen bereits durch ihr bloßes Vorkommen auf bestimmte Standortsfaktoren hin (z. B. *Nardus* auf saure Böden oder *Festuca ovina* auf Phosphorarmut), während erstere eine weite Amplitude haben und nur bei großer Frequenz als Zeiger zu werten sind.

Um die Frequenzbestimmungen nach RAUNKIAER zu verfeinern, benutzen NIELEN u. DIRVEN im Grasland sehr kleine ($^1/_4$ dm²) Flächen, von denen sie 100—120 pro Hektar regelmäßig in diagonalem Netz über die Probefläche verteilen. Ihre Methode leitet bereits zur „point quadrat"-Methode über, die gewissermaßen eine Frequenzbestimmung mit unendlich kleinen Aufnahmeflächen darstellt.

Einen Überblick über die Entwicklung dieser Punkt-Methode zur Vegetationsanalyse und zahlreiche neue Anwendungsbeispiele gibt GOODALL (1). Sie eignet sich besonders zu statistischen Auswertungen, ist 1925 in Neuseeland entstanden und wurde von zahlreichen Autoren, besonders in den Englisch sprechenden Ländern, aber auch in Skandinavien, Südamerika und anderen, bei der Untersuchung von Grasland, Wäldern und anderen Formationen angewendet. Durch die Zahl der Berührungspunkte an einem Stabe wird die Häufigkeit der einzelnen Arten in Prozent der gesamten Punktanalysen innerhalb einer Gesellschaft („percentage cover"), die Zahl der Blattschichten („cover repetition") und der Anteil der Arten an dem gesamten Pflanzenbestand („perc. of sward") bestimmt. Die Punkte werden am besten gleichmäßig über die ganze Fläche verteilt. Die individuellen Fehler sind im Vergleich zu anderen Methoden der Strukturanalyse gering. Die Auswahl der Probeflächen bleibt aber auch bei dieser Arbeitsweise willkürlich.

Über die verschiedenen Methoden, die Verteilung der Pflanzen quantitativ zu erfassen, berichtet GOODALL (2) zusammenfassend und unter kritischer Auswertung der Literatur.

Mit der Homogenität von Pflanzenbeständen befassen sich u. a. GOODALL (1), CURTIS und MC INTOSH und in verschiedenen Arbeiten NUMATA.

Weitere Beiträge zur Entwicklung der quantitativen Strukturanalyse gaben BARNES u. STANBURY, DAWSON, EMBERGER, NIELEN u. DIRVEN u. a.

RAABE (3) schlägt an Hand mehrerer Beispiele die Berechnung der Affinität verschiedener Gesellschaften (3) und eine exakte Bestimmung der charakteristischen Artenkombination (1) vor.

Um die standörtliche Produktionskraft und den weidewirtschaftlichen Wert von Almweidegesellschaften zu bestimmen, beschreiten G. u. R. KNAPP (3) drei Wege: 1. Übliche Ertragsbestimmungen, 2. Reinkulturen von *Festuca pratensis* bzw. *F. rubra* auf Böden der untersuchten Gesellschaften im Laboratorium, 3. zahlenmäßige Feststellungen, auf welchen Beständen die Rinder bei freiem Weidegang bevorzugt weiden.

Methodisch interessant sind auch die produktionsbiologischen Untersuchungen, die WOHLENBERG u. PLATH auf einigen eingedeichten Wattflächen an der Westküste von Schleswig-Holstein vornahmen. Sie fanden in der Stoffproduktion der Wattpflanzen und in der Verteilung der Muscheln im Boden zwei vom Menschen nicht beeinflußbare Kriterien für die bodengütemäßige Einschätzung von Wattböden.

In den drei hauptsächlichen Watt-Typen, deren Verbreitung kartiert wurde, betrug das Frischgewicht der oberirdischen Teile (in g/m^2):

auf bei Bedeichung nackten Sandwatten	570—1045, im Mittel	768
auf bei Bedeichung nackten Schlickwatten	970—1310, im Mittel	1180
auf Flächen, die bei Bedeichung *Salicornietum/*		
Puccinellietum trugen	2030—3015, im Mittel	2706

Die höhere Produktionsstärke der ehemaligen Verlandungszone wird darauf zurückgeführt, daß hier das rohe Wattsediment bereits seit einiger Zeit durchwurzelt, also in Bodenbildung begriffen war. Auffallend ist allgemein das außerordentlich üppige Wachstum der Salzpflanzen nach dem Wegfall der Überflutungen.

Nach einigen Veröffentlichungen, in denen das Methodische nur angedeutet war, legt E. Schmid (4) seine Arbeitsweise endlich etwas ausführlicher dar.

Sie erfordert einen verhältnismäßig großen Zeitaufwand und besteht aus vier Analysen: 1. Der floristischen zur Herausarbeitung der Großgliederungseinheit, des Vegetationsgürtels; 2. der ökologisch-physiognomischen, die zum „Repräsentationstypus" (der von den zugehörigen Arten in den Lebensgemeinschaften gespielten Rolle) führt; 3. der biocönologischen, welche die Kleingliederungseinheit, die Biocönose (bzw. Phytocönose) erfaßt und 4. der ethnobotanischen, die den Einfluß des Menschen einstuft. Die beiden ersten Analysen gehen von den Individuen am Fundort bzw. Standort aus und benutzen großenteils die bereits aus der Literatur bekannten Eigenschaften der Species. Um die ökologisch-physiognomischen Merkmale zur Typenbildung auf Lochkarten übertragen zu können, sind sie von 1—204 numeriert. Dieses Schema erscheint den Ref. sehr starr und leider auch recht lückenhaft. Beispielsweise fehlen bei der „Sproßlänge" die Sträucher, niedrigen Kräuter und Moose und für den gesamten p_H-Bereich unter sieben ist nur eine Stufe vorgesehen. Die Repräsentationstypen dürften vor allem zur Gliederung der außerordentlich artenreichen tropischen Wälder wertvoll sein. Die Benennung der lokalen Biocönosen ist so schwerfällig, daß sie sich kaum durchsetzen dürfte. Beispielsweise heißen subalpine Tümpel zwischen den Rundhöckerfelsen der Urgesteinsgebiete: „*cinguli Larix-Pinus cembra aquulae glacie rotundatorum saxorum silicosorum Sparganii angustifolii*", oder ein Trisetetum der unteren Gebirgstäler: „Fettwiese einer Selbstversorgerwirtschaft im *Fagus-Abies*-Gürtel-Gebiet auf Sandboden mit dominierenden Apophyten des Gürtels und Anthropochoren aus dem *Quercus pubescens*-Gürtel."

Nach objektiven Methoden zur Klassifikation sucht Goodall (3) durch Ermittlung positiver Korrelationen zwischen den Arten mit Hilfe des Lochkartensystems. Wie er mit Recht betont, sind objektive Ergebnisse nur dann zu erwarten, wenn die Aufnahmeflächen nach dem Zufall verteilt werden. Dann ist aber ein großes Material nötig, um der mannigfaltigen Variabilität der Pflanzendecke gerecht zu werden. So wurden z. B. auf einer insgesamt nur 640 m² großen Fläche der australischen *Eucalyptus oleosa- E. dumosa-* Ass. 256 Probequadrate von 5 m² aufgenommen, die durch Trennung und Wiedervereinigung in vier Gruppen sortiert werden konnten. Diese Arbeit nahm allein fünf Tage in Anspruch, obwohl lediglich das Vorkommen der Arten, nicht ihr quantitativer Anteil, berücksichtigt wurde. Die objektiv ermittelten Gruppen von Pflanzenbeständen sind im Gelände gesetzmäßig verteilt, doch gibt es viele Übergänge. Die Vegetation ist also ein „variierendes Kontinuum" und ihre Einteilung in Einheiten stets künstlich — gleichgültig, nach welcher Methode die Klassifikation erfolgt.

Ähnlicher Ansicht sind auch Whittaker sowie Curtis u. McIntosh. Ersterer ordnet die von ihm untersuchten Waldgemeinschaften der Great Smoky Mountains nach der Feuchtigkeit in eine ökologische Reihe. Für jede Art gibt es in derselben eine annähernd symmetrische Verteilung. Aber die Verteilungskurven gleichen einander nicht einmal bei zwei Arten und jede hat ihr eigenes Optimum und ihre eigene Amplitude. Diese gleitende Reihe macht die Abtrennung von Assoziationen zu einem Willkürakt. Auch wenn man wie Curtis u. McIntosh die Aufnahmen nicht ökologisch, sondern vegetationsstatistisch anordnet (nach dem „importance value", der aus der relativen Dichte, Häufigkeit und Dominanz errechnet wird), ergibt sich, daß die einzelnen Arten unabhängig voneinander verteilt sind. Doch steht ihr Optimum und ihre Anordnung in Beziehung zu bestimmten Bodenfaktoren, scheint also durchaus gesetzmäßig zu sein.

Zu demselben Ergebnis kommen H. u. E. WALTER auf Grund ihrer Untersuchungen in Südwestafrika. Sie formulieren ein Gesetz der relativen Standortskonstanz: „Wenn im Wohnbezirk oder Areal einer Pflanzenart das Klima sich in einer bestimmten Richtung ändert, so tritt ein Wuchsort- oder Biotopwechsel ein, durch den die Klimaänderung aufgehoben wird." Das heißt mit zunehmender Trockenheit des Klimas geht eine Pflanzenart auf immer feuchtere Biotope über. Dabei zeigt es sich, daß die einzelnen Arten aus einer Gesellschaft sich lösen und einer anderen sich anschließen, also ganz selbständig reagieren. Die Gesellschaften erleiden dabei eine allmähliche, gleitende Veränderung und die Assoziationen lassen sich zwar lokal, jedoch nicht für große Gebiete scharf abgrenzen.

In seinem Streben nach mathematischer Behandlung vegetationskundlicher Probleme kommt GOODALL (3) u. a. zu neuen Vorschlägen, den Treuegrad und den Zeigerwert der Arten zu berechnen. Man darf sich aber nicht darüber täuschen, daß auch die exaktesten Berechnungsmethoden nicht das subjektive Element ausschließen, das in der Auswahl der Untersuchungsflächen liegt.

Um objektiv festzustellen, welche von den häufigeren Grünlandpflanzen der Niederlande oft gemeinsam vorkommen oder aber einander meiden, berechnete DE VRIES (2) paarweise die Korrelationen (r-Werte) nach einem durch HAMMING abgewandelten Verfahren. Bei diesem werden auch die Fälle berücksichtigt, in denen keiner der beiden Partner anwesend ist. Die Gruppen häufig miteinander kombinierter Arten, die sich auf diesem mathematischen Wege ergeben, sind großenteils eine gute Bestätigung der von der BRAUN-BLANQUETschen Schule unterschiedenen Einheiten, z. B. *Molinia coerulea — Sieglingia decumbens — Potentilla erecta — Carex panicea — Cirsium dissectum; Arrhenatherum — Trisetum flavescens — Dactylis glomerata; Anthoxantum odoratum — Rumex acetosa — Holcus lanatus; Caltha palustris — Lychnis flos cuculi — Glyceria maxima* oder *Ranunculus repens — Alopecurus geniculatus — Glyceria fluitans.* In graphischer Form dargestellt, veranschaulicht das Ergebnis der Korrelationsrechnungen die ökologischen Beziehungen der Artengruppen.

Mit der ökologischen Bedeutung der Dominanz und der Dominanz-Gesellschaften befassen sich u. a. EMIK u. DE VRIES und DE VRIES u. EMIK. Sie bestätigen die alte Erfahrung, daß die Dominanzverhältnisse im Grünland im Jahreslaufe und von Jahr zu Jahr stark wechseln und daß diese Schwankungen nicht nur mit der Entwicklung der Arten und mit der Witterung, sondern auch mit anderen, noch unbekannten Faktoren zusammenhängen. Dominanzeinheiten bilden daher eine weniger feste Arbeitsgrundlage als floristisch gefaßte Vegetationseinheiten.

WENDELBERGER (1) betont, daß das System von BRAUN-BLANQUET vorwiegend für artenreiche, dasjenige von DU RIETZ für artenarme Gebiete geeignet ist und keinem ein absoluter Vorrang zukommt.

Die Wiesentypen im Sinne KNOLLS lassen sich nach KRAUSE (1) sämtlich mit bestimmten Assoziationen oder Subassoziationen der BRAUN-BLANQUETschen Schule parallelisieren und werden ähnlich wie diese floristisch gegeneinander abgegrenzt. Sie bedürfen auch einer Gliederung in Untertypen, die den Subassoziationen oder Varianten entsprechen. Obwohl dadurch die Namen der Einheiten recht lang werden und der einzige Vorteil der KNOLLschen Nomenklatur hinfällig wird, behält KNOLL dieselbe bei. Den Begriff Facies oder Ausbildungsform ersetzt KRAUSE (1) durch „Zustandsstufe", um damit die wirtschaftliche Verbesserungsmöglichkeit anzudeuten.

Von der Verteilung der Wiesentypen auf natürliche Wuchsgebiete und Geländeformen geben KNOLL u. KRAUSE eine anschauliche und ideenreiche Darstellung, und zwar an Beispielen aus der Schwäbischen Alb und aus Sachsen.

Die Einführung einer streng binären Nomenklatur schlägt REICHLING (1) vor, und zwar durch Prägung des Begriffes „Tribus" (franz. tribu), der ungefähr der „Hauptassoziation" KNAPPS entspricht, also zwischen Verband und Assoziation steht. Er definiert ihn als Gruppe von vicariierenden Assoziationen, die untereinander enger verwandt sind als andere Gesellschaften desselben Verbandes. Zum Tribus *Xerobrometum* gehören z. B. die Assoziationen *X. rhenanum, X. suevicum, X. rhaeticum, X. britannicum* usw. Der Vorschlag REICHLINGS verdient vor allem deshalb Beachtung, weil er die Aufstellung lokal gefaßter Assoziationen erleichtert und präzisiert. Vorschläge zur Vereinheitlichung der ökologischen und soziologischen Terminologie machen u. a. TISCHLER (3) und CHAPMAN. Am Beispiel der Salzmarsch-Vegetation der Welt versuchte CHAPMAN den Nachweis, daß eine Vereinigung der anglo-amerikanischen und kontinental-europäischen Klassifikationssysteme möglich sei. Er hält das letztere für sehr befriedigend, wenn unter anderem kleinere Einheiten anerkannt und Klimax- und Serial-Einheiten deutlich voneinander getrennt werden.

In gewisser Hinsicht wird diese Forderung durch die „Entwicklungstypen" der AICHINGERschen Schule erfüllt. Ausgehend von seinen Erfahrungen in den Alpen, betont AICHINGER (1) den dynamischen Charakter der Vegetation, indem er schon im Namen einer Gesellschaft ihre Herkunft und ihre Entwicklungstendenz andeutet. Beispielsweise bedeutet „*Quercetum roboris acidiferens* sec. ↗ *Fagetum herbosum* ↗ *FAGETUM regerminatum herbosum* ↗ *Abieto-Fagetum*" einen kräuterreichen Rotbuchen-Ausschlagwald, der sich ehemals aus dem bodensauren Eichenwald heraufentwickelt hat und sich früher oder später zum kräuterreichen Tannen-Rotbuchen-Mischwald weiterentwickeln würde[1].

Wo für das Erkennen solcher Entwicklungstendenzen historische Untersuchungen, direkte Beobachtungen der Successionen oder andere

---

[1] Leider entsprechen die hierbei verwendeten Assoziationsbegriffe trotz der gleichen Wortbildung nicht denen der BRAUN-BLANQUETschen Schule, sondern bezeichnen Dominanz-Gesellschaften. Ein *Fagetum* oder *Callunetum* in dem jetzigen Sprachgebrauch AICHINGERS ist also lediglich ein Pflanzenbestand mit herrschender *Fagus* bzw. *Calluna* ohne Rücksicht auf Charakter- oder Differentialarten.

exakte Unterlagen herangezogen werden, bedeutet die Aufstellung von Entwicklungstypen zweifellos einen Gewinn für die Forschung. Doch liegt die Gefahr der Spekulation sehr nahe, besonders wenn man versucht, dasselbe Verfahren auf Gebiete mit geringerer Standortsdynamik zu übertragen.

Einen sehr begrüßenswerten Überblick über die Literatur zur Soziologie und Ökologie der Pilze erarbeitete COOKE (1, 2).

Als Teil einer allgemeinen Ökologie behandelt THIENEMANN Wesen und Entwicklung der theoretischen Limnologie. Die drei Hauptlebensbezirke, Erde, Binnengewässer und Meer, stehen in mannigfacher Wechselwirkung und bilden ein Ganzes, das allerdings aus Gründen der Forschungspraxis getrennt werden muß.

Nach TISCHLER (3) und den von ihm zitierten Autoren ließen sich enge Beziehungen bestimmter Artenkombinationen von Tieren zu bestimmten Pflanzenassoziationen oder Formationen für alle Gruppen von Landtieren nachweisen. Allerdings sind solche Bindungen nie absolut, weil Lebensgemeinschaften keine Organismen sind. Zumindest die Ordnungen (im Sinne BRAUN-BLANQUETS) sind aber als Bezugssysteme für tiersoziologische Untersuchungen geeignet.

2. Kausale und experimentelle Vegetationskunde. „So wertvoll statistische Untersuchungen für bestimmte Fragestellungen sein mögen, einen wirklichen Einblick in das Gefüge einer Lebensgemeinschaft erhält man erst durch die Erforschung ihres Abhängigkeitsnetzes" [TISCHLER (1), (2), (3)]. Wie auch E. SCHMID betont, sind für das Verständnis eines solchen Beziehungsgefüges die Lebensformen (Struktur- und Reaktionstypen) oft wichtiger als der systematische Artenbestand.

Eine exakte kausale Analyse von Lebensgemeinschaften ist aber nicht ohne Experimente möglich. Allerdings muß man, wie ELLENBERG (2) durch Versuche mit Rein- und Mischkulturen zeigte, scharf zwischen dem ökologischen und dem physiologischen Verhalten einer Pflanzenart unterscheiden. In Reinkultur und unter kontrollierten Bedingungen (physiologisch) haben z. B. *Bromus erectus, Arrhenatherum elatius, Alopecurus pratensis* und *Poa palustris* ihr Optimum bei annähernd gleich hohem Grundwasserstand. Sät man sie dagegen in demselben Feuchtigkeitsgefälle gemischt an, so drängt *Arrhenatherum* als die konkurrenzfähigste dieser Arten *Bromus* in den trockenen, *Alopecurus* und *Poa* dagegen in den nassen Bereich ab. Erst durch Konkurrenz kommt also das in der natürlichen Umwelt zu beobachtende (ökologische) Verhalten dieser Gräser zustande, die sich hinsichtlich ihres physiologischen Verhaltens weit mehr ähneln, als man gemeinhin annimmt.

Kultiviert man *Arnica montana* ohne Konkurrenten [KNAPP (2)], so zeigt sich, daß diese in der Natur auf saure Böden beschränkte Art keineswegs acidophil ist. Sie gedeiht vielmehr am besten bei schwach saurer bis neutraler Reaktion und kann sogar alkalische Reaktion gut vertragen. In der Natur wird sie aber von solchen günstigen Standorten durch hoch- und raschwüchsige Konkurrenten verdrängt. Diese und ähnliche Untersuchungen beweisen, daß man nicht ohne weiteres aus dem Vorkommen einer Art auf ihre physiologischen Ansprüche, aber auch ebensowenig umgekehrt aus letzteren auf ihr Verhalten in der Natur schließen darf.

Der von Lötschert lediglich aus Beobachtungen in natürlichen Buchenwald-Gemeinschaften gezogene Schluß, daß die Verbreitung von *Convallaria* und *Luzula nemorosa* durch bestimmte p_H-Werte direkt begrenzt sei und die Konkurrenz keine Rolle spiele, überzeugt nicht ganz und sollte experimentell überprüft werden.

Für die Konkurrenzfähigkeit spielt die Lebensdauer der Pflanzen eine nicht geringe Rolle. Wie Schweighart und Stählin betonen, sind im Dauergrünland keineswegs nur langlebige Pflanzenarten anzutreffen, sondern auch zahlreiche kurzlebige. Die Autoren nennen z. B. 7 Gräser, 10 Leguminosen und fast 60 Kräuter, die normalerweise nur ein oder zwei Jahre alt werden, zum Teil aber auch länger ausdauern können. Experimentelle Prüfungen in Rein- und Mischkulturen wären auch auf diesem Gebiete sehr erwünscht.

Knapp (1) stellte an Mischkulturen von 7—8 Arten der Weidelgrasweide fest, daß deren Gesamtertrag gleichbleibt, wenn jeweils eine dieser Arten fehlt. Bei artenreichen Gemischen (und sehr wahrscheinlich auch bei Pflanzengemeinschaften) wird also der Ertrag lediglich durch die Produktionskraft des Standortes begrenzt. Bei artenarmen Kombinationen (2—3 Arten) dagegen hängt der Ertrag auch von den Eigenschaften der jeweils beteiligten Arten ab, die in Reinkultur recht verschiedene Stoffmengen produzieren.

Wie Lauer zeigen konnte (vgl. S. 207), sind die Charakterarten der Halmfruchtäcker großenteils Kaltkeimer, diejenigen der Hackfrucht- und Gartenunkraut-Gesellschaften dagegen Warmkeimer. Infolge der späteren Bearbeitungszeit sind die letzteren unter Hackfrüchten konkurrenzfähiger als unter Wintergetreide, wo sie im Frühsommer gegen die Konkurrenz der bereits vorhandenen Kaltkeimer und Indifferenten nicht mehr aufkommen. Die Unkrautgesellschaften der Halm- und Hackfruchtäcker sind also gewissermaßen nur Aspekte einer und derselben Gesellschaft. Ihre systematische Trennung, die Tüxen neuerdings noch vertiefte, ist eine rein formal-statistische und auch als solche nur unscharf. Zu letzterem Ergebnis kommt Raabe (3) durch Errechnung von Affinitätswerten. Die Ähnlichkeit standörtlich einander entsprechender Gesellschaften der Sommer- und Winterfrucht ist größer als die Übereinstimmung zweier sich sehr nahestehender Gesellschaftstypen ein und derselben Fruchtart.

3. Kartierung und praktische Anwendung. Während die Vegetationskartierung in Europa zunehmend an Bedeutung gewinnt, weil man in ihr eine wirksame Planungshilfe erkannt hat, ist sie in Nordamerika kaum gefördert worden. Küchler gibt deshalb einen Überblick über ihre Bedeutung für die verschiedensten Zwecke.

Es ist unmöglich, alle inzwischen veröffentlichten Karten im Rahmen dieses Berichtes anzuführen. Wir nennen deshalb nur wenige Beispiele. Eine schöne Vegetationskarte 1 : 10000 der Eilenriede bei Hannover sowie eine Naturlandschaftskarte 1 : 300000 des Gebietes beiderseits der

Mittelweser legte LOHMEYER (1), (2) vor. Auf beiden Blättern ist im Gegensatz zu den von TÜXEN (1937) vorgeschlagenen allgemeingültigen Signaturen die gesamte Farbskala für den betreffenden Blattbereich ausgenutzt worden. Dadurch sowie durch den Wegfall von Aufsignaturen wirken die Karten viel übersichtlicher. ELLENBERG (1) veröffentlicht Karten eines Wiesengebietes westlich Braunschweig, die vor und nach einer großräumigen Grundwassersenkung aufgenommen wurden. Auf Grund dieser Karten war sogar eine Abschätzung der infolge des Eingriffs eingetretenen Wertänderung der Wiesen möglich. Überraschenderweise ergab sich für die meisten Parzellen eine standörtliche Verbesserung, obwohl die Erträge von Jahr zu Jahr geringer wurden. Der steigende Anteil von Hungerzeigern, der ebenfalls kartiert wurde, deutet aber darauf hin, daß diese Ertragseinbußen lediglich daher rühren, daß die Wiesen nicht mehr gedüngt wurden.

In Frankreich schreitet die Vegetationskartierung gut voran. Als Beispiel der vom Service de la Carte des Groupements Végétaux (Direktor: EMBERGER-Montpellier) herausgegebenen Vegetationskarte 1:20000 erschien kürzlich das von MOLINIER bearbeitete Blatt Aix S.O. in hervorragender Wiedergabe.

Gut illustrierte Beispiele der von KUHNHOLTZ-LORDAT begründeten Parzellen-Kartographie (Cartographie parcellaire) gibt BARRY. Sie besteht im wesentlichen aus einer großmaßstäbigen Darstellung der Successionsstadien in verlassenen Weinbergen und dergleichen und ist als Grundlage für die Melioration dieser für das Mediterrangebiet so typischen Brachflächen sowie für die Bekämpfung der Bodenerosion [KUHNHOLTZ-LORDAT (1)] gedacht.

Vorbildliche Karten (1:200000) mit zahlreichen Nebenkarten (1:1,25 Mill.) sind im Rahmen der „Carte de la Végétation de la France" vom Centre National de la Recherche Scientifique (Paris) veröffentlicht worden. Bisher sind erschienen das Blatt Perpignan von H. GAUSSEN, das Blatt Toulouse von H. GAUSSEN und P. REY, das Blatt Le Puy von J. CARLES und das Blatt Antibes von P. OZENDA. In derselben Ausführung sind in der Reihe „Carte de la Végétation de l'Afrique Occidentale Française" gedruckt das Blatt Thiès von G. ROBERTY zusammen mit H. GAUSSEN und J. TROCHAIN sowie das Blatt Oran von S. SANTA, zusammen mit L. BORD und P. DAUMAS. Weitere Blätter sind in Bearbeitung, so daß von Frankreich in absehbarer Zeit eine vollständige Vegetationskarte im Maßstab 1:200000 vorliegen wird. Die Hauptkarte gibt jeweils die jetzt vorhandene Vegetation wieder, die Nebenkärtchen dagegen die zonale Vegetation, bzw. die Höhenstufen, die Bodenverhältnisse, die Klimafaktoren und die Nutzungsart.

Auch in Luxemburg beginnt man mit einer systematischen Kartierung der Vegetationseinheiten. REICHLING (2) entwickelt das Programm und legt als Beispiel eine Karte 1:10000 des Grünewalds bei Luxemburg vor. In den Farben und Signaturen lehnt diese sich stark an die (großenteils noch unveröffentlichten) Karten nordwestdeutscher Wälder von TÜXEN an.

In Belgien veröffentlichte VAN DEN BERGHEN das Blatt Gent im Maßstab 1:20000 und eine Karte der Vegetationskomplexe in der Umgebung von Lebbeke.

HORVAT (1) druckte zwei farbige Vegetationskarten aus Jugoslavien, eine vom Risnjak in Kroatien (1:12500), die andere vom Peristermassiv in Macedonien (1:50000). Außerdem beschreibt er eine Vegetationskartierung in Westkroatien (4).

Kleinmaßstäbige Vegetationskarten aus Argentinien legt HUECK (3) vor.

Immer mehr werden Luftbilder zur Vegetationskartierung herangezogen. Moore sind danach besonders gut zu gliedern, wie unter anderem die Beispiele von SJÖRS (1) und LUTZ zeigen.

Die meisten Vegetationskartierungen werden aus praktischen Gründen durchgeführt, insbesondere um die Standorte besser beurteilen zu können, als das mit anderen Methoden möglich ist. In vielen Fällen reichen aber die Vegetationskarten allein für die Zwecke der Standortsgliederung und naturgemäßen Planung nicht aus, sondern müssen durch bodenkundliche, phänologische, meteorologische oder andere Untersuchungen ergänzt werden. Deshalb wurde in den letzten Jahren für forstliche und neuerdings auch für landwirtschaftlich-obstbauliche Zwecke eine synthetisch arbeitende Standortskartierung entwickelt, bei der die Vegetation nur ein Hilfsmittel unter anderen ist (KRAUSS u. SCHLENKER, ELLENBERG zit. S. 204). Das Ziel dieser Kartierungen ist eine Gliederung des Geländes in Standortseinheiten, d. h. in Gebiete annähernd gleichmäßiger natürlicher Wuchseignung und -leistung für bestimmte pflanzenbauliche Zwecke. Beispiele für solche synthetische Kartierungen sind unter anderen in den seit 1951 in Ludwigsburg erschienenen „Mitt. des Vereins für Forstliche Standortskartierung" enthalten. Die landwirtschaftlich-obstbauliche Pflanzenstandortskarte eines württembergischen Kreises veröffentlichten ELLENBERG u. ZELLER. In anderen deutschen Ländern wird die Standortskartierung meistens auf rein bodenkundlicher Basis durchgeführt.

Die praktische Bedeutung der Vegetationskunde und Ökologie wurde wieder von den verschiedensten Seiten unterstrichen, so u. a. von BRAUN-BLANQUET, HARTMANN, KLAPP (4), KRAUSE (3), KÜCHLER, SCHMITHÜSEN (1), TISCHLER (3) und TÜXEN. Über den Nutzen und Schaden des Uferbewuchses an fließenden Gewässern berichtet WANDEL. Einen Versuch zur vegetationskundlichen Erfassung der Grundlagen des Obstbaues in Kärnten unternahm HECKE.

4. Spezielle Vegetationskunde. a) *Mitteleuropa.* Eine Bibliographie der in Deutschland 1950—1952 erschienenen pflanzensoziologischen Literatur stellten TÜXEN u. MEISSNER in der bekannt sorgfältigen Weise zusammen. Auf sie sei hier ausdrücklich verwiesen. Für Westfalen findet man einige Ergänzungen bei RUNGE.

Aus verschiedenen Teilen Deutschlands sind Monographien eng begrenzter Gebiete erschienen, die sich durch Anschaulichkeit auszeichnen und systematische Erörterungen großenteils vermeiden, so von der Nordseeinsel Wangerooge (KLEMENT), von der Insel Fehmarn [RAABE

(1)], von der Gegend um Höxter [LOHMEYER (3)], vom Kraichgau [OBERDORFER (1)], von der natürlichen Vegetation an der Bergstraße (KNAPP u. ACKERMANN) und von der Freiburger Bucht (REICHELT). SCHWICKERATH (2) vergleicht Hohes Venn, Zitterwald, Schneifel und Hunsrück in vegetations-, boden- und landschaftskundlicher Hinsicht.

Zahlreiche Arbeiten befassen sich mit Waldgesellschaften, meistens im Hinblick auf waldbauliche oder standortskundliche Fragen. Auf Grund der heutigen Walddichte, Bestandesform und Verbreitung der Hauptholzarten gliedert SCHMITHÜSEN (2) Deutschland in Waldgebiete.

Auf Kalkböden stockende Wälder im atlantischen Klimabereiche Deutschlands untersuchte KNAPP (1). Interessanterweise kommen hier *Ilex aquifolium, Lonicera periclymenum* und andere ozeanische Florenelemente auch im *Querceto-Carpinetum* auf reinen Kalkböden vor, deren oberste Bodenschichten noch p_H-Werte über 6,5 aufweisen. Diese Arten sind also keineswegs acidophil und in mildem Klima überall konkurrenzfähig.

Waldgesellschaften auf altdiluvialen Sandböden bei Hannover beschreibt LOHMEYER (1) auf Grund einer großmaßstäbigen Kartierung. In diesem seit Jahrhunderten schonend und naturnah bewirtschafteten Stadtwald hat die Rotbuche an allen Gesellschaften einen bemerkenswert hohen Anteil, so weit die Böden nicht zu naß sind. Obwohl LOHMEYER diese Gesellschaften mit TÜXEN zum *Querceto-Carpinetum* stellt, bringt er den natürlichen Buchenreichtum auch in dem deutschen Namen Buchen-Mischwald zum Ausdruck.

In mehreren Arbeiten behandelt SCAMONI die Waldgesellschaften im Bereich des ostdeutschen Diluviums. Auch hier spielt die Rotbuche eine große Rolle im natürlichen Waldbild, besonders in den *Corydalis*-reichen Waldgesellschaften. Die Ähnlichkeit mancher Vegetationseinheiten SCAMONIS mit denen LOHMEYERS ist recht auffallend.

Besonders zu begrüßen ist die eingehende Untersuchung der Waldgesellschaften des mitteldeutschen Trockengebietes durch PASSARGE. Hier fehlt die Rotbuche im natürlichen Waldbild mit Ausnahme der feuchteren Randgebiete. Die heutige natürliche Waldzusammensetzung im Kern des Trockengebiets zeigt viele Anklänge an diejenige während der postglazialen Wärmezeit, ist jedoch nicht als echtes Relikt des EMW aufzufassen. Infolge umfangreicher Rodungen traten vermutlich Klimaänderungen ein, so daß die heutige natürliche Waldvegetation von der ursprünglichen (zur Buchenzeit) erheblich abweichen dürfte.

Interessante Angaben über das Vorkommen von *Quercus pubescens*-Wäldern am Nordrande der schwäbischen Alb, also auf weit vorgeschobenem Posten, macht RUPF.

Eine Reihe von erfreulich objektiven und vielseitigen Übersichten sämtlicher bisher erschienener Literatur eröffneten J. u. M. BARTSCH mit zwei Abhandlungen über den Schluchtwald und den Bach-Eschenwald.

Die Waldgesellschaften der deutschen Mittelgebirge und des Hügellandes und ihre Standortsbedingungen beschreibt in grober Zusammenfassung HARTMANN (2).

An eingehenden Arbeiten aus den Mittelgebirgen seien nur die Veröffentlichungen von JAHN (2) über die Wald- und Forstgesellschaften des Hils-Berglandes, von ZEIDLER über die Waldgesellschaften des Frankenwaldes sowie von TRAUTMANN über die Fichtenwälder des Bayerischen Waldes genannt. Letzterer beschreibt ein *Mastigobryeto-Piceetum* als mikroklimatisch-edaphisch bedingte Dauergesellschaft im Bereich der Buchen-Tannenstufe und ein *Lophozieto-Piceetum*, das als Schlußgesellschaft des obersten Waldgürtels gelten kann. Die untere Grenze dieses Gürtels wurde genau kartiert und schwankt zwischen 1000—1250 m.

Die bisher von der pflanzensoziologischen Forschung sehr vernachlässigten Auenwälder werden in mehreren Arbeiten behandelt. OBERDORFER (3) unterscheidet innerhalb der Ordnung der eurosibirischen Auenwälder (Populetalia) die Verbände Populion albae (mediterran) und Alneto-Ulmion (mitteleuropäisch). Letzteren gliedert er folgendermaßen in Unterverbände und Assoziationsgruppen (deren jeder mehrere Assoziationen angehören):

Unterverband *Salicion* (Weichholzauen)

Unterverband *Alnion glutinoso-incanae* (Erlenauen)
      Assoziationsgruppe Bach-Eschenwälder
      Assoziationsgruppe Erlen-Eschen-Auenwälder
      Assoziationsgruppe Grauerlenwälder

Unterverband *Ulmion* (Hartholzauen)

Neben der seit langem üblichen Unterscheidung der Weich- und Hartholzauen erscheint die Fassung und Unterteilung der Erlenauen und ihre Abgrenzung von den Erlenbrüchern noch problematisch.

Unabhängig von OBERDORFER kam WENDELBERGER-ZELINKA zu einer ähnlichen, wenn auch im einzelnen abweichenden Gliederung. Das Schwergewicht ihrer Untersuchung der Donauauen im österreichischen Marchland liegt aber in der gründlichen Beobachtung, Beschreibung und Kartierung eines verhältnismäßig begrenzten Gebietes. Mit besonderer Sorgfalt beschreibt SCHWICKERATH (1) die letzten Hartauenwälder der Erftmulde, einem der niederschlagsärmsten Gebiete des gesamten Rheinstromgebietes. Ähnlich wie im mitteldeutschen Trockengebiet (PASSARGE) spielt hier *Ulmus campestris* eine hervorragende Rolle. MEUSEL (1) behandelt die mitteldeutschen Auenwälder vom ökologischen Standpunkte aus und gibt Wurzelbilder des Frühjahrs- und Hochsommeraspektes.

Die Auwaldungen des bayerisch-schwäbischen Donauriedes beschreibt LOYCKE im Hinblick auf Möglichkeiten des Pappelanbaus. SCHRETZENMAYER untersucht die Successionsverhältnisse der Isarauen südlich Lenggries.

Die Bruchwälder eines Forstbezirks im Drömling (östlich Braunschweig) gliederte BUCHWALD in 12 standörtlich gut unterschiedene Gesellschaften. Zwischen Schilf-Erlenbrüchern und Birkenbrüchern vermittelt eine Reihe von Benthalm-*(Molinia-)* Erlenbrüchern.

Die Moortypen Schleswig-Holsteins lassen nach SCHMITZ deutlich eine klimatische Abstufung erkennen, die ja auch in den Arealgrenzen kontinentaler und ozeanischer Florenelemente zum Ausdruck kommt. Die atlantischen ombrogenen Hochmoore erreichen im östlichen Jungmoränengebiet ihre Ostgrenze, während das Waldhochmoor als der kontinentalere Typ der ombrogenen Moore die Landesgrenze im Südosten gerade noch in einer schmalen Zone überschreitet.

Die entscheidenden ökologischen Bedingungen für die verschiedene Ausbildung der Flach- und Zwischenmoor-Gesellschaften im Allgäu sind im Wasserhaushalt des Bodens und im Basengehalt des Grundwassers zu suchen (GÖRS). Im Gegensatz zu den üblichen Vorstellungen zeigte sich übrigens, daß die nassesten Standorte sich im Frühjahr frühzeitiger erwärmen als die relativ wasserärmeren.

Süddeutsche Borstgras- und Zwergstrauchheiden gliedert PREISING in mehrere, zum Teil neu beschriebene Gesellschaften. KLAPP (2) behandelt Entstehung, Standort, Wert und Verbesserung solcher Borstgrasheiden. Durch Düngung und Umtriebsweidegang auf kleinen Koppeln lassen sie sich verhältnismäßig rasch in Straußgras-Rotschwingelweiden verwandeln.

Die Erforschung des westdeutschen Grünlandes erhielt durch die in den Jahren 1951—1952 durchgeführte Grünlandkartierung neue Impulse. Von den inzwischen erschienenen Veröffentlichungen seien nur wenige hervorgehoben. TÜXEN u. PREISING legen die langjährigen Erfahrungen der Zentralstelle für Vegetationskartierung in Form einer systematischen Übersicht mit Listen der Kenn- und Trennarten nieder. Es fällt auf, wie wenig gut insbesondere die verschiedenen Feuchtwiesen-Gesellschaften charakterisiert sind. Sie werden von KLAPP (3) auf Grund seines ebenfalls umfangreichen Materials zum Teil anders gegliedert. Das gleiche gilt für die Dauerweiden West- und Süddeutschlands [KLAPP (1)].

Auch die Wiesen des Oberrheingebietes [OBERDORFER (2)] weichen in mancher Hinsicht von denen des übrigen Deutschland ab. Das bestätigen die Untersuchungen von KRAUSE u. SPEIDEL über die floristische, geographische und ökologische Variabilität des *Arrhenatheretum.*

b) *Westeuropa.* Anläßlich der I. P. E. 1949 ist die Vegetation Irlands von verschiedenen Autoren des Kontinents mit ihren Methoden studiert worden, namentlich von BRAUN-BLANQUET und TÜXEN. Sie geben einen — zum Teil noch fragmentarischen — Prodromus irischer Pflanzengesellschaften. Schwierigkeiten bei der Fassung und Einordnung der Pflanzengesellschaften in das floristische System gab es trotz der Artenarmut und des extrem ozeanischen Klimas der Insel angeblich nicht. Besonders bemerkenswert ist das Vorkommen zahlreicher submediterraner Arten. Wegen ihrer hohen Wärme- und Lichtansprüche sind diese an die offenen Gesellschaften der küstennahen Waldstufe gebunden, insbesondere an Dünen- und Felsgesellschaften, Salzwiesen, Trockenrasen und gewisse Unkrautgesellschaften. In den Heide- und Waldgesellschaften dagegen treten sie zugunsten zahlreicher atlantischer Arten zurück. Weitere Arbeiten finden sich in dem von LÜDI redigierten Sammelband (Heft 25 der Veröff. d. Geobot. Inst. Rübel, Zürich 1950). Auf S. 421 desselben sind auch die andernorts erschienenen Aufsätze von CAIN, GAMS, KALELA, KOTILAINEN, LÜDI, WEBB u. a. Teilnehmern der I. P. E. zitiert. Unabhängig von dieser studierte Osvald die Vegetation der britischen und irischen Moore. Eine allgemeine Einführung in die Naturgeschichte Irlands stammt aus der Feder von Praeger.

Ausgehend von den Verhältnissen in Irland bringt Gams interessante Beiträge zur Verbreitungsgeschichte und Vergesellschaftung der ozeanischen Archegoniaten in Europa. Wahrscheinlich gibt es auch unter den Bryophyten keine in Irland endemischen Arten.

Aus Belgien liegen zahlreiche Arbeiten des „Centre de Cartographie phytosociologique et Centre de Recherches écologiques et phytosociologiques de Gembloux" vor. Lebrun, Noirfalise, Heinemann u. van den Berghen geben einen Überblick der Pflanzenassoziationen von Belgien. Von Noirfalise stammt eine erste Beschreibung der Buchenwaldtypen, von Noirfalise u. Galoux eine solche der Höhenstufen in den Ardennen. Über Flachmoore, Hochmoore und Moorheiden unterrichtet van den Berghen (5), ebenso über Wiesen des *Molinion*. Eine Klassifikation des *Arrhenatherion* gibt Sougnez. Ältere Arbeiten des Centre de Cartographie beschäftigen sich vorwiegend mit ökologischen Fragen.

c) *Fennoskandien.* Aus Dänemark liegen unter anderen eine eingehende, auf achtjährigen Beobachtungen beruhende Analyse der Vegetationsentwicklung an der Anlandungsküste von Seeland (Böcher) und eine ökologische Darstellung der Strandwiesen am inneren Kattegat (Mikkelsen) vor.

Die Gürtelung der Strandwiesen in Beziehung zum Wasserstandswechsel an der Westküste Schwedens untersuchte Gillner. Horn af Rantzien behandelt die höhere Vegetation der oligotrophen Kalkseen und temporären Tümpel in den Ålvargebieten Ölands. Eine umfangreiche Monographie der Moorvegetation in den schwedischen Berglagen verdanken wir Sjörs (1).

Vegetation, Klima, Boden und Geschichte des nördlichsten, ziemlich isolierten Wuchsortes von *Cladium mariscus* in Finnland beschreiben Jalas u. Okko.

d) *Alpen.* Aus der alpinen Stufe der französischen Alpen (Oisans) liegen gründliche soziologische Studien der Kalk- und Silicatfelsschutthalden, sowie der Schneetälchen auf Kalk- und Silicatboden vor (Quantin u. Netien). Bei seiner schönen Untersuchung der Vegetationsentwicklung auf Felsschutt in der alpinen und subalpinen Stufe des Wettersteingebirges geht Zöttl (1) auch auf die Ökologie ein. Er unterscheidet vier Höhenstufen, die jeweils eine anders geartete Vegetationsentwicklung zeigen. Alle Successionen verlaufen nach Ansicht Zöttls langsamer als dies Friedel (1935) annahm, und anders als in den Zentralalpen. Ein recht langsames Fortschreiten der Vegetations- und Bodenentwicklung stellte Aichinger (5) auch im Bergsturzgebiet der Schütt in der Nähe von Villach (Kärnten) fest. Die Kalkschutthalden des jüngsten Bergsturzes sind mehr als 600 Jahre alt und haben noch immer sehr viel offenen, rohen Boden. Während sie höchstens armselige Kiefernbestände tragen, findet man in den prähistorischen Bergsturzgebieten Fichten-

und Buchenmischwälder oder Kiefernwälder, die durch Raubbau aus ersteren entstanden sind.

Zur soziologischen und geographischen Stellung der Elyneten in den nördlichen Kalkalpen äußert sich MEUSEL (2) in einer kleinen, aber kritischen und gedankenreichen Arbeit. Die Vorkommen des Schneeheide-Kiefernwaldes im bayerischen Alpenvorland sind nach ZÖTTL (3) als Relikte aufzufassen, die sich nur an steilen Nagelfluhhängen zu halten vermögen.

Eine mit Lageskizzen versehene Beschreibung von Dauerquadraten im Aletschwald-Reservat bei Brig findet man bei LÜDI (1). FURRER skizziert die Vegetation am Pizzo Corombe, einem Dolomitberg im Tessin.

Für die Ostalpen bringt EGGLER (2) eine lediglich aus deutschen und lateinischen Namen bestehende Übersicht der höheren Vegetationseinheiten. Eingehend beschreibt er die mittelsteirischen Rotbuchenwälder (3) sowie die Eichen- und Föhren-Mischwälder (1). Ein allgemeinverständlicher Führer durch das Gebiet des Schöckels (4) enthält zahlreiche Tabellen und eine Vegetationskarte.

Das *Trisetum flavescentis* im Oberallgäu und nördlichen Vorarlberg sowie die Gesellschaften und die Stoffproduktion der Almweiden in diesem Gebiete werden von G. u. R. KNAPP (1), (2) behandelt. Dieselben Autoren berichten außerdem über Wiesen- und Ackerunkraut-Gesellschaften des nördlichen Tirol (3).

Herkunft und soziologische Stellung der Lägerflora auf den Alpenweiden erörtern STÄHLIN u. VOIGTLÄNDER.

Der Schweizer Hochjura war Ziel eines von LÜDI (2) geleiteten Alpenkurses. Die natürliche Reliktvegetation an Mergel-Steilhängen studierte ZOLLER. Er kommt zu dem Ergebnis, daß die Besiedlung extremer Böden nicht — wie E. SCHMID meint — eine vorwiegend floren- und vegetationsgeschichtliche Erscheinung ist, sondern daß auch der Standort einen stark auslesenden Einfluß auf die Zusammensetzung der Reliktflora ausübt.

Eingehende floristische und ökologische Untersuchungen über das „Pinetum" eines Hochmoores auf dem Schweizer Jura nahm CHASTAIN vor.

e) *Ost- und Südosteuropa.* KLIKA beschreibt die Waldgesellschaften des im xerothermen Sektor Böhmens gelegenen Středohoři sowie die Trockenrasen desselben Gebietes. Bei den letzteren unterscheidet er drei Verbände: *Seslerio-Festucion duriusculae, Festucion vallesiacae* und *Cirsio-Brachypodion. Bromion* ist nur schwach vertreten. Über den gegenwärtigen Stand der geobotanischen und floristischen Untersuchungen in Ungarn berichtet SOÓ (1), mit einer Bibliographie von 1940 bis 1950. Wir sehen deshalb davon ab, weitere Arbeiten zu nennen. Ausdrücklich hingewiesen sei nur auf die von demselben Autor (2) publizierte Schilderung der Waldgesellschaften des mittleren Transsylvanien.

HORVAT (1) hat ein umfangreiches Handbuch der Vegetationseinheiten von Jugoslavien herausgegeben. Da es kroatisch geschrieben ist, faßt WRABER (3) die wichtigsten Ergebnisse zusammen. Es enthält neben vielem bisher nicht veröffentlichtem Material eine erschöpfende Bibliographie und zwei farbige Vegetationskarten. Auch die schwer zugängliche Literatur der slavischen Nachbarländer ist in die Bibliographie aufgenommen. Mit ausführlichem französischem Résumé versehen ist HORVATS (2) Darstellung der Waldvegetation Jugoslaviens, die auch eine Karte der Klimaxgebiete des Landes enthält. Über die Waldgesellschaften von Nordostslovenien und ihre Bedeutung für die Forstwirtschaft berichtet WRABER (1), von dem auch eine kurze Schilderung der jugoslavischen Urwald-Reservate vorliegt (2). FUKAREK (1) registriert das heutige Verbreitungsareal von *Picea omorica* und ihre Bestände in Jugoslavien und beschreibt (2) eine neue Varietät der ebenfalls als Relikt bekannten *Pinus Heldreichii* in Serbien und Montenegro. Die Niederungswälder der Vojvodina gliedert SLAVNIĆ (2). Interessant sind die genetischen Beziehungen der Moorvegetation in Kroatien [HORVAT (3)]. Einen Prodromus der bisher vernachlässigten nitrophilen Pflanzengesellschaften der Vojvodina mit ausführlichen Tabellen verdanken wir SLAVNIĆ (1). Er weicht in der systematischen Auffassung zum Teil von derjenigen TÜXENS stark ab.

Über die Espenhaine im osteuropäischen Steppengebiet berichtet ŠICHOVA-VODOROZOVA. Sie unterscheidet drei Typen: 1. Auf Wiesenwaldböden; 2. auf degradierten, versumpfenden Schwarzerden und 3. auf versumpfenden Solod-Böden. Der erste Typus schließt sich an die Auenwälder an. Die beiden anderen sind analoge Entwicklungsstadien der Vegetation, die als Folge der Klimaänderung im letzten Abschnitt der Postglazialzeit zu betrachten sind (Temperaturabnahme und größere Feuchtigkeit). Den Espenhainen im europäischen Steppengebiet entsprechen die Birkenhaine Westsibiriens und wahrscheinlich auch die *Populus tremuloides*-Haine der kanadischen Prärien. Die floristische Zusammensetzung der Espenhaine ist sehr arm.

f) *Mediterrangebiet.* Die nordägäische Küstenvegetation gliedert OBERDORFER (4) in zahlreiche Assoziationen der *Ammophiletea, Salicornietea* und *Nanojuncetea.*

Für das mediterrane Frankreich legen BRAUN-BLANQUET, ROUSSINE u. NÈGRE einen umfangreichen Prodromus der Vegetationseinheiten vor. Er ist als Grundlage für die Kartierung gedacht und bildet ein hervorragendes Nachschlagewerk mit umfangreicher Bibliographie. Die Reste eines *Quercus ilex-Qu. pubescens*-Mischwaldes nahe der Grenze der Mediterranregion im unteren Rhonetal beschreibt BRINGER.

Einen anregenden Überblick über die natürliche Vegetationsgliederung des spanischen Rif gibt SCHMID (2). Zahlreiche Autoren befassen sich neuerdings mit der Vegetation und Flora Portugals, u. a. BRAUN-BLANQUET, PINTO DA SILVA, ROZEIRA u. FONTES (und weitere dort zitierte Arbeiten), PINTO DA SILVA u. SOBRINHO, PINTO DA SILVA, ROZEIRA u. FONTES sowie MALATO-BELIZ.

g) *Amerika.* Umfangreiche Walduntersuchungen aus K a n a d a legte KUJALA vor, auf die wir erst jetzt aufmerksam wurden. Durch Anwendung der in Finnland üblichen Methoden der Vegetationsgliederung sind sie mit den Arbeiten der fennoskandischen Forscher besonders gut vergleichbar. Ein übersichtliches Diagramm gibt die Verteilung der von KUJALA unterschiedenen Typenreihen auf die verschiedenen Klimaregionen wieder.

Die flechtenreichen Wälder von Labrador und ihre Bedeutung als Winterweide für domestizierte Rentiere behandelt HUSTICH. Zu einer etwas abweichenden Auffassung über die Zonierung der borealen Wälder im östlichen Kanada kommt HARE.

HANSON gibt einen knappen, aber anschaulichen Überblick über die Vegetationstypen des nordwestlichen Alaska und vergleicht sie mit denen anderer arktischer Regionen.

Für die USA. müssen wir uns diesmal auf einige zufällig gesammelte Hinweise beschränken. Umwelt und Verteilung der Wälder im nördlichen Idaho schildert PARKER. Die Waldzusammensetzung im westlichen Ohio ist Gegenstand einer knappen Abhandlung von SHANKS. Das Verhältnis von Wald und Prärie im nordwestlichen Indiana untersuchen ROHR u. POTZGER. CURTIS und MC INTOSH beschreiben einen Wald an der Grenze zur Prärie in Wisconsin.

Die Vegetation des Kreosotbusch-Gebietes im Tal des Rio Grande (New Mexiko) hat GARDNER ausführlich beschrieben.

Zusammensetzung und Ökologie der Pflanzengemeinschaften von 32 Fischteichen und Seen in Oklahoma studierte PENFOUND. Die für das Vorkommen von Characeen in Massachusetts entscheidenden ökologischen Faktoren analysiert WOOD.

Die Wälder und waldbaulichen Verhältnisse in Nordwest-Argentinien behandelt HUECK (5) in mehreren Arbeiten. Er unterscheidet drei Regionen mit ausgedehnten Feuchtwäldern, nämlich 1. das subtropisch-tropische tucumanisch-bolivianische Waldgebiet im Nordwesten, 2. das ebenfalls subtropisch-tropische Regenwaldgebiet von Misiones im Nordosten, das von ersterem ökologisch und waldbaulich abweicht, und 3. das gemäßigte „subantarktische" südandine Regenwaldgebiet in Patagonien. Die Sanddünen in den ariden Gebieten von Nordwestargentinien wandern nach HUECK jährlich etwa 8—10 m, in manchen Fällen 20 m und stellen eine große Gefahr dar. Sie sollten durch Pflanzung von *Sporobolus rigens* und anschließende Pflanzungen von *Atriplex* und *Suaeda* festgelegt und erst dann aufgeforstet werden.

Einen notgedrungen ziemlich oberflächlichen, aber gut bebilderten Führer durch die Pflanzen- und Tierwelt der Wälder, Savannen und Hochgebirge von Bolivien (der mit deutscher Zusammenfassung versehen ist) verfaßte MANN.

h) *Afrika*. Aus der algerischen Wüste liegt eine Monographie der Vegetation des Schotts Hodna, ihrer Lebensbedingungen und ihres Zeigerwertes für Kultivierungsmöglichkeiten vor [KILLIAN (2)]. Vegetationsstudien im Hohen Atlas und dessen Vorland führte RAUH durch.

Die Savannen des unteren Kongogebietes beschreibt DUVIGNEAUD. Sie bilden nicht die Klimax-Gesellschaft, sondern sind Degradationsstadien des Waldes. Als Beweis führt Verf. an: 1. Auf verlassenem

Kulturland stellt sich mit der Zeit der Wald ein; 2. Jagdschutzgebiete bewalden sich ebenfalls; 3. Dauerschonflächen der Versuchsstationen zeigen auf allen Böden eine Vegetationsentwicklung in Richtung zu Waldgesellschaften; 4. auf durch Erosion entstandenen nackten Hängen stellen sich sofort Vertreter des Waldes ein. Die Savanne ist in diesen feuchten Gebieten eine durch menschliche Eingriffe und wiederholte Grasbrände stabilisierte sekundäre Gesellschaft. Auf trockenen armen Böden (ausgewaschenen Sanden, Kiesen) kann sich fast reines Grasland einstellen (1 m hoch), auf besseren Böden dagegen eine 2—3 m hohe Grasschicht mit eingestreuten Sträuchern oder Bäumen.

Eine anschauliche Übersicht der Vegetationseinheiten des Belgischen Kongogebietes verdanken wir LÉONARD (1). Er beschreibt außerdem die Strauch- und Baumformationen an den Ufern der Region von Eala und gibt eine vorläufige Zusammenstellung der Pionier-Gesellschaften im Gebiet von Yangambi (3). Interessant ist die Zonierung der Vegetation um die durch besondere edaphische Bedingungen waldfreie Gesellschaft von *Rhynchospora corymbosa* im zentralen Kongobecken (2).

RIVALS faßt seine Studien über die natürliche Vegetation der Insel Réunion in einem umfangreichen Bande zusammen.

i) *Asien.* Auf den Flugsanddünen in Turkestan läßt sich bei ungestörter Entwicklung der Pflanzendecke folgende Succession beobachten (SKOBELEV): 1. Nackte bewegliche Sandflächen mit ganz vereinzelter *Aristida karelini* in den Mulden; 2. noch ganz offene Sande mit *Ammodendron conollyi* (5% Deckung); 3. schwach verwachsene Sande mit *Aristida pennata var. minor*; zwei *Agriophyllum*-Arten, *Horaninowia* und zwei *Salsola*-Arten; 4. halbzugewachsene Sande mit *Calligonum caput medusae*, die durch *C. microcarpum, C. setosum, Artemisia sp.* und *Convolvulus divaricatus* abgelöst wird; 5. das Endstadium mit *Carex physodes* und *Haloxylon persicum*, das sich bei schwacher Beweidung Jahrhunderte hält. Fehlt jegliche Nutzung, dann tritt eine Verdichtung der Sandoberfläche ein, es bildet sich eine Decke von *Tortula desertorum* aus, die beiden Dominanten sterben ab, der Wind reißt die Moosdecke auf und der Sand wird wieder beweglich, so daß die Succession von Neuem beginnt. Die ursprüngliche Sicheldünenlandschaft nimmt ein unregelmäßiges Aussehen an (Kupsten). Durch starke Beweidung wird schon in 3—4 Jahren die Pflanzendecke gänzlich zerstört, wobei *Haloxylon* für Brennholz geschlagen wird.

Eine knappe Übersicht der Wald-Klimaxgesellschaften von Ostasien bietet SUZUKI. Die Vegetation des Universitäts-Forstes von Tokyo in Hokkaido hat KATO untersucht und kartiert.

Die Wälder von Se-thuan und Ost-Si-kang wurden von CHENG beschrieben.

SARUP unterscheidet in der Wüste Tharr bei Jodhpur (Indien) drei standortsbedingte Vegetationszonen. Die Vegetation der Umgebung von Bombay skizziert BHARUCHA.

k) *Australien.* Eingehende Untersuchungen der Bryophyten-Vegetation eines Dünengebietes in Neu-Seeland führte ROBBINS durch. Die Arbeiten GOODALLS wurden bereits genannt.

Literatur.

AICHINGER, E.: Angew. Pflanzensoz. (Wien) (1) 1, 17—20 (1951); (2) 1, 21—68 (1951); (3) 1, 111—114 (1951); (4) 2, 53—128 (1951); (5) 4, 67—118 (1951); (6) 5 bis 7 (1952). — ALBERTSON, F. W., A. RIEGEL u. J. L. LAUGHBAUGH: Ecology 34, 1—20 (1953). — AULITZKY, H.: Arch. Meteorol., Geophys. u. Bioklimat. (Wien), Ser. B 4, 294—310 (1953).

BACH, R.: (1) Ber. schweiz. bot. Ges. 60, 51—152 (1950). — (2) Verh. schweiz. naturforsch. Ges. 1950, 78—86. — BAIER, W.: (1) Ber. dtsch. Wetterdienst i. d. US-Zone, 1952, Nr. 32, 18—21; (2) Ebenda 1952, Nr. 37, 1—35; (3) Ebenda 1952, Nr. 38, 189—195. — BARNES, H., u. F. A. STANBURY: J. Ecol. 39, 171—181 (1951). — BARNER, J.: Ber. naturforsch. Ges. Freiburg i. Br. 42, 1—72 (1952). — BARRY, J. P.: Essai de Cartographie parcellaire de la Commune de Boissières (Gard). Montpellier 1952. — BARTSCH, J. u. M.: Angew. Pflanzensoz. (Wien) 8, 1952. — BAUMGARTNER, A.: Ber. dtsch. Wetterdienst i. d. US-Zone 1952, Nr. 42, 69—73. — BERGER-LANDEFELDT, U., u. D. BUSCH: Ber. dtsch. bot. Ges. 64, 151—155 (1951). — BERGHEN, VAN DEN, C.: (1) Publ. Centre de Cartogr. Phytosoc. Bruxelles 15, (1951). — (2) Ebenda 17 (1951). — (3) Ebenda 16 (1952). — (4) Cartes Phytosoc. 1:20000—55 W—Gent (1951). — (5) Bull. Soc. roy. bot. Belg. 86, 59—90 (1953). — BHARUCHA, F. R.: J. Gujarat Res. Soc. 11/12 (1949/50). — BHARUCHA, F. R., u. P. J. DUBASH: (1) Vegetatio 3, 183—194 (1951); (2) J. Indian Bot. Soc. 30, 83—87 (1951). — BHARUCHA, F. R., u. K. C. SHERIAR: Proc. Indian Acad. Sci. 35, 28—32 (1952). — BIEBL, R.: Sitzgsber. österr. Akad. Wiss. Wien, Math.-naturwiss. Kl., Abt. I 160, 71—90 (1951). — BIRAND, H.: Comm. Fac. Sci. Univ. Ankara 3, 219—235 (1952). — BÖCHER, T. W.: Bot. Tidsskr. 49, 1—32 (1952). — BOSS, G.: Ber. dtsch. Wetterdienst i. d. US-Zone 1952, Nr. 35, 194—202. — BRAUN-BLANQUET, J.: Stat. Internat. Géobot. Médit. et Alpine Montpellier 116 (1952). — BRAUN-BLANQUET, J., A. R. PINTO DA SILVA, A. ROZEIRA u. F. FONTES: Agronomia Lusitana 14, 303—323 (1952). — BRAUN-BLANQUET, J., N. ROUSSINE u. R. NÈGRE: Les Groupements Végétaux de la France Méditerranéenne. Montpellier 1951. — BRAUN-BLANQUET, J., u. R. TÜXEN: Veröff. geobot. Inst. Rübel, Zürich 25, 224—421 (1950). — BRINGER, L.: Rec. Trav. Labor. Bot., Géol. et Zool. Montpellier, Sér. Bot. 6, 3—18 (1953). — BUCHWALD, K.: Angew. Pflanzensoz. (Stolzenau-Weser) 2 (1951). — BÜCKER, R. (†), u. H. ENGEL: Abh. Landesmus. Naturk. Münster i. W. 13, 2 (1950).

CHAPMAN, V. J.: Rep. Austral. New Zealand, Assoc. f. Adv. Sci., Sect. M 29, 259—279 (1952). — CHASTAIN, A.: Rec. Trav. Inst. Bot. Univ. Montpellier, Suppl. 2 (1952). — CHENG, W. C.: Trav. Labor. forest. Toulouse, Tome V, 1, Art II (1939). COOKE, W. B.: (1) Ecology 29, 376—382 (1948). — (2) Ebenda 34, 211—221 (1953). — CURTIS, J. T., u. R. P. MCINTOSH: Ecology 32, 476—496 (1951).

DAHL, E.: Oikos (Copenh.) 3, 22—52 (1951). — DAY, G. M.: Ecology 34, 329 bis 346 (1953). — DAWSON, G. W. P.: Ecology 32, 322—334 (1951). — DREIBRODT, L.: Bodenkultur (Wien) 6, 326—327 (1952). — DUVIGNEAUD, P.: Lejeunia (Liège) Mem. 10 (1949, gedruckt 1953).

ECKARDT, F.: (1) Physiol. Plantarum 6, 253—261 (1953). — (2) Physiol. Plantarum 5, 52—69 (1952). — EGGLER, J.: (1) Mitt. naturwiss. Ver. Steiermark 79/80, 8—101 (1951). — (2) Ebenda 81/82, 28—41 (1952). — (3) Ebenda 83, 3—20 (1953). — (4) Die Pflanzendecke des Schöckels. Graz 1952. — ELLENBERG, H.: (1) Angew. Pflanzensoz. (Stolzenau-Weser) 6 (1952). — (2) Ber. dtsch. bot. Ges. 65, 351—362 (1953). — (3) Ebenda 66, 241—246 (1953). — ELLENBERG, H., u. O. ZELLER: Forschgs- u. Sitzgsber. Akad. Raumforsch. u. Landesplanung 2 (1953). — EMBERGER, L., G. MANGENOT u. J. MIÈGE: C. r. Acad. Sci. Paris 231, 812—814 (1950). — ENDRISS, G.: Ber. naturf. Ges. Freiburg i. Br. 42 (1952). — EMIK, G. C., u. D. M. DE VRIES: Verslg. Centr. Inst. Landbouwk. Onderz. 1949, 15—17. 1950.

FERRI, M. G. Anals do IV Congresso Macional da Sociedade Botanica do Brasil, S. 314—332. 1953. — FIRBAS, F. Veröff. geobot. Inst. Rübel, Zürich, f. d. J. 1949 1950, 177—200. — FUKAREK, P.: (1) Jb. biol. Inst. Sarajevo 3, 141—198 (1950). — (2) Ebenda 4, 41—50 (1951). — FURRER, E.: Ber. geobot. Inst. Rübel, Zürich, f. d. J. 1952, 54—72 (1953).

GAMS, H.: Veröff. geobot. Inst. Rübel, Zürich **25**, 147—176 (1950). — GARDNER, J. L.: Ecol. Monogr. **21**, 379—403 (1951). — GAYL, A.: Angew. Pflanzensoz. (Wien) **2**, 5—40 (1951). — GILLNER, V.: Sv. bot. Tidskr. **46**, 393—428 (1952). — GÖRS, S.: Veröff. württ. Landesstellen f. Naturschutz u. Landschaftspflege **20**, 169—246 (1951). — GOODALL, D. W.: (1) Austral. J. Sci. Res., Ser. B **5**, 1—41 (1952). (2) Biol. Rev. **27**, 194—245 (1952). — (3) Austral. J. Bot. **1**, 39—63 (1953). — (4) Ebenda **1**, 434—456 (1953). — GROSSE-BRAUCKMANN, G.: Vegetatio **4**, 245—283 (1953). — GRUNOW, J.: Ber. dtsch. Wetterdienst i. d. US-Zone **1952**, Nr. 42, 30—34.

HÄRTEL, O., u. R. EISENZOPF: Zbl. Forst- u. Holzwirtsch. **72**, 47—59 (1953). — HANSON, H. C.: Ecology **34**, 111—140 (1953). — HARE, F. K. Geogr. Rev. **40**, 4 (1950). — HARTMANN, F. K.: (1) Schriftenr. Forstl. Fak. Univ. Göttingen **2**, 6—12 (1951). — (2) Umschaudienst Akad. Raumforsch. u. Landesplanung Hannover **4—6** (1953). — HAUDE, W.: Z. Meteorol. **5**, 139—143 (1951). — HECKE, H.: Angew. Pflanzensoz. (Wien) **3**, 23—66 (1951). — HENRICI, M.: Dep. Agric. Union S. Africa, Sci. Bull. **292** (o. J.). — HORN AF RANTZIEN, H.: Sv. bot. Tidskr. **45**, 72—120 (1951). — HORVAT, I.: (1) Chez. Nakladni zavod Hrvatske. Zagreb 1950. — (2) Sumske zajednice Jugoslavije. Zagreb 1950. — (3) Glasnik, Period. Biol. Ser. II B **2/3** (1950). — (4) Sumarskog lista **1951**, H. 6. — HUECK, K.: (1) Forstwiss. Cbl. **69** (1950). — (2) Ebenda **70** (1951). — (3) De Lilloa **23**, 63—115 (1950). — (4) Z. Weltforstwirtsch. (1951). — (5) Erdkunde **5** (1951). — HUSTICH, I.: (1) Fennia **73**, Nr. 3, 1—32 (1950). — (2) Acta geogr. Helsinki **12**, 1—48 (1951).

IWANOW, I. A., A. A. SILINA u. JU. L. CELNIKER: Bot. Ž. **38**, 167—184 (1953). — JAHN, S.: (1) Mitt. florist.-soziol. Arbeitsgem., N. F. **3**, 113—122 (1952). — (2) Angew. Pflanzensoz. (Stolzenau-Weser) **5** (1952). — JALAS, J., u. V. OKKO: Arch. Soc. Zool. Bot. Fennic. Vanamo **5**, 82—101 (1951). — JEFFREYS, D. M.: Bull. Français d'Afrique Noire **13**, 682—710 (1951).

KAEMPFERT, W.: Meteorol. Rdsch. **4**, 141—144 (1951). — KATÔ, R.: Bull. Tokyo Univ. Forests **13**, 1—18 (1952). — KILLIAN, CH.: (1) Bull. Inst. Français d'Afrique Noire **13**, 601—681 (1951). — (2) Ann. Inst. Agric. et Serv. Rech. et Expér. Agric. Algérie **7**, 1—80 (1953). — KLAPP, E.: (1) Z. Acker- u. Pflanzenbau **92**, 3 (1950). — (2) Ebenda **93**, 400—444 (1951). — (3) Pflanzengesellsch. d. Wirtschaftsgrünlandes. Als Mskr. gedr., Braunschweig-Völkenrode 1951. — (4) Schriftenreihe AID **50** (1952). — KLAPP, E., G. MORGENWECK u. E. SCHULZE: Z. Pflanzenerh., Düng. u. Bodenk. **55**, 111—124 (1951). — KLEMENT, O.: Veröff. Inst. Meeresforsch. Bremerhaven **3**, 279—379 (1953). — KLIKA, J.: (1) Rozpravy II. Třidy české Akad. **60**, 1—47 (1950). — (2) Ebenda **61**, 1—50 (1951). — (3) Bull. intern. Acad. thèque Sci. **52**, 1—5 (1951). — KNAPP, R.: (1) Geobot. Mitt. Köln **2**, 21—40 (1952). — (2) Ber. dtsch. bot. Ges. **66**, 167—178 (1953). — KNAPP, G. u. R.: (1) Wetter u. Klima **4**, 49—51 (1952). — (2) Landw. Jb. Bayern **29**, 239—256 (1952). — (3) Ebenda **30**, 548—588 (1953). — (4) Ber. dtsch. bot. Ges. **66**, 393—408 (1953). — KNAPP, R., u. H. ACKERMANN: Schriftenr. Naturschutzstelle Darmstadt-Stadt **1**, 5—43 (1952). — KNAPP, R., u. H. F. LINSKENS: Biol. Zbl. **71**, 561—585 (1952). — KNAPP, R., H. F. LINSKENS, H. LIETH u. F. WOLF: Ber. dtsch. bot. Ges. **65**, 113—132 (1952). — KNOLL, J. G., u. W. KRAUSE: Arch. wiss. Ges. Land- u. Forstwirtsch. Freiburg i. Br., Sonderh. **1951**. — KRAHL-URBAN, J.: Schriftenr. Forstl. Fak. Univ. Göttingen **1**, 1—60 (1951). — KRAUSE, W.: (1) Arch. wiss. Ges. Land- u. Forstwirtsch. Freiburg i. Br. **2**, 1—25 (1950). — (2) Z. Acker- u. Pflanzenbau **97**, 185—202 (1953). — (3) Mitt. dtsch. landwirtsch. Ges. **1953**, Nr. 38. — KRAUSE, W., u. B. SPEIDEL: Ber. dtsch. bot. Ges. **65**, 403—419 (1953). — KRAUSS, G. A., u. G. SCHLENKER: Mitt. Ver. forstl. Standor'skart. **3**, Beilage (1953). — KREEB, K.: Meteorol. Rdschr. **7**, 13—14 (1954). — KÜCHLER, A. W.: Ecology **34**, 629—636 (1953). — KUHNHOLTZ-LORDAT, M. C.: (1) L'érosion par l'eau et la C. p. Montpellier 1950. — (2) Bull. Soc. franç. Economie Rurale **3**, (1952). — KUJALA, V.: Ann. Acad. Sci. Fennic., Ser. A IV **7** (1945). — KUMAKOV, V. A.: Dokl. Akad. Nauk. SSSR, N.S. **89**, 1107—1109 (1953).

LANGE, O. L.: (1) Flora **140**, 39—97 (1953). — (2) Arch. Meteorol., Geophys. u. Bioklimat., Ser. B **5**, 182—190 (1954). — LAUER, E.: Flora **140**, 541—595 (1953). — LEBRUN, J., A. NOIRFALISE, P. HEINEMANN u. C. VAN DEN BERGHEN: Bull. Soc. roy. bot. Belg. **82**, 105—207 (1949). — LEHMANN, P.: (1) Ber. dtsch. Wetterdienst i. d. US-Zone **1952**, Nr. 38, 113—116; (2) Ebenda **1952**, Nr. 32, 67—70;

(3) Ebenda **1952**, Nr. 35, 304—306. — Léonard, J.: (1) Encycl. Congo Belge 1, 345—389 (1950). — (2) Bull. Soc. roy. bot. Belg. **84**, 13—27 (1951). — (3) Vegetatio **3**, 279—297 (1952). — Lindner, E.: Protoplasma **39**, 507—534 (1950). — Lindroth C.: Medd. Göteborgs Mus. Zool. Avd. **122**, 1—911 (1949). — Linskens, H.: Ann. Meteorologie **1952**, H. 1/2, 30—34. — Lötschert, W.: Biol. Zbl. **71**, 327—348 (1952). — Lohmeyer, W.: (1) Angew. Pflanzensoz. (Stolzenau-Weser) **3** 1951. — (2) Mitt. florist.-soziolog. Arbeitsgem. N.F. **3**, Beilage (1952). — (3) Ebenda **4**, 59—76 (1953). — Loycke, H. J.: Allg. Forstztg **7**, 17/18 (1952). — Lüdi, W.: (1) Bull. ,,Murithienne", Soc. valais. sci. nat. **67**, 123—178 (1950). — (2) Ber. geobot. Inst. Rübel, Zürich, f. d. J. **1952**, 14—54 (1953). — Lüdi, W., u. H. Zoller: Ber. geobot. Forsch.inst. Rübel, Zürich, f. d. J. **1952**, 103—128 (1953). — Lutz, J. L.: Jb. Ver. z. Schutze d. Alpenpflanzen u. -tiere **16**, 75—84 (1951).

Malato-Beliz, J.: Melhoramento **6**, 1—56 (1953). — Mann, F. G.: Inst. geogr. Univ. Chile **3** (1951). — Markgraf, F.: Vegetatio **3**, 324—325 (1950). — Meusel, H.: (1) Urania **14**, 95—106, 178—188 (1951). — (2) Ber. bayer. bot. Ges. **29**, 47—55 (1952). — Mikkelsen, V.: Dansk bot. Arch. **13**, 2 (1949). — Morgen, A.: (1) Ber. dtsch. Wetterdienst i. d. US-Zone **1952**, Nr. 42, 342—343; (2) Angew. Meteorol. **1**, 36—43 (1951). — Müller, D.: Bodenkultur **5**, 129—136 (1951).

Nielen, G. C. J. F., u. J. G. P. Dirven: Verslg. landbouwk. Ond. s' Gravenhage **56**, 1—27 (1950). — Noirfalise, A.: Publ. Centre Cartogr. Phytosoc. Bruxelles **10** (1949). — Noirfalise, A., u. A. Galoux: Les étages de végétation dans l'Ardenne Belge. Jette 1950. — Numata, M.: (1) Bot. Mag. Tokyo **63**, 149—154, 203—209 (1950). — (2) Biol. Sci. Tokyo **2**, 108—116 (1950).

Oberdorfer, E.: (1) Beitr. naturk. Forsch. Südwestdtschl. **11**, 12—36 (1952). — (2) Ebenda **11**, 75—88 (1952). — (3) Ebenda **12**, 23—70 (1953). — (4) Vegetatio **3**, 329—349 (1952). — Oppenheimer, H. R.: Palestine J. Bot., R. Ser. **8**, 103—124 (1953). — Osvald, H.: Acta Phytogeogr. Suecica **26** (1949).

Parker, J.: Ecology **33**, 451—461 (1952). — Passarge, H.: Arch. Forstwes. **2**, 1—6 (1953). — Penfound, W. T.: Ecology **34**, 561—583 (1953). — Penka, M.: Cechoslov. Biol. **2**, 183—190 (1953). — Pinto da Silva, A. R., A. Rozeira u. F. Fontes: Agronomia Lusitana **12**, 433—447 (1950). — Pinto da Silva, A. R., u. L. G. Sobrinho: Agronomia Lusitana **12**, 233—380 (1950). — Pitot, A., u. H. Masson: Bull. Inst. Français d'Afrique Noire **13**, 711—732 (1951). — Praeger, R. Ll.: Natural history of Ireland. Collins 1950. — Preising, E.: Mitt. florist.-soziol. Arbeitsgem. N.F. **4**, 112—123 (1953).

Quantin, A., u. G. Netien: (1) Ann. Sci. Univ. Besançon **7** (1951/52); (2) Ebenda **8** (1953).

Raabe, E. W.: (1) Mitt. Arbeitsgem. Floristik Schleswig-Holstein u. Hamburg **1**, (1950). — (2) Schr. naturwiss. Ver. Schleswig-Holstein **24** (1950). — (3) Vegetatio **4**, 53—68 (1952). — Rademacher, B.: Handbuch der Landwirtschaft, Bd. 1, 2. Aufl., S. 310—352. 1952. — Rademacher, B., u. J. Oẓolinš: Angew. Bot. **26**, 69—93 (1952). — Rauh, W.: Sitzgsber. Heidelberger Akad. Wiss., Math.-naturwiss. Kl. **1952**. — Rawitscher, F.: Geogr. Ges. Hamburg **50**, 57—84 (1952). — Reichelt, G.: Mitt. Geogr. Fachsch. Univ. Freiburg i. Br. **2** (1953). — Reichling, L.: (1) Rec. Trav. Labor. Bot., Géol. et Zool. Montpellier, Sér. Bot. **6**, 169—172 (1953). — (2) Bull. Soc. Naturalist Luxemb. N.F. **46**, 204—218 (1953). — Rivals, P.: Trav. Labor. forest. Toulouse, Tome V, **1**, Art. II (1952). — Robbins, R. G.: Vegetatio **4**, 1—31 (1952). — Rösch, E.: Abt. Landw. u. Ernährg.-Wasserwirtsch.verwaltung Karlsruhe, S. 1—48. 1950. — Rohr, F. W., u. J. E. Potzger: Butler Univ. Bot. Studies **10**, 61—70 (1950). — Roussel, L.: Ann. Sci. Univ. Besançon **8**, 1—102 (1953). — Runge, F.: Spieker, Bd. 3. Münster 1952. — Rupf, H.: Jahresh. Ver. vaterländ. Naturkde Württemberg **107**, 55—67 (1952).

Sarup, Sh.: Bull. Nat. Inst. Sci. India **1**, 223—232 (1952). — Satoo, T.: (1) Bull. Tokyo Univ. Forests **1951**, Nr. 39, 31—38. — (2) Ebenda **1951**, Nr. 39, 39—47. — (3) Ebenda **1951**, Nr. 39, 49—54. — Scamoni, A.: (1) Waldgesellschaften und Waldstandorte. Berlin 1951. — (2) Arch. Forstwes. **1**, 1/2 (1952a). — (3) Ebenda **1**, 3 (1952b). — (4) Ebenda **2**, 2/3 (1953). — Schlieper, C.: Verh. Dtsch. Zool. Mainz 1949 (1950). — Schmid, E.: (1) Ber. geobot. Inst. Rübel, Zürich, f. d. J. 1949, **1950**. — (2) Ebenda f. d. J. 1951, **1952**, 55—79. — (3) Vjschr. naturforsch.

Ges. Zürich 98, 1 (1953). — (4) Anleitung zu Vegetationsaufnahmen. 37 S. Zürich 1954. — SCHMIDT, W.: Ber. dtsch. bot. Ges. 66, 101—113 (1953). — SCHMITHÜSEN, J.: (1) Ber. dtsch. Landeskde. 9, 2 (1951). — (2) Geogr. Taschenb. 1951/52. — SCHMITZ, H.: Schr. naturwiss. Ver. Schleswig-Holstein 26, 64—68 (1952). — SCHNELLE, F.: Ann. Meteorol. H. 1—6, 97—108 (1951). — SCHÖNHAR, S.: Mitt. Ver. forstl. Standortskart. 2, 1—23 (1952). — SCHRETZENMAYR, M.: Ber. bayer. bot. Ges. 28 (1950). — SCHRÖDER, D.: Unterscheidungsmerkmale der Wurzeln einiger Moor- und Grünlandpflanzen usw. Bremen 1952. — SCHUBACH, H.: Meteorol. Ges. Bad Kissingen, S. 1—40. 1951. — SCHWEIGHART, O., u. A. STÄHLIN: Das Grünland, Beilage zu Der Tierzüchter. 1953. — SCHWICKERATH, M.: (1) Naturschutz u. Landschaftspflege Nordrhein-Westf. 1951, 1—33. — (2) Mitt. florist.-soziol. Arbeitsgem. N.F. 4, 77—87 (1953). — SEIDEL, K.: Ber. dtsch. bot. Ges. 64, 343—353 (1952). — SHANKS, R. E.: Ecology 34, 455—465 (1953). — ŠICHOVA-VODOVOZOVA, M. V.: Bjul. Moskov, Obsc. Ispyt. Priv. N.S. Otdel Biol. 57, 53—62 (1952). — SIMONIS, W.: Planta 40, 313—332 (1952). — SJÖRS, H.: (1) Acta Phytogeogr. Suecica 21, 1—299 (1948). — (2) Oikos 2, 2 (1950). — SKOBELEV, V. K.: Bot. Ž. 38, 126—128 (1953). — SLAVNIĆ, Z.: (1) Arch. Sci. Matica srpska, Sér. nat. 1, 84—169 (1951). — (2) Ebenda 2 (1952). — SOÓ, R. DE: (1) Vegetatio 4, 40—47 (1952). — (2) Ann. histor.-natur. Mus. Nat. Hungar 1, 1—70 (1951). — SOUGNEZ, N.: Publ. Centre de Cartogr. Phytosoc. Bruxelles 18 (1951). — STÄHLIN, A., u. G. VOIGTLÄNDER: Z. Acker- und Pflanzenbau 93, 3 (1950). — STEINER, M.: Ber. dtsch. bot. Ges. 65, 255—262 (1952). — STEUBING, L.: Biol. Zbl. 71, 282 bis 313 (1952). — SUZUKI, T.: Japan. Bot. 14, 1—12 (1953).

TAKADA, H.: J. of the Inst. of Polytechnics, Osaka City Univerity 2, Ser. D 9—21 (1951). — TAMM, C. O.: Meddel. från Stat. Skogsforskningsinst. 43, 1—140 (1953). — THIENEMANN, A.: Oikos 2, 149—161 (1950). — TISCHLER, W.: (1) Biol. Zbl. 69, 33—43 (1950). — (2) Forsch. u. Fortschr. 26, 23—24 (1950). — (3) Acta Biotheoret. 9, 135—162 (1951). — (4) Zool. Jb. (System.) 81, 1—174 (1952). — (5) Mitt. biol. Zentralanst. Berlin-Dahlem 75, 7—11 (1953). — TRANQUILLINI, W.: Ber. dtsch. bot. Ges. 65, 102—112 (1952). — TRAPPENBERG, R.: Arch. Meteorol., Geophys. u. Bioklimat., Ser. B 4, 65—84 (1952). — TRAUTMANN, W.: Forstwiss. Cbl. 71, 289—313 (1952). — TROLL, C.: Bonner Geogr. Abh. 9, 124—182 (1952). — TÜXEN, R.: (1) Studium gen. 3, 396—404 (1950). — (2) Gas- u. Wasserfach 1951, H. 20. — TÜXEN, R., u. H. MEISSNER: Mitt. florist.-soziol. Arbeitsgem. N.F. 4, 184—200 (1953). TÜXEN, R., u. E. PREISING: Angew. Pflanzensoz. (Stolzenau-Weser) 4 (1951).

UHL, H.: Z. Acker- u. Pflanzenbau 95, 121—158 (1952). — UNGER, K.: Angew. Meteorol. 1, 280—283 (1953).

VARESCHI, V.: Planta 40, 1—35 (1951). — VOIGTLÄNDER, G.: Z. f. Acker- u. Pflanzenbau 94, 190—229 (1951). — VRIES, D. M. DE: (1) Rep. Fifth Intern. Grassl. Congr., Netherlands, 143—148. 1949. — (2) Acta bot. Nerl. 1, 497—499 (1953). — VRIES, D. M. DE, u. G. C. EMIK: Acta bot. Nerl. 1, 500—505 (1953).

WAGNER, H.: Wetter u. Leben 4, 1—2 (1952). — WALTER, H.: Ber. dtsch. bot. Ges. 65, 175—182 (1952). — WALTER, H. u. E.: Ber. dtsch. bot. Ges. 66, 227—235 (1953). — WALTER, H., u. W. ZIMMERMANN: Z. Bot. 40, 251—268 (1952). — WALTHER, K.: Mitt. florist.-soziol. Arbeitsgem. N.F. 2 (1950). — WANDEL, G.: Arb. Landesamt f. Gewässerkunde Düsseldorf (o. J.). — WEISE, R.: Rhein.Weinztg. 4, 62—63 (1953). — WENDELBERGER, G.: (1) Schr.Ver. z.Verbreitung naturw. Kenntnisse Wien 92, 46—69 (1952). — (2) Angew. Pflanzensoz. 9, 1—51 (Wien 1953). — WENDELBERGER-ZELINKA, E.: Die Vegetation der Donauauen bei Wallsee. Wels 1952. — WHITTAKER, R.: Northw. Sci. 25, 17—31 (1951). — WITTICH, W.: Schriftenr. forstl. Fak. Univ. Göttingen 4, 1—106 (1952). — WOHLENBERG, E., u. M. PLATH: Die Küste, Bd. 2, S. 5—23. Heide (Holst.) 1953. — WOOD, R. D.: Ecology 33, 104—109 (1952). — WRABER, M.: (1) Ponatis Geogr. vestnika 23, 1—52 (1951). — (2) Ebenda 1, 38—66 (1952). — (3) Vegetatio 4, 70—71 (1952). —

ZEIDLER, H.: Mitt. florist.-soziolog. Arbeitsgem. N.F. 4, 88—109 (1953). — ZÖTTL, H.: (1) Jb. Ver. z. Schutze d. Alpenpflanzen u. -tiere 16, 10—74 (1951). — (2) Phyton 4, 160—175 (1952). — (3) Ber. bayer. bot. Ges. 29, 92—95 (1952). — (4) Ber. geobot. Forsch.inst. Rübel, Zürich, für 1952, 79—103 (1953). — ZOLLER, H.: Ber. geobot. Inst. Rübel, Zürich, f. d. J. 1950, 67—95 (1951). — ZÜRN, F.: Die Bodenkultur 6, 305—326 (1952).

9. Ökologie.

Von THEODOR SCHMUCKER, Göttingen-Hann. Münden.

Blütenbiologie.

Die ungeheure Mannigfaltigkeit der Beziehungen zwischen Blüten und ihren Besuchern regt mit Recht zu immer neuen Untersuchungen an. KULLENBERG (4), der auf diesem Gebiet in letzter Zeit mit besonderem Erfolg tätig war, zeigte unter anderem, daß verschiedene *Arum*-Arten im Küstengebiet von Libanon nicht nur gestaltlich unserem *Arum maculatum* ähnlich sind, sondern auch ähnliche blütenbiologische Verhältnisse aufweisen. Die Fernanlockung erfolgt durch den Geruch (Amin-Basis) und richtet sich an Kotinsekten; für die Nahanlockung könnte die dunkle Spatha-Farbe von Bedeutung sein. Die Gleitfallenwirkung ist nicht immer deutlich; doch kommt die Reusenwirkung nur für große Dipteren in Betracht. Kleine Insekten ertrinken zuweilen förmlich in den Pollenmassen im Kesselgrund. Es liegt auf der Hand, daß solche Varianten innerhalb des gleichen Typs besonderes theoretisches Interesse verdienen. Das gleiche gilt für jene nicht seltenen Fälle, wo komplizierte sinnreiche Vorrichtungen de facto zum Teil ausgeschaltet werden. *Salvia glutinosa* wird nach SCHREMMER zwar von ihren Hauptbesuchern (Hummeln) sozusagen vorschriftsmäßig besucht; aber schon die kurzrüsseligen Hummeln brechen einfach ein, fast stets linksseitig. Auch Bienen usw. können zum Nektar ohne Bestäubungsvermittlung gelangen. Es ist von Interesse, daß besuchende Insekten sich rasch an ungewöhnliche Orientierung von Blüten im Raum gewöhnen können, was für die Theorie resupinierter Blüten Beachtung verdient. Auch REINHARDT fand, daß Bienen auf Luzernefeldern (*Medicago*) seitlich in die Blüten eindringen, was nicht nur ihre Tätigkeit beschleunigt, sondern sie auch der Möglichkeit, sich einzuklemmen, enthebt. Sie lernen rasch aus Erfahrung. Die erstaunlichen Beobachtungen über den Orientierungssinn usw. der Bienen faßte K. v. FRISCH allgemein verständlich zusammen.

Die großen, auffallenden Blüten von *Erica Tetralix* werden nach HAGERUP sehr selten von größeren Insekten wie etwa Bienen besucht, die den Nektar nicht erreichen können. Auch Windbestäubung dürfte kaum vorkommen; wohl aber Autogamie durch herabfallenden Pollen, wobei es freilich nicht feststeht, ob Selbstfertilität vorhanden ist. Dagegen vollzieht sich der Lebenskreis des kaum millimetergroßen Blasenfußes *Taeniothrips ericae* von der Eiablage in der Blütenhüllwand an in den *Erica*-Blüten, so daß wohl dessen allein geflügelte Weibchen die Pollenüberträger sind. Diese sonderbare enge Verbindung zwischen einem Kleininsekt und einer ansehnlichen Blüte findet sich im gesamten weiten atlantischen Areal der Glockenheide. Allgemein dürfte die blütenbiologische Bedeutung mancher kleiner Insekten erheblicher sein, als man bisher annahm. Bei *Parnassia* glaubt KULLENBERG (2) den glänzenden Staminodienkörperchen doch insofern eine gewisse indirekte Bedeutung zuerkennen zu müssen, als sie die Aufmerksamkeit der besuchenden Fliegen erregen und diese zu längerem Verweilen und zu Bewegungen veranlassen, womit die Bestäubungsaussichten verbessert werden mögen.

Seinen überraschenden, im Vorjahr an dieser Stelle geschilderten Ergebnissen über den Blütenbesuch von *Ophrys* läßt KULLENBERG (1) nun eine sehr interessante, theoretische Betrachtung über die Ableitung dieses Blütentypes und die Entstehung des hier besonders großen Polymorphismus im Zusammenhang mit dem Insektenbesuch folgen. Dabei spielt die Art des Blütenduftes eine große Rolle, der in manchen Gruppen konservativer ist als die Gestaltung, während in anderen Gruppen der Gattung das Umgekehrte gilt. Vielgestaltige und wohlbegründete Überlegungen über die Phylogenie innerhalb der Gattung *Ophrys* führen dazu, in ihr ein ausgezeichnetes Material für die Entstehung einer Mannigfaltigkeit, auch durch Selektion, zu sehen, das in mancher Beziehung mit den berühmten Betrachtungen DARWINs über die Finken der Galapagos verglichen werden kann. Da in der ganzen Überlegung der Geruch weiblicher Insekten eine wesentliche Rolle spielt, so hat KULLENBERG (3) diesem wenig bekannten Gebiet eine eigene Arbeit gewidmet.

Die Frage der Selbststerilität findet immer wieder aus verschiedenen Gründen Beachtung. NILSSON fand Petkuser Roggen weitgehend selbststeril. Aber in manchen Nachkommenschaften fand sich zuweilen ein nicht unerheblicher Teil von Selbstfertilen. Bei *Melilotus officinalis* gibt es auch innerhalb der gleichen Population Individuen mit ganz verschiedenem Fertilitätsgrad, von fast völliger Selbststerilität bis zu hoher Selbstfertilität. Durch künstliche Selektion müßten sich selbststerile bzw. selbstfertile Linien gewinnen lassen. Genetisch muß eine ganze Reihe von Genen zugrunde liegen (SANDAL u. JOHNSON). Bei nordeuropäischen *Lamium*-Arten nimmt die Fertilität mit dem Polyploidiegrad zu (BERNSTRÖM), bei *Chrysanthemum* gleichfalls (TANAKA). Selbststerilität ist sicherlich an verschiedenen Stellen des Blütenpflanzenstammes unabhängig voneinander aufgetreten und beruht daher auf ganz verschiedenen Mechanismen, wie Wegfall der notwendigen Förderung des Pollenschlauchwachstums im Griffel bzw. Auftreten von Hemmungserscheinungen usw. (BATEMAN). Ein besonderer Fall ist die Heterostylie. Hier wird nach ESSER die Selbststerilität durch Tetraploidisierung, z. B. bei *Fagopyrum* und *Lythrum*, nicht aufgehoben. ERNST weist mit Nachdruck darauf hin, daß die Unterschiede der beiden heterostylen Formen, mögen sie auch noch so einheitlich erscheinen, doch nur auf einzelnen selbständigen Veränderungen beruhen, d. h. durch Kombination von Kleinmutationen entstanden sind. Zweierlei ganz verschiedenartige Änderungen im Genbestand waren dazu nötig; einmal solche, die sich vorwiegend formativ auswirken; dann solche, die mehr regulativ (fördernd oder hemmend) auf die Vorgänge zwischen Bestäubung und Befruchtung wirken. LINSKENS hat die Verschiedenheit physiologischer Vorgänge im Griffel nach Bestäubung mit befruchtungstüchtigem bzw. untüchtigem Pollen direkt nachgewiesen. Wenige Stunden nach der Bestäubung steigt der Sauerstoffverbrauch der Griffel; rascher bei Selbstung, aber nur bis zum Stillstand des Pollenschlauchwachstums, worauf Abfall eintritt; langsamer, aber anhaltend bei Fremdbestäubung. Anhaltspunkte für Verschiedenheit im Proteinstoffwechsel in beiden Fällen liegen vor, vielleicht auch eine Art endothermer Immunitätsreaktion. Bei *Pinus montana* und *Ceratozamia* sind in den Samenanlagen zeitlich wandelbare Stoffsysteme vorhanden, welche im Sinne eines Förderungs—Hemmungssystems wirken. Die augenblickliche Wirkung hängt vom Alter der Samenanlage ab (ANHAEUSSER). Auf die recht sonderbare Erscheinung der selektiven Befruchtung verschiedener Samenanlagen der gleichen Blüte sei nur eben hingewiesen (z.B. SCHWEMMLE). Ebenso auch auf den Hinweis BAKERs, daß die Unmöglichkeit erfolgreicher künstlicher Bestäubung allein keine hinreichende Entscheidung der Frage nach der ökologisch wirksamen Trennung im Sinne von verschiedenen „Ökospezies" sei; letztere könne auch andersartig, durch zeitlich vorausgehende Besonderheiten bedingt sein.

SCHUMACHER, dem wir wichtige Befunde an ephemeren Blüten verdanken, konnte deren Lebenszeit (zum Teil auf das 50fache) erhöhen, wenn er die Blüten sofort nach Öffnung bei einer Temperatur von $+5°$ aufbewahrte. Sauerstoffentzug oder schwache Gaben von Zyanwasserstoff (Atmungsgift!) wirkten ähnlich. Offenbar werden in spezifischer Weise oxydative Veränderungen an Kohlenhydraten gehemmt, und zwar vor Beginn der schon früher festgestellten Eiweißspaltung, die normal das Leben der Blüte begrenzen.

Im Zusammenhang mit blütenbiologischen Verhältnissen kommt ANDRÉANSZKY zu umfassenden, an entscheidenden Stellen freilich hypothetischen Vorstellungen über die Entwicklung der Blütenpflanzen. Im Devon, mit dem Auftreten von Landpflanzen, erfolgt die Bestäubungsvermittlung erstmals ohne Zuhilfenahme des Wassers. Die *Cordaiten* z.B. seien vermutlich windblütig gewesen, während die Bestäubungsart der *Bennettiten* leider unbekannt ist. Aber die primitiven *Angiospermen* seien typisch insektenblütig gewesen. Seit dem Ende der Jurazeit breiten sie sich unter Verdrängung der älteren Waldtypen aus dem Tropengebiet polwärts aus; ihre Artenfülle nimmt zu. Bei der weiteren Expansion werden sekundär windblütig gewordene Gruppen entscheidend, teils Einzelformen (*Fraxinus excelsior* z.B.), teils große Verwandtschaftskreise (*Amentaceen*). Dieses Vorherrschen der Windblütigkeit in den gemäßigten Zonen gilt indessen nur für Bäume, schon nicht mehr für Sträucher. Mit Windblütigkeit ist oft Vorblütigkeit in diesen artenarmen Wäldern verbunden. Die Windblütigkeit mag wohl einen Ökologismus darstellen; andererseits ist sie aber doch auch tief im genetisch bedingten Organisationstyp begründet, wenn man will, zweckmäßig ohne selektive Überlegenheit. In diesem Zusammenhang ist es von gewissem Interesse, was CALVINO aus reichlichem Material herleitete, daß Pollen mit Stärke als Reservestoffe fast nur bei Anemogamen und überwiegend phylogenetisch älteren Gruppen vorkommt, Pollen mit Fettreserve bei Insektenblütlern und jüngeren Gruppen.

Verbreitung, Samenkeimung.

Als keimhemmende Stoffe bezeichnet Niemann Stoffe, welche unter einigermaßen natürlichen Bedingungen aus unverletzten Samen oder Früchten ins Keimsubstrat austreten und die Keimung der eigenen oder anderer Arten hemmen, unter Umständen in gewissen Konzentrationen auch fördern. Er untersuchte über 100 Arten von Samen und trockenen Schließfrüchten und fand in der Mehrzahl der Fälle solche Stoffe im wäßrigen Auszug. Die Wirkung beruht oft auf Hemmung der Keimwurzel schon vor dem Durchbruch. Besonders stark wirkende Hemmstoffe fanden sich bei *Chenopodiaceen* und *Umbelliferen*, Familien, die vielfach durch starken Geruch auffallen. Besonders aus der Fruchtwand ließen sich Hemmstoffe gewinnen, die freilich meist keine physiologisch hochwirksamen Stoffe sind. Ihre Wirkung geht beim Altern ziemlich rasch zurück. Bublitz fand im freien Bodenwasser von Fichtenwaldstreu gelöste, auf Fichten- und Kiefernsamen wirksame Stoffe, die erhebliche Keimhemmung verursachen. Es scheint, daß sie auch in der Natur unter Umständen bis zu ökologischer Wirksamkeit angereichert werden können. Winter und Bublitz (1) wiesen auch im abgefallenen Buchenlaub im Februar keimhemmende Stoffe nach, die in älterem Laub nicht mehr vorhanden, vielleicht ausgewaschen waren. Es könnte sein, daß das Umwühlen der obersten Buchenstreuschicht die dann erfolgende bessere Keimung der Buchensamen mitbedingt. Wie schwierig das Aufkommen von Sämlingen in der Natur sein kann, zeigte Zöttl, der im Hochgebirge künstliche Aussaatversuche mit reifen, geeigneten Samen ausführte. Nur Samen gesellschaftseigener Arten keimten überhaupt aus und auch diese nur zu geringem Anteil. Das Vordringen der Vegetation, z.B. in Kalkgeröll, geschieht hauptsächlich vegetativ. Samen von *Gentiana*-Arten keimen oft nach einer Nachreifezeit, bei der sie bei etwa 2—3° feucht gehalten werden. Trockene Kälte hilft nichts. Nach tieferen Temperaturen (— 10°) kann Nachreife ebenfalls erfolgen (Favarger). Die Samen von *Populus* verlieren ihre Keimfähigkeit bekanntlich schon nach einigen Wochen. Über $CaCl_2$ im Vakuum bleibt die Keimkraft $1^1/_2$ Jahre erhalten, wenn auch nicht in voller Höhe. Das rasche, starke Austrocknen der Samen ist das Entscheidende; die Temperatur ist weniger wichtig (Grehn).

Im Gegensatz zu der eingeschleppten *Poa bulbosa var. vivipara*, die sukkulente, dürreresistente Bulbillen besitzt und auf trockenen, wüsten Plätzen vorkommt, besitzen die fünf in Großbritannien einheimischen viviparen Grasarten, alle arktisch-alpiner Herkunft, zarte und dürreempfindliche Bulbillen. Diese können nur in feuchtem Klima bzw. an feuchten Standorten wirksam werden, besonders wenn die Vegetationsdecke geschlossen ist; denn sonst ist die Vertrocknungsgefahr vor der Einwurzelung zu groß. Demgemäß ist die lokale Verbreitung dieser Arten. Die Viviparie, verbunden mit geringer Blühneigung, ist erblich festgelegt und wohl als Mutation zu bewerten. Weder die Annahme, daß hybridogene Entstehung für solche Viviparen anzunehmen ist, erscheint hinreichend begründet, noch der Hinweis auf die gesteigerte oder unregelmäßige Chromosomenzahl als Ursache (WYCHERLEY).

Symbiosen.

Mehr als 30 Jahre nach dem grundlegenden Werk des Zoologen PAUL BUCHNER „Tier und Pflanze in intrazellulärer Symbiose" (1921) ist unter verändertem Titel eine Neubearbeitung erschienen und zeigt einerseits die Fülle des Neuen, aber auch die Menge dessen, was noch erforscht werden muß. Eine Ausweitung des Symbiosebegriffs auf diesbezüglich so fragwürdige Dinge wie Mitochondrien usw. ist dem Charakter des Werkes gemäß nicht erfolgt. Zu der gewaltigen Ausweitung und Vertiefung der Morphologie und Anatomie der für die Symbiose in Betracht kommenden Organe sind daraus abgeleitete stammesgeschichtliche Überlegungen bezüglich der Wirte gekommen, von oft eindrucksvoller Weite und Überzeugungskraft. Die experimentelle Erforschung hat vieles über Entwicklungs- und Stoffwechselphysiologie, über die man noch vor einigen Jahrzehnten sehr wenig wußte, aufgeklärt (Vitaminversorgung, Exkretstoffe, Beseitigung von Endprodukten usw.). Damit ist ein begründeter Einblick in die Ökologie dieser Symbiosen gewonnen worden, mag auch noch sehr vieles im einzelnen ungenügend bekannt sein. Besonders eindrucksvoll erscheinen die Plurisymbiosen mit bis zu sechs verschiedenen, zum Teil örtlich getrennt untergebrachten Partnern. Im Anschluß daran sei lediglich auf eine Arbeit von TOTH hingewiesen, wonach sowohl *Termiten* wie *Aphiden* bakterielle Symbionten besitzen, die Stickstoff assimilieren können. Bakterien mit gleicher Fähigkeit gibt es auch im Verdauungstraktus von Wiederkäuern, wobei freilich bei dem Reichtum des Substrates an gebundenem Stickstoff diese Fähigkeit vielfach gehemmt bzw. unterdrückt wird.

Seiner Theorie, daß Bakterien regelmäßig in vielen lebenden und gesunden Zellen vorkommen, aber bisher fälschlich als unselbständige Zellbestandteile angesehen wurden, hat SCHANDERL nun die Behauptung zugefügt, mit seiner neuen Methode lasse sich eindeutig beweisen, daß aus Zellbestandteilen Bakterien sich entwickeln könnten, so aus den Zellkernen bei deren Zerfall und in riesigen Mengen aus den Plastiden. Beides halten die meisten Urteilsberechtigten für höchst fragwürdig, mindestens für unbewiesen, nicht wenige für gänzlich abwegig (vgl. z.B. STAPP).

Einen höchst dankenswerten, kritischen Überblick über die derzeitigen Kenntnisse von der Mycorrhiza, insbesondere die physiologischen Beziehungen zwischen den beiden Partnern, gibt einer der erfolgreichsten Forscher auf diesem Gebiet, E. MELIN, begleitet von einem ebenso dankenswerten Literaturverzeichnis. Seit BURGEFF 1936 das grundlegende Werk über die *Orchideen*-Mycorrhizen veröffentlichte, sind nur wenige größere Entdeckungen auf diesem Spezialgebiet mehr gemacht worden; während die Erforschung der ektotrophen und ektendotrophen Mycorrhiza der Waldbäume besser vorankam. Da nur in wenigen Fällen der Pilzpartner sicher bestimmt werden konnte, so bleibt die Meinung, fast jede Pilzart könne auch Mycorrhizen bilden, mindestens unbewiesen. Bisher konnte für etwa 50 Pilze experimentell bewiesen werden, daß sie als Partner bei Waldbäumen auftreten, allen voran einige wenige *Hymenomyceten*-Gattungen. Der Nachweis für andere *Basidiomyceten* scheint nicht oder höchstens für wenige Fälle erbracht. Hingegen dürften nach neuen Befunden die *Rhizoctonia*-Endophyten der Orchideen, aber auch von gewissen Lebermoosen, doch Basidiomyceten sein, wahrscheinlich auch die Partner bei *Monotropa* und *Pirola*. Den meisten ektotrophen und ektendotrophen Pilzen fehlt die Fähigkeit, Cellulose abzubauen, während die meisten Orchideenpilze sowohl Cellulose wie Lignin als Kohlenstoffquelle ausnutzen können. In Reinkultur wird das Wachstum von Baumpilzen auch bei Gegenwart von Ammonium durch gewisse Aminosäuren (besonders Glutaminsäure) sehr gefördert; offenbar weil sie letztere nicht oder nicht rasch genug synthetisieren können. Die Orchideenpilze können organische und anorganische Stickstoffverbindungen ausnützen. Die Pilzpartner der Bäume sind bezüglich der Vitamine zum Teil heterotroph, aber schon bezüglich z.B. des Thiamins in verschiedener Weise und verschiedenem Ausmaß. Bei den Orchideenpilzen weiß man darüber noch wenig. Die zuweilen außerordentliche Wachstumssteigerung in Kulturen der Baumpilze durch Bodenauszüge, Baumwurzelausscheidungen usw. beruht meistens auf noch unbekannten Stoffen. Ähnlich verhält es sich mit der Sporenkeimung. Die Theorie von BJÖRKMAN, hoher Gehalt der Wurzelzellen an löslichen Zuckern befördere direkt die Mycorrhizaentwicklung in Baumwurzeln (Lichtverhältnisse, Stickstoff- und Phosphorernährung, also indirekt), hat manche neue Stütze gefunden. Aber es gibt auch Befunde, die sich nicht derart erklären lassen, bei denen nämlich der Pilz mit Kohlenhydraten reichlich aus dem Boden versorgt wird. Vielleicht bestimmen auch hemmende Exkretstoffe der Wurzel, ob diese oder jene Pilze Zutritt zur Wurzel finden. Gunst oder Ungunst des Bodens für das Wachstum der Mycorrhizapilze, besonders hinsichtlich seines Vitamingehalts, ist ein wichtiger, im Experiment oft übersehener Faktor für die Ausbildung der Baummycorrhizen in der freien Natur. Wenn auch die meisten dieser Pilze azidophil sind, so doch in verschiedener Weise, was die Ausbildung und Art der Mycorrhiza wesentlich mitbestimmt. Hemmstoffe bzw. Antibiotika, erzeugt von Bodenmikroben, vermögen die Entwicklung der Mycorrhizapilze stark zu beeinträchtigen, ebenso auch wasserlösliche Stoffe, die bei der Zersetzung abgefallener Blätter zunächst entstehen. Es konnte experimentell wahrscheinlich gemacht werden, daß die starken Änderungen in der Gestalt der Baumwurzeln durch Mycorrhizabildung auf Wuchsstoffen beruhen, die von den Pilzpartnern ausgeschieden werden. Ähnlich scheint es bei manchen Orchideen zu sein.

Die seit langem vertretene Meinung, die ektotrophe und ektendotrophe Mycorrhiza der Bäume sei für die Stoffaufnahme derselben von Bedeutung, ja manchmal unter gewissen Umständen unentbehrlich, hat durch mehrere neue Befunde Bestätigung erfahren. In kontrollierten

Vergleichskulturen mit bzw. ohne Mycorrhiza war bei ersteren Entwicklung und Gesundheitszustand weit besser; die stark geförderte Aufnahme von Stickstoff, Phosphor und Kalium, zuweilen um ein Mehrfaches, ließ sich direkt nachweisen. Nach der einen Theorie (STAHL, HATCH) wirkt dabei die Mycorrhiza im Grunde genommen einfach wie ein besonders leistungsfähiges Wurzelsystem. Mancherlei Gründe dafür ließen sich experimentell beibringen, unter anderen auch der direkte Nachweis der Ionenaufnahme durch die Pilzhyphen durch Verwendung radioaktiver Isotope. Nach der anderen Theorie (MELIN) kommt hinzu, daß die Pilze auch organische Stoffe, insbesondere Stickstoffverbindungen, dem Baum zuführen können, was in der Natur mindestens unter Umständen wesentlich sein mag. Daß Orchideen, mindestens die holomycotrophen Arten und die entsprechenden Jugendstadien der grünen, völlig von der Stoffzufuhr durch ihre Pilze abhängig sind (BURGEFF), haben auch neue Befunde erwiesen. Im Folgestadium sind die grünblättrigen Orchideen von ihrem Pilz weniger abhängig; ja er fehlt dann zuweilen ganz. Bei der Keimung und ersten Entwicklung kommt Versorgung mit Wirkstoffen (Vitamine, Auxine usw.) in offenbar verschiedenem Außmaß dazu. Auch beim Wachstum von Baumwurzeln, insbesondere bei der Ausbildung der koralloiden Kurzwurzeln, dürften vom Pilzpartner erzeugte Wuchsstoffe bedeutungsvoll sein. Ob eine allgemeine Wachstumsförderung derart erfolgt, ist noch zweifelhaft. Für die Meinung, der Pilz sei lediglich ein Epiphyt auf der Wurzel, gibt es keine hinreichenden Anhaltspunkte; wohl aber dafür, daß es sich primär um einen parasitischen Befall handelt, der entsprechend abgelenkt bzw. ausgenutzt wurde (funktionelle Einheit im Gleichgewicht, wie auch bei Orchideen). Abwehrstoffe sind bekannt und regeln z.B. die Ausbreitung des Pilzes in der höheren Pflanze. Bei der Baummycorrhiza dürfte der Pilz vom Baum Kohlenhydrate beziehen (energetischer Parasit) und ist vielfach derart von diesem abhängig geworden, daß er ohne Verbindung mit Wurzeln nicht mehr gut zu wachsen und vor allem nicht zu fruchten vermag. Bei der typischen Orchideenmycorrhiza führt der Pilz offenbar im Boden löslich gemachte Kohlenhydrate der höheren Pflanze zu; er erhält anscheinend von deren Zellen gewisse, noch unbekannte Stoffe. Ob die Versorgung der Pilze der Baummycorrhiza mit gewissen Wirkstoffen (Vitamine usw.) von seiten des Baumes wesentlich ist, bleibt unsicher; der Pilz scheint das ihm diesbezüglich Fehlende im Boden zu finden.

Vieles muß noch erforscht werden, nicht nur weiterhin das gegenseitige physiologische Verhalten, sondern z.B. das Verhalten der Mycorrhizapilze im Boden außerhalb der höheren Pflanze, ihr Verhältnis zu den anderen Bodenmikroben, die Gestaltung des symbiontischen Gleichgewichts unter verschiedenen Umständen usw. Eine Übersicht über Grundlagen und Probleme der Mycorrhizaforschung in ihrer Bedeutung für die Forstwirtschaft lieferte, begleitet von einem reichhaltigen Literaturverzeichnis, BERGEMANN.

An jüngst erschienenen einschlägigen Arbeiten seien zwei von MELIN und NILSSON angeführt. In der einen (1) wird durch Einführung von Radiostickstoff N^{15} in Ammonium nachgewiesen, daß bei Kiefernjungpflanzen mit *Boletus edulis*-Mycorrhiza die Pilzhyphen aus Ammonsalzlösungen dem Wurzelgewebe gebundenen Stickstoff zuführen, von wo er sich in der ganzen Pflanze verteilt. Ähnlich dürfte es bei anderen Mycorrhizen auch sein; für Phosphor war der entsprechende Nachweis schon ähnlich geführt worden. In der zweiten (2) wird mit ähnlicher Methodik auch die Aufnahme von Glutaminsäure nachgewiesen. Für andere Aminosäuren dürfte das gleiche gelten. HARLEY und MCCREADY ließen durch abgeschnittene oder auch an der Wurzel befindliche Spitzen von Buchenmycorrhizen aus Nährlösungen radioaktiven Phosphor aufnehmen. 90% der aufgenommenen Menge fanden sich im Pilzmantel. Die unmittelbar anschließenden Probleme sind noch ungelöst. LEVISOHN kultivierte Sämlinge von *Chamaecyparis Lawsoniana*, einer auch endotroph verpilzten Art, in unsterilisiertem, armem Boden. Zugabe des Pilzes *Rhizopogon luteolus*, der sonst häufig ektotrophe Mycorrhizen bildet, hatte auch dann starke Förderung der Sämlinge im Gefolge, wenn zwischen Sämlingen und Pilz keine unmittelbare Berührung stattfand. Das weist auf die Bedeutung des Bodenaufschlusses, Bildung von Wirkstoffen oder dgl. hin. HENRIKSSON konnte Sämlinge der Orchidee *Thunia* auf Glucoseagar auch ohne Pilze ganz gut zur Entwicklung bringen. Vitamin B_6 stimulierte zwar die Keimung, hemmte aber die Weiterentwicklung und beeinträchtigte die stark stimulierende Wirkung von Nikotinsäure. Es liegen also recht komplexe Verhältnisse vor.

Die Schwierigkeit der morphologischen Deutung geht aus einer Arbeit von SKEPPSTEDT hervor. Er untersuchte eingehend die schon bekannte Mycorrhiza von *Dryopteris Linnaeana* und kam zu dem Schluß, daß unter der Bezeichnung „Vesikeln" möglicherweise recht Verschiedenes verstanden wird, Sporangien, Speicherorgane, zuweilen vielleicht auch Oogonien.

SIEVERS fand bei allen kultivierten *Allium*-Arten starke Wurzelverpilzung, und zwar, von wenigen Ausnahmen abgesehen, auf Böden aller Art. Gewöhnlich war der größte Teil der Wurzeln verpilzt. Es scheint sich um schwache, obligate Parasiten zu handeln, die offenbar stark einseitig angepaßt sind; denn Reinkultur gelang nicht. Die Infektion erfolgt durch die Epidermiszellen hindurch, die Weiterverbreitung intercellulär im Wurzelparenchym. In den Rindenzellen werden Arbuskeln gebildet und lebhaft „verdaut". Bei *Solanaceen* fand sich Mycorrhiza in knapp der Hälfte der 50 untersuchten Arten und Formen. Bei Kartoffeln fehlte sie auf Kulturland oft. Es scheint sich um die gleiche oder mindestens eine ähnliche Art wie bei *Allium* zu handeln, mit querwandlosen Haupthyphen und unregelmäßig septierten Seitenhyphen. Auch hier scheint schwacher Parasitismus vorzuliegen. Ein Einfluß auf die Knollenbildung, wie das früher manchmal behauptet worden war, ließ sich nicht nachweisen. Die weite Verbreitung der endotrophen Mycorrhiza bestätigen auch WINTER und BIRGEL. Sie fanden sie bei 96 von 173 Gartenpflanzen.

Bezüglich der Flechten warnt TOBLER (1) davor, Einzelbefunde zu verallgemeinern. Gewiß seien die sog. „Flechtenstoffe" (oft Farbstoffe) Anzeichen für die gelungene ernährungsphysiologische Synthese, für die Symbiose. Allein auch diesen Satz darf man nicht schrankenlos erweitern. Es gibt (2) weiterhin unvollendete, gleichsam testende Konsortien, noch unvollkommen entwickelte Flechten. Denn mag auch der Typ der Flechten phylogenetisch recht alt sein, auch heute noch ist er in Entwicklung. Zu gleicher Ansicht kommt auch MATTICK hinsichtlich der Gemeinschaften der landbewohnenden Grünalgen aus der Gruppe *Trentepohlia* mit Pilzen. Hier ist die Symbiose oft noch recht locker und wenig konsolidiert.

Stickstoffbindung durch Symbionten hat neuerdings DOUIN nachgewiesen. Die Endophyten der *Cycadeen*-Wurzeln, die übrigens nicht zu *Nostoc punctiforme* gehören (Bakterien sind unbeteiligt), wachsen gut auf N-freier, zuckerhaltiger Nährlösung; die von ihnen erfüllten Cycadeenwurzeln sind reicher an N-Verbindungen. Ob diese Beobachtungen hinreichen, mag fraglich sein. Unsicher ist auch der Befund von STEVENSON. Bei vielen *Rubiaceen* Neuseelands (Bäumen, Sträuchern und Kräutern) wurden Blattknötchen gefunden, die Bakterien enthalten, deren größere durch anatomische Sonderdifferenzierung ausgezeichnet sind. Da viele dieser Arten auf sehr stickstoffarmem Boden gut gedeihen, wird, vielleicht in Analogie zu *Pavetta* usw., Stickstoffassimilation vermutet.

Pflanzengesellschaften, Konkurrenz.

In vielen neueren Arbeiten über Pflanzengesellschaften findet sich viel, freilich recht verschiedenartiges, Material, das für die ökologische Wissenschaft der Zukunft ähnliche Bedeutung haben wird wie dereinst die Beschreibung neuer Pflanzenarten für den Aufbau und Fortschritt der Systematik. Auf diese Einzelheiten kann aber hier im allgemeinen nicht eingegangen werden. Erfreulich ist, daß auch die Ökologie der Floren der Vorzeit durch sorgfältige Untersuchungen allmählich eine Aufhellung findet, die nicht mehr allzu phantasievoll zu sein braucht. Für ältere Floren haben das Paläontologen schon vielfach und mit Erfolg versucht. POTONIÉ legt neuerdings wieder kurz dar, wie aus den fossilen Resten die Paläobiologie der karbonischen Pflanzenwelt erschlossen werden konnte und damit die Grundlage für die Theorie der Entstehung der Steinkohle, die trotzdem noch manche Rätsel birgt, geschaffen wurde. In ausgeglichenem, nicht allzu warmem, aber feuchtem Klima bildeten Farne und *Pteridospermen* immerfeuchte, subtropische Regenwälder mit sehr hohem Grundwasserstand bei gelegentlichen Überflutungen. Das scheint nun unter Ausschluß mancher andersartigen Theorien hinreichend festzustehen. Durch Analogieschluß mit der rezenten Vegetation lassen sich auch mancherlei ökologische Einzelheiten hinreichend sicher feststellen. Nicht zuletzt pollenanalytische Untersuchungen, ausgeführt unter Ausnutzung der übrigen Möglichkeiten, gestatten Einsicht in die ökologischen Verhältnisse der Interglazialzeiten (RABIEN, mittleres Hannover; LÜDI, Alpenvorland der Schweiz; REICH, Alpenvorland in Oberbayern).

Eine ausführliche Darstellung der Synökologie als Ökologie der Lebensgemeinschaften, in der sehr viel Material verarbeitet wurde, legte DICE vor, auf welches Werk hier besonders verwiesen sei. Mit vollem Recht weist DANSEREAU darauf hin, daß bei genetischen Untersuchungen, wenn sie auch phylogenetische Auswertung erfahren sollen, gerade auf ökologisch wichtige Eigenschaften besondere Aufmerksamkeit gelenkt werden sollte. Um welche Eigenschaften es sich dabei handelt, wird dargelegt und die Verwendbarkeit für die Erklärung von Arealen, Pflanzengesellschaften usw. dargetan. Die enge Zusammenarbeit von Morphologie und Genetik einerseits mit der Ökologie andererseits kann sehr fruchtbar werden. Auf sehr interessante Darlegungen von WALTER sei schon jetzt hingewiesen, obwohl es sich um eine vorläufige Mitteilung über das „Gesetz der relativen Standortskonstanz" und „das Wesen der Pflanzengemeinschaften" handelt. Denn sie sollen auch zur Behebung von Dogmatismus dienen und das kann man nicht früh genug tun. Die Pflanzengesellschaften gelten den Verfassern nicht als in sich geschlossene Einheiten auf höherer Ebene, sondern als Kombination von Einzelpflanzen, die sich infolge des Wettbewerbs zwischen Individuen der gleichen oder verschiedener Arten zu einer dem Standort angepaßten Lebensgemeinschaft zusammengefunden haben. Mancher wird sich vielleicht verwundert fragen, wie man diesbezüglich auf andersartige Ideen kommen konnte. Jedenfalls müssen Vegetationskunde und Ökologie zu gegenseitigem erheblichem Vorteil zusammenarbeiten. Daß zu einer vollständigen Darstellung eines Pflanzenvereins auch die Pilze gehören, ist klar, und so ist es dankenswert, daß COOKE Grundzüge für eine Standortsökologie der höheren Pilze versucht. Die Sache ist freilich aus verschiedenen Ursachen schwierig. Das hebt auch HUECK hervor. Die Schwierigkeiten bestehen zunächst in recht äußerlichen, aber praktisch entscheidend wichtigen Dingen (Zufälligkeit und Launenhaftigkeit im Erscheinen der oft recht kurzlebigen Fruchtkörper; Unklarheiten bezüglich der Pilzsystematik). So ist die Erkenntnis trotz vorhandenem und sogar zunehmendem Interesse erst in den Anfängen. Es empfiehlt sich vorläufig, die Vergesellschaftung der Pilze auch unabhängig von der Soziologie der höheren Pflanzen zu erforschen. Die Methoden und Begriffe der letzteren sind dabei nur zum Teil brauchbar.

Unter Heranziehung von etwa 200 Arbeiten gibt GRÜMMER eine Übersicht über das Gebiet der „Allelopathie" im Sinne von MOLISCH, d. h. die Einwirkung durch spezifische Stoffwechselprodukte von einer höheren Pflanze auf die andere, also zum Teil sehr moderne, oft wenig beachtete, aber sehr beachtenswerte Gebiete (Gasausscheidungen der oberirdischen Teile; Wurzelausscheidungen; Pflanzengesellschaften, auch Unkräuter und Kulturpflanzen; heteroplastische Pfropfungen; parasitische höhere Pflanzen und ihre Wirte; Pollengemische; Strahlenwirkungen). Es fragt sich, ob es zweckmäßig ist, so sehr verschiedenartige Dinge zu vereinen. Übrigens hat das sinnlose Gerede über „Strahlenwirkungen", wie es außerhalb der Wissenschaft luxurierte, inzwischen etwas nachgelassen.

Daß sich Bewohner des gleichen Standorts bei einigermaßen gleichartigen Lebensansprüchen gegenseitig bedrängen, ist offensichtlich, und die Bedeutung des Konkurrenzfaktors wird immer mehr beachtet. Was sich ereignen kann, wenn man ihn mildert, zeigt Assmann mit der mathematischen Prägnanz, die bei guten forstlichen Aufnahmen üblich ist. Wenn man im Forst einen Teil der Individuen wegnimmt, also durchforstet, so braucht die Ertragsleistung nicht zu sinken; die Amplitude der Bestockungsdichte für gleiche bzw. auch maximale Leistung ist sogar recht groß; allerdings auch stark verschieden je nach Baumart und Standortverhältnissen. Die Buche kann bei 0,5 der größtmöglichen Bestandesdichte unter Umständen noch maximale Holzzuwachsleistung ergeben; die Fichte noch bei 0,65; die Tanne noch bei 0,8. Man könnte diese aus wirtschaftlichen Gründen erhobenen Befunde recht schön bezüglich der Ökologie dieser Holzarten auswerten. Die Baumschicht beeinflußt natürlich den Unterwuchs. Teivainen weist z.B. nach, wie stark ein Fichtenoberwuchs die Heidelbeerdecke fördert; Ovington weist den Einfluß des Oberbestandes je nach seiner Art auf die weitere Bodenentwicklung nach. Welcher Art der Wald ist, der spontan auf verlassenen Ackerflächen erscheint, das wird zuweilen schon in der ersten Phase der Entwicklung entschieden. Wenn in Nordkarolina Kiefern (besonders *Pinus taeda*) über Laubbäume (z. B. *Liquidambar*) stark überwiegen (Bormann), so deshalb, weil die Sämlinge der ersteren besser Trockenheit in der Keimphase überdauern, weil ihre Jungpflanzen dürreresistenter und überhaupt für kahlen Boden besser geeignet sind. Das allein macht es aber nicht; sondern besonders bei wiederholter rasch aufeinanderfolgender Waldvernichtung ist mitentscheidend die in jüngerem Alter erfolgende Fruktifikation der Kiefern, deren Samen also auch zahlenmäßig weit überwiegen. Wenn auch auf abgebrannten und nichtabgebrannten Flächen in Südkalifornien ein auffallend verschiedener Neubewuchs erscheint (Went und Juhren), so liegt die Ursache in starken Bodenveränderungen durch das Feuer. Übrigens ließen sich auch in Bodenextrakten Hemmstoffe nachweisen, die je nach Art des vorausgehenden Überstandes verschieden sind. Solche spielen auch eine erhebliche Rolle in der Entwicklung der einjährigen Vegetation unter Sträuchern von *Encelia* bzw. *Franseria* in der Halbwüste Kaliforniens (Muller). Man muß aber bei Betrachtungen über die bei der Konkurrenz wirksamen Faktoren vorsichtig sein, der Augenschein kann trügen. *Cyanophyceen* z.B. entwickeln sich auf nacktem Boden besser, als wenn eine Krautschicht von Gräsern und Klee vorhanden ist. Knapp und Lieth zeigen, daß nicht die Beschattung, sondern vorwiegend die Nährsalzkonkurrenz (PO_4 bzw. K) Ursache ist. Die Konkurrenz in der Natur täuscht auch zuweilen bei Betrachtungen über die physiologische Eigenheit von Arten mit sehr speziellen Standortansprüchen. *Arnica* kommt nach Knapp (2) in der Natur nur auf stark saurem Boden und nur in bestimmten Rasengesellschaften vor. Die Samen keimen aber im künstlichen Keimbett auch auf kalkreichem, stark alkalischem Boden; die Pflanzen sterben dann freilich später unter Chlorose ab. Aber sie gedeihen bei Ausschaltung der Konkurrenz wenigstens auf neutralem Boden gut.

Järnefelt meint, es sei nicht ohne weiteres möglich, den biologischen Zustand eines Sees allein durch Untersuchung des pflanzlichen

Planktons sicher zu bestimmen. Es gäbe nur wenige Arten, für die das ausschließliche Vorkommen in oligotrophen Seen einigermaßen sicher sei.

In den Beziehungen der Organismen zueinander mögen auch Stoffe wie die antibiotisch wirkenden, wie man sie heute vor allem für medizinische Zwecke erforscht, eine Rolle spielen. Sie sind jedenfalls sehr verbreitet. Aus dem Pilzreich sind zur Zeit etwa 100 bekannt (BRIAN). Weit mehr als die Hälfte davon ist derzeit auch schon chemisch charakterisiert; allein aus *Penicillium* und *Aspergillus* kennt man über 30, aus anderen höheren Pilzen noch nicht ein Dutzend (z.B. einen aus *Psalliota campestris* (BOSE)]. Chemisch sind die antibiotischen Stoffe keinesfalls einheitlich; viele von ihnen tragen Säurecharakter und sind lipoidlöslich, aber nur schwer in Wasser löslich. WINTER und BUBLITZ (2) wiesen antibakterielle Stoffe im Fichtenhumus nach. Die schlechte Streuzersetzung im reinen Fichtenwald mag zum Teil darauf beruhen. Sie sind besonders bei hoher Azidität wirksam, worauf der Erfolg einer Kalkung für die raschere Streuzersetzung teilweise zurückgeführt werden könnte. Worauf die Keimhemmung der Pilzsporen auch gewöhnlicher Bodenpilze beruht, wie DOBBS und HINSON in Böden verschiedenster Art bis 2 m Tiefe feststellen konnten, ist noch unklar. Es scheint sich um die Anwesenheit noch unbekannter organischer Stoffe zu handeln, die aber von den antibiotischen Stoffen der üblichen Art verschieden sind. Ihre hemmende Wirkung wird durch Glucose aufgehoben; ebenso durch gewisse Stoffe aus absterbenden Mikroben. So erfolgt die Keimung der Pilzsporen nur „inselartig" zwischen Hemmgebieten.

Parasitismus, Heterotrophie.

Die Polyphagie mancher *Cuscuta*-Arten ist bekannt. GAERTNER zeigt, wie in einem botanischen Garten von 128 dem Befall leicht zugänglichen Arten aus 44 Gattungen nicht weniger als 45 Arten befallen wurden. WALZEL fand, daß in *Cuscuta Gronowii*, die auf Blättern und Stengeln von *Nicotiana tabacum* parasitiert, kein Nicotin aus dem Wirt übergeht.

Die theoretisch und praktisch wichtige Frage der Immunisierung nach Befall hat BAZZIGHER für den Fall von *Botrytis cinerea* auf *Phaseolus vulgaris* untersucht. Schon früher war eine Verminderung der Anfälligkeit durch Keimenlassen auf Kulturfiltraten des Pilzes behauptet worden. Die positiven Ergebnisse schienen aber nicht ganz beweiskräftig. In neuen Versuchen gleicher Art wurde nun nachgewiesen, daß derart die Anfälligkeit tatsächlich abnimmt, und zwar, gemessen nach der Größe des Schädigungsbereiches nach örtlicher Infektion, um etwa 25%.

Die starken biotischen Schädigungen in Kulturforsten, z.B. auch durch Pilze, hat man oft auf deren Unnatürlichkeit zurückgeführt. WHITE zeigte nun, daß in natürlichen Beständen von *Pinus Strobus* in Ostkanada schon in 60jährigem Alter 40% der Stämme pilzbefallen sind, im Alter von 200 Jahren nahezu alle, wobei äußerlich der Befall sehr häufig kaum hervortrat. Im 200jährigen Bestand waren etwa

40% der Gesamtholzmasse mehr oder minder zerstört. Von den 13 gefundenen holzzerstörenden Pilzen hatte allein *Fomes pini* 90% des Gesamtschadens angerichtet.

Die Substanzen, die den Holzabbau verhindern, sind noch ziemlich ungenügend bekannt. In dem fäulnisresistenten Holz von *Robinia Pseudacacia* fanden FREUDENBERG und HARTMANN in Menge ein Oxyflavanon, das mit dem Taxifolin aus *Pseudotsuga Douglasii* isomer ist und sich leicht in das Flavonol Robinetin umwandeln läßt. Dieses kommt gleichfalls im Robinienholz vor und wirkt stark pilzwidrig. FISCHER konnte in halb oder ganz zerstörtem Holz keine spezifisch ligninabbauenden Bakterien finden. Im Boden gibt es solche sicherlich, die sich am Holzabbau beteiligen. Buchenholzlignin wird rascher durch Bakterien aus Buchenwalderde abgebaut als durch solche aus Fichtenwaldboden; das Entsprechende gilt für die Fichte. Letztere ertragen hohe Azidität. Cellulose greifen sie nicht an. Am Ligninabbau sind weiter beteiligt *Imperfecti*, besonders *Fusarium*-Arten. Der bakterielle Abbau erfolgt aerob. Von den Holzzerstörern ist nach KÜHLWEIN und ZOBERST der Hausschwamm *Merulius lacrymans* völlig aneurin-heterotroph, wie Gleiches schon für etwa 40 *Polyporus*- und *Fomes*-Arten nachgewiesen wurde.

Produktionsgröße.

Die altbekannte und naheliegende, aber oft wenig beachtete, wichtige Tatsache, daß Trockenheit durch erzwungenen Stomataschluß die Assimilation hemmt, fand in einer sehr dankenswerten Arbeit von PISEK und WINKLER Beachtung. Das hydroaktive Schließen der Spaltöffnungen, das gegebenenfalls das photoaktive Öffnungsbestreben übertrifft, erfolgt bei Schattenpflanzen und offenbar den meisten Bäumen schon, bevor eine erhebliche Senkung der Hydratur eingetreten ist; bei Kräutern sonnig-trockener Standorte erst nach einer solchen.

Im Bestreben, den Flächenertrag an organischer Substanz durch Assimilation am Licht zu erhöhen, hat man wiederholt die Verwendung von Algen als Kulturpflanzen besonderer Art vorgeschlagen. WEISS hält die Gattung *Chlorella* für eine der wenigen, die sich derart für Massenkultur eignet. Der Ernteertrag in unserem Sommerhalbjahr wird mit 24 kg Frischsubstanz = 6 kg Trockensubstanz pro m² angegeben, was außerordentlich viel ist. BENDER weist auf die große Überlegenheit der Hefen beim Aufbau von Proteinen unter Verwendung anorganischer Stickstoffverbindungen hin. Sie sind vielfach besonders geeignet, Abfallstoffe organischer Natur in hochwertige Stoffe zu verwandeln. Die Verfütterung an Tiere ist vielfach ebenso unwirtschaftlich wie ein großer Teil der üblichen Kulturpflanzen überhaupt.

Einzelne Umweltfaktoren, Spezialfälle.

SCHMIDT ist der Ansicht, daß die Angabe der Länge der Jahresperiode mit mehr als $+5°$ Tagesdurchschnitt ein guter Ausdruck für das Wärmeklima eines Ortes sei. Die Veränderung der nachgewiesenen Ökotypen mancher Waldbäume erfolge kontinuierlich mit dem Wärmegefälle. Die lange bekannte Tatsache, daß gewisse Hochgebirgspflanzen im Tiefland fehlen und dort auch nicht kultiviert werden können, beruht nach DAHL auf der zu hohen Sommertemperatur, wie man durch Vergleich geeigneter Standorte feststellen könne. Aber auch andere Faktoren sind dabei wirksam. Die Bedeutung botanischer Methoden für geologische Aufnahmen hebt TKALIČ hervor und nennt dabei die auffällige Verschlechterung des Graswuchses auf erzhaltigem Boden, die Galmei- und Selenpflanzen, die Kalk- und Salzgewächse und die abnorme und unerwartete Gestaltung von Pflanzenvereinen. Die Aufnahme ungewöhnlicher Elemente aus dem Boden kann nach Veraschung der Blätter spektroskopisch untersucht werden.

LANGE untersuchte experimentell das physiologische Verhalten, insbesondere die Trockenresistenz, von verschiedenen Flechtenarten aus verschiedenen Gegenden. Die Resistenz ist in gewissem Ausmaß modifikativ nach den Standortbedingungen wandelbar, aber sowohl Hitze- wie Trockenresistenz anscheinend auch weitgehend art- und sippenspezifisch festgelegt. Auf kleinstem Raum gibt es größte Unterschiede der Lebensbedingungen. Thallustemperaturen von 70° wurden auch in Deutschland gemessen, solche von etwa 80° sind wahrscheinlich. In unserem Klima gibt es aber exzessive Trockenperioden von mehr als höchstens einigen Wochen Dauer nicht. Im ganzen wurden weitgehende Parallelen zwischen den experimentell festgestellten Eigenschaften und den Standortbedingungen festgestellt; die meisten Flechten scheinen standörtlich weitgehend „angepaßt". In unserem Gebiet gibt es direkte tödliche Trockenschädigungen in der Natur nicht, wohl aber für empfindliche Flechten derartige Hitzeschädigungen.

Das viel erörterte Problem des ökologischen Wertes von Polyploiden mag hier nur gestreift werden. KNAPP (1) suchte nach Beziehungen zwischen Polyploidie und Lebensform im Sinne von RAUNKIAER. Wenn bei Polyploiden die Entwicklung wirklich langsamer verläuft, so ist das eine besonders für Therophyten (z.B. Einjährige) bedenkliche Tatsache. In Initialphasen mit vorwiegender Therophytenflora ist denn auch der Anteil an Diploiden besonders hoch. Noch eine ganze Reihe ähnlicher plausibler Zusammenhänge zwischen Polyploidie und Ökologie wird angedeutet. Nach HARRISON kommt von den Rassen von *Orchis maculatus* eine diploide auf schwach alkalischem bis saurem Boden vor; von den tetraploiden die eine im gleichen Gebiet auf stärker saurem Boden, die andere nur in Höhenlagen.

Nach HALL findet sich in Südoklahoma *Juniperus virginiana* als Baum in feuchten Niederungen, aber auch in trockenen Wäldern; *Juniperus Ashei* ist dagegen ein ausgesprochen xerophytischer Busch auf Kalkgestein. Beide lassen sich kreuzen; es gibt Bastardschwärme zwischen beiden Arten, die für jede ökologische Zwischenlage geeignet sind bzw. sich dort häufen.

Die Wasserversorgung macht in dichtbesiedelten Gegenden oft erhebliche Schwierigkeiten, besonders für die Zukunft. Stellenweise erwägt man die Entfernung der wasserverbrauchenden Wälder, z.B. in subtropischen Gebieten bestimmter Art. In diesem Zusammenhang untersuchte KITTREDGE eingehend die Wälder an der Westseite der kalifornischen Sierra Nevada in bezug auf ihre Fähigkeit, den Winterschnee je nach ihrer Zusammensetzung und ihrem Aufbau zu sammeln und zu erhalten.

Tiere und Pflanzen.

Die Wichtigkeit der Regenwürmer ist seit DARWIN bekannt, wenig Genaues aber über Einzelheiten ihrer Tätigkeit. WITTICH schildert nach eingehenden Untersuchungen den Verlauf der Streuzersetzung auf einem Boden mit starker Regenwurmtätigkeit. Der Regenwurm wählt sich das Fraßmaterial aus der Streu verschiedenartiger Blätter sorgfältig aus, nimmt z. B. Eichenblätter erst nach Verzehr von Erlen und Ulmenblättern an und Buchenblätter erst dann, wenn auch keine Eichenblätter mehr vorhanden sind. Ohne Regenwurmtätigkeit wäre selbst auf dem untersuchten sehr tätigen Boden aus Nadelstreu Auflagehumus entstanden.

Gewisse Wildkartoffelarten (z. B. *Solanum chacoense*) sind gegen Kartoffelkäferfraß deshalb immun, weil nach SCHAPER in ihren Blättern eine „vergällende" Substanz vorhanden ist und weiterhin ein Agens, das die Fertilität der Vollinsekten durch Hemmung des Geschlechtsapparates herabsetzt. LANGENBUCH kommt zu ähnlichen Ansichten; solche vergällende Stoffe sind auch für andere Wildkartoffelarten schon nachgewiesen worden. Früher hielt man dafür, daß in anfälligen Typen, z. B. Kulturkartoffeln, ein anregender „Fraßstoff" vorhanden sei, der den immunen Rassen fehle.

Die Virusüberträger unter den Blattläusen zerfallen nach HEINZE in zwei Gruppen. Die einen sind Gelegenheitsüberträger ohne besondere Beziehungen zu den befallenen Pflanzen, die anderen sind Normalüberträger mit Bindungen an die befallenen Pflanzen, wo sie mindestens vorübergehend Kolonien bilden. QUANTZ fand ein Mosaikvirus der Ackerbohne (*Vicia Faba*) wirksam bei allen ihren Rassen, ferner bei vielen anderen Leguminosen, nicht aber bei anderen Familien. Nach Impfung mit geschwächten „Mutanten" war Schutzwirkung gegen Infektion deutlich. Übertragung durch Samen ist nachgewiesen; daneben dürfte Übertragung durch noch nicht ermittelte Tiere erfolgen.

Enten suchen sich ihre Nahrungspflanzen vorwiegend nach geschmacklichen Eigenschaften. Bittere und saure Arten werden gemieden, ebenso auch harte und behaarte Blätter, besonders wenn sie lang und schmal sind, ferner verholzte Teile (ENGELMANN).

Literatur.

ANDREÁNSZKY, G.: Acta biol. (Budapest) **2**, 355—367 (1952). — ANHAEUSSER, H.: Beitr. Biol. Pflanzen **29**, 297—338 (1952). — ASSMANN, E.: Forstwiss. Cbl. **72**, 69—101 (1953).

BAKER, H. G.: Evolution (Lancaster, Pa.) **6**, 61—68 (1952). — BATEMAN, A. J.: Heredity (Lond.) **6**, 285—310 (1952). — BAZZIGHER, G.: Phytopath. Z. **20**, 383—396 (1953). — BENDER, A. E.: Nature (Lond.) **171**, 917—918 (1953). — BERGEMANN, J.: Mitt. der Bundesanstalt für Forst- u. Holzwirtschaft Reinbek b. Hamburg, Nr 33. — BERNSTRÖM, P.: Hereditas (Lund) **39**, 241—256 (1953). — BORMANN, F. H.: Ecolog. Monogr. **23**, 339—358 (1953). — BOSE, S. R.: Arch. Mikrobiol. 18, 349—355 (1953). — Brian, P. W.: Bot. Review 17, 409 (1951). — Bublitz, W.: Naturwiss. 40, 275—276 (1953). — Buchner, P.: Endosymbiose der Tiere mit pflanzlichen Mikroorganismen. Basel u. Stuttgart: Birkhäuser 1953. 771 S.

Calvino, E. M.: Nuovo Giorn. bot. ital. 59, 1—26 (1952). — Cooke, W. B.: Ecology 34, 211—223 (1953).

Dahl, E.: Oikos (Copenh.) 3, 22—52 (1951). — Dansereau, P.: Rev. canad. Biol. 1952, 305—388. — Dice, L. R.: Natural communities. Ann. Arbor: Univ. of Michigan Press 1952. 547 S. — Dobbs, C. G., u. W. H. Hinson: Nature (Lond.) 172, 197 (1953). — Douin, R.: C. r. Acad. Sci. (Paris) 236, 956—958 (1953).

Engelmann, C.: Z. Tierpsychol. 9, 395—401 (1953). — Ernst, A.: Planta (Berl.) 42, 81—128 (1953). — Esser, K.: Z. Vererbungslehre 85, 28—50 (1953).

Favarger, C.: Phyton 4, 275—289 (1953). — Fischer, G.: Arch. Mikrobiol. 18, 397—424 (1953). — Freudenberg, K., u. L. Hartmann: Naturwiss. 40, 413 (1953). — Frisch, K. v.: Aus dem Leben der Bienen, 5. Aufl. Berlin-Göttingen-Heidelberg: Springer 1953. 159 S.

Gaertner, E. E.: Canad. J. Bot. 30, 682—684 (1952). — Grehn, J.: Z. Forstgenetik 1, 58 (1952). — Grümmer, G.: Biol. Zbl. 72, 494—518 (1953).

Hagerup, E., u. O.: New Phytologist 52, 1—7 (1953). — Hall, M. T.: Evolution (Lancaster, Pa.) 6, 347—366 (1952). — Harley, J. L., u. C. C. McCready: New Phytologist 51, 56—64 (1952). — Harrison, J. H.: Sv. bot. Tidskr. 45, 608 bis 635 (1951). — Heinze, K.: Z. Pflanzenkrkh. 59, 3—13 (1952). — Henriksson, L. E.: Sv. bot. Tidskr. 45, 447—459 (1951). — Hueck, H. J.: Vegetatio (Den Haag) 4, 84—101 (1953).

Järnefelt, H.: Ann. Acad. Sci. fenn., Ser. A, IV 18, 3—29 (1952).

Kittredge, J.: Hilgardia (Berkeley, Calif.) 22, 1—96 (1953). — Knapp, R.: (1) Z. Vererbungslehre 85, 163—179 (1953). — (2) Ber. dtsch. bot. Ges. 66, 168 bis 179 (1953). — Knapp, R., u. H. Lieth: Arch. Mikrobiol. 17, 292—299 (1952). — Kühlwein, H., u. W. Zoberst: Arch. Mikrobiol. 18, 273—288 (1953). — Kullenberg, B.: (1) Bull. Soc. Histoire natur. Afrique N.Alger 43, 53—62 (1952). — (2) Sv. bot. Tidskr. 47, 439—448 (1953). — (3) Entomologisk Tidskr. 74, Häfte 1 bis 2 (1953). — (4) Sv. bot. Tidskr. 47, 24—29 (1953).

Lange, O. L.: Flora (Jena) 140, 39—97 (1953). — Langenbuch, R.: Z. Pflanzenkrkh. 59, 179—189 (1952). — Levisohn, J.: Nature (Lond.) 172, 316 bis 317 (1953). — Linskens, H. F.: Naturwiss. 40, 28—29 (1953). — Lüdi, W.: Veröff. geobot. Inst. Rübel Zürich 27, 3—208 (1953).

Mattick, F.: Ber. dtsch. bot. Ges. 66, 263—276 (1953). — Melin, E.: Annual Rev. Plant Physiol. 4, 325—346 (1953). — Melin, E., u. H. Nilsson: (1) Sv. bot. Tidskr. 46, 281—285 (1952). — (2) Nature (Lond.) 171, 134 (1953). — Muller, C. H.: Amer. J. Bot. 40, 53—60 (1953).

Niemann, E.: Flora (Jena) 139, 185—242 (1952). — Nilsson, H.: Hereditas (Lund) 39, 65—74 (1953).

Ovington, J. D.: J. Ecology 41, 13—34 (1953).

Pisek, A., u. E. Winkler: Planta (Berl.) 42, 253—278 (1953). — Potonié, R.: Naturwiss. 40, 119—128 (1953).

Quantz, L.: Phytopath. Z. 20, 421—448 (1953).

Rabien, E.: Eiszeitalter u. Gegenwart 3, 96—128 (1953). — Reich, H.: Flora (Jena) 140, 386—443 (1953). — Reinhardt, J. F.: Amer. Naturalist 86, 257—275 (1952).

Sandal, P. C., u. I. J. Johnson: Agronomy J. 45, 96—101 (1953). — Schanderl, H.: Ber. dtsch. bot. Ges. 66, 79—87 (1953). — Schaper, P.: Züchter 23, 115—121 (1953). — Schmidt, W.: Ber. dtsch. bot. Ges. 66, 107—113 (1953). — Schremmer, F.: Österr. bot. Z. 100, 8—24 (1953). — Schumacher, W.: Planta (Berl.) 42, 42—55 (1953). — Schwemmle, J.: Biol. Zbl. 72, 129—146 (1953). — Sievers, E.: Arch. Mikrobiol. 18, 289—321 (1953). — Skeppstedt, A.: Sv. bot. Tidskr. 46, 454—483 (1952). — Stapp, C.: Naturwiss. 40, 618—620 (1953). — Stevenson, G. B.: Ann. of Bot., N. S. 17, 343—345 (1953).

TANAKA, R.: Jap. J. Genet. **27**, 1—2 (1952). — TEIVAINEN, L.: Ann. bot. Soc. zool.-bot. fenn. „Vanamo" **25**, Nr 2, 1—168 (1952). — TKALIČ, S. M.: Bot. Ž. **37**, 660—664 (1952). — TOBLER, F.: (1) Ber. dtsch. bot. Ges. **66**, 429—431 (1953). — (2) Ber. dtsch. bot. Ges. **66**, 30—36 (1953). — TOTH, L.: Arch. Mikrobiol. **18**, 242—244 (1953).

WALTER, H. u. E.: Ber. dtsch. bot. Ges. **66**, 228—236 (1953). — WALZEL, G.: Phyton **4**, 121—123 (1953). — WEISS, H.: Zbl. Bakter. II Ref. **107**, 230—246 (1953). — WENT, F. W., G. JUHREN u. M. C. JUHREN: Ecology **33**, 351—364. — WHITE, L. T.: Canad. J. Bot. **31**, 175—200 (1953). — WINTER, A. G., u. G. BIRGEL: Naturwiss. **40**, 393—394 (1953). — WINTER, A. G., u. W. BUBLITZ: (1) Naturwiss. **40**, 416 (1953). — (2) Naturwiss. **40**, 345—346 (1953). — WITTICH, W.: Schriftenreihe der Forstl. Fak. Univ. Göttingen, Bd. 9, S. 7—33. 1953. — WYCHERLEY, P. R.: J. Ecology **41**, 275—288 (1953).

ZÖTTL, H.: Phyton **3**, 121—125 (1951).

C. Physiologie des Stoffwechsels.

10. Physikalisch-chemische Grundlagen der Lebensprozesse.

Von WILHELM SIMONIS, Hannover.

Der Beitrag folgt in Band XVII.

11. Zellphysiologie und Protoplasmatik.

Von HANS JOACHIM BOGEN, Marburg a. d. L.

15. Protoplasmatik.

Der Abschnitt stellt lediglich eine Ergänzung des vorjährigen Berichtes dar, in dem aus räumlichen und zeitlichen Gründen die Protoplasmatik nicht mehr abgehandelt werden konnte. Er umfaßt die der Protoplasmatik gewidmeten Arbeiten der Jahre 1952 und 1953.

An den Beginn sei die Publikation von REUTER über Farnprothallien gestellt. Sie setzt die Reihe der Arbeiten über die protoplasmatische Anatomie fort, die in den dreißiger Jahren an *Helodea*-Blättern (MEINDL, MODER, STRUGGER) einsetzte und in jüngster Zeit bis zu den Blättern von *Halophila stipulacea* (DIANNELIDIS, vgl. vorjährigen Bericht) vorstieß. Auch REUTER arbeitet auf breiter Basis und prüft unter anderem Plasmolyseform und -zeit, Permeabilität, osmotische Werte, Vitalfärbung, Resistenz und Verlagerung der Plastiden an verschieden alten Prothallien bzw. Prothalliumzellen. Die vielgestaltigen Ergebnisse können nicht in allen Einzelheiten besprochen werden und seien daher auszugsweise in einer Tabelle zusammengefaßt.

Die Untersuchung kann in mancher Hinsicht als typisch gelten, insofern, als in ihr nicht nur eine, sondern nahezu alle die Testreaktionen angewendet werden, die in der vergleichenden Protoplasmatik gebräuchlich sind. So ergeben sich viele Einzelgradienten, die freilich untereinander durchaus nicht immer übereinstimmen und daher nicht leicht auszuwerten sind. Die Verfasserin führt die Diskussion mehr in formaler Hinsicht und unterscheidet zwischen cytologischen und histogenen Tendenzen, die sich in cellulären Gradienten bzw. Gradienten über das ganze Prothallium manifestieren. Weniger typisch erscheint es dem Referenten, daß REUTER ihre Arbeit als einen Beitrag zur zellphysiologischen Analyse des Wachstums und der Morphogenese betrachtet. Das eigentliche Anliegen der Protoplasmatik und ihre unbestreitbare Rechtfertigung besteht ja nach der Zielsetzung ihrer Begründer im Aufdecken von Unterschieden, nicht aber in der konsequenten, zellphysio-

logischen, d. h. kausalen Analyse jedes Einzelfaktums. Die letztere muß
aber experimentell durchgeführt werden; eine unverbindliche Diskussion
genügt dazu nicht.

Tabelle 1.

	Teilungsfähige Zellen	Zellen während der Differenz	Ausdifferenzierte Zellen
Plastiden	inhomogene Anordnung	homogene Anordnung, hohe phototakt. Beweglichkeit	inhomogene Anordnung, geringe phototakt. Beweglichkeit
Plasmolysezeit	hoch	mittel	gering
Viscosität	hoch	mittel	gering
Wasserpermeabilität . . .	gering	mittel	hoch
Permeabilität Harnstoff, Glycerin . . .	Glyc. $>$ Ha.	Glyc. $\approx$ Ha.	Glyc. $<$ Ha.
Osmotischer Wert (mol Glucose)	0,45—0,50	0,30—0,40	0,25—0,30
Färbbarkeit mit Neutralrot	0	0	Vacuolenfärbung bei p_H 6—7
Färbbarkeit mit Methylgrün	Kern u. Plast.	0	0
Färbbarkeit mit Säurefuchsin	Kern u. Plast. bei p_H 2—4	0	Kern u. Plast. bei p_H 3—4
Resistenz gegen 20% Äthanol	gering	mittel	hoch

Andere Autoren haben meist nur einige der obigen Erscheinungen
herausgegriffen und beschrieben. So befaßt sich BANCHER hauptsächlich mit den Veränderungen der osmotischen Werte, die während der
Entfaltung der Blüten von *Paeonia* (1) und *Phlox* (2) auftreten. Bei
Phlox durchlaufen sie in der ersten Phase der Entfaltung ein Minimum,
wenige Stunden nach vollständiger Entfaltung ein Maximum, und liegen
in der äußeren Epidermis zuerst höher, später niedriger als in der inneren
Epidermis. In älteren Blumenblattzellen sind im Cytoplasma Degenera-
tionserscheinungen wie Septierung, Vacuolisierung, tropfige Entmischung
usw. zu beobachten, ferner spontane Vacuolenkontraktion u. a. m. Bei
Paeonia scheint der osmotische Wert für die Entfaltung keine Rolle zu
spielen, weil er trotz des Stärkeabbaues unverändert bleibt.

URL (1), (2) bestimmt Permeationskonstanten in Zellen der Epidermis und der subepidermalen Rindenschicht verschiedener Pflanzen. In
Übereinstimmung mit den Befunden von HÖFLER u. STIEGLER aus dem
Jahre 1921 liegt der Quotient $P_{Epidermis} : P_{Subepidermis}$ meist zwischen
3 und 4; höhere Quotienten werden nur selten gefunden und betreffen
dann stets nur den Harnstoff. In allen diesen Fällen ist die Epidermis
ein „rapider Harnstofftyp", d. h. ein „Porentyp", während die niedrige-
ren Werte „wahrscheinlich auf unterschiedliches Lösungsvermögen der
als Lösungsmittel für die Diosmotika wirkenden Plasmaphasen zurückzuführen sind". — Im Hinblick auf unsere noch durchaus mangelhaften

Kenntnisse über die kausalen Zusammenhänge ist es recht bedauerlich, zu sehen, wie in zahlreichen Publikationen aus den österreichischen Arbeitskreisen noch immer Volumänderungen plasmolysierter Protoplaste ausschließlich mit der Permeation der plasmolysierten Stoffe erklärt werden, obgleich seit langem bekannt ist, daß hierbei „nichtlösende Räume", nichtosmotische Aufnahmemechanismen, Stoffwechselprozesse verschiedenster Art usw. verfälschend mitspielen. Der Ref. befürchtet, daß diese einseitige Interpretation (plasmometrische Differenzen = Permeabilitätsdifferenzen) dem Fortschreiten unserer Einsichten in die Physiologie protoplasmatischer Vorgänge gelegentlich hindernd im Wege steht.

Die Permeabilität des Desmidiaceen-Plasmas für Anelektrolyte entspricht nach Krebs (2) dem „Normaltyp der vergleichenden Permeabilitätsforschung"; die Permeationsgeschwindigkeiten für Methylharnstoff, Harnstoff und Glycerin verhalten sich wie 6:1:0,025. Bei einigen Arten wie z. B. *Netrium digitus* und Staurastren ist indessen die Permeabilität für Glycerin ebenso hoch wie für Harnstoff. Auffällig sind Volumänderungen der Protoplasten bei langdauernder Plasmolyse in Traubenzucker: nach anfänglicher, oftmals starker Kontraktion ist Ausdehnung zu beobachten. Letztere wird mit „normaler" Traubenzucker-Permeation erklärt, erstere mit Exosmose von Vacuoleninhaltsstoffen. Dazu ist freilich nötig, eine Erhöhung der Exosmose bei gleichzeitiger Verringerung der (Traubenzucker-) Endosmose zu postulieren, während im Falle der Expansion (die von neuerlicher Kontraktion gefolgt sein kann!) normale Traubenzucker-Permeation mit gleichzeitig gehemmter Exosmose gekoppelt sein müßte. Die Einbeziehung nichtosmotischer Aufnahmeprozesse (vgl. vorjährigen Bericht) dürfte diese logische Schwierigkeit beheben können — freilich um den Preis, daß die Differenzen im Aufnahmevermögen nicht mehr die Permeabilität und das physikalische Geschehen betreffen, sondern Eigentümlichkeiten des Stoffwechsels widerspiegeln.

Über die Permeabilität der Blattzellen des foliosen Lebermooses *Calypogeia fissa* äußert sich Höfler (2). Er schließt aus der Toluidinblau-Speicherung der Vacuole („voller Zellsaft") bei stark alkalischer Farblösung, daß der Tonoplast für Farbionen permeabel sei. Dabei sollen die Farbionen wie auch die Wassermolekeln zum Durchtritt durch die lipoide Flüssigkeitsschicht des Tonoplasten relativ weite, wassererfüllte „Porenwege" benützen.

Besondere Aufmerksamkeit wird dem Plasmalemma gewidmet, dessen Resistenz gegen Na_2CO_3-, NaOH- und KOH-Lösungen Gegenstand einer Reihe von Veröffentlichungen ist. Sie haben zum Ziel, „vom Standpunkt der vergleichenden Protoplasmatik die Ausbildung des Plasmalemmas und seine Schutzfunktion bei verschiedenen Zelltypen zu prüfen" [Höfler (3)]. Als Maß für die „Dichte" des Plasmalemmas gilt die Überlebenszeit der Zellen in Soda- und anderen Lösungen [Höfler (1), (2), (3)]. Die Zellen der Landpflanzen erliegen deren Einwirkung zumeist sehr schnell, während Süßwasseralgen, vor allem Desmidiaceen, oft tagelang in der plasmolysierenden Lösung weiterleben. Ausnahmen stellen begeißelte Volvocales *(Eudorina, Chlamydomonas)* und Peridineen dar, denen ein geschlossenes Plasmalemma zu fehlen scheint, ferner *Spirogyra* mit zartem, wenig widerstandsfähigem Plasmalemma. Die Zellen eines *Spirogyra*-Fadens verhalten sich überdies nicht gleichartig: lange Zellen (Streckungswachstum) sind empfindlicher als kurze (Teilungswachstum). Dadurch entsteht das bekannte Bild „bunter Nekrose". *Spirogyra*-Zellen benötigen außerdem Ca zur Restitution des gestörten Plasmalemmas. Andererseits ist zum Aufbau des dichten Plasmalemmas der Desmidiaceen anscheinend kein Ca vonnöten (eine Vorbehandlung mit $K_2C_2O_4$ hat keinen Einfluß). Dementsprechend findet man auch bei Desmidiaceen aus stark sauren, Ca-armen Hochmoorschlenken hohe Resistenz [HÖFLER u. LOUB (4)]. Da ihre Permeabilität für Anelektrolyte „normal" ist [KREBS (2)], „zeichnen sich für die angewandte Physiologie, zumal die Resistenzforschung, Linien ab, dem Plasmalemma mit seiner in weiten Grenzen wechselnden Ausbildung eine abgestufte Schutzfunktion gegenüber wasserlöslichen, dem Binnenplasma schädlichen Stoffen zuzuschreiben" [HÖFLER (3), vgl. aber TOTH, HIRN).

CHOLNOKY (5—10) beschreibt die (nekrotischen) Effekte, die bei der Einwirkung von KNO_3-Lösungen mit Zusatz von KOH, NaOH, Citronensäure usw. auftreten *(Delphinium, Calceolaria, Senecio, Eichhornia* u. a.). Neben Entmischungserscheinungen in der Vacuole (s. unten) werden Veränderungen in der Plasmolyseform und -zeit beobachtet, aus denen außerordentlich weitreichende Schlüsse auf die chemische Zusammensetzung des Plasmalemmas gezogen werden. Allgemein wird angenommen, daß die osmotisch wirksamen Hautschichten nur zum Teil aus Lipoiden bestehen. Diese sollen zudem am „Filtriersystem" des Plasmas (Plasmalemmas) nicht beteiligt sein, weil dieses nach der „Verseifung durch KOH oder NaOH" bestehenbleibt.

Der Verf. macht sie hingegen für die Adhäsion der Plasmaschläuche an der Zellwand (!) verantwortlich, weil die Plasmolyseformen bei KOH-Zusatz „unmittelbar konvex sind". Die Vielzahl der Erscheinungen — die in den verschiedenen Objekten keineswegs einheitlich ablaufen — ist sorgfältig beschrieben und gezeichnet worden; in der Interpretierung der Befunde vermag der Ref. dem Verf. leider nicht zu folgen.

Mit ähnlicher Methodik untersucht CHOLNOKY (11) die Plasmolysephänomene an *Oedogonium*-Zellen. Hier werden die Unterschiede zwischen negativen und positiven Plasmolyseorten unter prämortalen Bedingungen zum Teil verstärkt, zum Teil ausgeglichen.

Über Vernarbungsmembranen an plasmolysierten Protoplasten berichtet KOBINGER. Sie treten bei *Allium-, Helodea-* und *Spirogyra*-Zellen auf und sind oft so fest, daß der von ihnen eingeschlossene Protoplast sich bei verstärkter Plasmolyse wiederum abhebt. Allerdings findet die Bildung solcher Membranen nur in reinen Zuckerlösungen statt; Zucker mit einem Zusatz von Ca-Salz fördert, Ca-Salz ohne Zucker aber verhindert sie.

In einer ausführlichen Mitteilung befassen sich K. u. L. HÖFLER mit dem Osmoseverhalten und den Nekroseformen von *Euglena*. Durch osmotischen Wasserentzug kann eine (reversible) „osmotische Erstarrung" der Zellen herbeigeführt werden. Auffällig ist dabei, daß die Hauptvacuole anschwillt (Eindringen osmotisch wirksamer Lösung durch den Membrantrichter?), während der Zelleib selbst schrumpft. Nach Rückübertragung in Standortwasser geht das Vacuolenvolumen wieder auf das ursprüngliche Maß zurück. Das hierbei beobachtete „Auspumpen" des Vacuoleninhaltes stellt nach Ansicht der Verff. eine aktive Leistung der Zelle dar.

STADELMANN untersucht in einer kurzen Mitteilung die Resistenz von Wüstenpflanzen (*Launea arborescens*, *Peganum harmala* und *Carduncellus eriocephalus*; Blattepidermiszellen) gegen NaCl, KCl und $CaCl_2$, getestet am Auftreten der Kappenplasmolyse. Diese erscheint verzögert und wird erst nach 20—40 Std beobachtet; die genannten Pflanzen verhalten sich somit ähnlich den Halophyten.

Vacuole. Die osmotischen Werte in Desmidiaceen-Protoplasten [KREBS (1)] liegen in der Mehrzahl der Fälle bei 0,25—0,30 mol (Traubenzucker); sie sind oftmals objektspezifisch und werden durch Außenfaktoren nicht wesentlich modifiziert. Nach der Schwankungsbreite werden steno-osmotische *(Micrasterias rotata, Closterium lunula)* gegen eury-osmotische Formen *(Cosmarium curcurbita* mit 0,37—0,7 mol; *Euastrum affine)* abgegrenzt. Frisch geteilte Zellen haben zum Teil erheblich niedrigere Werte als ältere (*Tetmemorus granulatus:* 0,4 gegenüber 0,7 mol), auch sind die Werte im Winter höher als im Sommer.

SCHITTENGRUBER weist nach, daß die Schließzellen der Involucralblatt-Epidermen von Compositen im Gegensatz zu den umgebenden Epidermiszellen kein Anthoorphnin in ihren Vacuolen enthalten, wohl aber vereinzelt Anthoxanthin. Parallel damit geht ihnen die Fähigkeit zur Vacuolenkontraktion ab.

Besonders schnell läuft die Vacuolenkontraktion in *Cerinthe*-Blütenzellen nach Zusatz von starken Säuren ab; sie kann durch Alkalizugabe wieder rückgängig gemacht werden (KENDA u. WEBER). Die Vacuolenkontraktion kann auch spontan auftreten; in diesem Falle erzeugt Säurezugabe eine zweite Kontraktion, so daß zwei ineinandergeschachtelte Gelkörper entstehen (WEBER u. KENDA). Verff. vermuten, daß der zugrunde liegende Kontraktionsmechanismus an Vacuolenkolloiden (Pektinen?) abläuft und dem der Muskelkontraktion ähnlich ist. — PARDATSCHER (2) findet in *Iris*-Blütenzellen ebenfalls spontane Vacuolenkontraktion, die ebenso spontan zurückgeht. Nach der Kontraktion zeigen sich hier jedoch tropfige Ausfällungen des Anthocyans und Neubildungen des Plasmalemmas. Merkwürdig und einer eingehenden physiologischen Analyse wert ist die Tatsache, daß sich kontrahierte Vacuolen von Knospenzellen nach Zufuhr von Traubenzucker ausdehnen, solche von Blütenzellen hingegen verkleinern. Hier ist wohl mit dem Interferieren nichtosmotischer Aufnahmeprozesse zu rechnen.

In den Blumenblattzellen von *Dahlia*, die gleichfalls Vacuolenkontraktion aufweisen [PARDATSCHER (1)], quillt zugleich der Zellkern stark auf; es wird vermutet, daß er das aus der Vacuole abgegebene Wasser aufnimmt.

Kenda, Thaler u. Weber (1) können an panaschierten Blättern von *Cornus alba* feststellen, daß bei der herbstlichen Vergilbung nur diejenigen Blatteile Anthocyanfarbe annehmen, die vordem grün waren (oberseitige Subepidermis); die Zellen des weißen Blattrandes enthalten Anthoxanthin.

Seine besondere Aufmerksamkeit widmet Cholnoky (1—10) den farbstofführenden Vacuolen, ihrer Veränderung unter dem Einfluß verschiedener Agentien, insbesondere von sog. Vitalfarbstoffen, und der Funktion der Vacuole. Aus der Fülle der Ergebnisse verdienen folgende herausgehoben zu werden: Die farbstofführenden Vacuolen enthalten ein Gemisch von Farbstoffen und verschiedenen Kolloiden. Mit geeigneten Mitteln gelingt es, eine Entmischung der Vacuolenkolloide herbeizuführen. Dabei werden auch die Farbstoffe „entmischt", d. h. bestimmte Farbstoffe erscheinen bestimmten Kolloiden (Coacervat-Partnern?) zugeordnet zu sein. — Da die Plasmolyseform bis zu einem gewissen Grade von der Farbe des Zellsaftes „abhängt", wird eine Korrelation zwischen Vacuoleninhalt und Protoplasma angenommen und der Vacuole eine lebenswichtige Rolle zuerkannt. Unter der Einwirkung von Vitalfarbstoffen werden gleichfalls Entmischungen und andere prämortale Veränderungen sichtbar, so daß der Terminus Farbstoffaufnahme besser durch „Farbstoffvergiftung" ersetzt werden soll. Cholnoky geht sogar noch weiter, wenn er sagt, „daß die Permeation der Moleküle des Plasmolytikums vielfach schon an sich ein nekrobiotisches Phänomen darstellt".

Neue Beobachtungen an „leeren", „vollen" und „festen" Zellsäften haben Härtel (1—3) und Toth gemacht. Danach speichern leere Zellsäfte das Neutralrot in Ionenform mit roter Farbe (Hellfeld), zeigen aber keine Fluorescenz. Volle Zellsäfte hingegen sind im Hellfeld violettrot gefärbt und weisen Rotfluorescenz auf. Es soll sich um eine „allgemeine" chemische Bindung von Farbstoffmolekülen an zelleigene Stoffe handeln (Toth). Die Blattepidermiszellen von *Cirsium arvense* besitzen „volle" Zellsäfte. Durch Entmischung (spontan bei kranken Blättern, sonst nach Einwirkung äußerer Faktoren) bilden sich Coacervattropfen, die in Sphärite übergehen [Kenda, Thaler u. Weber (1)]. Die „vollen" Zellsäfte speichern Acridinorange bis zur Grünfluorescenz, die Sphärite fluorescieren rot. Letztere sollen aus einem in Wasser nur schwer löslichen Flavonglucosid bestehen [Härtel (2)]. Die „festen" Zellsäfte der Blütenblatt-Epidermiszellen von *Cerinthe major* speichern Acridinorange (nach Entfernung des Anthocyans im Autoklaven bei 130° C) sowohl im neutralen wie im stark sauren Bereich mit kupferroter, bei p_H 4,5—5,5 mit rein grüner Fluorescenz (d. h. wie die „vollen" Zellsäfte). Als Speicherstoffe können Pektine fungieren [Härtel (3)]. Bei *Verbascum blattaria* werden Acridinorange und Pyronin von den Halszellen und vom Sekret der Drüsenhaare in molekularer Form, von den Stiel- und Köpfchenzellen in ionisierter Form „oder als Gemisch beider Phasen" gespeichert. Die Haarzellen vermögen Redoxindikatoren zu entfärben [Härtel (1)].

Cytoplasmaeinschlüsse. Die seit Molisch (1885) bekannten „Eiweißspindeln" im Cytoplasma von Cactaceen-Species treten nur unter gewissen Bedingungen auf (WEBER, KENDA u. THALER) und werden seit den Untersuchungen von ROSENZOPF (1951, vgl. Fortschr. Bot. 14) über Pfropfungen als Virus-Einschlußkörper angesprochen. Bei *Pereskiopsis pititache* entstehen die Spindeln in kugel-, ring- oder scheibenförmigen cytoplasmatischen Eiweißkörpern und bleiben erhalten, wenn die Cytoplasmakörper allmählich verschwinden (WEBER, KENDA u. THALER). Vielfach erscheinen sie in Polyederform und bilden sich in besonderen Vacuolen der Einschlußkörper [WEBER (3)]. In *Pereskia aculeata* werden sie beim Vergilben der Blätter nicht abgebaut [WEBER (2)]. Neuerdings sind sie auch in den Epidermiszellen der Blattunterseite viruskranker *Solanum lycopersicum*-Pflanzen beobachtet worden, doch sind hier die Schließzellen spindelfrei [WEBER (1)]. Ähnlich steht es um die (Rhabdoide genannten) Eiweißspindeln in den Epidermiszellen der Kelchblätter von *Drosera*: auch hier fehlen sie in den Schließzellen (BRAT, KENDA u. WEBER).

Es wird vermutet, daß der Viruserreger bei *Solanum* infolge des Fehlens von Plasmodesmen zwischen Epidermis- und Schließzellen nicht in die letzteren eindringen kann [WEBER (1)]. Ihr Auftreten bzw. Fehlen kann daher nicht ohne weiteres als protoplasmatisches Merkmal angesehen werden. Eine Beziehung zu dem Ausbleiben der Vergilbung bei Schließzellenchloroplasten (KENDA, THALER u. WEBER (3)] dürfte somit nicht bestehen.

Über Proteinoplasten im *Helleborus corsicus* berichten HÄRTEL u. THALER: es handelt sich um 5—12 µ große Kugeln, die in jungen Zellen Stärke, in etwas älteren hingegen Eiweiß enthalten und als Leucoplasten angesprochen werden. Über ihre Bedeutung ist noch nichts bekannt.

Schließlich sei noch auf die weite Verbreitung rot fluorescierender Inhaltskörper bei Papilionaten *(Tribus Galegeae* und *Vicieae)* hingewiesen (TOTH-ZIEGLER). Sie liegen in Idioblasten, die oftmals Nebenzellen des Spaltöffnungsapparates darstellen, und sind vielgestaltig in der Form: größere oder kleinere Kugeln, Biskuitform oder perlschnurartige Ketten. Sie scheinen aus einer eiweißartigen Grundsubstanz zu bestehen, die mit dem fluorescierenden Farbstoff getränkt ist (Hesperidin-ähnlich?). Die Fluorescenz ist selbst noch in Herbarmaterial nachzuweisen. In frischen Schnitten nehmen die Körper Vitalfarbstoffe nur aus alkoholischen Farblösungen auf.

Vitalfärbung. a) Höhere Pflanzen. Prune pure färbt im Hellfeld meist Plasma und Kerne (*Allium, Vicia, Tradescantia, Eranthis, Taraxacum*; meist Epidermen), ferner Leucoplasten *(Taraxacum)*, Vacuolen (bei allen Objekten außer *Tradescantia* und *Eranthis*, tote Zellen von *Daucus*). *Amaryllis* und *Begonia punctata* bleiben ungefärbt. Die Blaufärbung geht bei Sauerstoffmangel reversibel in eine blasse Gelbfärbung über. Viscosität, Permeabilität für Glycerin und Harnstoff, Hitzeresistenz und Resistenz gegen osmotische Volumänderungen werden in der Regel herabgesetzt (bei *Tradescantia* jedoch wird die Viscosität erhöht, die Resistenz nicht beeinflußt).

Fluorescenzfärbung des Plasmas tritt bei allen Objekten mit Ausnahme von *Tradescantia* und *Helodea (densa* und *canadensis)* auf. Sie wird bei Sauerstoffmangel erheblich verstärkt, verschwindet aber beim Abtöten. Die unbehandelte Farblösung (1:10000, p_H 7,1) zeigt keine Fluorescenz, auch nicht nach Ausschütteln mit organischen Lösungsmitteln, wohl aber nach Reduktion (Natriumthiosulfat) und vor allem bei anschließendem Ausschütteln mit organischen Lösungsmitteln (FRITZ).

Zur Membranfärbung liegt eine Arbeit von KINZEL vor, die zwar nicht eigentlich protoplasmatischen Charakter hat, deren Ergebnisse indessen für Vitalfärbeversuche bedeutungsvoll werden können. Vom Acridinorange ist bekannt, daß es unterhalb von p_H 3 die Zellmembranen nur bis zur schwachen Grünfluorescenz anfärbt („Imbibitionsfärbung"), bei und oberhalb von p_H 3 jedoch stark kupferrot. Dieser Punkt wird von vielen Autoren als IEP bezeichnet. KINZEL verwendet hierfür den Ausdruck EP, „Entladungspunkt", weil er die Umladbarkeit von Cellulosemembranen in Abrede stellt. Das Herauslösen der Cellulose (Cuoxam) hat keinen Einfluß auf die Lage des EP, während die Zerstörung der Pektine (H_2O_2) eine „Verschiebung des EP in Richtung auf den Neutralpunkt bewirkt" (genauer gesagt: es wird im untersuchten p_H-Bereich überhaupt kein Farbumschlag mehr beobachtet). Die Versuchsergebnisse werden so gedeutet, „daß die Ursache des elektroadsorptiven Bindungsvermögens der pflanzlichen Zellwand bei den vor allem im Pektin enthaltenen COOH-Gruppen zu suchen ist und daß die Lage des Entladungspunktes einer Zellwand vor allem vom Pektingehalt derselben bestimmt wird".

b) Lebermoose hat PORZER (1), (2) untersucht, wobei er besonderen Wert auf die Membranfärbung legt. (Die chemische Untersuchung ergab keine Unterschiede im Aufbau der Zellmembran gegenüber höheren Pflanzen.) Basische Farbstoffe, ungepuffert in destilliertem Wasser gelöst, färben von gesunden Zellen ausschließlich die Membran, und zwar besonders schnell und intensiv bei Amphigastrien und Rhizoiden; die Sekundärlamelle ist stets dunkel gefärbt. Die Intensität der Anfärbung ist am stärksten zwischen p_H 4,8 und 7,1; sie fällt nach der sauren wie nach der alkalischen Seite stark ab. Die Zellwände am Moosstämmchen sind nur schwer färbbar. — Die Vacuolenfärbung ist auch hier p_H-abhängig; bei *Calypogeia fissa* z. B. liegt die Färbeschwelle für Brillantkresylblau, Neutralrot und Neutralviolett bei p_H 6,35, für Gentianaviolett bei p_H 7,1. Prune pure, Pyronin und Thionin ergeben keine Inhaltsfärbung. — Ferner werden Ölkörper, Schleimzellen u. a. gefärbt. Neben einem Altersgradienten innerhalb der Pflänzchen sind weitere Färbgradienten an einzelnen Blättchen zu verzeichnen, da die Färbung vom Rande zu den Blättern und zur Basis abnimmt.

c) Algen. Hier sei zunächst eine umfangreiche Untersuchung von LOUB angeführt, die die Resistenz verschiedener Algen gegen Vitalfarbstoffe zum Gegenstand hat und an die oben angegebene Giftwirkung der Farbstoffe (CHOLNOKY, FRITZ) angeschlossen werden kann. LOUB kontrolliert zur Prüfung der Giftwirkung das Aussehen, die Plasmaströmung und das Färbe- und Plasmolyseverhalten der Algenzellen. Die

Algenzellen sind gegen verschiedene Farbstoffe verschieden resistent, wobei die Species entscheidet, nicht der Standort. Werden die Algen gemäß ihrem Resistenzgrad angeordnet, so ergeben sich je nach dem Farbstoff wechselnde Reihenfolgen. Eine Ausnahme machen nur die sehr empfindlichen Formen wie *Netrium* (vgl. aber deren außerordentlich hohe Sodaresistenz, S. 260) und die besonders resistenten Algen *Scenedesmus*, *Pediastrum* und *Staurastrum*. Conjugaten und Chlorophyceen sind kaum unterschieden, wohl aber die empfindlichen *Mesotaeniales* von den resistenten *Desmidiales*. Die „chemische" Resistenz wird als „konstitutionell und nicht umweltbezogen" im Sinne BIEBLs aufgefaßt.

HIRN befaßt sich eingehender mit der Vitalfärbbarkeit der Desmidiaceen und unterscheidet zwei Gruppen: die weitaus meisten speichern Toluidinblau und Brillantkresylblau im Zellsaft mit violetter, einige andere hingegen, darunter Cosmarien vom *C. curcurbita*-Typ und die Euastren, zeigen grünblaue Kügelchen im Plasma. Gruppe I färbt sich erst im stark alkalischen Bereich, d. h. oberhalb des Umschlagpunktes des Toluidinblaus, Gruppe II bereits bei p_H 7—8.

Ebenfalls den Desmidiaceen, und zwar unter besonderer Berücksichtigung der Gattung *Closterium*, ist eine Arbeit von HÖFLER u. SCHINDLER (2) gewidmet. In ihr wird berichtet, daß bei einigen Arten die Zellmembran durch Brillantkresylblau „elektroadsorptiv" anfärbbar ist, bei anderen aber nicht. Von dieser Farbstoffspeicherung in der Membran ist unter anderem auch das Ausmaß der Farbstoffspeicherung im Protoplasten abhängig. Die Membranadsorption stellt demnach den ersten Schritt der Farbstoffaufnahme der Zellen dar.

In einer etwas älteren Mitteilung haben die gleichen Autoren (1) die Salzfestigkeit der Anfärbung von Algengallerten mit Methylenblau, Brillantkresylblau, Toluidinblau und Neutralrot untersucht. Die Färbung kann bei den meisten Desmidiaceen, bei *Zygnema*, *Asterococcus* und *Cymbella* durch $CaCl_2$-Lösungen leicht rückgängig gemacht werden. Salzfest färbbare Gallerten werden demgegenüber nur selten beobachtet: *Dictyosphaerium*, *Mesotaenium*, *Frustulia*, *Cymbella* (Kopulationsgallerte!), *Aphanothece* und *Gloeocapsa*. Schließlich gibt es noch Gallerten, die — auch ohne Salzzusatz — nur schwer oder überhaupt nicht gefärbt werden können: *Oocystis*, *Rhaphidium*, *Stigeoclonium*, *Microcystis* u. a. Es wird empfohlen, diese Differenzen als „neues beschreibendes Merkmal zur Kennzeichnung der Algengallerten" zu verwenden.

Resistenz. BIEBL, dem wir die Unterscheidung zwischen „ökologischer" und „nicht umweltbezogen konstitutioneller" Resistenz verdanken, findet bei Meeresalgen eine ökologische Resistenz gegenüber direktem Sonnenlicht: die Zellen aller Tiefenalgen werden bereits nach zweistündiger Sonnenbestrahlung abgetötet, während die Algen der Gezeitenzone fast durchweg ungeschädigt bleiben. Anders verhält es sich bei der Einwirkung von UV-Licht: die Plasmaempfindlichkeit ist bei Algen einer einheitlichen ökologischen Gruppe durchaus verschieden [BIEBL (1)]. Ähnlich ist es mit der Resistenz gegen H_3BO_3, $ZnSO_4$, $MnSO_4$ und $VOSO_4$ [BIEBL (2)]. — Analoges berichtet H. FISCHER über das Verhalten verschiedener Watt-Diatomeen vom gleichen Standort gegen konzentriertes Seewasser: manche Arten zeigen und vertragen Dauerplasmolyse, während andere eine hohe Salzpermeabilität besitzen und meist früh zugrunde gehen.

In einer dritten Arbeit untersucht BIEBL (3) die Resistenz der Epidermiszellen zahlreicher Pflanzen gegen 2,4-Dichlorphenoxyessigsäure. Sie ist gleichfalls verschieden, am größten bei Gramineen, am geringsten bei Cruciferen und Solanaceen, wobei nahe verwandte Arten zumeist den gleichen Resistenzgrad haben. Im allgemeinen stimmen der Grad der Plasmaresistenz mit dem von der Praxis angegebenen Grad der Bekämpfbarkeit gut überein.

Es entspricht dem Charakter vergleichender Untersuchungen, daß die Vielfalt ihrer Ergebnisse eine generalisierende Zusammenfassung geradezu verbietet. Gegen die Anordnung der verschiedenen Pflanzen- oder Zellarten je nach ihrem Verhalten gegenüber gewissen experimentellen Eingriffen ist natürlich nichts einzuwenden, solange sie im Formalen bleibt; schon die Aufstellung von ,,Reaktionstypen'' indessen erscheint anfechtbar: wie man auch das geprüfte Pflanzenmaterial aufreiht, ob nach der Resistenz gegen Sonnenlicht, UV-Bestrahlung oder Sodalösung, oder nach der Färbbarkeit mit Toluidinblau, Neutralrot oder Brillantkresylblau usw., — es ergeben sich in der Regel unterschiedliche Anordnungen. Die aufgedeckten Unterschiede können daher wohl nur bekunden, daß plasmatische Differenzen vorliegen, nicht aber, welcher Art diese sind. Mit anderen Worten, es bleibt offen, ob mit den Testreaktionen die charakteristischen, d. h. das Wesen kennzeichnenden Eigenschaften des Protoplasmas erfaßt werden. Der Rückschluß vom Ausfall der Testreaktion auf die zugrunde liegenden ,,objektspezifischen'' Struktur- und Prozeßeigentümlichkeiten ist so lange unsicher, als wir die verwickelten Ketten nicht kennen, die von der charakteristischen Struktur zur beobachteten Reaktion führen. Diese Verkettung kann mit dem einfachen Vergleich nicht aufgehellt werden; hier muß die ätiologisch eingestellte Zellphysiologie zu Hilfe kommen.

Auf der anderen Seite mag die Vielfalt der protoplasmatischen Phänomene den Zellphysiologen davor bewahren, die Kausalvorstellungen, die er an einigen wenigen Objekten entwickelt hat, für allgemeinverbindlich zu halten, bevor er sie auch an anderen erprobt hat. Das gilt insbesondere für die ,,Vital''-Färbung, die so ganz verschieden ausfallen und mit mannigfaltigen Schädigungseffekten verbunden sein kann. Und so ist es vielleicht rätlich, sich einzugestehen, daß wir von der Ordnung im lebenden Protoplasma noch recht wenig wissen.

Literatur.

BANCHER, E.: (1) Protoplasma (Wien) **42**, 482—489 (1953). — (2) Österr. bot. Z. **100**, 308—318 (1953). — BIEBL, R.: Protoplasma (Wien) **41**, 353—377 (1952). — (2) J. marine biol. Assoc. U. Kingd. **31**, 307—315 (1952). — (3) Protoplasma (Wien) **42**, 193—208 (1953). — BRAT, L., G. KENDA u. F. WEBER: Protoplasma (Wien) **40**, 633—635 (1951).

CHOLNOKY, B. J. v.: (1) Bot. Not. (Lund) **1949**, 163—172. — (2) Mikroskopie (Wien) **5**, 117—124 (1950). — (3) Österr. bot. Z. **97**, 380—390 (1950). — (4) Protoplasma (Wien) **40**, 152—157 (1951). — (5) Mikroskopie (Wien) **6**, 91—97 (1951). —

(6) Österr. bot. Z. **98**, 491—501 (1951). — (7) Mikroskopie (Wien) **7**, 223—231 (1952). — (8) Ber. dtsch. bot. Ges. **65**, 369—373 (1952). — (9) Sitzgsber. österr. Akad. Wiss., Math.-naturwiss. Kl., Abt. I **161**, 539—557 (1952). — (10) Protoplasma (Wien) **41**, 57—68 (1952). — (11) Österr. bot. Z. **100**, 226—234 (1953).

FRITZ, A.: Sitzgsber. österr. Akad. Wiss., Math.-naturwiss. Kl., Abt. I **160**, 789—828 (1951).

HÄRTEL, O.: (1) Z. wiss. Mikrosk. **61**, 9—19 (1952). — (2) Mikroskopie (Wien) **8**, 41—46 (1953). — (3) Protoplasma (Wien) **42**, 83—89 (1953). — HÄRTEL, O., u. I. THALER: Protoplasma (Wien) **42**, 417—426 (1953). — HIRN, I.: Flora (Jena) **140**, 453—473 (1953). — HÖFLER, K.: (1) Protoplasma (Wien) **40**, 426—460 (1951). (2) Ber. dtsch. bot. Ges. **65**, 183—187 (1952). — (3) Ebenda **65**, 391—399 (1952). — (4) Protoplasma (Wien) **42**, 334—342 (1953). — HÖFLER, K. u. L.: Protoplasma (Wien) **41**, 76—102 (1952). — HÖFLER, K., u. W. LOUB: Sitzgsber. österr. Akad. Wiss., Math.-naturwiss. Kl., Abt. I **161**, 263—284 (1952). — HÖFLER, K., u. H. SCHINDLER: (1) Österr. bot. Z. **99**, 529—555 (1952) — (2) Protoplasma (Wien) **42**, 296—311 (1953).

KENDA, G., u. F. WEBER: Protoplasma (Wien) **41**, 458—466 (1952). — KENDA, G., I. THALER u. F. WEBER: (1) Protoplasma (Wien) **41**, 69—75 (1952). — (2) Phyton (Horn, N.-Ö.) **4**, 319—321 (1953). — (3) Protoplasma (Wien) **42**, 246—249 (1953). — KINZEL, H.: Protoplasma (Wien) **42**, 209—226 (1953). — KOBINGER, J.: Phyton (Horn, N.-Ö.) **5**, 38—40 (1953). — KREBS, I.: (1) Sitzgsber. österr. Akad. Wiss., Math.-naturwiss. Kl., Abt. I **160**, 579—613 (1951). — (2) Ebenda **161**, 291—328 (1952).

LOUB, W.: Sitzgsber. österr. Akad. Wiss., Math.-naturwiss. Kl., Abt. I **160**, 829—866 (1951).

PARDATSCHER, G.: (1) Portugal. Acta biol., Sér. A **3**, 171—186 (1951). — (2) Phyton (Horn, N.-Ö.) **5**, 26—33 (1953). — PORZER, W.: (1) Phyton (Horn, N.-Ö.) **4**, 203—214 (1952). — (2) Ebenda **4**, 263—274 (1953).

REUTER, L.: Protoplasma (Wien) **42**, 1—28 (1953).

SCHITTENGRUBER, B.: Protoplasma (Wien) **42**, 324—327 (1953). — STADEL-MANN, E.: Proc. Internat. Symp. Desert Res. (Jerusalem) **1953**, 1—3.

TOTH, A.: Protoplasma (Wien) **41**, 103—110 (1952). — TOTH-ZIEGLER, A.: Sitzgsber. österr. Akad. Wiss., Math.-naturwiss. Kl., Abt. I **161**, 819—863 (1952).

URL, W.: (1) Protoplasma (Wien) **40**, 475—501 (1951). — (2) Physiol. Planta-rum (Copenh.) **5**, 135—144 (1952).

WEBER, F.: (1) Protoplasma (Wien) **40**, 636—639 (1951). — (2) Österr. bot. Z. **100**, 319—321 (1953). — (3) Protoplasma (Wien) **42**, 283—286 (1953). — (4) Ebenda **42**, 319—321 (1953). — WEBER, F., u. G. KENDA: Phyton (Horn, N.-Ö.) **4**, 315 bis 318 (1953). — WEBER, F., G. KENDA u. I. THALER: Protoplasma (Wien) **42**, 239 bis 245 (1953).

12. Wasserumsatz und Stoffbewegungen.

Von Bruno Huber, München.

Der Beitrag folgt in Band XVII.

13. Mineralstoffwechsel.

Von Hans Burström, Lund (Schweden).

A. Mechanismus der Ionenaufnahme.

Während des Berichtjahres hat sich die Forschung auf diesem Gebiet in bisher weniger beachtete Richtungen entwickelt und die Ionenaufnahme ist von neuen Gesichtspunkten aus betrachtet worden. Als Gesamtprozeß erscheint die Ionenaufnahme hierdurch beträchtlich übersichtlicher. Das Hauptinteresse ist lange zwei Momenten gewidmet worden, teils der aktiven Ionenspeicherung in Vacuolen, teils der Ionenabgabe an die Gefäße, die als Blutung zutage treten kann. Der Zusammenhang zwischen diesen beiden ist jedoch unklar geblieben, was im letzten Jahresbericht hervorgehoben worden ist (Fortschr. Bot. 15, 295). In mehreren neuen Arbeiten ist die Frage angegriffen worden, ob neben diesen metabolischen Prozessen auch ein passiver Ionentransport in der Form von Diffusion oder Massentransport in Wurzeln vorkommt. Ob dies zutrifft und welche Bedeutung dem zugeschrieben werden kann, dürfte ohne eingehende Berücksichtigung von Cytologie und Histologie der Gewebe nicht entschieden werden können. Diesbezügliche Versuche sind auch in neueren Arbeiten zu finden.

Vorläufig empfiehlt es sich, folgende Momente der Gesamtionenaufnahme auseinanderzuhalten: a) einen nichtmetabolischen Primärvorgang, der Diffusion, Adsorption und Massenbewegung in sich schließen dürfte und kurz, obwohl nicht ganz zutreffend, als ,,physikalische Komponente" bezeichnet worden ist [Butler (1)]; b) die aktive, metabolische Speicherung von Ionen in Vacuolen entgegen dem einfachen Diffusionspotential; c) den Austritt von Ionen aus den Vacuolen und den daran beteiligten Mechanismus; d) die Abgabe von Ionen an die Gefäße mit begleitendem Wurzeldruck oder Blutungsstrom. — Beim Arbeiten mit wachsenden Organen muß außerdem berücksichtigt werden, daß Bedingungen für eine Ionenaufnahme einfach durch Neubildung von aufnahmefähigen Zellen zustande kommen können.

Die Gründe für diese Einteilung der Ionenaufnahme in Teilprozesse werden unten ausführlich erörtert; es muß aber betont werden, daß sich zur Zeit nicht alle Ergebnisse in ein Schema einfügen lassen. Nichtsdestoweniger ist offenbar, daß die Gesamtionenaufnahme einer ganzen Pflanze auf diese oder jene Weise in Teilprozesse zerlegt werden muß,

und daß je nach der Wahl des Versuchsmaterials und der Versuchsbedingungen der eine oder der andere Vorgang überwiegen wird. Es ist
wenigstens die Ansicht des Ref., daß die Kontroversen über die Theorien
der Ionenaufnahme, an denen die einschlägige Literatur reich ist, mehr
auf diesen Umstand als auf mangelnde Zuverlässigkeit der sich scheinbar
widersprechenden Versuchsergebnisse zurückzuführen sind. Verallgemeinerungen haben eine viel zu große Rolle gespielt. Im folgenden
wird daher der Versuch gemacht, die verschiedenen Ergebnisse zu
koordinieren, anstatt sie mechanisch zu referieren. Hierbei wird von den
Verhältnissen in Wurzeln ausgegangen, da diese die natürlichen Auf-
nahmeorgane darstellen.

Ganz aus dem Schema fallen zwei Arbeiten. OSTERHOUT hat seine
allgemeine Theorie über die Aufnahme durch eine wasserfreie Membran
wiederholt, aber auch modifiziert; die Wasserfreiheit der selektiven
Membran ist nach wie vor unbewiesen. BREAZEALE u. McGEORGE haben
neue Belege für die Ansicht erbracht, daß die Aufnahme seitens ganzer
Pflanzen einfach vom Ionisierungspotential abhängt; es ist aber immer
noch schwer zu verstehen, daß die Pflanzen scharf zwischen 2,10 und
2,13 Volt Spannung unterscheiden, sowie daß durch Benutzung dieser
70 Tage alte Pflanzen in zwei Tagen ihren Salzgehalt verdoppeln können.
Eine Wiederholung unter anderen Bedingungen wäre erwünscht. — In
diesem Zusammenhang soll auch die „aktive Wasseraufnahme" erwähnt
werden; ihr Bestehen wird von verschiedenen Forschern behauptet (vgl.
BOGEN u. PRELL, PRELL, POHL, BONNER und Mitarbeiter), von anderen
dagegen bestritten (vgl. BURSTRÖM). Auf diese Streitfrage soll hier nicht
eingegangen, sondern nur erwähnt werden, daß LEVITT darauf aufmerksam gemacht hat, daß, wenn eine aktive Ionenaufnahme in den Wurzeln
vorkäme, eine aktive Wasseraufnahme aus osmotischen Gründen unmöglich wäre.

1. Die physikalische Komponente der Ionenaufnahme. „AFS".

Einer fast einstimmigen Auffassung nach fängt die Ionenaufnahme
eines Gewebes, das von einem Medium mit niedriger in ein solches mit
höherer Konzentration eines Ions gebracht wird, mit einer raschen
Anfangsphase an, die binnen kurzer Zeit sprunghaft von einer längeren
Periode langsamerer Ionenaufnahme abgelöst wird. Dies ist in neueren
Arbeiten mit Wurzeln bestätigt worden [HOPE u. STEVENS, HYLMÖ,
BUTLER (2)]. Die reversible Anfangsphase ist gewöhnlich als eine primäre
Adsorption von Ionen an das Plasma aufgefaßt worden. Diese Deutung
wird z.B. durch LUNDEGÅRDHs Messungen der Potentialunterschiede
zwischen Wurzeln und Außenlösungen gestützt, weil sie mit den Eigenschaften der Lösungen derart wechseln, daß sie als Adsorptionspotentiale
gedeutet werden können. Die Messungen von LUNDEGÅRDH sind von
HOPE (2) und HOPE u. STEVENS wiederholt worden (s. auch Literatur-
übersicht von HOPE u. ROBERTSON); sie haben alles bestätigt, nur mit
der Ausnahme, daß die Potentiale nicht in der Weise vom p_H der Außenlösungen abhängen, wie es von Adsorptionspotentialen verlangt werden
muß. Sie werden daher als Diffusionspotentiale gedeutet, und HOPE u.

Stevens meinen, daß in den Wurzeln ein bestimmter Raum einer freien Diffusion von Ionen aus der Außenlösung zugänglich ist. Dieser wird „der apparente freie Raum" („apparent free space") genannt. (Alle diesbezüglichen Arbeiten sind bisher in englischer Sprache geschrieben, und die Abkürzung „AFS" hat sich für diesen Begriff eingebürgert. Sie wird auch unten benutzt; es ist zweckmäßig, ein ganz neutrales Symbol wie „AFS" zu benutzen, da die Natur dieses Begriffes tatsächlich kontrovers ist.) Wurzeln von *Vicia Faba* wurden zuerst von einer schwächeren in eine stärkere und dann wieder zurück in die schwächere KCl-Lösung gebracht. Aus den Größen der schnellen Anfangsphasen der Aufnahme bzw. Abgabe von Ionen, die quantitativ gut übereinstimmten, wurde der scheinbare, für eine Diffusion zugängliche Raum oder das AFS für dieses Material bestimmt; von Hope u. Stevens wurde ein Wert von 13% des Gesamtvolumens der Wurzel berechnet.

Hiervon unabhängig sind Hylmö und Butler (1), (2) auch zu der Auffassung gekommen, daß das Wurzelinnere zum Teil für freie Diffusion und Massenströmungen zugänglich sein muß. Mit Weizenwurzeln hat Butler (2) das AFS mit vier voneinander unabhängigen Methoden bestimmt und Werte zwischen 25 und 35% erhalten, und zwar durch 1. Bestimmung der Anfangsphasen der Aufnahme und Rückdiffusion von Cl nach Hope, 2. Bestimmung der Aufnahme und Abgabe von Cl, wenn die metabolische Speicherung, nicht aber die Respiration durch DNP gehemmt worden war, 3. Bestimmung von Exosmose von Mannitol, der nicht merklich in die Vacuole permeiert, nach vorhergehender Sättigung der Wurzeln, und 4. Bestimmung der Aufnahme von ^{32}P bei 0° C, wobei der Stoffwechsel gehemmt oder wenigstens stark herabgesetzt werden muß. Die Übereinstimmung der Werte ist befriedigend. Hope u. Stevens haben ohne eigentlich zwingende Gründe angenommen, daß das AFS in erster Linie dem Cytoplasma entspricht, in dem die Ionen frei diffundieren könnten, während die Zellwände eine untergeordnete Rolle spielen sollten. Mit Hilfe histologischer Bilder hat aber Butler (2) das Zellwandvolumen von Weizenwurzeln auf etwa 15% und das des Plasmas auf etwa 5% geschätzt; er hat deshalb, gleichwie Hylmö aus anderen Gründen, angenommen, daß die Aufnahme in das AFS wesentlich einem Ionentransport in den Zellwänden entspricht. Daß Diffusionsgefälle und Diffusionsgeschwindigkeiten ausreichen, um die Anfangsphase der Ionenaufnahme quantitativ zu erklären, hat Hope (1) überzeugend dargetan. Der Eintritt folgt dem Fickschen Diffusionsgesetz und die Diffusionsgeschwindigkeiten im AFS sind berechnet worden. Einige Berechnungen von Butler (2) bestätigen auch, daß in einem recht normalen Fall, freie Diffusion vorausgesetzt, Gleichgewicht in der Wurzel binnen 15—20 min erreicht werden kann. Hope (1) hat das AFS ferner bei verschiedenen Konzentrationen eines Salzes bestimmt und steigende Werte mit zunehmender Konzentration gefunden. Die Abhängigkeit ähnelt einer Adsorptionsisotherme, und Hope hat daher angenommen, daß die hineindiffundierenden Ionen im Plasma an nichtmobile Anionen gebunden werden. Dies erschüttert aber wesentlich die Auffassung dieses Primärvorganges als einer reinen Diffusion.

Tatsächlich hat BUTLER (2) in diesem Punkt den Begriff AFS laut HOPE weitgehend modifiziert. Rein messungstechnisch und definitionsgemäß ist das AFS kein Volumen, sondern eine Ionenquantität, und zwar diejenige Ionenmenge, die reversibel und ohne Verbindung mit Stoffwechsel von Geweben aufgenommen werden kann. Sie entspricht teils frei diffundierenden Ionen, teils solchen, die adsorptiv gebunden sind, und das AFS gibt nur einen Näherungswert für den wirklichen freien Raum (true free space) an. Daher ist auch nicht zu erwarten, daß für verschiedene Ionen derselbe AFS-Wert erhalten wird. — Die Bedeutung dieses Begriffes liegt darin, daß das AFS laut dieser Auffassung ein Ausdruck für ein Ionenmilieu ist, das einerseits in Verbindung mit dem Außenmedium steht, andererseits an jeden einzelnen Protoplast grenzt, und aus dem die Zellen Ionen aktiv aufnehmen.

Daß eine solche Komponente für die Gesamt-Ionenaufnahme der Pflanze vorhanden ist, wurde besonders von HYLMÖ hervorgehoben. Er hat den Zusammenhang zwischen Transpiration und Ionenaufnahme in Erbsenpflanzen untersucht und dabei gefunden, daß diese weitgehend proportional dem Wasserdurchgang durch die Wurzel läuft, ganz unabhängig davon, wie diese variiert wurde, ob durch Änderung von Belichtung, Luftfeuchtigkeit oder Temperatur, oder durch Abschneiden der Sproßteile. Innerhalb des untersuchten Bereiches, 1—16 mMol $CaCl_2$ je Liter Nährlösung, war ferner die Aufnahme, wenn Anfangsphase und aktive Speicherung im Zellsaft abgezogen wurden, nahe proportional der Außenkonzentration. HYLMÖ hat hieraus den Schluß gezogen, daß die Transpiration eine rein passive Beförderung der Ionen durch die Wurzel hervorrufen kann. Es wird angenommen, daß diese in den Zellwänden vor sich geht oder auch im Plasma, wenn die selektive Membran in den Tonoplast verlegt werden kann. Diese Auffassung ist eigentlich eine logische Folgerung aus dem Bild vom Transpirationsstrom in den Zellwänden des Mesophylls, das von STRUGGER schon vor langem entwickelt worden ist. Auf die Verhältnisse in der Wurzel erweitert ergibt sich aber eine wichtige Folge für die Ionenaufnahme. HYLMÖ hat für die gesamte Ionenaufnahme drei Momente unterschieden: a) die physikalische Komponente, von Temperatur und Wasserdurchgang unabhängig und mit der Aufnahme in das AFS laut HOPE u. STEVENS und BUTLER identisch, b) die aktive Speicherung in Vacuolen, wobei das AFS als diejenige freie Lösung aufgefaßt werden soll, aus der jede einzelne Zelle Ionen aufnimmt; jeder Protoplast sei ein Individuum, von dem Ionenmilieu im AFS umgeben, und c) Massenströmung mit dem Transpirationswasser rings um die Protoplasten im AFS. Die Vacuolen stehen mit dem Ionenmilieu im AFS in dynamischem Gleichgewicht und Ionen können von diesen sowohl aufgenommen wie auch abgegeben werden.

Mit *Clematis vitalba* hat PETRISCHEK gezeigt, daß die Konzentration des Transpirationsstroms mit steigendem Wasserdurchgang abnimmt, aber weniger als es der Steigerung des Volumens entspricht, so daß die Gesamtaufnahme der Salze von Morgen bis Mittag mit der Transpiration stark zunimmt. Die hohe Morgenkonzentration des Transpirationsstroms

soll darauf beruhen, daß in der Nacht in den Zellen gespeicherte Ionen
an den Transpirationsstrom abgegeben werden. BUTLER (1) hat auch
beobachtet, daß eine erhöhte Transpiration eine Abgabe von Ionen
seitens des Zellsafts verursacht. RUSSELL u. MARTIN sind zu einem ähnlichen Schluß gekommen. In Versuchen mit Gerstenpflanzen haben sie
die Aufnahme von ^{32}P untersucht; aus unten zu erwähnenden Gründen
haben sie angenommen, daß die metabolische Bindung der Ionen von der
normalen Passage durch die Wurzel getrennt werden muß, so daß frisch
aufgenommener P leicht aufwärts geleitet wird. Zu erwähnen ist auch,
daß aus sehr niedrigen Konzentrationen, 0,001 mg je Liter, prozentual
weniger aufgenommen wurde als aus mittelhohen, bis 0,316 mg; die Abgabe an den Transpirationsstrom stieg aber mit steigender Zufuhr. Es
könnte dies so gedeutet werden, daß sich das Gleichgewicht in jenem
Fall langsam einstellt und wenig P für einen Aufwärtstransport übrig-
bleibt. Eine Vorbehandlung mit 10 mg je Liter erhöhte aber den nachfolgenden Aufwärtstransport aus der 0,001 mg/l-Lösung. Hierbei dürfte
das Gleichgewicht überschritten worden sein, worauf eine Abgabe an den
Transpirationsstrom stattfindet (RUSSELL, MARTIN u. BISHOP).

Die einander widersprechenden Angaben in der Literatur über das
Verhalten zwischen Transpiration und Ionenaufnahme erhalten durch
die Arbeit von HYLMÖ dadurch ihre restlose Erklärung, daß in salzarmen
Wurzeln die aktive Speicherung überwiegt und die Aufnahme vom
Wasserdurchgang unabhängig ist; wenn die Wurzel gesättigt ist, erfolgt
aber die Aufnahme hauptsächlich durch Vermittlung des Transpirationsstroms und daneben durch den Blutungsmechanismus. HANSON u.
BIDDULPH haben die Aufnahme von P* und Rb* durch Bohnenpflanzen
mit normalem Wechsel von Licht und Dunkel untersucht. Die Speicherung in den Wurzeln zeigte keine Tagesschwankungen, was auch nicht
zu erwarten war. Der Aufwärtstransport nahm aber im Licht zu. Die
Verff. haben für die Lichtwirkung mögliche Erklärungen erörtert, ohne
aber die lichtbedingte Transpiration in Erwägung zu ziehen.

Die Konzentration der Lösung, die die gesättigten Wurzeln durch-
strömt, war in HYLMÖs Versuchen unter allen Umständen fast konstant
0,55mal der Außenkonzentration. Um dies zu erklären, hat er angenommen, daß die Lösung die antiklinen Zellwände der Epidermis passiv
durchfließt, während das Wasser durch die Protoplasten ultrafiltriert
wird, da diese die Ionen nicht passiv durchlassen. Der Transpirationsstrom wird daher um einen konstanten Betrag verdünnt. Die Erklärung
ist recht hypothetisch, aber im Prinzip insofern richtig, als Wasser überall je nach den Filtrationswiderständen passieren muß. Sie läßt sich
zur Zeit auch mit den Ergebnissen von BROUWER (1) nur schlecht
vereinen. Er hat die alten Angaben von BREWIG bestätigt, laut denen
die Wasseraufnahme bei verstärkter Transpiration sich in der Wurzel
basalwärts verschiebt. Die Ursache hierfür soll ein verminderter Widerstand in diesen Teilen sein. Anscheinend ist der Filtrationswiderstand
entlang der Wurzel nicht gleichförmig, weshalb Wasser bei verschiedenen
Saugkräften an verschiedenen Orten in ungleichem Maße aufgenommen
wird. Dies braucht aber nicht zu bedeuten, daß sich der Widerstand

an einem Ort verändert, abgesehen von den Veränderungen, die hydrodynamisch mit einer erhöhten Strömungsgeschwindigkeit folgen. Wäre BROUWERs Deutung richtig, und ist das Verhältnis Wasser : Ionenaufnahme im Transpirationsstrom unter allen Umständen konstant, was in HYLMÖs Material wahrscheinlich dünkt, so würde dies bedeuten, daß sich die Widerstände gegen Wasser- und Ionenpassage parallel verschieben. In einer späteren Arbeit von BROUWER wird diese Möglichkeit auch herangezogen, um den Zusammenhang zwischen Wasser- und Ionenaufnahme zu erklären. BROUWER (2) hat darin vorläufige Ergebnisse mit Roggen, Mais und *Phaseolus* mitgeteilt. Der Zusammenhang ist nicht quantitativ wie in HYLMÖs Versuchen, und bei Zugabe von Saccharose sinkt die Wasseraufnahme und steigt die Ionenaufnahme. BROUWER hat deshalb angenommen, daß die Transpiration nur indirekt, über die Widerstände wirkt. Es fehlt aber in BROUWERs Versuchen eine Trennung zwischen passiver Aufnahme und aktiver Speicherung, und wenn auch die Widerstände schwanken, bleibt die Triebkraft des Ionentransports aufwärts im Stamm unaufgeklärt. Ein ausführlicher Bericht wird in Aussicht gestellt.

In früheren Arbeiten hat OLSEN behauptet, daß die Ionenaufnahme von der Außenkonzentration bis zu winzigen Gehalten unabhängig ist, und dasselbe wurde vor kurzem auch für *Elodea* nachgewiesen [OLSEN (7)] Man kommt aber kaum umhin, anzunehmen, daß die Ergebnisse OLSENs, die von allen anderen diesbezüglichen abweichen, auf Besonderheiten der Versuchsanstellung beruhen können und keine allgemeine Tragweite besitzen. OLSEN hat die Ergebnisse von GESSNER u. KAUKAL (Fortschr. Bot. 15, 292) kritisiert, aber Versuche nur bei einer anfänglichen Konzentration der Nährlösung ausgeführt. Tatsächlich hat OLSEN nur gezeigt, daß die Aufnahme mit konstanter Geschwindigkeit vor sich geht, wenn gleichzeitig Konzentration der Lösung, Wachstum, Alter der Pflanzen und wahrscheinlich auch die Temperatur variiert werden. Die Aufnahme verläuft auch außerordentlich langsam, es müssen große Mengen von Material in ein kleines Volumen Lösung gebracht werden; eine Aufnahme infolge von Wachstum kann wohl auch nicht ganz übersehen werden, besonders da die Pflanzen in den sehr verdünnten Lösungen an Ionen gesättigt sein dürften und kein Abtransport vorkommt. Bestechend ist auch, daß die bei p_H über 5,5 sich vermindernde Aufnahme auch von der Konzentration abhängig erscheint [OLSEN (3)]. Abweichende Angaben in der Literatur will OLSEN (2) z. B. durch ungenügendes Umrühren der Nährlösungen erklären. — Zur Klarlegung dieser Frage sei auch erwähnt, daß laut KRETSCHMER, TOTH u. BEAR der Chlorgehalt in mehreren Pflanzen proportional der Zufuhr ansteigt, während der des Schwefels hiervon unabhängig ist. Wahrscheinlich handelt es sich hier um den Unterschied zwischen einem physiologisch indifferenten Stoff, der nur aufgenommen wird, und einem, der am Metabolismus beteiligt ist.

Gegen die ursprüngliche Annahme von HOPE u. STEVENS, daß die Anfangsphase eine reine Diffusion darstellt, spricht der Umstand, daß sie in mancher Beziehung den Charakter eines adsorptiven Austausches besitzt. Die Selektivität der Ionenaufnahme kann durch primäre Bin-

dung der Ionen an spezifische Träger erklärt werden. Dies wird von
EPSTEIN und EPSTEIN u. HAGEN des weiteren beleuchtet, die gefunden
haben, daß Cl und Br wahrscheinlich an einen anderen Träger als Nitrat
gebunden werden, sowie daß unter den Kationen K, Rb und Cs an ein
System, Li und Na dagegen an ein anderes gebunden werden. Sie haben
dabei die Aufnahme als eine Enzymreaktion betrachtet und den gegen-
seitigen Einfluß der Ionen auf die Reaktionsgeschwindigkeit in drei-
stündigen Versuchen berechnet. Die Methode ist für ein Studium des
Ionenantagonismus offenbar allgemein brauchbar. SMITH hat die Schwer-
metalladsorption in toten und lebenden *Citrus*-Wurzeln studiert und
verschiedene Austauscherscheinungen beschrieben. Pilzsporen nehmen
Silber und Cer aus toxischen Konzentrationen unabhängig voneinander
auf, und MILLER, McCALLAN u. WEED nehmen an, daß sie an verschiedene
Träger gebunden werden. — Ganz auffallend ist die Spezifität der Na-
triumaufnahme durch Meeresalgen; nach BROOKS speichert *Valonia
macrophysa* im Zellsaft K und hält Na fern, *Halicystis Osterhouti* nimmt
dagegen Na auf. Von *Ulva* werden K und Na laut SCOTT u. HAYWARD (1)
anscheinend mit verschiedenen Mechanismen aufgenommen. K und
Na wandern bei Verdunkelung und bei Zusatz von Jodessigsäure in
entgegengesetzte Richtungen. Es sei auch auf den Zusammenhang
zwischen Glutaminsäure und Kaliumaufnahme in Bakterien (DAVIS,
FOLKES, GALE u. BIGGER) verwiesen. — Mit *Drosera*-Tentakeln hat
ARISZ (2) gezeigt, daß Phosphorsäure und Aminosäuren in verschiedenen
Systemen aktiv transportiert werden, weil sie sich dabei gegenseitig
nicht beeinflussen. — Auch wenn die Ergebnisse mit Nitrat, Phosphat
und organischen Substanzen kaum beweiskräftig sind, da diese Stoffe
mehr oder weniger schnell in den Stoffwechsel einbezogen werden können, so zeigen jedenfalls die Versuche mit Metallen unzweideutig, daß
spezifische Bindungsvorgänge allgemein vorkommen und von wesentlicher Bedeutung für den Ablauf der Anfangsphase der Ionenaufnahme
sind. Daher erscheint es berechtigt, diese Phase oder die Aufnahme
in das AFS nicht lediglich als eine Diffusion, sondern mit BUTLER (2)
als aus Diffusion und Bindung adsorptiver oder anderer Art zusammengesetzt zu betrachten.

Diese Auffassung, daß die Protoplasten die Ionen nicht unmittelbar
von der Außenlösung oder voneinander aktiv aufnehmen, sondern durch
Vermittlung eines bestimmten Ionenmilieus in den Zellwänden oder an
der Cytoplasmaoberfläche, erschüttert keineswegs die Erklärung des
Mechanismus der aktiven Speicherung in den Vacuolen.

Mit diesem Bild ganz unvereinbar sind aber die Ergebnisse von
ARISZ, der freie Beweglichkeit der Ionen oder Massenströmungen außerhalb der Protoplasten überhaupt verneint. Er hat sich dabei auf die Versuche über die Ionenaufnahme und den Ionentransport in *Vallisneria*-
Blättern gestützt, die in einer neuen Arbeit erweitert worden sind
[ARISZ (1)]. Seine Theorien über die Ionenaufnahme sind auch präzisiert worden. In bezug auf den Ionentransport meint ARISZ, daß dieser
ausschließlich innerhalb des Cytoplasmas, auch bei Transport von Zelle
zu Zelle, vor sich geht, also in einem Symplast, der freie Passage der

Ionen gestattet. Er hat dabei auf den Umstand verwiesen, daß die Aufnahme von KCl in Blattsegmente durch Cyanid total gehemmt wird. Die ganze Aufnahme ist also metabolischer Art. Der Unterschied gegenüber den Verhältnissen in Wurzeln, wie sie von BUTLER geschildert worden sind, besteht also darin, daß in diesem Fall ein Teil der Aufnahme von CN unbeeinflußt bleibt. Der logische Schluß wäre, daß in den *Vallisneria*-Blättern zufolge des anatomischen bzw. cytologischen Baues die Aufnahme in den AFS quantitativ unbedeutend ist. Einmal aufgenommen können aber die Ionen quer durch CN-behandelte Segmente transportiert werden. ARISZ hat dies so gedeutet, daß der Transport im Symplast nichtmetabolisch ist, und daß der cyanidempfindliche Mechanismus im Plasmalemma sitzt. Natur und Triebkraft dieses nichtmetabolischen Transports sind aber unbekannt. An und für sich ähnelt diese Erscheinung in mancher Beziehung dem passiven Transport mit dem Transpirationsstrom in HYLMÖs Versuchen, besonders da Transpiration in exponierten Blatteilen wohl nie ausgeschlossen werden kann. Andrerseits muß dann postuliert werden, daß auf eine aktive Aufnahme eine passive Massenströmung folgt. Etwas Ähnliches ist in Wurzeln nicht mit Sicherheit beobachtet worden.

2. Die metabolische Speicherung im Zellsaft.

Daß die Ionenspeicherung im Zellsaft mit der Respiration verbunden ist, dürfte allgemein anerkannt sein. Die Diskussion dreht sich um den enzymchemischen Zusammenhang zwischen Ionenaufnahme und Respiration, der vor allem in der Anionenatmungstheorie von LUNDEGÅRDH (Fortschr. Bot. **15**, 297) zum Ausdruck gekommen ist. Das Hauptprinzip dieser ist, daß Anionen quer durch das Cytoplasma durch Austausch gegen Elektronen der Valenz-wechselnden Fe-Atome des Cytochromsystems transportiert werden. Dadurch wird das Cytochromsystem aktiviert; Kationen folgen aus elektrochemischen Gründen. Die Theorie ist in ihrer Einfachheit genial, aber natürlich schwer endgültig zu beweisen. Neue Argumente für und gegen dieselbe sind vorgelegt worden. — In Anlehnung an die obenstehenden Ausführungen wäre dieser Mechanismus für den Transport von Ionen vom AFS in die Vacuole verantwortlich. — In diesem Zusammenhang ist es von Bedeutung, daß WEBSTER in einer großen Anzahl von Pflanzen das Vorkommen von Cytochrom-a nachgewiesen hat. Ohne Kommentar soll auch auf den außerordentlich interessanten Umstand hingewiesen werden, daß laut FARRANT, ROBERTSON u. WILKINS die Mitochondrien, die das Cytochromsystem enthalten sollen, wie kleine Vacuolen eine Membran und osmotische Eigenschaften besitzen [vgl. BUTLER (4) über das Verschwinden der Cytochrome aus der Granafraktion bei Vacuolisierung von Wurzelzellen].

LUNDEGÅRDH (2) hat eine Reihe technisch intrikater, spektrometrischer Bestimmungen von Cytochromen in lebenden Weizenwurzeln ausgeführt. Dabei hat er durch automatische Registrierung der Redoxspektra der Cytochrome in Intervallen von bis zu 1 min ihre Umwandlungen unter den Einfluß von Salzgaben, wechselnder Sauerstoffspannung usw. verfolgt. Er hat das Vorkommen von Cytochrom-b, c und a in Red- und Ox-Form festgestellt, und daß die jungen Wurzeln tatsächlich das komplette Cytochromsystem enthalten. Zwei Dehydrogenasesysteme dienen als H-Donatoren, Succinodehydrogenase mit Cytochrom-b, und ein anderes System, möglicherweise ein Flavoproteid, das mit Cytochrom-c verbunden ist. Werden diese durch Malonat oder Fluorid gehemmt, so erfolgt die terminale Oxydation über dieses System unter Ausschaltung von Cytochrom-b. Aber nur das Succinooxydasesystem ist zum Salztransport befähigt, so daß bei diesen Hemmungen die Ionenaufnahme und die Respiration getrennt werden. Das Cytochromsystem wird durch Neutralsalze aktiviert (2) und die Aktivierung stimmt quantitativ mit der in intakten Wurzeln gemessenen überein. Mit der von LUNDEGÅRDH gegebenen Deutung bilden diese Ergebnisse eine gute Bestätigung der Anionenatmungstheorie. Für die allgemeine Annahme, daß das Cytochromsystem in irgendeiner Weise an der Speicherung von Ionen mitwirkt, spricht auch, daß BUTLER (3) gleichfalls an Weizenwurzeln gezeigt hat, daß die Aufnahme von ^{32}P durch Cyanid gehemmt wird, nicht dagegen die Abgabe von den Zellen, die auch laut LUNDEGÅRDH (1) durch einen anderen Mechanismus geregelt wird. Auch die Ionenaufnahme durch das Plasma von *Vallisneria*-Blättern ist laut ARISZ (1) cyanidempfindlich und die Jodaufnahme von *Ascophyllum* wird laut KELLY von Cyanid, Azid und Jodessigsäure gehemmt. Das pflanzliche Cytochromsystem wird laut BUTLER (4) auch in vitro durch Neutralsalze aktiviert. Weiter hat BUTLER (3) Aufnahme und Abgabe voneinander getrennt verfolgen können, und die Aufnahme durch die Zellen hat sich dabei als von der Ionenkonzentration im Zellsaft unabhängig erwiesen (vgl. auch BROWN u. CARTWRIGHT). Dies konnte auch von einem aktiven Einpumpen verlangt werden.

Alle diese Angaben stehen mit der Anionenatmungstheorie in der speziellen Form der „Cytochrombrückentheorie" in gutem Einklang. Ein scheinbarer Widerspruch kann LUNDEGÅRDHs (3) eigenen Arbeiten entnommen werden. Er hat nämlich gezeigt, was auch für andere Objekte bekannt war, daß das Cytochromsystem gegenüber dem Succinodehydrogenasesystem überdimensioniert ist, so daß die H-Produktion und nicht die terminale Oxydation die Geschwindigkeit des Gesamtprozesses begrenzt. Unter solchen Umständen ist nicht ohne weiteres klar, daß die Anionen das Succinooxydasesystem durch eine spezifische Wirkung auf die Cytochrome aktivieren können. BUTLER (4) hat daher angenommen, daß die Wirkung der Neutralsalze bei ihrer Aufnahme in einer mehr unspezifischen Aktivierung des gesamten Respirationssystems besteht. Für LUNDEGÅRDHs Deutung spricht aber, daß die volle Leistung des Anionenatmungssystems schon durch die geringsten Anionenmengen erhalten wird. Unerklärt bleibt jedenfalls, warum das System Cytochrom-a → Cytochrom-c (→ Flavoproteid) ohne Anionenaktivierung funktioniert. Es sollte somit nur den Elektronentransport über Cytochrom-b Anionen zum Umtausch benötigen.

Gegen die von LUNDEGÅRDH aufgestellten allgemeinen Prinzipien sind auch Einwände erhoben worden. Es ist aber notwendig, daran festzuhalten, daß die Anionenatmungstheorie nur die Salzspeicherung im Zellsaft erklären kann, und daß Erfahrungen, die offenbar andere Phasen der Ionenaufnahme betreffen, nicht gegen die Theorie angeführt werden können, ebensowenig wie umgekehrt.

RUSSEL, MARTIN u. BISHOPS nebst RUSSEL u. MARTINs eingehende Untersuchungen über die Phosphorsäureaufnahme von Gerstenpflanzen haben auch zur Ansicht geführt, daß Aufnahme und Abgabe von Ionen zwei voneinander unabhängige Prozesse sind. Der Aufwärtstransport von Ionen aus der Wurzel wird durch ein metabolisches Festlegen der Ionen in der Wurzel bestimmt. Aus der Empfindlichkeit der Festlegung in der Wurzel gegen Azid und DNP haben sie geschlossen, daß die Ionen primär an einen durch die Respiration gebildeten Komplex gebunden werden; dies würde den Zusammenhang der Ionenaufnahme mit der Respiration erklären, wobei die Aufgabe dieser die Produktion dieses Komplexes wäre. Schon oben ist auf die Bedeutung der spezifischen Bindung der Ionen an Plasmakomplexe hingewiesen worden; höchstwahrscheinlich werden diese in Verbindung mit dem Stoffwechsel gebildet. Es ist aber schwer einzusehen, weshalb dies mit LUNDEGÅRDHs Theorie über die Ionenspeicherung im Zellsaft unvereinbar sein soll, wenn weder die Annahme von RUSSEL u. MARTIN noch die Theorie von LUNDEGÅRDH über ihre berechtigte Tragweite hinaus verallgemeinert wird. Die Annahme, daß die Rolle der Respiration sich auf die Bildung des Trägers beschränkt, macht außerdem laut RUSSEL u. MARTIN die komplizierte Hilfshypothese notwendig, daß der Träger in dem Maße wie er verbraucht auch neugebildet wird. Diese Verff. erwähnen auch, daß verschiedene Aufnahmegeschwindigkeiten der einzelnen Ionen mit der Anionenatmungstheorie unvereinbar sind; dies trifft auch nicht zu, wenn, wie oben angedeutet, Spezifität der Ionenaufnahme auf die Bindungsverhältnisse im AFS zurückzuführen ist.

Eher können die Ergebnisse von ARISZ (1) mit *Vallisneria*-Blättern schwer mit jenen an Wurzeln in Einklang gebracht werden. Eine Anwesenheit von DNP verhindert die Speicherung von Ionen, auch von solchen, die von den Blättern schon aufgenommen sind, ebenso ihren Transport, nicht aber die Aufnahme selbst; Cyanid dagegen hemmt, wie oben erwähnt, die Aufnahme, aber nicht die Speicherung im Zellsaft. ARISZ hat angenommen, daß zwei verschiedene Speicherungsmechanismen vorhanden sind, ein von Cyanid gehemmter im Plasmalemma und ein anderer, DNP-empfindlicher, im Tonoplast. Die DNP-Wirkung wird unten besprochen. Der Unterschied gegenüber der Theorie von LUNDEGÅRDH liegt darin, daß das Cyanid-empfindliche System (Cytochromsystem) nichts mit der Ionenspeicherung in Vacuolen zu tun haben soll. Ob die verschiedenen Mechanismen an der äußeren oder inneren Plasmaoberfläche lokalisiert sind, läßt sich mit Wurzeln und Blättern zur Zeit nur indirekt herleiten. Außerdem hat ARISZ mit Blättern gefunden, daß die Speicherung im Licht stark zunimmt, was Photoakkumulierung genannt wird. Diese kann vor allem mit dem in HYLMÖs Versuchen mit dem Transpirationsstrom erhöhten Transport verglichen werden; aber ob dieser hier eine Rolle spielt, ist unentschieden.

Jedenfalls muß beachtet werden, daß eine Belichtung von grünen Blättern zu wesentlichen Änderungen der Sauerstoffpotentiale führt, sowie daß es auch nicht klar ist, ob Licht- und Dunkelrespiration identisch sind. Deshalb können die Ergebnisse mit Wurzeln und Blättern wahrscheinlich nicht ohne weiteres verglichen werden.

Ohne neue Gründe anzuführen, hat VERVELDE seine Ansicht wiederholt, daß eine negative Ladung der Wurzel die Aufnahme von Anionen nicht zu verhindern braucht, weshalb die Anionenatmungstheorie überflüssig sei.

3. Die Abgabe von Ionen.

Schon früher (Fortschr. Bot. 15, 297) ist hervorgehoben worden, daß die Rückdiffusion der im Zellsaft gespeicherten Ionen durch eine besondere Sperre verhindert wird und daß diese mit dem Kohlenhydratumsatz verbunden ist. Unsere Kenntnis dieses Mechanismus hat sich wesentlich vertieft. Wie oben erwähnt, hat BUTLER (3) mit P* gezeigt, daß Aufnahme und Abgabe im Grunde voneinander unabhängig sind; diese wird durch die aktuelle Konzentration im Zellsaft bedingt, jene ist davon unabhängig. Die Sperre wird durch Dinitrophenol (DNP) zerstört [LUNDEGÅRDH (2)], die Abgabe wird aber nicht vom Cyanid-empfindlichen System bestimmt. Eine Ausschaltung der Phosphorylierung durch DNP setzt aber laut BUTLER die Gesamtaufnahme bis auf die physikalische Komponente herab; es zeigt sich jedoch, daß die Aufnahme von P*, besonders im Vergleich mit den Verhältnissen bei der Cyanidhemmung, zu einer Erhöhung neigt. Obwohl das Endresultat bei der DNP-Hemmung eine Verminderung der Gesamtaufnahme ist, so deuten BUTLERs Versuche darauf hin, daß die Abgabe erhöht und nicht die Aufnahme gehemmt wird, wie auch LUNDEGÅRDH angenommen hat, und daß also das Gleichgewicht Zellsaft $\rightleftarrows$ AFS oder Außenlösung nach rechts verschoben wird.

Dies ist für die Ergebnisse von ARISZ mit *Vallisneria* von Bedeutung. Er hat sie so gedeutet, daß das DNP die aktive Speicherung im Zellsaft, d.h. die Aufnahme durch den Zellsaft aus dem Plasma hemmt. Soweit beurteilt werden kann, widerspricht nichts der Annahme, daß das DNP in Blättern die Abgabe erhöht und nicht die Aufnahme hemmt, so daß wenigstens in diesem Punkt zwischen den Ergebnissen mit Blättern und Wurzeln eine Übereinstimmung möglich wäre. Auch RUSSEL u. MARTIN rechnen mit einem von der aktiven Speicherung getrennten Mechanismus für die Ionenabgabe aus Zellen. BROWN u. CARTWRIGHT haben die Kaliumaufnahme in 1,5 mm langen Segmenten von Maiswurzeln verfolgt. Sie steigt mit dem Alter der Segmente je Zelle und Proteingehalt berechnet, sinkt aber je Oberflächeneinheit. Hört der Zuwachs auf, so steigt die Konzentration in der Zelle relativ, weshalb die Verff. geschlossen haben, daß auch eine von der Größe der Zelloberfläche bestimmte Abnahme vorkommt. In unten zu besprechenden Untersuchungen über die Blutung hat VAN ANDEL gezeigt, daß eine Ionenabgabe aus den Vacuolen sofort eintritt, wenn Wurzeln in ein ionenfreies Medium überführt werden. Das stimmt mit den oben angeführten Beobachtungen überein;

VAN ANDEL hat aber auch betont, daß eine Abgabe seitens des ganzen Wurzelgewebes stattfindet; in Anlehnung an ARISZ versteht sie unter Abgabe eine solche von den Vacuolen an den Symplast. — OSTERHOUT hat gleichfalls angenommen, daß die Ionen an einen Träger gebunden aufgenommen werden, aber frei herausdiffundieren. Interessant ist ferner, daß laut SCOTT u. HAYWARD (1), (2) Jodessigsäure bei *Ulva* nur im Dunkeln eine Abgabe von K und Na hervorruft; dies spricht für eine Mitwirkung von Phosphorglycerinsäure an der Sperre gegen die Ionenabgabe; im Licht kann diese bei der Photosynthese gebildet werden. An dieser Stelle soll an die Photoakkumulierung laut ARISZ (1) erinnert werden.

Zusammenfassend ergibt sich, daß in einigen Punkten Einigkeit herrscht und daß die Meinungsverschiedenheiten Einzelheiten betreffen. Drei cytologische Modelle der Ionenaufnahme können verglichen werden; LUNDEGÅRDH: ein Cyanid-empfindlicher Aufnahmemechanismus und eine DNP-empfindliche Sperre, beide im Plasmalemma lokalisiert; ARISZ und VAN ANDEL: ein Cyanid-empfindlicher Aufnahmemechanismus im Plasmalemma und ein anderer DNP-empfindlicher im Tonoplast; BUTLER und HYLMÖ: dieselben Mechanismen wie LUNDEGÅRDH, aber beide im Tonoplast lokalisiert. Die verschiedenen Transportwege, die Theorie vom AFS unterstützt von BUTLER und HYLMÖ und die Symplastentheorie laut ARISZ folgen eigentlich unmittelbar aus der verschiedenen Lokalisierung der aktiven Prozesse. BROOKS hat bei Meeresalgen überzeugend dargetan, daß die selektive Membran im Tonoplast liegt; Natrium wird immer vom Plasma aufgenommen, in *Valonia* gelangt es nicht in die Vacuole.

4. Die Ionenaufnahme der Gefäße. Blutung.

Die Abgabe von Salzen an die Gefäße, die Blutung erzeugen kann, ist früher entweder als eine aktive Sekretion (ARISZ) oder als ein passiver Austausch (LUNDEGÅRDH) betrachtet worden. In beiden Fällen stoßen die Erklärungen auf die Schwierigkeit (Fortschr. Bot. **15**, 295), daß bei der Sekretion oder beim Austausch Zellen beteiligt sein müssen, deren Polarität umgekehrt sein soll, aber trotzdem zeigt die Blutung im großen ganzen dasselbe Verhalten, z.B. gegen Gifte, wie die normale Ionenspeicherung.

Die Untersuchungen von ARISZ über Blutung an Tomaten sind von VAN ANDEL fortgesetzt und erweitert worden; vor allem hat sie bestätigen können, daß die Triebkraft die Salzabgabe an die Gefäße darstellt, und daß Wasser aus osmotischen Gründen folgt. Eine Blutung tritt namentlich dann auf, wenn im Außenmedium Salze zugeführt werden, aber in beschränktem Maß auch im Wasser. Es werden dann, wie oben erwähnt, von den Geweben Ionen abgegeben, die in die Gefäße gelangen. Deshalb hat VAN ANDEL zwischen Gewebesekretion und Blutung in Verbindung mit einer Aufnahme von Ionen aus dem Außenmedium unterschieden. Beide sind gegen Atmungsinhibitoren empfindlich, und VAN ANDEL will daher die Anionenatmungstheorie verwerfen, denn eine Anionenatmung sei nur bei äußerer Zufuhr möglich; eine gewisse endogene

Anionenatmung ist jedoch früher auch von LUNDEGÅRDH in Erwägung gezogen worden und folgt logisch aus dem Prinzip der Ionenaufnahme aus dem AFS und dem reversiblen Gleichgewicht Vacuolen $\rightleftarrows$ AFS. Ferner hat VAN ANDEL die Möglichkeit gestreift, daß die Abgabe an die Gefäße in beiden Fällen in gleicher Weise vor sich gehe, was natürlich am besten auch mit diesem Prinzip übereinstimmt. Es besteht kein Unterschied zwischen neu aufgenommenen Ionen und solchen, die von den Vacuolen an den AFS abgegeben worden sind. Man könnte sich dann vorstellen, daß die Ionen aus diesem Medium in die Gefäße gelangen. Eine zwingende Stütze für die Symplastentheorie kann der Arbeit von VAN ANDEL nicht entnommen werden.

Wie die Ionen in die Gefäße gelangen, ist noch unbekannt und nicht näher studiert. HYLMÖ hat aber auf eine Möglichkeit hingewiesen, die die Hypothese von der umgekehrten Polarität oder die der Sekretion überflüssig machen würde. Gefäße werden in diesem Zusammenhang im allgemeinen als von lebendem Parenchym umgebene tote Gebilde aufgefaßt. Die Salze werden von der lebenden Umgebung an jene abgegeben. Histologisch mag dies unrichtig sein, weil die Gefäße in wachsenden Wurzelspitzen mit aktivem Wurzeldruck verhältnismäßig spät differenziert werden; an der Spitze sind die Gefäßzellen noch lebend und dürften wie alle Zellen Ionen aktiv speichern können. Allmählich werden die transversalen Wände während der Differenzierung zerrissen, und das Gefäß ähnelt dann einem oben offenen Rohr, das unten in lebende Zellen übergeht. Diese nehmen Salze aktiv auf und der Saft wird osmotisch durch die zerrissenen oder zerreißenden Wände nach oben gepreßt. Der Mechanismus könnte mit dem bei der normalen Ionenspeicherung übereinstimmen, und ein Sekretionsmechanismus wäre überflüssig. Diese Hypothese ist bestechend und könnte die meisten Schwierigkeiten lösen; sie scheint auch mit allen experimentellen Erfahrungen im Einklang zu stehen. Sie ist aber unbewiesen und fordert ein genaues Studium der Anatomie und Histologie der blutenden Wurzeln.

Die durch die Photoperiode induzierte Tagesperiodizität der Blutung ist unaufgeklärt. In ganz blattfreien Wurzelsystemen verläuft sie laut HEIMANN noch immer in einer 24 Std-Periode, was möglicherweise mit einer Rhythmik des Wachstums oder der Differenzierungsprozesse zusammenhängen könnte.

B. Bedeutung und Funktion der Elemente.

Die morphologischen Veränderungen in *Marchantia* bei Mangel an den meisten Hauptnährstoffen (K, Ca, N, P, Mg, Fe) sind von MADER beschrieben worden.

Alkalimetalle. Die physiologische Wirkung des Kaliums ist noch unklar, abgesehen davon, daß es für die Photosynthese mit Sicherheit notwendig ist (Fortschr. Bot. **15**, 299). Demgemäß sinkt auch laut SCHWABE die ökologische Nettoausbeute der Photosynthese („net assimilation rate") in *Pteridium* bei Kaliummangel; bei niedriger Lichtstärke vertragen aber die Pflanzen in dieser Hinsicht K-Mangel verhältnismäßig besser. — Übrigens geben die neuen Arbeiten ein buntes Bild vom

Kalium im Zusammenhang mit verschiedenen Leistungen der Pflanze. Schon oben ist auf den Zusammenhang zwischen K-Aufnahme und Aminosäuren in Bakterien hingewiesen worden (Davis und Mitarbeiter). Kalium ist in der Pflanze leicht beweglich; es wird aber laut Löhr im Gegensatz zum Stickstoff bei Mangel nicht zum Vegetationspunkt des Hauptsprosses, sondern eher in neue Basaltriebe geleitet. Für *Helianthus annuus* hat Eaton gezeigt, daß ein Kaliummangel den Gehalt an löslichem Zucker erhöht und daß auch Ammonium und Amide gespeichert werden. Vielleicht steht dies mit der behaupteten Bedeutung des Kaliums für Polymerisierungen im allgemeinen im Zusammenhang. Der Einfluß des Kaliums auf die Pigmentbildung in Kartoffelpflanzen ist von Jones u. Nolton beschrieben. Kalium- wie auch Calciummangel vermindern in *Lemna*-Wurzeln die Zellstreckung (Pirson u. Göllner). Durch umfassende plasmometrische Messungen an Epidermiszellen von *2n*- und *4n-Oenothera* haben Bogen u. Prell gefunden, daß Kalium- und Caesium-Nitrat bei Plasmolyse größere Protoplastenvolumina bedingen, als zu erwarten war, was bei Verwendung von Lithium aber nicht der Fall ist. Kontrollen ohne Salz verhielten sich normal. Die Verff. haben hieraus geschlossen, daß die zwei erstgenannten Ionen eine nichtosmotische Wasseraufnahme hervorrufen. Es ergibt sich aber nicht klar, weshalb die Ionen nicht aktiv aufgenommen werden und das Wasser osmotisch nachfolgt. — Bertrand u. Bertrand haben weitere Rubidium-Analysen mitgeteilt. Der Gehalt in Samen schwankt beträchtlich und ist in Gräsern und Labiaten besonders hoch. Ohne Kalium, aber mit Rubidium ($5 \cdot 10^{-4}$ mol) aufgezogen wird *Ankistrodesmus* laut Pirson u. Kellner zunächst beschädigt, später aber an Rubidium angepaßt, was durch die Selektion einer rubidiumresistenten Mutante erklärt wird. — Lehr hat die Literatur über einen Ersatz von Kalium durch Natrium kritisch zusammengestellt und ist zu dem überraschenden Ergebnis gekommen, daß nur eine Arbeit (von 1891!) auf Ersetzbarkeit hindeutet, während in den zuverlässigen, späteren Arbeiten, die insgesamt nur acht betragen, eindeutig eine selbständige Wirkung von Natrium nachgewiesen wird. Dasselbe kann einem Symposium über die Wirkung und praktische Anwendung von Natrium [Soil Sci. **76**, No 1, (1953)] entnommen werden. Harmer und Mitarbeiter haben hierbei hervorgehoben, daß mit einigen Pflanzen auch bei Kaliummangel keine Ausschläge für Na erhalten werden (z. B. Klee, Mais, Kartoffel, Roggen), während andere auch bei Kaliumüberschuß positive Ausschläge geben (*Beta, Brassica, Apium* u. a.). Dieses Gesamtbild wird in anderen Beiträgen bestätigt (Troug und Mitarbeiter, Larson u. Pierre, Cope und Mitarbeiter). Jones und Mitarbeiter haben die Verteilung von Natrium in *Citrus*-Bäumen beschrieben.

Einen neuen Beweis für die Unentbehrlichkeit des Calciums für Pilze hat Machlis erbracht; eine Form von *Allomyces javanicus* verlangt Ca in einer Optimalkonzentration von etwa 0,5 mmol je Liter. Der Bedarf ist also recht hoch. Dagegen ist laut Walker der von *Chlorella pyrenoidosa* nicht höher als 0,02 mmol und kann durch Strontium ersetzt werden. Hier handelt es sich also um eine ganz unspezifische

Wirkung, und es ist eine offene Frage, ob Ca hier als ein unentbehrlicher Nährstoff betrachtet werden kann. Hierbei ist von Bedeutung, daß GORINI u. FELIX die Schutzwirkung des Calciums auf die Proteinase (Trypsin) gegen Autolyse in neuen Versuchen bestätigt haben; in diesem Fall kann Ca durch Mn ersetzt werden. Laut REDISKE u. SELDERS ist Sr in der Pflanze unbeweglich festgelegt.

FINKLE u. APPELMAN haben über die Funktion von Magnesium in *Chlorella* berichtet. Bei Mangel nimmt die Zellteilungsgeschwindigkeit ab (2), Mitosen finden jedoch statt und die ungeteilten Zellenkomplexe werden, da die Stoffsynthesen fortdauern, bis zu 20mal größer als normal. Es tritt Chlorose auf, der Katalasegehalt steigt zuerst, angeblich weil bei unterbrochener Chlorophyllsynthese Eisenporphyrine im Überschuß vorhanden sind (1). Bei Mangel an Magnesium steigt laut SARASIN der Gehalt an Lactoflavin in *Aspergillus niger*. Jedoch handelt es sich hier um einen Zusammenhang Lactoflavin—Wachstum, insofern als bei schnellem Wachstum der Lactoflavingehalt immer abnimmt.

In *Lemna*-Wurzeln wirken Stickstoff und Phosphor gleichsinnig auf Wachstum und Stoffwechsel (PIRSON u. GÖLLNER). Mangel an beiden Stoffen bedingt ein langsames Wachstum bei erhöhter Zellenlänge, was auf eine Abnahme der Zellteilungsfrequenz hindeutet; daneben steigt der osmotische Wert der Zellen und auch die Plasmolysezeit; die Respiration nimmt ab. Solche anscheinend disparate Erscheinungen können wohl auf einige oder einige wenige gemeinsame Ursachen zurückgeführt werden, z. B. auf die Proteinsynthese und damit oder unabhängig davon auf den Atmungsstoffwechsel.

KYLIN hat die Wirkung von Schwefelmangel auf die Proteinsynthese und den Aminosäureumsatz in Weizen untersucht und dabei bestätigen können, daß bei S-Mangel wohl die schwefelreichen Proteine, nicht aber die schwefelarmen Fraktionen abgebaut werden. Schwefel wird von älteren in jüngere Teile und auch vom Sproß in die Wurzel geleitet. — *Neurospora crassa* besitzt die Fähigkeit, Selenit zu freiem Selen zu reduzieren; Methionin fungiert dabei als Donator labiler Methylgruppen (ZALOKAR), was aus Versuchen mit verschiedenen Mutanten hervorgegangen ist.

Die für gewöhnlich reiche Literatur über die Funktion der Spurenelemente scheint ungewöhnlich mager zu sein. Nur über Molybdän liegen bemerkenswerte neue Arbeiten vor.

Einige Schriften, die mehrere Spurenelemente behandeln, sollen erwähnt werden. NICHOLAS gibt an, daß für *Aspergillus niger* und *Penicillium glaucum* Gallium, Vanadium und Kobalt entbehrlich sind, dagegen benötigen sie Mangan und Molybdän; wie immer sind diese Ergebnisse beweiskräftiger als jene. SMITH u. SPECHT haben an *Citrus* die Giftwirkungen durch Wechselwirkungen zwischen Fe, Cu, Zn und Mn studiert. Über die Bildung einiger Enzyme bei Mangel an Fe, Mn, Zn, B und Cu haben BROWN u. STEINBERG berichtet. Wie zu erwarten, ist der Gehalt an Peroxydase niedrig bei Eisenmangel, ferner der an

Katalase bei Mangel an allen Elementen mit Ausnahme von Cu und der an Ascorbinsäureoxydase bei Mangel an Cu, Mn und Mo. Dieselben Symptome sind auf Fe- und Cu-armen Böden wiederzufinden.

Die umstrittene Frage nach einer Bilanz zwischen Eisen und Mangan in der Pflanze ist von HEWITT (1) erweitert worden. Verschiedene Pflanzen sind bei Anwesenheit von Cr, Mn, Co, Ni, Cu, Zn, Pb, Cd, V und Mo in 0,2—1,0 mg je Liter aufgezogen worden; eine Eisenchlorose kann durch mehrere Stoffe hervorgerufen werden und bei gewissen Arten können Manganmangelsymptome durch Ni, Zn und Co bedingt werden. — Daß Eisenmangel durch Festlegung von Fe in unlöslicher Form verursacht werden kann, haben STEWART u. LEONARD (3) sowie LEONARD u. STEWART an *Citrus*-Bäumen nachgewiesen. Ein natürlicher Mangel kann unter Umständen nur durch Zusatz von Natriummethylendiamintetraacetat durch Chelatbildung, aber weder durch Düngung noch durch Bespritzung mit gewöhnlichen Salzen geheilt werden. Interessante Ergebnisse über die Beweglichkeit von Fe in Bohnenpflanzen haben REDISKE u. BIDDULPH mitgeteilt. Nur bei hohem p_H und P-Gehalt der Nährlösung ist Fe so unbeweglich, daß eine Chlorose zuerst in den jüngsten Blättern auftritt. Sonst ist es leicht beweglich und wird bei Mangel von älteren Blättern weggeleitet. Die Untersuchung ist durch Injektionen mit Fe ausgeführt worden. In Kartoffelpflanzen erhöht ein Eisenmangel den Gehalt an Luteol im Vergleich mit dem an Carotin (BOLLE-JONES u. NOLTON). Über den Fe-Gehalt in *Taraxacum Kok-Saghyz* im Vergleich mit jenen in *T. vulgare* haben MIKHLIN u. PSHENOVA berichtet.

Kupfermangel in Tomaten bewirkt eine um 10—30mal erhöhte Aktivität der Isocitronensäuredehydrogenase je Einheit Protein. Es wird vermutet, daß der Proteinabbau zunimmt und verhältnismäßig mehr Enzym gebildet wird (NASON). Laut REUTHER u. SMITH kann Kupfer auf sauren Böden Chlorose verursachen. Eine Cu-resistente Mutante von *Ankistrodesmus* ist von PIRSON u. KELLNER gefunden worden. — Drei Arbeiten behandeln Kupfer und Zink. Zinkmangel verursacht eine verminderte Aldolaseaktivität in Hafer- und Kleeblättern, Cu hat hierauf aber keinen Einfluß (QUINLAN-WATSON). MILLIKAN hat Zink- und Kupfermangelerscheinungen an Leguminosen beschrieben; der Zinkmangel wird im Licht verstärkt, nicht aber der Cu-Mangel. Sowohl Zink wie auch Kupfer sind laut WILLIAMS u. MOORE im Hafer leicht beweglich und werden aus den Blättern in die Körner geleitet. — NASON, KAPLAN u. OLDEWURTEL haben weitere Belege für die Ansicht erbracht, daß Zink an der Proteinsynthese beteiligt ist; sie haben für *Aspergillus* und *Neurospora* gezeigt, daß Stickstoff und Zink den Gehalt an Enzymen gleichsinnig beeinflussen.

Über Kennzeichen für Molybdänmangel liegen mehrere neue Angaben vor. HEWITT u. BOLLE-JONES (1) fanden bei *Brassica*, daß der Nitratgehalt bei Mo-Zufuhr von 100—200 mg je Kilogramm auf fast Null sank, und ähnliche Bilder wurden für etwa zehn andere Kulturpflanzen beschrieben (2). Die Mangelerscheinungen an Tabak sind von STEINBERG und die an *Citrus* sind von STEWART u. LEONARD (1 behandelt worden; in letzterer Pflanze scheint das Mo unbeweglich vorzuliegen. JOHANN hat über Mo in Baumwollpflanzen berichtet; es kommen ungemein hohe Gehalte vor, die einen verstärkten Angriff von *Ascophyta gossypii* mit sich bringen. — *Chlorella* verlangt laut WALKER Molybdän nur bei Verabreichung von Nitrat, dagegen nicht bei einer solchen von Harnstoff; MAYER hat gleichfalls die Bildung von Nitrit und Ammonium bei *Chlorella* verfolgt; Eisen kann die Assimilation von Nitrat erhöhen, die Wirkung von Mangan war aber schwach und unregelmäßig. In *Aspergillus* und *Neurospora* wird laut NICHOLAS, NASON u. MCELROY die Nitratreduktasewirkung nur durch N und Mo bestimmt, während Fe, Zn und Mn die Aktivität herabsetzen. Eine vorläufige Reinigung der Reduktase hat zu einem molybdänhaltigen Präparat geführt. In gutem Einklang hiermit steht das Ergebnis von TOTTER und Mitarbeitern, laut dem eine Xanthinoxydase aus Milch Flavin : Molybdän im Verhältnis 2:1 enthält. Die Reduktase aus *Neurospora* ist von NASON u. EVANS weiter charakterisiert worden; sie reduziert Nitrat zu Nitrit mit TPNH als N-Donator und wird durch Metallgifte gehemmt, kann jedoch kaum Fe, Mn, Zn oder Mg enthalten. Von besonderer Bedeutung ist, daß aus *Soya* ein ähnliches aber damit nicht identisches Präparat, also ein Flavoproteid, erhalten worden ist, das gleichfalls ein Schwermetall enthält (EVANS u. NASON). Obwohl der endgültige Beweis für hier beteiligtes Mo noch fehlt, deutet alles darauf hin, daß in diesen verschiedenen Pflanzen ein Mo-haltiges Flavoproteid als Nitratreduktase wirksam ist. Ob dasselbe Enzym auch die weitere Reduktion von Nitrat bewirkt, ist vorläufig nicht sicher. — Von Bedeutung ist ferner von KOZTOWSKA erbrachte Nachweis, daß Gurken auf Ammonernährung mit wenig Nitrat durch Molybdän beschädigt werden, und daß eine Sulfatzufuhr dies verstärkt. Es wird angenommen, daß dann Sulfat anstatt Nitrat reduziert wird. Dies eröffnet eine interessante Möglichkeit zur Verknüpfung der Nitrat- mit der Sulfatreduktion mit Molybdän als wirksamem Agens. — Gegen die Annahme, daß Mo bei der Nitratreduktion eingreift, hat sich nur AGARWALA ausgesprochen. In Blumenkohl sinkt bei Mo-Zugabe der Gehalt an Zucker und Nitrat; ein Mo-Mangel bedingt aber eine Abnahme des Glutaminsäuregehalts, der durch Nitrat und Citronensäure wieder auf Normalwerte gebracht werden kann (AGARWALA u. WILLIAMS). Es wird dies so gedeutet, daß Mo nicht direkt in die Nitratassimilation eingreift, sondern eher bei der Bildung von Carboxylsäuren. Namentlich im Hinblick auf die obenerwähnten enzymchemischen Ergebnisse erscheinen diese Schlußfolgerungen nicht recht überzeugend.

Vanadium soll laut alten Angaben Molybdän unter Umständen ersetzen können. Dementgegen haben ARNON u. WESSEL gezeigt, daß *Scenedesmus* für seine volle Entwicklung V auch bei Anwesenheit von Mo verlangt; es kann durch Co und Ni nicht ersetzt werden. Keine neuen Arbeiten behandeln die noch fragliche Bedeutung des Kobalts als Nährstoff für höhere Pflanzen. Nickel und Kobalt rufen leicht Chlorose hervor, die Eisenmangel ähnelt, wahrscheinlich noch ein Beispiel der recht allgemeinen Wechselwirkung zwischen den Schwermetallen

(VERGNANO u. HUNTER, NICHOLAS u. THOMAS). Diese Verff. haben auch hervorgehoben, daß eine Co-Vergiftung durch Phosphat geheilt werden kann, und nehmen eine Wechselwirkung P—Co an; reine Löslichkeitsverhältnisse können jedoch kaum ausgeschlossen werden.

Ein Beitrag zur Lösung des Borproblems stammt von GAUCH u. DUGGER, die gezeigt haben, daß B an Zucker gebunden seinen Transport und auch die Respiration in Wurzelspitzen beschleunigt. Versuche mit radioaktivem ^{10}B werden von McMURTREY u. ENGLE mitgeteilt. Besondere Aufmerksamkeit verdient die von ENGEL (1), (2) gefundene Erscheinung, daß die andere sehr schwache Säure unter den normalen Mineralbestandteilen, Kieselsäure, ebenfalls an Kohlenhydrate gebunden vorliegt. Aus Roggenhalm hat er Verbindungen von Galaktose und Kieselsäure in dem molaren Verhältnis 2:1 oder 1:1 isoliert. Zu 82% wurde Si mit heißem Wasser oder Methanol auf diese oder ähnliche Weise gebunden extrahiert, der Rest kam polymerisiert vor. Es wird hier angedeutet, daß Kieselsäure am Aufbau der Zellwände (Protopektinstoffe?) teilnimmt und nicht etwa als unvermeidlicher Ballast zu betrachten ist.

C. Ökologische Probleme.

Es fällt schwer, eine scharfe Grenze zwischen physiologischen und ökologischen Problemen der Mineralstoffversorgung zu ziehen, und einige Arbeiten könnten ebensogut in jenem wie in diesem Abschnitt behandelt werden. — Um Wiederholungen unter den einzelnen Elementen zu vermeiden, werden zuerst Arbeiten erwähnt, die die speziellen Nährstoffverhältnisse einzelner Arten treffen. Es können erwähnt werden die Angaben von MACHLIS über *Allomyces*, von HENKEL über *Bangia pumila* und von SCOTT u. HAYWARD (1), (2) über *Ulva lactuca*, von PROVASOLI u. PINTNER über eine Reihe von Flagellaten, nebst zwei Arbeiten über *Pteridium* von SCHWABE und HUNTER, die letztgenannte mit ausführlichen Analysen von 15 Spurenelementen nebst den Hauptnährstoffen. Letztere enthält auch Angaben über die jahreszeitlichen Schwankungen der Elemente in verschiedenen Teilen der Pflanze. BIEBL hat über die allgemeine Resistenz verschiedener Algen gegen Spurenelemente berichtet; sie ist hauptsächlich systematisch und nicht ökologisch bedingt.

Über den zeitlichen Verlauf der Ionenaufnahme liegen einige Angaben vor. ANDO hat über die Schwankungen der Gehalte an N, K, P und Ca in Keimpflanzen von *Cryptomeria* und *Chamaecyparis* berichtet; in *Hylocomium splendens* nimmt laut TAMM der Gehalt an K und P mit dem Alter ab, der an N bleibt konstant und der Ca-Gehalt steigt. Von Hafer werden laut WILLIAMS u. MOORE Cu, Zn und Mo anfänglich am schnellsten aufgenommen, Mn aber mit gleichförmiger Geschwindigkeit. Die Aufnahme aller Elemente geht während der ganzen Vegetationsperiode weiter. Dagegen haben AHMED u. TWYMAN gezeigt, daß die Tomate zu ihrer vollen Entwicklung einer Zufuhr von Mn nur zu Beginn der Vegetationsperiode benötigt; tatsächlich genügt ein Mn-Zusatz eine Woche während der ersten sechs Wochen. Maispflanzen nehmen laut VÖCHTING Zn erst nach dem zehnten Tag auf; nach Bildern zu urteilen fällt der Zeitpunkt etwa mit der Entfaltung der ersten Blätter zusammen.

VÖCHTING hat auch Mischkulturen mit Mais und *Aspergillus* ausgeführt und aus den Ergebnissen geschlossen, daß Hemmstoffe aus dem Pilz die Ionenaufnahme des Maises herabsetzen. Er hat angenommen, daß dies eine allgemeine Erscheinung sei und daß eine wirkliche Konkurrenz um die zugängliche Bodennahrung nicht besteht.

Die Bedeutung der Niederschläge für die Mineralstoffversorgung des Moosteppichs im Wald hat TAMM weiter untersucht. Aus Analysen wird geschlossen, daß die Moose ihren Bedarf an Nahrung mit dem Regen erhalten. Die aus den Bäumen ausgewaschenen nebst den mit Staub zugeführten Mengen dürften für ihre Entwicklung genügen. Nur die Stickstoffversorgung läßt sich damit nicht erklären. ÅNGSTRÖM u. HÖGBERG haben in den Jahren 1947—1950 Nitrat und Ammonium im Niederschlag an 28 Orten in Schweden analysiert. Die Gesamtmenge hängt von der Niederschlagsmenge, der Anzahl der Niederschläge und dem Ammoniumgehalt zu Beginn der Niederschlagsperiode ab; dieser Wert nimmt mit der geographischen Breite ab. Pro Jahr wurden je nach den Orten zwischen 1,03 und 6,40 kg Ammonium je Hektar gewonnen. Der Nitratgehalt beträgt konstant die Hälfte von dem des Ammoniums. Eine hypothetische photochemische Reaktion in der Troposphäre kann dies erklären. — FIRBAS hat hervorgehoben, daß in ozeanischen Gebieten mit dem Wind so viel „Salze" mitgeführt werden können, daß auch anspruchsvolle Arten auf Hochmooren gedeihen können. Nähere Belege fehlen.

Den Zusammenhang zwischen Vegetation, Boden-p_H und Elektrolytgehalt in Moorwässern hat SJÖRS untersucht. Es können alle Übergänge zwischen den extremsten Typen gefunden werden, und für die soziologischen Typen sind p_H und Salzgehalt der Gewässer nicht ausschlaggebend. Dies ist auch kaum zu erwarten, solange der Salzgehalt undefiniert bleibt. — Kalkung saurer Böden kann einem Mangel an Mg oder Mo oder auch einem Überschuß an Mn oder Al entgegenwirken, aber auch B-Mangel hervorrufen (PLANT). Bei Kalkchlorose wird der Katalasegehalt niedrig, während der an Peroxydase normal bleibt (BROWN), was mit Fe-Mangel vereinbar zu sein scheint. Über einen Fall von natürlichem Ca-Mangel hat MELSTED berichtet.

JOHNSON u. BROADBENT haben eine allgemeine Übersicht über den Umsatz von Phosphat im Boden gegeben. Aus der anorganischen Quelle wird es von Mikroorganismen, höheren Pflanzen und auch anorganisch reversibel umgesetzt. Die Verhältnisse sind in einem Schema zusammengefaßt. In alten Kulturböden liegt die Hälfte des organischen P laut NØRGAARD-PETERSEN als Phytin-P vor; es ist nicht klar, ob er aus Mikroorganismen oder aus dem Laubfall stammt. HOFFMANN hat seine Untersuchungen über die Mineralisierung von Phosphorsäure in Meeresalgen fortgesetzt. In *Fucus* und *Ulva* liegt P zu 70% anorganisch, löslich vor (HOFFMANN u. REINHARDT); der Rest kann mikrobiell oder durch Autolyse abgebaut werden. Bei der Autolyse wird nebst anorganischem

P auch organisch gebundener an das Wasser abgegeben (HOFFMAN). Radioaktiver P einem See zugesetzt verschwindet laut HAYES und Mitarbeitern schnell durch Austausch mit inaktivem P in Pflanzen oder Bodenschlamm. — In der Rotbuche werden $^9/_{10}$ des Phosphors im Mykorrhizapilz festgehalten. Sauerstoffmangel setzt laut HARLEY und Mitarbeitern die Speicherung stark herab, beeinflußt aber die Aufnahme durch die Wurzel weniger.

Der Gehalt an Titan im Meereswasser schwankt um 0,02 µg je Liter. Besonders hohe Gehalte bis zu 0,05 % wurden von GRIEL u. ROBINSON in Diatomeen gefunden. Umfassende Analysen von Nickel in Vegetation und Böden von New Jersey werden von PAINLER und Mitarbeitern mitgeteilt. In den Pflanzen schwankte der Gehalt zwischen durchschnittlich 0,2 und 2,4 mg je Kilogramm je nach der Pflanzenart. Es werden keine Schädigungen beobachtet.

Ein Zusatz von Schwefel zu Böden erhöht die Löslichkeit von Mangan nicht durch p_H-Senkung, sondern über die S-Oxydation (GAREY u. BARBER). Schon seit früher ist bekannt, daß S in unbekannter Weise durch bakterielle Mitwirkung Mn löst. VAVRA u. FREDERICK haben gezeigt, daß die Schwefeloxydation durch *Thiobacillus thiooxydans* zehnmal mehr lösliches Mn gibt als eine Ansäuerung; es soll dies nicht darauf beruhen, daß die Bakterien Mn angreifen, sondern eher auf Wirkungen einiger bei der Oxydation gebildeten diffusiblen Substanzen. Giftwirkungen von dem mit Mn verwandten Rhenium sind von WOOD u. HARRISON beschrieben worden; die Symptome ähneln aber nicht jenen einer Mn-Vergiftung.

ROBINSON u. ALEXANDER haben die Methoden der Molybdänbestimmung in Böden kritisch nachgeprüft. Sie meinen, daß die von BERTRAND und FUJIMOTO u. SHERMAN (Fortschr. Bot. **15**, 306) mitgeteilten Werte viel zu hoch sind, und daß alle Böden durch einen niedrigen und recht konstanten Gehalt von etwa 2,5 mg je Kilogramm gekennzeichnet sind. — Bor wird laut PARKS u. WHITE im Boden zum Teil organisch an Diolen als Zwischenprodukt beim mikrobiellen Stoffwechsel gebunden. Pflanzen- und Bodenanalysen auf Bor sind von PHILIPSON mitgeteilt worden. — Eine Erkrankung von *Citrus* wird von STEWART u. LEONARD (2) auf eine Vergiftung durch Perchlorate, de als Verunreinigungen vorkommen, zurückgeführt. — Aluminium kommt im Meereswasser in schädlichen Konzentrationen vor (HENKEL). In Gerste wird Al hauptsächlich in der Wurzelrinde gespeichert. Es bewirkt eine Stauung des Phosphors in der Wurzel und verhindert den Transport nach oben (WRIGHT u. DONAHUE).

D. Methodisches.

Über Kulturmethoden liegt ein wertvolles Werk von HEWITT (2) vor. Es behandelt Angaben und Vorschriften über feste und flüssige Nährmedien, Reinigung von Nährlösungen, die Technik der fließenden Nährlösung, Sterilkultur höherer Pflanzen, Einfluß klimatischer Bedingungen und Fehlerquellen aller Art. — Die Anlage von Tankkulturen wird von DOUGLAS beschrieben.

Eine Diagnostizierung mittels Blattanalysen wird für den Baum *Macadamia* von Cooil und Mitarbeitern für N und K empfohlen; für P war das Ergebnis weniger deutlich. Eine Natriumvergiftung von *Citrus* wird laut Jones und Mitarbeitern am besten an den Wurzeln diagnostiziert. — Die *Aspergillus*-Methode zur Bestimmung des Nährstoffgehalts des Bodens wird von Nicholas und Donald und Mitarbeitern empfohlen. In beiden Fällen ist sie für Spurenelemente mit gutem Erfolg verwendet worden.

Literatur.

Agarwala, S. C.: Ann. Rep. Long Asht. Res. St. 1951, S. 70. 1952. — Agarwala, S. C., u. A. H. Williams: Ann. Rep. Long Asht. Res. St. 1951, S. 66. 1952.— Ahmed, M. B., u. E. S. Twyman: Nature (Lond.) **171**, 438 (1953). — Andel, O. M. van: Acta bot. neerl. **2**, 445 (1953). — Ando, A.: Bull. Tokyo Univ. Forests, **42**, 151 (1952). — Ångström, A., u. L. Högberg: Tellus **4**, 271 (1952). — Arisz, W. H.: (1) Acta bot. neerl. **1**, 506 (1953). — (2) Ebenda **2**, 74 (1953). — Arnon, D. I., u. G. Wessel: Nature (Lond.) **172**, 1039 (1953).

Bertrand, G., u. D. Bertrand: C. r. Acad. agr. (Paris) **38**, 66 (1952). — Bieble, R.: J. Mar. biol. Assoc. U. Kingd. **31**, 307 (1952). — Bogen, H. J., u. H. Prell: Planta (Berl.) **41**, 459 (1953). — Bolle-Jones, E. W., u. B. A. Notton: Plant a. Soil **5**, 87 (1953). — Bonner, J., R. S. Bandurski u. A. Millerd: Physiol. Plantarum (Copenh.) **6**, 511 (1953). — Breazeale, E. L., u. W. T. Mc George: Soil Sci. **75**, 443 (1953). — Brooks, S. C.: Protoplasma (Wien) **42**, 63 (1953). — Brouwer, R.: (1) Proc. Kon. nederl. Akad. Wetensch. C **56**, 106 (1953).— (2) Ebenda **56**, 639 (1953). — Brown, J. C.: Plant Physiol. **28**, 495 (1953). — Brown, J. C., u. R. A. Steinberg: Plant Physiol. **28**, 488 (1953). — Brown, R., u. P. M. Cartwright: J. of exper. Bot. **4**, 197 (1953). — Burström, H.: Physiol. Plantarum (Copenh.) **6**, 262 (1953). — Butler, G. W.: (1) Physiol. Plantarum (Copenh.) **6**, 594 (1953). — (2) Ebenda **6**, 617 (1953). — (3) Ebenda **6**, 637 (1953). — (4) Ebenda **6**, 662 (1953).

Cooil, B. J., M. Awada, S. Nakata u. M. Nakayama: Hawai. agric. exper. St. prog. Notes **88**, 1 (1953). — Cope, J. T., R. Bradfield u. M. Peech: Soil Sci. **74**, 65 (1953).

Davis, R., J. P. Folkes, E. F. Gale u. L. C. Bigger: Biochemic. J. **54**, 430 (1953). — Donald, C., B. I. Passey u. R. J. Swaby: Austral. J. agric. Res. **3**, 305 (1952). — Douglas, J. S.: Hydroponics, the Bengal System. London: Univ. Oxford Press 1951.

Eaton, S. V.: Bot. Gaz. **114**, 165 (1952). — Engel, W.: (1) Angew. Chem. **64**, 601 (1952). — (2) Planta (Berl.) **41**, 358 (1953). — Epstein, E.: Nature (Lond.) **171**, 83 (1952). — Epstein, E., u. C. E. Hagen: Plant Physiol. **27**, 457 (1953). — Evans, H. J., u. A. Nason: Plant Physiol. **28**, 233 (1953).

Farrant, J. L., R. N. Robertson u. M. J. Wilkins: Nature (Lond.) **171**, 401 (1953). — Finkle, B. J., u. D. Appelman: (1) Plant Physiol. **28**, 652 (1953). — (2) Ebenda **28**, 664 (1953). — Firbas, F.: Veröff. geobot. Forschinst. Rübel **25**, 177 (1952).

Garey, C. L., u. S. A. Barber: Soil Sci. Soc. Amer. Proc. **16**, 171 (1952). — Gauch, H. G., u. W. M. Dugger Jr.: Plant Physiol. **28**, 457 (1953). — Gorini, L., u. F. Felix: Biochim. et Biophysica Acta **11**, 535 (1953). — Griel, J. V., u. R. J. Robinson: J. marine Res. **11**, 173 (1952).

Hanson, J. B., u. O. Biddulph: Plant Physiol. **28**, 343 (1953). — Harley, J. L., C. C. McCready u. J. K. Brierley: New Phytologist **52**, 124 (1953). — Harmer, P. M., E. J. Benner, W. M. Laughlin u. C. Key: Soil Sci. **76**, 1 (1953).— Hayes, F. R., J. A. McCarter, M. L. Cameron u. D. A. Livingstone: J. Ecology **40**, 202 (1952). — Heimann, M.: Planta (Berl.) **40**, 377 (1952). — Henkel, R.: Kiel. Meeresforsch. **8**, 192 (1952). — Hewitt, E. J.: (1) J. of exper. Bot. **4**, 59 (1953). — (2) Sand and water culture methods used in the study of plant nutrition. Agric. Bureau, Bucks. 1952. — Hewitt, E. J., u. E. W. Bolle-Jones: (1) J. Hortic. Sci. **27**, 245 (1952). — (2) Ebenda **27**, 257 (1952). — Hoffmann, C.: Planta

(Berl.) **42**, 156 (1953). — HOFFMANN, C., u. M. REINHARDT: Kiel. Meeresforsch. **8**, 135 (1952). — HOPE, A. B.: (1) Austral. J. biol. Sci. **6**, 396 (1953). — (2) Austral. J. Sci. Res. B **4**, 265 (1951). — HOPE, A. B., u. R. N. ROBERTSON: Austral. J. Sci. **15**, 197 (1953). — HOPE, A. B., u. P. G. STEVENS: Austral. J. Sci. Res. B **5**, 335 (1952). — HUNTER, J. G.: J. Sci. Food a. Agric. **1**, 10 (1953). — HYLMÖ, B.: Physiol. Plantarum **6**, 333 (1953).

JOHAN, H. E.: Plant Physiol. **28**, 275 (1953). — JOHNSON, D. D., u. F. E. BROADBENT: Soil Sci. Soc. Amer. Proc. **16**, 56 (1952). — JONES, W. W., H. E. PEARSON, E. R. PARKER u. M. R. HUBERTY: Proc. Amer. Soc. hort. Sci. **60**, 65 (1952).

KELLY, S.: Biol. Bull. **104**, 138 (1953). — KOZTOWSKA, A.: Bull. Acad. Pol. Sci., Ser. B **1952**, 205. — KRETSCHMER, A. E., S. J. TOTH u. F. E. BEAR: Soil Sci. **76**, 193 (1953). — KYLIN, A.: Physiol. Plantarum (Copenh.) **6**, 775 (1953).

LARSON, W. E., u. W. H. PIERRE: Soil Sci. **74**, 51 (1953). — LEHR, J. J.: Plant a. Soil **4**, 289 (1953). — LEONARD, C. D., u. I. STEWART: Proc. Florida St. hort. Soc. **1952**, 20. — LEVITT, J.: Physiol. Plantarum (Copenh.) **6**, 240 (1953). — LÖHR, E.: Physiol. Plantarum (Copenh.) **6**, 859 (1953). — LUNDEGÅRDH, H.: (1) Ark. Kemi (Stockh.) **5**, 97 (1952). — (2) Nature (Lond.) **171**, 477 (1953). — (3) Ebenda **171**, 521 (1953).

MACHLIS, L.: Amer. J. Bot. **40**, 450 (1953). — MADER, W.: Phyton (Horn, N.-Ö.) **4**, 124 (1952). — MAYER, A.: Palest. J. Bot. **5**, 161 (1952). — McMURTREY Jr., J. E., u. H. B. ENGLE: Plant Physiol. **28**, 127 (1953). — MELSTED, S. W.: Soil Sci. Amer. Soc. Proc. **17**, 52 (1953). — MIKHLIN, D. M., u. K. V. PSHENOVA: Dokl. Akad. Nauk. SSSR. **90**, 433 (1953). — MILLER, L. P., S. E. A. McCALLAN u. R. M. WEED: Contrib. Boyce Thompson Inst. **17**, 283 (1953). — MILLIKAN, C. R.: Austral. J. biol. Sci. **6**, 164 (1953).

NASON, A.: J. of biol. Chem. **198**, 643 (1953). — NASON, A., u. H. J. EVANS: J. of biol. Chem. **202**, 655 (1953). — NASON, A., N. O. KAPLAN u. H. A. OLDEWURTEL: J. of biol. Chem. **201**, 435 (1953). — NICHOLAS, D. J. D.: Analyst (Lond.) **77**, 629 (1953). — NICHOLAS, D. J. D., u. W. D. E. THOMAS: Plant a. Soil **5**, 67 (1953). — NICHOLAS, D. J. D., A. NASON u. W. D. M. McELROY: Nature (Lond.) **172**, 34 (1953). — NØRGAARD PEDERSEN, E. J.: Plant a. Soil **4**, 252 (1953).

OLSEN, C.: (1) Physiol. Plantarum (Copenh.) **6**, 837 (1953). — (2) Ebenda **6**, 844 (1953). — (3) Ebenda **6**, 848 (1953). — OSTERHOUT, W. J. V.: J. gen. Physiol. **35**, 579 (1952).

PAINLER, L. L., S. J. TOTH u. F. E. BEAR: Soil Sci. **76**, 421 (1953). — PARKS, W. L., u. J. L. WHITE: Soil Sci. Soc. Amer. Proc. **16**, 298 (1952). — PETRISCHEK, K.: Flora (Jena) **140**, 345 (1953). — PHILIPSON, T.: Acta agr. suec. **3**, 121 (1953). — PIRSON, A., u. E. GÖLLNER: Z. Bot. **41**, 147 (1953). — PIRSON, A., u. K. KELLNER: Ber. dtsch. bot. Ges. **65**, 276 (1952). — PLANT, W.: Plant a. Soil **5**, 54 (1953). — POHL, R.: Z. Bot. **41**, 343 (1953). — PRELL, H.: Planta (Berl.) **40**, 480 (1952). — PROVASOLI, L., u. I. J. PINTNER: New York Acad. Sci. **56**, 839 (1953).

QUINLAN-WATSON, F.: Biochemic. J. **53**, 457 (1953).

REDISKE, J. H., u. O. BIDDULPH: Plant Physiol. **28**, 576 (1953). — REDISKE, J. H., u. A. A. SELDERS: Plant Physiol. **28**, 594 (1953). — REUTHER, W., u. P. F. SMITH: Soil Sci. **75**, 219 (1953). — ROBINSON, W. O., u. L. T. ALEXANDER: Soil Sci. **75**, 287 (1953). — RUSSELL, R. S., u. R. P. MARTIN: J. of exper. Bot. **4**, 108 (1953). — RUSSELL, R. S., R. P. MARTIN u. O. N. BISHOP: J. of exper. Bot. **4**, 136 (1953).

SARASIN, A.: Ber. schweiz. bot. Ges. **63**, 287 (1953). — SCHWABE, W. W.: Ann. of Bot. **17**, 225 (1953). — SCOTT, G. T., u. H. R. HAYWARD: (1) J. gen. Physiol. **36**, 659 (1953). — (2) Science (Lancaster, Pa.) **117**, 719 (1953). — SJÖRS, H.: Oikos **2**, 241 (1950). — SMITH, P. F.: Bot. Gaz. **114**, 426 (1953). — SMITH, P. F., u. A. W. SPECHT: Plant Physiol. **28**, 371 (1953). — STEINBERG, R. A.: Plant Physiol. **28**, 319 (1953). — STEWART, I., u. C. D. LEONARD: (1) Nature (Lond.) **170**, 714 (1952). — (2) Proc. Florida hort. Soc. **1952**, 25. — (3) Science (Lancaster, Pa.) **116**, 564 (1952).

TAMM, C. O.: Medd. St. Skogsforskninst. **43**, 1 (1953). — TOTTER, J. R., W. T. BURNETT, R. A. MONROE, I. B. WHITNEY u. C. L. COMAR: Science (Lancaster, Pa.) **118**, 555 (1953). — TROUG, E., K. C. BERGER u. O. J. ATTOE: Soil. Sci. **74**, 41 (1953).

VAVRA, J. P., u. L. R. FREDERICK: Soil Sci. Soc. Amer. Proc. **16**, 141 (1952). — VERGNANO, O., u. J. G. HUNTER: Amer. J. Bot. **17**, 319 (1953). — VERVELDE, G. J.: Plant a. Soil **4**, 309 (1953). — VÖCHTING, A.: Ber. schweiz. bot. Ges. **63**, 104 (1953).

WALKER, J. B.: Arch. of Biochem. a. Biophysics **46**, 1 (1953). — WEBSTER, G. C.: Amer. J. Bot. **39**, 739 (1952). — WILLIAMS, C. H., u. C. W. E. MOORE: Austral. J. agric. Res. **3**, 343 (1952). — WOOD, R. D., u. H. C. HARRISON: Plant Physiol. **28**, 755 (1953). — WRIGHT, K. E., u. B. A. DONAHUE: Plant Physiol. **28**, 674 (1953).

ZALOKAR, M.: Arch. Biochem. a. Biophysics **44**, 330 (1953).

14. Stoffwechsel organischer Verbindungen I. (Photosynthese.)

Von ANDRÉ PIRSON, Marburg a. d. Lahn.

Der Beitrag folgt in Band XVII.

15. Stoffwechsel organischer Verbindungen II.

Von KARL PAECH, Tübingen.

Der Beitrag folgt in Band XVII.

D. Physiologie der Organbildung.

16. Vererbung.

a) Genetik der Mikroorganismen.

Von Hans Marquardt, Freiburg i. Br.

Mit 3 Textabbildungen.

Genetik der Hefen.

1. Grundlagen. Es ist das Verdienst von Winge und seiner Schule, die Voraussetzungen dafür geschaffen zu haben, daß die Hefen als einzellige Objekte genetisch bearbeitet werden konnten [Winge (1), Winge u. Laustsen (1—4)]. Neben homothallischen Hefen, wie *Zygosaccharomyces*-Arten, bei welchen die haploiden Zellen unterschiedslos kopulieren, spielen die heterothallischen Hefen [Lindegren u. Lindegren (1—4)] eine besondere Rolle; ihr typischer Individualcyclus sei an *Saccharomyces cerevisiae* demonstriert: Die ovale Hefezelle ist diploid; sie vermehrt sich durch Sprossung, sofern im Medium die entsprechenden Wachstumsstoffe vorhanden sind, und verharrt ohne Teilung in aktiver oder herabgesetzter Lebenstätigkeit, wenn das Medium an ihnen verarmt ist. Unter speziellen äußeren Umständen, auf Gipsblöcken (Graham u. Hastings), neuerdings auf Zementblöckchen (Hartelius u. Ditlevsen), auf Präsporulations- [Lindegren u. Lindegren (5)] und Sporulations-Agar (Adams) werden Asci und in ihnen in der Regel vier Ascosporen gebildet. Da es sich um eine heterothallische Form handelt, werden bei der Meiosis die Geschlechtsfaktoren so verteilt, daß im Verhältnis von 2:2 Sporen mit $+$-und Sporen mit $-$-Reaktion gebildet werden, welche meist in der Reihenfolge $+$$-$$-$$+$ im Ascus angeordnet sind [Lindegren u. Lindegren (6)]. Unter günstigen Bedingungen keimen die Ascosporen, und entweder durch Kopulation der Sporen oder der kleineren und runden, haploiden Zellen, welche aus den Sporen noch gebildet werden, kommt es zur Sporen- oder Zellzygote, womit der diploide Zustand wieder hergestellt ist.

Während also normalerweise der haploide Zustand nur kurze Zeit dauert, kann er verlängert werden, wenn man die Ascosporen vor ihrer Keimung isoliert. Auf diese Weise können haploide Klone erhalten werden, welche leicht durch Mischung zur Kopulation kommen, sofern die beiden Partner entgegengesetzten Geschlechtes sind.

Mit dieser Beschreibung des Individualcyclus ist gleichzeitig ausgesagt, daß die Eigenschaft des Kopulationsverhaltens bei einer heterothallischen Art monogenisch bedingt wird. Über die Einzelheiten der Homo- und Heterothallie bei verschiedenen Hefegattungen ist wenig gearbeitet worden, allein LEUPOLD wies bei *Schizosaccharomyces pombe* var. *liquefaciens* durch Einzelzell- und Einzelsporen-Isolation nach, daß es sich hier um ein komplexes Zellgemisch handelt, in welchem zwei Gruppen homothallisch (Gen H^{90}) mit verschiedenem Fertilitätsgrad (40% und 90%), eine Gruppe typisch heterothallisch (Gen h^+ und h^-) und eine Gruppe steril ist. Kreuzungen weisen darauf hin, daß die Faktoren multipel allel sind und demnach alle Übergänge zwischen den Allelen H^{90}, h^+ und h^- bestehen. Dementsprechend sind auch die folgenden spontanen Mutationsschritte sichergestellt: $h^+ \rightarrow H^{90}$ (homothallisch mit 90%iger Fertilität), $h^- \rightarrow H^{90}$, $h^- \rightarrow h^+$ und $H^{90} \rightarrow$ steril.

Die Geschlechtsfaktoren sind somit mutabel [vgl. auch AHMAD (1)] und Sterilitätsfaktoren nicht selten. Das hat zunächst zur Folge, daß in haploiden Kulturen des einen Geschlechtstyps einzelne, zum entgegengesetzten Typ mutierte Zellen auftreten, welche jetzt echte Kopulationen durchführen; die so entstandenen diploiden Zellen nehmen durch ihre stärkere Wüchsigkeit überhand, und der ursprüngliche Charakter der Kultur geht allmählich verloren. Mutationen zu Sterilität können weiter die spätere Kopulationsfähigkeit herabsetzen.

Einen weiteren, den typischen Individualcyclus modifizierenden Vorgang, welcher in dieselbe Richtung wie die Mutation zur Sterilität weist, haben WINGE u. LAUSTSEN (5) aufgefunden: Bei dem homothallischen *Saccharomyces cerevisiae* var. *ellipsoideus* geht von Sporengeneration zu Sporengeneration die Keimfähigkeit zurück, bei manchen haploiden Kulturen aus einzelnen Sporen sprunghaft auf 0%. Dieser Effekt tritt immer dann ein, wenn nicht durch Kopulation zweier Zellen, sondern durch Kernfusion nach Kernteilung einer einzelnen Zelle der diploide Zustand hergestellt wird.

Mutationsschritte zur Sterilität und illegitime Diploidisierungen — neben den später zu besprechenden Polyploidisierungen — machen es so notwendig, die für Kreuzungsarbeiten verwendeten Stämme immer wieder durch neue zu ersetzen, da zwangsläufig nach zahlreichen Passagen durch den haploiden Zustand die bisher verwendeten Formen steril werden.

Während WINGE und seine Mitarbeiter sich dieser Möglichkeiten zur Fehlinterpretation bei einer Kreuzungsanalyse stets bewußt blieben und haploide Sporen oder Zellen einzeln in hängenden Tropfen mit einer zweiten zur Kopulation zu bringen versuchten (vgl. auch SHIH-YI CHEN), haben LINDEGREN u. LINDEGREN (3) eine Technik entwickelt, bei welcher ganze haploide Kulturen entgegengesetzten Geschlechtes miteinander gemischt und aus den zahlreich gebildeten Asci mit verschiedener Sporenzahl mehrere zur Tetradenanalyse ausgewählt werden. Auf diese Weise sind umfangreiche genetische Ergebnisse der verschiedensten Art erhalten worden, welche 1949 in einem Buche LINDEGRENs (1) zusammengefaßt sind. Nur wenige Seiten sind dabei dem Problem der „mating-types" gewidmet, d.h. den Voraussetzungen zu einer Kopulation oder zu ihrem Ausbleiben, obwohl von LINDEGREN u. LINDEGREN (6) ausdrücklich auf die Instabilität der Geschlechtsfaktoren hingewiesen wurde. Gerade mit diesem Problem steht und fällt aber jede

Interpretation einer nicht gerade dem einfachen MENDEL-Schema entsprechenden Tetradenanalyse. Da gerade diese Fälle bedeutungsvoll
und für einen weiteren Fortschritt der Genetik interessant sind — es
genügt ja und bedeutet nur eine Bestätigung, an wenigen Beispielen zu
zeigen, daß auch bei Organismen wie der Hefe die allgemeinen Ver-
erbungsgesetze gültig sind —, verlieren sie viel an Überzeugungskraft,
wenn nicht die entwicklungsgeschichtlichen Grundlagen, wie etwa die
legitimen und illegitimen Kopulationsverhältnisse, ganz klargelegt
worden sind.

Ohne Rücksicht auf gerade im amerikanischen Schrifttum schon
publizierte, scheinbar unumstößliche Ergebnisse ist daher in neuerer
Zeit dieses Problem etwas sorgfältiger bearbeitet worden, und die bis
jetzt gewonnenen Einsichten lohnen zweifellos diesen Rückgriff auf die
Grundlagen zu einer genetischen Analyse der Hefen. Zum erstenmal
wies auf die Möglichkeit, daß außer Kopulationen legitimer oder illegi-
timer Art zwischen haploiden Hefen auch Kopulationen zwischen
diploiden oder zwischen diploiden und haploiden Zellen stattfinden,
ein Kreuzungsergebnis zwischen *S. cerevisiae* und *S. chevalieri* von
WINGE u. ROBERTS (1) hin, bei welchem aus den Asci des Bastards zwei
diploide und zwei haploide Sporen bzw. Klone erhalten wurden; die
haploide Natur der Klone konnte an ihrem Kopulationsverhalten, die
diploide Natur an ihrer Kopulationsunfähigkeit und an ihrer Sporenbildung abgelesen werden. Die Autoren interpretierten dies so, daß
S. chevalieri ein Gen D besitze, welches Diploidie und damit das entsprechende Spaltungsergebnis verursache. ROMAN u. a. erhielten darüber
hinaus unter 64 bezüglich $agf \times \alpha GF$ normal spaltenden Asci einen Aus-
nahme-Ascus (a, α = Gene für die Geschlechtsreaktion; g, G = Galaktose fermentierend oder nicht; f, F = flockige oder nicht flockige
flüssige Kultur). Die Sporen dieses Ascus kopulierten nicht mit haploiden $+$- bzw. $—$-Stämmen, sondern die daraus entstandenen Klone
sporulierten direkt, so daß die aberranten Sporen die Konstitution
$a\alpha GgFf$, $a\alpha ggFf$, $a\alpha GGFf$ und $a\alpha GgFf$ besessen haben mußten.
Auch in einer späteren Arbeit von ROMAN u. SAND konnte dieser Befund
wiederholt werden und dabei die Alternativ-Interpretation, daß es sich
um Mutationen der Geschlechtsfaktoren handelt, ausgeschlossen werden.
LINDEGREN u. LINDEGREN (7) sowie POMPER [(1), (2) und POMPER u. a.]
wiesen auf genetischem Wege ebenfalls tetraploide bzw. triploide Hefen
nach, die letzteren Autoren dabei durch einen besonderen methodischen
Kunstgriff. Es wurde ein diploider Klon mit zwei biochemischen De-
fekten $\dfrac{a\,Tr^+\,Me^+\,Ad^-\,Ur^-}{\alpha\,Tr^-\,Me^-\,Ad^-\,Ur^-}$ (Te^+, Me^+ = unabhängig von Tryptophan und
Methionin; Ad^-, Ur^- = adenin- und uracilbedürftig; α, a = Geschlechts-
faktoren) gemischt mit dem haploiden Klon a, bzw. $\alpha Tr^- Me^- Ad^+ Ur^+$.
Da beide auf Minimalmedium nicht wachsen können, dennoch aber einige
Kolonien auftreten, muß es sich dabei um mutmaßliche Triploide han-
deln, welche durch die Gen-Kombination alle recessiven $—$-Faktoren
durch $+$-Faktoren kompensiert enthalten (prototrophe Zellen). Die
Sporenbildung dieser Zellen kann in vielen Fällen bewerkstelligt werden,

wobei die Ascosporen auffällig keimwillig sind. Dabei konnten in bestimmten Asci zwei haploide und zwei diploide Sporen nachgewiesen werden, aber auch 4n-Asci mit nur diploiden Sporen. Die Spaltungen der biochemischen Gene sind gerade bei 3n-Asci etwas abnorm. Die Frage, ob es sich dabei an Stelle einer Polyploidie eventuell um ein Heterokaryon handelt, läßt sich nach dem bisherigen Material wohl noch nicht bindend beantworten, auch wenn die Autoren geneigt sind, diese Möglichkeit auszuschließen.

Im Gegensatz zu recht fertilen Asci aus 2n- und 4n-Zellen beobachtete HERSCHEL hochgradig sterile Asci bei Triploiden. Er erhielt diese Formen bei älteren haploiden, sich selbst überlassenen Klonen. In ihnen entstehen zwei Arten von Diploiden: Die Homozygoten bezüglich der Geschlechtsallele sind die Produkte der Kernfusionen nach WINGE u. LAUSTSEN (5), während die Heterozygoten aus Kopulationen normaler Haploider mit im Geschlechtsallel mutierten Zellen hervorgegangen sind. Sofern die letzteren Sporen bilden, spalten sie regulär 2:2 bezüglich der Geschlechtsreaktion. Homozygote sind dagegen nicht zur Sporulation zu bringen, sondern kopulieren mit den Haploiden des entgegengesetzten Geschlechtes zu 3n-Formen.

Während bisher für die Entstehung der Ausnahme-Asci zwar verschiedene Polyploidiestufen der Gameten bei normalem Kopulationsvorgang angenommen wurden, sind bereits von WINGE und neuerdings wieder von AHMAD u. KHAN auch Kopulationen dreier Gameten beobachtet worden, ohne daß aus ihnen allerdings bisher lebensfähige Klone hätten erhalten werden können, ein Hinweis, daß auch die Kopulation möglicherweise an dem Vorhandensein von Ausnahme-Asci schuldig wird.

Unabhängig von der Polyploidie und ihrem Einfluß auf die Spaltungsergebnisse haben WINGE u. ROBERTS bei der Analyse der Gene für Maltasebildung die Hypothese geäußert, daß die von MENDEL-Zahlen abweichenden Spaltungen durch Bildung von acht Kernen im Ascus zustande kämen, von denen vier zugrunde gehen und die zufallsmäßig selektionierten vier übrigen dann natürlich ganz ungewöhnliche Spaltungsverhältnisse hervorrufen. MUNDKUR (1) und LINDEGREN u. LINDEGREN (8), letzterer durch Analyse der Ausnahme-Asci mit sieben bis acht statt vier Sporen, haben dagegen Befunde vorgelegt, bei welchen diese Hypothese nicht ausreicht; die vielsporigen Asci scheinen, nach den Spaltungsverhältnissen zu urteilen, durch eine Fusion benachbarter Asci zustande gekommen zu sein, ohne daß dies aber cytologisch bisher belegt wurde.

Bei dem Interesse, das Ausnahme-Asci der Hefen notwendigerweise finden mußten, sind auch die so sehr häufigen Asci mit weniger als vier Sporen von BEVAN untersucht worden, und zwar an Kreuzungen mit biochemischen Mutanten, welche nach Ultraviolettbestrahlung aufgetreten waren. Einsporige Asci liefern dabei uniforme, haploide Nachkommenschaften, zweisporige Asci entweder uniforme, haploide Kolonien des einen und anderen Elterntyps oder im Falle entgegengesetzten Geschlechts der beiden Sporen diploide Zellen, während aus dreisporigen

Asci diploide Hefen durch Kopulation zweier Sporen und beigemischt haploide Zellen aus der dritten Spore hervorgehen. Es handelt sich dabei also stets um regelrechte, erwartete Spaltungsverhältnisse; vermutlich werden sich bei der ausführlichen Publikation oder bei erweitertem Material die zu erwartenden Komplikationen durch Ausnahme-Asci wieder einstellen.

Die besondere Schwierigkeit der Hefegenetik, welche in so zahlreichen Möglichkeiten des Abweichens von der Norm eines typischen Kopulationsvorgangs und seiner Voraussetzungen besteht, ist aber nicht so groß, daß nicht genetische Faktorenanalysen möglich sind. Es bedarf allerdings dazu einer möglichst wenig Einwände zulassenden Kreuzungs- und Sporulationstechnik und darüber hinaus einer Bereitschaft, unregelmäßige Spaltungszahlen nicht auf komplizierte Weise zu interpretieren, sondern sich der erwähnten Besonderheiten des Objekts bewußt zu bleiben. So konnten zahlreiche Faktorenanalysen der verschiedensten Eigenschaften außer den des bisher besprochenen Geschlechtsverhaltens durchgeführt werden; hier denkt man zunächst an morphologische Merkmale, wie „glatte" und „rauhe" Oberfläche einer Kolonie auf Agar und Gelatine. Indessen hat sich herausgestellt, daß diese Eigenschaft außerordentlich variabel ist, und haploide Kolonien mit diploiden nicht verglichen werden können, so daß sauber reproduzierbare Ergebnisse bisher nicht erzielt wurden. Infolgedessen werden die zahlreichen Arbeiten SUBRAMANIAMs und seiner Schule über die Mutationsauslösung der verschiedensten Agentien (vgl. S. 322) mit großer Reserve aufgenommen, bei welchen ohne Kreuzungsanalyse abweichende Koloniegestalt als Manifestation eines Mutationsschrittes gewertet wird, mit der Folge, daß die verwendete Brauereihefe BY1 nur noch unter eng umschriebenen Temperaturbedingungen konstante Kolonieformen zustande bringt (MURTHY u. SUBRAMANIAM). In flüssiger Kultur ist dagegen eine schärfer sich manifestierende „Wuchsmutante" bekannt geworden, welche durch Autoagglutination ein flockiges statt ein klares, mit Bodensatz versehenes Nährmedium ergibt [LINDEGREN (1) und die erwähnten Arbeiten von ROMAN].

Von mutativ veränderten Koloniefarben ist im wesentlichen nur die blaßrote Mutante bearbeitet, welche bei Stickstofflost-Versuchen von REAUME u. TATUM entstand, monogenisch bedingt ist und zu ihrer Manifestation des Methionins bedarf [LINDEGREN u. LINDEGREN (9)].

Die Wachstumsintensität und damit die Stoffproduktion — bestimmt etwa durch die Menge gebildeter Trockensubstanz je Zeiteinheit — ist wie bei allen Organismen, so auch bei der Hefe genetisch eine undankbare Eigenschaft, denn einerseits ist sie in besonderem Maße von den äußeren Bedingungen abhängig und zum andern stets durch ein komplexes System von Genen bestimmt, analog der Tatsache, daß die Stoffproduktion nicht von einem einzigen physiologischen Geschehen bestimmt wird, sondern aus sehr zahlreichen Einzelabläufen als Bilanzsumme resultiert. Dennoch spielt aber die Eigenschaft, auf festem Medium nur sehr langsam wachsen zu können und so Kleinkolonien zu liefern, bei Untersuchungen über die genetische Steuerung der Glucoseveratmung eine besondere Rolle; wir werden daher in dem entsprechenden Kapitel näher darauf eingehen.

Von den Genen, welche letale Wirkung haben, sind bisher nur wenige untersucht worden: WINGE u. LAUSTSEN (4) und WINGE (2) erhielten bei Isolation der vier Ascosporen einer normal-diploiden *Saccharomyces Ludwigii* aus zwei Sporen beliebig sich vermehrende haploide Klone, während die beiden anderen vor oder nach den ersten Zellteilungen bei der Keimung zugrunde gingen. Es handelt sich hierbei also um eine balancierte Heterozygote, die nach zwei Faktoren spaltet, nach dem Letalfaktor $+^n$ und n und nach einem Faktor für Zellänge $+^l$ (kurze Zellen) und l. Es sind dann nach der Meiosis die folgenden Ascustypen möglich: zwei Sporen $+^l+^n$ und zwei Sporen ln oder zweimal $+^l$n und l$+^n$, welche in etwa derselben Häufigkeit aufgetreten sind, oder ein Ascus $+^l+^n$, $+^l$n,l$+^n$, ln, welcher anscheinend nicht bei der Auswahl der zu analysierenden Asci erfaßt wurde. Die hier bearbeiteten Gene scheinen bis zu einem gewissen Grade mutabel zu sein, denn während der Versuche trat eine „Rück"-Mutation von n zu $+^n$ ein, so daß der balanciert-heterozygote Zustand in dieser Linie mit der Konstitution $\dfrac{+^n\ +^l}{+^n\,l}$ verschwand.

Einen etwas anderen Fall haben NICKERSON u. CHUNG bei *Candida albicans* untersucht, bei welchem eine Mutante fädiges Wachstum zeigte, im Gegensatz zu der normal knospenden Ausgangsform. Die Unfähigkeit, Tochterzellen abzuschnüren, scheint dabei durch eine gestörte Sulfhydryl-Bereitstellung bei der Zellteilung bedingt zu sein, denn Zugabe von Cystein oder Diffundierenlassen von abgegebenen Stoffen des Wildtyps bei parallelem Aufstreichen auf eine Agarplatte bringt auch die Mutante wieder zu einem normalen Zellteilungsablauf. SH-Gruppen-Reaktionen scheinen somit auch bei der Hefe am Vorgang der Zellteilung in irgendeiner Weise mitzuwirken.

Bei der Wichtigkeit der Hefen als Objekt biochemischer Untersuchungen spielt natürlich die genetische Analyse biochemischer Eigenschaften eine besondere Rolle, ohne daß aber bis jetzt der *Neurospora*-Genetik in diesem Objekt, von der Analyse der adaptiven Enzyme allerdings abgesehen, ein ernsthafter Konkurrent erwachsen wäre; die biochemische Genetik bleibt hier noch bei den Grundlagen stehen. Zunächst wurde der Vitaminbedarf der Hefen, insbesondere der Pantothensäurebedarf von LINDEGREN u. LINDEGREN (10a, b) untersucht und als monogenetisch bedingt erkannt. Indessen wiesen LINDEGREN u. RAUT bald danach auf die Schwierigkeit hin, daß bei zu hoher Pantothenatkonzentration auch die davon unabhängige Linie im Wachstum gehemmt wird und nach über einmonatiger Kultur in panthothenatfreiem Medium Mutationen zur Unabhängigkeit auftreten, welche aber in einem andern locus als der Wildtyp erfolgt sein müssen, denn die beiden Gene für Unabhängigkeit sind nicht allel, wie aus dem Ausbleiben von Prototrophen auf panthothenatfreiem Medium nach Kreuzung der beiden unabhängigen Linien geschlossen werden kann [RAUT (1)]. Derselbe

Mutationsschritt wird in etwa derselben Häufigkeit auch in pantothenat-
freiem Medium gefunden, wenn die Gegenselektion durch das Medium
berücksichtigt wird. Nach Anpassung der für Bakterien und *Neurospora* verwendeten Techniken an die Besonderheiten der Hefe haben
REAUME u. TATUM, POMPER u. BURKHOLDER sowie POMPER (3), (4) in
größerem Umfang biochemische Mutationen hergestellt; die letzteren
Autoren fanden, meist monogenisch bedingt, statt normaler Unabhängigkeit eine Abhängigkeit von der Zugabe folgender Substanzen
zum Normalmedium: Methionin, Threonin, Tryptophan, Histidin, Adenin, Purin, Pyrimidin, Uracil, Hefenucleinsäure, Pantothensäure. Mehrere Male aufgetretene Mutanten, welche je eines dieser genannten Stoffe
im Medium bedürfen, sind in der Regel nicht allel. Auffällig ist bei den
Mutanten von REAUME u. TATUM, daß die meisten Mutanten bezüglich
mehrerer Nährstoffe gleichzeitig defizient sind, und von einer „totalen"
Bedürftigkeit (auch nach 100 Std auf Minimalmedium noch kein Wachstum) eine „partielle" Bedürftigkeit unterschieden werden muß, bei welcher nach einiger Zeit eine Art Adaptation an den unvollständigen
Nährboden stattfindet. So paßt sich eine adeninbedürftige und gleichzeitig rosagefärbte Kolonie nach 4 Tagen an das adeninfreie Medium
an, so daß die Diagnose dieser Mutante nur am zweiten und dritten Tag
unter den gewählten Kulturbedingungen möglich ist. Ähnliche, spontane
Verschiedenheiten hinsichtlich eines Bedürfnisses nach Zugabe von
Methionin, Biotin, Pantothensäure und Pyridoxin fand AHMAD (2) bei
Saccharomyces cerevisiae- und *S. carlsbergensis-*Rassen. Auch hier erwies
sich nach Kreuzung der beiden Mutanten *S. cerevisiae* $M^-Pyr^+ \times S.$
carlsbergensis M^-Pyr^- (M^- = methionin-, Pyr^- = pyridoxinbedürftig)
der Bastard methioninunabhängig, d.h. an verschiedenen loci mutiert.
Eine genauere Untersuchung der Methioninbedürftigkeit durch POM-
PER (5) ergab, daß bei sieben Mutanten vier verschiedene Methionin-
synthese steuernde Gene vorhanden sind, wobei alle Klone ohne Methionin praktisch nicht wachsen, dagegen auf l-Methionin und Methionin-
sulfoxyd ansprechen. Eine der Mutanten besitzt dabei die Blockade
der Synthese bei der Methylierung von Homocystein, eine andere vor
der Homocysteinbildung. Überraschenderweise reagiert keine der Mutanten im Gegensatz zu *Neurospora* (HOROWITZ), *Escherichia coli*
(LAMPEN u.a.) und *Bacillus subtilis* (TEAS) auf α-Cystathionin. Ob
Cystein, Cystin und Homocystin das Wachstum möglich machen,
hängt bei den einzelnen Mutanten von der Geschwindigkeit einer
Adaptation ab.

Während somit die biochemische Genetik von *Neurospora* gerade
dadurch ausgezeichnet ist, daß die erhaltenen Mutanten in den meisten
Fällen klar erkennen lassen, an welcher Stelle eines Syntheseablaufes
der genetische Block sich befindet, scheint für die Hefe das Gegenteil
charakteristisch zu sein; wird beispielsweise bei einer nach U.V.-Be-
strahlung aufgetretenen komplexen Mutante mit gleichzeitiger Bedürftigkeit für Pantothenat, Methionin, Adenin, wobei der Ausgangsklon
bereits thiamin- und biotinbedürftig war [POMPER (6)], das p_H des
Kulturmediums von 6,8 auf 5,5 gesenkt, dann verschwindet die Ab-

hängigkeit von Adenin und Histidin; wird die Paraminobenzoesäure-Konzentration erhöht, dann sind Methionin, Adenin, Histidin und Pantothensäure nicht mehr notwendig, und an Stelle der Paraminobenzoesäure können Methyl-p-aminobenzoat, p-Hydroxybenzoesäure, PAS oder 2,4-Dihydro-oxybenzoesäure mit demselben Effekt gegeben werden. Kreuzungen zum Zwecke der genetischen Analyse dieser mehrfach bedürftigen Form geben schlecht keimende Ascosporen, so daß mit Wahrscheinlichkeit, aber nicht sicher behauptet werden kann, PAB-, Histidin-, Adenin- und Methioninbedürftigkeit seien alle zusammen monogenisch bedingt. In diesem Fall konnte angenommen werden, Shikimi- oder Chinasäure werde hier nicht in PAB umgewandelt, so daß die Methylierungen unterbleiben, welche für die übrigen Substanzen bei ihrer Synthese ablaufen müssen. Zugabe der beiden genannten Säuren zum Medium bleibt auf die Mutanten wirkungslos.

Auch die Fähigkeit der Hefezelle, bestimmte Farbstoffe (Indicatorsubstanz) zu speichern, konnte durch MAGNI genetisch analysiert und dabei das Nicht-speichern-können auf das Zusammentreffen zweier verschiedener Gene in dominantem Zustand zurückgeführt werden.

Mutationsschritte zur Resistenz gegen Antibiotica oder andere, biologisch oder medizinisch interessierende Substanzen sind bei Hefen verhältnismäßig wenig untersucht worden, und im wesentlichen wurden nur Resistente gegen Arsenate, Acide und gegen beide Stoffe erhalten, wobei jeweils nur ein Mutationsschritt notwendig war (SUSSMAN u. BRADLEY), ferner gegen SO_2, wobei die genetische Analyse nicht ganz übersichtliche Verhältnisse erbrachte (SCARDOVI). Es handelt sich hier vermutlich um spontane Mutationen, welche bei der gewählten Versuchsanstellung — Kultur auf überoptimalen Konzentrationen der Verbindungen — nicht induziert, sondern nur selektioniert werden und auch bei langdauernder Kultur auf arsenat- und azidfreiem Medium konstant bleiben. Es kann angenommen werden, daß Umschaltungen im Stoffwechsel durch die Mutation bewirkt werden, durch welche die Angriffsbasis dieser Agentien verschmälert wird; in diese Richtung weist auch die Tatsache, daß zwei der Resistenzmutanten ebenso gegen Fluoride und Jodessigsäure unempfindlicher geworden sind.

Anhangsweise sei noch beigefügt, daß verschiedene Ansprüche von Heferassen gegenüber dem Vitamingehalt des Kulturmediums nicht nur bei den in genetischen Analysen verwendeten Stämmen, sondern auch bei den Gärhefen der Praxis eine Rolle spielen, wie WIKEN u. RICHARD an schweizerischen Kultur-Weinhefen zeigen konnten, deren Ansprüche vom Zusatz dreier Vitamine bis zur Unabhängigkeit von Biotin, Meso-Inosit und Pantothensäure reichen. Ähnliches gilt für *Rhodotorula aurantiaca (Medvedeva)*.

Blicken wir nun auf das bisher Abgehandelte der Hefegenetik zurück, so sehen wir kein durchweg befriedigendes Bild: Das Objekt neigt zu illegitimen und oft schwer zu übersehenden Kopulationen, so daß in einem bald höheren, bald geringeren Prozentsatz Ausnahme-Asci zustande kommen, welche normale Spaltungszahlen und damit mono- oder digenische Interpretationen unmöglich machen.

Ferner werden die verwendeten Stämme nach einiger Zeit allmählich durch immer mehr zunehmende Sterilität unbrauchbar, und schließlich läßt die biochemische Genetik in der Art, wie sie bei Bakterien und *Neurospora* betrieben wird, recht unpräzise Aussagen über den genauen Ort des genetischen Blocks zu, weil unübersichtliche Adaptationsphänomene sich dazwischenschalten. Infolgedessen liegt der Schwerpunkt der genetischen Arbeit an diesem Objekt nicht hier, wo andere Objekte sich als wesentlich brauchbarer erweisen, sondern auf den in den folgenden Kapiteln besprochenen Problemen der genetischen Analyse der adaptiven Enzyme für den Abbau bestimmter Zuckerarten und der Glucoseveratmung; an diesen Stellen vermag sich die besondere Eigenart dieses Objektes, seine Einzelligkeit und damit zwangsläufig die enge Verschränkung zwischen genetischer und biochemischer Analyse voll auszuwirken.

2. Die genetische Analyse der Wirkung adaptiver Enzyme. Die Einsicht, daß bestimmte Hefesorten Galaktose als Beispiel eines der zahlreichen fermentierbaren Kohlenhydrate bald angreifen, bald nicht zur Gärung verwenden können, geht bis auf das Jahr 1900 zurück (DIENERT, ARMSTRONG), und daß bestimmte Hefestämme eine gewisse Adaptationszeit benötigen, hat bereits SLATOR 1908 beschrieben. Um die Notwendigkeit einer „Anlaufzeit" bis zum Beginn der Fermentation eines Zuckers zu verstehen, sind drei Deutungsmöglichkeiten entwickelt worden:

1. Es handelt sich bei den verwendeten Hefen um ein Gemisch aus nichtfermentierenden Normalformen und fermentierenden Mutanten, wobei die letzteren allmählich die nicht-fermentierenden verdrängen. Hier beruht also die Adaptation auf einem unter laufender Zellneubildung erfolgenden Selektionsprozeß (EULER u. NILSON).

2. Die Hefen sind homogen, und unter dem Einfluß des betreffenden Zuckers wird allmählich in allen Zellen das homologe Enzym gebildet. Hier geht somit die Adaptation ohne Zellneubildung vor sich (STEPHENSON u. YUDKIN).

3. Der Adaptationsvorgang geschieht durch Kombination der beiden genannten Möglichkeiten.

Aus dieser Situation folgt klar, daß die üblichen biochemischen Methoden nicht ausreichen, um zu einem eindeutigen Ergebnis zu kommen; nur eine genetische Charakterisierung und Kontrolle der im Versuch verwendeten Hefen kann hier weiterführen. Daß gleichzeitig mit dieser Einsicht auch die enzymologische Bearbeitung des Problems Fortschritte gemacht hat, mag aus den neueren Sammelreferaten über die adaptiven Enzyme hervorgehen [SPIEGELMANN (1), STANIER, MONOD u. COLM, GALE u. DAVIES]. So fanden 1944 LINDEGREN, SPIEGELMANN u. LINDEGREN (1), daß zwar *Saccharomyces carlsbergensis* Melibiose vergären kann, dagegen nicht *S. cerevisiae*, und wenn ein Bastard hergestellt wird, daß dann die Eigenschaft, den Zucker vergären zu können (mel $+$), dominant ist über mel $-$. Acht Asci dieses Bastards enthielten nur einmal 2 mel $+$ - und 2 mel $-$ -Sporen, zweimal 3 mel $+$ und 1 mel $-$, dreimal 4 mel $+$. Aus Rückkreuzungen einzelner Klone mit diesen Ascosporen von *S. cerevisiae* sowie aus den Tetradenanalysen folgt, daß die Melibiose-Vergärung nicht monogenisch bestimmt ist, sondern mindestens zwei, nicht allele Loci bei *S. carlsbergensis* verantwortlich sind, deren recessive Allele *S. cerevisiae* besitzt. Dieselben Autoren [LINDEGREN u. a. (2)] untersuchten daraufhin eine große Zahl verschiedener Linien von *S. cerevisiae* auf ihr Fermentationsverhalten gegenüber den fünf geläufigsten Zuckerarten und sahen dabei, daß auch bei nahe verwandten Formen auffällige Verschiedenheiten vorhanden sind, unabhängig davon, ob es sich um Handels- oder Laboratoriumstypen handelt, und daß Maltose und Rohrzucker häufiger vergoren werden als Glucose.

Von der mehr biochemischen Ausgangsfragestellung griffen SPIEGELMANN u. LINDEGREN sowie SPIEGELMANN u. a. das Problem an, indem sie zwei aus Ascosporen gezogene Klone auf Agarplatten impften, welche nur Galaktose und KH_2PO_4 enthielten und darum keine Zellteilungen zuließen. Trotzdem adaptierte innerhalb 3 Std der eine Klon, im Gegensatz zum anderen. Ohne daß zunächst dabei die genetische Situation weiter aufgeklärt worden wäre, folgte aus diesem Grundversuch, daß Adaptation auch ohne Zellteilungen bei bestimmten Hefestämmen möglich ist, und daß weiterhin im Hinblick auf die identische Umwelt das Verhalten der Klone von inneren, d.h. genetischen Bedingungen gesteuert sein muß.

An dieser Stelle wird aber gerade durch die Einzelligkeit der Hefe und durch das Fehlen aller Störmomente infolge der Vielzelligkeit ein Widerspruch offenbar, der bis heute die Analyse der Tätigkeit adaptiver Enzyme und ihre Genetik beschäftigt: Wenn Kreuzungsanalysen eine genetische Bedingtheit der Bildung eines Enzyms ergeben haben, dann nur deswegen, weil eine Manifestation der Wirkungsweise des Enzyms erfolgte: wenn es sich aber um ein adaptives Enzym handelt, dann bedarf die Manifestation dieses Enzyms eines bestimmten Substrates, mit anderen Worten, genetische Analyse einerseits und biochemische, oder besser zellphysiologische Analyse des Mechanismus adaptiver Enzymproduktion andererseits stoßen hier aufeinander; wie daher experimentelle Ergebnisse zu deuten sind, hängt in dieser Lage ganz davon ab, ob die Grenzen beider Methoden — sofern sie überhaupt gezogen werden können — klar gesehen werden, und ob der eine oder der andere Aspekt stärker in den Vordergrund gerückt wird. Diese Situation wurde bereits bei dem nächsten Fortschritt einer Analyse der Melibiosefermentation deutlich: SPIEGELMANN, LINDEGREN u. LINDEGREN sowie LINDEGREN (2) zogen aus einem 2mel +-, 2mel —-Sporen enthaltenden Ascus die einzelnen Sporen auf Melibioseagar zu Klonen, nachdem auch der Ausgangsbastard auf Melibiosemedium gehalten war. Im Gegensatz zu dem Ergebnis des üblichen Versuchs, bei welchem erst nach melibiosefreier Kultur die vier Klone geprüft wurden, fermentieren hier alle Klone, ohne Rücksicht auf ihre genetische Konstitution, die Melibiose, solange sie vorhanden ist; erst wenn sie einige Zeit ohne Melibiose gelebt haben, d.h. deadaptiert sind, wird die genetische Konstitution manifest, indem jetzt bei neuerlicher Adaptation nur noch die mel + -Klone Melibiose sofort fermentieren und nicht mehr die mel—-Zellen. Im Anschluß daran ließ sich weiter zeigen, daß die adaptive Bildung der Galaktozymase zur Fermentation der Galaktose ebenfalls genetischer Kontrolle unterliegt, aber dabei ähnliche Komplikationen eintreten.

Auf dieser, vom genetischen Standpunkt aus gesehen, nicht gerade breiten Grundlage entwickelten die genannten Autoren (vgl. ferner SPIEGELMANN) die in der Zwischenzeit bereits wieder in den Hintergrund getretene „Cytogenhypothese": Das Gen gibt aus dem Zellkern ins Cytoplasma Genprodukte ab, aus welchen schließlich das „Protocytogen" hervorgeht, eine Enzymvorstufe, die unter dem Einfluß des Substrates — etwa Melibiose — zu einem funktionstüchtigen Enzym, dem Cytogen, wird, welches die Eigenschaft substratgesteuerter Reproduktion hat. Auf das abweichende Verhalten der mel +/mel—-Aufspaltung angewendet, ergibt sich dann, daß die das mel + -Gen besitzende Zygote im Plasma ausreichend Cytogen (= Melibiase) angereichert enthält, um auch den mel—-Sporen das Cytogen im Plasma mitzugeben. Unter dem Einfluß der weiter vorhandenen Melibiose reproduziert sich das Cytogen und erst nach Entzug des Substrates verarmt das Cytoplasma vollständig an diesem Cytogen, und bei der mel—-Konstitution kann es nach erfolgtem Verlust nicht mehr nachgebildet werden.

Es zeigt sich somit, daß, wie so gern an Nahtstellen zweier Forschungsrichtungen, auch hier zwischen Genetik und Cytochemie die Begriffe zunächst einmal verwirrt werden: Dem Gen als übergeordnetem Steuerungszentrum im Zellkern wird das Cytogen im Cytoplasma gegenübergestellt, welches dort zwar als kerngesteuerte Einheit, aber als eine solche des aktuellen biochemischen Ablaufes sich befindet. Damit ist aber der Boden der plasmatischen Vererbung nicht betreten, denn als Plasmagene (DARLINGTON) werden mehr oder minder selbständige, ebenfalls übergeordnete Steuerungselemente verstanden; der Ausdruck Cyto-Gen ist hier vielmehr als Bezeichnung für einen biochemischen Mechanismus mißbraucht.

Es ist daher verständlich, wenn WINGE und seine Mitarbeiter energisch darauf hinweisen, daß zu solchen, zunächst etwas unklaren Erweiterungen der genetischen Interpretation das Material nicht ausreiche, um so mehr, als sie zunächst ihre eigenen Ergebnisse auf rein mendelistischer Basis befriedigend interpretieren konnten, welche an *Saccharomyces cerevisiae* (der amerikanischen „yeast foam") und *S. chevalieri* gewonnen wurden. WINGE u. ROBERTS (2), (3) konnten alle Kreuzungs- und Spaltungsergebnisse hinsichtlich der Eigenschaft „Maltosevergärung" auf polymerer Grundlage deuten, wobei *S. cerevisiae* im diploiden Zustand die Formel $M_1M_1M_2M_2M_3M_3$, der nichtfermentierende *S. chevalieri* dagegen die Formel $m_1m_1m_2m_2m_3m_3$ besitzt. Es konnten auch Genotypen mit nur M_1 oder M_2 oder M_3 hergestellt und sowohl spontan wie durch Röntgenbestrahlung noch ein viertes Gen M_4 aufgefunden werden, ohne daß sich zunächst wesentliche Unterschiede in der biochemischen Wirkung der einzelnen polymeren Gene hätten finden lassen. Die drei Genloci sind nicht miteinander gekoppelt, und die Tetradenanalyse einer doppelten und dreifachen Heterozygote ergibt eine schöne

Übereinstimmung zwischen beobachteten und erwarteten Werten (Tabelle 1).

Da die M-Gene führenden Hefen noch andere, für die Zuckerfermentation wesentliche Gene enthalten — z.B. das Gen R_1 für Raffinose, aber auch für Rohrzuckerspaltung —, bedurfte es einiger Kreuzungsarbeit, um das dominante R_1-Gen zu eliminieren und damit den Weg frei zu machen, die verschiedenen M-Gene auf ihr Verhalten gegenüber anderen Zuckern prüfen zu können. Unter diesen Voraussetzungen ergibt sich dann, daß M_1 sowohl Maltose wie Rohrzucker vergärt und somit eine α-Glucosidase produzieren dürfte, während M_2 allein Maltose angreift [WINGE u. ROBERTS (4)]. Dasselbe M_1-Gen konnte als einzige die Maltosevergärung bestimmende Erbanlage bei *S. italicus* identifiziert werden [GILLILAND (1), WINGE u. ROBERTS (5)], während *S. diastaticus* zwar auch das eine verhältnismäßig schnelle Fermentation erlaubende Gen M_1, aber zusätzlich noch ein zweites mit einer wesentlich

Tabelle 1: Ergebnis der Ascus-Analyse einer doppelten und einer dreifachen Heterozygote bezüglich der Maltase-Gene.

Asci	4 M : 0 m	3 M : 1 m	2 M : 2 m
Doppelte Heterozygote			
beobachtet	37	154	36
erwartet	37,9	151,4	37,9
Dreifache Heterozygote			
beobachtet	30	16	1
erwartet	24,8	20,9	1,3

langsameren Fermentwirksamkeit besitzt, welches als mit den bisher bekannten Maltasegenen sicher nicht identisches vorläufig mit M_5 bezeichnet wird [GILLILAND (2)].

Bei der Kreuzungsarbeit mit *S. italicus* und *S. chevalieri* wurde gleichzeitig auch die genetische Bestimmtheit der Raffinose- und Rohrzuckervergärung analysiert, eine Eigenschaft, welche ebenfalls von drei Genen, $R_1 R_2 R_3$ in *S. chevalieri* und $r_1 r_2 r_3$ in *S. italicus*, gesteuert wird, dagegen nur von einem einzigen Gen in *S. cerevisiae* (yeast foam, WINGE u. ROBERTS). Damit sind aber so zahlreiche Gene in ein- und demselben Stamm erfaßt, daß das Phänomen der Koppelung mit großer Wahrscheinlichkeit eine Rolle spielen muß, und so wurde von WINGE (2) eine enge Koppelung (1,3 Centi-Morganeinheiten) zwischen den Genen M_1 und R_1 gefunden, wobei durch entsprechende Kreuzungen die Werte sowohl in der Koppelungs- wie in der Abstoßungsphase ermittelt wurden. Im Anschluß daran fand JINKS zwischen R_2 und R_3 — wiederum in Koppelungs- und Abstoßungsphase — einen Koppelungswert von 42,3% und WINGE u. ROBERTS (6) zwischen M_3 und R_3 eine zunächst absolute Koppelung, da bei den bisherigen Zahlen noch kein Fall eines Koppelungsbruches gefunden wurde.

Auch LINDEGREN und Mitarbeiter untersuchten dasselbe Problem, ohne daß WINGE (2) in der Lage gewesen wäre, das von HESTRIN u. LINDEGREN (1) erfaßte MA-Gen für Maltosefermentation mit seinen polymeren M-Genen in Zusammenhang zu bringen. Es ist daher nicht möglich, die in Amerika erhaltenen Ergebnisse in irgendeine klare Beziehung zu denjenigen von WINGE zu bringen, um so weniger, als zunächst bei der Analyse derselben Eigenschaften bei LINDEGREN immer wieder abnormale Spaltungszahlen in Asci auftreten, welche bis zur Annahme einer Konversion geführt haben [LINDEGREN u. LINDEGREN (11), (12), FOWELL, MUNDKUR (1), (2)]. Außer dem MA/ma-Gen sind MG/mg für das α-Methylglykosid und SU/su für Saccharose-Vergärung vorhanden, welche alle einer Koppelungsgruppe angehören, wobei aber zur Interpretation der Ascusanalyse alle Komplikationen herangezogen werden müssen, von der Konversion bis zu einer Austauschunterdrückung infolge wahrscheinlicher Inversion [HESTRIN u. LINDEGREN (2), (3), LINDEGREN u. LINDEGREN (13), (14)].

Während hier die genetische Interpretation gegenüber den klaren Ergebnissen WINGEs etwas problematisch erscheinen muß, sind die LINDEGRENschen Untersuchungen wieder für das Problem des Zusammenwirkens der genetischen Konstitution mit dem Substrat bei der Art und Weise einer Ausbildung adaptiver Enzyme aufschlußreich: Hefen mit dem dominanten Gen MA für Maltosevergärung bilden auf maltosehaltigem Medium nicht allein Maltase, sondern auch Glucosaccharase, während allein auf Glucose weder das eine noch das andere Enzym gebildet wird. MA- und MG-haltige Hefen auf α-Methylglykosid werden durch dieses Substrat an der Maltasebildung gehindert [HESTRIN u. LINDEGREN (3)]. Ein weiteres Gen, MZ, erlaubt nach Adaptation den Abbau von Maltose, Turanose, Saccharose und α-Methylglykosid, wobei folgende Stufen beobachtet wurden: MZ^a kann nicht an α-Methylglykosid, MZ^b nicht an Melezitose, MZ^c nicht an beide genannten Zuckerarten und MZ^d schließlich nur an Maltose und Turanose adaptieren. Das Überraschende bei dieser Genwirkung ist nun, daß MZ^d wieder alle fünf Zucker vergären kann, sobald die Adaptation an Maltose eingetreten ist. Es sind somit in diesem und noch in anderen Fällen heterologe Adaptationen möglich, und das Verhalten eines Hefeklons ist hier nicht allein abhängig von dem Substrat, auf welches er gebracht wird, sondern ebenso von dem Substrat, auf dem er sich vorher befunden hat [LINDEGREN u. LINDEGREN (15), PALLERONI u. LINDEGREN (1)].

Besonderes Interesse hat die Fähigkeit bestimmter Hefen gefunden, an Galaktose sich zu adaptieren und Galaktozymase zu bilden. Im Gegensatz zu LINDEGREN und Mitarbeitern, welche allein entweder fermentierende oder nichtfermentierende Formen (z. B. *S. bayanus*) fanden, sahen WINGE u. ROBERTS (3), daß bei den von ihnen verwendeten Hefen neben schnell, d.h. in Stunden Galaktose-adaptierenden, andere vorkamen, welche erst nach fünf bis sechs Tagen die Galaktose anzugreifen vermochten. Der Unterschied war dabei monogenisch bestimmt, und das rasche Fermentation erlaubende Gen wurde mit G, sein recessives, nur Spätadaptation (long term adaptation) zulassendes Allel mit g$_s$ bezeichnet. Nach erfolgter Adaptation kehren die g$_s$-Klone wieder zur Spätadaptation zurück, wenn sie einige Zeit auf galaktosefreiem Medium gewachsen sind. Ähnliche monogenische Spaltungszahlen erhielten MUNDKUR u. LINDEGREN, MUNDKUR (3), KILKENNY u. HINSHELWOOD sowie PITTMAN u. LINDEGREN bei *Saccharomyces chevalieri*, beim Carbondale- und bei englischen Stämmen. MUNDKUR (4) konnte, abgesehen von dem nach einem bestimmten Zeitraum (sechs bis sieben Tage bei *S. chevalieri*) spätadaptierenden Typ noch einen zweiten auffinden, bei welchem in wechselndem Abstand vom Versuchsbeginn Adaptation eintritt; hierbei soll es sich, wie bereits früher MUNDKUR u. LINDEGREN fanden, um Mutationsschritte von g_s-Zellen zu G-Zellen handeln, welche schließlich das Übergewicht über die zunächst nicht adaptierenden g_s-Zellen erhalten; während die g_s-Zellen nach erfolgter Deadaptation nicht mehr Galaktose angreifen, behalten die nach G mutierten Zellen die Adaptationsfähigkeit auch über die galaktosefreie Zeit hin [MUNDKUR (5)]. Umgekehrt konnte ALLEN experimentell in einem Galaktose vergärenden G-Klon durch U.V.-Bestrahlung (2537 Å) in 2% Galaktose-negative Mutanten und sektorierte Kolonien herstellen, wobei zwei negative Klone nicht sporulierten, sondern kopulierten und daher entweder haploid geworden oder als Heterozygoten bezüglich der Geschlechtsfaktoren zur Homozygotie mutiert sein mußten. Die in den nach Galaktose-negativ mutierten Kolonien auftretenden wieder positiven Sektoren sind nach Sporulation der Zellen in sechs von insgesamt zehn untersuchten Asci homozygot dominant, was recht schwer plausibel zu machen ist und an somatisches Crossing-over denken läßt.

Während in den genannten Arbeiten im wesentlichen nur die karyotische Steuerung der Eigenschaft vorhandener oder fehlender Galaktosefermentierung bearbeitet wurde, haben SPIEGELMAN und Mitarbeiter die Verhältnisse etwas genauer untersucht und gelangten dabei zu der Einsicht, daß auch plasmatische „Einheiten" hier eine Rolle spielen. Ausgangspunkt war dabei der Befund von SPIEGELMAN, SUSMAN u. PINSKA, daß die g_s-Kulturen nicht einheitlich sind. Sie bestehen zwar auf Galaktoseagar in der überwiegenden Mehrzahl aus kleinen, nicht fermentierenden Kolonien, aber in etwa $1^0/_{00}$ treten große Kolonien auf, welche sich wie G-Populationen verhalten und als solche unverändert erscheinen, solange sie auf Galaktose wachsen. Sobald sie aber auf galaktosefreies Medium überimpft werden, tritt etwa nach der sechsten oder siebten Zellgeneration eine Massenreversion zum g_s-Zustand ein. Obwohl diese an Kolonien und damit Zellpopulationen gewonnenen Ergebnisse bereits eindeutig waren, führten SPIEGELMAN, DE LORENZO u. CAMPBELL die Deadaptation der Ausnahme-G-Zellen in Einzelzellkultur durch, indem sie die nacheinander sprossenden Tochterzellen einer Mutterzelle mit dem Mikromanipulator abtrennten, zu Klonen heranwachsen ließen und dann auf ihr Fermentationsverhalten prüften. Während bis zur fünften Zellteilung ausschließlich G-Zellen gewonnen wurden, begannen mit der fünften, sechsten und siebten Zellteilung bald früher, bald später, bald mit Rückschlägen zu G, g_s-Zellen abgeschnürt zu werden, bis schließlich nur noch g_s-Zellen entstanden.

Mit diesem Ergebnis war aber die Annahme ausgeschlossen, daß die Ausnahme-G-Zellen durch Genmutation aus den g_s-Zellen entstanden sind, denn nirgendwo in der Mutationsforschung sind eindeutige Fälle 100%iger Massenreversion einer Mutante zum Ausgangszustand je beobachtet worden. Es mußte sich hier vielmehr nach den Erfahrungen bei *Paramaecium* und bei den im nächsten Kapitel zu besprechenden „petite"-Hefekolonien EPHRUSSIs um eine Äußerung eines plasmatischen Geschehens handeln. Zur Manifestation der Eigenschaft „Galaktosefermentierung" sind ein entsprechendes Gen, aber auch reproduktionsfähige, cytoplasmatische „Einheiten" notwendig, welche in Gegenwart von Galaktose sich reproduzieren können und in entsprechender Zahl in den Zellen vorhanden sein müssen. Während die g_s-Zellen diese cytoplasmatischen Einheiten nicht oder nur in geringem, nicht zureichendem Maße besitzen, haben sie sich in den wenigen Ausnahme-G-Zellen stark angereichert und erlauben ihnen eine Galaktosefermentierung, solange dieser Zucker im Medium vorhanden ist, obwohl sie genetisch unverändert g_s sind. Der Umschlag der G-Eigenschaft zu g_s bei der Deadaptation der G-Zellen kann dann nur darauf beruhen, daß ohne die Galaktose jetzt die Nachbildung der cytoplasmatischen Einheiten aufhört und es nur noch eine Frage der Zeit ist, bei welcher Tochtergeneration der Vorrat daran so weit aufgebraucht ist, daß eine Tochterzelle an den Einheiten bis zum phänotypischen g_s-Zustand verarmt ist. Eine formal rechnerische Bearbeitung gibt mit dem zahlenmäßigen Versuchsergebnis dann die beste Übereinstimmung, wenn angenommen wird, daß eine voll adaptierte G-Zelle etwa 100 derartige Cytoplasmaeinheiten enthält, die Minimalzahl, um noch adaptiert zu erscheinen, in der Größenordnung um 1 liegt und die Wahrscheinlichkeit der Weitergabe einer Einheit etwa 0,5 beträgt.

Diese Interpretation, welche zunächst nur die Verhältnisse bei vegetativer Fortpflanzung, d.h. bei Zellteilungen betrifft, konnte auch bei sexueller Fortpflanzung als zu Recht bestehend aufgewiesen werden: SPIEGELMAN u. DE LORENZO wiederholten hier die Versuchsanstellung, welche bereits früher diese Autoren zusammen mit LINDEGREN zu der erwähnten Cytogenhypothese geführt hatte: Wird die Heterozygote Gg_sMmDd von WINGE (M = Maltosefermentation, D = in haploiden Kulturen diploidisierendes Gen) vor und nach der Sporulation galaktosefrei gehalten, dann treten bei der Ascusanalyse die typischen $2\,G:2\,g_s$-Spaltungen praktisch ohne wesentliche Ausnahme ein. Wächst aber die Heterozygote 24 Std auf Galaktose und verlaufen Sporulation und Sporenkeimung ebenfalls in ihrer Gegenwart, dann werden nur Ausnahme-Asci gefunden, die entweder $4\,G:0\,g_s$ oder — weniger häufig — $3\,G:1\,g_s$-Sporen enthalten. Werden die 4G-Sporen der 4:0-Asci nun deadaptiert, dann revertieren, wie es oben beschrieben wurde, je 2G-Sporen und ihre Abkömmlinge zu g_s, während die übrigen zwei aus dem Ascus konstant bleiben; die genetische Konstitution dieser nach Deadaptation zu g_s gewordenen Zellen ist einwandfrei in allen Kreuzungen g_s. Wird statt der Heterozygote Gg_s die Homozygote g_sg_s verwendet, dann treten keine Besonderheiten auf.

Aus diesen Versuchen ergibt sich somit noch klarer als aus denjenigen mit vegetativer Fortpflanzung, daß auch eine Zelle der Konstitution g_s als G-Zelle erscheinen kann, wenn sie ausreichend Cytoplasmaeinheiten enthält. Dieser Fall tritt normalerweise, d.h. bei galaktosefreier Kultur der heterozygoten, diploiden Zelle der Konstitution Gg_s nicht ein, dagegen fast regelmäßig dann, wenn die Heterozygote vor, während und nach der Sporulation auf Galaktose gehalten wird. Offensichtlich produziert die Konstitution Gg_s in Gegenwart von Galaktose die Cytoplasmaeinheiten in so reichem Maße, daß nach dem Ablauf der Meiosis auch die g_s-Sporen und -Zellen ausreichend Einheiten enthalten, um phänotypisch genau entgegengesetzt zu erscheinen als sie auf Grund ihrer karyotischen Konstitution sollten.

Von dieser Plattform aus werden aber andererseits auch die freilich seltenen Ausnahme-Asci bei dem Normalversuch — Aufzucht und Sporulation der Heterozygote ohne Galaktose — verständlich: Neben allen im ersten Kapitel genannten Ursachen einer aberranten Spaltung kommt hier hinzu, daß in Ausnahmefällen einzelne Sporen eine zur Fermentation ausreichende Menge von Cytoplasmaeinheiten erhalten können, obwohl ihre genetische Konstitution dies nicht erwarten läßt.

Wenn spontan in etwa $1^0/_{00}$ diese Ausnahme-G-Zellen und -Kolonien entstehen, ist es naheliegend, zu versuchen, diesen Prozentsatz experimentell zu erhöhen; dies geschah durch REINER u. SPIEGELMAN mit Hilfe von Extrakten aus Hefen, die auf synthetischem Medium gezogen waren, wobei allerdings zunächst unsichere Ergebnisse erzielt wurden. Erst ROTMAN u. SPIEGELMAN (1), (2) konnten durch eine verbesserte Extraktionsmethode die Umwandlung von karyotisch nach wie vor g_s verbleibenden Zellen zu phänotypisch G-Zellen zustande bringen, indem nach Einwirkung des Extrakts zwischen der ersten bis fünften Stunde eine größere Anzahl von Zellen umschlugen, in einem Zeitraum also, in welchem erst im Durchschnitt 0,5 Generationen entstanden sein können. Daraus folgt, daß hier die Umwandlung unabhängig von einem Zellteilungsgeschehen vor sich geht. Die unter experimentellem Zwang umgeschlagenen Zellen verhalten sich dabei prinzipiell gleich wie die spontanen, scheinen aber doch etwas weniger cytoplasmatische Einheiten zu besitzen, da ihre Reversion bei Galaktoseentzug bereits bei der dritten statt bei der fünften bis siebten Zellgeneration einsetzt. Während zunächst diese Umschläge mit Extrakten aus G-Stämmen erzielt wurden, gelangen sie ebensogut mit anderem Hefematerial; über das wirksame Prinzip in den Extrakten ist bis jetzt bekannt, daß sein Molekulargewicht kleiner als 10000 ist, Ribonucleasen und Trypsin seine Aktivität nicht herabsetzen, dagegen 10 min dauernde Erhitzung auf 100° C sie um 60% senkt. Ob das wirksame Agens dabei eine de novo-Bildung der cytoplasmatischen Einheiten auslöst, oder ob vorher inaktivierte plasmatische Einheiten aktiviert werden, läßt sich noch nicht entscheiden. Im übrigen ist eine Wirksamkeit von derartigen Extrakten auf Adaptationsvorgänge auch bei der Benzoatadaptation von *Pseudomonas* durch ODA nachgewiesen worden.

Fassen wir die bei einer genetischen Analyse der adaptiven Enzyme gewonnenen Ergebnisse zusammen, dann sehen wir, daß ihr Vorhandensein oder Fehlen zweifellos von einem oder mehreren Genpaaren gesteuert wird, daß aber eine gegebene genetische Konstitution nur unter scharf umschriebenen Bedingungen der Umwelt manifest werden kann. Der letztere Gesichtspunkt ist nicht überraschend, denn die Gene als übergeordnete Steuerungselemente der Zelle bedürfen eines Substrates, vor allen Dingen des Cytoplasmas, um bestimmte Eigenschaften prägen zu können. Das Besondere bei der Hefezelle liegt aber darin, daß unter bestimmten äußeren Bedingungen sich reproduzierende Cytoplasma-„Einheiten" vorhanden sein müssen. Ist durch einen Wechsel der Kulturbedingungen die Reproduktion dieser „Einheiten" nicht mehr gesichert, dann verschwindet die betreffende Eigenschaft, unabhängig von der karyotischen Konstitution; umgekehrt kann durch Anreiz zu einer Reproduktion der Einheiten eine Eigenschaft in der Zelle auftreten, für die eigentlich das entsprechende Gen gar nicht vorhanden ist.

Man könnte nun, wie es WINGE (2) getan hat, den Standpunkt einnehmen, dies alles habe mit einer genetischen Analyse nichts zu tun und sei lediglich Gen- bzw. Entwicklungsphysiologie oder Biochemie, wie etwa die im einzelnen stark detaillierten Befunde über die Abhängigkeit der Bildung adaptiver Enzyme und ihrer Geschwindigkeit von dem Aminosäureangebot im Medium [HALVORSON u. SPIEGELMAN (1—3), SPIEGELMAN u. HALVORSON]. Gegen diese ausweichende Interpretation spricht aber zunächst die Tatsache, daß hier unter bestimmten Bedingungen reproduktionsfähige und daher über lange Zellgenerationen sich erhaltende cytoplasmatische Einheiten beteiligt sind, wie sie heute als Grundlage typisch plasmatischen Vererbungsgeschehens angenommen werden. Ferner haben wir bei dem genauer untersuchten Übergang von g_s- zu G-Zellen und umgekehrt das äußere Bild einer Mutation: Über beliebig lange Generationenreihen konstant eine bestimmte Eigenschaft vererbende Zellen „mutieren" zu der ebenso konstant sich vererbenden alternativen Eigenschaft, freilich unter etwas anderen Erscheinungen, als sie für „Gen"-, d.h. für karyotische Mutationen bekannt sind. An dieser Stelle wird somit erstmals die Grenze zwischen außerkaryotischer Vererbung und Genphysiologie unscharf. Wir werden im folgenden Kapital dieselbe Situation wieder vorfinden.

3. Die genetische Analyse der Atmung. Bestimmte Hefestämme, vor allem die sog. Bäckerhefen, haben die Eigenart, ihre Energie entweder durch Vergärung oder durch Veratmung der Zucker zu gewinnen. Auf diese Weise kann bei diesem Objekt durch äußere Bedingungen oder auch durch ein mutatives Geschehen die Eigenschaft „Atmung" auf beliebig lange Zeit unterdrückt werden, ohne daß damit der Tod der Zellen eintritt. In der Schlußphase der Atmung spielen die Cytochrome, und besonders die Cytochromoxydase als Aktivator des molekularen Sauerstoffs eine entscheidende Rolle. Gerade diese Komponenten sind, nicht zuletzt infolge der Möglichkeit, sie spektroskopisch in vivo nachzuweisen, besonders eingehend untersucht worden; zunächst konnten EPHRUSSI u. SLONIMSKY (1), (2) die adaptive Natur der Cytochrome beweisen, deren Cytochromabsorptionsbande unter anaeroben Bedingungen etwa nach 6 Zellgenerationen stark verändert erscheinen, wobei die Hefen unter O_2-Aufnahme den Zucker nicht mehr veratmen, sondern vergären. Umgekehrt beginnt bei den so deadaptierten Hefen unter erneuter Zufuhr von O_2 bereits nach $1^1/_2$ Std wieder das Cytochrom c im Absorptionsspektrum zu erscheinen, und nach 10 Std ist das ursprüngliche Spektrum der verschiedenen Cytochrome zusammen mit der Eigenschaft „Atmung" wiederhergestellt.

Von dieser durch Wechsel der äußeren Bedingungen auszulösenden Umschaltung von atmenden zu gärenden Zellen muß scharf auseinandergehalten werden ein mutativer Vorgang, welcher spontan in etwa $1—2^0/_{00}$ normaler Kulturen auf Glucose-Gelatine eintritt[1] und sich dadurch anzeigt, daß die entsprechenden Kolonien im Gegensatz zu den normal atmenden sehr gehemmt wachsen und darum als „petites colonies" (PK) bezeichnet werden, was sich nur auf die Größe der Zellpopulation, nicht auf die unverändert bleibende Größe der Einzelzellen bezieht [EPHRUSSI, HOTTINGUER u. CHIMENES (1), EPHRUSSI (1)]. Solange O_2 vorhanden ist, bleiben die PK in ihrer Koloniegestalt über zahlreiche Zellgenerationen konstant, und nur gelegentlich treten Reversionen zum Phänotyp der Wildtypkolonie auf. Die mutierten Zellen besitzen keine cyanidempfindliche Atmung mehr, wohl aber läuft die cyanidresistente Atmung und die aerobe Fermentation ungestört ab, sie ist aber gegen Monojodessigsäure empfindlicher und resistenter gegen Fluorid als bei den normalen Kolonien. Absorptionsspektroskopisch läßt sich weiter nachweisen, daß an Stelle der Cytochrom b- und c-Banden eine neue Bande bei 557 mμ (b_1) und an Stelle der Cytochrom a-Bande bei 580 mμ eine schwache, neue Bande (a_1) auftritt. Dementsprechend ist der Enzymbestand der Mutante tiefgehend verändert: Es fehlen die Cytochromoxydase, das Cytochrom a, die Co-I-Cytochrom-c-Reduktase, die Succinodehydrase, Cyrochrom b, α-Glycerinphosphat-Dehydrogenase, während ein Cytochrom a_1 und eine von Coenzym I unabhängige Apfelsäure-Cytochrom-c-Reduktase neu erscheinen. Es handelt sich dabei durchweg um Enzyme, welche an die bei $25\,000$ g durch Zentrifugierung zu gewinnende Partikelfraktion gebunden sind. Andere, hier nicht lokalisierte Enzyme, wie etwa die Aconitase, Apfelsäure-Dehydrogenase, Isocitronensäure-Dehydrogenase, Fumarase, Milchsäure-Dehydrogenase, Alkohol-Dehydrogenase erweisen sich nicht oder nur wenig verändert [SLONIMSKI (1), (2), (3), SLONIMSKI u. HIRSCH]. Der mutierte Zustand läßt sich mit Hilfe der Indophenolblau-(Nadi)-Reaktion vom normalen verhältnismäßig leicht unterscheiden, denn die atmungsdefekten, die Cytochromoxydase nicht mehr besitzenden Mutanten färben sich nicht blau.

Ein Teil dieser Untersuchungen ist nicht an den bisher beschriebenen, spontanen, sondern an experimentell mit Hilfe von Acridinverbindungen ausgelösten Mutationen zu PK durchgeführt worden. Während zunächst „Acriflavin", eine Mischung der beiden Diamino-Acridine 2-8-Diamino-Acridiniumsulfat (Proflavin) und 2-8-Diamino-N-Methyl-Acridiniumchlorid (Euflavin), verwendet wurde, stellte sich später

---

[1] In unserer ersten Darstellung der Ergebnisse von EPHRUSSI und Mitarbeitern (MARQUARDT 1952) ist dieser Prozentsatz durch einen bedauerlichen Druckfehler mit 1% angegeben. Herrn Kollegen EPHRUSSI sind wir zu besonderem Dank verpflichtet, daß er uns kurz nach Erscheinen der Arbeit darauf hinwies.

heraus, daß nur das Euflavin mutagen war [MARCOVICH (1)]. Die
Wirkung dieses Agens ist insofern verblüffend, als bei geeigneter Konzentration und Einwirkungszeit 100% der exponierten Zellen zu petites
colonies werden. Quantitative Auszählung der großen und kleinen Zellen
in acriflavinhaltigem flüssigem Medium in steigendem Abstand vom
Versuchsbeginn führt zu Kurven, welche auf eine rapide Zunahme der
Mutationsrate in den ersten Stunden des Versuches schließen lassen und
die andere mögliche Annahme ausschließen, es handele sich lediglich
um eine Selektion bereits vorher vorhandener Mutationen mit Hilfe
des Acriflavins. EPHRUSSI u. HOTTINGUER haben nun, um dieses Ergebnis weiter zu sichern, ein Verfahren an Einzelzellen entwickelt,
welches später im Rahmen der Analyse adaptiver Enzyme von SPIEGEL-
MAN u. Mitarbeitern übernommen und bereits im vorhergehenden
Kapitel besprochen wurde: Einzelzellen werden in euflavinhaltiges
Medium gebracht, und mit dem Mikromanipulator wird jede Tochterzelle vor ihrer endgültigen Ablösung von der Mutterzelle isoliert, um
nach einiger Zeit die daraus entstandenen Klone auf die Eigenschaft
„normal" oder „PK" mit Hilfe der Nadi-Reaktion zu prüfen. Bei
maximal 5 während des Versuchs abgegebenen Tochterzellen bleibt
am Ende die Mutterzelle stets unverändert, während bald schon in der
ersten, bald erst in den folgenden Zellteilungen PK liefernde Tochterzellen entstehen; gelegentlich bilden sich auch alternierend normale
und PK-Zellen in aufeinanderfolgenden Tochterzellgenerationen aus.
Es ist somit charakteristisch, daß der Mutationsschritt hier nur bei
teilenden Zellen und Kulturen geschieht, während ruhende Zellen auf
Euflavin fast nicht reagieren [EPHRUSSI u. a. (2)].

Die wirksame Acridinverbindung greift außerdem in den Adaptationsvorgang anaerob gehaltener, normaler Hefen ein, und so war es
naheliegend, durch eine genauere Analyse zu versuchen, damit auch
Licht auf den Mutationsvorgang zu werfen. So konnte SLONIMSKI (3)
die Adaptationsstörung auf einen Eingriff in die Synthese der Cytochromoxydase zurückführen, wobei die verwendeten Konzentrationen
weder ihre Aktivität — sofern das Enzym bereits vorhanden ist — noch
das übrige Stoffwechselgeschehen der Zellen beeinflussen (aerobe und
anaerobe Fermentation der normalen und PK-Hefen, Atmung der
normalen Hefe, Wachstumsrate in der logarithmischen Phase). Der
Angriff des Euflavins auf die Zelle ist dabei so streng auf das Enzymsystem der Atmung beschränkt, daß auch die Adaptation an Galaktose
und Maltose nicht gehemmt, eher sogar gefördert wird, weil bei der Aufzucht auf N-freiem Medium durch den Wegfall der Cytochromoxydase-
Synthese für die Galaktozymase oder Maltase die N-Quellen reichlicher
fließen.

Etwa nach 3 Std ist unter dem Einfluß von Euflavin die Synthese
der Cytochromoxydase vollständig sistiert, während erst nach 5 Std die
ersten Mutanten auftreten und bei den gewählten Versuchsbedingungen
maximal 59% der Zellen erfassen. Erst auf der Basis einer unter-
brochenen Synthese der Cytochromoxydase ist somit eine Mutationsauslösung möglich, was noch dadurch unterstrichen wird, daß nur die-

jenigen Acridinverbindungen mutagen wirken, welche die Synthese der Cytochromoxydase hemmen, während die anderen nur ein breites Hemmungsspektrum auf Enzyme haben und keine Mutationsschritte auslösen.

Die Acriflavine wirken aber nicht nur an den aktuell der Substanz ausgesetzten Zellen mutagen, sondern schaffen darüber hinaus einen „unstabilen Zustand", währenddessen die inzwischen in normales Medium verbrachten Tochterzellen bald normale, bald mutierte Nachkommen über mehrere Zellgenerationen hin ergeben und somit die erhöhte Mutationsrate beibehalten (EPHRUSSI (2)].

Wie oft in der Mikroorganismengenetik haben wir hier den typischen Ablauf eines Geschehens aufgefunden, welchen wir als „Mutation" zu bezeichnen geneigt sind, auch wenn eine entsprechende genetische Analyse noch gar nicht vorgenommen ist. Indessen sind die Einzelheiten des Mutationsvorganges sehr ungewöhnlich, denn auch bei Anerkennung vielfältig pleiotroper Wirkung eines mutierten „Gens" muß auffallen, daß aus der großen Anzahl geprüfter Enzyme gerade die an eine bestimmte Partikelfraktion gebundenen Fermente blockiert werden. Ferner liegen bei den Acridinen die Mutationsprozentsätze so extrem hoch, daß schließlich alle exponierten Zellen vom Normalzustand zu petites colonies mutieren und eine streng gerichtete mutagene Wirkung des Agens deutlich wird. Alles dies läßt sich aber mit der Annahme, es handele sich um eine Mutation eines „Gens" oder allgemeiner, eine Mutation innerhalb des Genoms, nicht erklären.

Die auch von WINGE verwendete *S. cerevisiae* „yeast foam" wurde daher zu genetischen Analysen herangezogen und eine PK-Hefe mit Adenin- und Thiaminbedürftigkeit (A^-T^-), welche gleichzeitig rot gefärbt war (vgl. S. 296), mit einem normalen A^+T^+-Klon gekreuzt. Während A^+/A^- regelrecht 1:1 spaltete, gab T^+T^- keine so klaren Ergebnisse, was auf methodische Schwierigkeiten zurückgeführt werden kann. Während somit die beiden Markierungsgene mehr oder minder klar spalten, sind unter 31 Asci 30 mit 4 Normalkulturen ergebenden Sporen und nur 1 Ascus mit 3 normal: 1 PK aufgetreten, ein Ergebnis, welches weder auf monogenischer noch auf digenischer Grundlage, wohl aber auf polygener interpretiert werden kann. Danach wurden die A^-T^--Klone 4mal mit A^+T^+ rückgekreuzt, wobei 472 Sporen aus 118 Asci untersucht wurden, die außer 2 Sporen alle normale Kolonien ergaben, ein Zahlenverhältnis, welches unter 1000 Versuchen 5mal erschiene, wenn 20 Genpaare hier mitwirkten. Da die PK-Mutante verhältnismäßig häufig spontan erscheint, ist es recht unwahrscheinlich, daß sie durch simultane Mutationsschritte von 12—20 Genen zustande kommen soll, und EPHRUSSI lehnt daher auf Grund dieses Ergebnisses eine polygene Bedingtheit der Eigenschaft „PK" ab.

Während die bisher verwendeten PK-Hefen bei vegetativer Vermehrung aufgetreten sind, haben EPHRUSSI u. Mitarbeiter (3, 4) eine aus einer Ascospore französischer Hefe stammende sog. „Spaltungs-PK-Mutante" mit der Normalform gekreuzt. Daraus resultierte eine normal erscheinende diploide Form, welche bei der Sporulation pro Ascus

2 normale und 2 PK-Klone ergebende Sporen lieferte, mit anderen Worten, hier erwies sich die Eigenschaft „Atmung, Normalkolonie" durch ein dominantes Gen (R), die alternative Eigenschaft „keine Atmung, PK" durch ein recessives Allel (r) bedingt.

Kreuzte man jetzt die „Spaltungs-PK" mit den vegetativ entstandenen PK der amerikanischen yeast foam, dann trat ein unerwartetes Ergebnis auf, indem auch hier eine klare 2:2-Spaltung in den Asci erfolgte, obwohl eigentlich eher Nichtallelie der beiden PK-bedingenden recessiven Gene mit den entsprechenden komplexeren Spaltungszahlen zu erwarten gewesen wäre [CHEN, EPHRUSSI u. HOTTINGUER, vgl. ferner EPHRUSSI (1), (2), (3), (4)]. Auf der Basis einer kombiniert karyotisch-außerkaryotischen Bedingtheit des Fehlens der Atmung lassen sich aber alle bisherigen Funde interpretieren: Die normale Hefe besitzt sowohl im Zellkern ein Gen R wie im Cytoplasma in Mehrzahl vorhandene, reproduktionsfähige Plasmaeinheiten; demgegenüber enthält dann die obenerwähnte Spaltungsmutante zwar die Plasmaeinheiten, aber an Stelle von R das Gen r, in dessen Gegenwart die Plasmaeinheiten inaktiviert sind, während die vegetative Mutante aus yeast foam umgekehrt wohl das Gen R, dagegen nicht die Plasmaeinheiten enthält. Nur wenn R und die Einheiten in einer Zelle zusammentreffen, wird die Eigenschaft „Atmung" manifest, wenn dagegen der karyotische oder der außerkaryotische Faktor fehlt, bleibt nur noch die Vergärung des Zuckers. Durch weitere Kreuzungen der verschiedenen Abkömmlinge aus den erwähnten „Grundkreuzungen" läßt sich die entwickelte Interpretation nach allen Seiten absichern.

So gesehen, werden nun auch die biochemischen Befunde an den PK-Zellen verständlich: Gleichgültig, ob die Plasmaeinheiten fehlen oder durch r inaktiviert sind, fällt eben derjenige Block von Enzymen aus, welcher an eine bestimmte Partikelfraktion der Hefezelle gebunden ist.

Weiterhin werden die besonderen Eigenarten des acriflavininduzierten Mutationsgeschehens erklärbar: Es handelt sich nach den biochemischen Befunden SLONIMSKIs um ein selektiv an der Synthese der Cytochromoxydase angreifendes Agens; da nach EPHRUSSI (1) die PK-Zellen, und zwar in ihnen eine bestimmte Granasorte keine Indophenolblaureaktion mehr geben, scheint es sich hier um eine spezifische Wirkung des Acriflavins nicht auf den Zellkern, sondern auf das Plasma bzw. die Plasmaeinheiten zu handeln. Bei der Zellteilung einer so „vergifteten" Zelle wird es daher vom Zufall abhängen müssen, von welcher Zellgeneration ab die Tochterzellen keine funktionsfähigen, sondern cytochromoxydasefreie Einheiten erhalten und damit die Eigenschaft „Atmung" bleibend verloren haben. Unglücklicherweise läßt sich diese die acriflavininduzierten PK-Zellen betreffende Annahme nicht kreuzungsanalytisch testen, da diese „petites colonies" nicht sporulieren; es bleibt allein die negative Feststellung, daß alle Modalitäten der Acriflavinmutationen dem, was wir von karyotischen Mutationen kennen, zuwiderlaufen und der hier wirksame Konzentrationsbereich weit niedriger liegt, als für „Gen"-Mutationen notwendig wäre, welche erfahrungsgemäß erst bei hoher Zellmortalität eintreten.

Die Plasmaeinheiten sind nach den Ergebnissen an den spontanen und den induzierten PK-Zellen daher mit den Eigenschaften der Mutabilität, der Entmischung bei Zellteilungen und der Kernabhängigkeit versehen; gerade die letztere manifestiert sich nicht nur darin, daß die Plasmaeinheiten durch das Gen r inaktiviert werden können, sondern in der monogenischen Bestimmtheit der Mutationsrate zu PK. Werden zwei haploide Klone entgegengesetzten Geschlechts, der eine mit einer Mutationsrate von etwa 1%, der andere von etwa 15%, gekreuzt, dann gibt die diploide Hefe 1% PK ab und bei Sporulation erhalten wir eine 2:2-Aufspaltung in den Asci [EPHRUSSI u. HOTTINGUER (2)].

Auch von anderer Seite sind Mutanten ohne Atmung beobachtet worden, ohne aber so eingehend wie hier analysiert worden zu sein. So wurde von RAUT (2), (3) eine UV-induzierte Mutante erhalten, welche O_2 nicht verwenden konnte, bei welcher die a- und b-Cytochrombanden fehlten und die c-Bande nur schwach ausgeprägt war. Je nach den Umweltbedingungen — ungeschüttelt oder geschüttelt — fehlte entweder eine Katalaseaktivität oder sie war schwach. Mit einer anderen, ebenfalls im Cytochromsystem defekten petite-Mutante gekreuzt, ergab sich wieder ein monogenischer Erbgang. YČAS u. STARR beschäftigten sich unter biochemischem Aspekt mit dieser Mutante und vermuteten, daß ihr Cytochromdefekt auf der Unfähigkeit, Protoporphyrin zu bilden, beruht und erreichten auch bei Zugabe von 5 µg/ml Protoporphyrin auf vollständigem und auf Wickerham-Medium sowohl eine intensive Cytochrom c- und b_1-Bande wie eine starke Katalaseaktivität; aber auch auf Minimalmedium ließ sich in streng spezifischer Weise durch Glycin derselbe Effekt erzielen, ohne daß in beiden Fällen aber der Cytochrom a- und b-Gehalt sich hätte beeinflussen lassen und dementsprechend die Zellen zur Respiration zu bringen gewesen wären. Der durch Glycinzugabe zu behebende Teildefekt ist nicht nur der betreffenden Mutante eigen, sondern spaltet nach Kreuzung mit der Normalform monogenisch.

Eine durch hohe Röntgendosen aufgetretene respirationsdefekte Mutante von *S. cerevisiae* ist unter cytologischem Aspekt von HARTMANN u. LIU untersucht worden. In Übereinstimmung mit MUDD u. a. sowie BAUTZ u. MARQUARDT (1), (2) werden auf Grund der cytochemischen Reaktionen die bereits von EPHRUSSI und Mitarbeitern als Träger des Cytochromsystems gefundenen Grana als Mitochondrien oder vorsichtiger als „Grana mit Mitochondrienfunktion" (BAUTZ u. MARQUARDT) identifiziert, nachdem bereits 1943 GRAFFI und Mitarbeiter auf Grund der Fluorescenzmikroskopie benzpyrenbehandelter Hefezellen diese Vermutung aussprachen. Wie alle Autoren, die nichtatmende und atmende Hefen miteinander verglichen, fanden auch HARTMAN u. LIU die Mitochondrien in der respirationsdefekten Hefe zwar vorhanden, aber inaktiviert, d. h. Indophenolblau- und janusgrünnegativ sowie Neotetrazolium nur langsam reduzierend. Die durchschnittliche Anzahl der Mitochondrien pro Hefezelle sowie die Art und Weise ihrer Weitergabe auf die Tochterzelle ist mit Hilfe von Lebendbeobachtungen gleichzeitig von Bautz u. Marquardt (1) sowie Mundkur (6) veröffentlicht worden.

Während Ogur u. a. einen weiteren respirationsdefekten Klon erhielten, welcher gleichzeitig Laktat nicht vergären konnte, hat Spiegelman (1) eine Unabhängigkeit der Galaktozymase und des Cytochromsystems nachweisen können, indem an Galaktose adaptierte Zellen auf Euflavin zwar den typischen Mutationsschritt zu petites colonies vollziehen und damit respirationsfähig werden, aber nichtsdestoweniger Galaktose zu fermentieren vermögen.

Über das Atmungsverhalten ist somit eine große Zahl von Arbeiten durchgeführt worden, von denen die genetisch orientierten gezeigt haben, daß zur Manifestation der Atmung karyotische und außerkaryotische Erbelemente notwendig sind. Auf der anderen Seite haben biochemisch orientierte Untersuchungen recht genaue Einblicke in die verschiedenen Ursachen der ausgefallenen Fähigkeit, zu atmen, gegeben, und schließlich konnten cytologische Arbeiten dartun, daß die Gruppe der inaktivierten oder fehlenden Enzyme einer bestimmten Granasorte im Cytoplasma angehört, welche als Mitochondrien identifiziert wurde. Wenn wir dabei noch die Einzelligkeit dieses Objektes in Betracht ziehen, dann wird unmittelbar deutlich, daß das vorliegende Material geradezu fordert, die bei vielzelligen Organismen nun einmal heute noch nicht zu beantwortende Frage nach der Natur der Erbträger im Cytoplasma aufzugreifen; im folgenden Kapitel werden wir versuchen, den gegenwärtigen Stand ihrer Beantwortung darzulegen.

4. Die Natur der Erbträger im Cytoplasma (Plasma-Einheiten). Über die besonderen Eigenarten des Plasmons, wie sie vor allem an höheren Organismen erarbeitet wurden, haben besonders Caspari und Oehlkers sich zusammenfassend geäußert und erweiternde Überlegungen angestellt: Konstanz über beliebig viele Generationen, aber auch gelegentlich Mutabilität, enge Wechselwirkung von Plasmon und Genom bei der Merkmalsausbildung sowie Entmischungsvorgänge bei plasmonischer Heterozygotie sind dabei die wichtigsten. Hieraus sind aber nur dann Schlüsse auf die Natur der diese Eigenschaften verursachenden Erbträger möglich, wenn mit ihnen die Einsichten in die Natur der karyotischen Erbträger, d. h. der Gene, konfrontiert werden. Von ihnen wissen wir, daß sie übergeordnete Steuerungszentren sind, welche vom Kern aus indirekt über Genprodukte in das weitere Geschehen im Cytoplasma eingreifen. Dies kann auch für die im Cytoplasma lokalisierten Erbträger, die Plasmaeinheiten, übernommen werden, mit dem selbstverständlichen Unterschied, daß ihr Eingreifen in die Zelleistung einen kürzeren Weg, d. h. vom Cytoplasma ins Cytoplasma, hat. Ferner reduplizieren sich die Gene identisch, eine Eigenschaft, welche auch die Plasmaeinheiten besitzen müssen, um über lange Generationenreihen eine Konstanz zu bewahren. Daß das Studium karyotischer Vererbung so erfolgreich war, rührt nicht zum geringsten Teil daher, daß die Gene im Zellkern nicht als einzelne Einheiten vorhanden, sondern zu Gruppen auf mikroskopisch sichtbaren Sammelstrukturen, den Chromosomen, lokalisiert sind und jedes Gen in der

Regel in Ein- oder Zweizahl im Zellkern enthalten ist. In scharfem Gegensatz dazu sind die Plasmaeinheiten bisher als mehr oder weniger einzeln im Cytoplasma vorhandene Bildungen angenommen worden; da noch kein den Karyokinesen vergleichbarer, strenger Teilungsmodus des Cytoplasmas bekannt ist, gerät die nachgewiesene Konstanz der Plasmaeinheiten mit den Unsicherheiten ihrer Weitergabe auf Tochterzellen in Konflikt, wenn jede genetisch aufgewiesene Plasmaeinheitensorte nur ein, zwei oder wenige Male vorhanden sein soll. Es muß daher an dieser Stelle von der strengen Analogie zu den Genen abgegangen und eine Vielzahl gleichartiger Plasmaeinheiten angenommen werden, um so mehr, als die Entmischungsvorgänge bei plasmonischer Heterozygotie dies ebenfalls fordern. Schließlich hat gerade die moderne Genetik nachgewiesen, daß bei dem Zusammenschluß zahlreicher Gene auf Sammelstrukturen außerdem die Aufeinanderfolge der Gene in ihnen wesentlich ist, und abweichende Anordnungen häufig wie eine Mutation, d. h. wie eine Änderung eines Gens selbst wirken. Ein Analogon hierzu kann für die Plasmaeinheiten nicht gefunden werden.

Es ergibt sich somit, daß selbst bei einer Bereitschaft, möglichst viele der Grundeigenschaften von Erbträgern im Zellkern für die Plasmaeinheiten in Anspruch zu nehmen, dennoch keine strenge Analogie möglich wird, sondern an entscheidenden Stellen eine andersartige Situation angenommen werden muß. Der Kernpunkt der Einsichten unter dem Aspekt der Befunde an Vielzellern ist aber der, daß auch die Plasmaeinheiten übergeordnete Steuerungselemente sind, welche nur indirekt in das funktionelle Geschehen eingreifen, an dessen Ende das Merkmal steht. Dennoch ist aber die merkmalsbestimmende Kraft einer Plasmaeinheitensorte deutlich geringer als die der Gene, worauf OEHLKERS besonders nachdrücklich hingewiesen hat, der nirgendwo einen Beweis für „eine isolierte, unmittelbar merkmalsbestimmende Wirkung des Plasmons" finden konnte; ebensowenig allerdings ist die Annahme gerechtfertigt, daß ein Gen ohne nachgeordnetes Substrat ein Merkmal zu bestimmen vermag.

Die besondere Bedeutung der Hefegenetik liegt nun darin, daß sie für das Verständnis der Natur des Plasmas auf eine einfache und bisher allein sinnvolle Analogie zu den Genen verzichten konnte und unter einem neuen — in Wirklichkeit aber längst vorgezeichneten — Gesichtswinkel die Frage angriff: Die Genetik bedarf der Merkmale, um zu Rückschlüssen auf übergeordnete Steuerungselemente zu kommen. Zwischen Merkmal und durch genetische Analyse anerkanntem Steuerungszentrum liegt aber eine entwicklungsphysiologische Wegstrecke. Sie ist am kürzesten bei einem einzelligen Objekt wie der Hefe, und gut biochemisch zugänglich, wenn das Merkmal die Fähigkeit eines Enzyms hat und demnach das entwicklungsphysiologische Problem dasjenige der Enzymsynthese ist. Dieser besondere Fall ist sowohl bei der Galaktozymase- bzw. Maltasebildung wie bei derjenigen von Cytochromoxydase realisiert, und die rein entwicklungsphysiologischen Einsichten in den Weg vom Gen bis zum Enzym seien jetzt kurz dargestellt, und zwar zunächst ohne jede Rücksicht auf Genetisches.

Die einfachsten Annahmen, das Gen selbst besitze Enzymeigenschaften, und auch, das Enzym sei bereits das primäre Genprodukt, haben sich nicht halten lassen (vgl. die Zusammenstellung von KARLSON 1954). Es diffundiert daher das primäre Genprodukt in das Cytoplasma und wird dort weiter umgesetzt, wie dies in den Schemata der Abb. 38a, b für adaptive Enzyme angedeutet wird. Das MONODsche Schema ist dabei verhältnismäßig allgemein gehalten und zeigt als wesentlichstes, daß unter dem Einfluß des Gens eine Vorstufe des Enzymmoleküls, die „B-Substanz" entsteht, welche sich mit inaktiven, vom Plasma gebildeten Bestandteilen unter dem Einfluß des Substrates zum funktionstüchtigen Enzym zusammenfindet, ohne das Substrat dagegen inaktiv bleibt. LINDEGRENS Vorstellung (Abb. 38b) ist etwas spezifizierter und hat mit der MONODschen gemeinsam die Annahme, daß ein stark abgewandeltes Genprodukt mit Plasmaelementen sich vereinigen muß, um das funktionsfähige Enzym zu ergeben; ein in den Grundzügen ähnliches Schema ist von KARLSON entworfen worden.

SLONIMSKI (3) faßt die Einsichten in den Adaptationsvorgang an O_2 in der Gleichung

$$\text{meta E} + \text{S} \leftrightharpoons \text{meta ES} \rightarrow \text{Endprodukt}$$

zusammen und meint damit, daß im Cytoplasma eine katalytisch aktive Oberfläche (Matrize, meta E) vorhanden sein muß, welche die vom Cytoplasma gelieferten Bausteine (S) zu meta ES, d. h. zu einem aktiven Komplex zusammenfügt, welcher schließlich zum Endprodukt, der Cytochromoxydase, wird.

Selbstverständlich erheben derartige entwicklungsphysiologische Vorstellungen den Anspruch, den Weg vom Gen zum Merkmal lückenlos zu erfassen; es entsteht daher unter diesem Aspekt eine außerordentliche Schwierigkeit in dem Augenblick, in welchem mehr genetisch orientierte Arbeiten nachweisen, daß auch plasmatische Erbelemente beteiligt sind, wie das bei dem Aufbau der Galaktozymase und der Cytochromoxydase der Fall ist. Es gibt zwei Möglichkeiten, diesen Streit der Biochemiker und Genetiker um das Cytoplasma aus der Welt zu schaffen: Entweder, es wird an der Analogie von Plasmaeinheiten und Genen festgehalten, wie wir sie oben darzulegen versuchten; dann befinden sich im Cytoplasma übergeordnete Steuerungselemente, welche in einer von dem Biochemiker nicht zu kontrollierenden Weise in das entwicklungsphysiologische Geschehen eingreifen, welche aber auch von der Genetik in ihrer Natur nicht weiter aufzuklären sind („Eine solche Analyse des Plasmons vermag ganz bestimmte Aussagen über die Zahl und über das Verhalten der an der Entmischung beteiligten Erbträger zu machen und führt zu Hypothesen über die stoffliche Lokalisation", MICHAELIS).

Die andere Möglichkeit dagegen ist von MARQUARDT durchgedacht und später von SLONIMSKI an Hand seines biochemischen Schemas von neuem aufgegriffen worden: Die Plasmaeinheiten als Einzelbestandteile des Plasmons stellen keine übergeordneten Steuerungselemente dar, sondern sind funktionstragende Strukturen, d. h. sie haben ihren

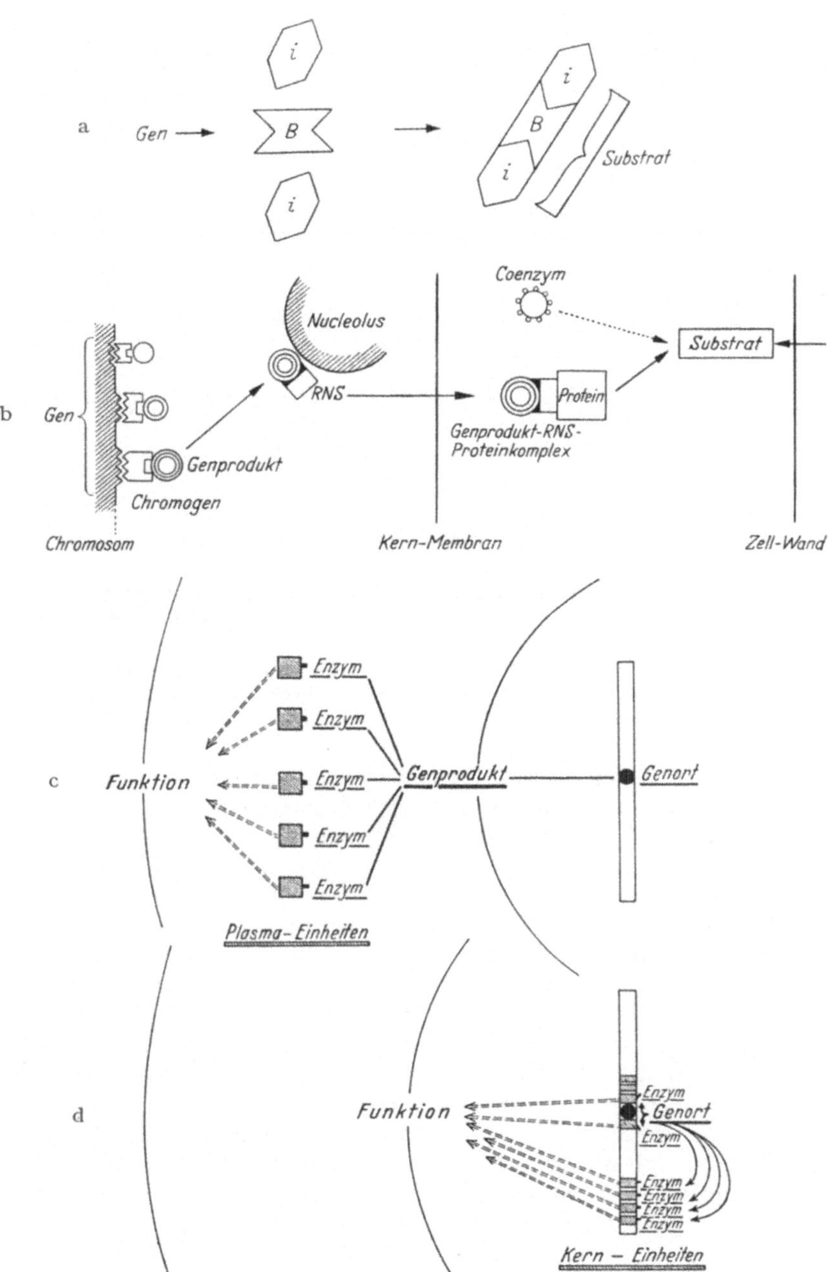

Abb. 38a—d. Schemata der verschiedenen Hypothesen einer Genwirkung auf enzymatisch gesteuerte Prozésse. a Schema der enzymatischen Adaptation nach MONOD. *B* genspezifische Substanz, *i* inaktive, plasmatische Substanz, *i-B-i* aktiver Enzymkomplex, stabilisiert durch Substratwirkung. b Schema der Genwirkung nach LINDEGREN (vgl. Text). c u. d Schema der Genwirkung, c bei Mitwirkung eines Cytoplasmafaktors und bei enzymatischer Tätigkeit im Cytoplasma, d bei Lokalisation des Enzyms im Zellkern (nach MARQUARDT).

Ort unmittelbar in dem biochemischen Ablauf zwischen Gen und Merkmal (Abb. 38c). Für die enzymatische Situation der EPHRUSSISCHEN Hefen wird ihnen die Rolle zugewiesen, submikroskopische Trägerstrukturen für die Enzyme oder ihre letzten Vorstufen zu sein (Abb. 38c), also in LINDEGRENSCHEM Schema (Abb. 38b) etwa die Stelle des „Proteins" im Cytoplasma einzunehmen.

Tabelle 2. Gegenüberstellung der Charakteristika von Genen und Plasmaeinheiten.

	Gen	Plasmaeinheit
Eigenschaften:	Identische Reduplikation	
	Unterelemente einer mikroskopischen Zellstruktur	
	des Chromosoms	der Grana (Mitochondrien)
	Zusammenordnung mit anderen Erbeinheiten	
	streng konstant	?
Anzahl:	In Einzahl (pro haploide Zelle)	In Mehrzahl pro Zelle
Zellteilung:	Streng gesetzmäßige Weitergabe	Nicht ganz gesetzmäßige Weitergabe
Funktion:	Übergeordnetes Steuerungszentrum, indirekt über Genprodukte wirkend	Trägerstrukturen für Enzyme direkt in den Funktionsablauf eingeschaltet

Mit dieser Wendung ins Cytomorphologische läßt sich durch eine zweite, ergänzende Annahme auch der Zusammenhang zwischen dem Vorhandensein oder Fehlen der Atmung einerseits und der Farbreaktion der Mitochondrien mit Indophenolblau, Janusgrün und Tetrazolium verständlich machen: Ebenso wie im Bereich des Zellkerns können — müssen aber nicht — Plasmaeinheiten zu Sammelstrukturen zusammengeschlossen sein; in diesem speziellen Falle finden wir die zur Cytochromoxydase notwendige Plasmaeinheitensorte in das Stroma der Mitochondrien eingeschlossen, welche bei Vorhandensein aktiver Cytochromoxydase eine entsprechende cytochemische Farbreaktion zeigen. So haben sich die in Tabelle 2 zusammengefaßten Gemeinsamkeiten und Unterschiede zwischen Genen und Plasmaeinheiten ergeben, soweit sie an der auf Mitochondrien lokalisierten Enzymsynthese beteiligt sind. Ergänzend sei darauf hingewiesen, daß bei dieser Hypothese die Mitochondrien nicht unbedingt autonome Bildungen sein müssen. Es ist durchaus denkbar, daß im Laufe von Formwechselprozessen diese mikroskopisch sichtbaren Sammelstrukturen in submikroskopische, die verschiedenen Plasmaeinheiten einschließende Unterelemente zerfallen, um sich danach in ihrem Bestand an Plasmaeinheiten wieder neu zu formieren.

Wohl ohne Kenntnis dieser Arbeit hat neuerdings SLONIMSKI (3) sich dieselbe Frage nach dem Ort vorgelegt, an welchem die genetisch aufgewiesenen Plasmaeinheiten in seine biochemische „Gleichung" eingefügt werden könnten, und auf Grund der besonderen biochemischen Wirkungsweise des Euflavins schließt er darauf, daß es an „meta E", d. h. an der katalytisch aktiven Oberfläche, angreift. Da aber diese Substanz gleichzeitig die Plasmaeinheiten selektiv bei den gewählten Konzentrationen vergiftet, müßten die Plasmaeinheiten mit „meta E" identisch sein. Der entscheidende Fortschritt der SLONIMSKISCHEN Überlegungen besteht nun darin, daß die Richtigkeit dieser Annahme experimentell nachgeprüft werden kann: Zunächst ist auch hier die Zahl der genetischen Plasmaeinheiten je Zelle ähnlich zu berechnen wie dies PREER für den $\varkappa$-Faktor bei *Paramaecium* und SPIEGELMAN u. Mitarbeiter für die Galaktozymase getan haben. Andererseits läßt sich aus der Zahl der für eine Hemmung der O_2-Adaptation notwendigen Euflavinmoleküle auf die Zahl der „meta E" zurückschließen. Um eine Adaptation des Euflavins an nicht spezifische Rezeptoren auszuschließen, kann mit einem unspezifisch wirkenden Acridin (etwa mit 2-Aminoacridin) vorbehandelt und damit der gewünschte Vergleich besser gesichert werden. Ferner haben EPHRUSSI und HOTTINGUER (2) Hefeklone mit hoher und niederer, spontaner Mutationsrate zu PK untersucht und dies auf einen verschiedenen Gehalt an Plasmaeinheiten zurückgeführt; sind sie aber mit „meta E" identisch, dann müßten die hochmutablen Klone eine geringere Adaptationsrate besitzen. Schließlich ist nach allen Erfahrungen mit adaptiven Enzymen die Affinität von „meta E" und einem Hemmstoff wie Euflavin bei Vorhandensein und bei Fehlen von O_2 verschieden, so daß bei Identität von „meta E" und Plasmaeinheiten auch die Mutationsrate einer bestimmten Euflavinkonzentration sich unter aeroben und anaeroben Bedingungen unterscheiden sollte.

Wir sehen somit, daß die Projektion des Plasmons in zweifelsfrei entwicklungsphysiologische Abläufe zwischen Gen und Merkmal wesentlich konsequenter erscheint als reine Analogieschlüsse von genischen auf plasmonische Erbträger, zunächst deswegen, weil ja bereits die Arbeiten an vielzelligen Organismen gezeigt haben, daß stets nur dem Genom nachgeordnete plasmonische Wirkungen bekannt sind. Darüber hinaus gehen alle bisher bekannten Vorgänge einer Enzym- oder Antigenbildung vom Gen aus mit den in Fig. 1 dargestellten Folgeprozessen. Nehmen wir im Cytoplasma für das betreffende Enzym noch in Vielzahl vorhandene, übergeordnete Steuerungselemente im „klassischen" Sinne an, dann muß eine ähnliche Kette von Prozessen, beginnend mit dem plasmatischen Erbträger, ablaufen, welche sich an irgendeiner Stelle mit dem vom Kern ausgehenden Ablauf treffen. Der Treffpunkt dürfte aber das komplexe, spezifische Protein sein, welches sich in allen Schemata der Enzymbildung, vom Cytoplasma beigesteuert, mit den genabhängigen Folgeprodukten vereinigt. In mehreren Fällen ist für derartig komplexe Proteine aber ihre Duplikantennatur wahrscheinlich gemacht, d. h. die Fähigkeit, nur aus sich selbst heraus sich zu reduplizieren und bei Ausfall in der betreffenden Zelle nicht mehr nachgebildet zu werden. Da eine bestimmte Sorte von Matrizen in

Vielzahl im Cytoplasma vorhanden sein muß, ist die Annahme, daß sie nur indirekt über Zwischenprodukte in das entwicklungsphysiologische Geschehen eingreifen, heute noch nicht notwendig, sondern es ist hier, wie überall in ähnlicher Situation, die einfachere Interpretation ausreichend, sie seien unmittelbar mit einem in die Enzymsynthese eingehenden, cytoplasmatischen Anteil identisch. Es ist daher die Suche nach der Identität zwischen genetisch nachgewiesenen Plasmaeinheiten und biochemisch nachgewiesenen, in die Enzymsynthese eingehenden Plasmaelementen ein heute unabweisbares Erfordernis, auch wenn es unter dem Blickwinkel der Plasmonforschung an höheren Pflanzen, die allerdings ein so weites Vordringen nicht gestattet, scheinen will, als sei „ein solches Vorgehen nun aber prinzipiell falsch" (MICHAELIS).

Bei der Hefe kann somit für die Synthese des Cytochromsystems und der Galaktozymase bzw. Maltase die Alternative auf experimenteller Basis entschieden werden, ob der genetisch nachgewiesene Plasmonanteil eine übergeordnete Struktur im Sinne der klassischen Vorstellungen oder ein aktuell in den entwicklungsphysiologischen Ablauf eingeschaltetes, funktionelles Element darstellt. Unsere Einsichten bis zu dieser klaren Alternative in umfangreicher experimenteller Arbeit deutlich vorgetrieben zu haben, halten wir für die entscheidende Leistung der Hefegenetik, um so mehr, als auch bei anderen genetisch bearbeiteten Mikroorganismen wie *Neurospora* das Studium einer genetischen Bedingtheit des Cytochromsystems den ersten sicheren Fall einer Plasmavererbung zutage förderte (MITCHELL u. MITCHELL, MITCHELL u. a.) und damit auch dieses Objekt für dieses Problem zur Verfügung stehen wird.

5. Experimentelle Mutationsforschung. Ohne sich der heute gegegebenen Mittel zu bedienen, für die genetische Analyse eines Objekts experimentell Mutationen herzustellen, konnte auch die Hefegenetik nicht ihre Fortschritte erzielen. Wir haben daher in den vorhergehenden Kapiteln bereits darauf hingewiesen, daß diese oder jene Form einem mutagenen Agens ihre Entstehung verdankt, mit Hilfe von Verfahren zur Isolation der Mutanten aus der Population der behandelten Zellen, wie sie die Bakterien- und *Neurospora*-Genetik ausgearbeitet hat und die nur an die Hefe angepaßt werden mußten (REAUME u. TATUM für Stickstofflost, POMPER u. BURKHOLDER für UV-Strahlen). So sind bei 0,06—0,10% Stickstofflost 6,6—13,4% biochemische Defektmutanten erhalten worden, wobei die Rate der abgetöteten Hefezellen linear der Konzentration ansteigt.

Von den Röntgen- und UV-Bestrahlungen der Hefe interessieren in unserem Zusammenhang vor allem diejenigen Arbeiten, bei welchen die Strahlenwirkung auf Haploide, Diploide und zum Teil Polyploide geprüft wurde. Nachdem LATARJET und FRILLEY u. LATARJET zunächst bei *Saccharomyces ellipsoideus* eine Zweitrefferkurve für die Zelltötung erhalten hatten und dabei zwei verschiedene Treffbereiche annahmen, wurden von LATARJET u. EPHRUSSI haploide und diploide Hefen derselben Herkunft bestrahlt und für die Haploiden ein Eintrefferereignis erschlossen, für die Diploiden dagegen eine sigmoide Mehr(zwei)trefferkurve beschrieben. Da im Falle eines klar faßbaren Unterschieds zwischen den Inaktivierungskurven der verschiedenen Polyploidiestufen ein bequemes Hilfsmittel zur Verfügung stünde, den Polyploidiegrad mit Sicherheit zu erkennen, ist diesem Problem viel Aufmerksamkeit gewidmet worden (TOBIAS u. a., CALDAS u. CONSTANTIN, WARSHAW, LUCKE u. SARACHEK, SARACHEK u. LUCKE). Das Ergebnis ist widerspruchsvoll, vor allem, weil der physiologische Zustand, in welchem sich die Hefen befinden, stark modifizierend wirkt; so liegen die Zahlen der Überlebenden höher bei Zellen ohne Reserven, bei Aufbringen auf Minimalmedium nach der Bestrahlung (SARACHEK u. LUCKE) oder bei Bestrahlung in Bierwürze gegenüber Pufferlösung (BAUTZ). Es bestimmt auch die Konstitution der einzelnen Klone den Kurvenverlauf stärker als die jeweilige Polyploidiestufe, wenn auch im allgemeinen Haploide wesentlich empfindlicher reagieren als diploide und tetraploide Hefen, welche eine mehr oder weniger identische Inaktivierungskurve aufweisen.

Die Ursachen für eine strahleninduzierte Inaktivierung von Hefezellen sind noch wenig aufgeklärt; so haben beispielsweise MORTIMER u. TOBIAS folgende Überlegungen angestellt: Röntgenstrahlen bewirken in einer diploden Hefezelle recessive Letalmutationen in einem der beiden Genome, welche sich erst nach der Meiosis, d. h. bei der Ascosporenbildung manifestieren können. Eine zweite Röntgendosis vor der Ascosporenkeimung wird ebenfalls Letalmutationen auslösen, so daß die Wahrscheinlichkeit des Zusammenfallens zweier Letalmutationen in ein- und demselben Genom und damit die Inaktivierungsrate ansteigen muß. Ein experimentelles Ergebnis in diesem Sinne wird von den Autoren so gedeutet, daß damit das Vorhandensein letaler, recessiver Mutationsschritte bewiesen sei, ein Schluß, der nicht zwingend ist, da der beobachtete Effekt ebenso durch eine Zunahme der physiologischen, nicht genetischen Schädigung nach der zweiten Röntgendosis verstanden werden kann. Ohne umfangreichere Kreuzungsarbeit wird hier wie bei anderen Objekten wohl zwischen diesen beiden Möglichkeiten nicht entschieden werden können, um so weniger, als SHERMAN bei stickstoffarm erzogenen Hefen nach Bestrahlung mit 5000—60 000 r ihre Gärfähigkeit stark hemmen konnte und BAUTZ einen Ausfall der Indophenolblau (Nadi)-Reaktion, d.h. eine schwere Störung der Funktion des Cytochromsystems, fand. Auch Befunde wie etwa von GRAFFI u. a., daß durch Vorbehandlung der Hefen mit cancerogenen Kohlenwasserstoffen (3,4-Benzpyren, 9,10-Dimethyl-1,2-benzanthracen usw.) der Strahleneffekt einer UV-Dosis gesteigert werden kann, lassen auf die Ursachen hierfür keinerlei bindende Schlüsse zu.

Während hier cytochemische Prozesse deutlich auf Röntgen- und darüber hinaus auf UV-Bestrahlung reagierten, erwies sich die Adaptation an Galaktose und Maltose auffällig strahlenresistent (SPIEGELMAN u. a., BARON u. a.). So geht bei nicht zu hohen UV-Dosen und durchweg bei Röntgenstrahlen zwar die Zahl der Lebenden stark zurück, ohne daß aber dabei die Fähigkeit zur enzymatischen Adaptation verlorengeht. In scharfem Gegensatz zu diesen Agentien sinkt parallel mit der Überlebendenrate die Adaptationsfähigkeit ab nach zellzerstörenden Agentien (Gefrieren und Auftauen, Ultraschall, Cytolyse mit Toluol), nach höheren UV-Dosen und nach Stickstofflost. Welche Konsequenzen hieraus für das Problem des Mechanismus einer Strahlenwirkung in der Grenzzone zwischen Genetik und Entwicklungsphysiologie folgen, läßt sich noch nicht ganz absehen, da UV-induzierte Mutationsergebnisse an galaktosepositiven (G^+) Zellen von JAMES noch nicht vollständig genug publiziert vorliegen.

Außer Stickstofflost sind von den mutagenen chemischen Agentien — wohl wegen der Schwierigkeiten des Umgangs mit dem Objekt — nicht mehr viele bei Hefen angewendet worden. Über die besondere Wirkung der Acridine, welche ja bei den verwendeten Konzentrationen nicht das Genom, sondern cytoplasmatische Strukturen treffen, ist von MARCOVICH (2), (3) ergänzend festgestellt worden, daß das p_H die Alternative zwischen einer toxischen und einer mutagenen Wirkung nicht beeinflußt, und daß die toxische Komponente bei den 5-Amino-Acridinen am stärksten ist und abnimmt über die Di-Amino-bis zu den Nicht-5-Aminoverbindungen; innerhalb jeder Gruppe sind die quaternären (N-Methyl)-Acridine wirksamer als die tertiären. Deutlich mutagen wirkt das 2,8-Diamino(N)-Methylacridin, das 2-Amino-N-methylacridin und das 2,8-Diamino-Acridin, wobei — wie schon erwähnt — die mutagenen Konzentrationen durchweg tiefer liegen als die toxischen.

Wie vorsichtig man bei der Hefe mit chemischen Verbindungen sein muß, welche zur Markierung atmungsdefekter Kolonien verwendet werden, hat LASKOWSKI neuerdings dadurch demonstriert, daß er das Tetrazoliumchlorid (TTC) als mutagen wirksame Substanz fand, welches RAUT in ihren Arbeiten als Beimischung zum Agar verwendete, um die atmungsdefekten Kolonien an ihrer weißen Farbe von den atmenden, mit TTC rosa gefärbten Klonen zu unterscheiden. Das TTC scheint dabei ähnlich wie Acriflavin zu wirken, es treten wieder petites colonies auf, nach 10 Passagen zu je 48 Std sind 100% der Zellen nadinegativ geworden bei fehlenden Cytochrom a- und b-Absorptionsbanden, und die PK-Eigenschaft bleibt über zahlreiche Generationen konstant; der so aufschlußreiche Versuch, Einzelzellen in TTC zu bringen und die Tochterzellen nacheinander zu isolieren, ergibt eine Parallele zu dem entsprechenden Euflavinexperiment, mit dem einzigen Unterschied, daß innerhalb der Versuchsdauer in einigen Fällen auch die Mutterzelle zu PK umschlug. Gewisse Schwierigkeiten treten aber hier mit sog. „fausses petites" auf, welche nicht konstant PK bleiben, sondern „revertieren". An dieser Stelle wird wohl noch weiter untersucht werden müssen.

Mit einigem Bedauern erwähnen wir zum Schluß die sehr zahlreichen Arbeiten von SUBRAMANIAM und Mitarbeitern, in welchen gerade zum Problem der experimentellen Mutationsforschung viel schönes Material beigebracht wäre, wenn nicht im Gegensatz zu allen anderen Autoren auf jede Kreuzungsarbeit verzichtet und nur die Koloniegestalt und die im folgenden Kapitel zu besprechende, noch immer problematische „Chromosomenzahl" als einzige Charakteristika sog. genetischer Ver-

änderungen berücksichtigt worden wären. Mutagene oder nicht mutagene Wirkung eines physikalischen oder eines chemischen Agens kann
heute an einwandfreie Antwort gebenden pflanzlichen und tierischen
Objekten untersucht werden, und es ist darum wenig sinnvoll, derartige
Analysen an Hefen mit Hilfe von Merkmalen zu machen, über welche
sich die verschiedenen Autoren nun einmal nicht einig sind. So sind
im Anschluß an die Befunde BAUCHs (1), (2), (3) und LEVANs „Polyploide" mit Acenaphten bzw. Kampfer [SUBRAMANIAM (1), (2), RANGA-
NATHAN u. SUBRAMANIAM] und mit Temperaturschock bzw. Lyophili-
sierung (SUBRAMANIAM u. RANGANATHAN, RANGANATHAN, SUBRAMA-
NIAM u. RAO) erhalten worden, ferner „Mutationen" durch UV-Bestrahlung, Chrysen und andere Chemikalien (MITRA u. SUBRAMANIAM,
sowie weitere, schwer zugängliche Arbeiten).

6. Die Cytologie der Hefe. Wenn wir im vorhergehenden die vielfältigen Phänomene der Erbanalyse so abgehandelt haben, als besäßen
die Hefen ebenso wie die übrigen Pilze und höheren Organismen den
typischen Zellbau, dann ist damit ein heute noch nicht ganz gelöstes
Problem verschleiert, welches zwar nicht der engeren Hefegenetik zugehört, aber in diesem Zusammenhang wenigstens kurz erwähnt werden
muß, nämlich die Frage nach dem Zellkern und seinem Bau. Durch
ihre Kleinheit ist die Hefe ja cytologisch ein recht ungünstiges Objekt,
es müssen aber zusätzlich besondere Faktoren noch nicht recht durch-
sichtiger Art am Werk sein, welche die karyologische Analyse so weitgehend erschweren, daß bis heute noch keine einheitliche Auffassung
über Kernbau und Karyokinesen erzielt werden konnte.

Die Hefecytologie begann um 1900 mit verhältnismäßig klaren Ergebnissen. SWELLENGREBEL und ein Jahr später FUHRMANN beschrieben
Kernteilungen mit 4 Chromosomen bei *S. cerevisiae* (Bäckerhefe) und
S. cerevisiae var. ellipsoideus, nachdem JANSSENS u. LEBLANC bereits
eine Struktur, welche sie für den Ruhekern hielten, beschrieben hatten
und GUILLERMOND diese Befunde etwas korrigierte. Bereits 1910 begannen sich aber mit der Arbeit von WAGER u. PENISTON die Begriffe zu
verwirren, indem die bisher als Zellkern betrachtete Struktur als
Nucleolus und die bisher als Vacuole bezeichnete Bildung als „Kernvacuole" mit Chromatin interpretiert wurde, so daß sich die Chromosomen aus der Vacuole differenzierten.

Aus dem daran anschließenden Streit der Meinungen und Beobachtungen haben sich die in Abb. 39 einander gegenübergestellten Interpretationen herauskristallisiert, die an WAGER u. PENISTON sich anschließende Deutung LINDEGRENs (1), (3) — an Saccharomycesarten 1945
erstmals entwickelt — und die von BEAMS u. a., ROCHLINA, WINGE (3),
LIETZ sowie von HARTMAN u. LIU vorgelegten Ergebnisse. Es ergibt
sich daraus, daß LINDEGREN zu Konsequenzen kommt, welche allen
bisherigen Einsichten in Bau und Funktion der Kerne widersprechen
müssen: Er verwendet ganz unspezifische Farbstoffe wie alkalisches
Toluidinblau (erst später färbten RAFALKO sowie LINDEGREN u. RAFALKO
mit Feulgen), BROWNsche Molekularbewegung der in der Kernvacuole
vorhandenen 12 Chromosomen, somatisches Paaren zu Beginn der

Mitose, „Volutin" auf den Chromosomen, welches dann an den Nucleolus abgegeben wird, ein oft mehr als die „Chromosomen" feulgenpositives, außerordentlich großes, mit internen Strukturen versehenes Centrosom, welches sich nicht vor, sondern eher nach der Mitose durchteilt, und ähnliche Absonderlichkeiten.

Im Gegensatz hierzu haben die meisten Untersucher ein weit typischeres Bild des Zellkerns in Ruhe und Teilung erhalten, wenn sie die seit MARGOLENAs Arbeit an die Hefe angepaßte Feulgenreaktion verwendeten (vgl. die Zusammenfassung von SCHULZE). Der Ruhekern liegt im allgemeinen linsenförmig gestaltet der Zellvacuole an und enthält das chromatische Material entweder als Karyosom (KATER, BADIAN, ROCHLINA, SINOTO u. YUASA, DE LAMATER) oder in halbmondförmiger Gestalt einer der Seiten des Zellkerns angelagert (vgl. Abb. 39), was auch durch vitale Fluorochromierung mit Acridinorange sichtbar gemacht werden kann (STRUGGER). An je 100 derartiger Ruhekerne von n-, 2n-, 3n- und 4n-Hefen sind nach Gefrier-

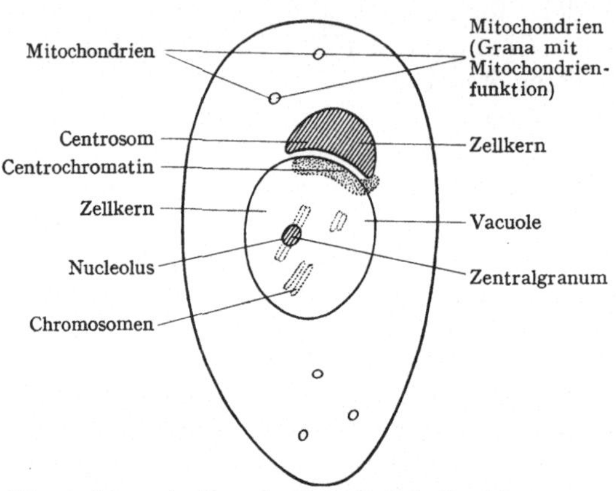

Abb. 39. Schema des Baues der Hefezelle, links Bezeichnungen von LINDEGREN, rechts von LIETZ und HARTMAN u. LIU (nach HARTMAN u. LIU).

trocknung, Celloidineinbettung und Feulgen-Färbung von MUNDKUR (6) Kerninhalte von 0,31 μ^3, 1,29 μ^3, 2,71 μ^3 und 4,25 μ^3 ermittelt worden, was als schöne Bestätigung der mit genetischen Methoden ermittelten Polyploidiestufen aufgefaßt werden darf.

Daß bei der Zellteilung eine Amitose abläuft, haben nach den älteren Arbeiten GUILLERMONDs (2) und WAGER u. PENISTONs nur noch BEAMS u. a. nachzuweisen geglaubt, während neuere Arbeiten, vor allem SINOTO u. YUASA, LEVAN und LIETZ, Mitosen mit typisch ausgebildeten Chromosomen färbten. Die Chromosomenzahlen werden bei verschiedenen Arten naturgemäß verschieden angegeben; bei *Schizosaccharomyces pombe* und *cerevisiae* sind 2—4 (BADIAN, DE LAMATER), bei *S. cerevisiae* mindestens 10 (LEVAN) und bei *(Zygo)-Saccharomyces priorianus diploid* 6 und *haploid* 3 Chromosomen gezählt worden (LIETZ). Am überzeugendsten wirken dabei die Mikrophotographien und Zeichnungen LIETZ's, von denen wir einige in Abb. 40a zusammengestellt haben, vor allen Dingen deswegen, weil sie die bisher erwähnten Unterschiede bei den verschiedenen Beobachtern am besten interpretieren lassen: Die Mitose läuft, wie bei zahlreichen Protisten, bei erhalten bleibender Kernmembran ab und erscheint bei schlechter Fixierung oder nicht genauer Beobachtung darum leicht wie eine Amitose. Ferner sind Mitose und Einwanderung des Tochterkerns durch den schmalen Kanal in die Tochterzelle

dann getrennte Vorgänge, wenn der Zellkern räumlich entfernt von der Knospe
seine Mitose durchläuft; in diesem Fall
preßt sich die Tochterkerntelophase als
langgezogenes Gebilde durch die enge Öffnung zwischen den beiden Zellen, was
wiederum leicht den Eindruck einer Amitose hervorruft. In Übereinstimmung

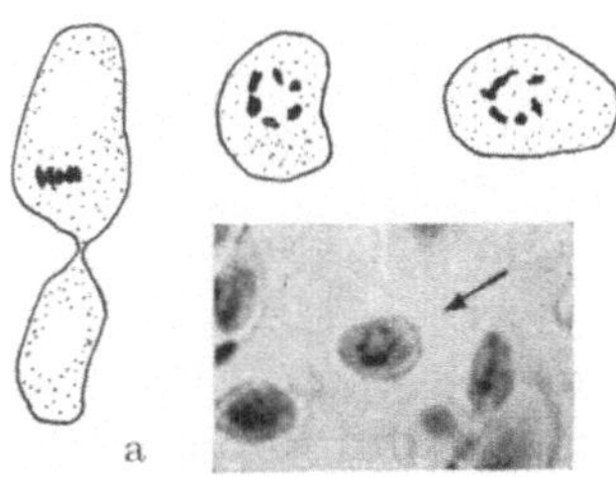

Abb. 40a u. b. a Zygosaccharomyces priorianus. Zelle mit „Metaphase" (Feulgenfärbung, nach LIETZ 1951),
b Obergärige Hefe BY 2 (Riboflavin ausscheidende Mutante) G „Prometaphase", H „frühe Prophase",
I „Metaphase", J „frühe Anaphase". (OsO₄-Dampf, Feulgen, nach ROYAN 1953).

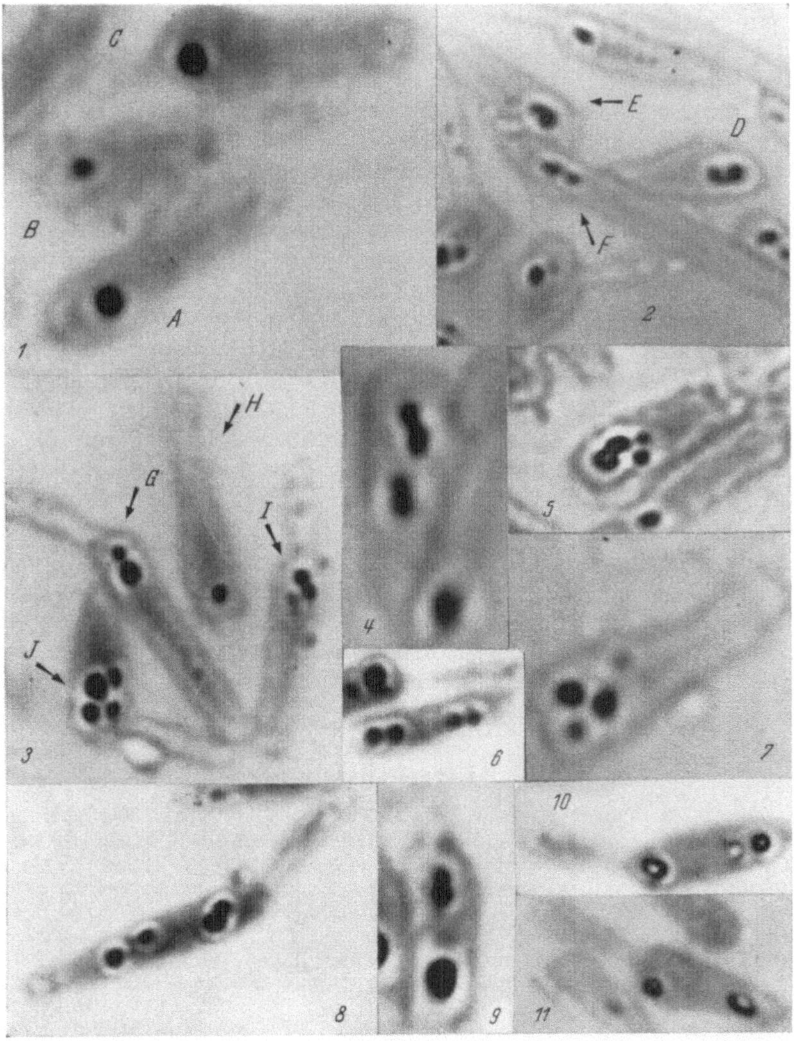

damit steht das Ergebnis von OGUR u. a., nach welchem Bäckerhefe bei einigermaßen synchronem Teilungsbeginn nach einer Ruheperiode die Synthese der DNS, d. h. ihre Verdoppelung nach 2 Std., also vor Abschluß der Knospung, bereits geleistet hat.

Mit diesen Arbeiten wäre eigentlich die Frage nach Kern und Kernteilung der Hefen einigermaßen befriedigend beantwortet, wenn nicht SUBRAMANIAM u. Mitarbeiter in zahlreichen Einzelarbeiten in den verschiedensten Zeitschriften eine radikal andere Auffassung vertreten würden. Sie geben zwar stets bis ins einzelne die Technik ihrer Präparateherstellung an, aber leider hat noch kein anderer Autor, der mit der Materie ausreichend vertraut ist, ihren Vorschriften gefolgt und die Befunde auf diese Weise nachgeprüft. Verhältnismäßig sicher scheint uns nach eigenen Ergebnissen [BAUTZ u. MARQUARDT (1), (2), (3), MARQUARDT u. BAUTZ] nur zu sein, daß die von SUBRAMANIAM (3), (4), (5), (6) publizierten frühen Bilder der „Hefechromosomen" in Wirklichkeit die Grana mit Mitochondrienfunktion darstellen, welche auch bei saurer Fixierung sich erhalten, deren Zahl mit der Größe der Zelle korreliert ist und die in bestimmter zeitlicher Abfolge in die Knospen einwandern. Die späteren Mikrophotographien dagegen, von denen wir in Abb. 40b ein Beispiel aus ROYAN bringen (dort weitere Literatur), zeigen größere, gefärbte „Chromosomen"-Komplexe, deren Natur ohne Nachuntersuchung nicht ohne weiteres aufgeklärt werden kann [SUBRAMANIAM (7), SUBRAMANIAM u. RANGANATHAN (2), DURAISWAMI, DURAISWAMI u. a.]. So läßt sich auch heute noch nicht entscheiden, ob die Auffassung der indischen Autoren zu Recht besteht, daß nur die in intensiver Teilungsfähigkeit befindlichen Kulturen typische Mitosen in großer Zahl enthalten, während gärende Hefen eine auf endomitotischem Wege sich einstellende Polyploidie besitzen sollen.

Im ganzen gesehen geht somit die Diskussion um die Natur des Zellkerns ihrer endgültigen Klärung entgegen: Die LINDEGRENsche Auffassung und mit ihr die entsprechenden, älteren können wohl als überwunden gelten; es bedarf lediglich noch einer Abklärung zwischen den Arbeiten, welche ein typisches Kernverhalten finden konnten, und den Befunden der indischen Autoren.

Literatur.

ADAMS, A. M.: Canad. J. Res. C 27, 178—189 (1949). — AHMAD, M.: (1) Nature (Lond.) 170, 546—547 (1952). — (2) Bull. Torrey bot. Club 80, 197—204 (1953). — AHMAD, H. X., u. A. KHAN: Nature (Lond.) 173, 133 (1954). — ALLEN, J.: Genetics 38, 670—671 (1953). — ARMSTRONG, E. F.: Proc. Roy. Soc. Lond., Ser. B 76, 600—605 (1905).

BADIAN, T.: Bull. internat. Acad. Polon. Sci. Nat., Sér. B 1937, 61—87. — BARON, L. S., S. SPIEGELMAN u. H. QUASTLER: J. gen. Physiol. 36, 631—641 (1953). — BAUCH, R.: (1) Naturwiss. 29, 503—504 (1941). — (2) Ebenda 29, 687—688 (1941). — (3) Wschr. Brauerei 59 1—7, 9—11 (1942). — BAUTZ, E. Naturwiss. 41, 375—376 (1954). — BAUTZ, E., u. H. MARQUARDT: (1) Naturwiss. 40, 531 (1953). — (2) Ebenda 40, 531—532 (1953). — (3) Ebenda 41, 121—122 (1954). — BEAMS, H. W., L. W. ZELL u. N. H. SULKIN: Cytologia (Tokyo) 11, 30—36 (1940). — BEVAN, E. A.: Nature (Lond.) 171, 576—577 (1953). — BRANDT, C. L., P. J. FREEMAN u. P. A. SWENSON: Science (Lancaster, Pa.) 113, 383 (1951). —

CALDAS, L. R., u. T. CONSTANTIN: C. r. Acad. Sci. Paris **232**, 2356—2358 (1951). — CASPARI, E.: Adv. Genet. 2, 1—66 (1948). — CATCHESIDE, D. G.: The genetics of microorganisms. London 1951. 223 S.

DARLINGTON, C. D.: Nature (Lond.) **154**, 164 (1944). — DIENERT, F.: Ann. Inst. Pasteur **14**, 139 (1900). — DURAISWAMI, S.: Cellule **55**, 381—395 (1953). — DURAISWAMI, S., L. S. RAO u. M. K. SUBRAMANIAM: Experientia (Basel) **9**, 293 bis 294 (1953).

EPHRUSSI, B.: (1) Nucleocytoplasmic relations in microorganisms. Oxford 1953. — (2) Publ. Staz. zool. Napoli, Suppl. **12**, 1 (1950). — (3) In Genetics of the 20. Century, S. 241—262. New York 1951. — (4) Harvey Lect. **46**, 45—67 (1952). — EPHRUSSI, B., u. H. HOTTINGUER: (1) Nature (Lond.) **166**, 956 (1950). — (2) Cold Spring Harb. Symp. Quant. Biol. **16**, 75—84 (1951). — EPHRUSSI, B., H. HOTTINGUER u. A. M. CHIMÈNES: (1) Ann. Inst. Pasteur **76**, 351—367 (1949). — (2) Ann. Inst. Pasteur **76**, 351—364 (1949). — EPHRUSSI, B., H. HOTTINGUER u. TAVLITZKY: (3) Ann. Inst. Pasteur **76**, 419—450 (1949). — EPHRUSSI, B., P. L'HÉRITIER u. H. HOTTINGUER: (4) Ann. Inst. Pasteur **77**, 64—83 (1949). — EPHRUSSI, B., u. P. P. SLONIMSKY: (1) C. r. Acad. Sci. Paris **230**, 685 (1950). — (2) Biochim. et biophysica Acta **6**, 256 (1950). — EULER, H. V., u. R. NILSON: Z. physiol. Chem. **143**, 89—107 (1925).

FOWELL, R. R.: J. Inst. Brewing **53**, 180—195 (1951). — FRILLEY, M., u. R. LATARJET: C. r. Acad. Sci. **218**, 480 (1944). — FUHRMANN, T.: Zbl. Bacter. II **15**, 769 (1906).

GALE, E. F., u. R. DAVIES (Herausgeber): Adaptation in microorganisms. Cambridge 1953. — GILLILAND, R. B.: (1) C. r. Labor. Trav. Carlsberg, Sér. physiol. **24**, 347—356 (1949). — (2) Nature (Lond.) **173**, 409 (1954). — GRAFFI, A.: Z. Krebsforsch. **49**, 477 (1939). — Ebenda **50**, 196 (1940). — GRAFFI, A., H. KRIEGEL, H. SCHREIBER u. F. WINDISCH: Z. Naturforsch. **8b**, 142—145 (1953). — GRAHAM, V. R., u. E. G. HASTINGS: Canad. J. Res. **19**, 251 256 (1941). — GUILLERMOND, A.: (1) Les levures. Paris: Dóm & Fils 1912. — (2) Ann. Mycol. **2**, 184 bis 189 (1904).

HALVORSON, H. O., u. S. SPIEGELMAN: J. Bacter. **64**, 207—221 (1952). — (2) Ebenda **65**, 496—504 (1953). — (3) Ebenda **65**, 601—608 (1953). — HARTELIUS, V., u. E. DITLEVSEN: C. r. Trav. Labor. Carlsberg, Sér. physiol. **25**, 213—239 (1953).— HARTMAN, PH. E., u. CH. LIU: J. Bacter. **67**, 77—85 (1954). — HERSCHEL, R.: Genetics **37**, 620 (1952). — HESTRIN, SH., u. C. C. LINDEGREN: (1) Nature (Lond.) **168**, 913—914 (1951). — (2) Arch. of Biochem. **29**, 315—333 (1950). — (3) Arch. of Biochem. a. Biophysics **38**, 317 bis 334 (1952). — HOROWITZ, N. H.: Adv. Genet. **3**, 33—71 (1947).

JAMES, A. P.: Genetics **37**, 592—593 (1952). — JANSSENS, A., u. A. LEBLANC: Cellule **14**, 203 (1898).

KARLSON, P.: Erg. Enzymforsch. **13**, 85—206 (1954). — KATER, J. McA.: Biol. Bull. **52**, 436—448 (1927). — KILKENNY, B. C., u. C. HINSHELWOOD: Proc. Roy. Soc. Lond., Ser. B **140**, 352—361 (1952).

LAMATER, DE.: J. Bacter. **60**, 321 (1950). — LAMPEN, J. O., R R. ROEPKE u. M. J. JONES: Arch. of Biochem. **13**, 55—66 (1947). — LATARJET, R.: Ann. Inst. Pasteur **70**, 277 (1944). — LATARJET, R., u. B. EPHRUSSI: C. r. Acad. Sci. Paris **229**, 306 (1949). — LEUPOLD, U.: C. r. Trav. Labor. Carlsberg, Sér. physiol. **24**, 381 (1949). — LEVAN, A.: Hereditas **33**, 457—514 (1947). — LIETZ, K.: Arch. Mikrobiol. **16**, 275—302 (1951). — LINDEGREN, C. C.: (1) The yeast cell, its genetics and cytology. Saint Louis 1949. — (2) Ann. Miss. Bot. Garden **32**, 107—123 (1945). — (3) Mycologia **37**, 767—780 (1945). — LINDEGREN, C. C., u. G. LINDEGREN: (1) Ann. Miss. Bot. Garden **30**, 71—82 (1943). — (2) Ebenda **30**, 453—468 (1943). — (3) Proc. Nat. Acad. Sci. **29**, 306—308 (1943). — (4) J. Bacter. **46**, 405—419 (1943). — (5) Bot. Gaz. **105**, 304—316 (1944). — (6) Ann. Miss. Bot. Garden **31**, 203—216 (1944). — (7) J. gen. Microbiol. **5**, 885—893 (1951). — (8) Genetics **38**, 73—78 (1953). — (9) Proc. Nat. Acad. Sci. **33**, 314—318 (1947). — (10a) Science (Lancaster, Pa.) **102**, 33—34 (1945). — (10b) Ann. Miss. Bot. Garden **34**, 93 (1947). — (11) Proc. Nat. Acad. Sci. **35**, 23 (1949). — (12) J. Genet. **1953**, 625—637. — (13) Genetics **36**, 562 (1951). — (14) Nature (Lond.) **170**, 965—968 (1952). — (15) Genetics **37**, 601 (1952). — LINDEGREN, C. C., u. M. M. RAFALKO:

Exper. Cell Res. 1, 169 (1950). — LINDEGREN, C. C., u. C. RAUT: Ann. Miss. Bot. Garden 34, 85—93 (1947). — LINDEGREN, C. C., S. SPIEGELMAN u. G. LINDEGREN: (1) Proc. Nat. Acad. Sci. 30, 346—352 (1944). — (2) Arch. of Biochem. 6, 185—188 (1945). — LUCKE, W. H., u. A. SARACHEK: Nature (Lond.) 171, 1014—1015 (1953).
MAGNI, G. E.: C. r. Trav. Labor. Carlsberg, Sér. physiol. 24, 357 (1949). — MARCOVICH, H.: (1) Ann. Inst. Pasteur 81, 452 (1951). — (2) Ebenda 85, 443—450 (1953). — (3) Ebenda 85, 199—216 (1953). — MARGOLENA, L. A.: Stain Technol. 7, 9—16 (1932). — MARQUARDT, H.: Ber. dtsch. bot. Ges. 65, 197—216 (1952). — MARQUARDT, H., u. E. BAUTZ: Naturwiss. 41, 361—362 (1954). — MEDVEDEVA, G. A.: Mikrobiologija 20, 305—313 (1951). — MICHAELIS, P.: Biol. Zbl. 73, 353 bis 399 (1954). — MITCHELL, M. B., u. H. K. MITCHELL: Proc. Nat. Acad. Sci. 38, 442 (1952). — MITCHELL, M. B., H. K. MITCHELL u. A. TISSIERS: Proc. Nat. Acad. Sci. 39, 606—613 (1953). — MITRA, K. K., u. M. K. SUBRAMANIAM: J. Ind. Inst. Sci. A 32, 113—128 (1950). — MONOD, J.: Growth Symposia 11, 223—289 (1947). — MONOD, J., u. M. COHN: Adv. Enzymol. 13, 67 (1952). — MUDD, S., A. F. BRODIE, L. C. WINTERSCHEID, P. E. HARTMAN, E. H. BEUTNER u. McLEAN: J. Bacter. 62, 729—739 (1951). — MUNDKUR, B. D.: (1) Current Sci. 19, 84—85 (1950). — (2) Ann. Miss. Bot. Garden 36, 259 (1949). — (3) Nature (Lond.) 171, 793 (1951). — (4) Genetics 37, 484—499 (1952). — (5) Ebenda 36, 568 (1951). — (6) Nature (Lond.) 793—794 (1953). — (7) MUNDKUR, B. D.: Experientia (Basel) 9, 373—374 (1953). — MUNDKUR, B. D., u. C. C. LINDEGREN: Amer. J. Bot. 36, 722 (1949). — MURTHY, S. N. K., u. M. K. SUBRAMANIAM: Current Sci. 20, 17—18 (1951).
NICKERSON, W. J., u. C. W. CHUNG: Amer. J. Bot. 41, 114—120 (1954).
ODA, Y.: Med. J. Osaka Univ. 2, 587—594 (1951). — OEHLKERS, F.: Z. f. Vererbungslehre 84, 23—50, (1954/53. — OGUR, M., G. LINDEGREN u. C. C. LINDEGREN: (1) Genetics 38, 680 (1953). — OGUR, M., SH. MINCKLER u. D. McCLARY: (2) J. Bacter. 66, 642—645 (1953).
PALLERONI, N. J., u. C. C. LINDEGREN: (1) J. Bacter. 65, 122—130 (1953). — PITMAN, D. D., u. C. C. LINDEGREN: Nature (Lond.) 173, 408 (1954). — POMPER, S.: (1) Bacter. Proc. 1952, 42—43. — (2) Nature (Lond.) 170, 892—893 (1952). — (3) Genetics 35, 130 (1950). — (4) J. Bacter. 63, 707—713 (1952). — (5) Ebenda 65, 666—670 (1953). — (6) Ebenda 64, 353—361 (1952). — POMPER, S., u. P. R. BURKHOLDER: (1) Proc. Nat. Acad. Sci. 35, 456—464 (1949). — (2) Ebenda 35, 457 (1949). — POMPER, S., K. M. DANIELS u. D. W. McKEE: Genetics 39, 343 bis 355 (1954). — PREER, J. R.: Genetics 33, 349 (1948).
RAFALKO, M. M.: J. S. Stain Techn. 21, 91—92 (1946). — RANGANATHAN, B.: J. Ind. Inst. Sci. A 32, 91—111 (1950). — RANGANATHAN, B., u. M. K. SUBRAMANIAM: J. Ind. Inst. Sci. A 32, 51—72 (1950). — RAUT, C.: (1) Genetics 35, 381 (1950). — (2) Ebenda 36, 572 (1951). — (3) Exper. Cell Res. 4, 295—305 (1953). — REAUME, S. E., u. E. L. TATUM: Arch. of Biochem. 22, 331—338 (1949). — REINER, J. M., u. S. SPIEGELMAN: Federat. Proc. 7, 98 (1948). — ROCHLINA, E.: Zbl. Bakter. II 88, 304 (1933). — ROMAN, H., D. C. HAWTHORNE u. H. C. DOUGLAS: Proc. Nat. Acad. Sci. 37, 79 (1951). — ROTMAN, B., u. S. SPIEGELMAN: (1) Bacter. Proc. 1952, 142. — (2) J. Bacter. 66, 492—497 (1953). — ROYAN, S.: Arch. Microbiol. 19, 267—268 (1953).
SARACHEK, A., u. W. H. LUCKE: Arch. of Biochem. a. Biophysics 44, 271—279 (1953). — SCARDOVI, V.: Ann. Microbiol. (Milano) 5, 5—16 (1952). — SCHULZE, K. L.: Naturwiss. Rdsch. 4, 152—154 (1951). — SHERMAN, F. G.: Experientia (Basel) 8, 429—430 (1952). — SHIH-YI, CHEN: C. r. Acad. Sci. Paris 230, 1897 bis 1899 (1950). — SINOTO, Y., u. A. YUASA: Cytologia (Tokyo) 11, 464—472 (1941).— SLATOR, J.: J. Chem. Soc. 93, 217—242 (1908). — SLONIMSKI, P.: (1) Ann. Inst. Pasteur 76, 510—530 (1949). — (2) Thésis, Fac. Sciences Paris 1952. — (3) In GALE u. DAVIES: Adaptation in microorganisms. Cambridge 1953. — SLONIMSKI, P., u. H. M. HIRSCH: C. r. Acad. Sci. Park 235, 741 (1952). — SPIEGELMAN, S.: (1) Cold Spring Harbor. Symp. Quant. Biol. 11, 256—277 (1947). — (2) In: The Enzymes, Bd. 1, S. 267—306 (1950). — SPIEGELMAN, S., L. S. BARON u. H. QUASTLER: Federat. Proc. 10, 130—131 (1951). — SPIEGELMAN, S., u. R. DUNN: J. gen. Physiol. 31, 153 (1947). — SPIEGELMAN, S., u. H. O. HALVORSON: In: Adaptation in microorganisms, S. 98—131. Cambridge 1953. — SPIEGELMAN, S., u. C. C. LINDEGREN: Ann. Miss. Bot. Garden 31, 219—233 (1944). — SPIEGELMAN, S., C. C. LIN-

DEGREN u. L. HEDGECOCK: Proc. Nat. Acad. Sci. **30**, 13—23 (1944). — SPIEGEL-MAN, S., C. C. LINDEGREN u. G. LINDEGREN: Proc. Nat. Acad. Sci. **31**, 95—102 (1945). — SPIEGELMAN, S., W. F. DE LORENZO u. A. M. CAMPBELL: Proc. Nat. Acad. Sci. **37**, 513—524 (1951). — SPIEGELMAN, S., R. R. SUSMAN u. E. PINSKA: Proc. Nat. Acad. Sci. **36**, 91—106 (1950). — STANIER, R. Y.: Annual Rev. Micro-biol. **5**, 35 (1951). — STEPHENSON, M., u. J. YUDKIN: J. of Biochem. **30**, 506—514 (1936). — STRUGGER, S.: Fluoreszenzmikroskopie und Mikrobiologie. Hannover 1949. — SUBRAMANIAM, M. K.: (1) Current Sci. **14**, 234 (1945). — (2) Proc. Nat. Inst. Sci. **13**, 129—139 (1947). — (3) Ebenda **12**, 147—149 (1946). — (4) Ebenda **13**, 129—139 (1947). — (5) Ebenda **14**, 315—323 (1948). — (6) Ebenda **14**, 325—333 (1948). — (7) Proc. Ind. Acad. Sci., Sect. B **37**, 27—32 (1953). — SUBRAMANIAM, M. K., u. B. RANGANATHAN: (1) Sci. a. Cult. **13**, 102—105 (1947). — (2) Nature (Lond.) **172**, 628—629 (1953). — SUBRAMANIAM, M. K., u. L. S. RAO: Experientia (Basel) **7**, 98 (1951). — SUSSMAN, R. R., u. C. P. BRADLEY: J. Bacter. **66**, 52—59 (1953). — SWELLENGREBEL, N. H.: Ann. Inst. Pasteur **19**, 503 (1905). — SWENSON, P. A., u. A. C. GIESE: J. cellul. a. comp. Physiol. **36**, 369 (1950).

TAVLITZKY, J.: Ann. Inst. Pasteur **76**, 497—509 (1949). — TEAS, H. J.: J. Bacter. **59**, 93—104 (1950). — TOBIAS u.a.: Unif. California Radiation Lab. Rep. No 960, S II, 1950. Zit. nach SARACHEK u. LUCKE.

WAGER, H., u. A. PENISTON: Ann. Bot. **24**, 45 (1910). — WARSHAW, S. D.: Proc. Soc. exper. Biol. a. Med. **79**, 268—271 (1952). — WIKEN, T., u. O. RICHARD: J. Microbiol. a. Serol. **18**, 31—44, 293—315 (1952). — WINGE, Ö.: (1) C. r. Trav. Labor. Carlsberg, Sér. physiol. **21**, 77—112 (1935). — (2) Sci. Genetica **2**, 167—170 (1941). — (3) Heredity (Lond.) **6**, 263—269 (1952). — (4) C. r. Trav. Labor. Carls-berg, Sér. physiol. **25**, 85—99 (1951). — WINGE, Ö., u. O. LAUSTSEN: (1) C. r. Trav. Labor. Carlsberg, Sér. physiol. **22**, 99—116 (1937). — (2) Ebenda **22**, 235—244 (1938). — (3) Ebenda **22**, 357—370 (1939). — (4) Ebenda **22**, 337—352 (1939). — (5) Ebenda **23**, 17—39 (1940). — WINGE, Ö., u. C. ROBERTS: (1) C. r. Trav. Labor. Carlsberg, Sér. physiol. **24**, 341 (1949). — (2) Ebenda **25**, 35—83 (1950). — (3) Ebenda **24**, 263—315 (1948). — (4) Ebenda **25**, 141—171 (1952). — (5) Nature (Lond.) **166**, 1114 (1950). — (6) C. r. Trav. Labor. Carlberg, Sér. physiol. **25**, 241—251 (1952).

YČAS, M., u. TH. J. STARR: J. Bacter. **65**, 83—88 (1953).

b) Genetik der Samenpflanzen.

Von CORNELIA HARTE, Köln.

Der Beitrag folgt in Band XVII.

17. Cytogenetik.

Von JOSEPH STRAUB, Köln.

Der Beitrag folgt in Band XVII.

18. Wachstum und Bewegung.

I. Wachstum[1].

Von Jakob Reinert, Tübingen[2].

1. Natur der nativen Wuchsstoffe. Die Entwicklung der letzten Jahre hat die β-Indolylessigsäure (IES) immer eindeutiger in den Mittelpunkt der Wuchsstofforschung gerückt, und es dürfte ziemlich feststehen, daß ihr und einer Reihe anderer Indolderivate (vgl. Abschnitt 2) eine entscheidende Rolle beim Wachstum der höheren Pflanzen zukommt. Diese Feststellung schließt selbstverständlich die Bildung und die Wirksamkeit andersartiger Auxine nicht aus. Der Grund für die teilweise noch herrschende Unsicherheit bei der Bestimmung der chemischen Natur der Auxine ist der meistens sehr geringe Auxingehalt der Pflanzen, der in der Regel nur die Verwendung indirekter Methoden zuläßt.

Durch die Ergebnisse von zwei neuen Arbeiten über das Auxin der Haferkoleoptile wird die oben vertretene Meinung über die Bedeutung der IES erneut bestätigt. Ausgangspunkt für beide Untersuchungen war die nachgewiesene Laugenstabilität des extrahierbaren Auxins; dieses Mal wurde aber sowohl das extrahierbare wie das „Diffusionsauxin" untersucht. Nach Söding u. Raadts (1953) verhält sich der in Wasser aufgefangene, aus der Koleoptilspitze diffundierende Wuchsstoff bei der Lauge(NaOH)—Säure(HCl)-Prüfung wie reine IES, ist also laugenstabil. Beim Abdampfen mit der gleichen Säure und NH_4OH als Lauge wird aber die synthetische IES in beiden Fällen zerstört, während das Haferauxin gegen Ammoniumhydroxyd stabil ist. Das „Diffusionsauxin" wurde daraufhin und auf Grund einer vor kurzem durchgeführten Molekulargewichtsbestimmung (etwa 340, Raadts 1952) als ein mit der IES verwandtes Indolderivat oder als ein Gemisch von beiden angesprochen. Das Resultat der Lauge-Säureprüfung wird in der anderen Arbeit (Terpstra 1953) nur kurz erwähnt. Es konnte eine große alkalistabile Fraktion und eine kleine säurestabile Fraktion festgestellt werden, letztere war jedoch gegen Lauge stabil, kann also kein Auxin a sein. Papierchromatographisch ließ sich allerdings trotz verschiedener Gewinnungsmethoden (Diffusion, Extraktion mit Äther) nur IES in den Koleoptilspitzen nachweisen. Dieses Ergebnis gilt sowohl für ungereinigtes „Diffusionsauxin" wie für Ätherextrakte. Komplikationen ergaben sich nur, wenn Extrakte aus zerriebenem oder gefrorenem

---

[1] Infolge der kurzen zur Verfügung stehenden Zeit konnte ein Teil der Literatur für die ebenfalls vorgesehenen Abschnitte über Wuchsstoffteste, über gebundene Auxine und über die Zusammenhänge zwischen chemischer Struktur (Wuchsstoffe und Antiauxine) und physiologischer Aktivität nicht beschafft werden. Diese Abschnitte müssen deshalb später ergänzt werden.

[2] Zur Zeit Roscoe B. Jackson Laboratory, Bar Harbor/Maine, USA.

Material verwendet wurden. In den Chromatogrammen mit neutralen und alkalischen Lösungsmitteln zeigten sich sog. „Schwänze", d.h. außer dem Teil, der dem R_f-Wert der IES entsprach, ergaben noch andere benachbarte Ausschnitte des Chromatogramms im Avenatest negative Winkel. Nach der genaueren Untersuchung dieses Effektes — die Schwänze verschwinden nach der Ätherreinigung der Extrakte und im Gemisch aus synthetischer IES und Koleoptilwuchsstoff ändert sich der R_f-Wert der synthetischen Substanz, wird aber nach Elution und erneuter Chromatographierung wieder hergestellt — führt die Autorin die ungewöhnliche Verteilung in den Chromatogrammstreifen auf eine Verdrängung der IES durch eine bis jetzt noch unbekannte Substanz oder auf die Adsorption des Wuchsstoffes an den gleichen Stoff zurück. Die gesamte Wuchsstoffaktivität, die in den Chromatogrammen vorlag, wurde deshalb nur der IES zugeschrieben.

Ein etwas komplizierteres Bild als bei der Haferkoleoptile ergibt sich bei anderen Objekten. Dabei kann der indirekte Nachweis der IES in den verschiedensten Pflanzenfamilien durch eine Anzahl, hauptsächlich chromatographischer Arbeiten (BENNET-CLARK u. KEFFORD, LEXANDER, LINSER u. MASCHEK, STOVE u. THIMANN, alle 1953), nicht als Überraschung gewertet werden. Das Interessante ist vielmehr der Hinweis, daß Indolylacetonitril (IAN) nicht auf die Cruciferen beschränkt ist, sondern auch in Solanaceen und Umbelliferen gebildet wird (BENNET-CLARK u. KEFFORD), der erstmalige Nachweis der Indolylbrenztraubensäure in Extrakten aus Maiskörnern (STOVE u. THIMANN) und das vermutete, allerdings nicht erwiesene Vorkommen andersartiger Auxine. Diese vorläufig noch unbekannten Auxine sind als α-Accelerator (BENNET-CLARK u. KEFFORD), α-Substanz (LEXANDER) oder als „nicht indolartige" Wuchsstoffe (LINSER u. MASCHEK) bezeichnet worden. Nach dem Vergleich der Position der IES, der Indolylbrenztraubensäure, des α-Accelerators, der α-Substanz und der „Schwanzsubstanzen" (TERPSTRA) in den verschiedenen Chromatogrammen ist mittlerweile schon die Vermutung ausgesprochen worden, daß die unbekannten Auxine mit der Indolylbrenztraubensäure identisch sind (STOVE u. THIMANN). Ziemlich offen bleiben die beiden diskutierten Möglichkeiten hinsichtlich der Natur der „nichtindolartigen" Wuchsstoffe. LINSER u. MASCHEK rechnen entweder mit einem Indolderivat, das stärker als die IES wirkt, oder mit andersartigem Auxin, weil sich im biologischen Test (Pastentest mit Avenakoleoptilen) — hauptsächlich bei Brassiceen — bedeutend mehr IES-Äquivalente nachweisen ließen, als bei der kolorimetrischen Bestimmung. Wenn hier vorläufig die erste Annahme — Indolderivat mit hoher Aktivität — bevorzugt wird, so geschieht das deshalb, weil nach der Familie des größten Teils der für die Extraktionen benützten Pflanzen mit dem Nachweis von Indolylacetonitril zu rechnen war. Dieser neutrale Wuchsstoff, der unter bestimmten Versuchsbedingungen eine stärkere Aktivität als die IES aufweisen kann, ist aber bei den in Frage kommenden Extrakten nicht nachgewiesen worden.

2. Biogenese der β-Indolylessigsäure. Die bisher diskutierten, wahrscheinlichen Wege für die Biogenese der IES in höheren Pflanzen

(LARSEN 1951, JONES u. Mitarb. 1952) sind in dem nachstehenden Schema enthalten. Die ihm zugrunde liegende Literatur über die Art des Nachweises der Auxinvorstufen und die bei der Umsetzung zur IES wirksamen Enzyme sind vom Ref. in einer anderen Veröffentlichung („Phytohormone", Physiol. Chem. 2, Springer-Verlag) zusammengestellt und diskutiert worden. Eine erneute Besprechung erübrigt sich deshalb.

$$\text{Tryptophan} \quad \mathrm{Indol}{-}CH_2{-}CH(NH_2){-}COOH$$

$$\text{Indolyliminopropionsäure} \quad \mathrm{Indol}{-}CH_2{-}C({=}NH){-}COOH$$

$$\text{Indolylacetaldimin} \quad \mathrm{Indol}{-}CH_2{-}CH{=}NH$$

$$\text{Tryptamin} \quad \mathrm{Indol}{-}CH_2{-}CH_2{-}NH_2$$

$$\text{Indolylbrenztraubensäure} \quad \mathrm{Indol}{-}CH_2{-}C({=}O){-}COOH$$

$$\text{Indolylacetonitril} \quad \mathrm{Indol}{-}CH_2{-}C{\equiv}N$$

$$\text{Indolylacetaldehyd} \quad \mathrm{Indol}{-}CH_2{-}CH{=}O$$

$$\text{Indolylacetamid} \quad \mathrm{Indol}{-}CH_2{-}C({=}O){NH_2}$$

$$\text{Indolylessigsäure} \quad \mathrm{Indol}{-}CH_2{-}COOH$$

Umwandlung von Tryptophan zu β-Indolylessigsäure in höheren Pflanzen nach LARSEN (1951) und JONES, HENBEST, SMITH und BENTLEY (1952).

Es muß aber darauf hingewiesen werden, daß Indolyliminopropionsäure bisher in Pflanzen nicht nachgewiesen worden ist, das gleiche gilt für die Zwischenstufen beim Umbau des Tryptophans über das entsprechende Nitril zur IES.

Das Vorkommen der Indolylbrenztraubensäure in Maiskörnern ist erst vor kurzem ziemlich eindeutig papierchromatographisch demonstriert worden (STOVE u. THIMANN 1953). Ein unbekanntes, saures Indolderivat (Farbreaktionen) aus den Endospermextrakten hatte nicht nur den gleichen R_f-Wert wie die synthetische Indolylbrenztraubensäure, sondern wurde auch unter den gleichen milden Bedingungen zerstört. Es lieferte dabei wie die synthetische Verbindung nur IES. Verschiedene andere, bisher noch unbekannte Auxinvorstufen konnten in den Ätherextrakten und in dem während der Extraktion ausgeschiedenen Saft von etiolierten Erbsenepikotylen und Kohlblättern nur nachgewiesen werden, wenn die Extraktion bei 0° C durchgeführt wurde. Nach der Art der Umsetzung durch Preßsaft aus Avenakoleoptilen — nichtsaure Fraktionen lieferten sauren und saure Fraktionen neutralen Wuchsstoff — wird mit der Möglichkeit des späteren Nachweises von Indolylbrenztraubensäure, Indolyliminopropionsäure und Indolylacetonitril gerechnet. Die auffällige Tatsache, daß bei diesen Versuchen kein Indolacetaldehyd in den verschiedenen Fraktionen vorlag, ist mit der intermediären Bildung und dem schnellen Verbrauch des Aldehyds begründet worden (LARSEN u. BONDE 1953, BONDE 1953). In Hinsicht auf die noch begrenzte Kenntnis über die Verbreitung des ebenfalls neutralen Nitrils in den verschiedenen Pflanzenfamilien dürfte es allerdings notwendig sein, diese Annahme experimentell zu stützen. Die Möglichkeit dazu sollte durch die Bindung des Aldehyds an Dimedon oder an Bisulfit gegeben sein (Ref.).

Eine Entscheidung darüber, welcher der in dem Schema gegebenen Wege für die Biogenese der IES in Pflanzen vorherrschend ist, wird auch durch die neueren Veröffentlichungen nicht gefällt.

3. **Biologische Eigenschaften des Indolylacetonitrils (IAN).** Die Kenntnis der biologischen Eigenschaften des IAN wird in Zukunft bei der Beurteilung des Streckungs- und Teilungswachstums ziemlich bedeutsam sein. Das Nitril wird ebenso wie die IES in Avenakoleoptilen polar transportiert. Es ist mit Ausnahme des Avenazylindertestes in den meisten der gebräuchlichen Testverfahren, Avenatest, Erbsen- und verschiedenen Wurzeltesten, bei der Wurzelbildung, der Induktion parthenocarper Früchte usw. meist weniger aktiv als die Säure oder ohne jede Wirkung (BENTLEY u. HOUSLEY, BENTLEY u. BICKLE 1952). Der Beginn der Streckung von Avenasegmenten und das Maximum ihres Zuwachses werden in Nitrillösungen aber durch Konzentrationen verursacht, die etwa eine Zehnerpotenz geringer sind als die für die gleiche Wirkung notwendigen IES-Konzentrationen (10^{-8}, 10^{-5} g/ml). Ob der maximale Zuwachs in den Nitrillösungen jedoch stärker ist (BENTLEY u. HOUSLEY), muß vorläufig noch bezweifelt werden. Die sich entsprechenden Werte für das Nitril und die Säure liegen in den Wachstumskurven offenbar innerhalb des dreifachen mittleren Fehlers, es ist also fraglich, ob der Unterschied wirklich signifikant ist (Ref.). Die hohe Aktivität des Nitrils im Zylindertest und die bisher berichtete minimale enzymatische Umsetzung zur Säure durch Segmente aus Avenakoleoptilen (JONES u. Mitarb. 1952) sind die Hauptgründe für die Diskussion einer direkten Wirksamkeit dieses neutralen Wuchsstoffes. Inzwischen sind aber recht hohe Umsatzraten (25—50%) für die

enzymatische Hydrolyse des Nitrils durch Koleoptilpreßsaft verzeichnet worden (THIMANN 1953), außerdem muß mit einem Synergismus zwischen Nitril und Säure gerechnet werden (OSBORNE 1952). Berücksichtigt man zudem das stärkere Eindringvermögen des neutralen Indolderivates — durch die fehlende Carboxylgruppe ist es lipophiler als die Säure — so ist die hohe Aktivität bei niedrigen Konzentrationen verständlich. Es ist also auch im Falle des IAN kaum eine Ausnahme von der Regel zu erwarten, die für die primäre Aktivität der Wuchsstoffe neben einem gesättigten Ring eine saure Gruppe voraussetzt.

Außer den biologischen Eigenschaften muß noch eine sehr wichtige chemische Eigenschaft des IAN erwähnt werden. Es wird durch heiße Säure (H_2SO_4) nicht zerstört, verhält sich in dieser Hinsicht also wie Auxin a, durch heiße Lauge (NaOH) wird es jedoch zu IES hydrolysiert (SMITH, nach Bericht von BENTLEY u. HOUSLEY).

4. Wuchsstofftransport. Die Frage nach der Art des Transportes der IES in pflanzlichen Geweben, insbesondere in Avenakoleoptilen, ist schon vor etwa 15 Jahren ziemlich eindeutig beantwortet worden. Nach WENT u. WHITE (1939) ist die Wanderung dieses Auxins polar, wenn die Konzentration 10^{-4} g/ml nicht übersteigt. Bei höheren Konzentrationen ist auch in Koleoptilen eine apolare Bewegung zu beobachten, allerdings nur über kurze Entfernungen (3—4 mm). Nachdem erst vor kurzer Zeit das gleiche Ergebnis — polarer Transport der IES in Koleoptilen — veröffentlicht worden ist (SÖDING u. RAADTS 1952), liegen jetzt wieder zwei Arbeiten mit identischem Resultat vor (ABERG u. KHALIL 1953, BENTLEY u. BICKLE 1952). In Hinsicht auf die Situation in der deutschen Literatur — der polare Transport der IES wird durch v. GUTTENBERG noch bezweifelt (vgl. Fortschr. Bot. **15**) — ist vor allem der Vergleich der Wanderung von 2,4-D und IES in Koleoptilsegmenten recht aufschlußreich (ABERG u. KHALIL). Die Wuchsstoffe wurden bei den Versuchen in wäßriger Lösung von unten geboten. Der Zuwachs der Segmente lag bei apikaler Zuführung der IES um über 100% höher als beim Transport in umgekehrter Richtung; die Wachstumswerte bei Verwendung von 2,4-D waren dagegen in beiden Fällen gleich. Diese Unterschiede sind ohne weiteres verständlich, wenn man in Übereinstimmung mit den Autoren den polaren Transport der IES — innerhalb der oben beschriebenen Grenzen — voraussetzt, sie lassen sich jedoch kaum oder nur sehr schwer erklären, wenn eine Aktivatorwirkung der beiden Wuchsstoffe angenommen wird. Eines der Hauptargumente für die Annahme der Aktivatornatur der IES ist die zuletzt wieder nach Transportversuchen mit *Helianthus*hypocotylen festgestellte Freisetzung säurestabilen Auxins (v. GUTTENBERG u. EIFLER 1953). Bei der Diskussion dieses Befundes ist auch die Möglichkeit erwogen worden, daß es sich dabei um ein säurestabiles Indolderivat handeln könnte. Nachdem jetzt die Säurestabilität des IAN und seine Bildung durch „nicht-Cruciferen" feststeht (vgl. Abschnitt 1 und 3), kann vielleicht mit einer Erklärung der Aktivatorwirkung der IES gerechnet werden, die ihren polaren Transport nicht ausschließt.

5. Photolyse und enzymatische Oxydation der IES. Das bisherige Wirkungsschema für den normalen Verlauf der durch Riboflavin sensibilisierten Photooxydation der IES (GALSTON 1950) hat sich etwas geändert. Die Oxydation des Auxins ist offenbar nicht unbedingt von der Beteiligung des molekularen Sauerstoffs der Luft abhängig, der Reaktionspartner des lichtaktivierten Riboflavins ist vielmehr das in den Reaktionsgemischen vorliegende Wasser. BRAUNER (1) kommt zu dieser Schlußfolgerung, weil auch bei völligem Sauerstoffausschluß eine Steigerung der IES-Inaktivierung durch die Erhöhung der Riboflavinkonzentration erreicht werden kann. Außerdem hängt das Ausmaß der Photolyse in alkoholischen Lösungen von dem vorhandenen Wasser ab, steigende Alkoholkonzentration verursacht eine schnelle Abnahme der Wuchsstoffinaktivierung. Auf Grund dieser Erfahrungen ist das GALSTONsche Wirkungsschema geändert und folgendermaßen formuliert worden:

$$Rfl + h_v \to Rfl^* \text{ (aktiviertes Riboflavin)}$$
$$Rfl^* + 2\,H_2O \to Rfl \cdot H_2 + 2\,OH \text{ (freie Radikale)}$$
$$2\,OH \to H_2O + O$$
$$IES + O \to IES\text{-Oxydationsprodukt}$$
$$Rfl\,H_2 + {}^1/_2\,O_2 \text{ (Luftsauerstoff)} \to Rfl + H_2O$$

Die Änderungen bestehen darin, daß mit der Bildung von freien OH-Radikalen gerechnet wird; die angenommene Beteiligung von Wasserstoffsuperoxyd an der Reaktion wird dadurch hinfällig.

Die im Laufe der Reaktion anfallenden Abbauprodukte sind noch weitgehend unbekannt. Nach dem Bericht über die papierchromatographische Identifizierung von Indolaldehyd in photolytisch zersetzter IES-Lösung (v. DENFFER u. FISCHER 1952), sind keine sicheren neuen Befunde veröffentlicht worden. Sehr wahrscheinlich wird aber zu Beginn der Oxydation Indolylglykolsäure gebildet und im weiteren Verlauf der Indolring aufgeschlossen [BRAUNER (1), (2)].

Die naheliegende Überprüfung von Carotinoiden als Sensibilisatoren für die Photoinaktivierung der IES hat zu negativen Resultaten geführt. Die physiologische Aktivität des Indolderivates wird, im Gegensatz zu derjenigen des Auxin a, durch Carotinoide nicht aufgehoben. Die optischen (Absorption kurzwelligen Lichtes) und chemischen Eigenschaften (H-Donatoren) dieser Pigmente reduzieren aber die Riboflavinwirkung gegenüber der IES in wäßrigen und alkoholischen Reaktionsgemischen [REINERT (1), (2), BRAUNER (1), (2)]. Die ähnliche Hemmung der gleichen Reaktion durch Ascorbinsäure und Guajacol beruht nach BRAUNER ausschließlich auf der Funktion dieser Verbindungen als H-Donatoren.

Die Einwände gegen das bisher gegebene Bild der IES-Oxydase (vgl. Fortschr. Bot. 15) aus Erbsenkeimlingen betreffen nicht die Mitwirkung eines Flavoproteins, sondern die Natur der Schwermetallkomponente und den Wirkungsmechanismus des Enzymsystems (WAGENKNECHT u. BURRIS 1950, GOLDACRE 1951). Die nicht immer feststellbare, nur schwer verständliche Förderung der Aktivität des „Erbsenenzyms" durch 2,4-Dichlorphenoxyessigsäure (GOLDACRE) beruht nach einer neuen Untersuchung offenbar auf der

Verunreinigung der handelsüblichen Präparate durch 2,4-Dichlorphenol. Die gereinigte und umkristallisierte Säure war ohne jeden Einfluß auf die Aktivität des Enzyms, während das Phenol in Konzentrationen unter 10^{-4} molar die Oxydation der IES förderte (GOLDACRE, GALSTON u. WEINTRAUB 1953).

Die Mitwirkung einer kupferhaltigen Komponente (WAGENKNECHT u. BURRIS) im System des Erbsenenzyms schließen GALSTON, BONNER u. BAKER (1953) deshalb aus, weil die Ergebnisse bei der Untersuchung der Zusammensetzung des Enzymsystems, die Wirkung der Trennung und Rekombination seiner Komponenten und die lichtreversible Hemmung des IES-Abbaus durch Katalase nur die Schlußfolgerung zulassen, daß die beiden Komponenten der Oxydase ein Flavoprotein und eine Peroxydase sind. Eine wesentliche Stütze dieser Annahme ist die gelungene Synthese eines ähnlich arbeitenden Enzymsystems aus einem Flavoprotein anderer Herkunft (Xanthinoxydase aus Milch) und kristalliner Meerrettichperoxydase durch das die IES ebenfalls oxydiert wird. Der Wirkungsmechanismus dieses synthetischen Enzyms unterscheidet sich vom „Erbsenenzym" nur dadurch, daß für die Xanthinoxydase ein spezifisches Substrat, nämlich Xanthin, Hypoxanthin oder ähnliche Verbindungen benötigt werden.

6. **Streckungswachstum und Wasseraufnahme.** Die Untersuchungen über die kausalen Zusammenhänge zwischen dem Streckungswachstum und der damit verbundenen Wasseraufnahme werden — wie in den letzten Jahren — von den gegensätzlichen Auffassungen bestimmt, ob die durch Auxin induzierten Änderungen der Zelleigenschaften (Wanddehnbarkeit, Wasserpermeabilität, Plasmaquellung) oder eine von diesen Faktoren unabhängige, nichtosmotische und direkt mit dem Stoffwechsel verknüpfte Wasseraufnahme entscheidend für die Zellstreckung sind.

Durch den Vergleich des Wachstums von Weizenwurzeln in Wasser und in Mannitlösungen verschiedener Konzentration konnte BURSTRÖM (1953, 1) seine bisherigen Ergebnisse mit den gleichen Objekten in einigen Punkten ergänzen. In Wasser, hypo- und isotonischen Lösungen erreichen die Wurzelzellen trotz des unterschiedlichen osmotischen Wertes der Außenlösungen und der dadurch bedingten unterschiedlichen Behinderung der Wasseraufnahme die gleiche Endlänge (etwa $300\,\mu$). Die Eigenschaften der Zellwände bleiben dabei immer gleich, die Membranen sind nur elastisch dehnbar. In hypertonischen Lösungen (0,38 molar) werden die äußeren Wurzelschichten plasmolysiert, wassergesättigt sind dann nur die Zellen der inneren Wurzel. Das Wachstum in diesen Lösungen ist sehr viel geringer, die Endlänge der Zellen liegt zwischen 100—$150\,\mu$. Die Streckung ist in diesem Falle nicht reversibel, die Zellwände müssen dabei also hauptsächlich plastisch dehnbar sein. Das Wachstum bei der elastischen Dehnung beruht nach BURSTRÖM nur auf der Einlagerung von neuer Wandsubstanz und wird deshalb als unabhängig von der Wasseraufnahme angesehen, weil deren unterschiedliche Behinderung durch Außenlösungen mit verschiedenem osmotischen Wert keinen Einfluß auf die Endlänge der Zellwände hat. Diese Art des Streckungswachstums setzt der Autor mit der von ihm schon früher postulierten zweiten Wachstumsphase gleich. Die zum erstenmal an Weizenwurzeln beobachtete plastische Dehnbarkeit der Zellmembranen beschränkt er dagegen auf die erste Phase des Wachstums. Als wesentlich für die Wasseraufnahme bei der Streckung gilt nur die Veränderung der Wandeigenschaften (1. Phase) und der Einbau neuer Micelle durch das Plasma während der 2. Phase. Die aktive Beteiligung des Protoplasmas wird unter anderem damit begründet, daß bei eintretender Randplasmolyse jedes Wachstum aufhört. Im Gegensatz zu dieser Anschauung stellt POHL (1953, 1) nach einer Untersuchung der Zelleigenschaften junger Koleoptilsegmente und der Auxinwirkung während ihrer Streckung erneut die durch IES gesteigerte Wasserpermeabilität der Zellen als den primären und für das Wachstum entscheidenden Faktor heraus. Dieser Deutung liegen die Beobachtungen zugrunde, daß die Zellwände praktisch auxinfreier Koleoptilsegmente per se plastisch dehnbar sind und die Streckung dieser Gewebe in Wasser und in Mannitlösungen mit verschiedenem osmotischen Wert (0,05 bis 0,15 molar), sowohl mit wie ohne Auxinzusatz (5×10^{-8} g/ml), bis zur dritten Stunde nach Versuchsbeginn proportional zur Saugkraftdifferenz von Gewebe und Außenlösung erfolgt. Bei diesen Voraussetzungen kann der beschleunigte Ausgleich der Saugkraftdifferenz in Gegenwart von Auxin nur durch die gesteigerte Wasserpermeabilität der Zellen bedingt sein. Die Streckung der Wände ist demnach eine Folge der Wasseraufnahme und nicht ihre Ursache. Eine ebenfalls festgestellte Saugkrafterhöhung nach längerer Wuchsstoffeinwirkung (4.—9. Std) gilt als Folge eines zweiten, andersartigen Auxineffektes, dem jedoch für das Wachstum etiolierter Keimlinge keine besondere Bedeutung zugemessen wird. Für die laufende Aufrechterhaltung des Saugpotentials während der Streckung werden Osmoregulationen als ausreichend postuliert.

Der Ausgangspunkt zweier weiterer Arbeiten über das gleiche Problem ist die strikt aerobe Natur des Streckungswachstums und eine mögliche auxinabhängige, nicht-osmotische Wasseraufnahme. HACKETT u. THIMANN konnten bei Verwendung von Naphthylessigsäure (NES) und verschiedenen Hemmstoffen (Fluoracetat, Arsenit, Aziden und 2,4-Dinitrophenol) eine weitgehende Parallelität der Wirkung dieser Verbindungen auf die Wasseraufnahme und die Atmung des Parenchyms aus Kartoffelknollen nachweisen. Beide Prozesse werden durch NES (10^{-5} g/ml) erst nach 48stündiger Versuchsdauer gesteigert, und die genannten Inhibitoren hemmen die durch den Wuchsstoff induzierten Förderungen gleichsinnig. Unter Berücksichtigung ähnlicher Ergebnisse THIMANNs mit anderen Objekten (Segmenten aus Erbseninternodien und Avenakoleoptilen) wird die enge Verbindung eines geringen Teiles der Atmung mit der Wasseraufnahme des Gewebes als sicher angenommen. Die Entscheidung darüber, ob durch diese Verbindung eine Änderung der Eigenschaften der Zellwände oder des Protoplasmas verursacht wird oder ob sie eine direkte, aktive Wasseraufnahme ermöglicht, wird vorläufig völlig offen gelassen. Nach BONNER, BANDURSKI u. MILLERD liefert Auxin jedoch nur über die Regulation von Phosphorylierungsvorgängen die nötige Energie für die direkte, pumpenartige Wasseraufnahme durch Gewebescheiben aus ruhenden Knollen von *Helianthus tuberosus*. Bei den Versuchen wurde ebenfalls Mannit als Plasmolytikum verwendet. Der durch Grenzplasmolyse gemessene Wert des Gewebes lag bei 0,12 molar. Bei Zusatz von IES (5×10^{-6} g/ml) oder nach 24stündiger Vorbehandlung der Objekte mit Wuchsstofflösungen wurde nach einem Tag (vorbehandelte Objekte) oder nach vier Tagen Versuchsdauer nicht nur in den hypotonischen, sondern auch in den hypertonischen Außenlösungen (bis zu 0,4 molar) eine Zunahme des Frischgewichtes und der Atmung verzeichnet. Wenn die Wasseraufnahme der Gewebescheiben durch Außenlösungen mit hohem osmotischen Wert (0,2—0,4 molar) oder durch 2,4-Dinitrophenol (3×10^{-5} molar) reduziert wurde, sank die gleichfalls durch den Wuchsstoff induzierte Atmungssteigerung entsprechend ab. Da der Hemmstoff in der gleichen Konzentration außerdem die mit Hilfe von Enzympräparaten aus *Helianthus*-Knollen durchgeführte oxydative Phosphorylierung der Adenylsäure zu ATP in ähnlicher, vergleichbarer Weise wie die Wasseraufnahme hemmt (vgl. Atmung und Wachstum), werden die anfangs erwähnten Zusammenhänge angenommen. Die Beweiskraft der Versuche BONNERs und seiner Mitarbeiter, soweit sie die durch IES induzierte, aktive Wasseraufnahme in hypertonischen Lösungen betreffen, wird allerdings in einer wenig später erschienenen Veröffentlichung stark bezweifelt. Trotz gleicher Wachstumswerte bei etwa gleichen Versuchsbedingungen begründet BURSTRÖM (2) seine Kritik in der Hauptsache damit, daß der osmotische Wert des Gewebes ruhender *Helianthus*-Knollen nach kryoskopischer Messung bei 0,38 molar liegt und daß die Saugkraft des Gewebes bei einer Versuchsdauer von 48 Std entsprechend der Konzentration des Mannits in den Außenlösungen zunimmt.

Zum Schluß muß noch eine rein theoretische Arbeit von LEVITT (1953) erwähnt werden, der sich aus thermodynamischen Gründen entschieden gegen eine aktive, nicht-osmotische Wasseraufnahme wendet und gleichfalls eine wesentliche Beteiligung von elektroosmotischen Kräften beim Streckungswachstum ausschließt. Er sieht nur in der Veränderung der Wandeigenschaften, in Verbindung mit oxydativen Vorgängen im Protoplasma, die Erklärung für die auxinabhängige Wasseraufnahme bei der Zellstreckung.

Die Schwierigkeiten einer Beurteilung der zum Teil völlig gegensätzlichen Auffassungen über Zellstreckung, Wasseraufnahme und Auxinwirkungen geht am besten aus der Stellungnahme von HACKETT u. THIMANN hervor, die vorläufig keine Möglichkeit zu einer klaren Entscheidung sehen. Ein Fortschritt in dieser Hinsicht ist nur dann zu erwarten, wenn ein Weg gefunden wird um eindeutig zu entscheiden, welche der bisher im Zusammenhang mit der Zellstreckung beobachteten Auxinwirkungen primärer und welche sekundärer Natur sind. Eine weitere Voraussetzung ist selbstverständlich die Klärung der widerspruchsvollen experimentellen Ergebnisse, die sich wohl kaum ausschließlich auf die Verwendung von Objekten unterschiedlichen Alters und verschiedener Herkunft zurückführen lassen.

7. Wachstum und Atmung. Die in Verbindung mit dem Streckungswachstum kurz umrissene Arbeit BONNERs und seiner Mitarbeiter bringt in einem Punkt eine wesentliche Veränderung gegenüber früheren Formulierungen über die kausale Verbindung von Wachstum und Atmung (BONNER 1949). Während damals eine direkte Wirkung des Wuchsstoffes auf die Atmung angenommen wurde und zwar als Endglied in einer Kette von Phosphatacceptoren, erscheint jetzt ein indirekter, eng mit der oxydativen Phosphorylierung verbundener Mechanismus als wahrscheinlicher (BONNER u. BANDURSKI 1952, BONNER, BANDURSKI u. MILLERD 1953). Der Grund für diese geänderte Auffassung sind, außer den beiden schon zitierten Arbeiten, eine Anzahl sich ergänzender Veröffentlichungen (MILLERD, BONNER u. MILLERD, MILLERD, BONNER u. BIALE, alle 1953), die in ihrer Gesamtheit etwa folgendes Bild ergeben.

Die Mitochondrien verschiedener höherer Pflanzen (*Helianthus tub.*, Avocado, *Phaseolus mungo*) enthalten ein Enzymsystem, das in vitro α-Ketoglutarsäure oder andere Säuren des Krebscyclus oxydiert und dabei Adenosintriphosphorsäure aus anorganischem Phosphat und Adenylsäure aufbaut. Das Verhältnis zwischen Phosphatverbrauch und Sauerstoffaufnahme ist bei entsprechenden Versuchsbedingungen 1:1. Ein entscheidender Faktor bei der Umsetzung ist die Konzentration des Phosphatacceptors. Die O_2-Aufnahme des Systems erreicht ihr Maximum, wenn Adenylsäure in überoptimaler Dosis (10^{-3} molar) zugegeben wird; werden geringere Konzentrationen verwendet, so sinkt sowohl der Gaswechsel wie die ATP-Bildung ab. Wenn durch 2,4-Dinitrophenol (3×10^{-5} molar) im normalen Reaktionsgemisch, das aus verschiedenen Zuckern, Salzen, Phosphatpuffer, α-Ketoglutarsäure und Adenylsäure (10^{-3} molar) besteht, die Phosphataufnahme um 50% reduziert wird, sinkt die O_2-Aufnahme nur minimal ab (2%). Liegt Adenylsäure in höherer, nicht begrenzender Konzentration vor, so drückt der Hemmstoff nur die Bildung von ATP herunter; fehlt aber der Phosphatacceptor, dann ist nur nach DNP-Zusatz eine Sauerstoffaufnahme feststellbar. Diese Effekte können mit ziemlicher Sicherheit auf die Lösung (uncoupling) der Verbindung zwischen den Oxydations- und Phosphylierungsprozessen in dem vorliegenden System zurückgeführt werden.

In vivo liegen die Verhältnisse ähnlich. So kann beispielsweise die Atmung von *Avena*-Koleoptilen durch Adenylsäure gesteigert werden, die Konzentration oder die Umsatzrate des Phosphatacceptors ist also auch unter diesen Verhältnissen der begrenzende Faktor der normalen Sauerstoffaufnahme. Eine Steigerung des Gaswechsels pflanzlicher Gewebe (*Avena*-Koleoptilen, *Helianthus*-Knollen) läßt sich außerdem noch durch IES und DNP verursachen. Ein zusätzlicher Hinweis, daß beide Verbindungen dabei den gleichen oxydativen Stoffwechselprozeß beeinflussen, ist die in ihrer Gegenwart unveränderte Empfindlichkeit des Atmungssystems von *Helianthus*-Gewebe gegenüber anderen Inhibitoren, Blausäure 100%ige und Malonsäure 30%ige Hemmung. Förderungen des Streckungswachstums (*Avena*-Koleoptilen) oder der Wasseraufnahme (*Helianthus*-Knollen) durch Auxin lassen sich aber mit Hilfe von DNP reduzieren oder unterdrücken. Die ebenfalls durch den Wuchsstoff induzierte Steigerung der Sauerstoffaufnahme (etwa 10—20% der Gesamtatmung) wird dabei prozentual in dem gleichen Ausmaß wie das Wachstum gehemmt. Nach der Gesamtheit der Ergebnisse wird angenommen, daß IES und DNP auf den gleichen Teil des Stoffwechsels (Phosphorylierung) einwirken; die durch beide Substanzen erregten Atmungssteigerungen werden auf die gleiche Ursache — Beseitigung der Begrenzung des Gaswechsels durch Phosphatacceptoren — zurückgeführt. Die unterschiedliche Beeinflussung des Wachstums durch die gleichen Verbindungen ergibt sich aus ihrem Wirkungsmechanismus. Der Wuchsstoff ermöglicht eine Ausnutzung (channeling) der aus ATP freiwerdenden Energie für die Wasseraufnahme bei der Streckung wachsender und ruhender Organe und beeinflußt indirekt durch die dabei einsetzende Freisetzung von Phosphatacceptoren die Atmung. Das gesteigerte Wachstum ist also die Ursache der beschleunigten Atmung. Der Hemmstoff verhindert die Ausnützung der gleichen Energie für das Wachstum, indem er — ähnlich wie bei den Versuchen in vitro — Oxydation und Phosphorylierung entkuppelt.

Zu fast identischen Formulierungen über die Wirkung von Wuchsstoffen auf das Wachstum und die Atmung kommen FRENCH u. BEEVERS (1953) nach ihren Ergebnissen mit Segmenten aus jungen Maiskoleoptilen. Auch sie schließen auf die Regulation des gleichen Stoffwechselprozesses (Phosphorylierung) durch Auxin und „entkuppelnde" Hemmstoffe (2,4-Dichlor- und Dinitrophenol), auf die Beseitigung des gleichen begrenzenden Faktors (P-Acceptoren) der normalen Atmung durch die erwähnten Stoffe und die indirekte Förderung der O_2-Aufnahme der Maiskoleoptilen durch Wuchsstoffe, die über die Katalyse einer anabolischen Reaktion erfolgen soll. Sie lassen ähnlich wie BONNER und seine Mitarbeiter die Frage offen, ob die Wachstumshemmung durch die substituierten Phenole von der Verhinderung der ATP-Synthese abhängig ist oder ob sie durch einen nutzlosen Abbau (non-usefulbreakdown) dieses energiereichen Phosphats verursacht wird.

Die Hauptergebnisse einiger Arbeiten aus dem Institut THIMANNs (HACKETT u. THIMANN, HACKETT u. SCHNEIDERMAN, HACKETT, SCHNEIDERMAN u. THIMANN, alle 1953) sind die Feststellung einer ähnlichen Beeinflussung der Atmung von Kartoffelparenchym durch Wuchsstoff und mehrere Hemmstoffe (vgl. Abschnitt 6), wie sie früher schon bei jungen, schnellwachsenden Organen verzeichnet wurde (THIMANN 1951). Dazu kommt der indirekte Nachweis, daß der durch Wuchsstoff regulierte Teil der Atmung, das Streckungswachstum (Koleoptilen, Erbseninternodien) und die Wasseraufnahme von Kartoffelparenchym von der Funktion der gleichen Endoxydase, eines Cytochromsystems, abhängig sind. Die bekannte, von THIMANN seit Jahren vertretene Auffassung einer kausalen Verbindung des Streckungswachstums mit der Atmung wird insoweit ergänzt, als für die Wasseraufnahme nichtwachsenden Gewebes der gleiche Wirkungsmechanismus wie für die Streckung junger Zellen angenommen wird.

Recht interessant ist noch die kritische Stellungnahme von HACKETT u. THIMANN zur „Anionenatmung". Die Beteiligung eines ähnlichen

Mechanismus, wie er von ROBERTSON u. WILKINS (1948) in Übereinstimmung mit der Theorie LUNDEGÅRDHs für die Salzaufnahme von Karottengewebe diskutiert worden ist, schließen sie für die Wasseraufnahme von Kartoffelparenchym auf Grund rechnerischer Überlegungen aus. Nach ihren Kalkulationen ist die Zahl der im Austausch mit Elektronen aufgenommenen OH-Ionen nur ausreichend, um etwa ein Zehntel der Wasseraufnahme des Parenchyms zu erklären. Sie gehen dabei von der Voraussetzung aus, daß für jedes abgegebene Elektron ein Anion aufgenommen wird, die Annahme einer höheren Austauschrate wird als zu hypothetisch abgelehnt.

Literatur.

ABERG, B., u. A. KHALIL: Ann. Roy. agric. Coll. Sweden **20**, 81 (1953).

BENNET-CLARK, T. A., and N. P. KEFFORD: Nature (Lond.) **171**, 645 (1953). — BENTLEY, J. A., u. A. S. BICKLE: J. expt. Bot. **3**, 393 (1952). — BENTLEY, J. A., u. S. HOUSLEY: J. expt. Bot. **3**, 406 (1952). — BONDE, E.: Bot. Gaz. **115**, 1 (1953). — BONNER, J.: Amer. J. Bot. **36**, 323 (1949). — BONNER, J., u. R. S. BANDURSKI: Annual. Rev. Plant Physiol. **3**, 59 (1952). — BONNER, J., R. S. BANDURSKI u. A. MILLERD: Physiol. Plantarum **6**, 511 (1953). — BONNER, J., u. A. MILLERD: Arch. Biochem. a. Biophysics **42**, 135 (1953). — BRAUNER, L.: (1) Naturwiss. **40**, 231 (1953); (2) Z. Bot. **41**, 291 (1953). — BRAUNER, L., u. M. HASMAN: Protoplasma (Wien) **40**, 302 (1952). — BURSTRÖM, H.: (1) Physiol. Plantarum **6**, 262 (1953). — (2) Ebenda **6**, 685 (1953).

DENFFER, D. V., u. A. FISCHER: Naturwiss. **39**, 549 (1952).

FRENCH, R. C., and H. BEEVERS: Amer. J. Bot. **40**, 660 (1953).

GALSTON, A. W.: Science (Lancaster, Pa.) **111**, 619 (1950). — GALSTON, A. W., u. R. S. BAKER: Amer. J. Bot. **38**, 190 (1951). — GALSTON, A. W., J. BONNER u. R. S. BAKER: Arch. Biochem. a. Biophysics **42**, 456 (1953). — GOLDACRE, P. L.: Austral. J. Sci. B **4**, 293 (1951). — GOLDACRE, P. L., A. W. GALSTON u. R. L. WEINTRAUB: Arch. Biochem. a. Biophysics **43**, 358 (1953). — GUTTENBERG, H. v.: Fortschr. Bot. **15**, 377 (1953). — GUTTENBERG, H. v., u. I. EIFLER: Ber. dtsch. bot. Ges. **65**, 387 (1953).

HACKETT, D. P., u. H. A. SCHNEIDERMAN: Arch. Biochem. a. Biophysics **47**, 190 (1953). — HACKETT, D. P., H. A. SCHNEIDERMAN u. K. V. THIMANN: Arch. Biochem. a. Biophysics **47**, 205 (1953). — HACKETT, D. P., u. K. V. THIMANN: Amer. J. Bot. **40**, 183 (1953).

JONES, E. R. H., H. B. HENBEST, G. F. SMITH u. J. A. BENTLEY: Nature (Lond.) **169**, 485 (1952).

LARSEN, P.: Annual. Rev. Plant Physiol. **2**, 169 (1951). — LARSEN, P., u. E. BONDE: Nature (Lond.) **171**, 180 (1953). — LEVITT, J.: Physiol. Plantarum **6**, 240 (1953). — LEXANDER, K.: Physiol. Plantarum **6**, 406 (1953). — LINSER, H., u. F. MASCHEK: Planta (Berl.) **41**, 567 (1953).

MILLERD, A.: Arch. Biochem. a. Biophysics **42**, 149 (1953). — MILLERD, A., J. BONNER u. J. B. BIALE: Plant Physiol. **28**, 521 (1953).

OSBORNE, D. J.: Nature (Lond.) **170**, 210 (1952).

POHL, R.: (1) Z. Bot. **41**, 343 (1953). — (2) Naturwiss. **40**, 110 (1953).

RAADTS, E.: Planta (Berl.) **40**, 419 (1952). — REINERT, J.: (1) Naturwiss. **39**, 47 (1952). — (2) Z. Bot. **41**, 103 (1953). — (3) Phytohormone. In Physiologische Chemie, 2. FLASCHENTRÄGER-LEHNARTZ. Berlin: Springer. Im Druck. — ROBERTSON, R. N., u. M. J. WILKINS: Austral. J. Sci. B **1**, 17 (1953). — RUMMENI, G.: Ber. dtsch. bot. Ges. **66**, 356 (1953).

SÖDING, H., u. E. RAADTS: (1) Ber. dtsch. bot. Ges. **65**, 127 (1952). — (2) Planta (Berl.) **43**, 26 (1953). — STOVE, B. B., u. K. V. THIMANN: Nature (Lond.) **172**, 764 (1953).

TERPSTRA, W.: Proc., Kon. Akad. Wetensch. C **56**, 206 (1953). — THIMANN, K. V.: (1) Growth **10**, 5 (1951). — (2) Arch. Biochem. a. Biophysics **44**, 242 (1953).

WAGENKNECHT, A. C., u. R. H. BURRIS: Arch. of Biochem. **25**, 30 (1950). — WENT, W. F., u. R. WHITE: Bot. Gaz. **100**, 465 (1939).

19. Entwicklungsphysiologie.

Von Anton Lang, Los Angeles (Calif.).

Vorbemerkung.

1. Es wurde versucht, so weit wie möglich das gesamte Gebiet der Entwicklungsphysiologie zu erfassen (mit Ausnahme der Physiologie der Fortpflanzung und Sexualität, die in Zukunft gesondert besprochen werden sollen); doch mußten einige Ausnahmen gemacht werden, nämlich dort, wo die Zahl der vorliegenden Arbeiten zu klein war, um eine Besprechung sinnvoll zu machen, dort, wo die Richtung und Bedeutung der Arbeit noch nicht genau genug zu übersehen ist, und dort, wo Ansichten und Schlußfolgerungen verschiedener Autoren einander widersprechen und das vorhandene Tatsachenmaterial eine Entscheidung noch nicht zuläßt, so daß eine Besprechung eher verwirrend als klärend wirken könnte. Die Einteilung des Stoffes wurde in Anbetracht der geringeren Zahl der zu besprechenden Arbeiten vereinfacht; es wurde in Kauf genommen, daß gelegentlich Dinge zusammen abgehandelt werden, die in keinem inneren Zusammenhang stehen. Doch wird die Einteilung ohnehin noch lange Zeit weitgehend eine Sache der persönlichen Auffassung sein. — Hingewiesen sei auf die neue Auflage von Bünnings ,,Entwicklungsphysiologie'' [1953, Bünning (2)]. Auch wenn man in verschiedenen Punkten die Meinung des Verf. nicht teilen mag, wird einem die überlegene Art der Darstellung, die niemals bloß Tatsachen aneinanderreiht, sondern sie größeren Gesichtspunkten einordnet und dabei oft genug überraschende, nicht ohne weiteres offensichtliche Zusammenhänge aufdeckt, imponieren. Das Buch ist, bei unveränderter Grundeinteilung, überall auf den neuesten Stand gebracht (was in einer Vermehrung des Umfanges um etwa 100 Seiten und der Zahl der Abbildungen um etwa 75 zum Ausdruck kommt), und es macht eigentlich die Abfassung eines neuen Jahresberichts über die Entwicklungsphysiologie zu einer etwas überflüssigen Aufgabe. Hinzuweisen ist ferner auf einen von der American Society of Plant Physiologists herausgegebenen Sammelband ,,Growth and Differentiation in Plants'' (Loomis), der 18 allgemeinere wie speziellere Beiträge aus dem Gesamtgebiet enthält, darunter über Differenzierung, Ruhezustände, Photoperiodismus und Vernalisation, Korrelationen und Hormonwirkungen, u. a. m. Leider hat der Druck der Beiträge, die ursprünglich als Vorträge auf einem ,,Symposion'' gehalten wurden, mehr als zwei Jahre gedauert, so daß manche der Ausführungen, wenn auch nicht gerade falsch, so doch durch die Entwicklung schon überholt sind. Ein Buch von Crocker u. Barton behandelt unter dem Titel ,,Samenphysiologie'' so bunt zusammengewürfelte Dinge wie Anatomie, Entwicklung, Atmung, Ruhezustände, Keimung und sogar Vernalisation. Irgendwelche übergeordnete Gesichtspunkte sind nicht zu erkennen; aber als Literaturzusammenfassung wird das Buch in manchen Fällen von Nutzen sein.

1. Methodisches.

(Gewebe- und Organkultur; sterile Kultur; Pfropfung.)

2. Die Zahl der Gewebe, die unbegrenzte Zeit *in vitro* kultiviert werden können, wird um zwei besonders ausgefallene vermehrt, nämlich Endosperm von Mais (*Zea mays*) und Pollen von *Ginkgo biloba*. An isolierten und auf ein geeignetes Nährmedium gebrachten unreifen Maisendospermen entwickeln sich callusartige Wucherungen, die auf frisches Medium übertragen und so dauernd am Wachstum erhalten werden können [LaRue (1), (2), Sternheimer]. Das Gewebe besteht aus kleinen meristematischen Zellen und aus Parenchymzellen verschiedener Größe; gelegentlich, aber nicht regelmäßig, wurde Differenzierung von Wurzeln beobachtet. Werden Maisembryonen in Gegenwart des Endospermgewebes kultiviert, so ist ihr Wachstum gefördert, während andere Gewebe keine solche Wirkung haben. Das Endospermgewebe hat also seinen Charakter als Nährgewebe bewahrt (Pieczur). Nur Endosperm von Zuckermais-Typen konnte bisher in dieser Weise kultiviert werden, nicht aber Endosperm von Stärke- und Wachsmais. — Aus auf Nährmedium keimendem *Ginkgo*-Pollen ging ein ebenfalls undifferenziertes, parenchymatisches Callusgewebe hervor, das sein Wachstum bisher 13 Passagen lang mit unveränderter Geschwindigkeit fortsetzte. Der genaue Ursprung ist nicht bekannt, doch scheint es nicht, wie man zunächst denken könnte, aus den Prothalliumzellen der Pollenkörner, sondern aus den Stiel- und den vegetativen Zellen hervorzugehen. Die Zellen des Gewebes sind zunächst haploid, später aber polyploid und vielfach vielkernig (Tulecke). — Sussex u. Steeves (1) beschreiben eingehender das aus einem *Pteridium-aquilinum*-Prothallium hervorgegangene abnorme Gewebe (s. Fortschr. Bot. **15**, 401); auch in diesem Gewebe geht die Chromosomenzahl im Laufe der Kultur herauf, und zwar zu aneuploiden, von einer Zelle zur anderen wechselnden Werten zwischen $3n$ und $4n$.

3. White untersucht vergleichend verschiedene Techniken zur Kultur von Pflanzengeweben. Raschestes Wachstum erfolgt in flüssigem Medium in langsam rotierenden Gefäßen, die größte Zunahme im Gewicht wird aber auf Agar erreicht. Festlegung der Explantate im flüssigen Medium (zwischen Glaswand und einem Zylinder aus perforiertem Cellophan) war für das Wachstum nicht günstig und erschwerte überdies die Handhabung der Kulturen. Duhamet (1), (2) findet, daß bei Übertragung auf frisches Medium zu kleine Explantate (1 mg Gewicht und darunter) nicht wachsen, aber durch Zusatz von Auxin oder Cocosnußmilch zu Medium zum Wachstum gebracht werden können. Offenbar verlieren so kleine Gewebestücke durch Oxydation an den Schnittflächen oder durch Diffusion für das Wachstum notwendige Substanzen und sind deshalb auf Wuchsstoffzufuhr von außen angewiesen. Auxin war in dieser Beziehung auch bei solchem Gewebe wirksam, das für sein fortgesetztes Wachstum keine Zufuhr von Auxin braucht. Ball zeigt, daß *Sequoia*-Callusgewebe auf Medien mit autoklavierter Saccharose anders wächst als auf Medien, denen durch Filtration sterilisierte Saccharose zugesetzt wurde. Die Autoklavierung führt zur teilweisen Spaltung der Saccharose zu Glucose und Fructose; diese Wirkung der Autoklavierung muß also bei der Kultur von Geweben beachtet werden.

4. Castle (2) berichtet über Dauerkultur von *Equisetum*-Wurzeln; außer Zucker war für normales Wachstum Glycin (Glykokoll) notwendig, und das Wachstum war besser in Licht als im Dunkeln, ein Effekt, der durch Zusatz von Vitaminen zum Medium nicht beeinflußt wurde. Auxine wirkten in niedrigen Konzentrationen (10^{-3} bis 10^{-5} mg/Liter) einige Passagen hindurch fördernd, und zwar Naphthylessigsäure länger als Indolylessigsäure und Indolylbuttersäure; doch schließlich geht die Zuwachsrate auf die Werte auxinfreier Kontrollen zurück. Höhere Konzentrationen waren toxisch, konnten aber die Seitenwurzelbildung fördern. STREET, McGONAGLE u. ROBERTS fanden, daß die Aktivität des Spitzenmeristems isolierter Wurzeln der Tomate (*Lycopersicum esculentum*) bei siebentägiger Übertragung außer von der Zuckerkonzentration im Medium (Optimum für unbegrenztes Wachstum 1% Saccharose) von einem zunächst unbekannten Außenfaktor abhing; dieser Faktor erwies sich als Licht, das in niedrigen Intensitäten das Wachstum auch dieser Wurzeln fördert. In einem Versuch trat ein Klon auf, welcher konstant eine bessere Überlebensrate aufwies als die übrigen Kulturen, der also gleichsam an wiederholte Übertragung gewöhnt oder „habituiert" war (STREET u. McGONAGLE).

5. SUSSEX u. STEEVES (2) gelang es, Blattanlagen von *Osmunda cinnamomea in vitro* zu kultivieren und zur Ausbildung normal gestalteter, wenn auch wesentlich kleinerer Wedel zu bringen. Dies ist das erste Mal, daß die Entwicklung von Blättern *in vitro* realisiert werden konnte. Je jünger die isolierte Anlage, desto kleiner blieb das fertige Blatt, desto größer war aber die Größenzunahme gegenüber der Ausgangsgröße. CASTLE (1) berichtet über Methoden zur unbegrenzten Kultur von *Equisetum*-Prothallien, die die Untersuchungen von HUREL-PY (Fortschr. Bot. **15**, 403, § 6) ergänzen; außer Saccharose förderte Casein-Hydrolysat das Wachstum. HUREL-PY beschreibt Verfahren zur sterilen Kultur von Moosen. Sphagnaceen bildeten Stämmchen ohne vorherige Protonemabildung, Bryaceen entwickelten immer erst ein Protonema.

6. STOKES (1) beschreibt eine neue, einfache Methode zur Kultur isolierter Embryonen. Diese werden in Reagenzgläsern auf mit Nährlösung getränktem Filterpapier gezogen, können leicht übertragen und direkt beobachtet und gemessen werden.

7. MUZIK u. LaRUE berichten über erfolgreiche Pfropfungen bei großen Monokotylen (*Bambusa, Saccharum, Panicum, Pennisetum*). Die Sprosse wurden durch scharfen Bruch in einem intercalaren Meristem getrennt und wieder vereinigt (es wurden nur Pfropfungen mit ein und derselben Species versucht); 3% der Pfropfungen gingen an. Beschneiden der Pfropfflächen war für den Erfolg nachteilig.

2. Ruhe und Aktivität.

8. Bei der Analyse von Ruhezuständen sind drei verschiedene Fragenkomplexe zu unterscheiden: die Auslösung oder Induktion, die Erhaltung oder der innere „Mechanismus", und die Beendigung oder „Brechung" der Ruhe. Wir beginnen mit dem dritten dieser Fragenkomplexe, weil dazu einige Untersuchungen vorliegen, welche interessante neue Gesichtspunkte enthalten und, wenn auch eine Verallgemeinerung nicht ohne weiteres statthaft ist, vielleicht „Modelle" für ein besseres Verständnis der Physiologie von Ruhezuständen abgeben können. Wie schon in Fortschr. Bot. **15**, 464, kurz besprochen, müssen die Samen von *Heracleum sphondylium*, um keimen zu können, eine Periode tiefer Temperatur durchmachen. Während dieser Kälteeinwirkung vergrößert sich der Embryo auf Kosten des Endosperms; in Zimmertemperatur erreicht er nur die halbe Größe, und das Endosperm zeigt nur geringe Zeichen des Abbaues. Es scheint also, daß höhere Temperatur die Mobilisierung des Endosperms verhindert und daß dies zu einem Aushungern des Embryos führt. STOKES (2), (3) weist nun nach, daß in tiefer Temperatur der Abbau des Endospermeiweißes beschleunigt ist und daß außerdem die Produkte des Eiweißabbaues in tiefen und in höheren Temperaturen verschieden sind: in Kälte überwiegen Glycin und Arginin, in Zimmertemperatur aber Alanin. Bei *in-vitro*-Kultur von *Heracleum*-Embryonen zeigt sich nun, daß diese wohl mit jenen beiden Aminosäuren als (einziger) Stickstoffquelle ausgezeichnet wachsen können, nicht aber mit der letztgenannten. Demnach besteht die Wirkung der tiefen Temperatur während der Nachreife darin, die Mobilisierung des Endospermeiweißes zu geeigneten Formen löslichen Stickstoffs zu ermöglichen. Die Wirkung geht dabei vom Embryo aus, denn der Eiweißabbau beginnt in den an den Embryo angrenzenden Endospermschichten und schreitet nach außen fort; ferner werden während der Kälteeinwirkung nur 20% des Endospermeiweißes abgebaut, der Abbau geht dann aber auch in höherer Temperatur weiter. Die vom Embryo offenbar ausgeschiedene Substanz dürfte kein Enzym sein; vielleicht ist sie eine Säure (oder ein Komplex von Säuren), denn während des Endospermabbaues bildet sich um den Embryo ein Hof höherer Acidität. Diese interessanten Ergebnisse können sehr wohl allgemeinere Bedeutung haben, denn die meisten durch ein Kältebedürfnis ausgezeichneten Samen enthalten, genau wie die Samen von *Heracleum*, keine Stärke, aber reichlich Eiweiß (daneben Fette und lösliche Zucker, deren Mobilisierung bei *Heracleum* durch die Temperatur wenig beeinflußt war). Auch bei der Beendigung der Ruhe von Knospen durch tiefe Temperaturen können ähnliche Vorgänge im Spiele sein, da für das nach der Beendigung der Ruhe beginnende Streckungswachstum die Synthese von Eiweiß notwendig ist.

9. ELLIOTT u. LEOPOLD (2) finden, daß die Spelzen von *Avena*-Körnern einen wasserlöslichen Hemmstoff enthalten, der das Wachstum der *Avena*-Coleoptilen sowie die Aktivität von α- wie β-Amylase hemmt. Die Hemmwirkung scheint in einer Blockierung von Sulfhydrylgruppen zu bestehen, denn sie konnte durch solche SH-Aktivatoren wie Glutathion und Dithiopropylalkohol aufgehoben werden, und es ist bekannt, daß die Amylasen zu ihrer Aktivität der Anwesenheit freier SH-Gruppen bedürfen. Chemisch scheint der Hemmstoff ein hochmolekulares Polypeptid zu sein, da er zwar nicht-dialysabel ist und durch proteolytische Enzyme inaktiviert wird, aber nicht mit Ammoniumsulfat gefällt und durch Kochen nicht zerstört werden kann. Der Hemmstoff ist nicht in den Samen selbst enthalten. Insofern handelt es sich also um keinen Fall echter Ruhe. Es ist aber denkbar, daß solche natürlichen Hemmstoffe, die die Tätigkeit bestimmter, für das Wachstum notwendiger Enzyme unterdrücken, in anderen Fällen im gehemmten Gewebe selbst vorhanden sind. In diesem Zusammenhang kann es z.B. von Interesse sein, daß das Austreiben von Kartoffelknollen (*Solanum tuberosum*) durch eine

Reihe von Enzymhemmstoffen, vor allem gasförmige Halogenfettsäuren und zahlreiche Urethane, gehemmt werden kann (DETTWEILER). Andererseits ist natürlich die Verallgemeinerung solcher Befunde ohne eingehende experimentelle Prüfung des einzelnen Falles unzulässig. LUCKWILL (1) findet z. B., daß Apfelsamen (*Pirus malus*), die eine Nachreifeperiode von 60—70 Tagen tiefer Temperatur besitzen, in den äußeren Schichten einen Hemmstoff in relativ hohen Konzentrationen enthalten und daß diese Substanz im Laufe der Nachreife verschwindet. Dennoch ist dieser Hemmstoff sicher nicht der einzige und wahrscheinlich nicht einmal der hauptsächliche für die Ruhe der Samen verantwortliche Faktor: er verschwindet auch in 54 Tagen trockener Lagerung, obgleich die Samen nicht keimfähig geworden sind; andererseits nimmt die Keimfähigkeit schon während der ersten 40 Tage der Nachreife zu, während der Gehalt des Hemmstoffs noch keine Abnahme erfahren hat. Von solchen Einschränkungen abgesehen, verdient aber jede Arbeit, die kausale Zusammenhänge zwischen chemischen Veränderungen und dem Eintreten oder der Beendigung von Ruhezuständen irgendwelcher Art aufgezeigt, lebhafte Beachtung, denn in allen bisher bekannten Fällen ließ sich nicht sagen, ob die chemischen Veränderungen oder aber die Brechung der Ruhe das primäre Ereignis waren, und wo Versuche gemacht wurden, kausale Beziehungen herzustellen, waren sie hochgradig spekulativer Natur. Dies gilt auch für die im nachfolgenden besprochenen Arbeiten.

10. TODD untersuchte die Aktivität einiger Enzyme in ruhenden und aktiven Kartoffelknollen (*Solanum tuberosum*). Auffällige Unterschiede sind nur bei der Tyrosinase festzustellen, deren Aktivität mit der Beendigung der Ruhe abnimmt. TODD hält es für möglich, daß während der Ruhe die Tyrosinase, nachher die Cytochromoxydase die Endoxydation katalysiert. POLLOCK stellt fest, daß bei den Knospen von *Acer* im Sommer keine genügenden Mengen von Sauerstoff bis zu den inneren Teilen der Knospe diffundieren und daß die Atmung deshalb teilweise anaerob ist. Mit fortschreitender Jahreszeit wird die Sauerstoffversorgung ausreichend, um aerobe Atmung zu gewährleisten; dies beruht einmal darauf, daß die Atmungsgeschwindigkeit (infolge niederer Temperatur), zum anderen, daß auch die Atmungskapazität der Knospen abnimmt. Der Verf. glaubt, daß Produkte der partiellen Anaerobiose als Hemmstoffe fungieren und den Eintritt der Ruhe auslösen; wenn die Sauerstoffzufuhr ausreichend wird, können sie wieder entfernt werden, und die Ruhe wird beendet. SUSSMAN (1) findet, daß die Ruhe der Sporen von *Neurospora*, die normalerweise durch hohe Temperaturen beendet wird, durch bestimmte Furanderivate, besonders Furfuran, ferner durch Tiophenderivate, Pyrrol und Acetylpyrrol und in höheren Konzentrationen auch durch Äthyläther gebrochen wird. Bei dieser chemischen Aktivierung steigt die Atmungsrate genau so in charakteristischer Weise an wie bei Hitzeaktivierung [SUSSMAN (2)]. GASSNER stellte fest, daß Behandlung mit Quecksilber-Beizmitteln das Austreiben von *Convallaria*-Rhizomen beschleunigt; diese Wirkung von Hg-Präparaten ist damit zum ersten Male eindeutig nachgewiesen.

11. WAREING (1) zeigt, daß die Beendigung der Knospenruhe von *Fagus silvatica* ein photoperiodisches Phänomen, und zwar eine ausgesprochene Langtagreaktion, ist, in der genau so wie bei der Tageslängenkontrolle der Blütenbildung bei Langtagpflanzen die Dauer der Dunkelphase der entscheidende Faktor ist. Werden kurze Lichtphasen mit kurzen Dunkelphasen kombiniert, oder werden lange Dunkelphasen mit etwas Licht unterbrochen, so wird die Ruhe beendet. Der Lichtbedarf der Reaktion ist niedrig; bei Behandlung intakter Knospen waren zwar 1000 Lux für optimalen Effekt erforderlich, doch beruht das darauf, daß nur etwa 0,7% des auffallenden Lichtes durch die Knospenschuppen zu den meristematischen Teilen der Knospe vordrangen. Werden die Schuppen entfernt, so sind schon 20 Lux wirksam. Ein Bedarf für Starklichtperioden wie bei der Blütenbildung vieler Pflanzen besteht also nicht. Kälte war für die Beendigung der Ruhe nicht erforderlich.

12. VEGIS zeigt, daß die Bildung von Ruheknospen bei *Hydrocharis morsus-ranae* durch Temperatur und die tägliche Lichtmenge bestimmt ist. Höhere Temperatur fördert die Entstehung von Ruheknospen, Licht fördert das Wachstum und hemmt dadurch die Ruheknospenbildung. Bei 20° genügen daher schon 3 Std Dunkelheit täglich, um die Bildung von Ruheknospen bei einem Teil der Pflanzen auszulösen, bei 15° sind 6 Std Dunkelheit nötig, und bei 10° wurden Ruheknospen selbst in ganz kurzen Tagen nicht angelegt. Die Sommerruhe von *Poa scabrella* wird, wie LAUDE nachweist, nicht durch Wassermangel, sondern durch Langtag und hohe Temperatur induziert; beendet werden kann sie durch tiefe Temperaturen und Wasserzufuhr. — Bei dem Myxomyceten *Physarum polycephalum* läßt sich der Ruhezustand (Sklerotienbildung) durch viele Außenfaktoren induzieren. In allen Fällen ist der Beginn der Ruhe durch eine Abnahme des gebundenen Wassers im Plasmodium gekennzeichnet, und es ist wahrscheinlich, daß der entscheidende Vorgang, über den alle Außeneinflüsse wirken, in Veränderungen des Kohlenhydratstoffwechsels und des Verhältnisses Kohlenhydrate : Eiweiß besteht (SULLIVAN).

13. DOORENBOS legt ein Sammelreferat über Knospenruhe bei Holzgewächsen vor. Er unterscheidet: 1. durch Außenfaktoren (tiefe Temperatur, Wassermangel u. dgl.) direkt erzwungene, unmittelbar reversible Ruhe (imposed dormancy); 2. Sommerruhe, eine korrelative Erscheinung, bei der das Fehlen der Aktivität nicht im inaktiven Gewebe selbst liegt, sondern durch Einflüsse von seiten anderer Organe verursacht wird, wie z.B. die Hemmung von Achselknospen durch die Endknospe; 3. Winterruhe, deren Ursachen im ruhenden Gewebe selbst liegen. In diesen Berichten war immer nur der letzte dieser Fälle als echte Ruhe betrachtet und behandelt worden. Die Termini „Sommer-" und „Winterruhe" scheinen uns zudem nicht allzu glücklich, da sie zu sehr auf die Situation in gemäßigten Zonen zugeschnitten sind. In wärmeren Gebieten kommen echte, im Gewebe selbst gelagerte Ruhezustände gerade im Sommer vor, und für krautige Pflanzen gilt das auch für gemäßigte Gebiete. Die oben erwähnte *Poa scabrella* ist ein gutes

Beispiel. Im übrigen vermittelt DOORENBOS' Bericht aber eine gute, knappe Übersicht über das Gebiet, das noch zu den am wenigsten verstandenen der Entwicklungsphysiologie gehört.

3. Differenzierung und Organisation.

Die Rolle von Kern und Cytoplasma in der Entwicklung. *14.* BETH beschreibt Untersuchungen über den Einfluß des Kernes (2) sowie über die Beteiligung von Licht (1) bei der Formbildung von *Acetabularia*. Kernhaltige Teile von *A. mediterranea* bilden um so mehr Hüte, je weiter sie zur Zeit der Operation in ihrer Entwicklung fortgeschritten waren. Dagegen bilden kernlose Teile von jüngeren Zellen Hüte früher, kernlose Teile von älteren Zellen aber später aus als kernhaltige Pflanzen gleichen Alters. In jungen Entwicklungsstadien scheint also der Kern, der sich dann noch in lebhaftem Wachstum befindet, die im Cytoplasma ablaufenden, zur Hutbildung führenden Vorgänge zu hemmen. Der Zeitpunkt der Hutbildung von kernhaltigen Acetabularien ist innerhalb bestimmter Grenzen der Menge des Lichts, das die Pflanzen erhalten, proportional; die untere Grenze — unterhalb deren Hüte überhaupt nicht gebildet werden — ist bei verschiedenen Arten verschieden. Diese Lichtwirkung trägt induktiven Charakter, denn wird eine kurz vor der Hutbildung stehende Pflanze aus Normallicht in Schwachlicht übertragen, so wird die Hutbildung ohne Störung zu Ende geführt, während bei Dauerkultur in diesem Schwachlicht überhaupt kein Hut hätte gebildet werden können. Amputation des Kernes vor der Übertragung in das Schwachlicht hat auf die Hutbildung keinen Einfluß; diese verläuft genau so wie bei nicht-amputierten Exemplaren. Werden andrerseits *Acetabularia*-Pflanzen zuerst in Schwachlicht, in welchem es nicht zur Hutbildung kommt, kultiviert und wird ihnen dann bei der Übertragung in Starklicht der Kern amputiert, so bilden sie ebenfalls Hüte aus, und zwar zuweilen sogar besser als kernlose, in Normalbedingungen aufgezogene Pflanzen. Es sind demnach bei den Hutbildungsvorgängen mehrere Phasen verschiedenen Lichtbedarfs zu unterscheiden. Nur die erste dieser Phasen ist kernabhängig; sie erfordert relativ geringe Lichtmengen und scheint in der Synthese von Vorstufen der hutbildenden Stoffe zu bestehen. Die zweite Phase erfordert relativ viel Licht; sie scheint in der Umwandlung der Vorstufen in die eigentlichen hutbildenden Stoffe zu bestehen. Die eigentliche Hutbildung stellt eine dritte Phase dar; sie kann wieder bei schwachem Licht, vielleicht sogar in völliger Dunkelheit, ablaufen.

Inäquale Teilungen, Polaritätserscheinungen, Wechselwirkung zwischen Orten der Differenzierung. *15.* Die meisten der Arbeiten, die zu diesen Fragen vorliegen, stellen Ergänzungen und Bestätigungen der in den beiden letzten Berichten (Fortschr. Bot. **12**, 371f., und **15**, 408f.) besprochenen neuen Erkenntnisse dar. BÜNNING (1) zeigt bei *Sinapis*-Wurzeln, daß die Plasmadichte unmittelbar hinter dem eigentlichen Spitzenmeristem für eine gewisse Strecke abnimmt und dann in Orten der Differenzierung wieder ansteigt. Dies zeigt erneut, daß den Differenzierungsvorgängen eine Rückkehr der Zelle zu mehr meristematischem

Charakter vorangeht, daß aber dies Wiederaufleben meristematischer Aktivität erst in einer gewissen Entfernung vom Primärmeristem möglich ist. Ist jedoch ein Sekundärmeristem oder „Meristemoid" einmal entstanden, so übt es einerseits eine Wirkung auf benachbarte Gewebe aus, verhindert aber in seiner Umgebung die Entstehung neuer Sekundärmeristeme. So induziert das sich entwickelnde Xylem in der *Sinapis*-Wurzel die Neubildung von Plasma in dem vor ihm liegenden Teil des Pericykels und selbst in der Endodermis. Für die gegenseitige „Abstoßung" von Sekundärmeristemen bringt BÜNNING (a. a. O.) neue Beispiele an der Wurzel von *Pandanus*. Hier finden sich einerseits Längsreihen von embryonal-aktivem Gewebe, die gegeneinander bestimmte Mindestabstände einhalten, also dasselbe Verhalten zeigen wie z. B. Markstrahlen im Sproß von Dikotylen, andererseits ein Muster von Raphidenzellen, das dem Muster vieler anderer Idioblasten, wie z. B. dem Muster der Spaltöffnungsinitialen im Dikotylen-Blatt, gleicht. — Einen weiteren Fall der Beeinflussung der Differenzierung eines Gewebes durch Differenzierungsvorgänge in einem Nachbargewebe beschreiben TSCHERMAK-WOESS u. HASITSCHKA. In den älteren Meristemteilen der Wurzeln von *Potamogeton natans*, wo nur noch wenige Mitosen ablaufen, rufen die Trichoblasten Teilungen in den darunter liegenden Zellen der prospektiven Exodermis hervor, so daß in der Exodermis ein Muster von Gruppen von Kurzzellen entsteht, welches das Trichoblastenmuster in der Epidermis widerspiegelt. Es liegt also eine ähnliche Induktion vor, wie etwa bei der Induktion von Spaltöffnungsnebenzellen durch die Schließzellen-Mutterzelle. GAUTHERET findet, daß *in vitro* kultivierte Stücke aus dem Gefäß- oder Markparenchym der Knollen von *Helianthus tuberosus* (Topinambur) unter dem Einfluß schwacher Auxinkonzentrationen im Medium zuerst eine Entdifferenzierung durchmachen und daß dann im entdifferenzierten Gewebe ein Leitbündelring mit Cambium entsteht; die fertige Struktur gleicht weitestgehend der eines normalen Sprosses. Der erste Vorgang ist also auch hier eine Rückkehr zu meristematischem Charakter; der Gang der Differenzierung wird dann durch den Charakter des präexistierenden Gewebes bestimmt, das in dem neugebildeten meristematischen Gewebe die Bildung von Gewebe seines eigenen Charakters bestimmt. Die Rolle des Auxins sieht GAUTHERET nur in der Anregung des Wachstums; er betrachtet den Wuchsstoff also nur als „Evocator" von schon vorhandenen Potenzen und nicht als „Inductor". Wie schon früher diskutiert (z. B. Fortschr. Bot. **12**, 393), ist solche Unterscheidung freilich weitgehend formal und besagt im Grunde nicht viel, da alle Entwicklungspotenzen des Organismus von vornherein vorhanden sind und keine erst *de novo* induziert wird. Erwähnung verdient noch die Beobachtung, daß Gewebestücke des F_1-Bastards von *Helianthus tuberosus* und *Hel. annuus* auf Auxinbehandlung hin Sprosse regenerierten, was bei Gewebe keines der beiden Eltern je zu beobachten ist.

16. Vielfach beginnen Differenzierungsvorgänge mit inäqualen Teilungen, bei denen nur eine der Tochter- oder auch Enkelzellen die weitere Entwicklung übernimmt. BÜNNING u. BIEGERT studieren diesen Vorgang eingehender an Hand der inäqualen Teilungen, die zur Ausbildung von Spaltöffnungsinitialen bei *Allium cepa* führen. Diese Teilungen setzen wiederum erst in einiger Entfernung vom Meristem ein, oder erst nach Erlöschen der Tätigkeit des Meristems; sie folgen also ebenfalls der eben genannten Regel, daß das Hauptmeristem keine Bildung von Sekundärmeristemen in seiner unmittelbaren Nähe gestattet. In den zur inäqualen Teilung schreitenden Zellen ist eine Ungleichmäßigkeit des Inhalts schon einige Zeit vor dem Einsetzen der Teilung zu erkennen; unter anderem erfolgt die Ablösung des Plasmas bei Plasmolyse einseitig am basalen Ende. Die inäqualen Teilungen sind somit — wie es übrigens nicht anders zu erwarten war — die Realisationen einer schon vorhandenen Differenzierung, nämlich der allgemeinen Polarität pflanzlicher Zellen, und schaffen die Differenzierung nicht etwa erst. Sie sind somit nur ein Sonderfall der allgemeinen Gesetze der Differenzierung bei Pflanzen.

17. Der erste Differenzierungsschritt bei Pflanzen wie bei vielen Tieren ist die Polarisierung der Fortpflanzungszellen (Sporen, Eizellen, Zygoten). BÜNNING u. v. WETTSTEIN und v. WETTSTEIN können bei Moossporen demonstrieren, daß es ohne Polarisierung zu keiner geordneten Entwicklung kommt. Die Polarisierung der Moossporen kann durch Behandlung mit Chloralhydrat und auch mit Vitamin B_1 (Aneurin, Thiamin) unterdrückt werden, ohne daß auch die Teilungsfähigkeit (wie bei Behandlung mit Auxin oder Colchicin) verlorenginge. Es entstehen dann völlig undifferenzierte Haufen von Zellen. Einen offenbar ähnlichen Fall beschreibt MEYER (1); er konnte bei einem Lebermoos durch Aussaat in hypertonischer Lösung die normale Keimung der Sporen verhindern, und es entstanden (nach Übertragung auf Agar) kugelige Häufchen von nur locker verbundenen, undifferenzierten Zellen. Dieses Gewebe begann nach 2 Monaten, sich spontan zu differenzieren; aus jeder Zellkugel ging, bei allen Kulturen gleichzeitig, ein Moosstämmchen hervor. Es wäre sehr interessant zu wissen, ob auch bei von BÜNNING und v. WETTSTEIN untersuchten Moosgeweben eine nachträgliche Differenzierung ausgelöst werden kann. — REUTER unternimmt den Versuch, die Differenzierung mit zellphysiologischen Eigenschaften zu korrelieren. In den Prothallien von *Dryopteris parasitica* ließen sich ausgeprägte Gradienten in solchen Eigenschaften nachweisen: in der Geschwindigkeit der Plasmolyse und somit der Wasserpermeabilität, dem Verhalten gegenüber verschiedenen Plasmolytika, u.a.m. In den teilungsfähigen Zellen der Scheitelregion erfolgt die Plasmolyse polar, das Plasma haftet der Zellwand im distalen Teil der Zelle stärker an als im proximalen; auch in den ausdifferenzierten Zellen haftet das Plasma der Wand einseitig stärker an (an der Basis der Zelle), während bei den dazwischen liegenden, im Anfangsstadium der Differenzierung stehenden Zellen die Plasmakontraktion bei Plasmolyse allseitig erfolgt. MÜLLER-STOLL zeigt, daß bei *Enteromorpha* die Polarität der Einzelzelle in einer einseitigen Lage des Chromatophors zum Ausdruck kommt. Dieser Zusammenhang zwischen der Lage des Chromatophors, das an den apikalwärts gerichteten Wandabschnitt verlagert erscheint, läßt sich von der sich festsetzenden Schwärmspore über den Keimling in den ausgewachsenen Thallus verfolgen. Verlagerung des Chromatophors durch Zentrifugierung führt zu Veränderungen des normalen Regenerationsganges.

Die Organisation von Sproß und Thallus. a) Die organisierende Wirkung von Spitzenmeristemen und die Bedeutung von Ernährungsfaktoren. *18.* Auch die zu diesem Thema vorliegenden neuen Arbeiten schließen sich sehr eng an die in den letzten Berichten (Fortschr. Bot. **12**, 371 f., 394 f.; **15**, 408 f.) besprochenen an, so daß der Leser zum besseren Verständnis des Folgenden auf diese früheren Besprechungen wird zurückgreifen müssen. Es war früher gezeigt worden, daß das Flankengewebe des Sproßscheitels, das normalerweise Blattanlagen ausbildet, sich zu einem Spitzenmeristem entwickeln kann, wenn die ursprüngliche Spitzenregion operativ entfernt worden ist. Die Spitzenregion hindert also die Flankenregion daran, weiterhin als Meristem zu wachsen. SUSSEX (1), (2) versucht, die Ursache dieser Korrelationswirkung zu ergründen. Er trennt ein Stück der Flankenregion von Sproßscheiteln der Kartoffel (*Solanum tuberosum*) durch vertikale (also parallel zur Längsachse des Sprosses geführte) Einschnitte verschiedener Tiefe von der Verbindung mit der Hauptmasse des Sproßscheitels einschließlich seiner eigentlichen Spitze ab. Wenn der Einschnitt seicht war und nur in den undifferenzierten Teil des Spitzengewebes hineinreichte, entwickelte sich der abgetretene Flankenteil nicht; er konnte nur durch völlige Entfernung des übrigen Sproßscheitelteils zur Entwicklung gebracht werden. Wurde aber der Einschnitt tiefer, bis in den Spitzenteil des Leitgewebes des jungen Sprosses, geführt, so konnte sich das abgetrennte Flankenstück auch bei Anwesenheit des restlichen Sproßscheitels zu einem neuen Sproßscheitel entwickeln. SUSSEX schließt daraus, daß der für die verschiedene Entwicklung der Spitzen- und der Flankenregion maßgebende Faktor die Konkurrenz um die aus dem Leitgewebe herkommenden und apikalwärts diffundierenden Nährstoffe ist; die Spitzenregion entzieht der Flanke diese Nährstoffe und verhindert dadurch deren fortgesetztes meristematisches Wachstum. Ganz so zwingend ist freilich, wie bereits SNOW u. SNOW zeigen, dieser Schluß nicht. Es ist denkbar, daß der bestimmende Faktor ein von der Spitzenregion gebildeter Hemmstoff für meristematisches Wachstum ist und daß dieser spezifische Stoff zwar über kürzere Strecken, nicht aber über längere auch akropetal geleitet werden kann. MEYER (2) zeigt, daß die Scheitelzelle von Farnprothallien dieselbe entwicklungsbestimmende Funktion hat wie das Spitzenmeristem der Sprosse von Farnsporophyten und von Blütenpflanzen. Wurden Prothallien von *Asplenium adiantum-nigrum* in drei Teile zerschnitten, so wuchs das Mittelstück mit der ursprünglichen Scheitelzelle in normaler Weise weiter; die Randzellen der beiden Seitenstücke entwickelten sich aber alle zu Scheitelzellen. Die Scheitelzelle unterdrückt also in der normalen Entwicklung die Tendenz ihrer Tochterzellen, selbst als Scheitelzellen weiterzuwachsen; diese Wirkung entspricht ganz der eben besprochenen Wirkung der Spitzenpartie des Sproßscheitels einer Blütenpflanze auf seine Flankenregion und ist für das geregelte

Wachstum des Organs von entscheidender Bedeutung. Die Scheitelzelle scheint dabei die Teilungsrichtung in ihren Tochterzellen zu bestimmen: in jener erfolgt die Teilung schräg zum Rande des Prothalliums, in diesen aber entweder parallel oder senkrecht dazu. WARDLAW (1) dehnt die schon mehrfach besprochenen Versuche zur „Isolierung" des Sproßscheitels durch zwei rechtwinklig zueinander geführte Paare von vertikalen Einschnitten auf eine ganze Reihe von weiteren Arten aus (*Nuphar, Phaseolus, Echinopsis, Gunnera*), und das Resultat ist genau dasselbe wie bei den früher untersuchten (*Dryopteris, Adiantum, Lupinus, Primula*): das Spitzenmeristem setzt seine Tätigkeit fort und bildet einen normal gestalteten Sproß aus; basipetal kann Leitgewebe differenziert werden.

19. Zwei Arbeiten befassen sich eingehender mit dem Einfluß von Ernährungsbedingungen auf die Ausgestaltung von Sprossen. ALLSOPP (1), (2) zeigt bei *Marsilea*, daß sowohl Kohlenhydrat- wie Mineralmangel Rückkehr zur Jugendblattform bewirkt. Der Einfluß kann aber nicht direkter Art sein, denn selbst bei optimalen Ernährungsbedingungen haben die ersten Blätter von *Marsilea*-Keimpflanzen immer Jugendcharakter. Es ist anzunehmen, daß die Ernährungsbedingungen die Größe des Spitzenmeristems beeinflussen und daß diese erst ihrerseits für die Ausbildung der Blätter maßgebend ist. In der Tat bewirkt jede Schwächung der Sproßentwicklung — durch Nahrungsmangel, operative Eingriffe u.a. —, die eine Rückkehr zur Jugendform bewirkt, auch eine Verkleinerung des Spitzenmeristems. Bei *Ophioglossum vulgatum* entwickeln sich, wie WARDLAW (3) zeigt, die in Wurzeln und Sprossen entstehenden Adventivsproßknospen viel rascher und vollständiger als die auf den Gametophyten entstehenden jungen Sporophyten, obgleich hinsichtlich Struktur und Funktion keine grundsätzlichen Unterschiede bestehen. Auch hier ist es wahrscheinlich, daß die verschiedene Entwicklung auf den verschiedenen Ernährungsverhältnissen beruht; diese sind bei den Adventivsprossen von vornherein wesentlich günstiger als beim Keimlingssproß.

b) **Korrelative Wirkungen. Heteroblastische Entwicklung.** *20.* Die heteroblastische Entwicklung, d.h. die allmähliche Veränderung in der Ausbildung der Blätter oder auch Sprosse im Verlaufe der individuellen Entwicklung einer Pflanze, hatte in den letzten fünf oder sechs Jahren besonders durch Untersuchungen von ASHBY und Mitarbeitern erneut das Interesse der botanischen Entwicklungsphysiologen erregt. ASHBY führte sie im wesentlichen auf Wechselwirkungen zwischen benachbarten Blättern oder (bei *Lemna*) auf korrelative Beziehungen zwischen den Mutter- und den Tochter- oder Folgesproßgliedern zurück (Fortschr. Bot. 15, 417f.). ALLSOPP neigt demgegenüber auf Grund seiner im vorletzten Absatz besprochenen Ergebnisse über die Bedeutung der Größe des Spitzenmeristems für die Gestalt der Blätter des Sprosses zu der Auffassung, daß die heteroblastische Entwicklung ganz überwiegend durch die Größenänderungen, die das Spitzenmeristem im Verlaufe des Lebens einer Pflanze (oder der Entwicklung eines Sprosses) durchmacht, verursacht sei. Da das Spitzenmeristem eines Seitensprosses zuerst im allgemeinen merklich kleiner ist als dasjenige des Tragsprosses, findet auch die weitverbreitete Erscheinung, daß die ersten Blätter eines Seitensprosses einfacher gebaut sind als das Tragblatt dieses Sprosses, eine einfache Erklärung. Doch dürften sich diese beiden Anschauungen keineswegs gegenseitig ausschließen, sondern sie ergänzen sich viel eher. Es ist wahrscheinlich, daß sowohl die Entwicklung des Spitzenmeristems als auch korrelative Wechselwirkungen zwischen den Blättern eines Sprosses (oder zwischen verschiedenen Sprossen) die endgültige Ausbildung eines Sprosses (einschließlich seiner Blätter) bestimmen. Für die Bedeutung der Blätter für die Ausbildung des Sprosses als Ganzes sprechen auch Untersuchungen von JACOBS u. BULLWINKEL. Entfernung der Seitenknospen und -triebe verursacht bei *Coleus* raschere Entfaltung der Blätter am Hauptsproß sowie stärkere Streckung der Achse dieses Sprosses. Zusätzliche Amputation der jüngeren Blätter bewirkt zusätzliches Wachstum unmittelbar unter der Abschneidezone, während in dieser selbst das Wachstum der Achse reduziert ist. Auxin, auf die Stümpfe der abgeschnittenen Blattstiele aufgebracht, hebt diese letztgenannte Wirkung auf und beschleunigt die Entfaltung der Blätter, hat aber keinen Effekt auf die Größe der übrigen Blätter. Da das Verhältnis Laubblätter : Sproßvergrößerung sehr konstant ist, und da Auxin eine ähnliche Wirkung auf Achse und Spitzenknospe hat wie die Blätter, wird gefolgert, daß das durch Entfernung der Seitenorgane verursachte Ausgleichswachstum primär in den Blättern stattfindet und daß die stärker wachsenden Blätter dann ihrerseits die Achse zu verstärktem Wachstum anregen. In dieser Weise dürfte auch das Wachstum des Sprosses in der normalen Entwicklung gesteuert werden. Die Untersuchungen der ASHBY-Gruppe werden durch eine Arbeit von WANGERMANN u. LACEY weitergeführt, und zwar kommen diese Autoren zu dem Schluß, daß jedenfalls bei *Lemna* das Auxin keine wesentliche Rolle bei der heteroblastischen Entwicklung hat. Einerseits ruft Trijodbenzoesäure zwar deutliche Störungen des Auxinhaushaltes hervor, beeinflußt aber Lebensdauer und Alterungsgeschwindigkeit der Pflanzen nicht; andererseits reduziert Ultraviolett die Lebensdauer und erhöht die Alterungsrate, ohne daß Anzeichen für eine Störung des Auxinhaushaltes vorhanden wären. STEEVES u. WETMORE untersuchen die Blattentwicklung bei *Osmunda cinnamomea*. Bei diesem Farn enthält die Endknospe während der Ruheperiode der Pflanze die Blattanlagen für die nächsten vier Vegetationsperioden. Die Sproßachse streckt sich praktisch überhaupt nicht. In jeder Vegetationsperiode wird ein Schub von Blättern an der Außenseite der Knospe differenziert, und zwar Schuppenblätter, fertile Wedel und sterile Wedel. Diese entfalten sich im folgenden Jahr. STEEVES u. WETMORE finden, daß durch Entfernung eines Teils der Wedel eines Jahresschubes Umwandlung der Schuppenblätter zu Wedeln erreicht wird, wobei eine enge Beziehung zwischen der Zahl der amputierten Wedel und derjenigen der umgewandelten Schuppenblätter besteht. Die Wedel eines Jahresschubes verhindern also die Entwicklung der Schuppenblätter zu Wedeln. Auxin ist wahrscheinlich nicht der bestimmende Faktor, eher ist ein ganzer Komplex von Faktoren beteiligt.

c) Symmetrieerscheinungen. *21.* HALBSGUTH u. KOHLEN-BACH beschreiben interessante Untersuchungen über die Entwicklung der Dorsiventralität bei *Marchantia polymorpha*. Die Brutkörper werden aufgefaßt als aufgebaut aus zwei Elementen, die mit ihren Dorsalseiten verwachsen sind; jedes dieser Elemente besteht seinerseits aus zwei mit ihren Hinterenden verwachsenen Thalli. Der ganze Brutkörper ist also bidorsiventral-tetrapolar; seine beiden Flächen sind die Ventralseiten der beiden Elemente, und seine beiden Enden in Richtung der Längsachse bestehen aus je zwei Spitzen. Die Dorsiventralität des Keimlings wird nicht *de novo* induziert, sondern ergibt sich dadurch, daß eine der Anlagen die Oberhand über die andere gewinnt (HALBS-GUTH). In Bestätigung dieser Auffassung kann gezeigt werden, daß unter allseitig gleichen Kulturbedingungen (Kultur zwischen zwei Agarschichten und auf dem Klinostaten) sich geflügelte oder isolaterale Thalli entwickeln. Auxin (Indolylessigsäure) verstärkt diese Tendenz. Es kann angenommen werden, daß die in der Natur wirksamen Induktionsfaktoren (Licht, Schwerkraft) durch ungleiche Verteilung des Wuchsstoffes im Brutkörper wirken; die wuchsstoffreichste Anlage ist diejenige, die zur Entwicklung kommt. Zufuhr von Wuchsstoff von außen kann diese Ungleichheit wieder kompensieren.

Stoffliche Faktoren der Entwicklung. a) **Auxinwirkungen bei niederen Pflanzen.** *22.* BOPP bestätigt die Bedeutung von Auxin für die Entwicklung von Moosen. Schwache Konzentrationen von Indolylessigsäure (0,01 mg/Liter) fördern die Zellteilung in den aus Sporen hervorgehenden Protonemen und erhöhen die Anzahl der von Regenerationsprotonemen gebildeten Sproß- (Stämmchen-) Knospen; höhere Konzentrationen hemmen diese Vorgänge und können junge Knospen zu Rückkehr zum Protonemawachstum veranlassen. Diese letzten Wirkungen scheinen allerdings unspezifischer Art zu sein und auf Schädigung zu beruhen, denn sie werden auch durch andere Einflüsse, wie zu hohe Konzentration des Kulturmediums, hervorgerufen. Der aus Maisscutellum zu gewinnende Hemmstoff hebt die Wirkung hoher Auxinkonzentrationen auf die Knospenbildung auf. Das Auxinoptimum der Knospenbildung scheint etwas höher zu sein als das des Protonemawachstums. Aus Versuchen von MÜLLER-STOLL (vgl. § *17*) geht hervor, daß bei *Enteromorpha* Auxin eine ganz ähnliche entwicklungsregelnde Wirkung hat wie bei höheren Pflanzen. Bei Regeneration bilden isolierte basale Thallusstücke Rhizoide, apikale dagegen an den apikalen Schnitträndern papillenartig sich verlängernde, breite Zellen. Durch Behandlung mit Indolylessigsäure wird die Rhizoidbildung verstärkt, und auch Thallusstücke aus der apikalen Region bilden dann Rhizoide. Dies entspricht der Regeneration von Sprossen und Wurzeln bei Sproßstücken höherer Pflanzen und ihrer Abhängigkeit von Auxin und zeigt, daß ein Auxingefälle auch bei *Enteromorpha* die Leistungen von Zellen verschiedener Lage entscheidend bestimmt.

b) Stoffliche Faktoren der vegetativen Entwicklung (Zellteilung, Plasmawachstum, Sproß- und Wurzelbildung). *23.* Die Bedeutung von Adenin für die Anlegung von Sprossen wird von MILLER u. SKOOG weiter untersucht. Es wird bestätigt, daß Adenin diesen Vorgang bei Sproßstücken von *Nicotiana tabacum* fördert und daß Indolylessigsäure ihn in An- wie in Abwesenheit von Adenin hemmt. Durch höhere Adeninkonzentrationen läßt sich die Hemmwirkung des Auxins überwinden; in anderen Worten, Auxin setzt das Optimum der Adeninkonzentration herauf. Auch Guanin wirkt der Hemmwirkung des Auxins entgegen, aber für sich allein kann es die Wirkung von Adenin nicht ersetzen, und dasselbe gilt für Xanthin und Hypoxanthin. Die Verff. glauben, daß sowohl das Adenin wie auch das Auxin primär auf den Nucleinsäurehaushalt wirken. JACQUIOT findet bei *in vitro* kultiviertem *Ulmus*-Gewebe, daß Adenin die Anlegung von Sprossen sowohl fördern als auch hemmen kann, und zwar je nach der Jahreszeit, in welcher das Gewebe isoliert wurde: Förderung im Winter, Hemmung im Sommer. Vielleicht hängt das mit dem jeweiligen Auxingehalt des Gewebes zusammen. — SCHOPFER u. LOUIS gelang es, Sproßspitzen von Erbsen (*Pisum*) auf isolierte Wurzeln derselben Pflanze zu pfropfen. Die Knospe blieb 15—20 Tage am Leben, wuchs aber nicht und starb schließlich ab, während die Wurzel eine zeitlang, auch noch nach dem Tode der Knospe, weiterwuchs. Dies Ergebnis deutet vielleicht darauf hin, daß es für das Wachstum der Endknospe notwendige Substanzen in den älteren Teilen des Sprosses gibt.

24. NOEL untersucht die Wurzelbildung bei *Impatiens-balsamina*-Hypokotylen und sieht in seinen Ergebnissen eine Stütze für die in Fortschr. Bot. 15, 424 (§ *24*) besprochene neue Rhizokalinhypothese von BOUILLENNE. Die Wurzelbildung erfolgt in zwei deutlichen, zeitlich getrennten Schüben: einer sehr schnell nach Abtrennung der ursprünglichen Wurzeln und unabhängig von der Vorbehandlung des Stecklings (normale oder ausgehungerte Pflanzen) und von der Anwesenheit oder Abwesenheit von Blättern; nach etwa 12 Tagen ein zweiter Schub mit dickeren Wurzeln als beim ersten, und ihre Zahl abhängig vom Ernährungszustand des Stecklings und der Zahl der daran belassenen Blätter. Für den ersten Schub wird das gebundene Rhizokalin verantwortlich gemacht, für den zweiten die Zufuhr der freien oder beweglichen Form, die um so größer ist, je günstiger die Bedingungen für die Synthese dieser Form waren. — HEMBERG findet, daß die Vitamine H' und K gemeinsam mit Auxin — aber nicht für sich allein — die Wurzelbildung bei *Phaseolus*-Stecklingen fördern. Vielleicht sind diese Substanzen mit dem Rhizokalin identisch. Nach RICHARDSON wird das Wachstum der Wurzeln von ein Jahr alten Sämlingen von *Acer saccharinum* im wesentlichen von der Photosynthese des Sprosses bestimmt, aber die Bildung von neuen Wurzeln wird offenbar durch andere, spezifischere Substanzen kontrolliert: werden Blätter an entblätterten Exemplaren neugebildet, so ist die Bildung neuer Wurzeln von den photosynthetischen Bedingungen unabhängig, während das Wachstum der schon vorhandenen Wurzeln wiederum von diesen Bedingungen abhängt. FRIES findet, daß die Wurzeln von im Dunkeln kultivierten isolierten Erbsen-(*Pisum*-) Embryonen bald zu wachsen aufhören, wenn im Medium nicht Arginin, Glycin und Adenin enthalten sind. Offenbar können Aminosäuren und Nucleinkörper-Bausteine das Wachstum von Wurzeln begrenzende Faktoren sein. Arginin ließ sich durch Ornithin und Citrullin, Adenin durch Hypoxanthin ersetzen; wahrscheinlich stellen diese Verbindungen Vorstufen in der Synthese des Arginins bzw. des Adenins dar.

25. SHANTZ u. STEWARD weisen im Cocosmilchfaktor neben einem Komplex von Aminosäuren, welcher durch hydrolysiertes Casein ersetzt werden kann, drei verschiedene Faktoren nach, deren jeder das Wachstum von *Daucus-carota*-Gewebe ebenso fördert wie die rohe Cocosmilch, einer sogar etwas mehr. Chemisch ist bisher nur die Bruttozusammensetzung zweier dieser Substanzen bekannt; beide sind stickstoffhaltig. Mit den schon bekannten Vitaminen und sonstigen Faktoren, die das Wachstum von *Daucus*-Gewebe fördern können, scheinen die neuen Stoffe nicht identisch zu sein. Bei *in vitro* kultiviertem Tumorgewebe von *Scorzonera* hat eine Mischung der in der Cocosmilch vorhandenen Aminosäuren und Vitamine dagegen dieselbe Wirkung wie die Milch selbst (PARIS u. DUHAMET). — MOORE zeigt, daß das Wachstum von *Linum*-Sämlingen durch Sulfonamid gehemmt wird und daß diese Hemmung durch p-Aminobenzoesäure, Pteroylsäure, p-Aminobenzoeglutaminsäure und Pteroylglutaminsäure aufgehoben werden kann. Dabei lassen sich zwei verschiedene Mechanismen unterscheiden: die drei zuerst genannten Verbindungen wirken kompetitiv, die vierte dagegen nicht-kompetitiv. Der Autor vermutet, daß Sulfonamid die Umwandlung von p-Aminobenzoesäure zu Pteroylglutaminsäure stört. — HELMKAMP u. BONNER zeigen, daß das Wachstum von *Pisum*-Sämlingen durch Östron gefördert wird. Kein anderes Sterin war wirksam, auch nicht natürlich vorkommende Pflanzensterine wie Ergosterin und Stigmasterin; viele wirkten hemmend. Steroidsaponine wirkten ebenfalls fördernd. — Eine Reihe von Mitarbeitern GAUTHERETs untersuchen die etwaige wachstumsfördernde Wirkung einer Anzahl von Pflanzensäften auf verschiedene Gewebe: Tomatensaft (DÉMÉTRIADÈS u. NITSCH), Rebensaft [KOVOOR (1)], Extrakte aus den Früchten von *Artocarpus* und *Anona* und den Samen von *Passiflora* und *Allanblackia* [KOVOOR (2)], die in der Basis der Spatha von *Spathodea* enthaltene braune Flüssigkeit [KOVOOR (3)] sowie „Maismilch", d.h. das Endosperm von unreifen *Zea-mays*-Karyopsen (NÉTIEN u. BEAUCHESNE; NÉTIEN, BEAUCHESNE u. MENTZER). Alle haben bei manchen Geweben eine fördernde, bei anderen eine hemmende oder aber keine Wirkung. Wenigstens in manchen Fällen kann geschlossen werden, daß die Wirkung nicht auf Auxin beruht, entweder weil kein Auxin im Extrakt nachzuweisen ist oder weil das betreffende Gewebe auf Auxin nicht reagiert, und in manchen Fällen entspricht das „Wirkungsspektrum", d.h. die Wirkung auf eine Reihe von Testgeweben, keinem der bekannten Wirkstoffe oder Wirkstoffquellen. Doch bleibt der Wert dieser Untersuchungen etwas zweifelhaft; es ist denkbar, daß alle diese Säfte aus einer relativ geringen Zahl von Faktoren, aber in verschiedenen

Kombinationen, zusammengesetzt und daß diese Faktoren weitgehend unspezifischer Natur sind. Zum Beispiel enthält unreifes Maisendosperm zahlreiche Aminosäuren (DUVICK). — Über Hemmstoffe s. Samenkeimung (§ 39).

c) Stoffliche Regulation der Blütenbildung. *26.* Die Existenz von die Blütenbildung bestimmenden, hormonartigen Faktoren ist bisher vornehmlich im Zusammenhang mit den Erscheinungen des Photoperiodismus und der Vernalisation nachgewiesen worden. Mehrere Arbeiten zeigen nun, daß solche Faktoren auch bei Pflanzen nachzuweisen sind, die weder ein Kältebedürfnis noch eine photoperiodische Reaktion haben. MALINOWSKI, BERNARDOWSKI u. ZAMOYSKA geben an, daß bei Kartoffelsorten (*Solanum tuberosum*), die an einem gegebenen Standort entweder gar nicht blühen oder nur sterile Blüten hervorbringen, durch Aufpfropfung auf Tomaten (*Lycopersicum esculentum*) die Ausbildung von Blüten bzw. von fertilen Antheren hervorgerufen werden kann; es ist erforderlich, der Tomatenunterlage mehrere Seitenzweige mit Blättern zu belassen. Noch interessanter sind verschiedene Befunde an *Pisum*. HAUPT (1) zeigt, daß die Blütenbildung durch Abschneiden der Kotyledonen beim angequollenen Samen gehemmt wird (erste Blüte an einem höheren Knoten); Anwesenheit der Kotyledonen fördert also die Blütenbildung. Eine Extraktion des wirksamen Prinzips gelang bisher nicht; Extrakt aus Kotyledonen wirkte im Gegenteil verzögernd auf die Blütenbildung. Bei einer spätblühenden Varietät konnte HAUPT (2) die Blütenbildung junger Pflanzen durch Aufpfropfung auf ältere, also der Blütenbildung näher stehende Exemplare erheblich beschleunigen. Andrerseits fanden BARBER u. PATON, daß die Blütenbildung einer späten Varietät durch Aufpfropfung auf eine frühe beschleunigt, diejenige einer frühen Varietät durch Aufpfropfung auf eine späte aber verzögert wird. Es scheinen also sowohl die Blütenbildung fördernde als auch die Blütenbildung hemmende Substanzen vorhanden zu sein. Schließlich wird sowohl bei *Pisum* als auch bei einer ganzen Anzahl weiterer Pflanzen (*Soja* „Biloxi", *Euchlaena, Zea, Hordeum* „Wintex", *Avena* „Siegeshafer") gefunden, daß eine Samenbehandlung mit Auxin die Blütenbildung beeinflußt (die tageslängenabhängigen unter den genannten Arten wurden dabei durchweg in der induktiven Tageslänge aufgezogen) und daß dabei eine bemerkenswerte Wechselbeziehung mit der Temperatur besteht: folgt auf die Auxinbehandlung tiefe Temperatur ($3°$, 14 Tage), so wirkt das Auxin fördernd; folgt höhere Temperatur, so ist es wirkungslos oder sogar hemmend [LEOPOLD u. GUERNSEY (1), (2)]. Wo und wie der Wuchsstoff in den Vorgang der Blütenbildung eingreift, ist noch unbekannt. Das Wachstum von *Pisum*-Embryonen wird durch Auxin nicht direkt, sondern auf dem Wege über die Kotyledonen gefördert (KRUYT), und es wäre interessant festzustellen, ob etwa die Wirkung auf die Blütenbildung auf demselben Wege vor sich geht.

27. Bezüglich des von der Tageslänge kontrollierten Blühhormons, des „Florigens", kommt CARR (1), (2) zu dem Schluß, daß während der photoperiodischen Induktion in den Blättern nicht das fertige

Hormon gebildet wird, sondern eine unbeständige Vorstufe, und daß
diese nur im Vegetationspunkt zu dem eigentlichen Hormon umgewandelt wird. Dieser Schluß beruht auf dem Befund, daß sich weder
abgeschnittene Blätter — dies im Gegensatz zu Angaben von LONA
(Fortschr. Bot. 15, 455, § 49) — noch auch entknospte Pflanzen induzieren lassen sollen (Prüfung durch nachherige Aufpfropfung auf nicht-
induzierte Testexemplare). Leider hat CARR keine positiven Kontrollen
gemacht, die gezeigt haben würden, ob unter seinen Versuchsbedingungen
eine effektive Übertragung des Blühhormons überhaupt stattfinden
konnte, und seine Ergebnisse stehen mit denen einiger unveröffent-
lichter, allerdings noch durchaus vorläufiger Versuche des Ref. in
Widerspruch. Außerdem ist es durchaus nicht gesagt, daß das Blühhormon eine absolute Stabilität besitzt; es ist denkbar, daß es, wenn
es nicht sofort zu einem Vegetationspunkt gelangen und dort seine
Wirkung ausüben kann, wieder verschwindet. So ist eine endgültige
Entscheidung über CARRs Versuche — die der Autor etwas grandioser-
weise „über die Natur der photoperiodischen Induktion" schlechthin
betitelt — wohl noch zurückzustellen. — Übertragung des „Florigens"
(oder „Präflorigens"?) in Pfropfungen demonstrieren CARR u. MEL-
CHERS bei der Kurztagpflanze *Kalanchoë bloßfeldiana* sowie von der
Langtagpflanze *Sedum kamtschaticum* auf *Kalanchoë*. LONA findet,
daß sowohl *Cuscuta* als auch *Orobanche* auch auf völlig vegetativen
Wirtspflanzen zur Blüte kommen. Was *Cuscuta* angeht, so ist das
freilich keinerlei Widerspruch zu den Befunden v. DENFFERs (Fortschr.
Bot. 12, 383), denn v. DENFFER hatte nur einen quantitativen und
keinen qualitativen Unterschied in der Blütenbildung des Parasiten auf
blühenden und nichtblühenden Wirtspflanzen festgestellt. Bei *Orobanche*
ist es ohnehin fraglich, ob die Blütenbildung von der des Wirts abhängt
(Fortschr. Bot. 15, 427, § 27).

28. Der interessanteste Befund auf dem Gebiete der stofflichen
Kontrolle der Blütenbildung ist aber ein Ergebnis von PURVIS u.
GREGORY. Diese Autoren gewannen aus den Embryonen von zehn
Wochen lang vernalisierten Körnern von Petkus-Winterroggen (*Se-
cale cereale*) mit Chloroform einen Extrakt, welcher, nach Verdampfung
des Chloroforms unvernalisierten Embryonen sechs Tage lang bei einer
Temperatur von 15° dargeboten, eine zwar schwache, aber doch deutliche Förderung der Blütenbildung, im Ausmaß entsprechend einer
dreiwöchigen Vernalisation, hervorrief. Extrakte aus Embryonen von
unvernalisierten Körnern waren unwirksam, ebenso alle Extrakte mit
Alkohol, Äther und Wasser. Dies scheint der erste gesicherte Fall der
Isolierung einer die Blütenbildung fördernden Substanz zu sein, und
man kann nur hoffen, daß sich diese Substanz der weiteren Untersuchung zugänglich erweist.

4. Atypisches Wachstum.

29. Eine Reihe von Untersuchungen bringt neue Gesichtspunkte
zur Ätiologie und zum Entstehungs„mechanismus" der Wurzelhals-
oder crown-gall-Tumoren. Bei der Umwandlung von normalen Zellen

zu Tumorzellen sind mindestens zwei Schritte zu unterscheiden, die eigentliche Transformation und die Stimulation der transformierten Zellen zum Tumorwachstum. Die Transformation erfolgt offenbar unter der Einwirkung eines von den Bakterien abgegebenen Agens, das als „tumorinduzierendes Prinzip" (TIP) bezeichnet wird; sie findet nur in verwundeten Zellen statt und dauert eine bestimmte Zeit, gewöhnlich einige Tage; sie kann jederzeit durch höhere Temperatur (30°) abgestoppt werden, offenbar weil bei solcher Temperatur das TIP rascher zerstört oder inaktiviert als gebildet wird. Für die Stimulation ist Auxin nötig; es wird entweder von den Bakterien selbst produziert, oder aber die Bakterien regen die Wirtszellen zu verstärkter Auxinbildung an, während bei abgeschwächten („attenuierten") Bakterienstämmen Auxin von außen zugeführt werden muß. Die Bedeutung der Verwundung für die Tumorauslösung wird von RACK bestätigt; Infiltration virulenter Bakterien ruft keine Tumorbildung hervor (außer wenn, wie z. B. bei der Bildung von Adventivknospen in tieferen Gewebeschichten, „natürliche Wunden" auftreten), obwohl die Bakterien noch 12 Wochen später in den Intercellularen vorhanden sind. Auch gleichzeitige Infiltration von Blattpreßsaft ist ohne Wirkung; maßgebend sind also nicht bei der Verwundung entstehende oder freigesetzte Stoffe, sondern, wie schon BRAUN gefunden hatte, die Verwundung als solche, die die Zellen offenbar in einen für die Wirksamkeit des TIP günstigen Zustand, eine „Stimmung", versetzt. RACK meint, daß die Wirkung der Verwundung auf der Auslösung erneuter meristematischer Aktivität beruht. Jedoch setzt die Transformation der Zellen schon 24 Std nach der Verwundung ein und kann innerhalb von weiteren 10 Std abgeschlossen sein, und BRAUN zeigte bereits, daß neue Zellteilungen erst nach dieser Frist einsetzen und daß dann die Wirksamkeit des TIP abzunehmen beginnt. KLEIN u. LINK zeigen erneut die Bedeutung von Auxin für die Tumorbildung; sie halten den Wuchsstoff für einen an diesem Vorgang unmittelbar beteiligten Faktor, ein „Cocarcinogen". Es ist freilich noch nicht erwiesen, daß die von attenuierten Bakterien bei gleichzeitiger Auxinapplikation verursachten Tumoren den durch vollvirulente Stämme induzierten in jeder Hinsicht entsprechen; weiter unten werden wir Fälle kennenlernen, die eher in gegenteiliger Richtung deuten. Behandlung der Wirtspflanze mit wachstumshemmenden Stoffen wie Maleinylhydrazin kann die Entwicklung der Tumoren schwächen [WAGGONER u. DIMOND (2)], doch sind auch andere Beobachtungen — keine Wirkung auf den Tumor bei Hemmung des Wirtes — gemacht worden (R. M. KLEIN u. D. T. KLEIN). Auch γ-Strahlung, die den Auxingehalt einer Pflanze herabzusetzen scheint, kann die Tumorentwicklung hemmen [WAGGONER u. DIMOND (1)]. Es ist allerdings bei all diesen Beobachtungen nicht entschieden, ob die Tumorgenese oder das spätere Wachstum der Tumoren betroffen ist. Maleinylhydrazin hemmt auch das Wachstum von Tumoren *in vitro* (KULESCHA).

30. KLEIN und Mitarbeiter [KLEIN (1), (2) und KLEIN, RASCH u. SWIFT] finden, daß nach Inoculation des Tumorerregers (*Agrobacterium tumefaciens* und *Agr. rubrum*) in dem infizierten Gewebe, also im prospektiven Tumor, der Desoxyribosenucleinsäure- (DNS-) Gehalt eine starke Zunahme erfährt. Diese Zunahme beginnt 24 Std nach der Infektion und klingt nach weiteren 24 Std wieder ab; bei Kultur der Pflanzen bei 30° ist sie geringer als in 25°, und bei Infektion mit attenuierten Stämmen geringer als bei Infektion mit vollvirulenten. Inoculation mit vollkommen avirulenten Bakterien ebenso wie Behandlung mit Auxin, die auch zur Ausbildung von Wucherungen, natürlich solchen ohne Tumorcharakter, führt, haben auf den DNS-Gehalt des Wirtsgewebes keinen Einfluß. Der Gehalt an Ribosenucleinsäure erfährt in allen Fällen keine wesentliche Veränderung. Die Zunahme an DNS im Wirtsgewebe ist nicht durch den DNS-Gehalt der Bakterien zu erklären; sie beruht auch nicht auf der Neubildung von Zellen noch auf einer Erhöhung des DNS-Gehaltes der Wirtszellen selbst. Es scheint also, daß die Bakterien DNS produzieren und an den Wirt abgeben, und es ist möglich, daß diese DNS, deren Auftreten und Verschwinden und deren Abhängigkeit von Temperatur und von der Virulenz des Erregers denjenigen des TIP parallel gehen, das TIP selbst ist. Besonders bemerkenswert ist in diesem Zusammenhange, daß, wie D. T. KLEIN u. R. M. KLEIN zeigen konnten, zellfreie Präparate der DNS von virulenten Bakterien avirulente Stämme und Arten, z. B. auch *Escherichia coli*, virulent machen und daß diese Transformation dann erblich konstant bleibt. Anwesenheit eines lysogenen Phagen als Träger der Virulenz konnte nicht nachgewiesen werden. — DÉMÉTRIADÈS (2) stellt fest, daß das Toxin von *Agrobacterium*, ein Glykolipoid, in ganze Pflanzen oder Gewebekulturen injiziert, keinerlei tumorauslösende Wirkung besitzt.

31. Die Transformation der Wirtszellen zu Tumorzellen erfolgt graduell; wird sie 34 Std nach Inoculation gestoppt, so sind die entstandenen Tumoren klein und wachsen langsam. BRAUN (1) zeigt, daß solche „frühen" Tumoren durch Auxin (Naphthylessigsäure) zur Wurzelbildung angeregt werden können; die Tumoren eines geringeren Transformationsgrades haben also ihr Differenzierungsvermögen nicht vollständig verloren. Mit „späten", volltransformierten Tumoren sind entsprechende Versuche offenbar noch nicht ausgeführt worden. DÉMÉTRIADÈS (3) beobachtete zwar die spontane Differenzierung einer Wurzel an einem *in vitro* wachsenden typischen Tumorgewebe von *Scorzonera*, doch scheint es sich um einen ganz einzelstehenden Fall zu handeln. BRAUN (2) zeigt, daß es zwei verschiedene Typen von Wurzelhalstumoren gibt, daß aber sichtbare Unterschiede nur unter bestimmten Bedingungen auftreten. Wird eine Tabakpflanze (*Nicotiana tabacum*) in einem Internodium durchgeschnitten und werden beide Schnittflächen mit einem attenuierten Stamm des Erregers infiziert, so entsteht am Basalende des oberen Sproßstückes ein undifferenzierter Tumor, am Apikalende des unteren Stückes aber ein sog. Komplextumor, ein Teratom, das Sprosse und Blätter, wenn auch abnorm gestaltete und chaotisch angeordnete, differenziert. Werden nun beide Tumoren, der „apikale" wie der „basale", in *in-vitro-*

Kultur genommen, so erweisen sich beide als Komplextumoren. Wird solches Tumorgewebe auf Sproßstümpfe dekapitierter Tabakpflanzen gepfropft, so entstehen Komplextumoren, wenn die Pfropfung in ein Gewebe geringer Regenerationsfähigkeit (inneres Sproßgewebe), aber Normal- (d.h. undifferenzierte) Tumoren, wenn sie in das Cambium erfolgte. Bei Inoculation von Tabakpflanzen mit vollvirulenten Stämmen entstehen stets undifferenzierte Tumoren, die auch, *in vitro* kultiviert, niemals eine Differenzierung zeigten; auf *Helianthus annuus*, einer Pflanze mit geringerem Regenerationsvermögen, bilden sowohl schwach- wie vollvirulente Bakterienstämme nur undifferenzierte Tumoren. Die morphologische Struktur eines Tumors scheint also von drei verschiedenen Dingen abzuhängen: 1. dem Virulenzgrad des Erregers, 2. der Stellung an der Wirtspflanze, 3. den inhärenten Potenzen der Wirtszellen. Allerdings besteht noch die Möglichkeit, daß die Komplextumoren gar nicht eine quantitative Abstufung des Tumorcharakters repräsentieren, sondern Mosaike aus transformierten und normalen Zellen sind (vgl. LANCE u. GAUTHERET).

32. Eine ganze Anzahl von Arbeiten ist dem Stoffwechsel der Wurzelhalstumoren *in situ* wie *in vitro* sowie den Beziehungen zum Stoffwechsel und zum Wachstum des Wirts gewidmet; andere beschäftigen sich mit der Beeinflussung des Wachstums der Tumoren durch bestimmte Substanzen. Auf die älteren unter den Stoffwechselarbeiten [NEISH u. HIBBERT (1), (2)], die früher aus Raumgründen nicht besprochen werden konnten, kann nur noch kurz hingewiesen werden. LINK u. GODDARD fanden, daß die Atmung inoculierten Gewebes ansteigt, aber KLEIN findet umgekehrt eine schwache, aber gesicherte Erniedrigung des Sauerstoffverbrauches. Die Aminosäurenzusammensetzung von Tumor-, habituiertem und Normalgewebe von *Vitis vinifera* ist qualitativ dieselbe; das Tumorgewebe hatte den höchsten Gehalt an Gesamt- und löslichem Stickstoff, das Normalgewebe den niedrigsten, während das habituierte Gewebe eine Mittelstellung einnahm (LEE). Die Zunahme an Eiweiß- sowie löslichem N im Tumorgewebe findet ziemlich spät in der Entwicklung statt, und da der lösliche N wesentlich langsamer zunimmt als der Eiweiß-N, scheint die Eiweißsynthese im Tumor von Aminosäuren und Amiden auszugehen (KLEIN). Der Phosphatasegehalt von Tumorgewebe von *Pelargonium* ist zwei- bis viermal so hoch wie der von Normalgewebe; das Tumorgewebe reichert Radiophosphor rascher an (MANINGAULT). Die besten Kohlenhydrate für das Wachstum von Tumorgewebe *in vitro* sind Fructose, Glucose und Saccharose, die besten Konzentrationen 1—2%; andere Kohlenhydrate werden von Tumorgewebe verschiedener Arten sehr verschieden verwertet (HILDEBRAND u. RIKER). Tumorgewebe kann α-Amylase in das Kulturmedium sezernieren (BRAKKE u. NICKELL). — Nach Untersuchungen von LINK, WILCOX, EGGERS u. KLEIN reduziert N-Mangel die Entwicklung von Wurzelhalstumoren auf *Lycopersicum esculentum* nicht. Der Anteil des Tumors an der Gesamtmasse der Pflanze ist daher bei N-Mangel vergrößert; in extremen Fällen wird der Wirt in seinem Wachstum weitestgehend gehemmt

und kann sogar abgetötet werden. — Die Beeinflussung der Tumorentwicklung durch wachstumshemmende Stoffe wurde schon in § 29
besprochen, da sie möglicherweise für das Verständnis der Tumorgenese von Interesse sein kann. Ferner kann das Wachstum der Tumoren durch verschiedene Farbstoffe, die alle Verbindungen mit Nucleinsäuren eingehen (Malachitgrün, Anilinblau, Chlorphenolrot), durch
Penicillin G und durch verschiedene Analoge der Pteroylglutaminsäure gehemmt werden [DIMOND, STODDARD u. RICH und DÉMÉ-
TRIADÈS (1); DeRopp (1) bzw. (2), (3)]. Die letztgenannten Verbindungen hemmen allerdings auch Normalgewebe, häufig sogar in stärkerem Maße als Tumorgewebe, und die Hemmung wird durch Pteroylglutaminsäure nicht aufgehoben.

33. JAGENDORF u. BONNER untersuchten weiter das Verhalten der an *Brassica-*
Sämlingswurzeln durch p-Chlorphenoxyessigsäure ausgelösten „Tumoren" (vgl.
Fortschr. Bot. **15**, 432, § *32*). Dieselben konnten mehrere Passagen lang *in vitro*
am Leben erhalten werden, während Kultur normaler Wurzeln nicht glückte.
Der atypische Charakter dieser Tumoren ist reversibel, es ist dauernde Anwesenheit der p-Chlorphenoxyessigsäure nötig, um Rückkehr zu normalem, differenzierten Wachstum zu verhindern. Die Anwesenheit der Tumoren resultiert in
einer Stimulation des Wachstums und der Nährstoffaufnahme der Sämlinge.
Der größte Teil der zusätzlich absorbierten Nährstoffe geht allerdings in die Tumoren selbst. Der Atmungsquotient des Tumorgewebes ist > 1, der der Wurzel
$= 1$.

34. NUTMAN findet in Fortsetzung seiner Arbeiten über die Knöllchenbildung
bei Leguminosen (Fortschr. Bot. **15**, 432, § *33*), daß dieser Vorgang bei Kultur
der Pflanzen auf Agar abhängig ist von der Menge des Mediums und der Zahl der
Pflanzen in einem Kulturgefäß, und zwar derart, daß die Anzahl der je Volumen-
einheit Medium und je Pflanze gebildeten Knöllchen einen konstanten Wert hat.
Bei Kombination von Pflanzen von früh und spät knöllchenbildenden Varietäten
hemmen die „frühen" Pflanzen die Knöllchenbildung bei den „späten". Auch
wiederholte Bepflanzung ein und desselben Mediums führt zur Reduktion der
Knöllchenbildung. Es scheint also, daß die Wurzeln Substanzen ausscheiden, die
die Knöllchenbildung hemmen, und zwar insbesondere im Verlaufe der Knöllchenbildung selbst. Doch können auch solche Pflanzen, die selber keine Knöllchen
bilden, bei gemeinsamer Kultur die Knöllchenbildung bei Leguminosen beeinflussen. ALLEN, ALLEN u. NEWMAN konnten bei verschiedenen Leguminosen die
Bildung wurzelknöllchenähnlicher Strukturen durch 2-Brom-3,5-Dichlorbenzoe-
säure auslösen, während die Bildung echter Knöllchen durch Bakterien jedenfalls bei höheren Konzentrationen reduziert war. Die Pseudoknöllchen sind, wie
die echten Knöllchen, umgewandelte Seitenwurzeln, und die Wirkung der genannten
Verbindung scheint also keine echte Knöllchenbildung, sondern die Auslösung
von Wachstumsvorgängen an Orten hoher Entwicklungspotenz zu sein.

5. Spezielle Entwicklungsstadien bei Blütenpflanzen.

Embryonalentwicklung. *35.* RIJVEN und RIETSEMA, SATINA u.
BLAKESLEE bestätigen die Bedeutung der osmotischen Konzentration
für die Embryonalentwicklung und liefern weitere Beiträge über die
Bedeutung verschiedener Substanzen, darunter des Auxins, und über das
Zusammenwirken dieser verschiedenen Faktoren in diesem Entwick-
lungsstadium. RIJVEN findet, daß für fortgesetztes Embryonalwachstum
isolierter Embryonen von *Capsella bursa-pastoris* eine relativ hohe
osmotische Konzentration des Nährmediums erforderlich ist; wird die
Konzentration herabgesetzt, so gehen die Embryonen zur Keimung
über. Auch bei *Datura* ist das Optimum der Saccharosekonzentration

für isolierte Embryonen relativ hoch; teilweise beruht das auf Ernährungs-, teilweise aber wiederum auf osmotischen Einflüssen. Die Optima für die verschiedenen Teile des Embryos sind dabei verschieden; ferner sinkt bei Kotyledonen und Hypokotyl das Optimum im Laufe der Entwicklung ab, während es bei der Keimwurzel konstant bleibt. Die verschiedenen Teile des Embryos wachsen auch nicht gleichmäßig, sondern die Kotyledonen erreichen z. B. ihre endgültige Größe früher als das Hypokotyl die seine [Rietsema u. Mitarbeiter (1)]. Bei *Capsella* wurde das Embryonalwachstum durch Aminosäuren sowie durch niedrige Anxinkonzentrationen (0,001 mg/Liter Indolylessigsäure) gefördert, während Purine und Biosfaktoren unwirksam waren. Bei isolierten *Datura*-Embryonen konnte eine fördernde Wirkung von Auxin dagegen nicht beobachtet werden, nur eine hemmende, und dies, obwohl Auxin im Endosperm vorhanden ist. Die Hemmwirkung des Auxins ließ sich wenigstens teilweise durch Malzextrakt aufheben [Rietsema u. Mitarbeiter (2)]. Es muß, alles in allem, gefolgert werden, daß die Embryonalentwicklung *in situ* ein komplexer Vorgang ist, bei dem verschiedene Einzelvorgänge sowie verschiedene Einzelwirkungen aus dem Außenmilieu, besonders dem Endosperm, darunter fördernde und hemmende Einflüsse, miteinander in spezifischer Weise koordiniert sein müssen. Wie schon von anderen Arten her bekannt, ließen sich *Capsella*-Embryonen nur dann *in vitro* kultivieren, wenn sie schon ein gewisses Ausmaß an Differenzierung besaßen (sich frühestens im sog. Herzstadium befanden), und Rijven neigt zu der Anschauung, daß die erste Differenzierung dem Embryo durch Gradienten in Samenanlage und Embryosack aufgeprägt wird und daß vorher ein geordnetes Wachstum von Embryonen nicht möglich ist (vgl. Fortschr. Bot. **15**, 415).

Samenkeimung. a) Samenalter und Keimfähigkeit. *36.* Haferkamp, Smith u. Nilan fanden, daß die Samen mancher Getreide und Leguminosen, besonders Arten von *Hordeum, Avena, Triticum* sowie *Zea mays, Medicago* und *Pisum,* noch nach 31—33 Jahren eine gute Keimfähigkeit besaßen. Die Keimfähigkeit bei den Getreiden war eindeutig besser, wenn die Aufbewahrung im intakten Zustande, d. h. mit den Spelzen, erfolgte; es wurde auch gefunden, daß Spelzen und Spreu die Entwicklung von Schimmel hemmen. Barton findet, daß reduzierte Feuchtigkeit sowie Verwendung versiegelter Behälter für die Lagerung der Samen von Bäumen, Gemüse, Blumen, *Gossypium* und *Taraxacum* günstig sind. Bei Lagerung bei 5° wurde nach fünf Jahren, bei Lagerung in —4° noch nach zehn Jahren eine hohe Keimfähigkeit gefunden. Schwankungen des Feuchtigkeitsgehaltes durch häufiges Öffnen und Schließen der Behälter wirkte sich ungünstig aus.

b) Ruhezustände. *37.* Evenari, Neumann u. Stein untersuchten die Wirkung von Licht auf die Keimung von *Lactuca*-Samen. Die experimentellen Befunde gleichen im wesentlichen denen von Borthwick und Mitarbeitern (Fortschr. Bot. **15**, 449f., § *46*), d. h. Rot fördert, langwelliges Rot (zuerst als Nah-Infrarot bezeichnet) hemmt; auch solche Samen, die wenigstens teilweise auch im Dunkeln keimen, können durch das langwellige Rot keimungsunfähig gemacht werden. Da aber auch Temperatur den Ausfall der Reaktion beeinflußt — unter 18° erfolgt Keimung auch ohne Licht, oberhalb von 32° findet sie weder mit noch ohne Licht statt —, wird ein weiterer Mechanismus postuliert, der nicht von Licht, wohl aber von der Temperatur abhängig ist und den Grenzwert bestimmen soll, unter den die Keimung auch durch das langwellige Rot nicht herabgedrückt werden könne. Müller findet bei der Untersuchung von 25 Cruciferen, daß bei den meisten (nahezu $^3/_4$ der Arten) die Keimung durch Licht gefördert, bei einigen anderen dagegen etwas gehemmt wird. PAECH entwickelt Vorstellungen über die Lichtwirkung bei der Keimung von *Lythrum salicaria*, einer Art, wo die Keimungshemmung ausschließlich in der Samenschale oder Testa lokalisiert ist. Da einerseits Licht keinen Einfluß auf Quellungsgrad und Quellungsgeschwindigkeit hat, andrerseits aber in Abwesenheit von Sauerstoff die Keimung nicht fördert, wird geschlossen, daß die Testa nicht den Zutritt von Wasser, wohl aber den von Sauerstoff zum Embryo verhindert. Diese Hemmwirkung befindet sich vermutlich in bestimmten Zellschichten mit stark hydratisierten Zellwänden. Die Wirkung des Lichts soll darin bestehen, daß es in der Samenschale enthaltene Polyphenole zu aktiven Gerbstoffen polymerisiert, welche dann die Zellwände der Sperrschicht „gerbend" verändern und sauerstoffdurchlässig machen. Außerdem soll das Licht die oxydative Umwandlung der Polyphenole zu inaktiven Phlobaphenen durch reduzierende Wirkung verhindern.

c) **Allgemeine Keimungsphysiologie einschließlich fördernder und hemmender Wirkungen.** *38. Ginkgo*-Embryonen keimen auf synthetischem Medium normal nur dann, wenn sich die Kotyledonen in Kontakt mit dem Medium befinden; sonst wächst nur die Wurzel. Die Kotyledonen, die sich *in situ* in enger Verbindung mit dem Nährgewebe befinden, vermitteln also die Ernährung und insbesondere die Absorption von für das Sproßwachstum notwendigen Stoffen (BULARD). Die Keimung von verschiedenen Leguminosen kann durch Eosin (10 mg/Liter) etwas gefördert werden (BOCCHI). Das Sämlingswachstum, aber nicht die Keimung selbst, von Arten mit niedriger Keimfähigkeit soll durch Uracil gefördert werden (DEYSSON), die Keimung von überalterten Samen durch Äthylenchlorhydrin [RUGE (1)]. — EL-SHISHINY u. THODAY weisen bei *Kochia-indica*-Samen einen wasserlöslichen, saponinartigen Hemmstoff nach. Dieser wird leicht von Erde, Kohle und Papier adsorbiert; die Samen keimen daher gut in flachem Wasser, aber nicht auf feuchtem Filterpapier. Die Samen von fünf *Atriplex*-Arten keimen dagegen schon dann nicht, wenn die Samen auch nur mit einem Film von Wasser umgeben waren (BEADLE). EVENARI und MAYER untersuchen weiter die Wirkung von Cumarin auf die Samenkeimung. Zwischen der Struktur verschiedener Cumarinderivate und ihrer Hemmwirkung lassen sich kaum Beziehungen erkennen; Kaffee- und Ferulasäure haben besonders schwache Wirkung und können entgegen AKKERMAN u. VELDSTRA (Fortschr. Bot. **15**, 429) nicht die für die Hemmwirkung von Tomatensaft hauptsächlich verantwortlichen Verbindungen sein (MAYER u. EVENARI). Nach Cumarinbehandlung lassen sich in *Lactuca*-Samen keine Unterschiede im Gehalt an freiem Cumarin nachweisen, gleichgültig ob die Samen keimen oder nicht; entscheidend scheint also dasjenige Cumarin zu sein, das sich während der Behandlung mit einem für die Keimung maßgebenden System im Samen verbindet (MAYER). REHM greift das Problem der hemmenden Wirkung von *Beta*-Knäueln auf und zeigt, daß die einander widersprechenden Befunde verschiedener früherer Autoren offenbar darauf beruhen, daß es zwei verschiedene hemmende Stoffe oder Stoffkomplexe gibt: 1. primäre, in dem trockenen Samen vorhandene Substanzen anorganischer wie organischer Natur; 2. sekundäre Stoffe, die während der Keimung entstehen, und unter denen freies Ammoniak, das durch die Tätigkeit von Bakterien aus Nitraten gebildet wird, der weitaus wichtigste ist. Bakterien entwickeln sich auf den keimenden Knäueln in großer Zahl. Im Boden ist das Ammoniak harmlos, in der Keimschale wirken aber schon kleinste Mengen hemmend. Durch Sterilisation der Knäuel wird diese Hemmwirkung vollständig unterbunden.

Abwurf von Organen. *39.* Sowohl JOHNSON und HALL als auch WETMORE, JACOBS und ROSSETER sehen in dem Verhältnis oder einer Wechselwirkung von Auxin und Äthylen den Mechanismus, der den Abwurf von Organen — Blättern, Blüten oder Früchten — bestimmt. Auxin wirkt dem Abwurf entgegen, Äthylen soll ihn fördern. Bei Früchten wird die Auxinbildung durch die Befruchtung stimuliert. Sind die Außenbedingungen so, daß die Befruchtung stattfindet, bevor das Äthylen-Auxinverhältnis einen kritischen Wert erreicht hat, so wird durch die neu einsetzende Auxinproduktion das Verhältnis zur Seite des Auxins hin verschoben und die Blüte oder die junge Frucht bleibt an der Pflanze. Sind aber die Bedingungen so, daß das kritische Verhältnis noch vor der Befruchtung erreicht wird, so wird eine Trennschicht gebildet und die Blüte abgeworfen, selbst wenn die Auxinproduktion danach durch die Befruchtung noch einmal angeregt wird [JOHNSON u. HALL (1)]. Bei den Blättern von *Coleus* ist die eigene Spreite die Quelle des Auxins, und bestimmend ist offenbar das diffusible Auxin, da die Lebensdauer von Blättern verschiedenen Alters ihrem Gehalt an diffusiblem Auxin parallel geht (WETMORE u. JACOBS). Die Äthylenquelle sollen dagegen die Nachbarblätter, vor allem die jüngeren, sein, da die Entfernung dieser Blätter die Lebensdauer eines Blattes erhöht (ROSSETTER u. JACOBS). Während aber die Bedeutung von Auxin für den Abwurf von Organen gut gesichert ist und die neuen Versuche zwar weitere Einzelheiten beitragen, aber keine grundsätzlich neuen Gesichtspunkte, ist die Bedeutung des Äthylens, vor allen Dingen ob es tatsächlich die ihm von Experimenten her zugeschriebene Rolle auch in dem natürlichen Vorgang spielt, keineswegs gesichert; überzeugende analytische Befunde fehlen vollständig. Die soeben besprochenen Ansichten können daher nur als Arbeitshypothesen gewertet werden, deren Berechtigung sich in weiteren Versuchen erweisen muß.

40. Bei Äpfeln (*Pirus malus*) findet LUCKWILL (2), daß Perioden geringeren Fruchtfalles Perioden stärkerer Wuchsstoffproduktion durch die Samen entsprechen. Die erste solche Periode findet drei bis vier Wochen nach dem Abblühen statt, die zweite sieben bis zehn Wochen nach dem Abblühen; jene fällt zusammen mit dem Beginn der Zellwandbildung in dem zu Anfang nucleären Endosperm, diese mit der Vollendung des Embryonalwachstums und der maximalen Entwicklung des Endosperms. Dementsprechend sind drei Perioden stärkeren Fruchtfalls erkennbar: kurz nach der Befruchtung, dann der sog. Junifall und schließlich eine dritte Periode kurz vor der Ernte. Dieser Deutung scheint zunächst der Befund zu widersprechen, daß α-Naphthylessigsäure, nach dem Abblühen appliziert, den Abwurf verstärkt und nicht reduziert. Doch beruht das darauf, daß dieser Wuchsstoff in diesem Stadium die Entwicklung der Samen hemmt und dadurch die Eigenproduktion von Auxin in den Früchten beeinträchtigt; beginnt das Endosperm in stärkerem Maße Auxin zu produzieren, so hat Naphthylessigsäure keine derartige Wirkung mehr [LUCKWILL (3)].

Blütenbildung. *41.* Bei einer Reihe von Gräsern wird die Existenz eines weiteren vorbereitenden Stadiums der Blütenbildung aufgezeigt, das — vielleicht nicht allzu glücklich — als „Blühinduktion" („floral induction") bezeichnet wird. *Poa pratensis* (PETERSON u. LOOMIS), *Bromus inermis* (NEWELL) und *Dactylis glomerata* (GARDNER u. LOOMIS) legen Blüten in Langtag und relativ höheren Temperaturen an, aber nur dann, wenn sie vorher einer Periode von tiefer Temperatur und Kurztagen ausgesetzt waren. Diese beiden Faktoren können getrennt geboten werden, doch muß die Kurztagebehandlung dann zuerst kommen. Die „Induktion" ist lokalisiert, denn nach Übertragung in höhere Temperatur und Langtag angelegte Seitentriebe bilden keine Blüten. Für die Weiterentwicklung der angelegten Blüten sind noch längere Tage sowie gemäßigte Temperaturen erforderlich. Bei *Poa alpina vivipara* ist zur Auslösung der Reproduktion die Einwirkung von Kälte notwendig; danach verursacht Langtag die Ausbildung von Blüten, Kurztag von Brutzwiebeln. Die sensible Phase liegt mindestens fünf Wochen vor dem Erscheinen sichtbarer Fortpflanzungsorgane (SCHWARZENBERG). Bei der Zuckerrübe (*Beta vulgaris*) finden FIFE u. PRICE, daß gut entwickelte Exemplare nach sehr langdauernder Kältebehandlung Blüten in völliger Dunkelheit anlegen und mindestens bis zur Ausbildung von normal aussehendem Pollen weiterentwickeln können. Der Langtagbedarf ist bei dieser Pflanze also nicht absolut. Wahrscheinlich wird „Florigen" schon während der Kältebehandlung gebildet, während die für Langtagpflanzen typische Hemmwirkung langer Dunkelzeiten durch die tiefe Temperatur ausgeschaltet ist. HARDER u. GRÜMMER stellen bei *Kalanchoë bloßfeldiana* fest, daß die durch Kurztagbehandlung hervorgerufene Blütenbildung nach einiger Zeit, und zwar selbst wenn die Pflanzen dauernd in Kurztag gehalten werden, erlischt und erst dann wieder einsetzen kann, wenn die Blüten der ersten Blühperiode vollkommen abgeblüht sind. Da bei fortgesetzter Kurztagbehandlung das Blühhormon nicht der begrenzende Faktor sein kann, muß es sich um Verbrauch anderer Stoffe, die mit der photoperiodischen Reaktion nicht in unmittelbarem Zusammenhang zu stehen brauchen, handeln, also um Erschöpfungszustände, die durch das Blühen selbst gesteuert werden und zu einer Rhythmik des Blühens führen. Jungpflanzen von *Pinus silvestris* machen in ihrer Entwicklung normalerweise eine rein ♀ Periode durch, aber ♂ Blüten können durch künstliche wie natürliche (Insektenfraß) Zerstörung der Endknospe im Vorjahr zur Anlage veranlaßt werden [WAREING (2)]. — Vgl. auch §§ *26, 27, 28, 43* und *48*.

Fruchtentwicklung. *42.* Die Bedeutung der Auxinproduktion durch die heranwachsenden Samen für das Wachstum der Frucht (Fortschr. Bot. 15, 468, § 63) wird durch Untersuchungen an der Banane (*Musa* spec.) bestätigt (SIMMONDS). Bei samenhaltigen Varietäten besteht eine strenge Proportionalität zwischen der Anzahl von Samen und dem Wachstum der Frucht; bei parthenocarpen Varietäten wird die Fruchtentwicklung durch Wuchsstoff (Naphthylessigsäure) gefördert. Die natürliche Wuchsstoffquelle bei den parthenocarpen Varietäten ist allerdings unbekannt. Wird bei einer solchen Varietät gelegentlich einmal ein Same gebildet, so hat er eine viel stärkere Wirkung auf das Wachstum der Frucht als bei normalerweise samenhaltigen Bananen. OSBORNE u. WENT stellen fest, daß Wuchsstoff (Naphthoxyessigsäure) den Fruchtansatz bei Tomaten (*Lycopersicum esculentum*) am stärksten unter solchen Außenbedingungen fördert, unter denen auch die Entwicklung normaler Früchte am besten verläuft und unter denen Parthenocarpie spontan vorkommt (niedrige Temperaturen, hohe Lichtintensität).

Johnson u. Hall (2) machen ähnliche Befunde; aber zu hohe Lichtintensitäten können auf den Fruchtansatz ungünstig wirken. Die unter hohen Temperaturen auftretenden Stickstoffmangelsymptome lassen sich durch gleichzeitiges Besprühen mit Harnstoff beheben, ohne daß der Fruchtansatz besser würde; der Stickstoffmangel ist also nicht die Ursache des schlechten Fruchtansatzes unter hohen Temperaturen. Die Untersuchungen zeigen also, daß unter bestimmten Bedingungen nicht das Auxin, sondern andere, wahrscheinlich nicht in der Frucht selbst, sondern in der ganzen Pflanze lokalisierte Faktoren für den Fruchtansatz begrenzend sind; der allgemeine Stickstoffernährungszustand der Pflanze scheint aber keiner dieser Faktoren zu sein. Marrè u. Murneek (1), (2) finden, daß der Kohlenhydratstoffwechsel normaler und auxininduzierter Früchte der Tomate und des Maises (*Zea mays*) sehr ähnlich ist.

6. Die Wirkung der Außenfaktoren.

Temperatur. a) Vernalisation. *43.* Napp-Zinn untersucht die Vernalisation bei einer kältebedürftigen Varietät von *Arabidopsis thaliana*. Die Grundphänomene sind dieselben wie bei Wintergetreiden (*Secale cereale*, Petkus-Winterroggen) und bei zweijährigen Pflanzen (*Hyoscyamus niger biennis*): quantitative Wirkung der Kälte und Reversibilität durch hohe Temperaturen, wenn diese bald nach der Kältebehandlung geboten werden. Die Grundvorgänge der Vernalisation sind also auch bei Pflanzen sonst verschiedenen physiologischen Typus' offenbar dieselben. Darüber hinaus deckt Napp-Zinn aber einige neue und sehr bemerkenswerte Erscheinungen auf: 1. Werden die angekeimten Samen vor der Kältebehandlung fünf Tage lang bei 30° gehalten, so blühen die Pflanzen später, als wenn die Samen unmittelbar nach der Aussaat kältebehandelt wurden. 2. Fünf Tage bei 30° bewirken nach Vernalisationszeiten von bis zu 72 Tagen eine vollständige Devernalisation; werden die Samen aber erneut 30 Tage lang vernalisiert (,,Revernalisation''), so blühen sie wesentlich rascher als nur einmal, ebenfalls 30 Tage lang, vernalisierte. Die Wirkung der ersten Vernalisation ist also durch die Wärmebehandlung nicht zerstört worden, sondern war in den Pflanzen latent vorhanden und wurde durch die zweite Vernalisation wieder freigesetzt. Napp-Zinn stellt auf Grund dieser Ergebnisse folgendes erweiterte Schema der Vernalisation auf:

$$A \rightarrow A_1 \rightarrow A_2 \rightarrow A' \rightarrow B$$
$$\downarrow \qquad\quad \downarrow$$
$$X \qquad\quad Y$$

In diesem Schema sind A das ,,Ausgangs-'' und B das thermostabile ,,Endprodukt'' der Vernalisationsschemate von Lang u. Melchers und von Purvis u. Gregory (vgl. Fortschr. Bot. **15**, 442); A' ist das ,,thermolabile Zwischenprodukt'' dieser Schemata, das in höherer Temperatur in ein hinsichtlich der Blütenbildung unwirksames Seitenprodukt, Y, umgewandelt wird. Außerdem gibt es aber nach Napp-

Zinn ein weiteres, früheres thermolabiles Zwischenprodukt, A_1, welches bei der Vorbehandlung mit hoher Temperatur ebenfalls zu einem unwirksamen Seitenprodukt, X, „abgelenkt" wird, sowie ein stabiles Zwischenprodukt, A_2, welches im Gegensatz zu A' bei einer auf Kältebehandlung folgenden Einwirkung hoher Temperatur erhalten bleibt. Die Grundvorstellung, die dem neuen Schema zugrunde liegt, ist dieselbe wie bei den ursprünglichen Schemata: alle Einzelprozesse sind normale physiologisch-chemische Prozesse mit positiven Temperaturkoeffizienten, aber ihre Temperaturabhängigkeit ist im einzelnen etwas verschieden, und zwar derart, daß in tieferen Temperaturen die in Bezug auf die Blütenbildung fördernden Prozesse die Oberhand haben (also $A_1 \rightarrow A_2$ und A' $\rightarrow$ B'), in höheren aber die in Bezug auf die Blütenbildung hemmenden (also $A_1 \rightarrow X$ und A' $\rightarrow$ Y). A_1 soll auch direkt zu B umgewandelt werden können. Dem Ref. scheint es allerdings, daß auch andere Deutungsmöglichkeiten vorhanden sind; doch ist hier nicht der Platz, auf diese Frage einzugehen. Es ist auch nicht zu verkennen, daß jedes Schema, das die Kinetik eines komplexen physiologischen Vorganges auf eine einfache und übersichtliche Formel zurückführen und so bei der Entwicklung neuer Vorstellungen und neuer Versuche helfen soll, von seinem Wert verliert, sobald die Zahl der darin enthaltenen Unbekannten einen gewissen Höchstwert überschreitet. Es ist aber andererseits klar, daß die neuen experimentellen Ergebnisse von Napp-Zinn bei weiteren Untersuchungen über die Vernalisation berücksichtigt werden müssen; vor allen Dingen wird nachzuprüfen sein, ob auch bei den früher untersuchten Objekten wie Petkus-Roggen und zweijährigem *Hyoscyamus* ähnliche Verhältnisse herrschen, wie sie jetzt bei *Arabidopsis* nachgewiesen werden konnten.

44. Hänsel zeigt, daß bei Petkus-Winterroggen Vernalisation noch bei —4,5° C möglich, die Wirkung aber geringer ist als die von $+1°$; —6° und darunter sind dann nicht mehr wirksam. Die Temperaturkurve der Vernalisation von Winterroggen zeigt also einen ,typischen Optimumverlauf mit einem relativ breiten Optimum (etwa $+1$—10°). Hänsel beobachtete ferner, daß die Länge der Spreiten des 1. und des 2. Blattes bei Winterroggen wie bei Wintergerste (*Hordeum vulgare*) durch Vernalisation reduziert wird, und zwar proportional der Wirksamkeit der Behandlung hinsichtlich der Blütenbildung. Das Merkmal scheint also ein guter Maßstab für den erreichten Grad der Vernalisation zu sein. Friend u. Gregory stellen fest, daß Temperaturen von 20 oder 25°, die, bei Winterroggen nach kurzer (dreiwöchiger) Vernalisation angewandt, bei kurzen Einwirkungszeiten devernalisierend wirken, bei längerer Einwirkung die Blütenbildung wieder fördern, und zwar kann nicht nur die anfängliche, durch die Devernalisationswirkung hervorgerufene Verzögerung der Blütenbildung ausgeglichen werden, sondern die Pflanzen können unter Umständen sogar früher blühen als Pflanzen, die nach den drei Wochen Vernalisation unmittelbar ausgepflanzt wurden. Während solche Temperaturen also einerseits das „thermolabile Zwischenprodukt" der Vernalisation zerstören (laut Purvis u. Gregory wird es in das „Ausgangsprodukt" A zurückverwandelt), fördern sie andrerseits die späteren Vorgänge der Vernalisation, vermutlich die Umwandlung des Zwischenproduktes in das thermostabile Endprodukt, die nach PURVIS u. GREGORY ein autokatalytischer Prozeß ist. — Vgl. auch § 28.

b) Thermoperiodizität. 45. TUKEY findet, daß die Nachttemperatur für das Wachstum der Früchte von Kirschen (*Prunus cerasus*) diselbe Bedeutung hat wie für das Wachstum von Tomatenpflanzen nach WENT und Mitarbeitern, hier wie dort sinkt das Optimum mit fortschreitender Entwicklung ab, von etwa 26° auf etwa 22°. BANDURSKI, SCOTT u. WENT untersuchten den Blattfarbstoffgehalt sowie die anatomische Struktur der Blätter von Tomatenpflanzen, die unter verschiedenen thermoperiodischen und photoperiodischen Bedingungen gewachsen waren, und finden unter anderem, daß ein und dasselbe Merkmal, z.B. die Intensität der Blattfärbung, sowohl durch Unterschiede im Farbstoffgehalt wie im anatomischen Bau hervorgerufen werden kann.

Licht. a) Grundlagen formativer Lichtwirkungen. 46. Im letzten Bericht war über eine Reihe von neuen Untersuchungen berichtet worden, die unsere Kenntnisse von der formativen Bedeutung des Lichts, vor allem bei höheren Pflanzen, in ganz entscheidender Weise vertieft haben (Fortschr. Bot. **15**, 445f., §§ *43—47*). Es hatte sich gezeigt, daß einerseits langwelliges Licht, vornehmlich das „normale" rote Licht im Bereich von etwa 6000—6800 Å, andererseits das sehr langwellige Rot um 7000—7600 Å und vielfach auch kurzwelliges Licht ganz bestimmte Wirkungen ausüben und daß diese Wirkungen einander im allgemeinen entgegengesetzt sind. In zwei Fällen, der Samenkeimung von *Lactuca* und der Lichtunterbrechung der induktiven Dunkelphase bei der photoperiodischen Induktion von *Xanthium*, war ferner gezeigt worden, daß die Wirkung des „normalen" roten Lichts durch das langwellige Rot aufgehoben wird und umgekehrt, daß also die für die beiden Strahlenwirkungen verantwortlichen absorbierenden Pigmente in einer nahen Beziehung zueinander stehen. [In diesem Zusammenhang verdient Erwähnung, daß auch die in § 4 erwähnte Lichtwirkung auf das Wachstum von isolierten Tomatenwurzeln hauptsächlich durch Rot und Orange ausgeübt zu werden scheint (STREET).] LIVERMAN u. BONNER (1) machen es nun wahrscheinlich, daß das Auxin an diesem formativen Lichtsystem beteiligt ist. Die Versuche wurden mit Cylindern aus im Dunkeln aufgezogenen *Avena*-Coleoptilen durchgeführt. Es wurde gefunden, daß Licht, und zwar das „normale" rote Licht, das auch viele andere formative Wirkungen ausübt, das Wachstum der Coleoptilen fördert und daß diese Wirkung durch das langwellige Rot in reversibler Weise aufgehoben wird. Jedoch ergaben sich dabei folgende neuen und wichtigen Tatsachen: 1. Das rote Licht wirkt nicht allein, sondern nur, wenn den Coleoptilcylindern (die an Wuchsstoff weitestgehend verarmt sind) Auxin geboten wird. Das Licht und das Auxin brauchen aber nicht gleichzeitig geboten zu werden, sondern man kann die Cylinder erst belichten und danach im Dunkeln auf Auxin wachsen lassen. 2. Das langwellige Rot wirkt nur dann, wenn dem Gewebe Auxin geboten war; es hat keine Wirkung, wenn es den mit dem „normalen" Rot behandelten, aber noch auxinfrei gehaltenen Cylindern geboten wird.

Im folgenden ist eine kurze und schematische Übersicht über diese
Ergebnisse gegeben:

Wachstum im Vergleich
zu Kontrollen

1. Rot allein	—
2. Rot + Auxin	+
3. Erst Rot, kein Auxin; dann Auxin, dunkel	+
4. Erst Rot; dann langwelliges Rot; dann Auxin, dunkel	+
5. Erst Rot + Auxin; dann langwelliges Rot	—
6. wie 5.; dann wieder Rot	+

Aus diesen Ergebnissen, und gestützt auf eine kinetische Analyse
der Wachstumsreaktion, auf die hier nicht eingegangen werden kann,
entwickeln LIVERMAN u. BONNER folgende Vorstellungen: 1. Das „normale" rote Licht katalysiert in den Zellen die Bildung eines Auxinreceptors (E) aus einer inaktiven Vorstufe (E_p). 2. Freies Auxin (S)
verbindet sich mit E zu einem Komplex, ES; dieser Komplex ist
diejenige Form des Auxins, die für das Wachstum des Gewebes
bestimmend ist. 3. Langwelliges Rot hat keine Wirkung auf das
unmittelbare Produkt des „normalen" Rot, also auf E, aber es
katalysiert den Abbau von ES.

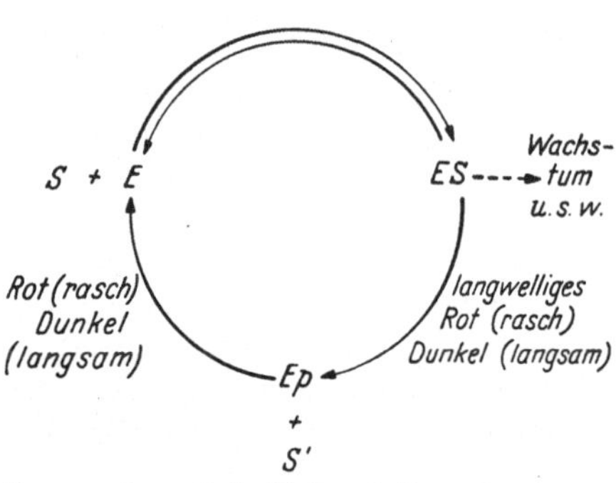

Der „morphogenetische Photocyclus" von LIVERMAN
und BONNER.

4. Da die Wirkung des langwelligen Rot durch das „normale" Rot sofort wieder aufgehoben, und da — wie
aus der Keimung von *Lactuca* bekannt — dieses Widerspiel von Rot und
langwelligem Rot viele Male wiederholt werden kann, so wird angenommen,
daß beim Abbau von ES wieder E_p entsteht, das unter dem Einfluß roten
Lichts sogleich wieder in E übergeführt werden kann. Wir haben es also
mit einem Kreisprozeß zu tun, einem „morphogenetischen Photocyclus",
der wie obenstehend formuliert werden kann. Jedoch ist die Lichtabhängigkeit der Reaktion $E_p \rightarrow E$ und genau so die der Reaktion $ES \rightarrow E_p + S'$
keine absolute, sondern vielmehr eine quantitative; sowohl das „normale"
wie das langwellige Rot beschleunigen die Reaktionen, doch laufen
diese auch im Dunkeln ab, wenn auch langsamer. Für die Reaktion
$E \rightarrow E_p$ geht das daraus hervor, daß die Rotlichtwirkung auf das Wachstum der *Avena*-Coleoptile nicht — wie es nach der obigen schematischen
Zusammenstellung scheinen könnte — qualitativer Art ist; die Cylinder
wachsen, wenn Auxin zugeführt wird, auch in vollständiger Dunkelheit,
und Behandlung mit Rotlicht bewirkt nur eine Förderung des Wachstums. Daß auch die zweite Reaktion, $ES \rightarrow E_p + S'$, im Dunkeln
vonstatten geht, ergibt sich erstens daraus, daß die Wirkung einer Rotlichtbestrahlung bei *Lactuca*-Samen nicht bloß durch langwelliges Rot,
sondern auch durch Temperaturerhöhung — wenigstens teilweise —
aufgehoben werden kann, und zweitens daraus, daß das langwellige
Rot die Länge der zur Induktion der Blütenbildung bei *Xanthium* not-

wendigen Dunkelphase reduziert. Beides zeigt, daß das langwellige Rot nur Vorgänge beschleunigt, die auch im Dunkeln zum Ziele kommen können. Die Kreisnatur des morphogenetischen „Photocyclus" scheint dem Ref. allerdings noch nicht gesichert. Sie wäre nur dann zu postulieren, wenn bei der ersten Rotbestrahlung alles E_p zu E umgewandelt würde, so daß danach die Menge von E_p der begrenzende Faktor wäre. Es kann aber entweder angenommen werden, daß E_p immer nur bis zu einem bestimmten Gleichgewichtswert aus einer in großem Überschuß vorhandenen Vorstufe gebildet werden kann, oder auch, daß E_p selbst im Überschuß vorhanden ist, daß aber E nur bis zu einem bestimmten, relativ niedrigen Gleichgewichtswert gebildet wird. Dann ist die rasche Neubildung von E nach wiederholter Rotbelichtung auch ohne die Annahme verständlich, daß E_p bei dem Zerfall von ES regeneriert wird: Im ersten Falle würde E_p jedesmal prompt nachgeliefert, sobald die vorhandene E_p-Menge zu E umgewandelt wurde; im zweiten würde bei jeder Rotbelichtung E aus dem E_p-Reservoir regeneriert. Für die allgemeine Bedeutung der Ergebnisse ist dieser Punkt jedoch ohne Belang. Wesentlich ist, daß die Lichtwirkung im Wachstum der *Avena*-Coleoptile identisch zu sein scheint mit derjenigen in der Samenkeimung von *Lactuca* und in der photoperiodischen Reaktion von *Xanthium* und vermutlich in allen weiteren, voriges Jahr besprochenen Wachstums- und formativen Wirkungen. Andererseits ist bei der Coleoptile an dieser Reaktion Auxin beteiligt, und es kann daraus gefolgert werden, daß es auch an den anderen entsprechenden Reaktionen in gleicher Weise beteiligt ist. Das „System" Rot—Auxin—langwelliges Rot wäre also ein System, das die Morphogenese der Pflanze, zum mindesten der höheren, in ganz entscheidender Weise bestimmt. Entgegen der ursprünglichen, von BORTHWICK und Mitarbeitern entwickelten Vorstellung, nach welcher Rot und langwelliges Rot auf ein und dasselbe Pigment in ganz direkter, wenn auch entgegengesetzter Weise einwirkten, ist jetzt anzunehmen, daß zwischen die Rotwirkung und die Wirkung des langwelligen Rot das Auxin eingeschaltet ist, das sich mit dem „Produkt" der Rotwirkung verbindet, während das langwellige Rot erst an dem aus dieser Verbindung hervorgehenden Komplex, also an einem Folgeprodukt, angreifen kann. — EVENARI u. STEIN entwickeln Vorstellungen über den physikalischen Mechanismus der Lichtwirkung (Rot und langwelliges Rot) bei der Samenkeimung von *Lactuca*. Die Lichtabsorption im Pigment führt zur Bildung eines angeregten Quantums, und das angeregte Elektron würde von einer benachbarten „Elektronenfalle" festgehalten. Beim langwelligen Rot wird der Vorgang im wesentlichen umgekehrt. Begründet wird diese Hypothese — deren Wert der Ref. nicht zu beurteilen vermag — damit, daß Licht verschiedener Wellenlänge, Temperatur und Sauerstoffkonzentration auf die Samenkeimung und auf bestimmte, bekannte physikalische Prozesse, die auf einem solchen Mechanismus beruhen, in ganz ähnlicher Weise wirkten.

47. WITHROW, KLEIN u. ELSTAD gelang es bei *Phaseolus*, durch Aufzucht in Licht von 725—1150 mμ (bis zu 450 μW/cm^2) starke morphogenetische Wirkungen zu erzielen, während Chlorophyll nur in Spuren gebildet war, so daß nicht-etiolierte, aber farblose Pflanzen entstanden. Bei Aufzucht in Blau (436 mµ, 2 µW/cm²) wurde andererseits reichlich Chlorophyll gebildet, aber die morphogenetische Wirkung war gering, so daß grüne, aber etiolierte Pflanzen entstanden. Die für diese Untersuchungen verwendeten, aus gefärbter Gelatine auf Glas bestehenden Lichtfilter sind bei WITHROW u. PRICE beschrieben. — Nach RUGE (2) fördert in den Carotinen absorbiertes Licht in den Blättern von *Tradescantia* die Bildung von das Wachstum der Hefe fördernden „Biosstoffen", während im Chlorophyll absorbiertes Licht die im Blatt vorhandenen „Biosstoffe" zerstört; die Wirkung ist also derjenigen auf die Bewurzelung von Stecklingen entgegengesetzt (vgl. Fortschr. Bot. **15**, 429, § *29*). SAGROMSKY stellt in Fortsetzung ihrer Untersuchungen über den Einfluß von Licht auf das Wachstum von Pilzen fest, daß kurzwelliges Licht die Conidienbildung auch bei *Verticillium* spec. und bei *Sclerotinia fructigena* beeinflußt, so daß bei Licht-Dunkelwechsel zoniertes Wachstum erfolgt. Während aber bei *Verticillium* ebenso wie bei den früher untersuchten *Penicillium*-Arten Licht die Conidienbildung hemmt, ist bei *Sclerotinia* die Wirkung eine fördernde; die dunklen, conidienhaltigen Zonen entstehen bei den erstgenannten Arten also im Dunkeln, bei *Sclerotinia* aber im Licht.

b) **Photoperiodische Reaktionen.** *48.* Bei Kurztagpflanzen sind zur Induktion der Blütenbildung lange Dunkelphasen erforderlich; diesen müssen aber Lichtphasen vorangehen, und die Lichtintensität in diesen muß im allgemeinen relativ hoch sein. Schon früher war aus Versuchen mit Entzug des Kohlendioxyds geschlossen worden, daß zum mindesten ein Teil der Bedeutung dieser Starklichtphasen in der Photosynthese liegt. LIVERMAN u. BONNER (2) bestätigen dies auf eine andere Weise. Sie zeigen, daß bei *Xanthium* das Starklicht durch die Darbietung von Zuckern und der organischen Säuren des KREBS-Cyclus ersetzt werden kann. Im Optimalfall wurde 80% Blütenbildung erreicht. DE ZEEUW weist eine eigenartige Wechselbeziehung zwischen der Intensität des Lichts in den Lichtphasen und der Dauer der zur Induktion erforderlichen Dunkelphasen nach, die allerdings mit den eben erwähnten Vorstellungen jedenfalls vorerst in Widerspruch steht. Er zeigt bei *Perilla*, ebenfalls einer Kurztagpflanze, daß zur Blütenbildung um so kürzere Dunkelphasen genügen, je niedriger die Lichtintensität in den Lichtphasen ist; setzt man die Lichtintensität genügend herab, so kann man, insbesondere bei jungen Pflanzen, Blütenbildung sogar in Dauerlicht erzielen. Der Verf. deutet seine Versuche so, daß in starkem Licht Blühhemmstoffe gebildet werden, die dann in langen Dunkelphasen zerstört werden müssen; in schwächerem Licht würden sie entweder gar nicht gebildet oder aber sogleich inaktiviert. FULLER u. WILSON finden, daß Belichtung der Wurzeln während der Kurztaginduktion die Blütenbildung und -entwicklung bei *Amaranthus* reduziert; im Gegensatz zu einigen im letzten Bericht besprochenen Arbeiten, in denen ebenfalls ein Einfluß von Wurzeln auf die photoperiodische Reaktion angegeben wurde (Fortschr. Bot. **15**, 455, § *49*), scheint dieser Effekt gut gesichert zu sein. Über ein neues, sehr interessantes Verfahren, um die während der induktiven Dunkelphasen bei Kurztagpflanzen ablaufenden Vorgänge zu studieren, berichtet NAKAYAMA. Es ist bekannt, daß eine Unterbrechung der Dunkelphasen mit etwas Licht, in der Mitte der Phase geboten, ihre Wirksamkeit aufhebt oder doch reduziert. NAKAYAMA „unterbricht" nun die Dunkelphasen mit hoher Temperatur, d. h. er schaltet Perioden solcher Temperatur (34—36°) in die Dunkelphasen ein. Dabei zeigt sich, ähnlich wie bei Lichtunterbrechungen, daß die Wirkung sich im Verlauf der Dunkelphase ändert. Bei der untersuchten Pflanze, *Pharbitis nil*, und 16stündigen Dunkelphasen war die Wirkung zwischen der 12. und der 14. Std am größten; selbst zweistündige Wärmeperioden führten dann zu nahezu völligem Ausbleiben von Blütenbildung. Vorher wie nachher war die Wirkung sehr viel geringer. Bisher scheinen keine vergleichenden Untersuchungen über den zeitlichen Verlauf der Wirksamkeit von Licht- und von Wärmeunterbrechungen gemacht worden zu sein; man darf von solchen Versuchen weitere Aufklärung über die Kinetik der Dunkelphasenreaktionen erwarten. — ELLIOTT u. LEOPOLD (1) fanden, daß die Atmung (Sauerstoffaufnahme) von ausgeschnittenen Blattstückchen im Verlauf der photoperiodischen Induktion der Pflanze bei zwei Kurztagpflanzen (*Xanthium* und *Soja* „Biloxi") zu-, bei einer Langtagpflanze (Wintex-Sommergerste, *Hordeum vulgare*) dagegen abnahm; die Änderung war zuweilen besonders auffällig, wenn die zur Induktion der Blütenbildung erforderliche Mindestzahl induktiver Cyclen erreicht war. Die Verff. schließen auf einen direkten Zusammenhang; das scheint aber keineswegs erwiesen, denn die Änderungen können sehr wohl schon eine Folge des Induktionsprozesses sein. Daran ändert auch der Umstand nichts, daß eine Lichtunterbrechung langer Dunkelphasen in allen Fällen den „Langtagcharakter" der Atmung wiederherstellte. — PIRSON u. DÖRING stellen photoperiodische Wirkungen beim Wachstum einer Alge, *Hydrodictyon*, fest. Optimales Wachstum wurde nur in einem Wechsel von Licht und Dunkelheit erhalten, und es war nicht nur das Licht-Dunkel-Verhältnis von Bedeutung, sondern auch die Länge der Cyclen. So war das Wachstum in 6:6- und in 12:12-Std-Cyclen verschieden. Vgl. auch § *11* und *27*.

Literatur.

ALLEN, ETHEL K., O. N. ALLEN u. A. S. NEWMAN: Amer. J. of Bot. **40**, 429 bis 435 (1953). — ALLSOPP, A.: (1) Ann. of Bot., N. S. **17**, 37—55 (1953). — (2) Ebenda **17**, 447—460 (1953).

BALL, E.: Bull. Torrey bot. Club **80**, 409—411 (1953). — BANDURSKI, R. S., FLORA M. SCOTT, M. PFLUG u. F. W. WENT: Amer. J. Bot. **40**, 41—46 (1953). — BARBER, H. N., u. D. M. PATON: Nature (Lond.) **169**, 592 (1952). — BARTON, LELA V.: Contrib. Boyce Thompson Inst. **17**, 87—103 (1953). — BEADLE, N. C. W.: Ecology **33**, 49—62 (1952). — BETH, K.: (1) Z. Naturforsch. **8 b**, 334—342 (1953). — (2) Ebenda **8 b**, 771—775 (1953). — BOCCHI, ADA: Nuovo Giorn. bot. ital., N. S. **40**, 336—340 (1953). — BOPP, M.: Z. Bot. **41**, 1—16 (1953). — BRAKKE, M. K., u. L. G. NICKELL: Arch. of Biochem. a. Biophysics **32**, 28—41 (1951). — BRAUN, A. C.: (1) Phytopathology **43**, 204—205 (1953). — (2) Bot. Gaz. **114**, 363—371 (1953). — BÜNNING, E.: (1) Entwicklungs- und Bewegungsphysiologie der Pflanze, 2. Aufl. Berlin-Göttingen-Heidelberg 1953. 539 S. — (2) Z. Bot. **40**, 385—406 (1953). — BÜNNING, E., u. F. BIEGERT: Z. Bot. **41**, 17—39 (1953). — BÜNNING, E., u. D. v. WETTSTEIN: Naturwiss. **40**, 147—148 (1953). — BULARD, C.: C. r. Acad. Sci. Paris **235**, 739—741 (1952).

CARR, D. J.: (1) Physiol. Plantarum (Copenh.) **6**, 672—679 (1953). — (2) Ebenda **6**, 680—684 (1953). — CARR, D. J., u. G. MELCHERS: Z. Naturforsch. **9**b, 216 bis 218 (1954). — CASTLE, H.: (1) Bot. Gaz. **114**, 323—328 (1953). — (2) Ebenda **114**, 328—343 (1953). — CROCKER, W., u. LELA V. BARTON: Physiology of seeds. An introduction to the experimental study of seed and germination physiology. Waltham, Mass. 1953. 267 S.

DÉMÉTRIADÈS, S.: (1) C. r. Soc. Biol. Paris **147**, 280—282 (1953). — (2) Ebenda **147**, 282—283 (1953). — (3) Ebenda **147**, 1713—1715 (1953). — DÉMÉTRIADÈS, S., u. J. P. NITSCH: C. r. Soc. Biol. Paris **147**, 1711—1713 (1953). — DeRopp, R. S.: (1) Phytopathology **39**, 822—828 (1949). — (2) Science (Lancaster, Pa.) **112**, 500—501 (1950). — (3) Cancer Res. **11**, 663—668 (1952). — DETTWEILER, CHR.: Planta (Berl.) **41**, 214—219 (1952). — DEYSSON, MICHELINE: Bull. Soc. bot. France **100**, 14—17 (1953). — DIMOND, A. E., E. M. STODDARD u. S. RICH: Phytopathology **41**, 911—914 (1951). — DOORENBOS, J.: Meded. Landbouwhooge-schol Wageningen **53**, 1—24 (1953). — DUHAMET, L.: (1) C. r. Soc. Biol. Paris **147**, 81—83 (1953). — (2) Ebenda **147**, 83—85 (1953). — DUVICK, D. N.: Amer. J. Bot. **39**, 656—661 (1952).

ELLIOTT, B. B., u. A. C. LEOPOLD: (1) Plant Physiol. **27**, 787—793 (1952). — (2) Physiol. Plantarum (Copenh.) **6**, 65—77 (1953). — EL-SHISHINY, E., u. D. THODAY: J. of exper. Bot. **4**, 10—22 (1953). — EVENARI, M., G. NEUMANN u. G. STEIN: Nature (Lond.) **172**, 452—453 (1953). — EVENARI, M., u. G. STEIN: Experientia (Basel) **9**, 94—95 (1953).

FIFE, J. M., u. CH. PRICE: Plant Physiol. **28**, 475—480 (1953). — FRIEND. D. J. C., u. F. G. GREGORY: Nature (Lond.) **172**, 667—668 (1953). — FRIES, N.: Physiol. Plantarum (Copenh.) **6**, 292—300 (1953). — FULLER, H. J., u. S. L. WILSON: Science (Lancaster, Pa.) **116**, 688—689 (1952).

GARDNER, F. P., u. W. E. LOOMIS: Plant Physiol. **28**, 201—217 (1953). — GASSNER, G.: Angew. Bot. **27**, 37—47 (1953). — GAUTHERET, R. J.: Rev. gén. Bot. **60**, 129—173, 193—238 (1953).

HAFERKAMP, MARY E., L. SMITH u. R. A. NILAN: Agronomy J. **45**, 434—437 (1953). — HALBSGUTH, W.: Biol. Zbl. **72**, 52—104 (1953). — HALBSGUTH, W., u. H. W. KOHLENBACH: Planta (Berl.) **42**, 349—366 (1953). — HÄNSEL, H.: Ann. of Bot., N. S. **17**, 417—432 (1953). — HARDER, R., u. GERTRUD GÜMMER: Biol. Zbl. **72**, 386—393 (1953). — HAUPT, W.: (1) Z. Bot. **40**, 1—32 (1952). — (2) Ebenda **42**, 125—134 (1954). — HELMKAMP, G., u. J. BONNER: Plant Physiol. **28**, 429—436 (1953). — HEMBERG, T.: Physiol. Plantarum (Copenh.) **6**, 17—20 (1953). — HILDEBRANDT, A. C., u. A. J. RIKER: Amer. J. of Bot. **40**, 66—76 (1953). — HUREL-PY, GERMAINE: C. r. Soc. Biol. Paris **147**, 34—36 (1953).

JACOBS, W. P., u. B. BULLWINKEL: Amer. J. Bot. **40**, 385—392 (1953). — JACQUIOT, C.: C. r. Acad. Sci. Paris **233**, 815—817 (1951). — JAGENDORF, A. T., u. D. M. BONNER: Plant Physiol. **28**, 415—427 (1953). — JOHNSON, S. P., u, W. C. HALL: (1) Bot. Gaz. **113**, 310—321 (1952). — (2) Ebenda **114**, 449—460 (1953).

KLEIN, DEANA T., u. R. M. KLEIN: J. Bacter. **66**, 220—228 (1953). — KLEIN, R. M.: (1) Plant Physiol. **27**, 335—354 (1952). — (2) Amer. J. Bot. **40**, 597—599 (1953). — KLEIN, R. M., u. DEANA T. KLEIN: Amer. J. Bot. **39**, 727—730 (1952). — KLEIN, R. M., u. G. K. K. LINK: Proc. Nat. Acad. Sci. U.S.A. **38**, 1066—1072 (1952). — KLEIN, R. M., ELLEN M. RASCH u. H. H. SWIFT: Cancer Res. **13**, 499 bis 502 (1953). — KOVOOR, A.: (1) C. r. Acad. Sci. Paris **236**, 309—311 (1953). — (2) Ebenda **237**, 271—272 (1953). — (3) Ebenda **237**, 832—834 (1953). — KRUYT, W.: Proc. Kon. nederl. Akad. Wetensch. C **55**, 503—513 (1952). — KULESCHA, ZOÏA: C. r. Acad. Sci. Paris **236**, 958—959 (1953).

LANCE, CL., u. R. GAUTHERET: C. r. Acad. Sci. Paris **235**, 1682—1684 (1952). — LARUE, C. D.: (1) Amer. J. Bot. **34**, 585—586 (1947). — (2) Ebenda **36**, 798 (1949). — LAUDE, H. M.: Bot. Gaz. **114**, 284—292 (1953). — LEE, A. E.: Plant Physiol. **27**, 173—178 (1952). — LEOPOLD, A. C., u. FRANCES S. GUERNSEY: Amer. J. Bot. **40**, 46—50 (1953). — (2) Ebenda **40**, 603—607 (1953). — LINK, G. K. K., u. D. R. GODDARD: Bot. Gaz. **113**, 190—195 (1952). — LINK, G. K. K.,

HAZEL W. WILCOX, VIRGINIA EGGERS u. R. M. KLEIN: Amer. J. Bot. 40, 436 bis 444 (1953). — LIVERMAN, J. L., u. J. BONNER: (1) Proc. Nat. Acad. Sci. U.S.A. 39, 905—916 (1953). — (2) Bot. Gaz. 115, 121—128 (1953). — LONA, F.: Ateneo parm. 24, Nr 3/4 (1953). — LOOMIS, W. E. (Herausgeb.): Growth and Differentiation in Plants. Herausgeg. v. d. Amer. Soc. of Plant Physiologists. Ames, Iowa 1952. — LUCKWILL, L. C.: (1) J. of hortic. Sci. 27, 53—67 (1952). — (2) Ebenda 28, 14—24 (1953). — (3) Ebenda 28, 25—40 (1953).

MALINOWSKI, E., J. BERNADOWSKI u. M. ZAMOYSKA: Bull. internat. Acad. polon. Sci., Cl. Math. et Nat., Ser. B, 1952, Nr 1—3, 137—146. Zit. nach Ber. wiss. Biol. 85, 57. — MANIGAULT, P.: Ann. Inst. Pasteur 85, 602—620 (1953). — MARRÈ, E., u. A. E. MURNEEK: (1) Plant Physiol. 28, 255—266 (1953). — (2) Science (Lancaster, Pa.) 117, 661—663 (1953). — MAYER, A. M.: Physiol. Plantarum (Copenh.) 6, 413—424 (1953). — MAYER, A. M., u. M. EVENARI: (1) J. of exper. Bot. 3, 246—252 (1952). — (2) Ebenda 4, 257—263 (1953). — MEYER, D. E.: (1) Naturwiss. 40, 297—298 (1953). — (2) Planta (Berl.) 41, 642—645 (1953). — MILLER, C., u. F. SKOOG: Amer. J. Bot. 40, 768—773 (1953). — MOORE, A. M.: (1) J. of exper. Bot. 4, 23—31 (1953). — Ebenda 4, 32—39 (1953). — MÜLLER, W.: Angew. Bot. 26, 181—190 (1952). — MÜLLER-STOLL, W.: Flora (Jena) 139, 148 bis 180 (1952). — MUZIK, TH., u. C. D. LA RUE: Science (Lancaster, Pa.) 116, 589 bis 591 (1953).

NAKAYAMA, SH.: Bull. Soc. Plant Ecol. (Japan) 3, Nr 3, 95—101 (1953). — NAPP-ZINN, KL.: Ber. dtsch. bot. Ges. 64, 362—367 (1953). — NEISH, A. C., u. H. HIBBERT: (1) Arch. of Biochem. 3, 141—157 (1943). — (2) Ebenda 3, 159—166 (1943). — NÉTIEN, G., u. G. BEAUCHESNE: C. r. Acad. Sci. Paris 234, 1306—1308 (1952). — NÉTIEN, G., G. BEAUCHESNE u. CH. MENTZER: C. r. Acad. Sci. Paris 233, 92—93 (1951). — NEWELL, L. C.: J. Amer. Soc. Agron. 43, 417—424 (1951). — NOEL, R.: Arch. Inst. bot. Liège 21, 7—164 (1951). — NUTMAN, P. S.: Ann. of Bot., N. S. 17, 95—126 (1953).

OSBORNE, DAPHNE J., u. F. W. WENT: Bot. Gaz. 114, 312—322 (1953).

PAECH, K.: Planta (Berl.) 41, 525—566 (1953). — PARIS, DENISE, u. L. DU-HAMET: C. r. Acad. Sci. Paris 236, 1690—1692 (1953). — PETERSON, M. L., u. W. E. LOOMIS: Plant Physiol. 24, 31—43 (1951). — PIECZUR, ELIZABETH A.: Nature (Lond.) 170, 241—242 (1952). — PIRSON, A., u. H. DÖRING: Flora (Jena) 139, 314—328 (1952). — POLLOCK, B. M.: Physiol. Plantarum (Copenh.) 6, 47—64 (1953). — PURVIS, O. N., u. F. G. GREGORY: Nature (Lond.) 171, 687—688 (1953).

RACK, K.: Phytopath. Z. 21, 1—44 (1953). — REHM, S.: J. of hortic. Sci. 28, 1—13 (1953). — REUTER, L.: Protoplasma (Wlen) 42, 1—29 (1953). — RICHARDSON, S. D.: Proc. Kon. nederl. Akad. Wetensch. C 56, 185—353 (1953). — RIETSEMA, J., S. SATINA u. A. F. BLAKESLEE: (1) Amer. J. Bot. 40, 538—545 (1953). — (2) Proc. Nat. Acad. Sci. U.S.A. 39, 924—933 (1953). — RIJVEN, A. H. G. C.: Acta bot. néerl. 1, 157—200 (1953). — ROSSETTER, F. N., u. W. P. JACOBS: Amer. J. Bot. 40, 276—280 (1953). — RUGE, U.: (1) Angew. Bot. 26, 162—165 (1952). — (2) Naturwiss. 40, 225—226 (1953).

SAGROMSKY, HERTA: Flora (Jena) 139, 560—564 (1952). — SCHOPFER, W. H., u. R. LOUIS: Experientia (Basel) 8, 388 (1952). — SCHWARZENBACH, F. H.: Experientia (Basel) 9, 96 (1953). — SHANTZ, E. M., u. F. C. STEWARD: J. Amer. chem. Soc. 74, 6133—6135 (1952). — SIMMONDS, N. W.: J. of exper. Bot. 4, 87 bis 105 (1953). — SNOW, R., u. MARY SNOW: Nature (Lond.) 171, 224 (1953). — STEEVES, T. A., u. R. H. WETMORE: Phytomorphology (Indien) 4, 339—354 (1953). — STERNHEIMER, ELIZABETH P.: Bull. Torrey bot. Club 81, 111—113 (1954). — STOKES, PEARL: (1) Nature (Lond.) 170, 242 (1952). — (2) Ann. of Bot., N. S. 17, 157—176 (1953). — (3) J. of exper. Bot. 4, 222—234 (1953). — STREET, H. E.: Physiol. Plantarum 6, 466—479 (1953). — STREET, H. E., u. MOIRA P. McGONAGLE: Physiol. Plantarum (Copenh.) 6, 707—722 (1953). — STREET, H. E., MOIRA P. McGONAGLE u. E. H. ROBERTS: Physiol. Plantarum (Copenh.) 6, 1—16 (1953). — SULLIVAN, A. J.: Physiol. Plantarum (Copenh.) 6, 804—815 (1953). — SUSSEX, I. M.: (1) Nature (Lond.) 170, 755—757 (1952). — (2) Ebenda 171, 224 bis 225 (1953). — SUSSEX, I. M., u. T. A. STEEVES: (1) Ann. of Bot , N. S. 17, 395 bis

401 (1953). — (2) Nature (Lond.) **172**, 624—625 (1953). — Sussman, A. S.: (1) J. gen. Microbiol. **8**, 211—216 (1953). — (2) Amer. J. Bot. **40**, 401—404 (1953).

Todd, G. W.: Physiol. Plantarum (Copenh.) **6**, 169—186 (1953). — Tscher-mak-Woess, Elisabeth, u. Gertrude Hasitschka: Österr. bot. Z. **100**, 646—651 (1953). — Tukey, L. D.: Bot. Gaz. **114**, 255—265 (1952). — Tulecke, W. R.: Science (Lancaster, Pa.) **117**, 559—560 (1953).

Vegis, A.: Experientia (Basel) **9**, 462 (1953).

Waggoner, P. E., u. A. E. Dimond: (1) Amer. J. Bot. **39**, 679—684 (1952). — (2) Science (Lancaster, Pa.) **117**, 13 (1953). — Wangermann, Elisabeth, u. H. J. Lacey: New Phytologist **52**, 298—311 (1953). — Wardlaw, C. W.: (1) Phyto-morphology (Indien) **2**, 240—242 (1952). — (2) New Phytologist **52**, 195—209 (1953). — (3) Ann. of Bot., N. S. **17**, 517—527 (1953). — Wareing, P. F.: (1) Physiol. Plantarum (Copenh.) **6**, 692—706 (1953). — (2) Nature (Lond.) **171**, 47 (1953). Wetmore, R. H., u. W. P. Jacobs: Amer. J. Bot. **40**, 272—276 (1953). — Wett-stein, D. v.: Z. Bot. **41**, 199—226 (1953). — White, Ph. R.: Amer. J. Bot. **40**, 517—524 (1953). — Withrow, R. B., W. H. Klein u. V. Elstad: Plant Physiol. **28**, 1—14 (1953). — Withrow, R. B., u. L. Price: Plant Physiol. **28**, 105—114 (1953).

Zeeuw, D. de: Proc. Kon. nederl. Akad. Wetensch. C **56**, 418—422 (1953).

20. Viren.

a) Pflanzenpathogene Viren.

Von Erich Köhler, Braunschweig.
Der Beitrag folgt in Band XVII.

b) Bakteriophagen.

Von W. Weidel, Tübingen.
Der Beitrag folgt in Band XVII.

Sachverzeichnis.